遇险自救
自我防卫
野外生存
—— 大全集 ——

许俊霞　肖玲玲　编著

中国华侨出版社

图书在版编目（CIP）数据

遇险自救 自我防卫 野外生存大全集／许俊霞，肖玲玲编著. —北京：中国华侨出版社，2010.12 （2016.6重印）
ISBN 978-7-5113-0976-1

Ⅰ.①遇… Ⅱ.①许… Ⅲ.①安全教育—普及读物 Ⅳ.①X956-49

中国版本图书馆CIP数据核字（2010）第244512号

遇险自救 自我防卫 野外生存大全集

编　　著：许俊霞　肖玲玲
出 版 人：方　鸣
责任编辑：文　艾
封面设计：王明贵
文字编辑：黄　敏
美术编辑：玲　玲
经　　销：新华书店
开　　本：1020mm×1200mm　1/10　印张：36　字数：525千字
印　　刷：北京华平博印刷有限公司
版　　次：2011年12月第1版　2016年6月第2次印刷
书　　号：ISBN 978-7-5113-0976-1
定　　价：59.80 元

中国华侨出版社　北京市朝阳区静安里26号通成达大厦三层　邮编：100028
法律顾问：陈鹰律师事务所
发 行 部：（010）88866079　传　真：（010）88877396
网　　址：www.oveaschin.com
E-mail：oveaschin@sina.com

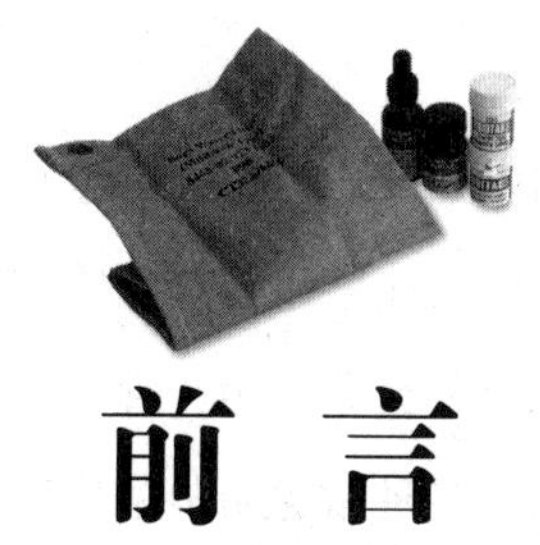

前 言

我们的生活看上去十分平静和安宁，很多意外看起来离我们很远，但事实上每个人都处于一定的安全风险中。因为在现实生活中，意外随时都会发生，各种各样的天灾人祸时时刻刻都在威胁着我们的安全。地震、洪灾、火灾、车祸等突发灾害时有发生，生活中的小磨难也总是不断，失灵的电梯、起火的大楼、飞机故障、汽车遇险、意外伤害、突发急病、食物中毒等等，生活中挑战多多、灾难多多，我们应该怎么办呢？面对突发情况，我们不能够以侥幸心理来生存，而是需要掌握必要的知识。懂得自救急救知识，学一些自我防卫技能，了解野外生存知识，能让我们在各种各样的情况下都能随遇而安地生活。

各种突如其来的危险具有难以预测和不可扭转的本性，种种情况都需要及时实施救治。面对灾难，很多人因为缺乏自救和急救知识而惊慌失措，错过了最佳的抢救时间，导致悲剧的发生。我们要有足够的能力来保护自己和实施救助，正确的处理和对待将起到非常重要的作用。想要有效地对伤者或病者实施救治，这需要我们掌握科学的自救与急救知识，及时准确地采取救助措施，帮助伤者缓解疼痛，防止更严重的情况发生，避免后遗症。

人们遇到的危险并不仅来自于各种无法预料的突发灾害，还有来自于他人的冒犯和侵害。居家生活、工作、行车、户外旅行等不同情境下，遭到歹徒袭击、遇到色狼骚扰、被尾随等危险情况也时有发生。作为一个现代人，清醒地认识到自己身边存在的危险，包括现代社会生活中的各种危险和自然灾害，掌握自我防卫的技能，增强自身的生存能力，这是一种必备的素质。

随着时代的进步，人类活动的范围比以往更广，出行的频率也大大增加，任何人都不敢保证自己不会在某一刻落难于野外，置身于孤立无援之地。如果这种情况发生，你该如何去面对——是在绝望中苦苦等待奇迹的发生，还是利用自己的头脑和双手为自己开辟出一条求生之路？任何一个聪明的人都不会选择坐以待毙，生存对于人类而言，是永远摆在第一位的，是最重要的。因此，每一个人都应该掌握一定的野外生存技能。生存的心理学基础非常简单：不要慌张。假如你突然发现自己身处险境，你就会产生混乱的想法和感觉，要尽力杜绝这种情况发生。找到一个遮蔽良好的地方，坐下、认真思考如何生存下来。准备和计划充分可以帮你战胜困难和危险，助你生还。

每个人都希望自己过得平平安安、幸福快乐，这种美好愿望只是一种理想状态。人生之路总要经历许多的意外，无论是小范围的意外，还是很大的灾难，人们总会有各种危机的处境需要面对，如果你有足够的能力来自救和帮助他人，如果你有笃定和冷静的态度，如果你有必备的野外生存技能，你就能从险境和慌乱中生存下来。不论是现在还是将来，一个人的身体越健康、拥有的知识越丰富，生存的机会就越多。

本书分三部分讲述了生存方面的知识和技能，第一部分遇险自救，讲述了在各种危险情况下的自救与急救知识，包括家庭常见事故急救技能，重伤与危险情况下的急救自救方法，交通事故、恐怖袭击及其他灾难中的生存技能。第二部分自我防卫，介绍了自我防卫的各种知识和技能，主要有自我防卫的基本知识、常见的攻击方式、各种常见事故的应对，特别是针对女性设计的自我保护技能。第三部分野外生存，不仅介绍了野外旅行必备的安全常识，也详细讲解了野营、旅行时的各种生存技能，尤其是在没有现代化工具的情况下如何利用自然本身和原始技术取火、取水、觅食、制造工具、加工食物等。本书不仅使读者对生存有全面而深入的了解，同时也让读者学习到最实用有效的急救自救方法、防身技能和野外生存本领，是一本集知识性和趣味性于一体的实用生存百科全书。

目 录

遇险自救篇

自我防卫篇

野外生存篇

遇险自救篇

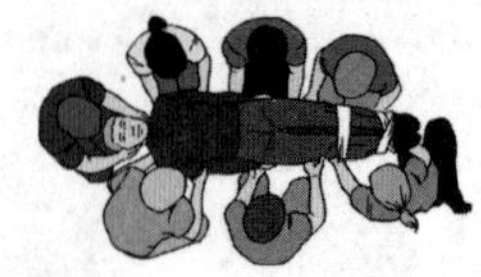

第 1 章 急救基本知识

现实生活中，意外情况常常让人防不胜防：不小心割伤手指导致出血，扭伤或骨折，烫伤，突然晕厥，心绞痛突然发作，儿童不慎吞下异物，车祸、火灾等特殊事故导致重伤……这些情况都需要急救，及时地实施急救会帮助伤者缓解疼痛，防止更严重的情况发生，避免后遗症，甚至挽救一条生命！

要有效地对伤病者实施急救，必须掌握科学的急救知识和方法，这可以通过专门的急救课程的培训来达到，也可以通过阅读书籍来学习。另外，非常重要的一点是急救人员要在突发事件面前能沉着、冷静，反应迅速。

什么是急救

急救就是在救护车、医生或其他专业人员到达之前，给伤者或突发疾病者施行及时帮助和治疗的一种治疗救护措施。

急救的目的

- 确保生命安全。
- 控制伤病情况的变化。
- 促进康复。

急救人员

急救虽然是一项建立在专业的知识、训练和经验基础之上的技能，但按照本书的指导去做，大多数人也能掌握其中的方法。尤其是在一些紧急情况下，没有专业急救人员在场时，利用本书的知识，你可以及时地为伤者提供必要的帮助。

急救人员的责任

- 迅速稳妥地判断整个情况，及时寻求专业帮助。
- 保护伤者和其他在场者，尽可能消除潜在的危险。
- 尽自己所能判断伤者的伤情和病情。
- 尽早给伤者进行适当治疗，从最严重的伤者开始。
- 安排伤者去医院或回家。
- 陪伴伤者直到专业医疗人员的到来。
- 向专业医疗人员介绍情况，如果需要应提供进一步帮助。
- 尽可能防止与伤者交叉感染。

急救工具

急救工具可以从药店购买。当然，自己制作也非常简单。急救工具必须放在合适的塑料容器里。

以下列出一些你可能需要常备的急救工具。

⊙用来包扎伤口的、密封的、消毒的片状敷料，大小各两个。
⊙1包消毒的、密封的大创可贴。
⊙1包不同尺寸的、消毒的、密封的创可贴。
⊙2包密封的包扎伤口的纱布，每包10块，每块面积10平方厘米。
⊙1卷宽2.5厘米的弹性绷带或人造纤维黏性带。
⊙1卷用来包扎水疱或大片擦伤的消毒的、涂有石蜡的纱布。
⊙3个固定骨折和扭伤伤口的三角绷带。
⊙4个大的、未缝合的薄纱绷带。
⊙2包清洗伤口用的消毒药棉。
⊙2卷清理伤口或制作棉垫用的一般棉织品。
⊙1瓶止痛用的扑热息痛药片。
⊙1支温度计。
⊙1只清理异物用的平角无锯齿的镊子。
⊙1把剪绷带或膏药用的剪刀。
⊙各种大小不等的安全别针。
⊙1瓶清理伤口用的消毒剂。
⊙1支用来涂昆虫叮咬、荨麻疹等伤口的氢化可的松乳膏。

家庭小药箱

不论是处方药还是非处方药都应该放在家中安全的地方，孩子够不着的、阴凉干燥的壁橱是个理想的地方，同时还应该给药箱上一把孩子不能打开的锁。只有急救用的东西才放在药箱里，药品应该有序地放在药箱里，而不能随便扔在各个角落。如果药品长时间未使用或近期不会使用，要妥善保存。

药箱里的必备物

- 紧急电话：医生的、医院的和当地药店的电话。
- 急救工具。
- 处方药与非处方药。

常见伤病与对应的治疗药物

伤害	治疗药物
被昆虫叮咬	氢化可的松乳膏
冻伤	减充血滴鼻剂，抗组胺剂药片
割伤和擦伤	抗菌膏或抗菌溶液
便秘	腹泻药：渗透性物（如：镁乳），润滑物（如：甘油栓剂）
腹泻	含有高岭土抗腹泻药物（如:洛哌丁胺胶囊）
发热	降体温药物：阿司匹林，扑热息痛（儿童用扑热息痛溶剂）
咽喉痛	咽喉止咳糖和抗菌漱口药
太阳晒伤和疹子	消炎乳膏：炉甘石洗剂，氢化可的松乳膏
清洗伤口	抗菌溶液

药物使用指南

非处方药。这种药是直接从药店购买的，使用前要仔细阅读使用说明。

处方药。你可以直接向医生或药剂师咨询这种药的使用方法：

- 它们是否可以和酒精一起使用。
- 它们是否会引起瞌睡。
- 服用此药物后能否继续驾驶或操作机器。
- 它们是否可以和避孕药一起服用。
- 还有哪些药不能与该药品同时服用。

同时，必须确定：

- 什么时候服用，每天服用几次。
- 能否空腹服用，饭后多久服用。

常用药品一览表

止痛剂 止痛药物，如阿司匹林、扑热息痛和纽诺芬。

12岁以下的儿童不能服用阿司匹林，除非是在医生建议的情况下。

抗生素 这类药物有杀菌作用。可以内服也可以涂抹在伤口上。

过量服用抗生素会引起过敏反应或产生抗生素免疫细菌。

抗惊厥药 这种药可以治疗癫痫症。

镇静剂 这种药可以安抚情绪，一般用于情绪低落的病人。

抗糖尿病药 这种药可以刺激人体产生胰岛素或代替人体的胰岛素。

抗腹泻药 这种药可以治疗腹泻。它们可以减慢肠道运动速度或使大便干燥。

抗呕吐药 这种药是用来治疗恶心和呕吐症状的。

抗组胺剂 这种药可以减少伤口肿胀，可以内服，治疗过敏、哮喘、昆虫叮咬、风疹等，也可以用来治疗旅行病。

抗组胺剂可能导致瞌睡，如果与酒精同时服用会带来更大危险。

镇痉药 这种药可以阻止肌肉痉挛，放松肠道和肺部的肌肉，用来治疗各种痉挛。

巴比妥酸盐 这种药有止痛和镇静的作用，它可以使大脑活动减慢。经常使用巴比妥酸盐会对其产生依赖，所以要避免滥用。

苯二氮 参见下面的安定药。

皮质类固醇 这种药是用来减少体内或体外发炎症状的，通常包含在滴鼻剂、滴鼻喷雾（治疗哮喘）、氢化可的松乳膏、注射和口服液里。

大量服用皮质类固醇会导致骨头缺钙，体重增加，皮肤出现斑点等症状。

利尿剂 这种药有助于排尿。

心脏血压药 洋地黄是用来治疗心脏衰竭、心律不齐和心跳加速等病的。治疗血压的药包括利尿剂。

轻泻药 这种药是有助于大便通畅的。它有3种作用方式：增加大便的体积；使大便软化和润滑；刺激肠道功能。

安定药 这种药是用来治疗有焦虑和沮丧症状的患者的。包括苯二氮类药（如安定）。

如果服用安定药超过1个月，身体就会对其产生依赖。服用此药时不能饮酒。

生命迹象

生命迹象是指伤者还有呼吸和脉搏。在紧急情况中，首先要检查的就是伤者是否有生命迹象，这包括：伤者呼吸道是否顺畅，是否能够正常呼吸；伤者血液循环是否正常。

呼吸顺畅

提供氧气的重要性

对于急救人员来说，最紧急和最重要的事情就是确保伤者呼 吸顺畅或通过人工呼吸为伤者提供足够的氧气。在紧急情况下，没有比这更重要的了，因为人的大脑需要足够的氧气。在常温下，如果一个人无法吸入足够的氧气，那么在几分钟内就可能造成严重的大脑损伤甚至死亡。出现这种情况往往是因为伤者呼吸停止或呼吸通道阻塞造成的。因此，急救人员的首要任务就是要检查伤者是否还有呼吸。

如果伤者已经没有呼吸

这就意味着伤者吸入氧气的活动已经停止，你必须为他提供氧气。如果伤者胸部和腹部仍在运动，而口鼻已经没有空气进出，那么可能是呼吸道梗阻，你必须为他清理呼吸道；紧接着要立即为伤者提供氧气；同时请求支援，确保已经叫了救护车。

打开呼吸道

1.可能由于伤者头部所处的位置不当而导致呼吸道梗阻（a）。2.调整伤者的头部姿势，可以用一只手压住伤者的前额，另一只手的两个指尖抬起伤者的下巴（b），这样一来就能够防止舌头梗阻呼吸道了。

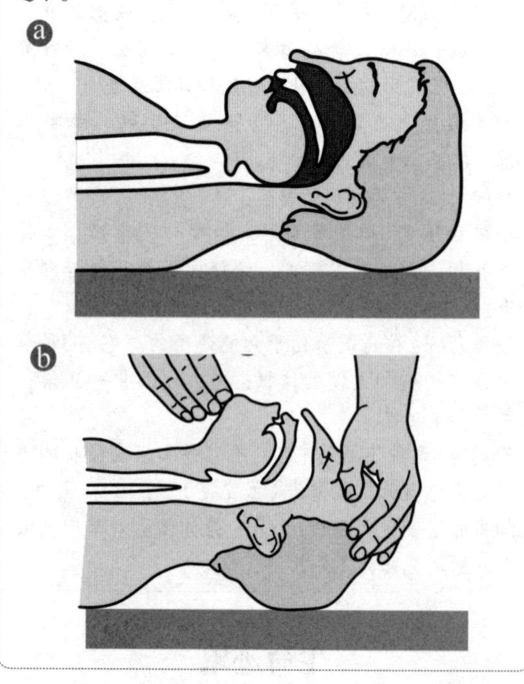

• 如果伤者仍然没有呼吸，肯定是呼吸道内部阻塞。

清除呼吸道异物

1.将伤者的头转向一边，使其下巴向前，头顶向后仰。2.清理呼吸道：将两个手指弯曲成钩状清除口腔内舌头以上部位，将所有异物清除出来。3.再检查伤者呼吸。4.检查脉搏。

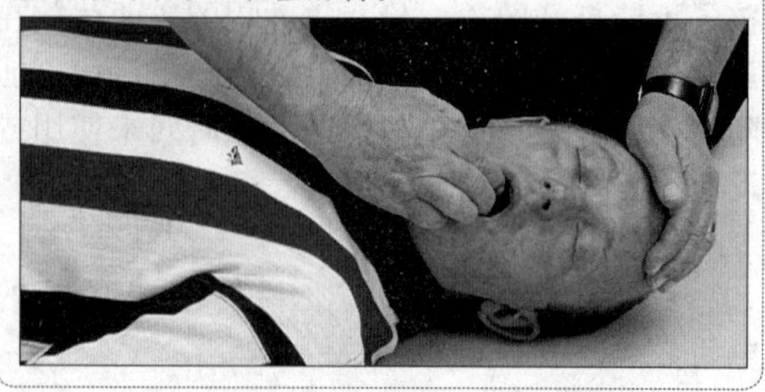

• 如果伤者仍然没有呼吸，立即进行人工呼吸。

• 如果伤者仍然没有呼吸和脉搏，立即开始人工呼吸并按压伤者的胸部。

循环系统

伤者的脉搏可以反映其循环系统的状况。脉搏是由心室收缩时血液泵入主动脉而产生的。脉搏的频率和稳定性不一，变化范围很大，时而缓慢、强劲有力，时而快速、微弱。快速、微弱的脉搏是休克的症状，但是这种症状很难被急救人员感觉到，尤其是在紧急情况下，急救人员自己的心跳都会加快，因此他的脉搏强度可能比伤者的脉搏强度大很多。

所以，要在正常部位检查伤者的脉搏，通常选择在手腕偏向大拇指的一侧，在距离手腕与手掌的边缘1.5厘米处（a）。不过以上方法得出的结果不一定完全准确，所以你应该感觉一下伤者的颈动脉来检查脉搏。颈动脉是流经喉部两侧的大动脉（b）。

检查脉搏

1.如果有必要的话，做个深呼吸使自己镇静下来。2.用两个手指的指肚放在伤者的喉上，不要施压。3.手指肚沿着伤者喉头的一侧向后慢慢地滑动，感觉脉搏的跳动（c）。4.如果没有立刻感觉到脉搏，将手指在伤者喉头周围移动，直到感觉到脉搏为止。

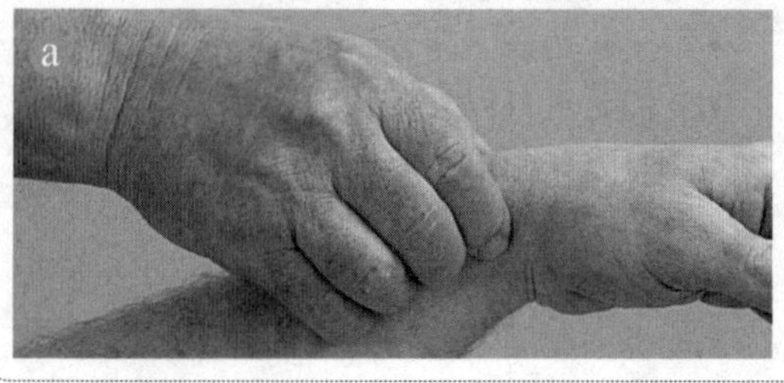

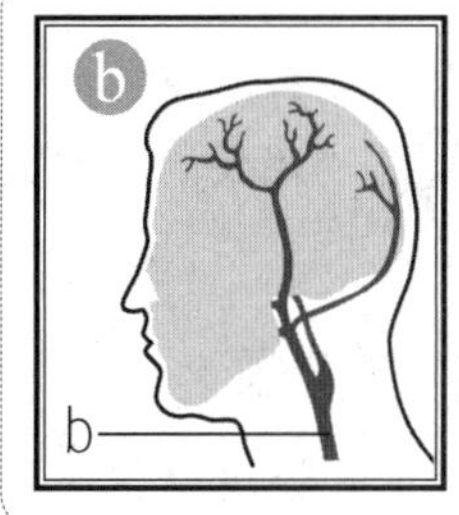

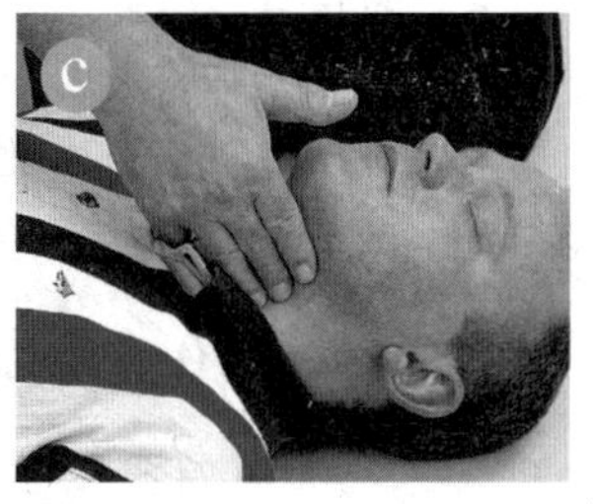

急救措施

人工呼吸

对伤者进行人工呼吸的主要目的是为了及时给伤者提供氧气。因为你呼出的气体中仍含有足够的氧气，可供另外一个人使用。这样的“二手氧气”甚至能挽救生命。对伤者进行人工呼吸必须及时，并且确保你呼出的气体能够到达准确的位置——深入到伤者的肺部。

伤者在接受人工呼吸时，最基本的反应是他的肺会鼓起来。如果看不到伤者的胸部在你呼气时鼓起，吸气时瘪下去，那么你做的人工呼吸就没有成功；你应该按照治疗窒息的程序对伤者进行急救。

在实施此项急救措施时应该小心。如果把呼吸道的阻塞物吹进了伤者的肺部深处，就会导致伤者死亡。

实施人工呼吸

1.检查伤者脉搏。2.如果伤者已经没有心跳了，立刻进行胸部按压。3.如果伤者还有脉搏，立刻清理伤者口腔里的异物。4.用一只手抬起伤者的下巴，同时使其头部向后仰。5.捏紧伤者的鼻子（a）。6.深吸一口气，张大嘴并用嘴封严伤者的嘴（b）。7.用力向伤者嘴里吹气，同时观察伤者的胸部是否鼓起（c）。8.一旦伤者胸部鼓起，继续注视伤者的胸部，看它是否会再瘪下去（d）；完成呼气。然后用同样的方法快速对伤者进行4次呼气。9.再检查伤者的脉搏。10.重复步骤5～9，直到伤者恢复呼吸。

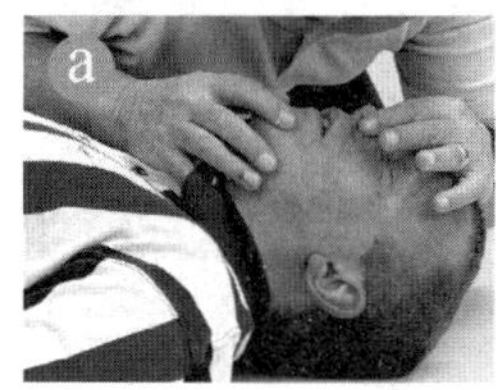

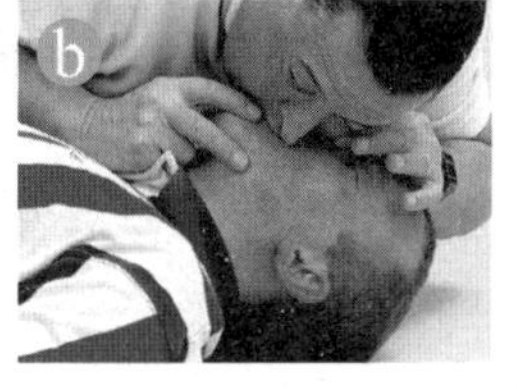

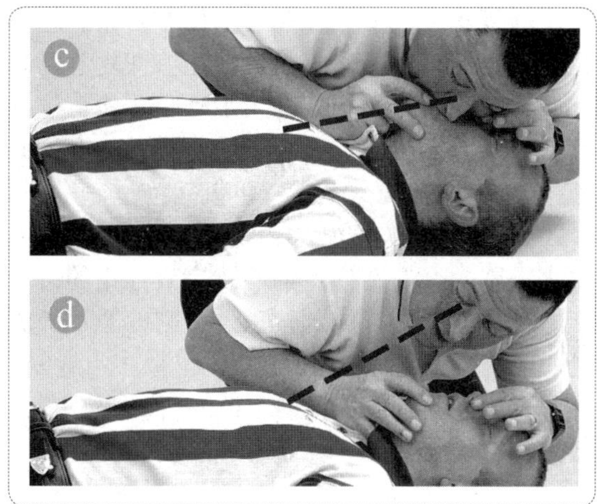

另一种不同于嘴对嘴的人工呼吸是嘴对鼻的人工呼吸。将伤者的嘴封紧然后往其鼻子内吹气，此时，也要封紧伤者鼻子四周，确保空气被有效地吹进鼻腔。

如果伤者的胸部没有鼓起，请作如下检查。

检查

1.伤者的鼻子是否已经适时捏紧。2.伤者的嘴和鼻子周围是否封紧。3.你吹气的时候是否足够用力。

如果你完成这些步骤之后，伤者仍未恢复呼吸，肯定是伤者的呼吸道被异物梗阻了。

胸部按压

这一急救措施是在伤者没有脉搏的情况下实施的。胸部按压以前被称为“心脏外部按摩”，其实这种说法并不准确。从胸部并不能对心脏进行按摩，只能够按压。

心脏占据了胸腔的大部分空间，而胸腔又处于胸 部前面的胸骨和后部的脊柱及其周围的肌肉之间。由于胸腔前部通常是活动的，所以可以将胸骨和肋骨向后轻轻地按压。朝着脊柱方向垂直按压可以将心脏中的血液压至身体组织器官中。由于心脏有瓣膜这一机制能确保血液沿着一个方向流动，因而对心脏施加的压力可以使血液顺着循环系统流动，这与心脏自发跳动时的血液流动完全一致。

虽然胸部按压做起来困难，但是这种方式是让伤者血液循环恢复正常的最好方法。这时，只要有空气输入伤者肺部，那么伤者就很有可能立刻恢复健康的脸色，放大的瞳孔也会再次恢复正常，其他一些显示伤者复原的迹象也将随之出现。紧接着伤者就能够恢复心跳和呼吸。胸部按压必须配合人工呼吸才能奏效。因为该措施的目的就是为了恢复伤者的有氧血液循环，所以你必须为其提供氧气。

该急救措施只能够由经过训练的急救人员来操作。只有在伤者的心跳完全停止的情况下，才能对其进行胸部按压。否则，原本微弱的心跳也会因此而停止。

如果现场只有一个曾经接受过急救培训的急救人员，可以采取以下急救措施对伤者实施急救。

实施胸部按压的急救措施

1.使伤者平躺，急救人员双膝跪在伤者身旁。2.找到伤者胸腔底部的肋骨，将一只手掌放到伤者胸骨上，离肋骨边缘大约两根手指宽的距离（a）。3.另一只手压在这只手上，手指向上翘起。身体向前倾，使肩膀处于伤者胸部上方。手臂伸直（b）。4.垂直向下按压（c）。如果是伤者是成人，可以将他的胸壁向下压4～5厘米。如果伤者是儿童，将他的胸壁向下压2.5～4厘米就够了。像这样以稍快于每秒钟按压一次的频率按压15次。你可以一边按一边快速地数：1，2，3，…15。5.嘴对嘴地向伤者输入两次氧气（d），确保将空气吹进伤者肺部。6.切记观察伤者胸部的起伏。7.重复步骤4～5，直到伤者出现恢复迹象，或救援到达或你筋疲力尽为止。8.每3分钟检查一次伤者颈部的脉搏。

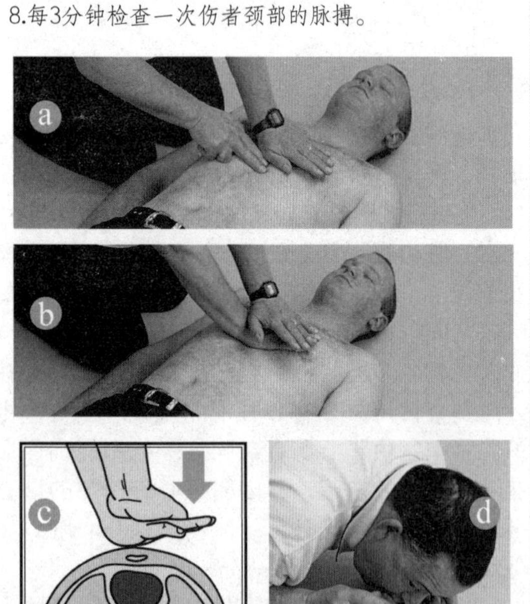

伤者恢复的迹象

• 伤者的肤色由青色、灰白色或紫色转为健康红润的颜色。

• 伤者恢复了脉搏。

• 伤者开始呻吟或者身体开始有反应。

• 伤者可以自己自由呼吸，不需要急救人员继续做人工呼吸。

二人轮流对伤者实施人工呼吸

二人轮流对伤者实施人工呼吸比单独一个人实施更轻松、更有效，因为两个人可以互相配合，一边向伤者肺部吹气，一边对伤者进行胸部按压。对伤者进行5次胸部按压后需要输入一次氧气，这时可以由一个人负责对伤者进行胸部按压，另外一个人负责检查伤者的呼吸道，并对伤者进行嘴对嘴的人工呼吸，同时检查伤者的脉搏。如果急救时间很长，两个人还可以在中途交换任务。

时间掌握很重要。胸部按压和人工呼吸不能同时进行。

具体步骤

1.一个人负责清理伤者的呼吸道并确定伤者是否停止了呼吸。2.为伤者输入氧气2次（a）。3.检查伤者的脉搏。4.另外一个人对伤者实施5次胸部按压（b）。5.对伤者胸部按压5次后输入氧气1次。6.重复步骤4～5，直到伤者复原或者救护车到达。7.每2分钟检查一下伤者颈部的脉搏（c）。

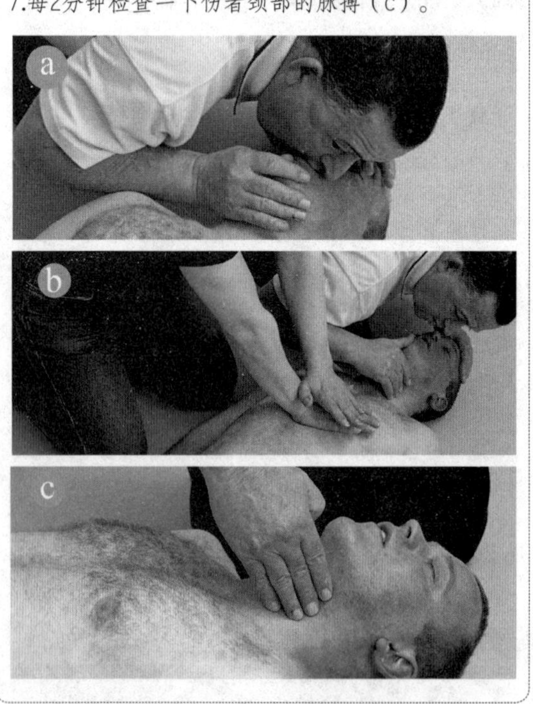

使伤者处于有利于恢复呼吸的状态

将完全失去意识或处于半昏迷状态的伤者平放在地上是非常危险的，因为这时他的肌肉松弛，使得在正常情况下能保持呼吸道畅通的功能失效，所以这时应该使伤者处于有利于恢复呼吸的状态，避免因为一些不恰当的举措给昏迷中的伤者带来危险。

伤者可能遇到的危险

• 伤者舌头向后蜷曲梗阻了喉咙，导致他无法吸入空气。

• 血块、呕吐物等物质进入呼吸道，因为伤者昏迷时张开的喉咙在接触到异物时无法像未受伤时那样自动关闭。

• 如果这些异物被伤者吸入体内会进一步梗阻呼吸道，导致更加严重或危险的情况。

日常生活中，人们常常由于不了解这些知识而造成了一些不必要的死亡，例如，让饮酒过量的人躺在地上导致其死亡等。

在伤者没有昏迷或伤者脊柱受伤等情况下，不要使用以上急救措施。但是，如果伤者的呼吸道梗阻了，必须立即清除他呼吸道内的异物。如果遇到有人昏迷躺在地上，首先要做的就是检查他的呼吸道是否畅通。

不要扔下伤者，独自走开。

具体步骤

1.急救人员跪在伤者身体一侧。2.将伤者靠近你身体的那只手臂向上方弯曲（a）。3.将伤者的另一只手臂绕过其胸部，并把手掌放在他的脸颊上（b）。4.让伤者的那只手掌一直放在他的脸颊上。将伤者离你身体远的那条腿膝盖弯曲（c）。5.轻轻地拉他的膝盖，使他转向你的身体（d）。6.伤者面向你侧身躺下后，把他弯曲的那条腿保持在他身体右侧（e）。7.轻轻地将伤者的头向后推，确保其呼吸道通畅，并检查伤者的呼吸状况（f）。

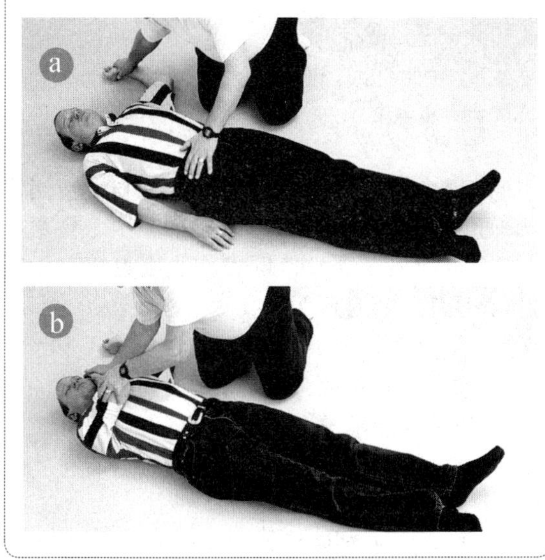

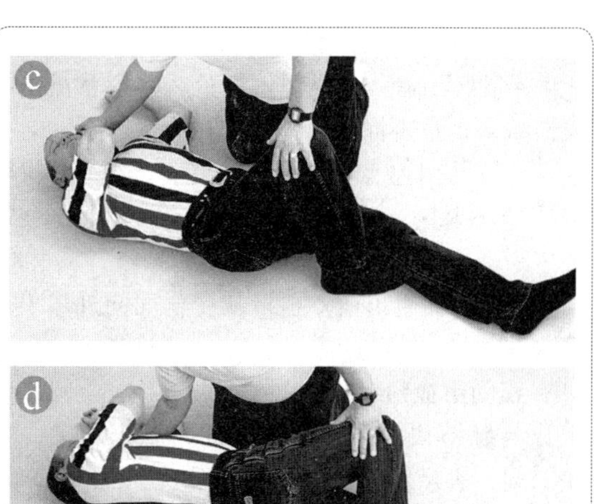

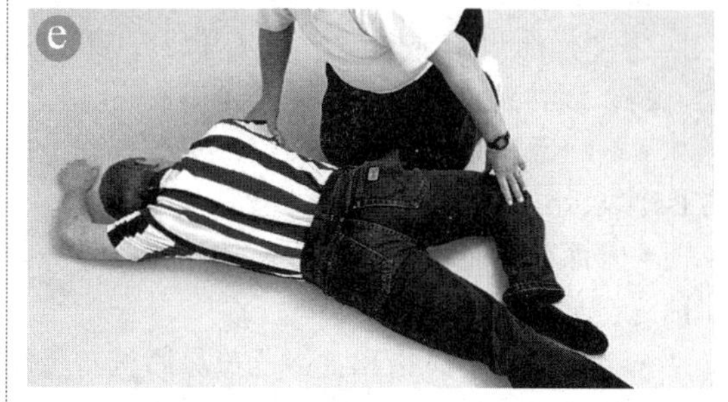

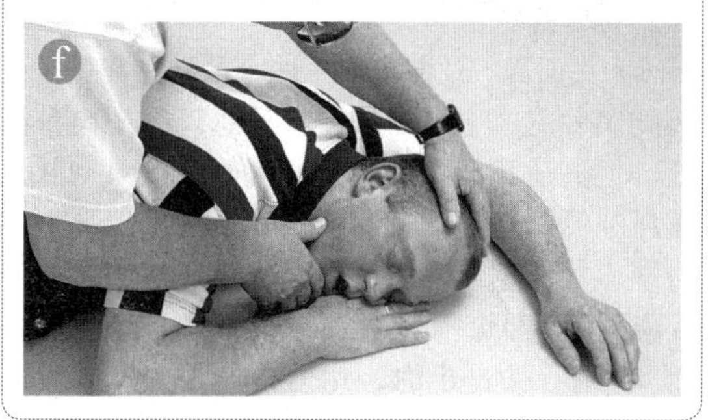

止血

失血症状及影响

成人的血液占其体重8%。失血量达总血量20%以上的，会出现头晕、头昏、脉搏增快、血压下降、出冷汗、肤色苍白和尿量减少等症状。失掉总血量的40%就有生命危险。大出血时禁止饮水。

出血类型

内出血主要从两方面判断。

• 从吐血、便血、咯血或尿血，判断胃、肠、肺、肾或膀胱有无出血。

• 根据有关症状判断，如出现面色苍白、出冷汗、四肢发冷、脉搏快而弱、以及胸、腹部有肿胀、疼痛等，这些是重要脏器如肝、脾、胃等的出血体征。

外出血可分为三种。

• 动脉出血：血液呈鲜红色，喷射状流出，失血量多，危害性大。

• 静脉出血：血液呈暗红色，非喷射状流出，若不及时止血，时间长、出血量大，会危及生命。

• 毛细血管出血：血液从受伤面向外渗出，呈水珠状。

夜间出血判断

凡脉搏快而弱，呼吸浅促，意识不清，皮肤凉湿，表示伤势严重或有较大的出血灶。

止血法

迅速、准确和有效地止血，是救护中极为重要的一项措施。

指压止血法

用手指压迫出血血管（近心端），用力压向骨胳，以达到止血目的。适用范围：

• 头项部出血：在伤侧耳前，对准耳屏上前方1.5厘米处，用拇指压迫颞动脉，即太阳穴。

• 颜面部出血：用拇指压迫伤侧下颌骨与咬肌前缘交界处的面动脉。

• 鼻出血：用拇指和食指压迫鼻唇沟与鼻翼相交的端点处。

• 头面部、颈部出血：四个手指并拢按压颈部胸锁乳突肌中段内侧，将颈总动脉压向颈椎处。但需注意不能同时压迫两侧的颈总动脉，按压一侧颈总动脉时间也不宜太久，以免造成脑缺血坏死，或者引起颈部化学和压力感受器反应而危及生命。

• 肩、腋部出血：用拇指压迫同侧锁骨上窝，按压锁骨下动脉。

• 上臂出血：一手抬高患肢，另一手四个手指在上臂中段内侧，按压肱动脉。

• 前臂出血：抬高患肢，用四个手指按压在肘窝肱二头肌内侧的肱动脉末端。

• 手掌出血：抬高患肢，用两手拇指分别压迫手腕部的尺、桡动脉。

• 手指出血：抬高患肢，用食指、拇指分别压迫手指两侧的指动脉。

• 大腿出血：以双手拇指在腹股沟中点稍下方，用力按压股动脉。

• 足部出血：用两手拇指分别压迫足背动脉和内踝与跟腱之间的胫后动脉。

屈肢加垫止血　当前臂或小腿出血时，可在肘窝、腘窝内放入以纱布垫、毛巾、衣服等物品，然后屈曲关节，用三角巾作8字形固定。注意有骨折或关节脱位者不能使用。

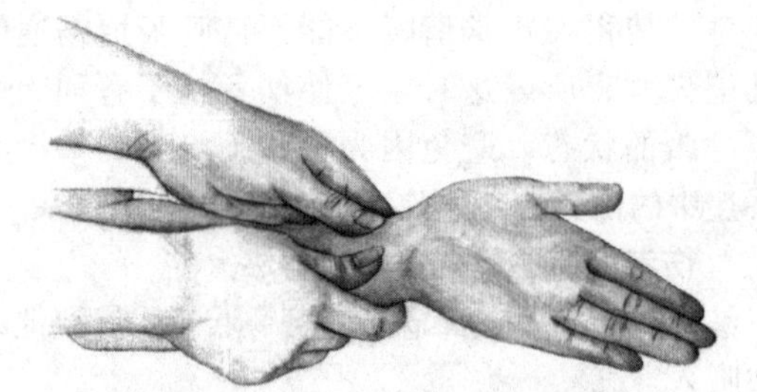

手掌出血止血法

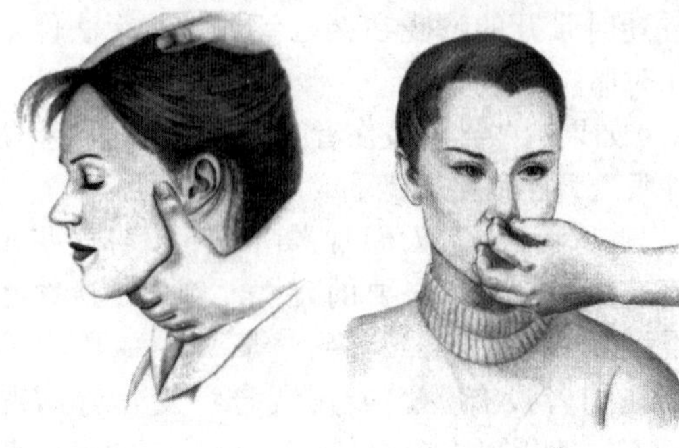

头项部出血止血法　　鼻出血止血法

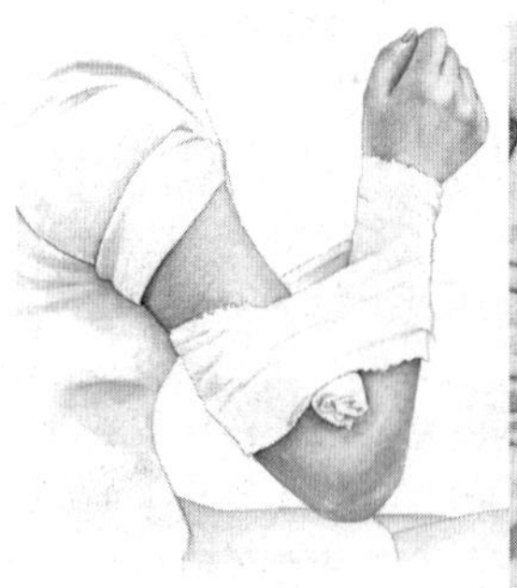

屈肢加垫止血法

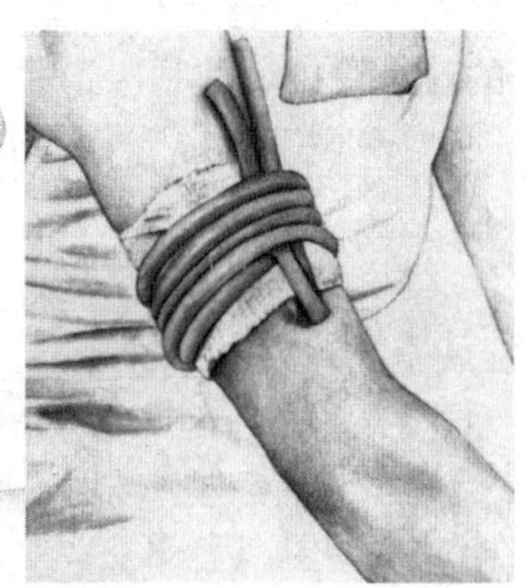

橡胶止血带止血法

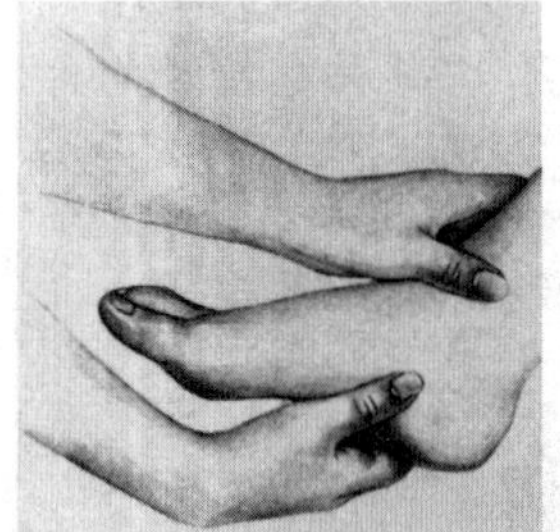

足部出血止血法

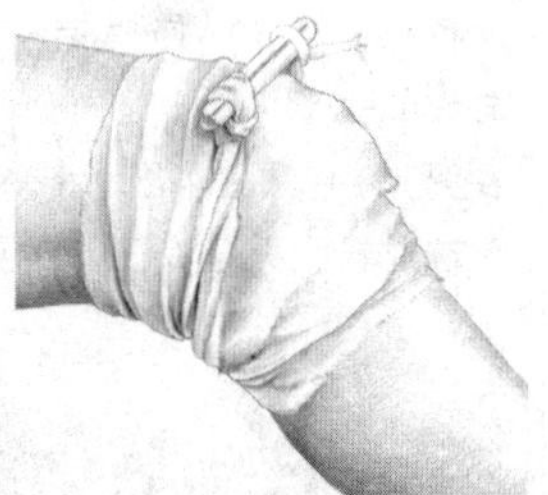

绞紧止血法

橡皮止血带止血　掌心向上，止血带一端留出15厘米，一手拉紧，绕肢体2周，中、食两指将止血带的末端夹住，顺着肢体用力拉下，压住“余头”，以免滑脱。

使用止血带要领

• 快——动作快，可以争取时间。

• 准——看准出血点。

• 垫——垫上垫子，不要把止血带直接扎在皮肤上。

• 上——扎在伤口上方（禁止扎在上臂中

段，这样做易损伤神经）。

• 适——松紧适宜。

• 标——加上红色标记，注明止血带扎系日期、时间要准确到分钟。

• 放——每隔1小时放松止血带1次，每次时间不超过3分钟，并用指压法代替止血。

绞紧止血　把三角巾折成带形，打一个活结，取一根小棒穿在带形外侧绞紧，然后再将小棒插在活结小圈内固定。

伤者大量出血时如何按压伤口

在伤者流血不止的严重情况下，可以直接用衬垫或绷带按压伤口，这样可能会使动脉暂时停止流血，但这是不得已而采用的方法。除此以外，可以采用间接按压伤口动脉的方法，这时伤口内的骨头也是挽救生命的关键，因为急救人员必须用力按压，把伤者的动脉固定在伤口内的骨头上才能止血。事实上，间接按压动脉的方法只能运用在手臂和腿的大动脉上。如果方法使用得当的话，该措施可以截断身体向四肢的血液输送。

最佳按压点

手臂的肱动脉（a）是顺着上臂的骨骼内侧向下流动的，所以最好的按压部位应该是上臂内侧下部。腿部的股动脉（b）是从腹股沟与骨盆交界处流向腿部的，因而腹股沟便是按压的最佳部位。

每次切断动脉供血时间不要超过15分钟，否则可能会导致按压部位的组织死亡。

千万不要使用止血带。

给手臂止血

1.举起伤者受伤的手臂，高过伤者的头。2.用你的手指紧紧压住伤者上臂内侧的肌肉，直到你感觉到伤者肌肉下的骨头（a），同时看到血流量明显减少为止。

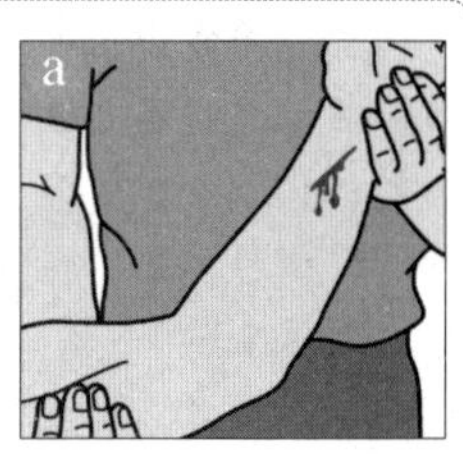

给腿止血

1.使伤者平躺，双膝微微弯曲。2.急救人员用手掌根部位牢牢按住伤者腹股沟处的动脉，如果知道动脉的确切位置的话，也可以用大拇指按压（b）。你必须用力按压，才能够止血。

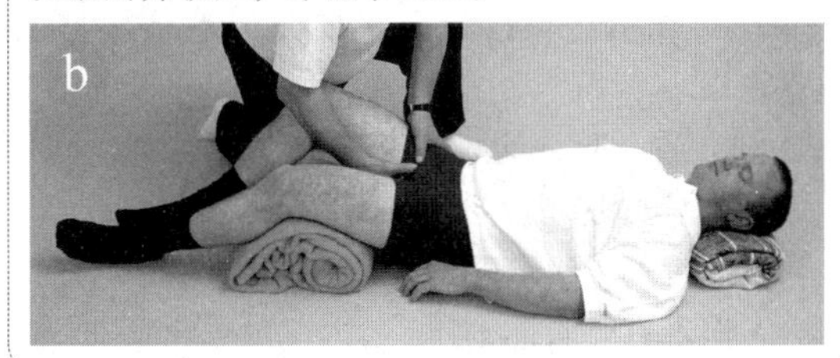

观察记录表

在等待救助人员到来之前填写此表，每10分钟做一次记录，这份记录对进一步的医疗救助有着重要的价值。在伤病者离开时，让医疗人员带走这份记录。

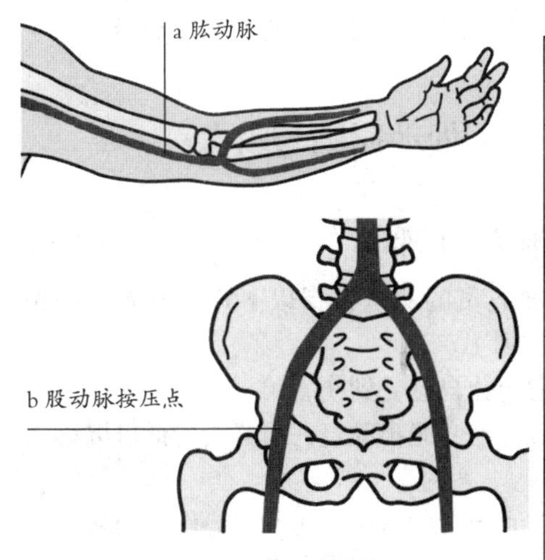

日期	伤者姓名						
观察时间（每10分钟一次）		10	20	30	40	50	60
眼睛 测试反应时，观察其表现	自然地睁开眼4 说话、呼吸时睁开眼3 疼痛刺激时睁开眼2 无反应1						
语言 测试反应时，在伤病者耳边清晰、简洁地讲话	清楚地回答问题5 言语表达混乱4 使用不恰当的词汇3 无法听懂的声音2 无反应1						
运动 应用疼痛刺激，捏耳垂或手背的皮肤	服从命令3 对疼痛刺激有反应2 无反应1						

检查脉搏和呼吸（在表格内画"√"）							
观察时间（每10分钟一次）		10	20	30	40	50	60
脉搏（次/分钟	>110						
测腕部脉搏或成年人颈	101～110						
动脉搏动处，婴儿手臂	91～100						
内侧；记录脉搏频率及	81～90						
性质，如弱、强，有规	71～80						
律、无规律等	61～70						
	<60						
呼吸（次/分钟）	>40						
记录频率及性质，如	31～40						
半稳、急促，容易、	21～30						
困难等	11～20						
	<11						

急救前的初步检查

在对伤员进行诊断时，要充分地运用自己的感官。

问、看、听、闻、思考和行动。

在紧急情况下，要先确定以下几点。

- 伤者的呼吸道畅通。
- 伤者有呼吸能力。
- 伤者有脉搏，没有动脉流血现象。
- 颈部受伤的人员没有被移动。

如果伤者还有知觉，对气管和呼吸道的检查就不是必须进行的了，这时检查可以从和伤者的谈话开始。要求他们描述一下自己的症状，并让他们告诉你他们自己认为哪儿有问题。

伤者失去知觉时，可能是因舌根下坠引起了呼吸道阻塞。

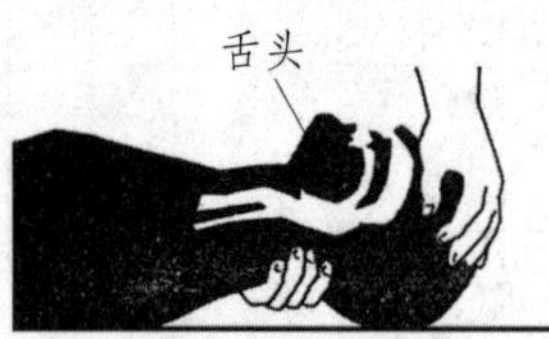

一只手向下按伤者的前额，另一只手轻轻抬起他的后颈部。

一只手放在伤者的前额，另一只手轻轻向上推他的下巴。

呼吸道

当伤者仰面朝天躺着、毫无知觉时，他的呼吸道可能被异物（如呕吐物或假牙）所堵塞，或者是由于失去知觉时其头部的位置不适而导致的舌根下坠引起呼吸道堵塞。在检查时，可将自己的耳朵紧贴他的嘴，并看着他的胸部，如果你听不到任何声音也感受不到他的胸部起伏，就必须采取行动以保证他的呼吸道畅通。

①在向下按住他前额的同时轻轻抬起他的颈部。

②一只手放在他的前额，另一只手轻轻地向上推其下巴——这可以让舌头移动。此时再听一下他的呼吸。

③如果他仍然没有呼吸的迹象，将其头部转向一侧，用两根手指擦去他口腔内的任何残留物。一定要小心，注意不要将任何东西更深地推进他的喉咙。

④将他的头部转回正常位置，然后再听一下呼吸。

呼吸

如果伤者开始恢复呼吸，马上将他们按恢复姿势放置。如果他呼吸沉重或者有杂音，再次检查其口腔内是否有残留的阻塞物。

如果在完成了以上检查后伤者仍然没有任何呼吸的迹象，问题就可能出在伤者的循环系统，即心脏已经停止向全身输送血液。那么，你首先必须让伤者呼吸（不管是否有脉搏）。

循环系统

检查伤者的脉搏可以判定他的心脏是否还在跳动。这可以通过以下任何一种方法进行检查。

- 用指尖沿着伤者喉结的一侧向后颈部轻轻滑动，直到能感觉到一条软软的凹槽。轻轻地按住此点。
- 把指尖轻轻地放在伤者大拇指一侧的手腕前部距腕关节大约1厘米处。

如果伤者有脉搏，就将其按恢复姿势放置。如果感觉不到有脉搏，那就需要急救。

处理原则与职责

急救人员的职责

急救人员的职责包括以下几个方面（按先后顺序排列）。

- 避免让自己受到伤害。
- 确保伤者脱离险境，有必要的话可以移动伤者。
- 检查伤者的状况，对其伤势作出诊断。
- 有必要的话立即采取急救措施。

只做力所能及的事。切记，随救护车前来的医务人员比外行的急救人员更专业。

不要试图对伤者的状况进行过于详细的诊断。这样的诊断在伤者被送到医院后会由专业的医生来做。

在处理轻微伤害时，不要对伤者使用绷带或其他不必要的东西，只需对伤者实施基本的急救措施即可。

紧急事故的处理措施

急救人员必须尽快检查伤者的伤势：确认是否已经濒临死亡或者更糟。

检查伤者的状况

1.检查伤者的呼吸道是否通畅（a）。2.检查伤者是否有呼吸（b）。3.检查伤者是否有脉搏（c），确定伤者心跳是否停止。4.检查伤者是否有严重出血情况。5.检查伤者是否出现休克现象。

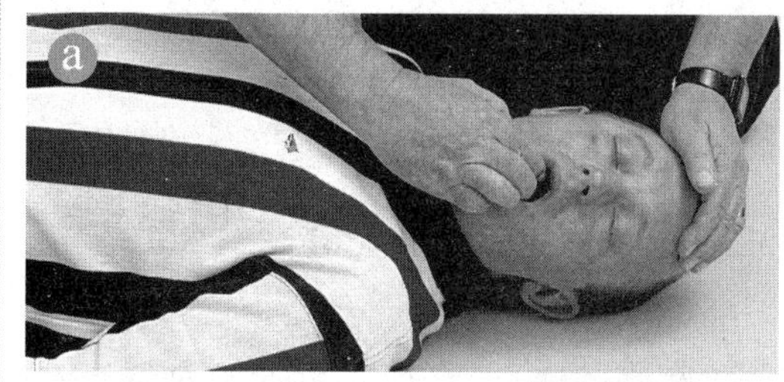

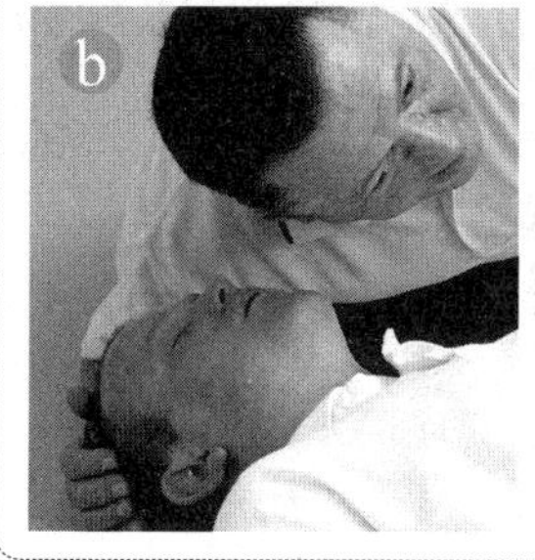

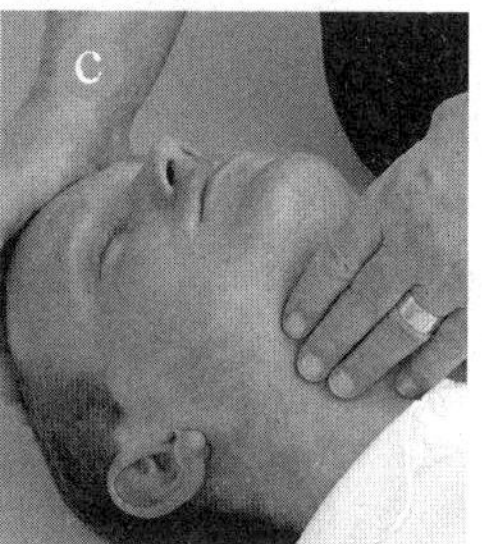

实施急救行动

1.如果伤者呼吸道梗阻，立即清理呼吸道。2.通过为伤者做人工呼吸为伤者输入氧气。3.如果伤者心脏停止跳动，要立即进行胸部按压。4.如果伤者大量出血，要立即止血。5.如果伤者出现休克现象，要立即采取措施以防止出现更严重的休克现象。6.在你确定伤者暂时没有生命危险或其他严重情况后，立即请求别人（如果当时有其他人在场的话）叫救护车。如果当时只有你一个人在现场，你应该先留下来检查伤者的状况，然后再等有人经过时求助或者自己拨打电话求助。7.安抚伤者。尽力安抚尚有意识的伤者，使他保持清醒，告诉他救援很快就到、他会很快好起来，等等，让伤者充满希望。

• 如果很难再有其他人经过现场，你必须先使伤者脱离危险，然后再去寻求支援和饮水。

除非是严重烧伤的伤者可以喝一点水，否则不要让伤者进食和饮水。

除非是特殊需要，否则不要轻易移动伤者。

不要因为伤者伤势非常严重而恐慌地尖叫，做出一些不当行为。

避免引起尚有意识的伤者休克。

特殊事故和伤害

烧伤与烫伤

尽快脱去伤者身上燃着的衣物并用水冷敷烧伤部位，减轻烧伤和烫伤程度。滚烫的湿衣物仍然会烫伤伤者，所以必须在脱去之前用水将衣物冷却。

如果燃着的衣物粘在了伤者的皮肤上，不要强行脱去伤者衣物。

伤口感染

必须包扎好伤者暴露在外的伤口，以免引起感染。

昏迷的伤者

必须清理昏迷伤者的呼吸道。

骨折

为了避免引起伤者进一步骨折或拉伤肌肉组织，可以固定伤者受伤的腿，减少受伤部位的活动。

如果已经叫了救护车，就不要使用临时夹板来捆绑伤者的腿，因为救护人员会带来更专业的医疗设备。

体温

为伤者裹上毛毯，保持体温。

不要用热水袋或过多的衣物包裹伤者，这容易导致伤者因体温过高而引起血管扩张、皮肤发红，甚至突然休克。

紧急事故处理须知

急救人员或其帮手在拨打120或请求其他援助时必须向对方提供以下基本信息：

• 拨叫方的电话号码，以便需要时再次联系。

• 事故发生的具体地点，越具体越好，例如在哪条路上或事故现场旁边有什么显著标记等。

• 事故的性质、严重程度和紧急程度等。

• 伤者的伤势情况。

• 伤者的年龄、性别等基本情况。

• 造成事故的危险品的名称，如煤气、电、化学物质等。

搬动伤者

急救人员在实施急救时首先应该做的就是保护好伤者的身体，让伤者的身体处于舒适位置。如果处理马虎，可能会导致伤者伤势恶化甚至带来生命危险。

何时需要搬动伤者

一般说来，只有在确实无法获得医务救援或伤者当时有生命危险时才能搬动伤者。如以下几种情况。

• 在车流量大的马路上，为避免造成交通阻塞。

• 在危险的建筑物里，如房屋着火或倒塌等。

• 在充满煤气或其他毒气的房间里，如充满一氧化碳的车库。

搬动伤者之前的准备工作

• 如果不得不搬动伤者，急救人员必须首先判断一下伤者伤势的性质和严重程度，尤其是脖子和脊柱部位的伤。如果伤者的头部、脖子、胸部、腹部和四肢等部位受伤，必须用物体支撑住受伤部位再进行移动。

• 如果无法确定（仍然有意识并能自由呼吸的）伤者的伤势严重程度，就按伤者被发现时的姿势来移动伤者。

不要移动因挤压而受伤的伤者，否则会给伤者带来更大的伤害。在只有一个急救人员在场的情况下，尽量寻找外援，不要擅自移动伤者。

搬动伤者的基本规则

在伤者需要搬动的情况下，急救人员必须严格按照下面的步骤来搬动伤者。

基本规则

急救人员必须：

• 靠近伤者。

• 两脚分开，保持平稳站立。

• 双膝弯曲，半蹲，不要弯腰（a）。

• 背部挺直（b）。

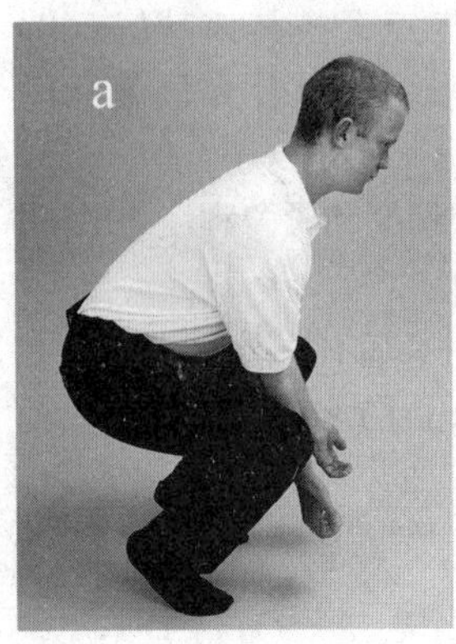

• 双手紧紧抓住伤者身体。

• 双腿（而不是背）用力，将伤者背起，同时用肩膀支撑住伤者的身体。

• 如果伤者身体向下滑，就让其轻轻滑落在地上，以免对伤者造成进一步伤害。

不要阻止伤者下滑，否则可能会弄伤你的背。

不要试图单独搬动体重过重的伤者，如果能获得帮助的话，最好几个人一起搬动伤者，可以避免对伤者造成额外的伤害。

注意事项

搬动伤者的方式很多。无论何时，使用这些方法时都必须注意以下要点：

• 寻找帮手。

• 确定伤者的身高和体重。

• 确定伤者需要被搬动的距离。

• 搬动伤者时要经过的地方的地形。

• 伤者伤势的类别及严重程度。

现场只有一个急救人员

拖动伤者

在伤者无法自己行走，也没有足够的人手抬伤者，又必须马上转移伤者的情况下可以采用以下措施。

拖动伤者

1.将伤者的手臂在其胸前交叉（a）。2.解开伤者身上的外套，卷到伤者头部下方（b）。3.蹲在伤者身后，抓住他肩膀上的衣服，慢慢地拖动伤者（c）。

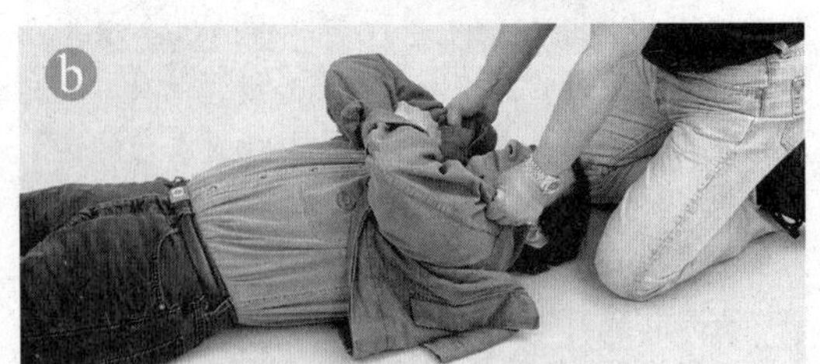

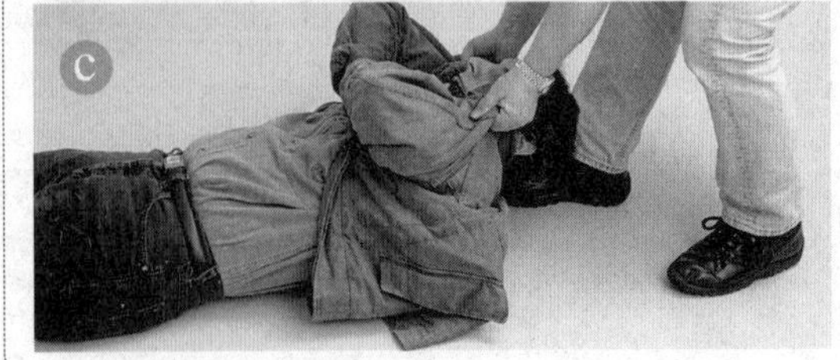

• 如果伤者没有穿外套，你可以两手顶住伤者的腋窝拖动他。

搀扶伤者

当伤者在旁人搀扶下可以自己行走时采用以下方法。

搀扶伤者

1.站在伤者受伤的一侧。2.将伤者的一只手臂绕在你的脖子上，并抓住这只手。3.用你的另外一只手绕过伤者的腰，抓住伤者的衣服，搀扶伤者前进。

若伤者的上肢受伤，不能采用以上方法。

手呈摇篮状抱起伤者

这个方法只针对儿童或体重较轻的伤者。

像消防人员扛升降机一样扛起伤者

如果急救人员无法采用以上方式，而又必须立刻转移伤者时，可以采用这个方法。这时不要求伤者有意识，但伤者必须是儿童或体重很轻者。

扛起伤者

1.帮助伤者站立起来。2.用右手握住伤者腰的左侧（a）。3.膝盖弯曲，身体向前倾，小心地将右肩放在伤者的腹股沟下，将伤者的身体扛起来，并使之自然地从你的肩和背俯下去。用右臂从伤者腘窝处绕过去并握住（b）。4.站起身，调整伤者的姿态，让其平稳地趴在你的肩膀上（c）。

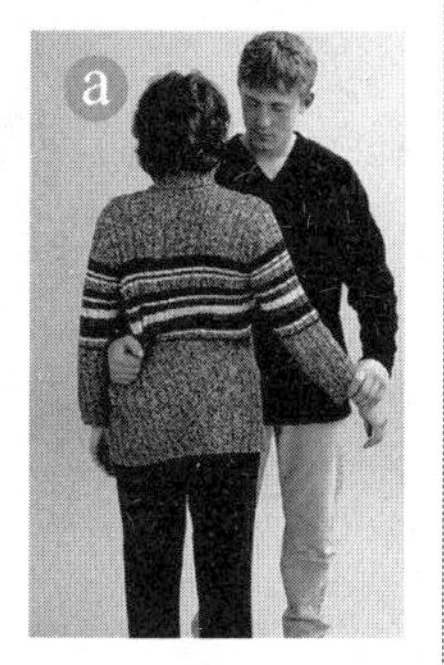

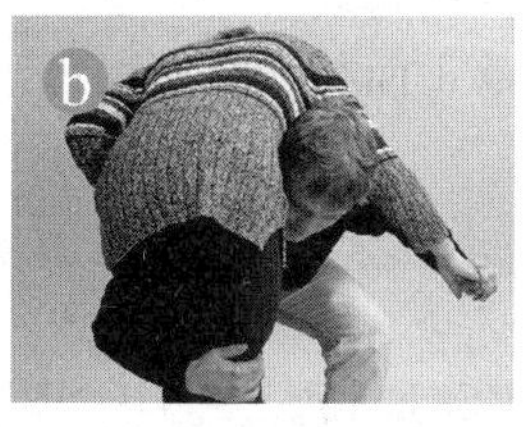

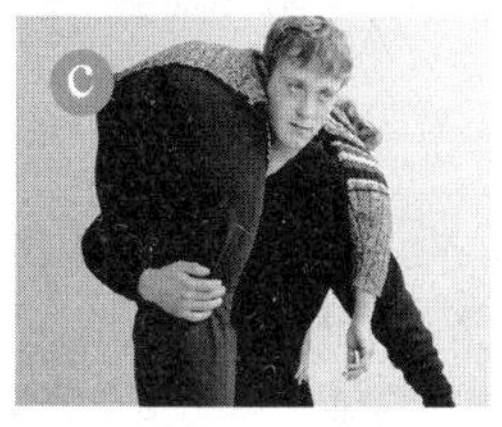

• 如果伤者无法站立，不得已时可以翻转他的身体，让他面部向下，并使他双膝跪地支撑住身体呈直立姿态。然后急救人员从正面靠近伤者，用两只手臂穿过伤者腋窝使他站立起来。

现场有两个急救人员

如果现场有两个急救人员，可以用手为伤者搭一个座椅来搬运。

四手“扶椅”

在伤者能够用手臂配合急救人员的情况下可以采用这种方法。

四手“扶椅”法搬动伤者

1.两个急救人员分别用右手抓住自己的左手腕，左手抓住对方的右手腕（a）。2.二人同时蹲下。3.伤者坐在急救人员的手臂上，并用两只手臂搂住两位急救人员的脖子（b）。4.两个急救人员同时站起身。5.同时迈出位于外侧的一只脚，然后步调一致向前进。

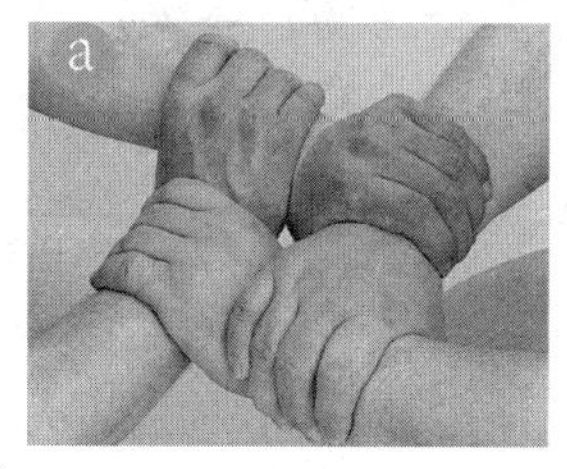

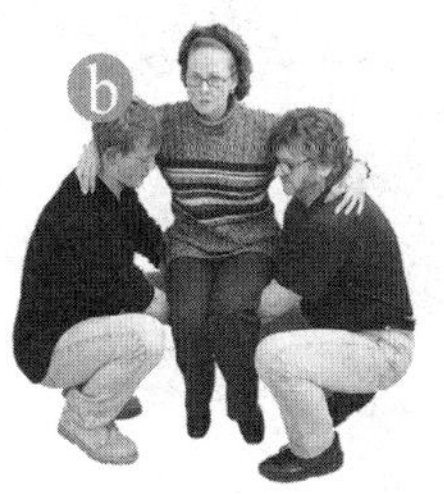

两手“扶椅”

在伤者手臂受伤、无法配合急救人员行动的情况下，通常可以采用这种方法。

两手“扶椅”法搬动伤者

1.两个急救人员面对面蹲在伤者的两侧。2.二人各伸出一只手臂，交叉放在伤者的背后，同时抓紧伤者的衣服（a）。3.二人各自将另外一只手臂放在伤者大腿下，同时握紧对方手腕，轻轻抬起伤者（b）。4.两位急救人员同时站起，并同时迈出外侧的一只脚，然后步调一致向前进。

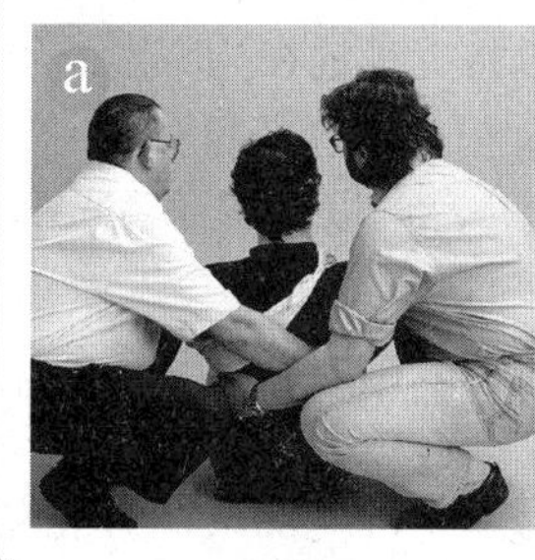

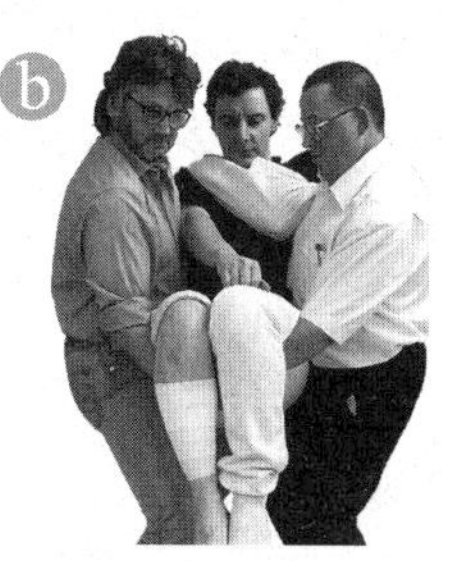

• 如果伤者没有穿可供急救人员抓握的衣服，必要时，可以互相抓住对方的手腕。

利用椅子搬运

如果需要将伤者搬动很长距离，或需要上下楼梯，那么使用椅子来搬动伤者是最合适的了。但是，该方法只适合有意识且伤势轻微的伤者。

用椅子搬动伤者

1.确保椅子可以承受伤者的体重。2.确保搬动途中没有任何障碍物。3.用桌布或者大绷带将伤者的躯干和大腿固定在椅子上（a）。4.两位急救人员分别站在椅子的前后位置。将椅子向后倾斜（离开地平面约30°角），然后抬起（b）。5.一个急救人员支撑住椅背及伤者；另外一个面对伤者，抓住椅子前腿，顺着走廊或楼梯小心地往后移动。

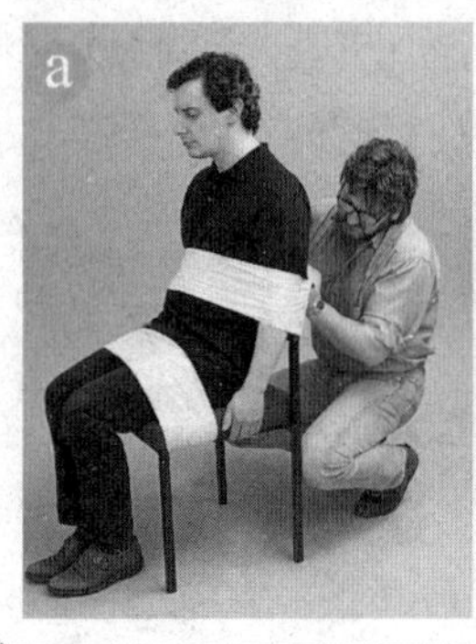

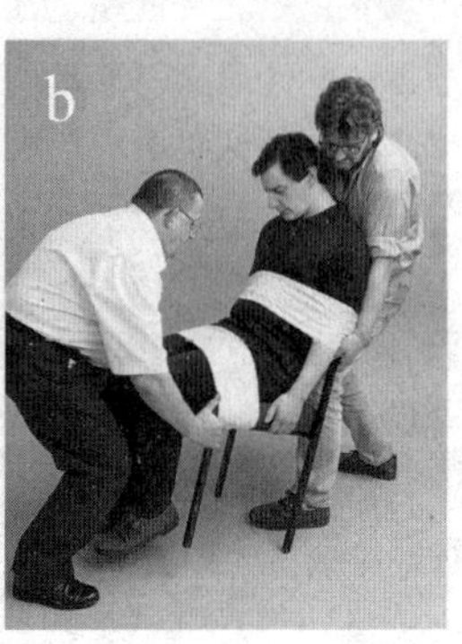

•如果楼梯或者走廊足够宽敞，急救人员可以站在椅子两侧，两人各自抓住椅子的一条前腿和一条后腿，向前移动。

将椅子倾斜前要告诉伤者，避免伤者进一步受伤或受惊吓。

担架

如果要将伤者移动很远的距离，可以使用担架。如果现场没有担架，可以利用外套等物品制作一个简易担架。在使用担架时，最基本的原则是：使伤者的头、脖子和身体的位置在同一条直线上，并确保伤者的呼吸道畅通。

•如果有毛毯，可以将毛毯铺在担架上。当伤者躺上去之后，再用毛毯把他包裹起来。

如果当时没有外套等，可以用以下物品代替：

•结实的麻布袋：在布袋的底部戳几个洞，用棍子穿过去。

•宽绷带：可以将宽绷带的两头系在两根棍子上，每隔一定距离系一条，把两根棍子连接起来。

•结实的毛毯、防水油布或者布袋：把它们铺展开来，将棍子放在两边恰当的位置，接着用毛毯等物从两边将棍子裹起来固定住，抬起来后要使毛毯能承受伤者的体重。

把伤者移上担架

1.一个人小心地翻转伤者的身体使未受伤的一侧贴地。2.另外一个人将担架放在伤者的身下。3.伤者躺上去后再小心地翻转担架使其平放在地板上。

•如果伤者已经昏迷，让伤者趴在展开的担架上，并使其处于最有利于恢复呼吸的状态。

现场有两个以上的急救人员

翻转脊柱受伤的伤者

当伤者发生呕吐现象时，务必使其身体侧躺，以免他在平躺时呕吐物被吞入而引起不适，造成伤势恶化。

这项工作需要6个急救人员共同完成。

翻转脊柱受伤者

其中3个人在伤者身体一侧，另外2个人在伤者身体另一侧，还有1个人在伤者的头部位置，6个人共同合作，把伤者身体翻转到侧躺状态。翻转伤者时要非常小心，不要扭动或弯曲他受伤的脊柱。

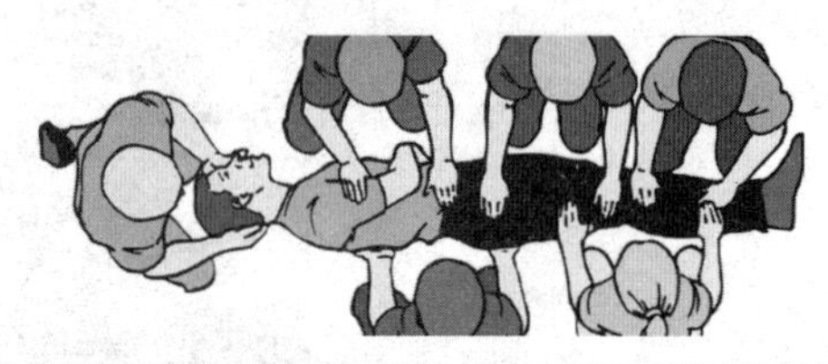

确保伤者的头部与其身体正面处于同一水平面。

移动脊柱骨折的伤者

这项工作需要7个人共同完成。

一定要确保伤者头部正面与身体正面处于同一水平线。

移动脊柱受伤者

1.紧紧固定住伤者的头、肩膀和骨盆，在脚踝、膝盖和大腿之间放上软垫等物（a）。2.把伤者的双腿

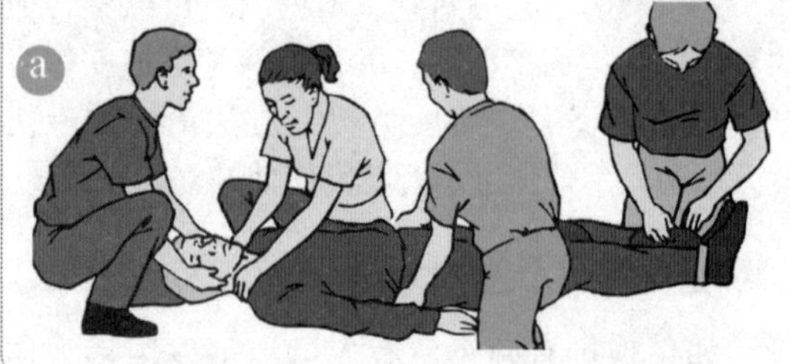

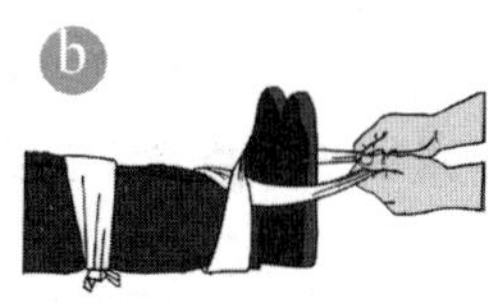

绑在一起。用8字形绷带将伤者的双腿绑在一起（b）。3.在伤者身体两侧分别站3个人。4.剩下的一个人蹲在伤者的头部位置，查看伤者身体的中轴线，使伤者头部正面与脖子正面处于同一水平线上，将两只手分别放在伤者头部的两侧便可检测二者是否处于同一水平线。处于伤者头部位置的急救人员指挥其他急救人员的行动。5.轻轻挪动伤者身体，急救人员把手臂放在伤者身体下方，将伤者抬起（c）。

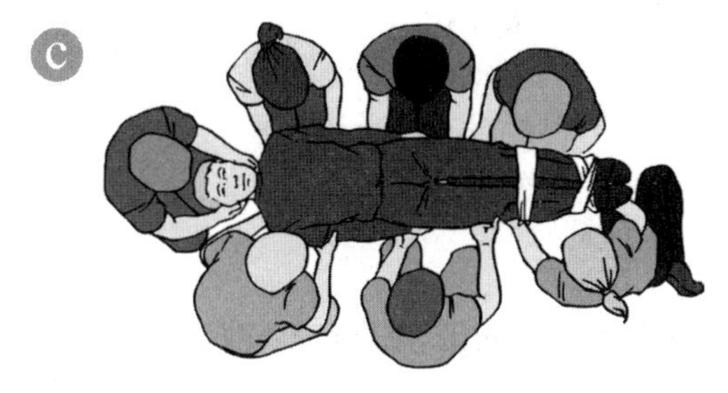

脱去伤者身上的衣物

脱去伤者的外套

有时为了便于检查伤者的伤势或治疗伤者，必须脱去伤者的衣物。当然，有时候也并不需要脱去伤者的衣服就能够检查到伤势，如骨折，还有一些伤口可以直接从明显破裂的衣服外看到。

如果必须脱去伤者的衣物，也要尽量在不影响伤者的情况下脱去他的少量衣物。对于清醒的伤者，要先征求他的意见才可以脱去他的衣物。

如果伤者是位女性，有时必须将其身上过紧的内衣解开。

如果不是非常必要的话，尽量不要脱去伤者的衣物，因为脱衣物时可能会给伤者带来一些额外的伤害。

脱去（手臂受伤的）伤者的外套、衬衫和内衣

1.抬起伤者的上半身，将外套从他的肩膀往下拉（a）。2.弯曲伤者未受伤的手臂，并将它从衣袖中抽出。3.轻轻地将另一只衣袖从受伤的手臂上脱下（b）。

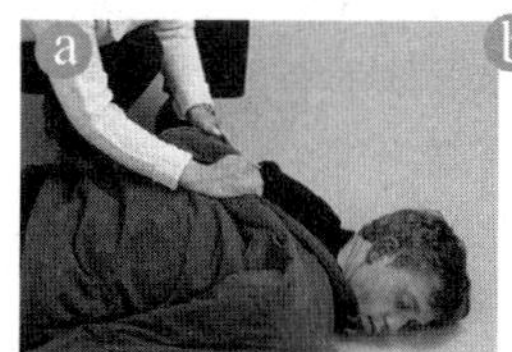

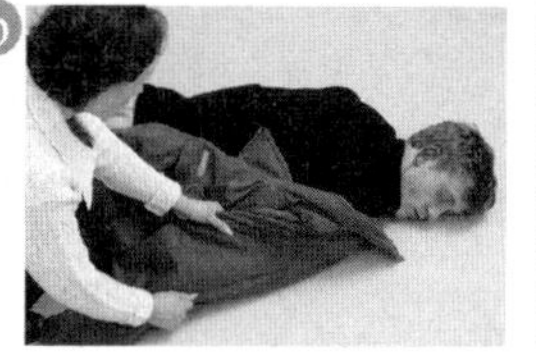

• 如果这样脱起来有困难，可以沿着伤者受伤的手臂将上衣的缝合处撕开，这样可能更安全。

脱去（腿受伤的）伤者的裤子

1.如果伤者的小腿或膝盖受伤了，可以将裤管卷起来（a）。2.如果伤者大腿受伤了，从伤者腰部将裤子褪下（b）。

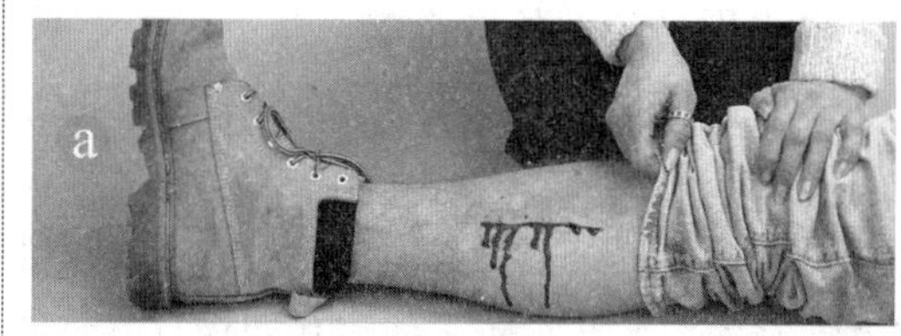

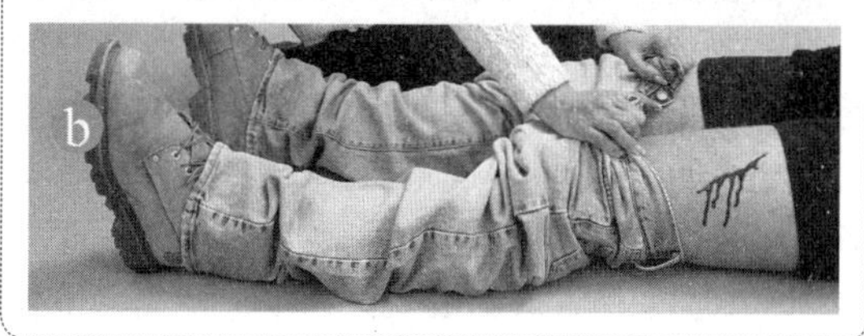

• 如果这样脱起来有困难，急救人员可以从裤管的缝合处将裤管撕开。

脱去（脚受伤的）伤者的鞋子

1.固定住伤者的脚踝（a）。2.剪掉或解开鞋子上所有的带子（b）。3.脱去鞋子（c）。

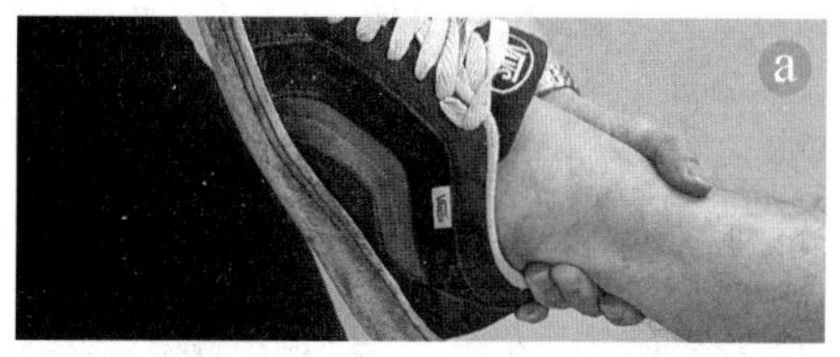

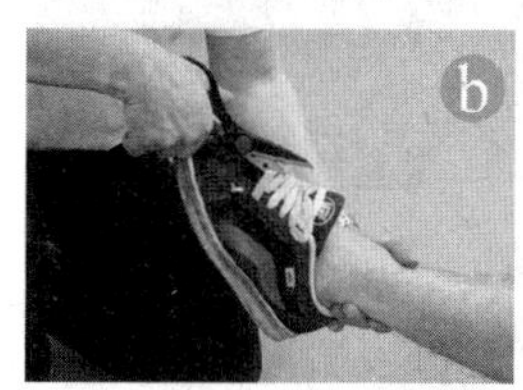

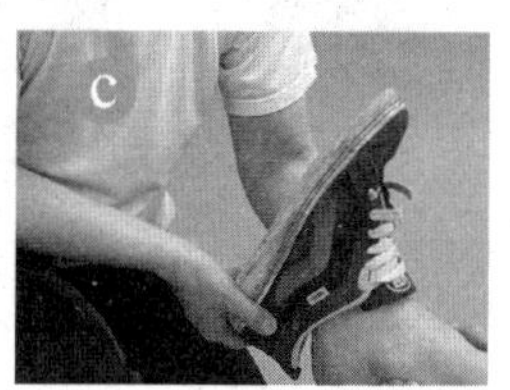

• 如果伤者穿的是长靴，很难脱下，急救人员可以用锋利的刀片从靴子后面的缝合处小心地将其割开。

脱去伤者的袜子

如果急救人员按照正常方式去脱伤者的袜子很困难的话，可以采用如下方法。

脱去伤者的袜子

1.将两个手指放在伤者的腿和袜子之间。2.将袜子的边提起，从急救人员的两个手指之间剪开袜子。

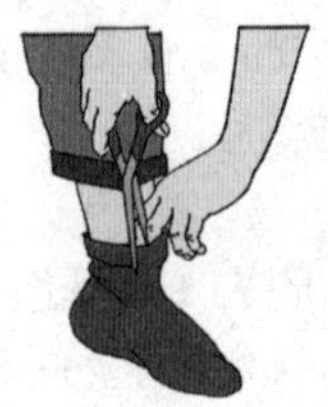

脱去伤者头上的安全帽

下面介绍脱去伤者头上两种不同的安全帽——透气型安全帽和盔式带玻璃罩安全帽——的方法。一般情况下，强烈建议急救人员不要脱去伤者头上的安全帽，因为在如颈骨骨折之类的事故中，这样做可能会导致伤者瘫痪甚至死亡。大部分情况下，安全帽可以保护头部避免受到严重伤害。如果不得不脱去伤者的安全帽时，必须注意以下事项。

- 在脱去伤者头上的安全帽之前，先摘下伤者的眼镜。
- 如果伤者能够自己脱去头上的安全帽，那是最好不过了。

脱去伤者的透气型安全帽

1.一个人解开或割断系在伤者下巴的安全帽带子（a）。2.另外一个人用手托住伤者的头和脖子。3.用两只手分别托住安全帽的两侧。4.把安全帽向上和向后拉，便可以脱去（b）。

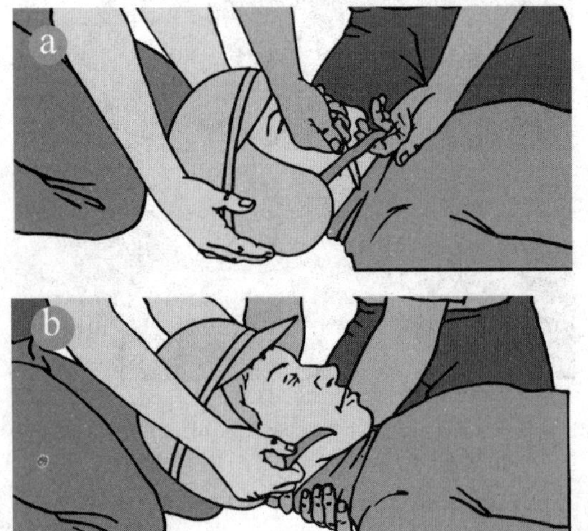

脱去伤者头上的透气型安全帽

透气型安全帽就是只盖住头部，脸部露在外面的安全帽。这项工作需要两个急救人员共同完成。

脱去伤者头上的盔式带玻璃罩安全帽

这项工作也需要两个急救人员共同完成：一个人用手托住伤者的头和脖子，另一个人脱去伤者的安全帽。

除非是在伤者有生命危险的情况下，否则千万不要试图脱去伤者头上已经破碎的盔式带玻璃罩安全帽。例如遇到以下几种情况就不得不脱去伤者的安全帽。

- 安全帽阻碍了伤者呼吸。
- 伤者已经没有呼吸和脉搏。
- 伤者发生呕吐现象。

脱去伤者的盔式带玻璃罩安全帽

1.其中一个人将两只手分别放在安全帽的两侧，用手托住伤者下颌，使其头部保持平稳。2.另外一个人解开或剪掉系在伤者下巴上的安全帽带子（a）。3.使伤者的头骨和下颌骨保持不动（b）。4.将安全帽往后倾斜，露出伤者的下巴和鼻子（c）。5.再将安全帽向前倾，轻轻往上脱离伤者头部（d）。6.脱下安全帽（e）。

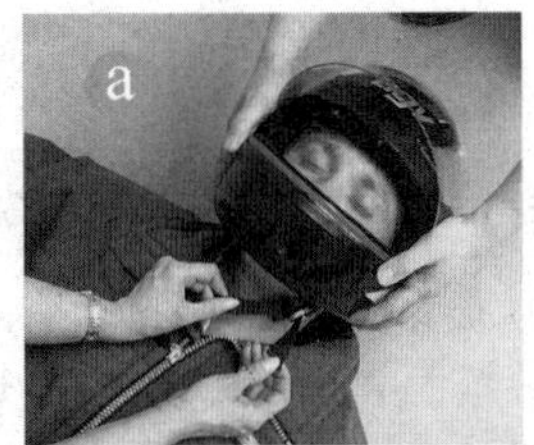

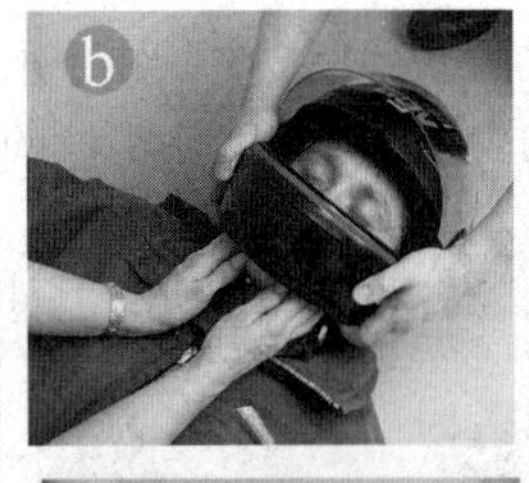

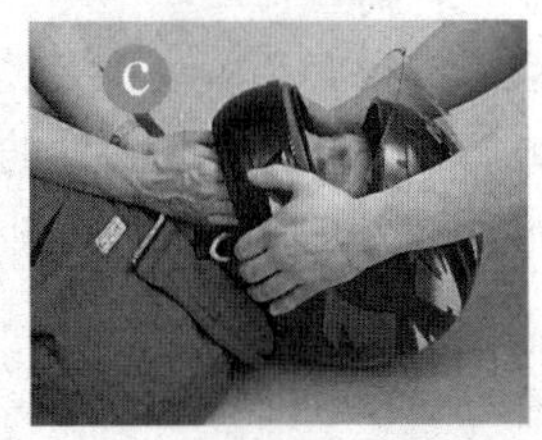

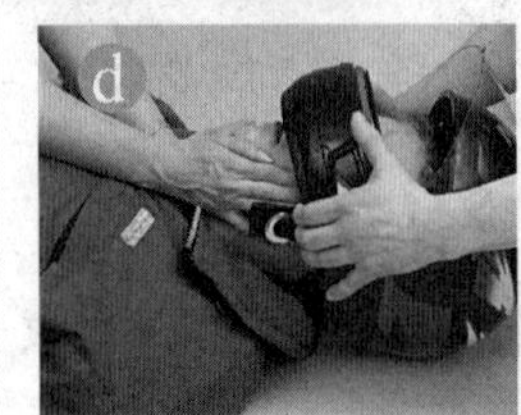

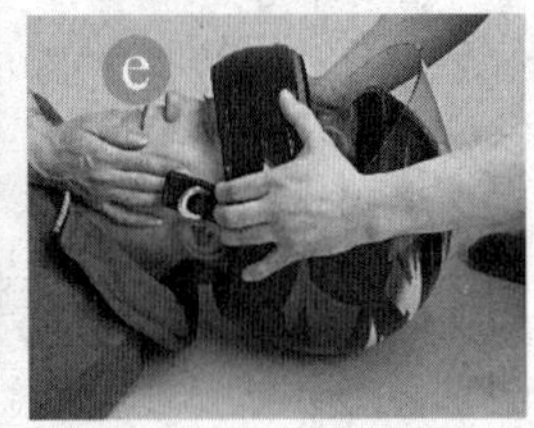

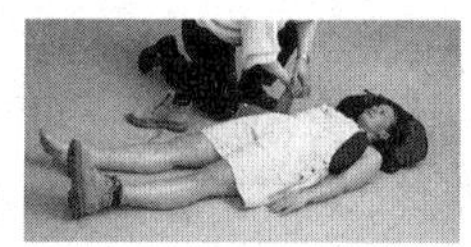

第2章 家庭常见事故急救

家庭生活中，家人难免会被各种意外伤害，或者突发急病，但是如果你准备得当，配备了合适的急救箱，并且了解最新的紧急救生步骤，你就会有信心应对任何的未知情况。最重要的是你应该知道自己的局限性——弄清楚哪些事情可以由你自己处理，哪些事情应该留给医疗救助机构来处理。

身体病痛急救

背痛

背痛是由各种不同原因引起的，其疼痛程度不一，有的严重，有的并无大碍。通常情况下，背痛并不会带来严重后果，但是如果出现以下症状，就必须立即就医治疗。

背痛的症状

- 非常疼痛。
- 疼痛持续时间长。
- 一条腿麻木、无力。
- 膀胱和肠道出现问题。

如何缓解背痛

1.用热水袋温暖患者背部。2.在咨询患者意见之后，如有必要可以让他服用阿司匹林、扑热息痛或布洛芬等药暂时缓解疼痛。

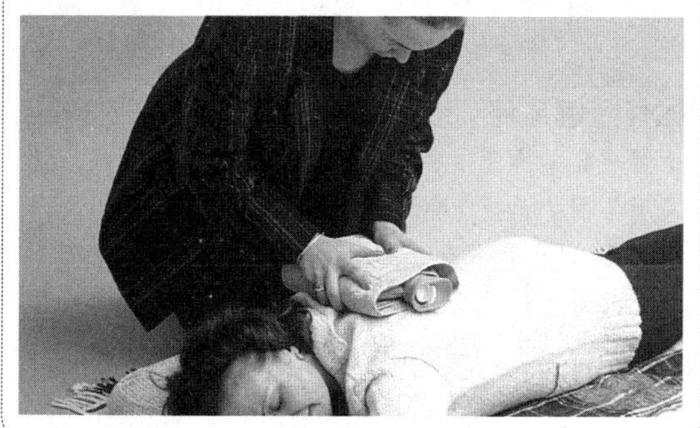

如果一两天后伤者仍未好转，请到医院就医。

头痛

大部分头痛症状是由于患者内心紧张引发头部肌肉紧张导致的。当然，也有一些头痛症状是由其他一些非常见因素引起的。

头痛的原因

- 饮酒过量。
- 饥饿。
- 劳累。
- 沉闷的天气。
- 偏头痛。
- 敏感症。

一般情况下，头痛并不会带来严重后果，只有少数头痛症状可能是由严重疾病引起的，如脑瘤、高血压或者动脉瘤等。一般体外伤不会导致头痛。

如何消除头痛症状

1.让伤者放松心情。2.服用一些止痛药。3.用冷敷袋或热水袋敷在伤者前额。

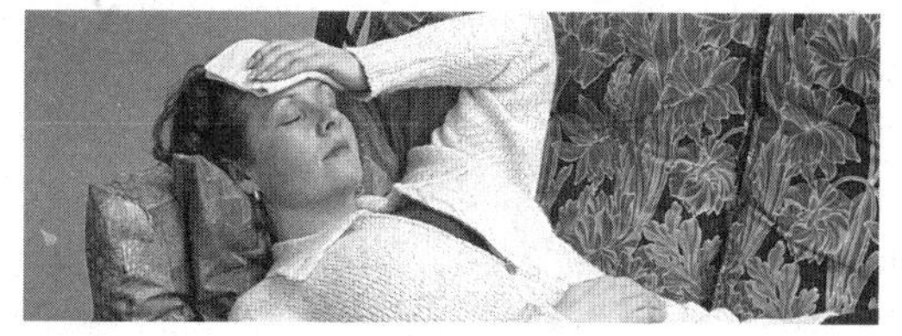

不明原因的头痛

对于这样的头痛症状，患者要及时告知身边的人并到医院做检查，尤其是出现了身体虚弱、失去知觉或视力减弱等并发症时，更要予以足够的重视。

耳痛

很多孩子的中耳（a）和整个耳道（b）容易发炎，进而影响到鼓膜（c），这些孩子比较容易出现耳痛的症状。另外，耳道受到微小震动也会导致耳痛。

如果患者出现以下症状，请立即去医院就医。

耳痛的症状

- 耳朵发热。
- 耳朵失去听觉。
- 耳朵向外流脓。

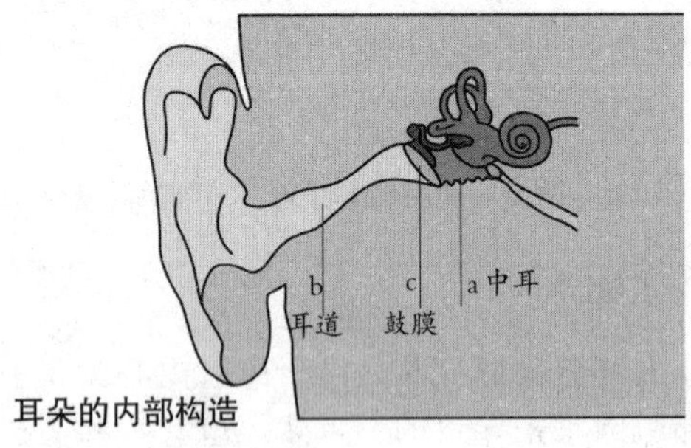

耳朵的内部构造

如何缓解耳朵疼痛

1.吃止痛药，但要有所节制。2.测量伤者的体温，如果伤者有发热症状，立即去医院就诊。

- 如果疼痛时间超过一天，请去医院就医。

不要让12岁以下儿童服用阿司匹林，可以让他服用适量的扑热息痛。

痛经

痛经是女性比较常见的生理问题，一般不会引起严重后果。

如何减轻痛经症状

1.服用布洛芬、阿司匹林或可待因等止痛药片。2.如果疼痛严重，可以洗个热水澡，然后躺在床上休息片刻，最好在被子里放个热水袋用来取暖。

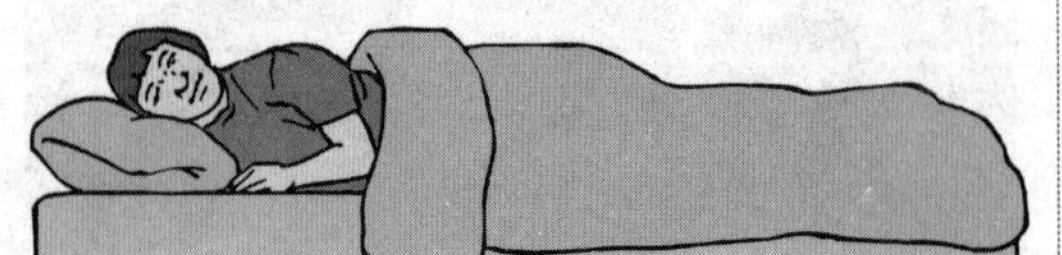

- 如果疼痛非常严重而且不见好转，可能是盆腔发炎或激素失调等体内循环失调或其他妇科疾病引起的，需要去医院就医。

口服避孕药

通常情况下，避孕药对治疗严重痛经非常有效。因为避孕药可以阻止女性排卵。女性不排卵就不会出现痛经的症状。

鼻窦痛

急性鼻窦炎一般是由感冒引起的，会使鼻窦疼痛，通常患者会感觉到眼睛上方、下方及两眼之间部位有阵阵疼痛。鼻窦痛通常伴随着发热症状，这时最好去医院就医。

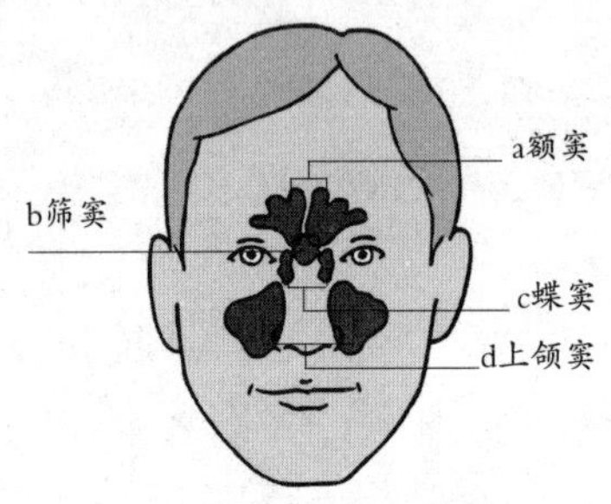

鼻窦疼痛常出现的部位

如何缓解鼻窦疼痛

1.用减充血的滴鼻剂或者喷雾剂滴鼻子，也可以在碗里盛上热水，再用鼻子去吸水蒸气，同时在头上用一块毛巾搭成一个“凉篷”，以使更多的水蒸气吸入鼻腔，这种方法也非常有效。2.吸入安息香胶的酊剂也是治疗鼻窦痛的常用方法。这些药材都不是处方药，所以很容易在药店买到。

牙痛

牙痛是指下颌内部和牙齿疼痛，包括持续性疼痛、间歇性疼痛和剧痛等多种情况。

牙痛的原因

- 牙齿被腐蚀伴随着牙龈发炎。
- 长智齿。
- 牙齿长得过深且不整齐。
- 牙齿断裂。

如何缓解牙痛

缓解牙痛的方法有很多，应该根据不同的牙痛症状采用不同的治疗方法。

1.如果因为吃了太多酸的或甜的、冷的食物而引起牙痛，可以在牙上涂抹牙膏缓解疼痛。2.在受影响的牙齿上涂上丁香油。3.伤者可以在脸上放个热水袋从外部热敷牙齿。4.疼痛难忍时可以服用止痛药。

• 如果疼痛一直持续，应立刻去看牙医，以免被腐蚀的牙齿发生感染。

被动物叮咬造成的伤害

被猫、狗和人咬伤

猫、狗等动物和人的口腔内有很多生物，其中一些可以产生感染物,甚至可以带来致命的疾病，例如狂犬病。所以，如果被动物或人咬破了皮肤，必须高度重视，对伤口进行必要的治疗。

如何处理被叮咬的伤口

1.立即用大量肥皂水清洗伤口。2.任由伤口流血，可以带走伤口上的细菌。3.将纱布放在双氧水里浸泡后再包扎伤口，可以降低感染风险。4.咨询医生是否需要注射破伤风疫苗和抗生素等。5.如果怀疑伤者可能感染了狂犬病病毒，应立即将其送医院治疗。

狂犬病确诊

为了核实或排除狂犬病病毒感染，必须对疑似患上狂犬病的动物或人进行医学检查。必要时还需要将疑似患上狂犬病的动物或人隔离。

被蛇咬伤

在一些多蛇的国家和地区，常常发生毒蛇咬人的事件。毒蛇聚集地区的医疗专家收集了很多抗蛇毒素，用来治疗被蛇咬的伤口。

被蛇咬伤的症状

• 伤口疼痛且肿胀。
• 伤口有明显的小孔状蛇齿印。
• 视力下降。
• 出现恶心、呕吐现象。
• 呼吸困难。

被蛇咬伤后的急救措施

1.让伤者躺下休息（a），使其心跳减速，减缓毒素扩散速度。2.清理伤口，洗去伤口周围的毒液（b）。3.牢固包扎伤口（c）。4.尽快送伤者去医院。

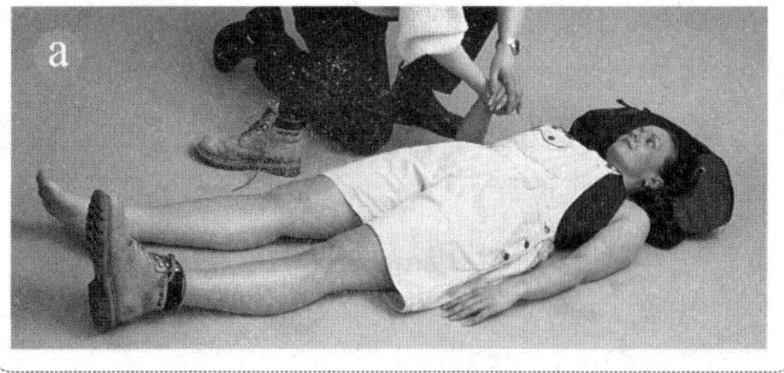

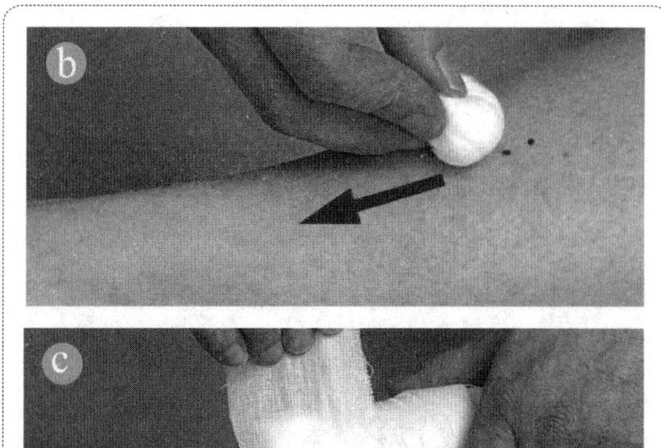

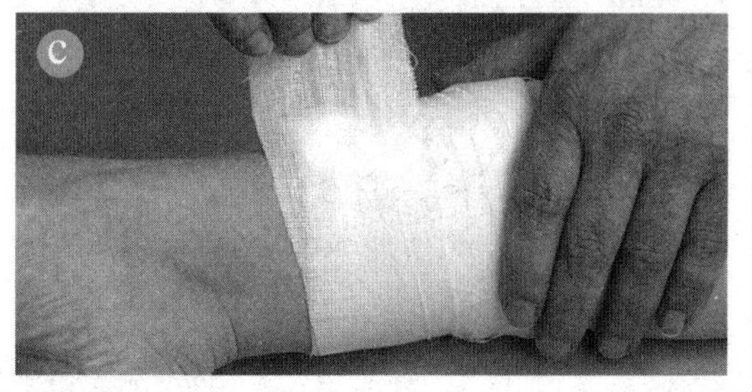

不要让伤者移动。
不要举起伤者的肢体。
不要用刀划伤口或烧烙伤口。

被昆虫叮咬受伤

其实常说的被昆虫咬并不是真的被昆虫咬了，只是昆虫将其唾液注入人的皮肤里，使皮肤受到其唾液里的一些物质的刺激。这些物质会使你产生过敏症状——皮肤泛红、肿胀——通常持续1～2天。另外，可能还会出现一些不良反应，那是昆虫的粪便渗进皮肤导致的。严重的不良反应可能会危及生命，尤其是喉咙肿胀等症状。

被昆虫叮咬受伤后的急救措施

1.用肥皂水彻底清洗皮肤。2.如果局部或全身出现严重的不良反应，应该立刻去医院就医。

被昆虫蜇伤

被昆虫蜇伤是指人被蜜蜂、黄蜂、大黄蜂等蜇后，被具有很强刺激性的毒液感染。这通常会导致局部皮肤疼痛、红肿，不过基本上不会对人造成太大伤害。但是，如果同时被蜇很多次，就可能很危险了。如果伤者以前被某种昆虫蜇过，并对其过敏，那么再次被同样的昆虫蜇也会非常危险。

不要用钳子拔除螯针，这样做可能会把毒液挤到皮肤里。

口腔或喉咙被蜇

急救人员应立即送伤者去医院。这类蜇伤可能会使伤者喉咙肿胀、呼吸道梗阻，导致伤者死亡。

普通的过敏反应

任何一种过敏反应都要立即去医院就医。

被昆虫蜇伤后的急救措施

1.用指甲盖或一把钝刀小心地刮昆虫蜇咬后留在皮肤上的螫针（a）。2.用肥皂水清洗受影响的皮肤（b），然后冰敷伤口（c）。3.让伤者服用止痛药。

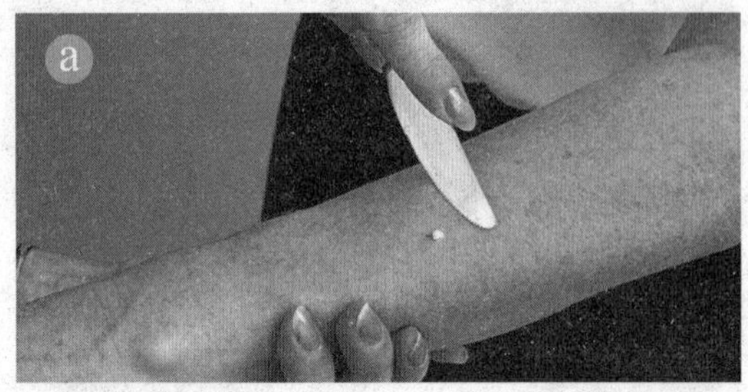

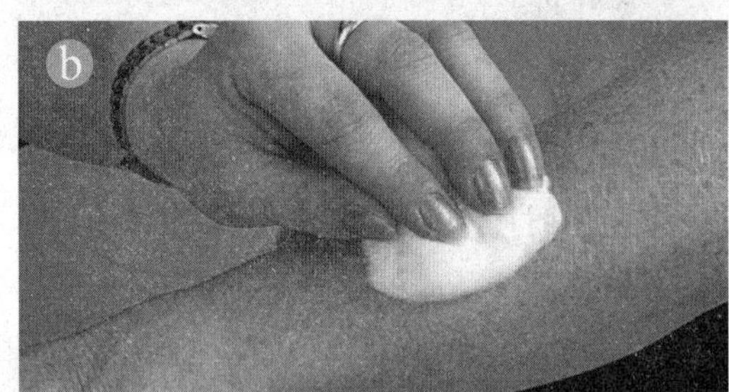

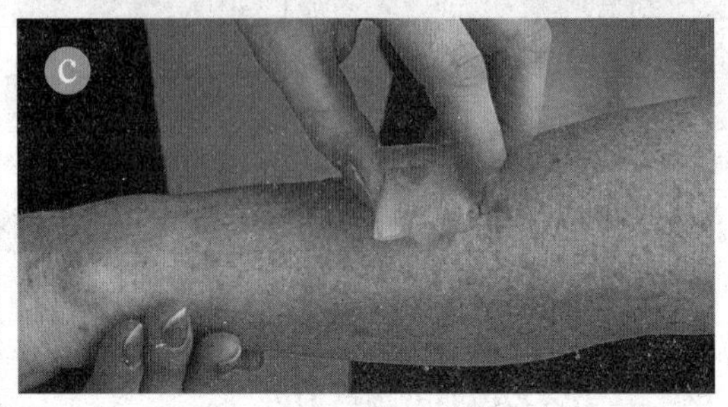

伤者被蜇后昏倒时的急救措施

1.检查伤者呼吸。

2.检查伤者脉搏。

3.如果需要的话，立即对伤者实施嘴对嘴的人工呼吸和胸部按压。

被老鼠咬伤

随着养宠物者增多，经常出现一些另类宠物咬伤抓伤人的情况，其中有不少是被老鼠咬伤的。另外，由于老鼠喜欢吃带有奶味的婴儿嫩肉，所以婴儿被老鼠咬伤的事也时有发生。老鼠能传播多种疾病，被老鼠咬伤可能会引起局部伤口感染，严重会引起败血症、狂犬病，还有可能被感染上鼠疫。因此，不管被哪种老鼠咬伤都不能掉以轻心，必须立即进行处置。如果消毒处理及时得当，防疫注射操作正规，一周无不良反应，一般不会留下后遗症。

急救前的检查

被咬的标记。

皮肤裂开，出血。

红肿和疼痛。

要做什么

用清洁水冲洗伤口，持续冲洗至少10分钟。

把伤口内的污血挤出，再用2%的碘酒或75%的酒精消毒。

取鲜薄荷洗净、捣烂取汁，涂患处，可止痛、止痒、消肿。

尽快到当地防疫医疗部门注射流行性出血热疫苗和狂犬病疫苗。

注意观察病人的伤口是否有肿胀、流脓等感染的症状。

检查病人是否发烧。如果病人突然发烧，或有头痛、胸痛、四肢痛、淋巴结肿大、皮肤充血、呼吸困难等情况，有可能已被感染上鼠疫，应立即送医院就医。

不要做什么

不要用手抓挠伤处，以防细菌感染。

吸血蝇咬伤

吸血蝇的主要种类有家蝇科的刺蝇属，血蝇属、角蝇属亦为吸血种类。此类苍蝇长有高度发达的刺吸式口器，以吸血为生，尤其以家畜为主要寄主。被吸血蝇咬伤以后，因其唾液中含有抗凝血素，可使伤者发生毒性反应，严重的会被感染病毒性疾病。多数虫媒病毒感染报告于每年的蚊类活动高峰期，特别是气候温暖的季节，人类普遍易感染，尤其是儿童和老人。根据不同病毒类型，被感染的症状在昆虫叮咬后2～15天出现。

急救前的检查

轻微的反应：

被叮咬部位局部红肿、痒、痛、发疹。

严重的反应：

全身出现紫癜、荨麻疹。

发烧。

头痛。

震颤、惊厥、麻痹、昏迷。

要做什么

局部用复方炉甘石搽剂或氢化可的松软膏涂抹，以消肿止痒。

有全身反应时，可口服苯海拉明25～50毫克。

出现震颤、惊厥、麻痹、昏迷等严重症状，应立即上医院诊治。

不要做什么

不要用手抓挠被叮咬处，以免造成感染。

预防措施

蚊蝇高度活动的时候（通常是清晨和傍晚），使用蚊帐和纱门窗，避免被叮咬。

在有蚊蝇的室外活动时，应穿长袖衣裤，使用驱避剂。

注意生活环境的卫生，如排干积水，地区性撒药等，防止蚊蝇的滋生。

被蜈蚣咬伤

蜈蚣又称百肢、天龙，在我国南北各地都有分布，尤其是南方更为多见。它生活于腐木石隙或荒芜阴湿地方，昼伏夜出。蜈蚣它分泌的毒汁含有组织胺和溶血蛋白，蜈蚣咬人时，其毒液顺尖牙注入被咬者皮下。蜈蚣咬伤中毒的潜伏期约为0.5～4小时，蜈蚣越大，症状越重。当人被它咬伤之后，轻者剧痛难受，重者有性命的危险。如果处理不当，很可能在短暂的几小时内便会丧生。

急救前的检查

被叮咬的部位剧痛、红肿、瘙痒。

伤口出现水疱、局部坏死。

要做什么

一般的情况下，可按以下方法处理：

在伤口处涂抹肥皂水或5%、10%的碳酸氢钠（即小苏打），以中和酸性的毒液。

用鲜扁豆叶、鲜蒲公英、鱼腥草、芋头任意一种50～100克捣烂外敷。

或用蛇药捣烂，用水调成浆糊状，敷在伤处。

被咬伤较为严重者，立即进行局部捆扎，在伤肢上端2～3厘米处，用布带扎紧，每15分钟放松一下。

必要的话切开伤处皮肤，想办法吸出毒液。

伤口非常疼痛者，可用水、冰进行冷敷。

有过敏症状者，可服用苯海拉明、扑尔敏等抗过敏药物。

经过以上处理，一般不需要看医生，但如果有以下的一些症状，则需要马上看医生：

发热。

头晕、头痛，全身无力。

恶心、呕吐。

腹痛、腹泻。

视物不清。

心跳及脉搏缓慢，呼吸困难，体温下降、血压下降。

抽搐及昏迷。

如果能将昆虫抓住，就医时要一并带到医院，以便医生尽早采取治疗措施。

不要做什么

不要用手抓挠被叮咬处，以免造成感染。

被蜂蜇伤

蜂的种类有蜜蜂、黄蜂、大黄蜂、土蜂等，蜂的腹部后端有毒腺与螯相连，螯人时会将毒液注入人体内。蜂毒的主要成分有蚁酸、神经毒素和组织胺等，会引起溶血、出血、过敏反应。在各种蜂中，以土蜂和大黄蜂毒性最大，而蜜蜂螯人后还会把尾刺留在人体内。被蜂螯伤有时会导致严重的后果，应引起重视。

急救前的检查

轻微的反应如下：

受伤部位局部红肿和疼痛。

伤口有灼热感，形成水疱。

严重的过敏反应如下：

出现荨麻疹。

口唇及眼睑水肿。

头晕。

恶心、呕吐。

腹痛、腹泻。

喉水肿。

气喘、呼吸困难。

面色苍白。

发热、寒战。

血压下降。

烦躁不安。

休克、昏迷。

要做什么

仔细检查伤口，若尾刺尚在伤口内，可见皮肤上有一小黑点。

用消毒的镊子、针将叮在肉内的断刺剔出，然后用力掐住被蜇伤的部分，用嘴反复吸吮，以吸出毒素。

如果被蜜蜂蜇伤，因其毒液呈酸性，可用肥皂水、小苏打水、或淡氨水等碱性溶液洗涤涂擦伤口中和毒液，也可用生茄子切开涂擦患部以消肿止痛。如果被黄蜂蜇伤，因其毒液呈碱性，可用食醋、人乳涂擦患部。若被马蜂蜇伤，可用马齿苋菜嚼碎后涂在患处。

可用将南通蛇药用温水溶后涂伤口周围，或用青苔、七叶一枝花、半边莲、蒲公英、紫花地丁、野菊花、桑叶等鲜品搞烂外敷。

伤口肿胀较重者，可用冷毛巾湿敷伤口。

可给患者口服抗组织胺类药物，例如扑尔

敏、苯海拉明等内服，有助于消除水肿，痒痛等轻度过敏反应。亦可用金银花50克、生甘草10克，绿豆适量煎汤饮用，具有加速毒素排泄和解毒作用。

被蜂蜇伤20分钟后无症状者，可以放心。

蜂蜇后局部症状严重、出现严重的过敏反应者，除了给予上述处理外，如带有蛇药可口服解毒，并立即呼叫医疗急救，或将病人送往医院救治。

在等待医疗急救或送往医院期间，按以下方法护理病人：

为了防止休克，让病人卧倒，脚抬高（以增加血流到心脏和大脑）。

在病人身上盖上衣服或毛毯保温。

如果发生休克，应进行人工呼吸、心脏按摩等急救处理。

如果病人呼吸困难，让他保持坐姿。

不要做什么

不要挤压伤口，以免毒液扩散。

不要用红药水、碘酒之类药物涂擦患部，这样只会加重患部的肿胀。

出现严重过敏反应时，不要给病人食物和饮料，等待医疗救治。

被蚂蟥咬伤

蚂蟥又称水蛭，一般栖于浅水中，还有一种旱蚂蟥常成群栖于树枝和草地上。蚂蟥头部有一吸盘，遇到暴露在外的人体皮肤，即以吸盘吸附，并逐渐深入皮内吸血，有时还会钻入阴道、肛门、尿道吸血。蚂蟥吸血时很难自动放弃，而且还分泌一种抗凝物质，阻碍血液凝固，使伤口流血不止。人们在稻田、池塘、湖沼等处劳动、玩耍、游泳、洗澡都有可能会被蚂蟥咬伤。被蚂蟥咬伤时只要采取正确的方法处理，伤口的炎症一般可以自行恢复，不会引起特殊的不良后果，不需去医院治疗。

急救前的检查

被咬部位常发生水肿性丘疹。

被咬的创口疼痛、流血不止、溃疡等。

要做什么

如果蚂蟥还附着在身体上，采用下列办法，使它自动脱离伤口。

在蚂蟥叮咬部位的上方轻轻拍打，使蚂蟥松开吸盘而掉落。

用烟油、食盐、浓醋、酒精、辣椒粉、石灰等滴撒在虫体上，使其放松吸盘而自行脱落。

用针刺，或用烟油刺激其头部，使其自动脱开皮肤。

可用指甲或镊子夹住其身体，或用火烧其尾部，也可使其脱落。

蚂蟥掉落后，若伤口流血不止，可先用干净纱布压住伤口1～2分钟，血止后再用5%碳酸氢钠溶液洗净伤口，涂上碘酊或龙胆紫液，用消毒纱布包扎。

如果还不能止住出血，可往伤口上撒一些云南白药或止血粉。

蚂蟥掉落后，如果伤口没出血，可用力将伤口内的污血挤出，用小苏打水或清水冲洗干净，再涂以碘酊或酒精、红汞进行消毒。

蚂蟥钻入鼻腔，可用蜂蜜滴鼻使之脱落。若不脱落，可取一盆清水，伤员屏气，将鼻孔浸入水中，不断搅动盆中之水，蚂蟥可被诱出。

蚂蟥侵入肛门、阴道、尿道等处，要仔细检查蚂蟥附着的部位，然后向虫体上滴食醋、蜂蜜、麻醉剂（如1%的卡因、2%的利多卡因）。待虫体回缩后，再用镊子取出。

不要做什么

千万不要硬性将蚂蟥拔掉，因为越拉蚂蟥的吸盘吸得越紧，这样，一旦蚂蝗被拉断，其吸盘就会留在伤口内，容易引起感染、溃烂。

被毛虫蜇伤

通常三月后，毛毛虫开始大量活动。毛毛虫体表长有毒毛，呈细毛状或棘刺状。毒毛螯入人体皮肤后，往往随即断落，放出毒素。严重者还可引起荨麻疹、关节炎等全身反应。

急救前的检查

一般的反应如下：

被蜇伤处起很大的红疙瘩，又痒又痛。

伤处有烧灼感。

严重的反应如下：

伤处溃烂。

出现荨麻疹症状。

发热。

头痛。

腹痛。

要做什么

仔细观察伤处，用刀片顺着毒毛方向刮除毒毛。

也可用橡皮膏贴附于被蜇部位，再用力撕下，毒毛即可被粘出。

或用胶布反复粘贴患处，将附在皮肤上的毒毛粘出来。

用3%氨水、清凉油、云香精、红花油等，或用南通蛇药涂抹患处。在野外也可用七叶一枝花或鲜马齿苋捣烂外敷。

伤处形成水泡的，可用烧过的针将水泡刺破，将血挤出，然后涂上1%的氨水。

伤口溃烂时，可用抗生素软膏涂抹。

如果出现荨麻疹症状，或全身有发热、头痛、腹痛等反应，应尽快到医院诊治。

不要做什么

不要因痒而用手抓被蜇伤的部位，以防细菌感染。

眼圈淤青

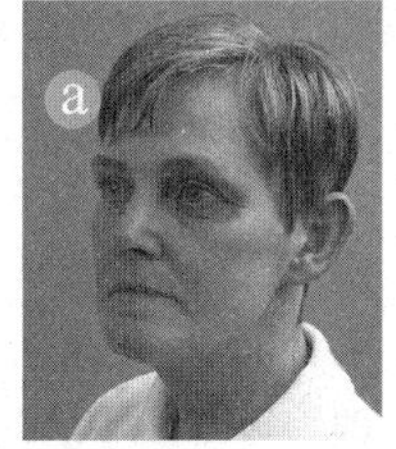

眼睑周围的皮肤非常薄，且布满了大血管。眼圈淤青（a）就是由于伤到了这些血管，导致血液淤积在眼睛周围的组织，使眼圈发黑。

当眼圈部位的血液开始向四周流动时，不用采取什么措施，等着血液完全散开就行。恢复所需要的时间根据眼圈乌黑的严重程度不同而不同，一般为2～3周。在此期间，眼睛周围的皮肤在不同时间段会呈现不同的颜色。

眼圈淤青的治疗措施

1.眼睛受伤后立即用冷敷袋（一袋冰豌豆等）冷敷眼睛周围皮肤（b），可以减轻淤血程度。2.立刻检查受伤眼睛的视力状况。3.如果感觉视力有损伤，可以用手指轻轻拨开眼皮（c），对比两只眼睛的视觉是否有差异。4.上下左右转动两只眼睛，然后再检查眼睛的视觉状况。

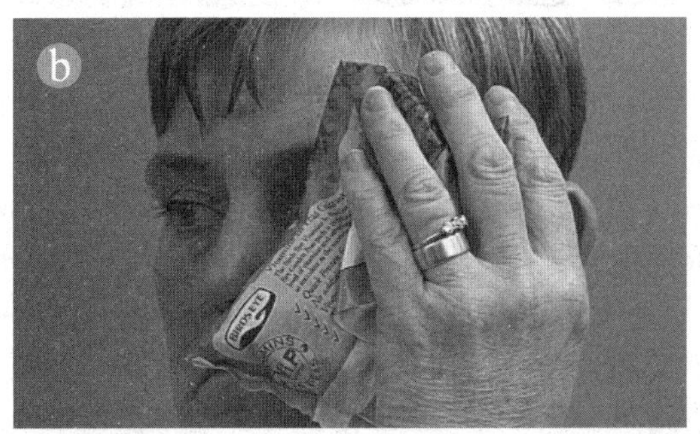

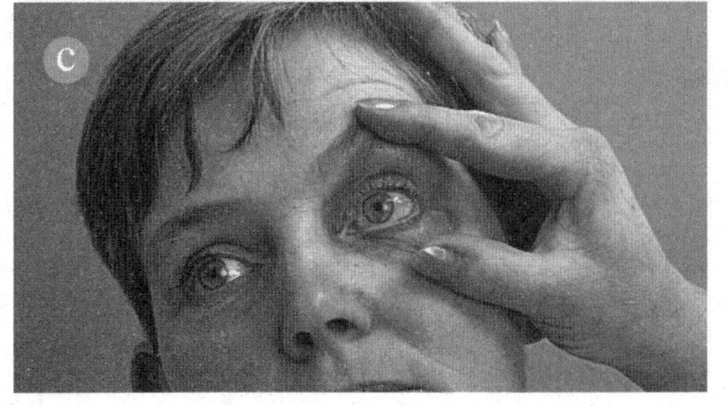

视觉问题

如果出现任何视觉问题，请立即去医院就诊。

流血

轻微的流血现象一般不会引发严重后果，除非是伤者有某种血液问题，如血友病等。

轻微流血一般是因为人体内的小血管受到损伤导致的，如小静脉或毛细血管受到损伤等。如果血液从动脉往外喷涌，即使是流血量很小，也必须立即就医。

各种各样的止血方法都遵循一个总的原则：一直按压伤口。但是不同的伤口必须采用不同的按压方式。

轻微的刀伤、割伤和擦伤引起的流血

皮肤表皮本身具有很好的防感染能力，但是一旦表皮因刀割或摩擦而被撕裂，那么皮下组织就很可能发生感染。

大部分情况下，人体本身的防御机制能够抵制这种感染，伤口发炎一段时间后会自然痊愈。但是这种感染的次数多了，轻微的伤口也有可能被某些危险的有机体污染，发生严重感染，最后可能导致血液中毒。

不要触摸伤口，也不要用毛巾等物擦拭伤

如何处理轻微伤口

1.如果被刀割或擦伤留下轻微伤口，立刻用肥皂水彻底清洗伤口及其周围皮肤（a）。2.清除伤口上的所有异物与脏物。3.清洗双手并甩干。4.用消毒水擦拭伤口周围皮肤（按照药瓶上的说明正确使用）（b）。5.彻底清洗伤口后，用消毒纱布或创可贴包扎伤口（c）。等到伤口愈合后再将纱布取下。在此期间，如果纱布松了或脏了，可以更换。

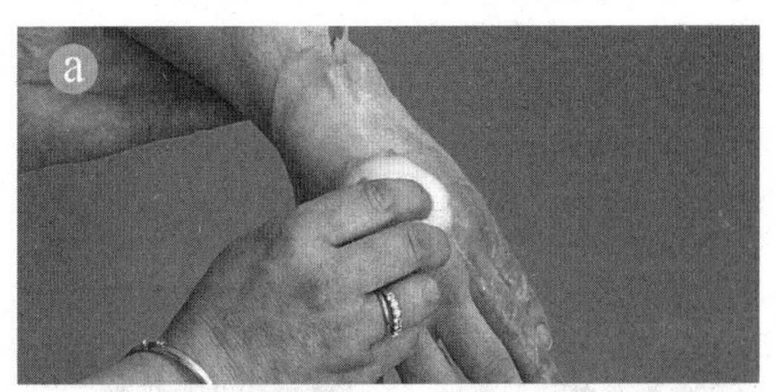

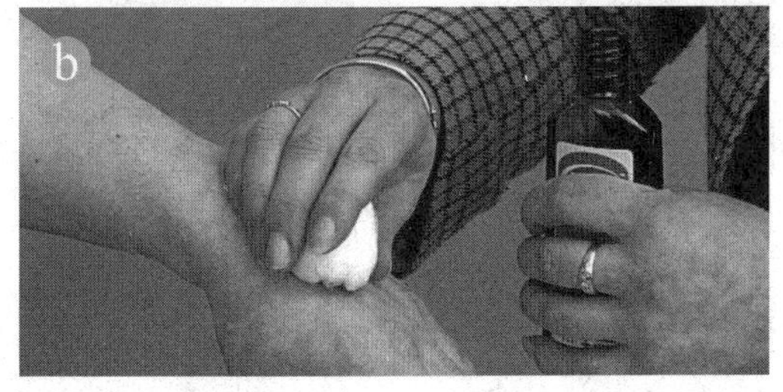

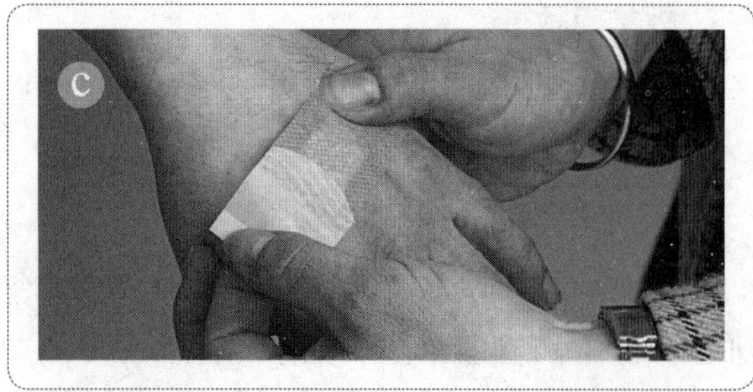

口，即使是用干净毛巾。

不要触摸伤口上的纱布。

手弄湿后不要用毛巾擦拭而要自行晾干，即使是用刚刚清洗过的毛巾，因为毛巾携带的细菌会感染伤口。

一天之后，伤口如果仍没有好转，并且更加疼痛，出现发热、肿胀等症状，必须立即去医院就诊。经过正确处理的轻微伤口，一个星期左右就会痊愈。

伤口很深

如果伤口很深，即使是伤口面积很小也要及时治疗。因为这样的伤口有一定的潜在危险，尤其是在造成伤害的物体被污染过的情况下。例如施过肥的土壤含有非常危险的有机物，如果在整理花园时身体某一部位被刺破留下伤口就可能带来严重后果。

流鼻血

鼻子内靠近鼻梁的内表层部位有很多血管。当鼻子受到外力伤害或撞到坚硬物体或挖鼻孔过于用力时，这些血管就会破裂导致出血。一般情况下，流鼻血不会引发严重后果。

如何止鼻血

1.如果鼻子流血，立刻用大拇指和食指牢牢捏住鼻子（a）。2.伤者应该坐下来，拿一个洗脸盆，头向前倾，正好在脸盆上方（b）。3.按压鼻孔至少10分钟，在此期间伤者不能抬头。4.慢慢地松开按压的手指。5.头继续向前倾，用一块在冷水里浸泡过的干净纱布轻轻擦拭嘴巴和鼻子四周（c）。

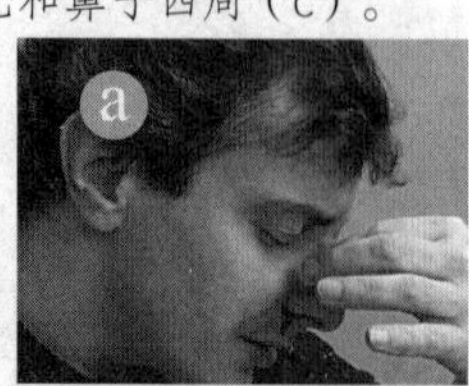

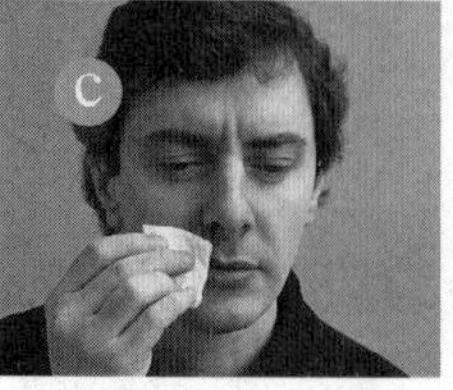

如果可能的话，伤者在止住鼻血4个小时内不要触碰鼻子。

• 如果鼻子仍然流血，重复步骤1～5。

• 如果仍然无法止血，应该送伤者去医院就诊。在此期间，伤者必须始终捏紧鼻子。

牙龈出血和牙槽出血

牙龈出血

牙龈出血是在刷牙时容易出现的症状。牙龈出血可能是由于牙龈有毛病，如牙龈炎。也可能是由于平时不够注意口腔卫生引起的。因受伤而引起的齿龈出血一般不会持续很长时间，用手指用力按压就能止血。

牙槽出血

牙槽出血一般是拔牙或因事故使牙齿脱落引起的。另外，如果下颌受伤破裂也会导致牙槽出血。前面两种情况导致的牙槽出血可以采取以下急救措施。

如何处理牙槽出血

1.用一块纱布垫按压牙槽。也可以用小块干净的手帕，卷成小圆柱状，放在两排牙齿中间（a）。2.用牙齿咬紧纱布垫，使其紧贴牙槽（b）。至少坚持10分钟。3.慢慢停止按压。

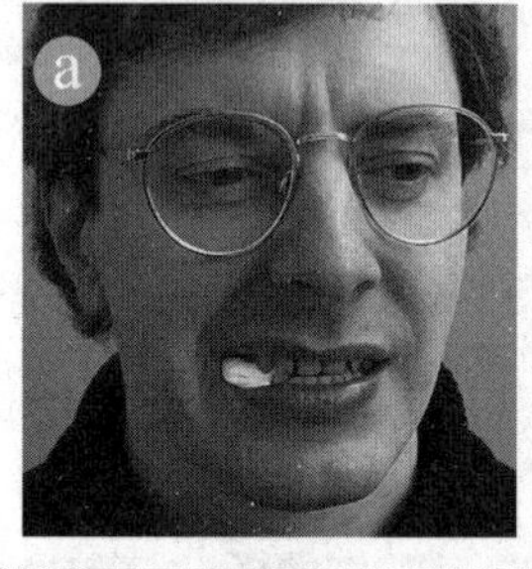

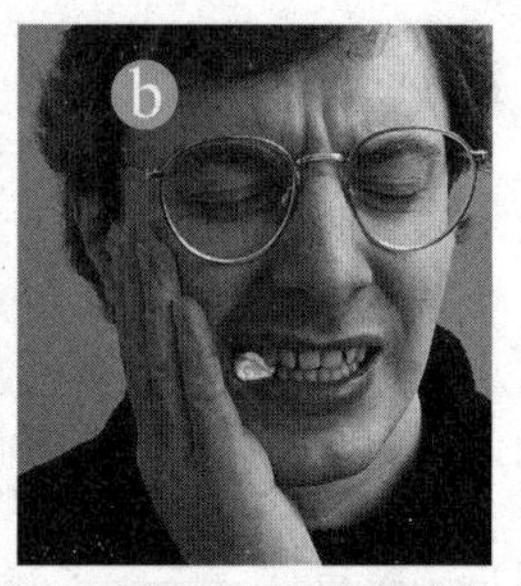

• 如果牙槽继续出血，可能需要按压更长时间，所以请重复以上步骤。

在取出纱布垫时，千万不要把牙槽里的血块连带抽出来。

• 如果把血块抽了出来，在纱布垫上涂一些消毒的凡士林，使其更加润滑，然后再放回牙齿间。

• 如果以上方法还是无法止血，请去医院就诊。

烧伤

严重烧伤事故的处理措施，请参见前文。

轻微烧伤与烫伤

如何处理轻微烧伤与烫伤

1.即使是轻微的烧伤也要立即冷却伤口，减少对身体组织的伤害。尽快在水龙头下冲洗烧伤部位（a），直到完全冷却为止。2.用干净的最好是消过毒的布（非绒布料）包扎伤口（b）。

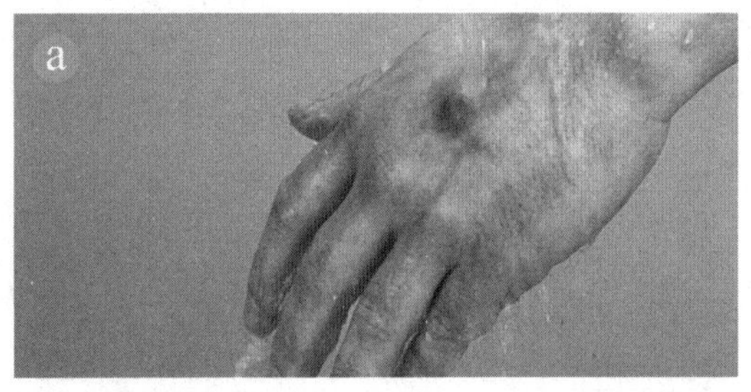

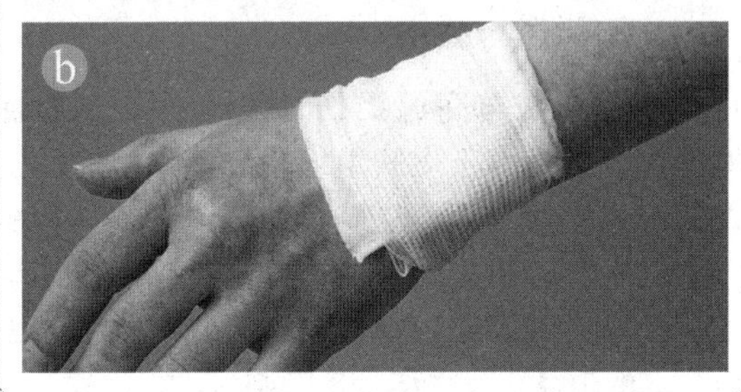

不要刺破水疱或撕去烫伤部位松弛的外层死皮。

太阳灼伤

太阳灼伤是由于伤者长时间暴露在太阳光下导致的。太阳光里含有紫外线，会破坏皮肤表层细胞并伤害皮肤里的微血管。太阳灼伤分为轻微灼伤和严重灼伤，这两种情况会导致不同的结果，轻微灼伤对皮肤的伤害较小，严重灼伤可能会使皮肤出现水疱。

太阳灼伤引发的后果：

- 立刻感觉身体不舒服。
- 增加皮肤起皱纹和患皮肤癌的概率。

如何处理太阳灼伤

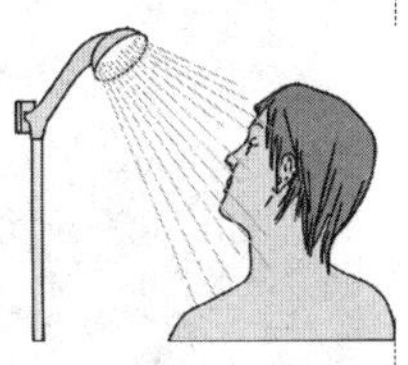

1.避免皮肤直接被阳光照射。2.洗个冷水浴，冷却皮肤。3.不要按压灼伤的皮肤。4.对于轻微的灼伤，可以用榛子油、天然酸乳酪、炉甘石洗液或某种护肤乳液涂抹晒伤处。5.如果是更严重的情况，最好保持水疱完整，不要戳破。6.服用止痛药。7.如果伤势非常严重，要及时去医院就诊。

烧伤原因

- 烧伤是由以下因素导致的身体组织受伤。
- 过高的温度。
- 辐射：太阳光和其他紫外线发射源、X射线、γ射线等。
- 腐蚀性化学药品。
- 电流——通过人体时会产生热量，会使体内的血液等凝结，阻碍人的呼吸和心跳。
- 摩擦。

如果导致烧伤的物体持续对人体发生作用，人的体内组织就会遭到破坏。所以急救人员实施急救的关键就是尽量采取措施降低伤者身上的温度，或使伤者脱离辐射源或洗（刷）去伤者身上的有害化学物质。

烧伤度

烧伤度是用来表示伤者被烧伤的严重程度的指标。急救人员可根据烧伤度来决定是否需要对伤者进行治疗及采取怎样的治疗方法等。根据烧伤度不同，烧伤可以分为3个等级。

轻度烧伤。这种烧伤只影响到皮肤表层，使皮肤发红、肿胀、易破等。这类烧伤通常能够治愈，并且不会留下瘢痕。轻微的表皮烫伤并不需要到医院治疗。

中度烧伤。这种烧伤会使皮肤长出水疱，容易引起感染。

深度烧伤。这种烧伤会毁坏人体的所有皮肤层，伤口发白，呈蜡状或者烧焦状。如果烧伤面积很大，伤者皮肤内的神经可能会被损坏，所以伤者已经不会感觉到疼痛了。通常情况下，大面积的烧伤无论轻重都被称为深度烧伤。

烧伤面积

烧伤的面积越大，严重程度可能就越大。即使是大面积的轻度烧伤，也很危险。烧伤面积超过3平方厘米时就必须去看医生。在大面积烧伤中，一般用“九分律”来判断危险程度，即如果一个人的烧伤面积达到全身皮肤的9%，即使是轻度烧伤也必须到医院去治疗。九分律是判断危险程度并决定是否需要输血等的重要指标。手术休克与感染是外部烧伤的主要威胁，一

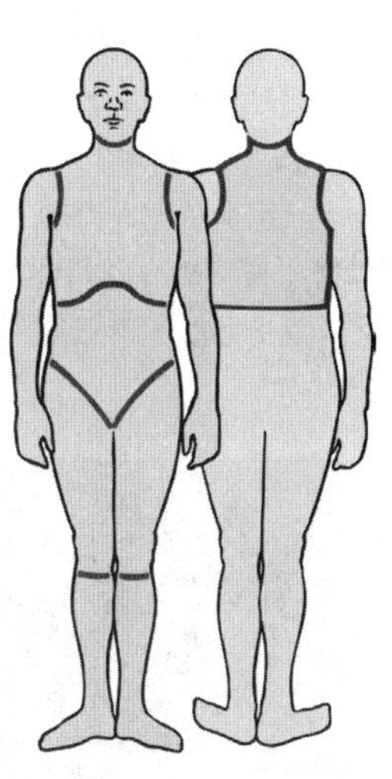

九分律

图中所标示的任一部分的面积都相当于整个人体面积的9%。

般过了48小时之后，伤口面临的最大危险就是感染。

衣物着火造成的烧伤

许多严重烧伤都是因为衣物着火引起的，尤其是睡衣等较宽松、轻便的衣物。当火从衣服褶边燃起时，当事人如果没有意识到或是慌张地奔跑，火势就会迅速向上蔓延。

衣物着火及其处理措施

1.立刻让伤者平躺在地板上。2.如果现场有灭火器，立刻用灭火器灭火，或者尝试用其他合适的有一定重量的东西将火覆盖住，使火因缺氧而熄灭。如果现场没有合适的灭火工具，就将伤者身体着火的一侧紧贴在地上，使火焰在人体和地面之间因缺氧而熄灭。

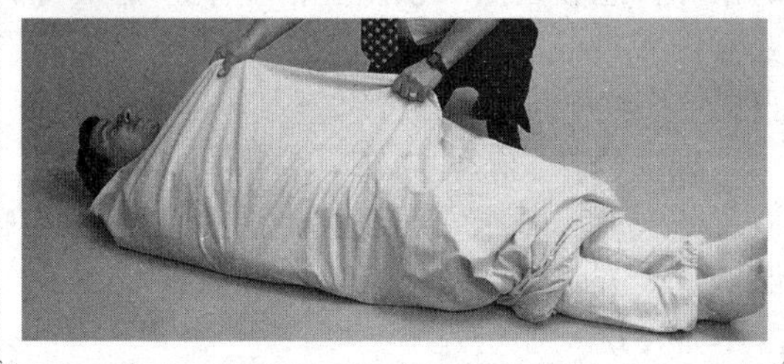

不要用尼龙制品覆盖火焰。

不要让伤者在地上翻滚，否则会增加被烧伤的面积。

一旦伤者衣物上的火被熄灭后，立刻快速冷却伤者被烧伤的部位，不可延误。

快速冷却烧伤部位并防止感染

1.滚烫的衣物会导致更严重的烫伤，所以必须立即将伤者身上的衣物脱去（或剪掉）或用水冷却。2.用水桶或水壶向伤者身上浇冷水以冷却烧伤部位（a），必须在10分钟之内进行。3.打电话叫救护车。4.检查伤者呼吸道是否通畅。5.用干净的纱布包扎伤口避免伤口感染（b和c）。6.如果伤者意识清醒的话，定时让他喝少量的水，弥补他体内流失的水分。

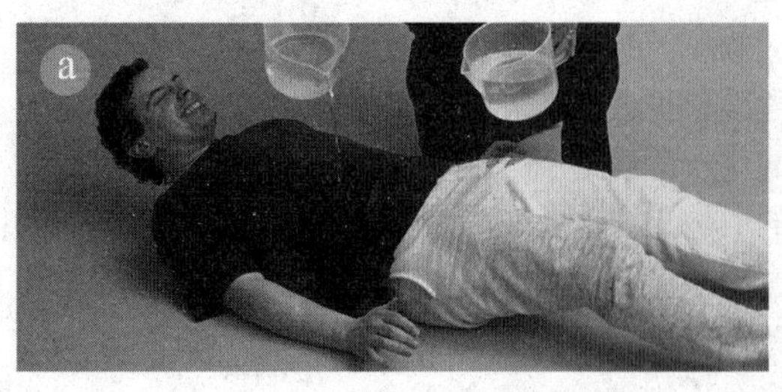

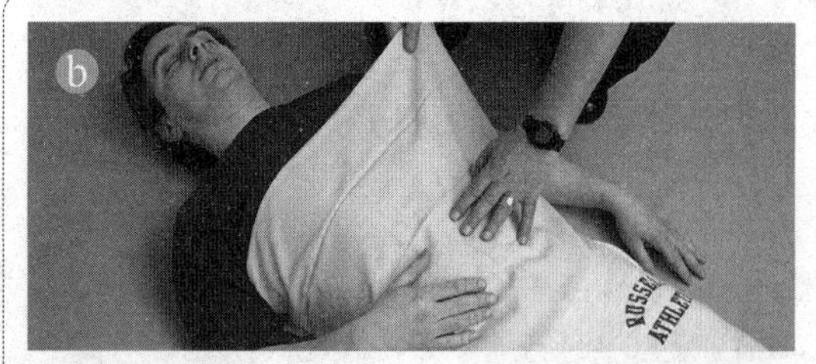

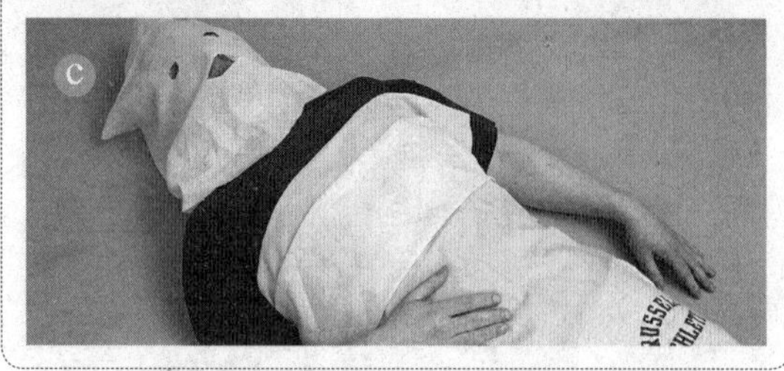

高温烧伤与烫伤

高温烧伤与高温烫伤并没有什么实质性的区别，都是由于皮肤组织受到高温烧灼而受伤的。这种情况下，皮肤组织迅速被损坏，所以急救人员必须立即采取措施降低伤者身体温度。伤口得到及时冷却后会大大减轻伤情，也会缓解由于烧伤或烫伤带来的剧痛。

烧伤和烫伤的急救措施

轻微烧伤与烫伤的急救措施前面已经讲过。

1.脱去或剪掉伤者被烧伤部位的所有衣物（a）。

2.除去伤者身上的饰物（如戒指、手镯、手表等），以免它们在伤肢肿胀后勒进伤者皮肤，无法脱下。

3.用冷水冲洗伤口（b），冲洗时间至少10分钟。处理所有烧伤事故时几乎都可以也应该采用这个方法，不论是严重烧伤还是轻微烧伤。

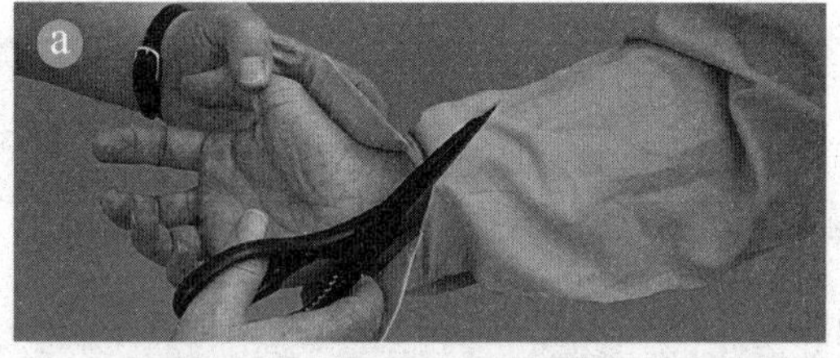

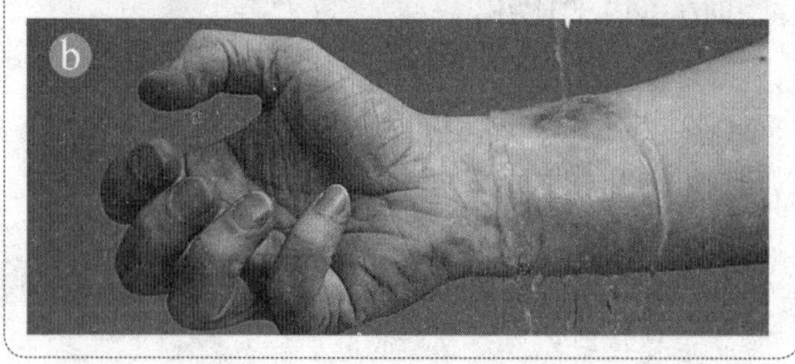

不要用黄油、药膏或洗液等涂抹伤口。

不要将任何有黏性的东西放在伤口上。

水疱

尽量不让伤口的水疱破裂。用松软的棉垫等物轻轻覆盖在水疱上，不要用力压，再用干净的胶带固定好棉垫，便可以保护水疱不破裂。

包扎有水疱的破裂伤口

1.在条件允许的情况下，尽量用有消毒作用的纱布敷料剂覆盖水疱（a）。2.用棉垫覆盖住敷料剂并用胶带固定（b）。

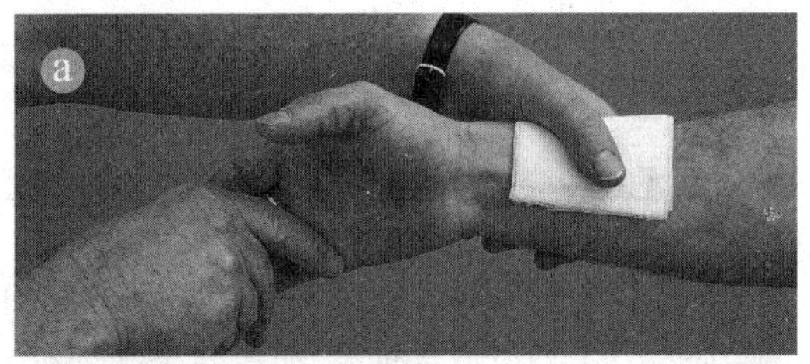

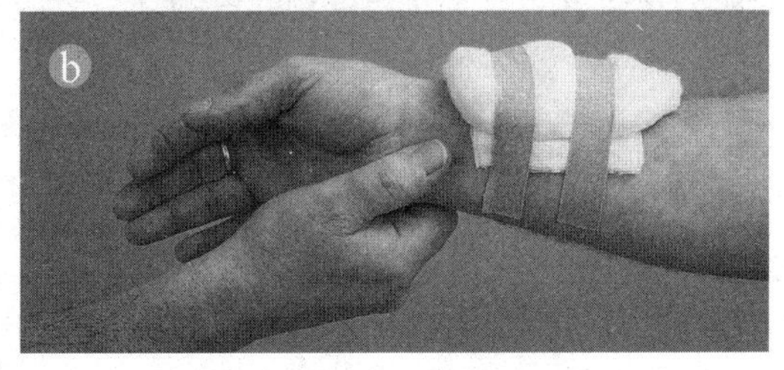

不要故意戳破水疱，因为形成水疱的表皮对于表皮下层容易感染的组织而言是一个很好的保护膜。

化学药剂烧伤

这种事故大多是由汽车电池里的强酸物质或腐蚀性的苏打、强力漂白剂等碱性物质引起的。脱漆剂和家用清洁剂也有腐蚀作用。急救人员在处理化学药剂烧伤事故时，必须非常小心，避免直接接触化学物质。

化学药剂烧伤的症状

- 感觉皮肤有像被昆虫蜇咬的刺痛感。
- 皮肤迅速变色。
- 皮肤泛红，出现水疱或脱皮现象。

化学药剂烧伤的急救措施

1.立刻在水管或水龙头下彻底冲洗伤口。这样做可以冲去伤口上残留的药剂或稀释药剂，降低烧伤程度。如果伤口上有干燥的粉状化学药剂，先用软刷将其刷去，再去冲洗。2.清洗时，先脱去或剪去伤者身上所有被化学药剂污染过的衣物。3.如果伤口皮肉出现红肿，用干净的衣服或绷带覆盖住伤口。4.将伤者送往医院。

不要浪费时间去寻找解毒剂。

眼睛被化学药剂烧伤

碱对眼睛的伤害比酸要大得多，因为碱更容易穿透眼睛内部组织，也更难清除。化学药剂对眼睛造成的最严重伤害就是破坏伤者的晶状体导致失明。这时最好的急救方法仍然是立刻彻底冲洗眼睛。

• 如果没有自来水或啤酒、牛奶等温和的液体，也可以使用尿冲洗伤者的眼睛，因为尿通常有消毒作用，而且对人体无害。

电烧伤

电烧伤的急救措施

1.立即扯掉电线或拔掉插头以切断电源。如果关掉总电源更快就直接关掉总电源。2.如果有必要的话，急救人员可以站在一个干的橡胶垫上，用木棍把伤者的肢体与电源分开（a）。3.当伤者安全脱离电源后，检查伤者的呼吸与心跳。4.如有必要的话，可以尝试对伤者实施人工呼吸和胸部按压。5.如果伤者已经昏迷，使其处于有利于恢复呼吸的状态。6.用水冷却与电流直接接触的部位。7.用消过毒的或干净的纱布或绷带包扎伤口（b）。

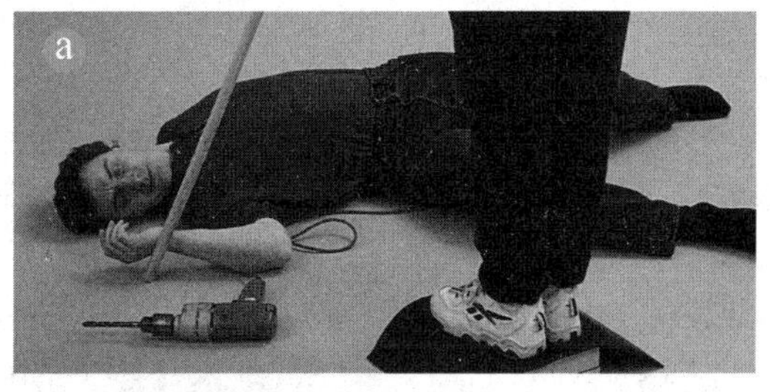

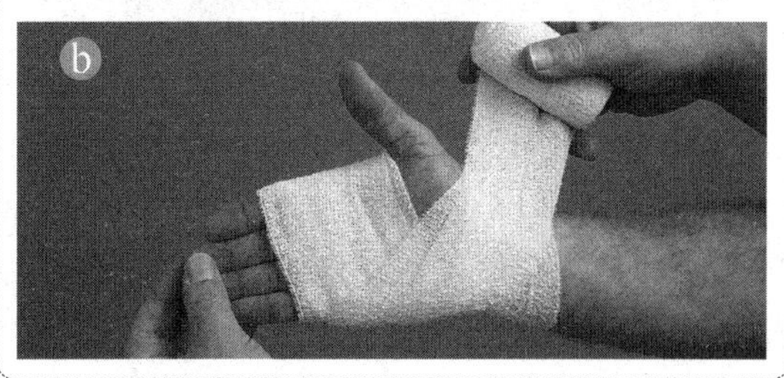

急救人员必须立即切断与伤者接触的电源，注意不要让自己触电。

在伤者尚未脱离电源之前，千万不要往其身上泼水。

高压电烧伤

高压电所造成的伤害，通常是致命的。急救人员如果距离电源18米以内，也会有被间断的电流火花和“跳跃”的电流击中的危险。遇到这种情况，你必须在疏散人群的同时立即报警。

发热

发热是指人体体温高于正常体温37℃。发热是由各种各样的原因引起的。

发热的原因

- 最常见的是由细菌或病毒感染引起的发热。
- 甲状腺功能亢进。
- 身体脱水。
- 头部过热。
- 心脏病。
- 淋巴瘤。

发热的急救措施

1.脱去伤者的所有衣物。2.用微温的水不停地擦拭伤者身体。3.如果条件允许，让伤者洗个温水澡。4.如果伤者身体没有受到其他伤害的话，让他服用阿司匹林。5.任何原因引起的发热都要去看医生。

高热要及时去医院就诊，不能拖延，否则会损伤大脑。

不要让12岁以下发热的儿童服用阿司匹林：可能会引发韦氏综合征——一种非常严重的肝脑疾病。

异物

儿童往往会把许多体积较小的异物，如小珠子、小石子、球状物、弹珠、豌豆或豆类果实等，放进他们的耳朵和鼻子里。此外，像鱼钩或一些小碎片等也有可能被儿童不小心扎进身体的某一部位，需要拔除。进入身体里的异物会吸收湿气发生肿胀，所以很难清除出来。

耳朵里的异物

小昆虫有时候会爬进耳道里。它们不可能爬进耳骨里，只能停留在耳道外层，有时会吸附在软软的蜡状物上，直到被驱出。

如何清除耳朵里的异物

如果确定耳道里有小虫，用小水壶轻轻地往耳朵里倒入冷水，使小虫随水流出来。

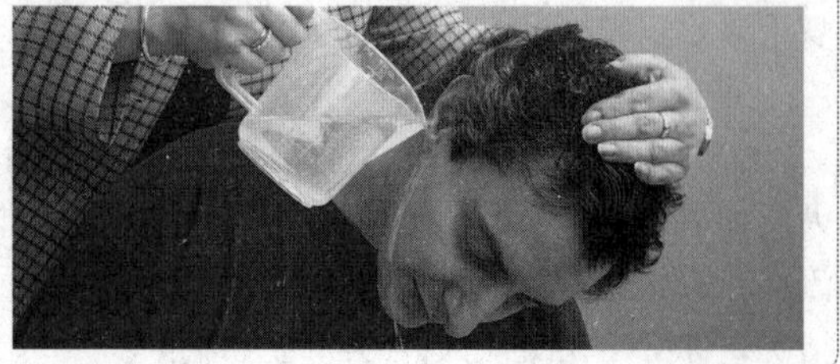

- 如果小虫仍残留在耳朵里，请立即去医院。

不要试图移出耳朵里坚硬的异物，这样做可能会把异物推到耳道深处。应该立即去医院就医。

眼睛里的异物

体积较小的异物经常会进入眼睛的某个部位。它们可能停留在以下几个部位。

眼睛容易受影响的部位

- 眼球外部。
- 眼皮后面，在按压敏感的角膜（a）时会有刺痛感。
- 运动迅速的金属异物可能会穿过眼睛外膜进入眼睛里面。

如果异物不容易找到，用火柴棒将眼皮向外翻开来寻找（b）。此时，如果伤者眼睛保持向下看，就更容易操作。

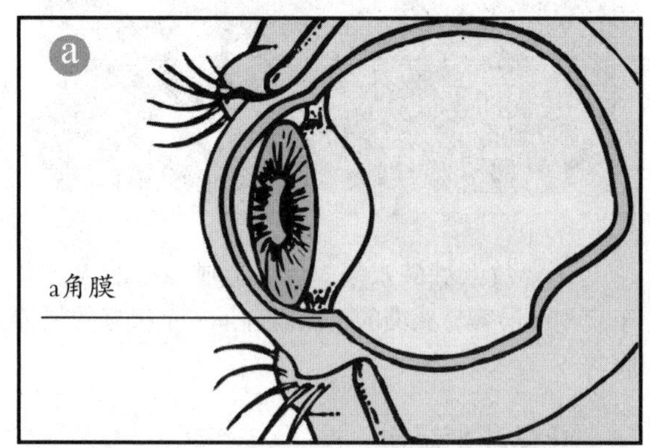

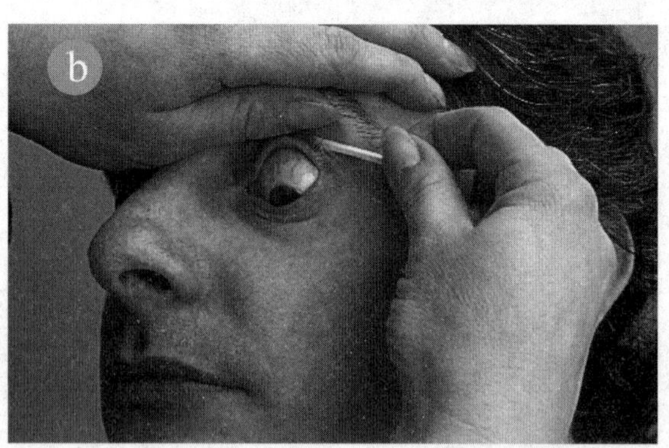

- 如果异物仍未清除，请立即去医院就诊。

不要用针等尖硬物去清除眼睛里的异物。

不要试图清除角膜中间的异物，如果伤害到角膜会影响视力。

金属异物

一些来自于旋转研磨机、钻孔机或磨粉机等的金属异物会快速而且悄无声息地进入眼睛里，对视力造成严重损害。发生这种情况通常是非常危险的，因此，必须马上去医院就诊。

鼻子里的异物

如何清除鼻子里的异物

鼻孔里的微小异物通常能直接看到，可以用镊子伸进受影响的鼻孔来清除异物。清除异物时要非常小心，最好去医院就医。

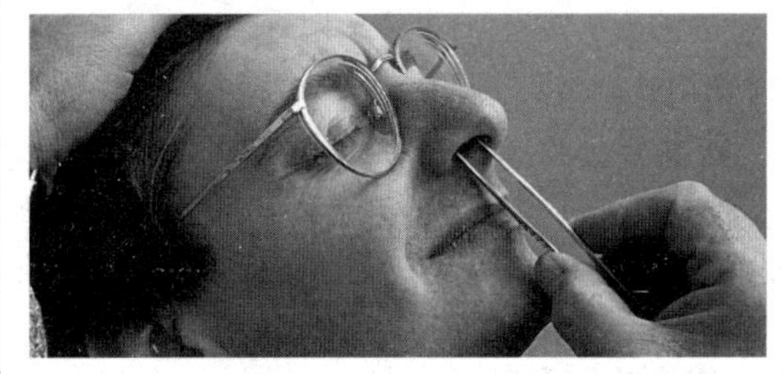

• 如果异物仍未被清除，立即去医院就诊。

如果一次清除没有成功，不要继续进行，否则有可能会将异物推向鼻孔深处。

碎片

刺入皮肤里的异物通常是金属或木头碎片。

清除未完全没入皮肤的碎片

1.如果刺入人体的木头碎片或其他碎片在身体上还露出一截，这时应该用镊子将其夹住拔除。2.用肥皂水彻底清洗伤口及其周围皮肤。

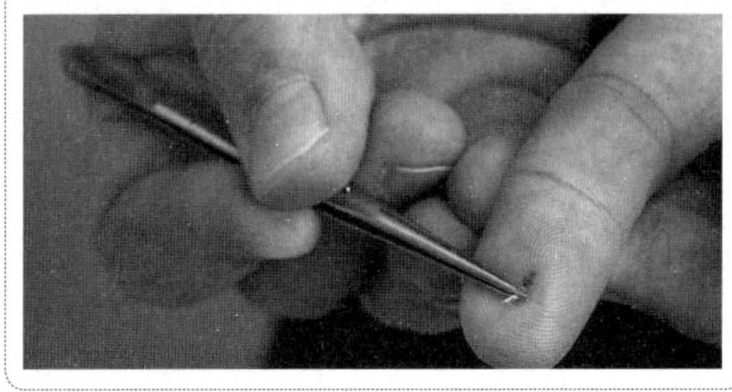

没入皮肤的微小碎片

如果碎片很小且深入到皮肤里面，请采用以下措施进行清除。

清除没入皮肤里面的碎片

1.用火烧针尖，对针尖进行消毒（a）。2.用针尖挑起碎片的一端（b），然后用镊子夹出。

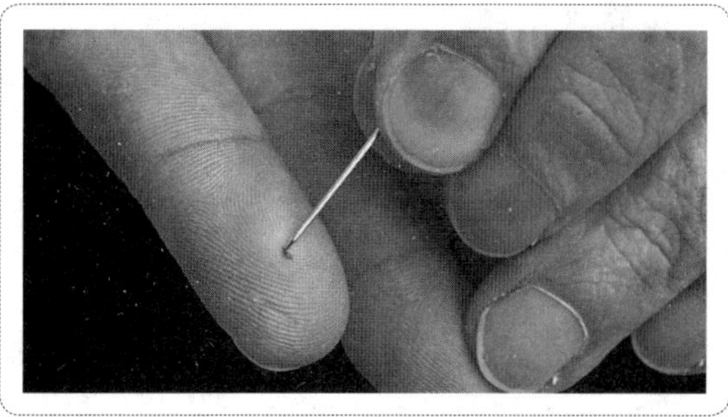

• 如果仍无法清除碎片（尤其是伤口开始发炎），立即去医院就医。

恶心与呕吐

恶心与呕吐是由于某种原因导致胃部或肠道不舒服引起的。通常情况下呕吐能够减轻症状，有利于快速恢复。

恶心与呕吐的原因

• 饮食过量。
• 饮酒过量。
• 食物中毒。
• 肠胃炎。
• 胃及十二指肠溃疡。
• 阑尾炎。

如何缓解恶心与呕吐症状

1.避免进食。2.只喝少量的白兰地（或水或牛奶）。3.如果出现其他症状及时向身边的人或医生反映。

如果恶心原因不明，且持续时间超过1天，立即去看医生。

如果呕吐原因不明，且持续时间超过1个小时，立即去看医生。

疑似中毒

如果有类似中毒的迹象，必须对呕吐物进行化验。

旅行病

旅行病是由于身体长时间不断地、被动地在交通工具上摇晃导致的，它常表现出以下症状。

旅行病的症状

• 打哈欠。
• 呼吸粗重而急促。
• 流涎。
• 恶心。

- 腹部不舒服。
- 脸色苍白。
- 冒冷汗。
- 呕吐。
- 头痛。
- 眩晕。
- 疲乏。

如何缓解旅行病的症状

1.设法呼吸新鲜空气。2.坐在座位上，头向后仰（a）。3.如果是在船上，眼睛注视一个固定的物体，如地平线（b）。

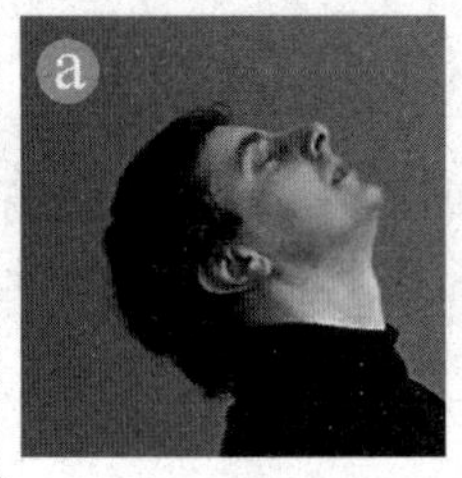

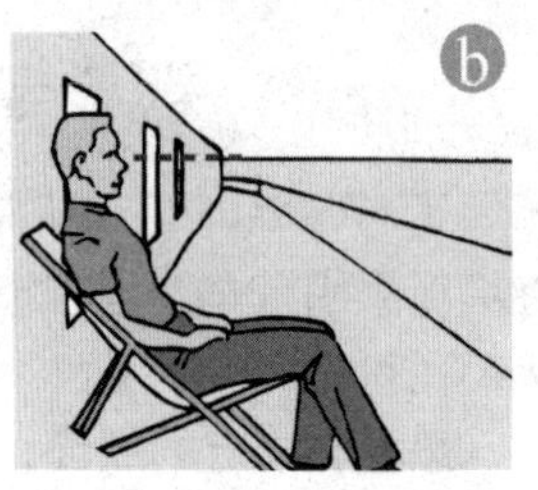

上车前，不要饮酒，不要吃得太饱。

疾病急救

惊厥（抽搐）

俗称抽风，以儿童高热惊厥最常见，其次是癫痫和癔病所致的惊厥。

高热惊厥

以高热为主要表现。6个月至5岁间的儿童因中枢神经系统发育不全，大脑皮层调控能力差，容易因高热而发生惊厥。

症状

突然起病，常伴有寒战、四肢发冷及青紫，随后体温升高，颜面充血潮红，呼吸加快，先是眼球及面部的小抽动，继之两眼固定或向上斜视，全身或部分肢体绷紧强直，或阵歇性地痉挛性抽动，伴有不同程度意识障碍或昏迷。

急救措施

- 让患者平卧，头偏向一侧，以防止舌后坠和口腔分泌物堵住气管而引起窒息。
- 可在患者臼齿间嵌填毛巾或手帕，以防咬伤舌头。
- 还可以通过头部敷冷毛巾，针刺合谷或用手指甲掐入人中穴止痉，然后急送医院救治。

癫痫

俗称羊角风、羊癫风。

症状

发作时，患者常突然大叫一声摔倒在地，两眼固定不动发直，四肢伸直，拳头紧握，呼吸暂时停止，随后全身肌肉强烈地抽搐，咬牙、口吐白沫、眼球上翻、眩眼、瞳孔散大，可伴有小便失禁。持续10秒钟后停止并进入昏睡，醒来自觉疲乏，但对发作情况不能记忆。

急救措施

- 癫痫发作时，救护者应注意患者体位，防止意外损伤。若患者俯卧、口鼻朝地，应立即改变其体位，以防止窒息。
- 用筷子或木棒包上手帕塞在患者臼齿之间，以防咬伤舌头。
- 若发作后能在短时间内自行停止，就不需用药。若抽搐不止，就很容易发生意外或危险，需立即送医院救治。

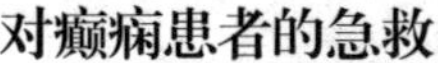

对癫痫患者的急救

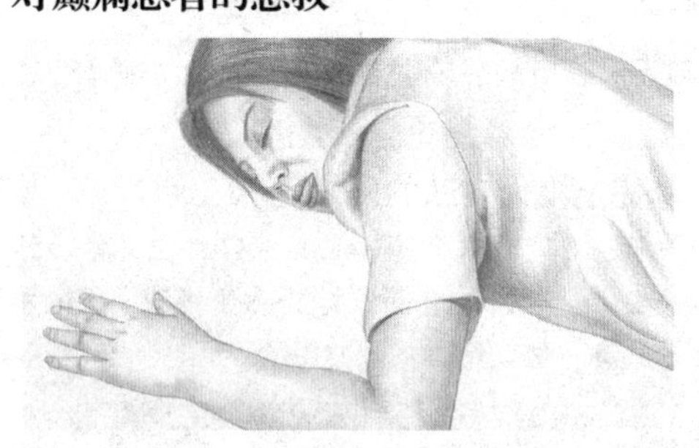

1.癫痫发作。

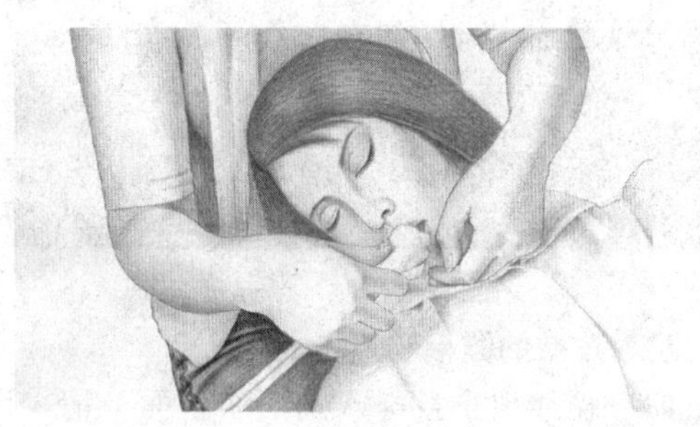

2.用筷子或木棒包上手帕塞在病人上下牙之间，防止咬伤舌头。

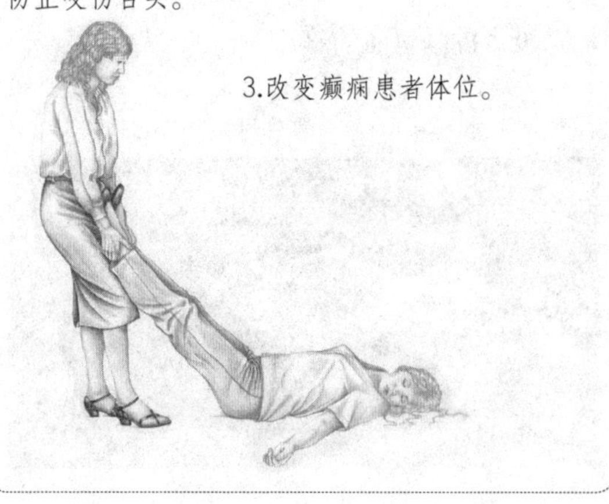

3.改变癫痫患者体位。

癔病

癔病是神经官能症的一种表现，常因强烈的精神刺激而发病，但全身并没有主要脏器的损伤。患者多为青年女性。

症状

常在大庭广众之下发病，表现为抽搐（一般只是四肢轻微抽动或挺直）、两眼上翻并眨动。有的患者还可表现为癔症性昏厥或假性痴呆。发作可持续几小时。本病患者无大小便失禁及摔倒现象。但有时也可出现过度换气、四肢强直、昏睡等。

急救措施

• 首先要保持患者安静休息，不要在患者面前惊慌喧闹。可以让患者服1～2片安定等镇静药。

• 患者若牙关紧闭、抽搐不止，可针刺人中、内关、劳宫、涌泉（足心）穴使之苏醒。

• 利用氨水刺激其嗅觉可终止发作。

• 如无合适针、药，服用维生素也能起到一定的治疗作用。急救后应让患者安静入睡，不要打扰。

昏厥

也称晕厥、昏倒。是由一时性脑缺血、缺氧引起的短时间的意识丧失现象。

原因

以过度紧张、恐惧而昏倒最多见，这属于血管抑制性昏厥，又称反射性昏厥或功能性昏厥。另外，体位性昏厥、排尿性昏厥也属此类。其他尚有心源性、脑源性、失血性、药物过敏等引起的昏厥。

症状

患者突然头昏、眼花、心慌、恶心、全身无力，随之意识丧失，昏倒在地。

急救措施

• 应先让患者躺下，取头低脚高位，解开衣领和腰带，注意保暖。

• 针刺人中、内关穴，同时喂患者热茶或糖水，使患者慢慢恢复知觉。

• 若大出血、心脏病引起的昏厥，需立即送医院急救。

休克

可分为低血容量性休克、感染性休克、心源性休克、过敏性休克和神经性休克等。

症状

主要症状是迅速发生的精神呆滞或烦躁不安；体力不支、四肢不温；皮肤白而湿冷或有轻度发绀；脉细弱而快速、血压下降；抢救不及时常可危及生命。

急救措施

• 尽量少搬动或扰动患者，应解开患者衣扣，让患者平卧，头侧向一方。有心源性休克伴心力衰竭者，则应取半卧位，严重休克的，应放低头部，抬高双脚。但头部受伤、呼吸困难或肺水肿者可稍微提高头部。

• 注意保暖，但不可太热。可适当饮用热饮料。有条件的可吸氧。

• 针刺人中、十宣穴、内关、足三里等穴位。

• 观察心率、呼吸、神志改变，并作详细记录。

• 出血者，应立即止血。

• 及时送医院抢救。

昏迷

昏迷是大脑中枢受到严重抑制的表现，患者意识丧失，极其严重。

急救措施

• 仔细清除患者鼻咽部分泌物或异物，保持呼吸道通畅。

• 取侧卧位，防止痰液吸入。若无禁忌证，应将患者安置为无枕平卧位。

• 加强防护，防止坠地。

• 及时送医院急救。

高血压危象

是一种在不良诱因影响下，血压骤然升到（200/120毫米汞柱）以上，并出现心、脑、肾急性损害的危急症候。

症状

患者突然感到头痛、头晕、视物不清甚或失明；恶心、呕吐；心慌、气短；两手抖动、烦躁不安；甚至可出现暂时性瘫痪、失语、心绞痛、尿混浊；更严重的可表现为抽搐、昏迷。

急救措施

• 不要在患者面前惊慌失措，应让患者安静休息，取半卧位，并尽量避光。

• 患者若神志清醒，应立即服用双氢克脲噻2片，安定2片；或复方降压片2片。

• 应少饮水，并尽快送患者到医院救治。送患者的运输工具应尽量平稳，以免因过度颠簸而引起脑溢血。

• 发生抽搐时，可手掐合谷、人中穴。

• 应格外注意保持昏迷者呼吸道的通畅，最好让其侧卧，将下颌前伸，以利呼吸。

中风

脑血管意外又称中风、卒中。其起病急，病死和病残率高，为老年人三大死因之一。对中风患者的抢救若不得法，会加重病情。中风可分为脑溢血和脑血栓两种。

脑溢血症状

脑溢血多在情绪激动、过量饮酒、过度劳累后，因血压突然升高导致脑血管破裂而发病。少数患者有头晕、头痛、鼻出血和眼结膜出血等先兆症状，而且患者血压素较高。患者突然昏倒，随即出现昏迷；口眼歪斜和两眼向出血侧凝视，出血对侧肢体瘫痪、握拳；牙关紧闭，鼾声大作，或手撒口张、大小便失禁。有时可有呕吐，甚者呕吐物为咖啡色。

脑血栓症状

脑血栓引起的中风通常发生在睡眠后或安静状态下。发病前可有短暂脑缺血，如一般性的头晕、头痛、突然不会讲话、肢体发麻和沉重感等。患者往往在早晨起床时突然发觉半身不遂，但神志多清醒，而且其脉搏和呼吸明显改变，以后逐渐发展成为偏瘫、单瘫、失语和偏盲。

急救措施

发生中风时，患者必须绝对安静卧床（脑溢血患者头部应垫高），松开领扣，取侧卧位，以防止口腔分泌物流入气管，同时应保持呼吸道通畅，并立即就近送到医院救治。同时要避免强行搬动，搬动时尤其要注意头部的稳定，否则会错过最有利的治疗时机而加重病情。

心动过缓

成人每分钟心率在60次以下者称心动过缓。如无任何不适者就不属于病态。

症状

若平时心率每分钟70～80次，降到40次以下时，患者有心悸、气短、头晕和乏力等感觉，严重时可有呼吸不畅、脑闷甚至心前区有冲击感，更重时可因心排血量不足而突然昏倒。

急救措施

• 出现胸闷、心慌，每分钟心率在40次以下者，可服用阿托品0.3～0.6毫克（1～2片），每天3次，紧急时可肌肉注射阿托品0.5毫克（1支）。或口服普鲁本辛15毫克（1片），每天3～4次。

• 若因心脑缺血而晕厥者，应使患者取头低足高位静卧，并注意保暖。

• 松开领扣和裤带，指掐人中穴使患者苏醒，并及时送医院救治。

心动过速

成人每分钟心率超过100次称心动过速。

分类

心动过速分生理性和病理性两种。

生理性心动过速

跑步、饮酒、重体力劳动及情绪激动时心律加快为生理性心动过速。

病理性心动过速

若高热、贫血、甲亢、出血、疼痛、缺氧、心衰和心肌病等引起的心动过速，称病理性心动过速。病理性心动过速又可分为窦性心动过速和阵发性室上性心动过速两种。

• 窦性心动过速。特点是心率加快和转慢都是逐渐进行，通常心率不会超过140次，患者多数无心脏器质性病变，有时可有心慌、气短等症状。

• 阵发性室上性心动过速。心率可达160～200次，以突然发作和突然停止为特征，无论心脏有无器质性病变都可发生。发作时患者突然感到心慌和心率增快，持续数分钟、数小时至数天，后又突然恢复正常心率。患者自觉心悸、胸闷、心前区不适及头颈部跳动感等。但若发作时间长，心率在200次以上时，因血压下降，患者可自觉眼前发黑、头晕、乏力和恶心呕吐，甚至突然昏厥、休克。冠心病患者在心动过速时，常会诱发心绞痛。

急救方法

可试用以下几种方法：

• 让患者大声咳嗽。

• 让患者深吸气后憋气，然后用力做呼气动作。

• 通过用手指刺激咽喉部，来引起恶心、呕吐。

• 指压眼球法，嘱患者闭眼向下看，用手指在眼眶下压迫眼球上部，先压右眼。同时搭脉搏数心率，一旦心动过速停止时，应立即停止压迫。每次10分钟，压迫一侧无效再换对侧，注意切忌两侧同时压迫。青光眼、高度近视眼不可用本法。同时口服心得安或心得宁片。

• 在急救的同时，应立即送患者去医院救治。

心力衰竭

类型

心力衰竭是心脏病后期发生的危急症候，可

分为左心衰竭、右心衰竭和全心衰竭。

左心衰竭表现症状　早期表现为体力劳动时呼吸困难，到后期，患者常常在夜间被憋醒，并不得不坐起，同时伴有哮鸣音的咳喘，咳粉红色痰，口唇发紫，大汗淋漓，烦躁不安，脉搏细而快。

右心衰竭表现症状　早期可表现为咳嗽、咯痰、哮喘，面颊和口唇发紫，颈部静脉怒张，下肢浮肿；严重者还伴有腹水和胸水。

全心衰竭　同时出现左心和右心衰竭的为全心衰竭。表现为两者间的综合症状。

急救方法

• 应首先让患者安静，并尽量减少患者的恐惧躁动。

• 有条件的马上吸氧（急性肺水肿时可吸入通过75%酒精溶液的氧气），并松开领扣、裤带。

• 让患者取坐位，两下肢随床沿下垂，必要时可用绷带轮流结扎四肢，每一肢体结扎5分钟。通过减少回心血量，来减轻心脏负担。

• 可在医生的指导下口服氨茶碱、双氢克脲噻，并限制饮水量，同时立即送病人去医院救治。

心力衰竭患者半夜憋醒，坐起咳嗽，嘴唇发紫。

心跳骤停

又称猝死，是心脏突然停止跳动而使血循环停止。这可导致重要器官如脑严重缺血、缺氧，并最终使患者死亡。

急救方法

千万不要坐等救护车的到来，要当机立断进行心肺复苏。

叩击心前区

握拳，用拳底部小鱼际多肉部分，离胸壁20～30厘米处，瞄准胸骨中段上方，突然、迅速地捶击一次。若心脏未重新搏动，应立即做胸外心脏按压，同时做口对口人工呼吸。从肺复苏时，患者背部应垫一块硬板。

观察瞳孔

若患者的瞳孔缩小（这是最灵敏、具有意义的生命征象），说明抢救有效。

针刺法

针刺人中穴或手心的劳宫穴、足心涌泉穴，也能起到抢救作用。

防窒和降温

清理患者口、咽部的呕吐物，以免堵塞呼吸道或返流入肺，引起窒息和吸入性肺炎。用冰袋冷敷额部降温，并立即送医院救治。

心绞痛

心绞痛由心肌缺血引起，多见于40岁以上中、老年人，男性多于女性。频繁发作时应警惕心肌梗塞。

症状

常发生在劳累、饱餐、受寒和情绪激动时，典型表现为胸骨后突然发作的闷痛、压榨痛，而且疼痛可以向右肩、中指、无名指和小指放射。患者还可能有心慌、窒息，有时伴有濒死的感觉。发作多持续1～5分钟，很少超过15分钟。不典型者，仅有上腹痛、牙痛或颈痛。

急救措施

给服硝酸甘油片

立即让患者停止一切活动，坐下或卧床休息。舌下含化硝酸甘油片，1～2分钟即能止痛，且可持续作用半小时。也可将亚硝酸异戊酯在手帕内压碎并深深嗅之，10～15秒即可奏效。本类药物有头胀、头痛、面红、发热的副作用，高血压性心脏病患者应忌用。

点内关穴

若现场无解救药，指掐内关穴也可起到急救作用。

送入医院

休息片刻，待疼痛缓解后再送医院检查。

心肌梗塞

当心肌的营养血管完全或近乎完全阻塞时，相应的心肌由于得不到相应的血液供应而坏死，就是心肌梗塞。

症状

主要表现是胸痛和心绞痛相似，但更为剧烈，而且疼痛持续的时间较长，往往可达几小时，甚至1~2天，甚者可波及左前胸与中上腹部。或伴有恶心、呕吐和发热等。严重的可发生休克、心力衰竭和心律失常，甚至猝死。

急救措施

立即休息 心肌梗塞急性发作时应立即卧床休息，大小便也应在床上进行，还要尽量少搬动病人。室内必须保持安静，以免刺激患者加重病情，并立即与急救中心取得联系。

头低足高放置 若发现患者脉搏无力、四肢不温，应轻轻地将病人头部放低，足部抬高，以增加血流量，防止发生休克。若并发心力衰竭、憋喘、口吐大量泡沫痰以及过于肥胖的患者，头低足高位会加重胸闷，一般应取半卧位。

及时给药

让患者含服硝酸甘油、消心痛或苏合香丸等药物。烦躁不安者可服用安定等镇静药，但不宜多喝水，而且还应禁食。

吸氧保暖

解松领扣、裤带，吸氧；注意保暖。

进行心脏复苏术

患者心脏骤停时，应立即做胸外心脏按压和人工呼吸，而且中途不能停顿，必须一直持续到医院抢救。

咯血

咯血一般是由肺结核、支气管扩张、肺部肿瘤和心脏病引起的。

急救措施

做好护理

让患者取侧卧位，头侧向一方，嘱其不要大声说话，也不要用力咳嗽，在注意保暖的情况下，用冷毛巾或冰袋冷敷胸部以减少咯血。出血量多的可用砂袋压迫患侧胸部限制胸部活动。一般应在咯血缓解后再送患者到医院治疗，否则运送途中的颠簸会加重病情。

服药

口服三七粉、安络血或云南白药，必要时服镇静药。

防止窒息

大咯血常造成窒息，要嘱咐患者把血吐出，以免血块堵住气管。若患者在咯血，突然咯不出来，张口瞠目、烦躁不安、不能平卧、急于坐起、呼吸急促、面部青紫和喉部痰声辘辘，这表明发生了窒息。有些患者还会自己用手指指着喉部，示意呼吸道堵塞。此时应迅速排除呼吸道凝血块，恢复呼吸道畅通。

吐血

吐血可能显示出严重的情况，例如腹部受伤，肝病，血凝结问题以及滥用酒精或者药物。

不管何时只要病人吐血，立刻寻求医疗帮助。及时采取行动将保护他的健康和预防长期的疾病。

急救前的检查

- 呕吐物看上去像咖啡渣
- 胸部或者腹部有伤
- 使用血液稀释剂
- 腹部肿胀或者僵硬
- 反胃
- 发烧
- 呼吸短促
- 感到头昏或者虚弱
- 皮肤苍白，湿冷
- 失去知觉

急救措施

检查病人的基本生命状况，并且根据情况进行必要的治疗。

拨打急救电话。

为了防止休克，把病人放在抬起的腿上（这将阻止血流到大脑和心脏）并且用一条毯子或者衣服来保持他的体温。

如果怀疑是休克的话，不要移动病人。

准备一个容器，例如提桶或者罐子和一件湿的衣服在旁边。

把病人左向放置，这将防止进一步的呕吐并且让液体从他的嘴里流出。

不要提供药物给一个吐血的病人，除非有医生的指导。

不要给病人食物或者水。

让病人平静下来，并且留在他身边，直到紧急医疗服务中心的到来。

带血的排便

我们也许不喜欢检查粪便的事情，但定期检查是明智之举。这样的话许多问题如出血，能被较早发现。

大便出血是身体内部有病或者受伤的标志。多数出血的原因不严重（例如痔疮）并且治疗起来很容易。

可以通过咨询医生来帮助病人。这对确定大便出血的来源很重要。

急救前的检查

- 大便中混合有暗红色的血

- 大便上覆盖着鲜红色的血
- 黑色的大便或者便秘
- 有受伤的证据
- 腹部有瘀伤
- 用血液稀释剂
- 腹部疼痛
- 腹部肿胀或者僵硬
- 恶心和呕吐
- 呼吸短促
- 头昏眼花和虚弱
- 苍白，湿冷的皮肤
- 失去知觉

急救措施

检查病人的基本生命状况，并且根据情况进行必要的治疗。

如果出现以下情况，立刻拨打急救电话：

- 在大便中突然大量出血
- 腹部疼痛严重或者不能减退
- 腹部肿胀或者僵硬
- 有发烧，持续呕吐或者腹泻的症状
- 病人感到虚弱或者失去知觉

为了防止休克，把病人放在抬起的腿上（这将阻止血流到大脑和心脏）并且用一条毯子或者衣服来保持他的体温。

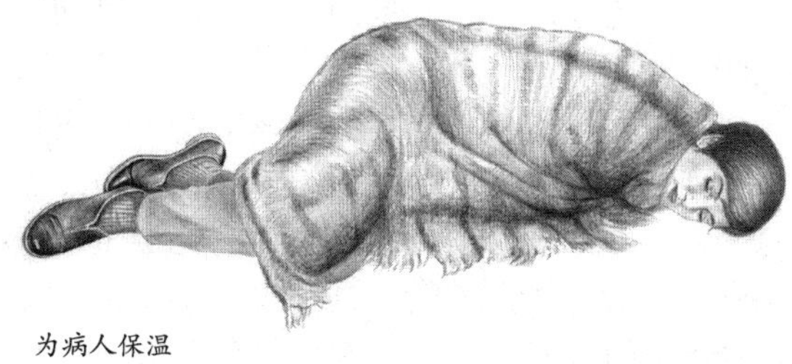
为病人保温

呕吐可能发生在任何时候，因此要准备一个容器，例如提桶或者罐子和一件湿的衣服在旁边。

把病人左向放置，这将防止进一步的呕吐并且让液体从他的嘴里流出。

不要给一个有可能内部出血的人提供药物，灌肠剂或者放松对他的看护，除非有医生的指导。

让病人平静下来，并且留在他身边，直到紧急医疗服务中心的到来。

如果情况不是很紧急，一定要按照医生的指导做。出血的来源一定要被确定和治疗。

带血的尿液

尿中有血（血尿）不始终那么容易被察觉。当尿中带血时当能看见红色的血，或者可能是棕黑色的，如果血比较少，可能会呈烟状浑浊不清。

血尿可能有多种原因——有些原因是轻微的（如激烈的运动）；还有些原因较为严重（例如肾脏疾病，腹部受伤或者膀胱瘤）。

不论什么时候在尿液中看到血，都要寻求医疗帮助。确定出血的来源很重要，不管它是不是轻微的。你迅速的行动将帮助保护病人的健康。

急救前的检查

- 在尿液中有鲜红色的血
- 尿液看上去像可乐
- 尿液中有烟状浑浊不清的现象
- 腹部有瘀伤或者伤口
- 使用血液稀释剂
- 腹部疼痛
- 腹部肿胀或者僵硬
- 后背或者膀胱疼痛
- 反胃
- 脸部，踝骨，或者两者都有出汗的症状
- 发烧
- 呼吸短促
- 头昏眼花以及身体衰弱
- 皮肤苍白，湿冷
- 失去知觉

急救措施

如果情况严重，尿液中有大量出血的情况。

检查病人的基本生命状况，并且根据情况进行必要的治疗。

拨打急救电话或者送去急救室。

为了防止休克，把病人放在抬起的腿上（这将阻止血流到大脑和心脏）并且用一条毯子或者衣服来保存他的体温。

如果怀疑是休克的话，不要移动病人。

呕吐可能发生在任何时候，因此要准备一个容器，例如提桶或者罐子和一件湿的衣服在旁边。

把病人左向放置——这被称为安全位置。这将防止进一步的呕吐并且让液体从他的嘴里流出。

不要提供任何药物给病人，除非有医生的指导。

让病人平静下来，并且留在他身边，直到紧急医疗服务中心的到来。

如果出血情况不严重，一定要跟从医生的指导做。出血的来源一定要被确定和治疗。

酗酒

酗酒在当今很普遍。酗酒是造成严重的伤害和事故的重要原因。

酒精是一个镇静剂，这意味着它会放慢或者妨碍一个人的反应力、协调力、思考和判断力。尽管酒精消费是一个早已被社会接受的习惯，酒精是一种药物，酒精过量可能会造成晕眩，呼吸可能停止，另外神经中枢可能被破坏。

帮助一个过度酗酒的人会是一个挑战，因为他可能是好斗的或者不负责任的。不过，你的急救依然会给病人很大的帮助，帮助他避免长期依赖酒精。

急救前的检查

- 在呼吸或者衣服中是否有强烈的酒精味道
- 蹒跚的或者不稳的步态
- 反应缓慢
- 说话含糊
- 深入有力的呼吸可能变浅
- 快而微弱的脉搏
- 出汗，发红的脸
- 恶心加呕吐
- 不寻常或者不合理的行为
- 人容易困倦
- 意识不清

急救措施

检查病人的基本生命状况，并且根据情况进行必要的治疗。

拨打急救电话。

接触病人的伤口。这可能是困难的，因为醉的人不感到疼痛。

避免移动病人，如果猜测是脊椎受伤。

如果病人躺倒，把他转到左边，防止他进一步的呕吐，阻止液体从嘴巴流出。

守护着病人，直到紧急医疗服务中心的人员赶到。

安慰和并让病人安心，帮助他平静下来。

始终留心看病人是否有行为的变化，当酒精再次进入到血流后这有可能发生。

如果他变得暴躁不安，就不要和病人呆在一起。你必须也考虑到自己的安全。到安全的地方去，并且打电话叫警察来。

确定病人是否也服用了含酒精的药物。在病人身上或者旁边寻找空的瓶子或容器。把药物和酒精混合是非常危险的。如果你猜测有这种情况发生，一定要打电话叫紧急医疗服务中心来。

如果病人有时候感到身体外面冷，体温降低的情况是可能发生的。把病人移到一个温暖的地方（除非他不能呼吸或者脊椎受伤），移去身上潮湿的衣服，并且用温暖的毯子裹住他。

要知道病人在连续饮酒后12到24小时酒精才会消退。他可能有颤抖或者不能吃东西或者睡觉的状况。如果发生了，那么去寻求医疗建议。强烈的精神狂乱（DTs）或者连续饮酒2到5天后古怪的痉挛有可能发生。强烈的精神狂乱的标志是发烧，方向知觉的丧失，严重的颤抖，并且有幻觉。如果你看到这些症状中的任何一种，请立刻拨打急救电话。

哮喘发作

哮喘这种症状在漫长的一生中会经常发生，它影响气管和肺之间运送空气的能力。当一个哮喘病人被某种特定物质刺激（如油烟，冷空气，或者污染），他的气管将变得肿胀和发烧，阻塞空气的流动，并且使呼吸困难。

许多哮喘发作发展缓慢，因此药物就能阻止它们。如果发作变快而且不能被正确的治疗，它可能会变得很严重并且潜在地威胁到生命。幸运的是，多数严重的哮喘能被及时和正确的行动所治疗。

现在人们能越来越多的从哮喘的一再发作中学习预知和阻止这些发作。例如使用顶点流表，是一个重要的预防性工具，它能测量空气从肺中呼出的最大速度。这种仪表帮助记录呼吸中轨迹的改变，并且能在较早的阶段发出可能有哮喘发作的信号。

急救前的检查

轻微到中度的发作

- 呼吸困难，速度超过平常
- 呼气的能力降低
- 喘息
- 胸部僵硬
- 鼻孔有发烧的感觉
- 干咳
- 脉搏加速
- 苍白的，湿冷的皮肤
- 焦虑
- 呕吐
- 发烧
- 困倦，注意力不集中
- 减少了的顶点流速（空气从肺中呼出的最

大流速，由病人的顶点流表测量显示）

严重的发作

• 哮喘药物没有反应或者需要超过每4小时一次的剂量

• 蓝色的皮肤（是血液中缺氧的标志）

• 快速的脉搏（每分钟超过120下）

• 呼吸变得困难而且听不见（这意味着病人不能运送足够的空气）

• 咳嗽无力

• 顶点流速低于病人个人最大的50%（被病人的顶点流速仪表测量）

• 虚脱和神智不清

急救措施

轻微到中度的发作

检查病人的基本生命状况，并且根据情况进行必要的治疗。

让病人平静，并且把他放在一个舒适的坐的地方。放松任何紧的衣服，移开项链和任何其他的珠宝。

经常有哮喘的人有医生给出的处理哮喘发作的措施。询问病人如果有的话，就按照指导做。

询问病人有关哮喘的药物。如果可以拿到，给病人四次喷剂，每分钟一次（最多是8次）以减少症状。药物将帮助通畅气管，呼吸将变得容易。

如果药物没能减轻症状，请拨打急救电话。避免把医生没有开过的药物提供给病人。

如果是病人第一次发作，而且身边没有药物可以利用，请拨打急救电话。

在等待医护人员到来的时候，继续让病人平静。焦虑和压力会加重病情。

当医护人员到来后，把病人认为是治疗他哮喘发作的药物出示给医生看。

确定是什么引起了哮喘发作。这对防止进一步的哮喘发作很重要。

严重的发作

不要拖延施救。请立刻拨打急救电话。

给病人注射肾上腺素，如果可以，请遵医嘱。

询问病人是否有处理严重的哮喘发作的行动计划。如果有的话，就按照指导做。

询问病人是否有哮喘药。如果有，给病人四次喷剂，每分钟一下（最高8下）从而减轻症状。这药物将使气管畅通，让呼吸变得容易。

避免把医生没有开过的药物提供给病人。

在等待医护人员到来的时候，要让病人感到舒服。焦虑和压力会加重病情。

当医护人员到来后，把病人认为是治疗他哮喘发作的药物出示给医生看。

确定是什么引起了哮喘发作。这对防止进一步的哮喘发作很重要。

糖尿病

胰岛素是一种把食物分解成血糖的激素，它被作为身体的燃料使用。有糖尿病的人不能产生足够的胰岛素或者没有能力使用身体产生的胰岛素。结果，对他们而言要控制住血糖（葡萄糖）含量在正常的水平是一件很难的事。其他的一些方法，包括食物，胰岛素注射和口服的药物，被用来把胰岛素水平控制在安全水平上。

但即使在一些很注意自己糖尿病的人身上，紧急情况比如低血糖（血糖过低）或者高血糖（血糖过高）也有可能发生。低血糖可能是由于胰岛素吸收的改变，活动量上的改变，或者饮食习惯的改变。高血糖可能是由于不合理的饮食结构，错过了注射或者口服胰岛素，抑或是受到了感染。

糖尿病紧急情况可能非常严重，但多数在它们早期阶段能够被预防或是得到扭转。你可以通过辨别症状做到这一点——症状的发生可能是突发性的或者是逐渐出现，从而迅速治疗它们。

急救前的检查

低血糖（血糖过低）

• 饥饿

• 虚弱，头昏眼花

• 皮肤苍白，湿冷

• 出汗

• 脉搏跳动快速或者过激

• 头脑混乱，易怒，好斗

• 身体缺乏协调性

• 头痛

• 恶心和呕吐

• 抽风

• 失去知觉

高血糖（血糖过高）

• 极度的干渴

• 频繁的小便

• 呼吸的味道陌生，有甜味

• 疲乏，困倦

• 虚弱

• 没有胃口

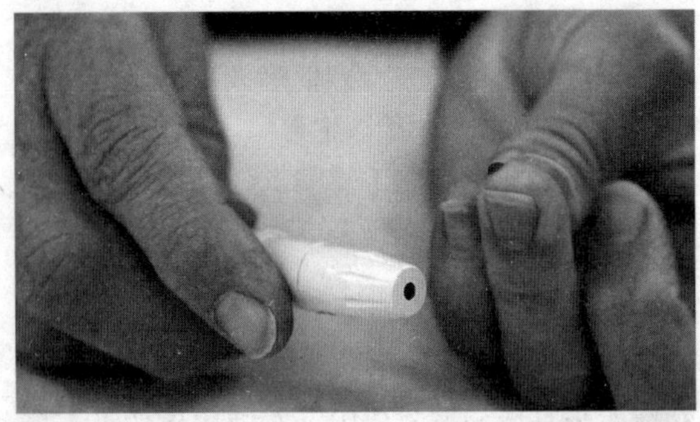

这是一种便携式血糖测量仪，它通过对小样本血样的检测测量血糖浓度，通常是指尖采血，点样于覆有特殊化学物质的测试纸上。

- 头痛
- 恶心和呕吐
- 激动
- 腹部疼痛
- 皮肤发红变热
- 抽风
- 失去知觉

急救措施

血糖状况不明时，如果病人神志不清，把一小块方糖放在他的舌头下面。

检查病人的基本生命状况，并且根据情况进行必要的治疗。

拨打急救电话。

为了防止休克，把病人放下，腿抬起（这将增加心脏和大脑的血量），并在他的身上盖一条毯子或衣服来保温。如果怀疑是脊椎受伤，不要移动病人。

如果病人神志清楚，给病人食物或者包含有糖份的饮料（比如果汁、软饮料或者是糖果）。

如果症状在十分钟内没有改善，请拨打急救电话，并且根据上面的内容进行必要的治疗。

过敏反应

当我们的身体中进入一种外来的物质，我们的自然防御系统（免疫系统）会开始工作，保护我们并破坏入侵的物质。通常，免疫系统不会对无害的物质起反应（例如花粉或者某些食物）。人们对它们过敏，是因为错误地攻击了这些物质，从而造成了过敏反应。

许多东西可能引起过敏反应，包括化妆品、香水、食物、防腐剂、药物、昆虫叮咬、花粉、尘土和宠物的皮屑。

一些过敏反应是温和的；另外一些则是严重的。

过敏性休克一种严重类型的过敏反应，能够引起气管肿胀，妨碍呼吸的能力。它也会导致危险的低血压。如果不治疗，急性过敏反应是会威胁生命的，而迅捷的行动则能挽救生命。

急救前的检查

温和的过敏反应

- 眼睛痒，且潮湿
- 鼻子流鼻水
- 打喷嚏
- 皮疹

严重的过敏反应

- 脸，脖子，手，脚或者舌头发红
- 舌头或者嘴唇肿胀
- 麻疹（有起泡的，突起的皮疹）
- 胸部或者咽喉僵硬
- 呼吸急促
- 嘴巴和嘴唇周围的皮肤变蓝
- 恶心或者呕吐
- 腹部疼痛
- 皮肤苍白，潮湿
- 焦虑
- 喘息或者呼吸困难
- 感到虚弱，困倦
- 失去知觉

急救措施

温和的过敏反应

避免过敏是最好的策略。找出引起过敏的原因，并且让病人好好呆着，并且清除过敏源。

如果病人的医生建议，可以使用抗过敏的药物（处方药或者非处方药）。这些抗过敏的药物可以治疗比较轻的过敏症状，像眼睛发痒或者流鼻水。

用冷敷可以减轻皮疹发痒的状况。

严重的过敏反应

检查病人的基本生命状况，并且根据情况

进行必要的治疗。

拨打急救电话，找到有病人过敏病历的卡片。

可以使用肾上腺素包，根据指导注射肾上腺素。

为了防止休克，把病人放在抬起的腿上（这将增加心脏和大脑的血流量），用一条毯子或者衣服保存他的体温。如果病人呼吸困难不要把病人放在震动的地方。可以放他在一个坐着的地方来代替。如果猜测是脊髓受伤，不要移动病人。

如果被蜜蜂叮咬，寻找在皮肤上面的蜜蜂的刺并且把它移掉。用你的手指甲，刀片的刀刃，或者一张信用卡擦去针刺。不要使用镊子。如果刺被镊子挤压的话，会释放出毒素。

用水和肥皂洗被叮的地方并且冷敷它或者用冰袋。如果可能，固定病人以使叮咬的地方在他心脏水平的下方。

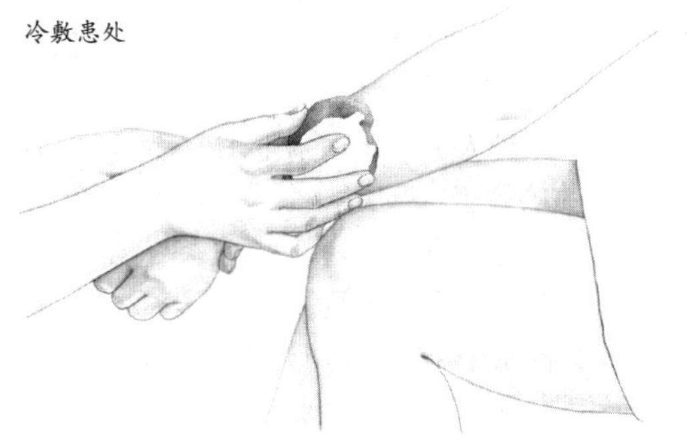
冷敷患处

当你在等医护人员到来时，让病人舒服并且使他平静下来。

除非和医生商量过，不要给病人食物和水。

高空病

高空病是由于在很高的地方氧气不充分，通常是超过海拔2000米。它可以通过简单的措施减轻或者治疗，如果很严重，则需要马上采取挽救生命的措施。

有两种严重的高空病的类型。在高处肺部水肿（HAPE），液体在肺部聚积，并且防碍呼吸。在高处脑部水肿（HACE），液体在脑部聚积，引起肿胀和阻碍脑部功能。如果回到海拔低的地方并且加以治疗，多数有严重高空病的人都将痊愈。但如果忽视或不做治疗的话可能会导致严重的问题。

急救前的检查

轻微的高空病

- 头痛
- 呼吸短促
- 疲劳
- 脸、手臂和腿发红
- 恶心和呕吐
- 失眠

严重的高空病

HAPE（高空肺部水肿）

- 呼吸短促
- 呼吸发出汩汩声和咔嗒咔嗒声
- 咳嗽带有粉红色的泡（出血的症状）
- 脉搏急促（一分钟超过100下）
- 嘴巴和嘴唇周围的皮肤是蓝色的
- 头痛
- 胸部僵硬

HACE（高处脑部水肿）

- 严重的头痛
- 行走困难
- 恶心和呕吐
- 严重的困倦
- 幻觉
- 神智混乱和过敏
- 失去知觉
- 昏迷

急救措施

轻微的高空病

让病人休息。他不应该再攀登。

给病人水和阿司匹林或者醋氨酚。

确定病人不能抽烟或者喝酒——这些都会产生更严重的症状。

监视病人的情况。如果症状没有改善，他应该下到海拔低的地方，并且立刻去寻找医疗援助。如果症状完全好了，病人可以再一次攀登。

严重的高空病

检查病人的基本生命状况，并且根据情况进行必要的治疗。

寻求紧急情况医疗照料。

立刻帮助病人下到至少不超过300米海拔的地方。

把病人放在坐的地方，使他容易呼吸。让病人平静下来，并且保持他的体温。

怀孕晚期孕妇突发阴道流水

孕妇分娩时，胎儿的胎膜破裂，羊水流出，这是正常的分娩过程的现象。但是，如果在妊娠晚期，离预产期较远，孕妇突然发生阴道大量流水，则有早产的可能。胎膜破裂过早，胎儿失去完整胎膜的保护，因而增加感染的机会。而且，胎膜破裂过早，容易引起脐带脱垂或缠绕，这会增大胎儿的危险，甚至可能导致胎儿死亡。所以，孕妇一旦出现阴道流水，应立即送医院检查和处置。

急救前的检查

未到预产期，突然从阴道流出无色、无味的水样液体。

急救措施

立即让孕妇卧床休息，垫高臀部，使羊水不再继续流出或少流出。如果孕妇正在室外，也应立即卧床休息。

应立即请医生赶来处理。

如确需运送病人到医院救治，运送时应特别小心，可用担架或长木板抬病人，在运送途中，应让孕妇始终保持胸低臀高的体位。

如果婴儿脐带脱出阴道外，可用消毒纱布或干净手帕覆盖后急送医院。

不可以坐位运送病人。

绝不可随便用未经消毒的手将脐带塞回阴道。

不可用任何未经严格消毒的东西试图堵住阴道中羊水的流出。

孕妇在产前发生抽搐

有些孕妇在产前突然发生抽搐，这是妊娠高血压综合症导致的一种严重状态。孕妇抽搐中可能发生坠地摔伤，骨折，也可能因昏迷发生呕吐而造成窒息或吸入性肺炎，甚至可能发生胎盘早剥、肝破裂、颅内出血及发动分娩。因此，孕妇一旦在产前发生抽搐，必须迅速抢救，否则有可能危及孕妇和胎儿的生命安全。

急救前的检查

- 病人处于妊娠晚期
- 此前有头痛、头晕、视力模糊、胸闷、恶心等症状
- 病人眼球突然斜视一方，瞳孔放大，从嘴角开始出现面部肌肉痉挛
- 突然昏迷
- 呕吐
- 全身肌肉收缩、僵硬，双手臂曲屈握拳
- 牙关紧闭，口吐白沫，舌被咬破时口吐血沫
- 下颌及眼皮一开一合，全身上下肢强烈抽搐
- 眼结膜充血，面部发紫发红
- 进入昏迷后体温上升，呼吸加深

急救措施

让孕妇左侧卧，及时清理口中分泌物或呕吐物，以防被病人吸入肺内，引起肺部感染。

如有呼吸障碍者，应给予吸氧。

保持室内安静和温暖。用小毛巾或手帕卷成一条，或用纱布包上两根筷子、小木棍等，插入病人的上下牙齿之间，防止病人在抽搐时自己咬伤舌头。

病人抽搐停止后，应迅速将其送往医院抢救。

不要让病人受到声、光、冷、热、触摸等的刺激，否则可能引起病人再次发生抽搐。

分娩（紧急分娩）

分娩通常要持续几个小时，因此有足够的时间让一个到预产期的产妇去到医院，或者如果事先有安排，可以让医生到她家里。

尽管如此，对于已经生过孩子或有早产经历的母亲，分娩可能会比预期的要快。在早产的情况下，分娩也能不期而至。在这些情况下，可能来不及送到医院，你可能必须接生，或者至少在医护人员到来前帮上忙。

急救前的检查

- 早孕或者很快要分娩
- 水流出（羊膜囊破裂）
- 每次收缩少于2分钟并且持续45到60秒
- 感到大肠移动即将到来
- 很强的推进要求
- 孩子的头能够在开着的阴道口看见

急救措施

拨打急救电话。

让产妇安心，告诉她多数分娩不会有并发症。

迅速准备生产需要的东西。

用肥皂和水清洗你的手。如果你有消过毒的橡胶手套，请带上。

寻找一个明亮的地方，有宽大、平坦、稳固的表面，例如床或者桌子。如果没有其他的东西可以利用，在地上或者地板上的一个干净区域也就足够了。

铺设好塑料薄膜或者报纸，然后用干净的被单或者其他的材料覆盖。

把孕妇背朝地平放，膝盖弯曲，腿张开。用毛巾抬高她的臀部。其他位置可能对她来说感觉更加舒服，比如蹲着，向左侧躺，或者跪着。

移去产妇的内衣裤，把衣服提高到她的腰部。如果她穿着短裤，也把它们脱下。

安慰产妇，并且鼓励她在每次收缩时采用短而快速的呼吸。在分娩中，她可能会呕吐或者有大肠蠕动。因此要准备一个容器，例如提桶或者罐子，以及一块湿布在旁边。

千万不要用合拢双腿的方式来减缓分娩的速度。

在普通分娩过程中，头将首先露出来。

当你看到头的时候，在他出生的时候用一只手支撑住它，从而防止婴儿太快的露出来。千万不要推压婴儿头部两个软点（囟门）。它们位于前额眉骨的附近和头的背面。

如果婴儿的头仍旧包在羊水膜里，用你的手指轻轻地戳破羊水膜，让婴儿的头和嘴露出来。

当婴儿的头出来后，用你的食指检查脐带是否环绕着婴儿的头颈。如果是的话，把它从婴儿的头部或者肩部轻轻地移去。如果你做不到，请用以下的程序立刻夹住它把它剪掉：

用新的鞋带或者两条粗绳。不要用细线。

在两个地方打结，结头相距5 ~ 10厘米，在围绕着脖子的脐带处打上结，使每个结点都很紧。

用一把消过毒的（或者干净的）剪刀或者刀，在两个结头间小心地把脐带剪断；然后脐带将从颈部分离。

不要担心会伤害到母亲或者孩子——在脐带被剪掉的时候他们不会感觉到任何痛苦。

当液体从婴儿的嘴巴和鼻子流出来时用消过毒的纱布或者吸水器擦净。

当身体的其他部分露出来时用双手支撑住婴儿。

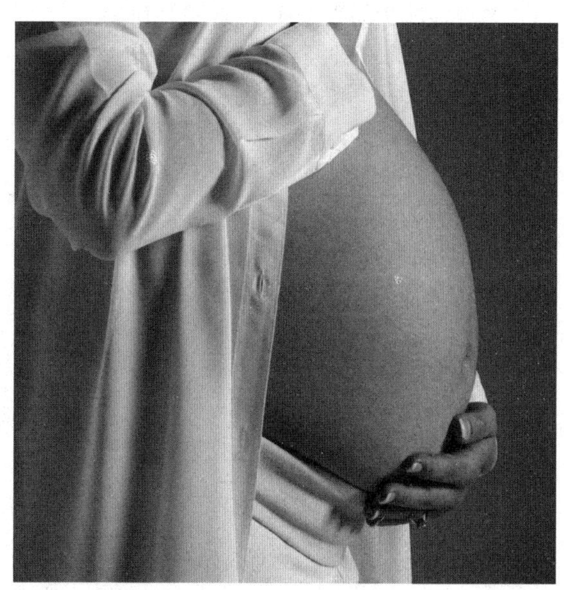

在早产的情况下，分娩可能不期而生。

当你看到脚的时候，抓住它，让婴儿和母亲的阴道平行。

擦干婴儿。然后用消过毒的纱布，擦拭婴儿的嘴巴和鼻子。如果可能的话，用吸水器也把它们吸掉。

通常婴儿会自己开始呼吸。如果不行，摩擦他的后背，或者用你的食指轻弹他的脚底。

如果婴儿不再呼吸，立刻提供两次急救呼吸。如果需要的话，请重复做以上步骤，直到医护人员赶到。

用温暖的毯子包裹住婴儿，并把他放在身体一侧，头稍稍低于身体的其余部分。

紧急分娩需要用到的东西

- 足量干净的床单，毛巾和毯子
- 枕头
- 塑料薄膜或者报纸
- 干净的橡胶手套
- 消过毒的纱布
- 橡胶吸球
- 婴儿毯子
- 消过毒的剪刀或者刀，如果你没有时间或者不能取得这些物品，在肥皂水里清洗它们
- 粗绳或者鞋带
- 塑料包

容器，比如提桶或者罐子，用来接住呕吐物。

胎盘

一般要花5到30分钟才能让胎盘分娩出来。如果在这个时间没有出来，可能会有严重的出血。应立即实施医疗救助。

不要拉脐带以使胎盘更快地拉出来。轻轻地按摩子宫（腹部下方坚硬的部分）可以加速这个过程并且减少出血。

一旦胎盘分娩出来后，用毛巾包裹脐带，并把它放在一个塑料袋里。把胎盘送到医院，以便医疗人员检查它。

将一块卫生棉置于产妇的阴道上来吸血。拉直她的腿并帮助她一起夹紧。

临盆出现的问题

胎位不正

有时孩子的屁股或者腿比头先出来。这种类型的分娩很困难，如果可以的话，应该让医护人员来做。

把产妇的头放下，屁股抬起。这将减少分娩管道的压力。

让分娩自然进行

如果婴儿的头在3分钟内没有随其余部分身

体出现，那么婴儿处于窒息的危险中。请采取以下步骤：

不要试图把婴儿的头往外拉

将一只手放在母亲的阴道上，使你的手掌面对婴儿的脸。

把你的手指放在婴儿鼻子的任意一边，将阴道壁撑开。

鼓励产妇一直保持推力。继续将阴道壁从婴儿处撑开，直到他的头露出来。

脐带下垂

如果脐带在婴儿出生前分娩出来，它可能在分娩过程中被挤压，切断了婴儿氧气的供应。

把母亲的头放下，屁股抬起。这将减少分娩管道的压力。

一只手伸进阴道内，把脐带和婴儿的身体分开。不要试图把脐带往回推。

如果医护人员没有赶到，立刻把母亲送往医院，继续想办法把脐带和婴儿身体相分离。在这个时候可能需要刨宫产（通过腹部的外科手术而出生的婴儿）。

中毒急救

铅中毒

铅及其化合物主要通过吸入或摄入进入人体。职业性铅中毒主要由于吸入。有机铅化合物可通过皮肤吸收。人体吸收的铅90～95%长期存在于骨骼中。

症状

急性中毒

多因误服大量铅化合物引起，口有金属味、流涎、口腔黏膜变白、恶心、阵发性腹痛、头痛、抽搐。重者有瘫痪、昏迷、循环衰竭、中毒性肝炎。

慢性中毒

• 轻度中毒时，主要表现为神经衰弱综合征、肌肉关节酸痛，或伴有消化系统症状。

• 中度中毒时，可出现腹绞痛。

• 重度中毒时，症状继续加重，可出现多发性神经炎、垂腕、垂足的铅麻痹、瘫痪、铅中毒性脑病。

急救措施

急性中毒

洗胃、给鸡蛋清或牛奶保护胃黏膜，并用硫酸镁导泻。急性症状缓解后用依地酸二钠钙驱铅。

慢性中毒

依地酸二钠钙、二巯基丁二酸钠等。腹绞痛可静注10%葡萄糖酸钙10～20ml，阿托品0.5～1mg肌注等。

预防

• 改善工作及生活环境，定期进行卫生监测。

• 加强个人防护。

• 定期体检。

汞中毒

汞又称水银，其蒸气或化合物可经呼吸道、消化道或皮肤进入人体，引起中枢神经和植物神经系统功能紊乱、消化道和肾脏损害。多见于开采冶炼汞矿者及制造加工汞制品及化合物者。亦可见于接触被汞污染的大气、水和食物的居民。

症状

急性中毒

• 有低热或中度发热、发冷等金属烟雾热症状。

• 流涎、牙痛、口腔黏膜溃疡。

• 恶心、呕吐等消化道症状。尿少、头晕、头痛、睡眠障碍、情绪易激动、手指震颤等症状。

• 肝、肾损害。

• 皮肤上散有红斑、丘疹，数日后消退。

• 严重中毒患者可能有脱水、休克、急性肾功能衰竭。

慢性中毒

主要症状为易兴奋症、震颤和口腔炎。

• 轻度中毒有神经衰弱综合征，以及急躁、易怒、手心多汗等；有轻度手指、舌、眼睑震颤；有口腔炎症状；尿汞含量增高。

• 中度中毒出现易兴奋症，患者性情急躁、孤僻、抑郁、记忆力减退。

• 重度中毒时发生明显的性格改变、智力减退，手、足震颤，共济失调等，形成中毒性脑病。

• 女性患者可出现月经失调。

急救措施

主要采用驱汞疗法，药物常用二巯基丙磺酸钠和二巯基丁二酸钠。急性口服中毒应用2%碳酸氢钠溶液洗胃（注意，忌用生理盐水），洗胃后给予牛奶或鸡蛋清，必要时导泻。慢性中毒采用驱汞和对症治疗。

预防

个人卫生防护，定期体检，改善工作生活环境，定期进行卫生监测。治理“三废”污染。

铬及其化合物中毒

铬在合金和电镀业中广泛应用。三价铬是动植物的必需元素，而六价铬有毒性，可干扰多种重要酶的活性和损伤肝、肾。铬酸还可引起肺癌。

症状

急性中毒

多因误服药用六价铬化合物引起。进食后几分钟至数小时出现恶心、呕吐、腹泻、血便、吞咽困难，严重者可出现紧绀、甚至休克。肾和肝可受损害，出现蛋白尿，甚至发生急性肾衰。

慢性中毒

- 皮肤和黏膜的过敏、溃疡。
- 上呼吸道炎症：咽痛、咳嗽、哮喘等症状。
- 肺癌：平均潜伏期10～20年，相对危险比一般人群高10～30倍。

急救措施

急性中毒应立即洗胃、灌肠，严重者可静注硫代硫酸钠等；慢性中毒主要是对症治疗。

镉中毒

镉毒性很大而且蓄积性很强，吸入含镉烟尘、食入含镉的食品，均可导致肾和肺的损害。长期接触高浓度镉的工种均可引起镉中毒。主要包括蓄电池、颜料、陶瓷、塑料制造等。

症状

急性食入性中毒

10～20分钟即可发病，主要表现为恶心、呕吐、腹痛、腹泻，严重者有眩晕、大汗、虚脱、上肢感觉迟钝、麻木，甚至出现抽搐、休克。

急性吸入性中毒

- 潜伏期在2～10小时，主要是呼吸道刺激症状，有口干、口有金属味、流涕、咽干、咽痛、干咳、胸闷、胸痛、头晕、头痛、高热寒颤。或有急性胃肠炎症状。
- 重症者经24～36小时后发展为典型的中毒性肺水肿或化学性肺炎。

慢性中毒

- 无慢性支气管炎症的肺气肿；

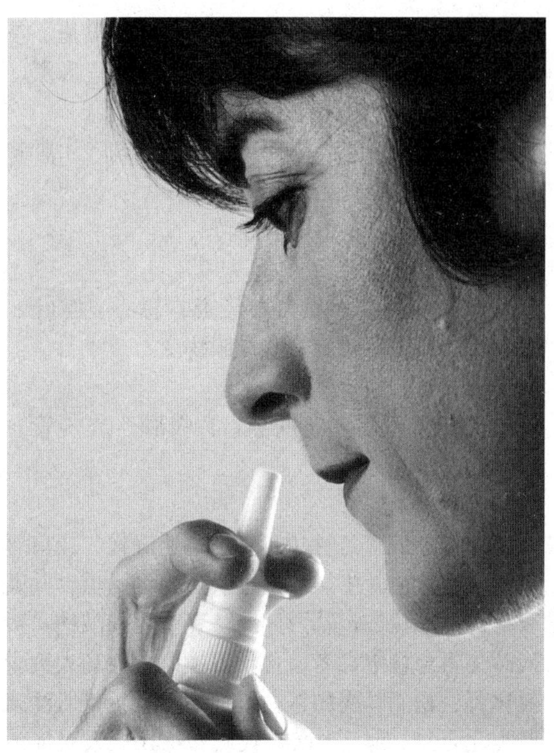

吸入雾化剂可减轻中毒症状

- 肾损害，蛋白尿、糖尿和氨基酸尿；
- 嗅觉减退或丧失；
- X线显示有骨软化和佝偻病样改变；
- 贫血。

急救措施

- 急性中毒治疗应适当使用镇静剂、吸氧、10%硅酮雾化吸入；短程大量使用肾上腺皮质激素，来预防化学性肺水肿。
- 巯基类化合物。
- 慢性中毒对症处理，服用维生素D和钙剂。

砷及其化合物中毒

砷化合物有一定毒性，其中砷化氢是剧毒气体。可经胃肠道、呼吸道或皮肤吸收，并在体内蓄积。砷中毒主要发生在冶炼和加工者中。

症状

急性中毒

误服砒霜（砷的化合物）后，主要症状有口有金属味、恶心、呕吐、腹痛、腹泻等消化道症状，甚至有血水样便、尿少甚至尿闭，循环衰竭。重症可有中枢神经系统麻痹，四肢痉挛，谵妄，昏迷。吸入大量砷化氢引起的急性中毒可分四期：

- 前驱期：血管内大量溶血，出现持续数小时的头痛、腰痛、腹痛、恶心和呕吐，血红蛋白尿。

• 血红蛋白血症期：头晕、心悸、黄疸、贫血，肝脾肿大有压痛。尿色棕红甚至呈褐黑、蛋白管型。

• 急性肾功能衰竭期：少尿或无尿、水肿；高血压、尿毒症及心衰。

• 恢复期：症状逐渐好转。

慢性中毒

神经衰弱、多发性神经炎，恶心、呕吐、腹泻等胃肠道症状，皮肤黏膜病变。

癌变

无机砷可引起皮肤癌，以及肺、支气管、喉等处的呼吸道癌。

急救措施

口服砒霜等急性中毒者应迅速洗胃，或口服氢氧化铁溶液，牛奶或活性炭保护胃肠道，并及时解毒；肌注二巯基丙醇或二巯基丙磺酸钠。吸入砷化氢急性中毒者，可予以换血，静滴大剂量氢化可的松、甘露醇等。慢性中毒者，可肌注巯基类化合物、静注10%硫代硫酸钠10ml及对症治疗。

汽油中毒

汽油的主要成分为C5～C11的烷烃，挥发性强，主要经呼吸道吸收，它可以破坏中枢神经系统神经元的类脂平衡障碍而引起中毒。常见于接触汽油的工种。

症状

急性中毒

• 轻症表现麻醉症状，兴奋、恍惚、步态不稳、震颤，并有恶心、呕吐和黏膜刺激症状。

• 重症：昏迷、抽搐、肌肉痉挛、瞳孔散大、对光反应迟钝或消失，呼吸局促而表浅、高热、发绀、血压下降，检查肝肿大，肝功异常。

• 严重者可伴有癫痫、视神经炎等。

慢性中毒

主要表现为中枢及植物神经功能紊乱，如头晕、头痛、失眠、恶梦、乏力、记忆力减退等神经衰弱综合征，或者还有肌无力、震颤、手足麻木、血压不稳、贫血等。重者可有四肢麻木、步态不稳、言语迟钝、视力减退、手指震颤、甚至精神分裂症等。皮肤经常接触汽油者，可有皮肤慢性湿疹、皮炎及皲裂。

应对措施

急性中毒者应脱离接触，应用呼吸兴奋剂吸氧。误服者用橄榄油洗胃。慢性中毒者可予对症治疗。

预防

• 严格操作规程，禁用口吸油管加汽油。

• 加强防护，戴过滤性口罩。

• 定期体检。

• 定期监测工作环境。

溴甲烷中毒

溴甲烷（CH_3Br）无色、无臭、易挥发，可经过呼吸道、皮肤及消化道进入人体。它能干扰细胞代谢，造成神经系统、肺、肾、肝及心血管系统的损害。

症状

急性中毒

吸入溴甲烷后，初仅有眼和上呼吸道刺激症状。数小时后突发头痛、头晕、恶心、呕吐、视物模糊或复视。甚至有共济失调、精神症状、脑水肿、肾功能衰竭及周围循环衰竭，直至因呼吸抑制而猝死。

慢性中毒

全身乏力、倦怠、头晕、头痛、记忆力减退、视力模糊，较重者可有性格改变、幻觉等，亦可伴有周围神经炎及植物神经功能紊乱。

皮肤损害

皮肤接触溴甲烷液体可有红斑、水疱性皮炎等。

急救措施

急性中毒时应马上脱离接触，用肥皂水或2%碳酸氢钠液清洗污染皮肤、吸氧。静滴生理盐水。慢性中毒采用对症治疗。多发性神经炎可用维生素治疗。

预防

• 严格执行专业安全操作规程。

• 佩戴供氧式防毒面具。

• 定期进行健康体检和安全监测。

苯中毒

苯（C_6H_6）为无色、透明、易挥发液体，主要以蒸气形态由呼吸道吸入，皮肤仅吸入少量，经消化道吸收很完全。苯可以对皮肤黏膜、中枢神经系统及造血组织产生损害。

症状

急性中毒

中毒较轻者有头痛、头晕、流泪、咳嗽、行路不稳等。脱离接触后症状即消失；重者有恶心、昏迷、抽搐、瞳孔散大、对光反射迟钝、低血压等。

慢性中毒

除头昏、头痛、失眠等神经衰弱症状外，主要有白细胞总数减少、血小板减低等，甚至发生再生障碍性贫血。

皮肤损害

经常接触苯可致皮肤干燥、皲裂、皮炎或湿疹样病变。

急救措施

急性中毒者应立即脱离接触，吸氧、静脉滴注葡萄糖醛酸丙酯，同时对症治疗。慢性中毒者，若有白细胞减少或再生障碍性贫血，可按贫血治疗。

甲醇中毒

甲醇又名木醇，为无色、易燃、高度挥发的液体。甲醇可经呼吸道、消化道和皮肤吸收入体内，有蓄积中毒作用。可引起神经系统症状、视神经炎和酸中毒。常见于甲醛、油漆、人造革等生产工业。

症状

急性中毒

人体吸收大量甲醇可出现头晕、头痛、视力模糊以及步态蹒跚和失眠。眼部症状有眼球疼痛、复视、瞳孔扩大或缩小、对光反射迟钝。

慢性中毒

长期接触低浓度甲醇，可表现为粘膜刺激症状和视力减退、神经衰弱综合症和植物神经功能紊乱、视神经炎，以至失明。

急救措施

吸入中毒者应脱离现场，吸氧，应用强心及呼吸兴奋剂。口服中毒者以3%碳酸氢钠洗胃，静滴2%～5%碳酸氢钠液纠正酸中毒。眼底病变试用甘露醇及地塞米松静滴。严重中毒可用腹膜透析或人工肾。

预防

• 严格遵守操作规程。

• 加强保管，防止误服或将甲醇用于酒类饮料。

• 定期进行卫生安全监测。

一氧化碳中毒

一氧化碳（CO）为无色、无味的气体，进入人体后，可以干扰氧的传递和利用。

症状

急性中毒

轻度中毒者的主要症状有头痛、头晕、颞部搏动感、心悸、恶心、呕吐、无力等。中度中毒除上述症状外，还有面色潮红、口唇樱桃红色、烦躁、步态不稳、甚至昏迷。重度中毒者迅速昏迷，可见瞳孔缩小、对光反射迟钝、肌张力增高、抽搐，出现病理性神经反射，并常伴发中毒性脑病等。

慢性中毒

主要症状为头痛、眩晕、记忆力减退、注意力不集中，心悸，且有心电图异常。

急救措施

• 将患者尽快移至空气新鲜处，并注意保暖，吸氧或进行人工呼吸。

• 保持呼吸道通畅，如昏迷程度较深，或有窒息可能者，应行气管切开术，并应用呼吸兴奋剂。

• 应用细胞色素C及三磷酸腺苷，以促进细胞功能的恢复。

• 可的松类及甘露醇合用可以防治脑水肿。

• 对昏迷24小时以上者，或有高热抽搐者，可用冬眠疗法。

• 注意预防肺部感染，肌注青霉素、链霉素等，用以预防肺部感染。

预防

普及预防煤气中毒知识。矿井要充分通风。另外工作人员需戴防毒面具方可进入工作区。慢性接触工人应定期体格检查。

硫化氢中毒

硫化氢是有臭鸡蛋气味的无色气体，经呼吸道进入人体后，可刺激上呼吸道和眼结膜，损伤神经系统。

症状

急性中毒

• 轻度中毒较常见眼及上呼吸道刺激症状。结膜充血，鼻、咽喉灼热感，干咳和胸部不适。

• 中度中毒的中枢神经症状明显，头痛、头晕、呕吐、共济失调等，还有呼吸道刺激症状。眼部症状有羞明、流泪和角膜水肿或溃疡。

• 重度中毒有的出现急性肺水肿伴发肺炎。有的意识模糊，甚至昏迷，严重者很快死亡。

慢性中毒

长期接触低浓度硫化氢，可引起神经衰弱综合征和植物神经功能紊乱，同时还有结膜充血、角膜混浊。

急救措施

应迅速脱离现场，吸氧，呼吸停止者应人

工呼吸。昏迷者可加压给氧，静注细胞色素C、维生素C或10%硫代硫酸钠20～40ml。有眼部症状者用2%碳酸氢钠冲洗，再用考的松滴眼。慢性中毒采用对症治疗。

二硫化碳中毒

二硫化碳为易挥发的无色气体，可经呼吸道及皮肤吸收。可引起中枢和外周神经及心血管系统的损害。

症状

急性中毒

轻度中毒出现头晕、头痛、无力以及欣快感；恶心、呕吐；哭笑无常、步态蹒跚等酒醉状态。重度中毒者狂躁、兴奋、出现幻觉。极重时，由于脑水肿而导致谵妄、昏迷或痉挛，甚至死亡。

慢性中毒

• 中毒可分两阶段。第一阶段表现为疲乏、嗜睡、多梦、精神忧郁、记忆力减退，消化道症状和食欲减退，有的人会有植物神经功能障碍；第二阶段出现感觉障碍、无力、肌痛，甚至出现帕金森氏综合症，多发性神经炎及视、听神经和脑神经的损害。

• 男子精子减少，女性月经紊乱、痛经。

急救措施

急性中毒者应脱离现场，吸氧，葡萄糖或甘露醇等静滴，以促进毒物排泄和防止脑水肿。慢性中毒采取对症治疗。

氨中毒

氨为无色、有强烈刺激性气味的气体，可经呼吸道、皮肤黏膜吸收进入人体，阻碍三羧酸循环，并对眼、和上呼吸道产生强烈的刺激。

症状

轻度中毒

流泪、结膜刺痛、咽痛、咳嗽、胸闷等。

重度中毒

呛咳、咯血痰、呼吸困难、喉头水肿或窒息。患者短时间内出现支气管肺炎、肺水肿，或者出血和感染，甚至谵妄、休克、昏迷、心脏骤停。

眼睛损伤

氨气熏蒸可引起结膜水肿、角膜溃疡甚至穿孔，晶体浑浊。

急救措施

中毒者需尽早吸氧，为防肺和喉头水肿可予以糖皮质激素，吸入酸性雾液，并对症处理。

氯中毒

氯是强烈刺激性气体，经呼吸道吸入后，刺激粘膜，可引起炎性水肿、充血和坏死。

症状

急性中毒

• 轻者有黏膜刺激症状如球结膜充血、流泪、流涕、咽干、干咳、胸闷等。

• 中度有持续性咳嗽、咯血、呼吸不畅、头痛、恶心、呕吐、烦躁不安、甚至发生化学性肺炎。

• 重度可发生肺水肿、昏迷、休克，呼吸抑制，甚至心脏停搏。发生灼伤或急性皮炎。

慢性作用

长期接触低浓度氯气，可引起慢性支气管炎、肺气肿甚至肺硬变；或神经衰弱综合症；皮肤痒、皮疹或疱疹，牙齿酸蚀症皮炎。

急救措施

应立即脱离现场、给予吸氧和支气管扩张剂、碱性溶液雾化吸入。注意防治肺水肿、休克等，慢性中毒应对症治疗。

氰化物中毒

氰化物包括氰化氢（HCN）、氰化钠（NaCN）、氰化钾（KCN）、黄血盐等含氰根（CN）物质。苦杏仁、桃仁、李仁及木薯等均含有苦杏仁甙，遇水可产生氢氰酸，多食也可中毒。

症状

大量氰化物进入人体后，中毒者呈“闪电式”死亡，昏倒、惊厥，2～3分钟内呼吸停止，继之心脏停搏而死亡。

• 前驱期（刺激期）：氰化氢吸入者有呼吸道、眼、口腔黏膜的刺激和结膜充血、咳嗽等症状。

• 呼吸困难期：有胸闷、心悸、呼吸紧迫、脉搏快、心律失常。

• 痉挛期：阵发强直性痉挛、大小便失禁、冷汗、皮肤厥冷。

• 麻痹期：意识消失、瞳孔散大、呼吸逐渐停止。

食入一定量的含氰甙类植物2～9小时后，就会有中毒症状出现，轻者恶心、头痛、烦躁；重者频繁呕吐、气急、抽搐；严重者昏迷、呼吸困难、痉挛，甚至呼吸衰竭及心律失常，救治不当可死亡。

危害

氰化物可通过吸入与口服进入人体，它能使细胞色素的氧化作用受阻，造成“细胞内窒息”，呼吸中枢麻痹常为致死的原因。

急救措施

边抢救、边检查。可用亚硝酸异戊酯吸入解毒，总剂量不超过 6 支，每隔数分钟重复一次。3%亚硝酸钠10～20ml，继之用25～50%硫代硫酸钠25～50ml静脉缓注，1小时内可重复注射。口服氰化物者，可用高锰酸钾、硫代硫酸钠或过氧化氢洗胃，也可口服硫酸亚铁，以减慢其吸收。心跳、呼吸停止者应进行心肺复苏。

服毒急救

催吐

刺激咽后壁致呕

患者可用中指、食指刺激自己的咽后壁来引起呕吐，反复刺激直到呕吐物呈苦味为止。若空腹服毒，抢救时，应先让患者喝大量清水，再行催吐。若中毒者自己不能呕吐，应先张大嘴，再用羽毛或扎上棉花的筷子等刺激咽后壁致呕。

口服催吐剂

口服0.2%硫酸铜液、硫酸锌液也可致呕，但由于准备药物需要时间且效果不确定，还有副作用，事实上宜多用刺激咽后壁致呕。

哪种情况不宜催吐

孕妇、口服腐蚀性毒物者、患有明显心血管疾病患者不宜催吐；伤者神志不清、有肌肉抽搐痉挛或呼吸抑制者也不宜催吐。

胃管洗胃

用温清水洗胃

适合各种毒物而且方便易得。

用高锰酸钾液洗胃

用1：5000的高锰酸钾液，可以降低某些毒物的毒性。但也可使部分毒物的毒性更大，如乐果和马拉硫磷。

洗胃方法

插入胃管后，应先抽尽胃内容物（保留备查），再反复注入洗胃液、洗胃每次不超过500毫升，以防把毒物冲入肠道，直至洗出液无毒物气味时为止。洗胃结束后应留置胃管，以便隔一段时间后再抽出胃内排泌出的毒物。

哪种情况不宜洗胃

口服腐蚀性毒物者、食管静脉曲张者不宜洗胃。

碱灼伤

多为氨水、氢氧化钠、氢氧化钾、石灰灼伤。

危害

最常见的是氨沾染皮肤黏膜所引起的灼伤，又因为氨极易挥发，常合并上呼吸道灼伤，甚至并发有肺水肿。眼睛内溅进少量稀释氨液就易发生不易痊愈的糜烂。

急救措施

皮肤碱灼伤

首先应先去除污染衣物，再用大量流动清水冲洗被碱污染的皮肤20分钟或更久。氢氧化钠、氢氧化钾灼伤，要一直冲洗到创面无滑腻感为止，再用5%硼酸液温敷约10～20分钟，然后用水冲洗。

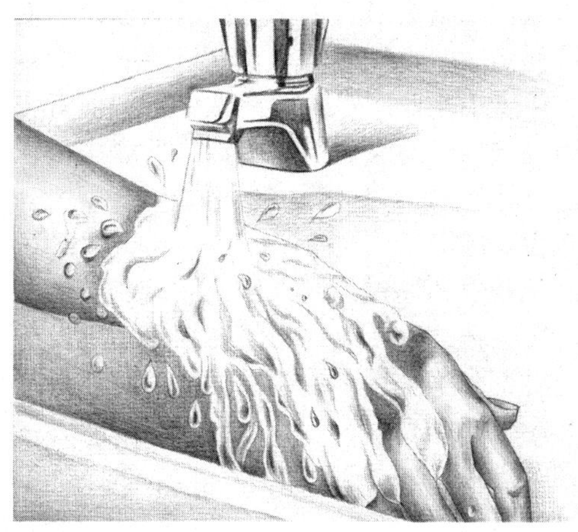

用大量流动清水冲洗被碱污染的皮肤20分钟

眼睛灼伤

立即张大眼睛，用大量流动清水冲洗。也可以把面部浸入充满流动水的器皿中，转动头部进行清洗，至少要洗10～20分钟，然后再用生理盐水冲洗，最后滴入可的松液与抗生素。

口服者不宜洗胃

口服者不宜洗胃，可以用食醋、稀醋酸液（5%）、清水以中和或稀释碱液，最后口服牛奶、蛋清或植物油约200毫升。

酸灼伤

以硫酸、盐酸、硝酸最为多见。

危害

最常见的是沾染皮肤黏膜所引起的皮肤灼伤，此外吸入酸类的挥发气可以刺激上呼吸道，甚者可发生化学性支气管炎、肺炎和肺水肿等。

急救措施

迅速用水冲洗灼伤面

立即去除污染的衣服、鞋袜等，并用大量的流动水快速冲洗创面10～20分钟，这样做除了可冲去和稀释硫酸外，还可以带走产生的热量。

湿敷

用5%碳酸氢钠液湿敷10～20分钟，然后再用清水冲洗10～20分钟。

口服者不宜洗胃

口服酸性溶液者，应防止胃穿孔。可口服牛奶或花生油约200毫升。不可以给患者口服碳酸氢钠，以免产生二氧化碳而增加胃穿孔危险。

有机磷农药中毒

常见的毒物为敌百虫、敌敌畏、乐果、对硫磷、稻瘟净、马拉硫磷等。有机磷农药中毒可分为生产中职业中毒和生活性中毒。前者主要多因皮肤广泛污染而引起中毒；后者多因误服农药而引起，而且病情通常较重。

危害及症状

有机磷农药通过抑制人体的胆碱脂酶的活性而危害人体，主要表现为瞳孔缩小、呕吐、腹泻、肺部分泌物增多；肌肉抽搐、痉挛；头痛、头昏、精神恍惚等。

急救措施

清水冲洗

因皮肤污染而引起的急性中毒，必须立即去除被污染的衣服（包括内衣）、鞋袜等，并用冷水彻底冲洗全身和头发。

清水洗胃

因口服农药而引起的急性中毒，应立即用清洁的冷水洗胃。洗胃液不要超过500毫升，并且要反复冲洗，直到洗出液无农药气味为止。清洗后保留胃管。

对症给药

诊断明确，且中毒症状明显者，可按症状与体征静脉注射阿托品、解磷定、氯磷定。

救护者须知

救护人员也要做好个体防护，如带手套等，因为部分有机磷农药属剧毒，皮肤微量吸收就可产生危害。

蟾蜍中毒

蟾蜍耳后腺及皮肤腺分泌的类似洋地黄的毒素称蟾酥，其卵也有同样毒素。

症状

食后数分钟即可发病，先是口唇发麻、上腹部不适、腹痛，随即出现恶心、呕吐、腹泻、头晕等神经症状。

循环系统：主要是心律不齐且缓慢，每分钟只有30余次（偶有过速），心房颤动，严重的可有血压下降，体温下降，甚至休克。

呼吸浅、慢，不规则，口唇指甲紫绀。

轻者1～2天症状消失，重者常于食后数小时至一天内死于心力衰竭。

危害

食用蟾蜍或过量蟾酥制剂可引起中毒，蟾酥能刺激迷走神经，使心肌收缩增强，脉搏减慢，严重的可使中毒者心力衰竭、虚脱、昏迷而死。

急救措施

- 催吐，并用清水或1：5000高锰酸钾液洗胃。
- 硫酸镁导泻，进食鸡蛋清等。
- 大量饮水或静脉滴注5%葡萄糖生理盐水1000～2000毫升。有尿时在静脉滴注中加适量滴注氯化钾。
- 急送医院救治。

毒蕈中毒

毒蕈约有80多种，每种毒蕈都含有一种或多种毒素，中毒症状因所含的毒素而异。

毒蕈种类及危害

扑蝇蕈及斑毒蕈

主要毒素为毒蕈碱（或叫蝇蕈碱），其毒性似毛果云香碱。它可引起副交感神经兴奋。阿托品为毒蕈碱的解毒剂。

死帽蕈类

如白帽蕈、绿帽蕈，毒蕈毒素是主要毒性物质，它能引起肝、肾、中枢神经等实质细胞损害、变性及坏死，而且其毒性不会因干燥和煮沸而减弱。

马鞍蕈

含有能引起溶血的马鞍蕈酸。

牛肝蕈

含有能引起精神症状的致幻觉毒素。

症状

由于不同毒蕈所含毒素不同，所以误食后的表现也各异，常见以下几类：

胃肠类型蕈中毒

发病快，食毒蕈10分钟至6小时后即表现为剧烈的恶心、呕吐、腹痛、腹泻，但本型中毒病程短。

精神神经型蕈中毒

扑蝇蕈、斑毒草不但含毒蕈碱，而且还含有毒蕈阿托品，故除其表现胃肠道症状外，还会出现瞳孔散大、心跳加速、幻觉、狂躁、肌肉痉挛等表现。潜伏期一般在0.5～6小时。

溶血型蕈中毒

主要由马鞍蕈引起。食后6～12小时，表现为急性胃肠道症状，1～2天后出现溶血性中毒症状，主要是黄疸、贫血、血红蛋白尿、血尿、肝肿大等，甚至可致死亡。

肝损害型毒蕈中毒

是最严重的一型。临床可分为潜伏期、胃肠炎期、假愈期、内脏损伤期和恢复期五期。

• 潜伏期后出现呕吐、腹泻，称胃肠炎期。少数患者会出现类似霍乱的症状，常可迅速死亡。

• 随着胃肠炎症状的减轻和消失，好像患者已趋于病愈，称假愈期。其实毒素正在进一步损害肝脏等实质性器官。

• 轻微中毒者，可进入恢复期。严重的出现肝、肾、脑、心等内脏损害。出现尿闭、蛋白尿、血尿，胃肠道广泛出血，谵妄、惊厥、昏迷，直至死亡。及时抢救中毒者可进入恢复期。

急救措施

有毒蕈碱症状者用阿托品拮抗治疗，其他主要是对症处理。

排除毒物

先催吐，后洗胃，再导泻。尤其食后未出现吐、泻并确认是毒蕈中毒者。催吐可用刺激咽喉法，或口服0.5%硫酸铜溶液；洗胃可用1：5000高锰酸钾液、浓茶或通用解毒剂；导泻可用硫酸镁。

用阿托品拮抗　有毒蕈碱症状者，可给阿托品对抗。轻者每次0.5～1.0毫克，每天2～3次；中度中毒每次1～2毫克，半小时至2小时1次。

重度中毒每次1～3毫克，15～30分钟1次，肌肉注射。必要时可加大剂量或重复使用，直至瞳孔扩大、心跳增加为止。出现轻度阿托品中毒症状时应停药。

苦杏仁中毒

杏仁有两种，甜杏仁大而扁，杏仁皮色浅，味不苦，无毒；苦杏仁个小，杏仁厚，皮色深，近红色，苦味，有毒。其有毒成分叫杏仁甙，桃仁、梅仁、木薯等也含该物质。杏仁甙在人体内可水解出一种剧毒的氢氰酸，引起中毒。

症状

食入苦杏仁数小时后就会出现中毒症状。轻者头痛、头晕、无力和恶心，4～6小时后症状消失。中度中毒者还呕吐、意识不清、腹泻、心慌和胸闷等。重度中毒者不但上述症状更为明显，而且还会出现颈部、粘膜发绀、气喘、痉挛、昏迷、瞳孔散大、对光反射消失，最后因呼吸麻痹而死亡。

危害

氢氰酸进入体内可以和组织细胞含铁的呼吸酶结合，使细胞窒息，同时还能使血管运动中枢和呼吸中枢麻痹。儿童吃5～6个苦杏仁即可能引起中毒或死亡。

急救措施

催吐并用1：2000～4000高锰酸钾液洗胃，送医院急救。

曼陀萝中毒

曼陀萝又叫野麻子、青麻棵、洋金花、山茄子、大喇叭花。其根、茎、叶、果实均有毒。主要有毒成分是阿托品、曼陀萝素（又叫莨菪碱）等。

症状

主要表现为副交感神经抑制及中枢神经兴奋。

• 口舌干燥、皮肤潮红。

• 瞳孔散大。

• 心动过速。

• 极度烦躁、谵妄、幻觉、昏迷、惊厥，最终因呼吸衰竭而死亡。

危害

误食曼陀萝后，其毒素作用主要表现为对中枢神经的兴奋和对腺体分泌的抑制。毒素在误食后0.5～1小时即可完全吸收，其中1/3经10～36小时由小便排出，少量由乳腺排出。

急救措施

• 先用碘酒10～30滴加温开水口服，以使生物碱沉淀。然后用1：4000高锰酸钾液或4%鞣酸洗胃，洗胃后给硫酸镁导泻及通用解毒剂。

• 甘草绿豆汤解毒。

• 现场急救后应及时送医院救治。

蓖麻籽中毒

蓖麻子的种子、茎、叶中均含有有毒物质，其中蓖麻毒素2毫克或蓖麻碱0.16克可致成人死亡，成人或儿童误食3～12粒可引起严重中毒。这两种有毒物质加热后都能被破坏。而且难溶于水，也不溶于蓖麻油中，故一般药用蓖麻油无毒性作用。

症状

潜伏期较长，1～3天。中毒表现主要是恶心、呕吐、腹痛、腹泻。重者可出现昏睡虚脱、昏迷、抽风和黄疸。

危害

可对胃肠黏膜有刺激作用，还能使血细胞凝集和产生溶血，并致肝、肾发生炎性坏死，血管运动神经麻痹。如不及时救治，中毒者最后可因心力衰竭而死亡。

急救措施

无特效药物。

- 催吐。
- 洗胃：1∶5000高锰酸钾液反复洗胃。
- 硫酸镁导泻，牛奶或蛋清内服。
- 补液。
- 及时送医院救治。

亚硝酸盐中毒

青菜（如小白菜、韭菜、菠菜等）和水中含有硝酸盐，在一定条件下，硝酸盐可以还原为亚硝酸盐，而亚硝酸盐浓度较高时就能引起中毒。

症状

主要是组织缺氧现象。

- 食后0.5～3小时突然发病。
- 头晕、头痛、无力、嗜睡，气短、呼吸急促，恶心、呕吐，心慌、脉速。
- 口唇、指甲以至全身皮肤发绀呈紫黑色。
- 严重者呼吸困难、血压下降、心律不齐，最终可因呼吸衰竭死亡。

危害

亚硝酸盐可以使血液中供给组织氧气的低铁血红蛋白发生氧化，而失去其输送氧的能力，引起组织缺氧。

急救措施

催吐、洗胃、导泻，及时送医院救治。

酒精中毒

急性酒精中毒，是由于饮入过量的酒精而引起的神经系统异常状态。空腹饮酒90%以上的酒精在1.5小时内吸收，食物能使吸收减慢。

症状

成人酒精中毒可分三期

- 兴奋期。眼及面部发红，并伴有欣快感，感情用事，悲喜无常。
- 共济失调期。动作笨拙，步履蹒跚，语无伦次而且含糊不清。
- 昏睡期。皮肤苍白、湿冷，瞳孔可散大，心率快、血压下降、体温低，二便失禁甚至可因呼吸、循环衰竭而死亡。

小孩酒精中毒

小儿摄入中毒剂量后，很快进入沉睡状态，不省人事。或可发生惊厥及高热，休克，急性肺水肿。

危害

酒精能抑制皮层及延髓功能，甚者能引起呼吸、循环衰竭。中毒量纯酒精为70～80ml，致死量为250～500ml，但个体差异很大。

急救措施

- 刺激咽部催吐。
- 严重者，静注50%葡萄糖100ml；正规胰岛素20U，同时肌注维生素B6、维生素B1及烟酸各100mg。可根据病情，每6～8小时重复注射1次。
- 烦躁不安者可用镇静剂，如安定或氯丙嗪。昏迷者可用中枢兴奋药，如苯甲酸钠咖啡因0.5g或利他林10～20mg肌肉注射。
- 呼吸抑制者用5%二氧化碳吸入，给氧，人工呼吸，也可肌肉注射山梗菜碱10mg。
- 脱水者补液，血压过低者抗休克。
- 脑水肿者，可用50%葡萄糖50～100ml静脉注射，亦可应用甘露醇或山梨醇。
- 严重者也可血液透析。

误服药物

误服药物可引起急性中毒，若能及时正确处理，往往可以得救；若处理不当，可能危及患者生命。

危害

误服药物若药物药性平和，不会对身体有太多危害，如毒性较强，则会使患者昏迷、抽搐。腐蚀性的药物可引起胃穿孔；砷、苯、巴比妥或冬眠灵等药物可导致中毒性肝炎；磺胺药可引起肾损害；氯霉素、解热镇痛类药、磺

自行催吐

胺类药等可损害造血系统。

急救措施

首先应弄清误服了何种药品，根据中毒反应情况和中毒者身边存留的药袋、药瓶、剩余药物来判断，若中毒者还清醒，应注意询问误服了何种药品。

采用应急措施，要在最短的时间内采取应急措施，即催吐、洗胃、导泻、解毒。不可一味地等救护车而不采取任何措施。

• 可用筷子、鸡毛等物刺激中毒者咽喉部，使其呕吐。

• 催吐后立即让中毒者喝温水500毫升（不要超过500毫升，以免把药物冲入肠道），然后再用催吐法反复进行，甚至在护送中毒者去医院的途中也要进行。有条件可用1：2000～5000高锰酸钾溶液洗胃。若中毒者已昏迷，应取侧卧位，以免呕吐物和分泌物误入气管而引起窒息。

催眠药物中毒

催眠药物主要包括安眠酮、水合氯醛、眠尔通等，这类药物毒性虽小，但过量服用也可导致中毒甚至死亡。

症状

轻度中毒

嗜睡、神志模糊，感觉迟钝，易激动。或有判断力及定向力障碍。基本生命体征，如呼吸、心率和血压正常。

中度中毒

处于不能被唤醒的昏睡中，呼吸变慢，心率和血压基本正常。

重度中毒

深昏迷，呼吸浅慢而且不规则；脉搏无力而且速度快，血压低；瞳孔缩小，反射减弱甚至消失；甚者可致死亡。

急救措施

• 洗胃、导泻、吸氧以及补液利尿、抗休克、防治肺炎等。

• 呼吸抑制时可应用尼可刹米、洛贝林、利他林等。

• 有皮疹时可给予强的松。

• 对症及支持疗法。

• 病情严重者争取作血液透析。

发芽马铃薯中毒

马铃薯俗称土豆，又叫洋芋、山药蛋。在正常马铃薯内含有微量有毒性的龙葵素，在贮藏过程中逐渐增加，当马铃薯发芽后，龙葵毒素含量明显增加，并且其毒性集中在马铃薯的芽及芽周围组织，也即在发芽四周的黑绿色部分。龙葵素具有腐蚀性、溶血性，对人体胃肠道黏膜有较强的刺激作用、并对运动中枢及呼吸中枢有麻痹作用，并能引起脑水肿等严重后果。人食用这种马铃薯后10分钟至数小时可出现中毒症状，轻者1～2天自愈，重者因剧烈呕吐而有失水及电解质紊乱，血压下降，严重中毒患者最后因呼吸中枢麻痹而导致死亡。

症状

• 恶心、呕吐。

• 咽喉抓痒感及灼烧感。

• 上腹部灼烧感或疼痛。

• 腹泻。

• 头痛、头晕。

• 呼吸困难。

• 轻度意识障碍。

• 抽风和昏迷。

• 烦躁不安。

• 瞳孔散大、视物模糊。

• 心慌、多汗、呼吸困难。

急救措施

中毒较轻者，可大量饮用淡盐水、绿豆浊汤、甘草汤等解毒。

中毒较严重者，应立即用手指、筷子等刺激咽后壁催吐，然后用浓茶水或1：5000高锰酸钾液、2%～5%鞣酸反复洗胃，再予口服硫酸镁20毫升导泻。

适当饮用一些食醋，也有解毒作用。

呼吸衰竭者，应进行人工呼吸。

昏迷时可针刺人中、涌泉穴急救。

经过上述处理后，中毒严重者应尽快送往医院进一步救治。

如果进食的时间在1～2小时前,可使用催吐的方法。可用手指、筷子等物刺激咽后壁催吐;吐后可取食盐20克,加开水200毫升,冷却后一次喝下催吐;如果无效,可多喝几次,迅速促使呕吐;亦可用鲜生姜100克,捣碎取汁用200毫升温水冲服。若胃内已经呕空,仍恶心呕吐不止,可用生姜汁1匙加糖冲服,以止吐。

如果病人进食时间已超过2～3小时,但精神仍较好,则可服用泻药,促使食物尽快排出体外。一般用大黄30克一次煎服,老年患者可选用元明粉20克,用开水冲服,即可缓泻。体质较好的老年人,也可采用番泻叶15克,一次煎服或用开水冲服,也能达到导泻的目的。

不要做什么

如果病人已经昏迷，不可强行催吐。

预防措施

不吃生芽过多、黑绿色皮的马铃薯。

生芽较少的马铃薯应彻底挖去芽的芽眼，并将芽眼周围的皮削掉一部分，并浸泡半小时。而且，这种马铃薯不宜炒吃，应煮、炖、红烧吃，尽量煮熟，以加速破坏龙葵碱。

在煮马铃薯时可加些米醋，因龙葵碱毒汁遇醋酸可分解，变为无毒。

霉变甘蔗中毒

未成熟甘蔗收割后如果储存不当，容易发生霉变。霉变的甘蔗肉质呈浅黄色或棕褐色、灰黑色，结构疏松，有酸味、辣味或酒糟味，含有大量的有毒霉菌及毒素，这些毒素对神经系统和消化系统有较大危害，人们吃了霉变甘蔗便会发生中毒。吃霉变甘蔗中毒多发生在北方初春季节，且多见于儿童。潜伏期一般为15分钟至数小时，多在5小时内发病。重症中毒者多在2小时内发病，轻症中毒者潜伏期较长。重症中毒者往往会留下严重的后遗症，导致终生残疾，如痉挛性瘫痪、语言障碍、吞咽困难、大小便失禁、身体呈屈曲状态、四肢强直等。

症状

轻症中毒者

- 头晕、头痛。
- 恶心、呕吐。
- 腹痛、腹泻。
- 排黑色稀便。
- 眩晕、眼前发黑。
- 眼球偏向凝视、复视。
- 不能立、坐，被迫卧床。

重度中毒者

- 除以上症状外，还出现：
- 瞳孔散大、头向后仰。
- 牙关紧闭。
- 面部肌肉颤动。
- 出汗、流涎。
- 大小便失禁。
- 四肢僵直、颤抖，手呈鸡爪状。
- 阵发性抽搐，每次发作持续1～2分钟，每日发作数次或10多次。
- 抽搐后进入昏迷状态。

急救措施

迅速洗胃或灌肠，尽快把中毒者体内的毒物排出。洗胃可用生理盐水或1：2000高锰酸钾液、0.5%活性炭混悬液。

让中毒者卧床休息，注意保暖。

适当喝些盐水或浓茶水。

中毒较严重者应尽快送往医院处理。

不要做什么

如果患者处于昏迷状态，不可强行催吐。

预防措施

不买不吃霉变蔗。

有毒蜂蜜中毒

通常，蜂蜜对人体是有益无害的，但是如果蜜蜂采集了有毒植物（雷公藤、断肠草、毛地黄、昆明山海棠、附子、曼陀罗、钩吻和夹竹桃花等）的花粉而酿成蜂蜜，则其中含有大量的有毒成分，人们食用后即可发生中毒。有毒蜜源酿成的蜂蜜，一般色泽较深，或呈棕色糖浆状，有苦味或涩味。食用有毒蜂蜜或蜂蜜食品中毒的潜伏期最短的30分钟左右，最长5天以上，一般1～3天。患者一般会出现消化系统、呼吸系统、神经系统和泌尿系统的不良反应，其症状随蜜源植物的毒性而异。如食入曼陀罗花蜜可有颠茄类中毒样表现，食入洋地黄花蜜有洋地黄中毒表现。如果心、肝、肾、神经系统等脏器出现器质性病变时，一般不易治愈，因此严重者应及早送往医院救治。

症状

轻度中毒

- 口干、口苦。
- 唇舌发麻。
- 恶心、呕吐。
- 腹泻。
- 食欲减退。
- 发热。
- 心悸、呼吸困难。
- 乏力。
- 头晕、四肢麻木。
- 严重中毒
- 除以上症状外，还有血便。
- 尿频、少尿、尿闭。
- 血尿、蛋白尿。
- 寒战、高热。
- 抽搐。
- 休克、昏迷。
- 血压下降。
- 心律不齐。
- 呼吸衰竭。
- 蛋白尿。

• 肾区上部痛和肝肿大。

急救措施

立即让患者服用淡盐水，然后反复进行催吐。

呼叫医疗急救，或立即送病人到医院治疗。

对于出现肝、肾等器官功能症状的病人，如有条件，可先给予大剂量维生素C、B族维生素、肌苷、能量合剂等。

如有条件，可给患者口服“通用解毒剂”（活性炭 2份、氧化镁 1份、鞣酸 1份 ）20克，混悬于1杯水饮服，以吸附毒物。

不要做什么

如果患者处于昏迷状态，不可强行催吐。

预防措施

蜂蜜有异味者，如苦味，不宜食用。

河豚鱼中毒

河豚鱼又叫鲀，有些地方称河豚鱼为腊头鱼、街鱼、乖鱼、龟鱼等，产于我国沿海各地及长江下游一带，肉质鲜美，营养丰富，但其肝、脾、肾、卵巢、睾丸、眼球、皮肤及血液均含有剧毒。每年春季是河豚鱼的生殖产卵季节，毒性最强。河豚毒素是一种剧毒的神经毒素，毒性强且耐热，一般的烹调方法，不能破坏其毒性。误食河豚鱼后，一般潜伏期在10分钟左右出现症状，长的可在3小时发病。中毒症状的轻重与胃内容的空盈、摄入毒素的多少、毒性的强弱以及胃内毒素是否及时吐出或洗出有关。对于河豚毒素，目前尚无特效解毒剂，很多地方盛传“拼死吃河豚”的说法，足见吃河豚是危险的，可危及性命。

症状

• 全身不适。

• 恶心、呕吐。

• 腹痛、腹泻，呈水样便，重者有便血。

• 手指、口唇、舌感觉麻木和刺痛。

• 四肢肌肉麻痹，逐渐失去运动能力，呈瘫痪状态。

• 吞咽困难。

• 体温下降。

• 血压下降。

• 眼睑下垂，瞳孔散大。

• 意识模糊、语言不清。

• 呼吸困难。

• 心律失常。

• 休克、昏迷。

急救措施

立即进行催吐、洗胃和导泻为主。抢救者用手指或筷子、鹅毛等刺激中毒者舌后根、咽后壁催吐，亦可灌麻油催吐；然后用0.5%活性炭悬液或1：5000高锰酸钾液反复洗胃；最后给中毒者口服硫酸镁或硫酸钠20毫升导泻。

呼叫医疗急救。

已经严重呕吐的病人送医院急救，在补液的情况下洗胃为好。

严密观察病人的呼吸、血压情况，中毒者出现呼吸衰竭时，应进行人工呼吸，心脏挤压等急救措施，有条件的可予吸氧。

用鲜芦根1000克捣汁内服；或用鲜橄榄、鲜芦根各120克捣汁内服；紫金锭1丸口服，早期有解毒作用。

经过上述初步处理后，尽快将中毒者送往医院抢救。

不要做什么

如果患者处于昏迷状态，不可强行催吐。

预防措施

尽量不要食用河豚鱼。

食用河豚鱼的方法是，去鱼头、去皮，彻底去除骨脏，尤其是鱼仔，并在水中浸泡数小时以上，反复换水至清亮为止，然后再高温烹调煮熟后方可食用。以上方法仅供参考。

急性鱼类胆毒中毒

鱼胆主要的成分是胆盐、氰化物和组胺。胆盐和氰化物可破坏细胞膜，使细胞受损伤，氰化物还能影响细胞色素氧化酶的生理功能。组胺物质可引起人体过敏反应。人食用鱼胆后可导致多脏器功能损伤，常表现为肾脏、肝脏、消化道、心脏及神经系统等的损害。其中以急性肾功能衰竭为最突出的表现及首位死亡原因。患者多在吞服鱼胆后30～90分钟发病，迟者在8小时内发病。目前临床上尚无对鱼胆中毒的特效解毒剂。

症状

• 有生食鱼胆过量病史。

• 恶心、频繁呕吐。

• 持续腹痛、阵发性绞痛。

• 腹泻，大便呈水样或蛋花样。

• 食欲减退。

• 呕吐咖啡色液和排酱油色稀水便。

• 肝区痛或压痛，皮肤及眼球发黄。

• 肾区肿痛，少尿、无尿。

• 口鼻及牙龈出血。

• 唇、舌及四肢远端麻木，重者可双下肢周围神经瘫痪。

• 心动过速。

• 头痛，嗜睡，神志模糊。

• 烦躁不安。

• 抽搐、昏迷、瘫痪。

• 4天后，出现颜面及双下肢浮肿、心累、气紧等表现。

急救措施

出现早期中毒症状时可口服牛奶、蛋清。

尽快给鱼胆中毒者引吐或彻底洗胃，以利于清除毒物。

洗胃后灌入活性炭20～30g，用硫酸钠导泻。

有条件的，可用地塞米松20～40mg或氢化可的松300～500mg加入生理盐水或葡萄糖液分次静滴，在早期可起到解毒的作用。

加强保肝治疗，予以保护肝的药物如肝泰乐、维生素C、复合维生素B族等。

病人卧床安静休息，专人看护，多饮水，低蛋白、低盐饮食。

如有浮肿，可暂时限盐限水。

可给病人口服颠茄之类的胃肠道解痉止痛药物。

因患者频繁的吐泻可能会出现体内失水，有输液条件时可给予静脉补液，无输液条件也可给口服淡糖水、金银花水、生甘草水、生姜水等。

尽快将病人送往医院治疗。

不要做什么

如果患者处于昏迷状态，不可强行催吐。

急性动物肝中毒

动物肝吃多了会中毒，这主要是指狗、狼、狍、貂、熊等动物的肝脏，猪肝吃多了偶尔也会发生中毒。但是，最容易引起中毒的是鱼类肝脏，尤其是鲅鱼、鲨鱼、旗鱼和硬鳞脂鱼等的肝脏，发生中毒的事件较多。动物肝脏可能引起中毒，原因是这些动物肝内含有大量维生素A。维生素A属于脂溶性维生素，摄入适量的维生素A对人体健康有利，但是摄入过多，就会导致其不能及时代谢而被人体吸收。当维生素A及其产物在体内不断堆积，达到一定量时，就使人产生中毒症状，成年人一次摄入维生素A 50万国际单位即可引起中毒。也有人认为，鱼肝中毒是由于鱼肝中所含的鱼油毒素造成的。食用动物肝脏中毒者，一般在进食后1～8小时发病，2～3天后，面部皮肤或全身可发生剥脱性皮炎，脱屑，脱发等症状。

症状

• 有吃动物肝脏或过量鱼肝油史，食后1～5小时发病。

• 恶心、呕吐。

• 腹痛，排水样便。

• 腹肝区肿大而有压痛。

• 结膜充血，瞳孔轻度散大，视力模糊。

• 头晕，头痛。

• 心动过速。

• 嗜睡。

• 皮肤潮红。

• 腹肝区肿大而有压痛。

• 畏寒发热。

急救措施

中毒早期予以催吐、洗胃。

如有条件，可静脉输液，补充大剂量维生素B族及维生素C。

头痛、烦躁等症状，给予镇静剂治疗。

出现恶心、呕吐、腹痛腹泻等症状，给予解痉止痛药物治疗。

一般轻症可就地抢治，重者或婴儿送医院抢治。

不要做什么

如果患者处于昏迷状态，则不可强行催吐。

四季豆中毒如何处理

四季豆因地区不同而又称为豆角、菜豆、梅豆角、芸扁豆等，是人们普遍爱吃的蔬菜。四季豆中含有一种叫皂素的生物碱，这种物质对消化道粘膜有较强的刺激性，会引起胃肠道局部充血、肿胀及出血性炎症。此外，皂素还能破坏红细胞，引起溶血症状。皂素主要存在于四季豆的外皮内，加热至100℃以上，使四季豆彻底煮熟，其毒素就会被破坏。但有些人贪图四季豆颜色好看，且怕煮熟煮透后四季豆变软，吃起来不爽脆，便不把它加热煮透。有些人喜欢把四季豆先在开水里焯一下，然后再用油炒，误认为两次加热就保险了，实际上两次加热都不彻底，毒素照样无法破坏。这些都是常见的四季豆加热不够导致中毒的原因。四季豆中毒的潜伏期为数十分钟至数小时，其中毒的病程较短，一般在1～2天内，中毒症状主要表现为胃肠炎，一般数小时或一两天后就可恢复健康。

少量多次地饮服糖开水或浓茶水

症状

轻微中毒

• 恶心、呕吐，呕吐少则数次，多者可10余次。

• 腹痛、腹泻、排无脓血的水样便。

• 胃有烧灼感。

• 浑身乏力、四肢麻木。

• 胸闷、心慌和背疼。

• 头晕、头痛。

• 出冷汗、畏寒。

严重中毒

• 除以上症状外，还有流涎。

• 瞳孔缩小。

• 血压下降。

• 神志恍惚或昏迷。

急救措施

病人只有轻微中毒症状，让其静卧休息。

少量多次地饮服糖开水或浓茶水，必要时可服镇静剂如安定、利眠宁等。

不需要上医院治疗，吐泻之后症状可自行消失，可用甘草、绿豆适量煎汤当茶饮，有一定的解毒作用。

如果病人呕吐不止，造成脱水，或有溶血表现，应及时送医院治疗。

不要做什么

如果患者处于昏迷状态，不可强行催吐。

预防措施

加工四季豆要先去除含毒素较多的菜豆两头和豆荚及老菜豆。

烹调四季豆时每一锅的量不应超过锅容量的一半，用油炒过后，加适量的水，加上锅盖焖10分钟左右，并用铲子不断地翻动，使它受热均匀煮透，直到菜豆外观失去原有的生绿色，没有豆腥味。

集体食堂烹调四季豆最好先用水煮沸后再炒，以确保安全。

加工新鲜“面豆”要连角皮煮熟，剥去有毛的表皮，同时还要将角皮内角质化的一层内皮除去，放在冷水内浸泡3昼夜，多次换水，而干“面豆”则需浸泡5～8昼夜。

变质蔬菜中毒

含硝酸盐及亚硝酸盐的某些蔬菜，如菠菜、小白菜、甜菜、野荠菜是人们生活中最常食用的绿叶菜。这些蔬菜腐烂变质后，蔬菜中的硝酸盐含量明显增加。一旦被人食用，其所含的硝酸盐可在肠内还原为有毒的亚硝酸盐。如果过量的亚硝酸盐被吸收入血液，会使血红蛋白氧化成高铁血红蛋白，它能阻碍氧的运送，使人缺氧，出现中毒症状。亚硝酸盐具有很强的毒性，中毒剂量超过3克就会导致死亡。

症状

轻度中毒

• 头晕、头痛、耳鸣。

• 精神萎靡、嗜睡、全身乏力、反应迟钝。

• 恶心、呕吐。

• 心慌、气短。

• 腹痛、腹胀、腹泻。

• 四肢湿冷，口唇及指甲青紫。

重度中毒

• 惊厥、痉挛。

• 血压下降、昏迷窒息。

• 昏迷、抽搐。

• 心率转慢，心律不齐。

• 呼吸衰竭。

急救措施

• 及时进行催吐。

• 口服硫酸镁导泻，尽量排泄毒物。

• 将患者安置在通风良好处，让其静卧休息。

• 注意保暖。

• 鼓励中毒者多饮水。

• 对于出现紫绀和呼吸困难的中毒者，危急时应进行人工呼吸。

• 可给予中毒者大剂量的维生素C。

• 轻度中毒者卧床休息1～3天可慢慢恢复，中毒严重者应及时送医院救治。

不要做什么

如果患者已昏迷，不可强行催吐。

可卡因过量服用

可卡因又名古柯碱，提炼自可可叶，呈白色粉末状。可卡因能刺激大脑皮质，具有提神的作用，也能麻醉感觉神经末梢和卵阻断神经传导，可作为局部麻醉药。吸用可卡因后，会产生欣快感及视、听、触等幻觉。吸用者看上去颇似微醉，行为丧失约束力，举止放纵冲动，易导致性暴力和其他暴力行为。药力消失后，吸用者会感到抑郁，须再吸用才可摆脱抑郁，因此会上瘾。长时间大剂量使用可卡因后突然停药，可出现抑郁、焦虑、失望、易激惹、疲惫、失眠、厌食等症状。长期服用者，多营养不良，体重下降，精神日渐衰退，有些则发展为偏执狂型精神病。过量服用可卡因之后会导致过敏性休克，甚至发生生命危险。

症状

- 脉搏和呼吸加快，体温升高。
- 呕吐。
- 幻觉，妄想，歇斯底里。
- 惊厥。
- 震颤、痉挛。
- 休克。

急救措施

如果是过敏性休克，应尽快抢救，马上呼叫医疗急救，或送患者到医院就医。

如果不是过敏，一般没有性命危险，药效会在数小时内逐渐消失。可留在患者身边照料，勿让吸用者继续吸用，加以安慰，使他冷静下来，以防发生意外。

如果一并吸用了其他毒品，或症状严重，过了几小时还没恢复常态，应就医治疗。

不要做什么

不要让病人处于强光、噪音的环境中，以免造成对病人的刺激。

吗啡和海洛因过量服用

吗啡和海洛因都是从鸦片提炼出来的。吗啡是鸦片中的主要生物碱，由于纯度关系，吗啡的颜色可呈白色、浅黄色或棕色，可将其干燥成结晶粉末状，也可做成块状。吗啡有抑制呼吸作用，在医学上，吗啡作为麻醉性镇痛药，具有镇痛和催眠的作用，可减轻病人呼吸困难的痛苦，但久用吗啡会产生严重的依赖性，一旦失去供给，将会产生流汗、颤抖、发热、血压升高、肌肉疼痛和痉挛等明显的戒断症状。长期使用吗啡，会引发精神失常，大剂量吸食吗啡，会导致呼吸停止而死亡。海洛因是鸦片毒品系列中最纯净的精制品，为白色粉末，微溶于水，易溶于有机溶剂。海洛因海洛因进入人体后，首先被水解为单乙酰吗啡，然后再进一步水解成吗啡而起作用。因为海洛因的水溶性、脂溶性都比吗啡大，故它在人体内吸收更快，易透过血脑屏障进入中枢神经系统，产生强烈的反应，具有比吗啡更强的抑制作用，其镇痛作用亦为吗啡的4–8倍。海洛因长期使用后停药会发生渴求药物、不安、流泪、流汗、流鼻水、易怒、发抖、寒战、打冷颤、厌食、身体卷曲、抽筋等戒断症。吗啡和海洛因过量服用后，由于药力较强，会引起极度昏迷，并可停止呼吸，发生生命危险。所以应立即采取有针对性的措施，请医务人员进行及时的抢救。

症状

- 患者的前臂内侧或肘弯通常有针疤，也可能出现溃疡或溃疡痊愈后留下的疤痕。
- 现场遗留下用过的注射器、针头，以及锡箔和管子。
- 恶心、呕吐。
- 便秘、排尿困难。
- 头昏，恹恹欲睡。
- 严重者极度昏迷，虽有呼吸但唤不醒，也可能停止呼吸。
- 瞳孔如针孔那么小。
- 紫绀，皮肤冷而发黑。
- 低血压。
- 呼吸极慢，以至停止。

急救措施

检查患者的呼吸，如果患者停止呼吸，应该马上清除其口腔中的堵塞物，并施行人工呼吸。

如果患者不省人事但仍能呼吸，保持其呼吸道畅通，然后置其身体成复原卧式。

马上打电话呼叫救护车，或送患者到医院急救。

不要做什么

避免对病人的精神刺激。

迷幻药过量服用

麦角副酸二乙醯胺（LDS）及其他迷幻药大半是药片或者药囊，形状不一，大小，颜色也不尽相同，另有微型药片（大小约等于一粒芝麻）以及方形的透明胶片。吸用迷幻药后大约半小时，会进入迷幻境界，出现虚幻的感觉。首先是对声音、颜色、气味等引起强烈的效应，并能引起感官的“目关感”，即看到鲜花能感到花香，听到鸟叫即出现鸟的身影，并感觉到自己拥有超脱自然的力量。迷幻药还能把人的内心思想和感情揭露开来，并加以放大，从而导致了狂妄、惊恐的强烈体验。吸食者好像经历一幕幕色彩丰富的梦境，有些人以为自己会飞，或能踏水而行，因而酿成悲剧。有些人可能会做噩梦，脑海浮现一连串恐怖景象，拼命躲避或疯狂反抗，因而使用暴力。过量服用迷幻药后，很容易发生意外，其急救措施与其他毒品不同，应根据情况进行适当的抢救。

症状

- 病人行为非常古怪。
- 恶心，呕吐大作。
- 昏迷。

急救措施

- 如果认为患者中毒，应立刻呼叫救护车。
- 如果患者神志不清，清除其口腔中的堵塞物，并置其身体成复原卧式。
- 如果患者做恶梦而仍有知觉，可以不必马上看医生。细心陪护在患者身边，以防发生意外。
- 别让患者继续吸用，如果患者使用暴力，则要动手制止。
- 让病人留在光线微弱的房间中，好言劝慰，直到好转为止。
- 症状持续4小时以上的话，必须请医生来治疗。

不要做什么

避免强光、噪音和急速动作对病人的刺激。

鸦片过量服用

鸦片，俗称“阿片”、“大烟”、“烟土”、“阿芙蓉”等，是大众熟知的毒品。鸦片有生鸦片和熟鸦片之分。生鸦片是罂粟果乳液干燥结成，呈黑色或棕色。生鸦片经加热煎制便成熟鸦片，是一种棕色的粘稠液体，俗称烟膏。鸦片是一种初级毒品，主要成分是鸦片生物碱，已知的有25种以上，其中最主要的是吗啡、可待因等，含量可达10～20%。鸦片的效果与其衍生物海洛因和吗啡相似，不过比较温和。长期吸食鸦片会严重危害人的身心健康和生命安全，可引起人体各器官功能消退，破坏人体胃功能和肝功能及生育功能，导致先天免疫力丧失、体质严重衰弱及精神颓废，寿命也会缩短。长期使用后停药会发生渴求药物、不安、流泪、流汗、流鼻水、易怒、发抖、寒战、打冷颤、腹泻、厌食、身体卷曲、抽筋等戒断症。过量吸食可引起急性中毒，可因呼吸抑制而死亡。并可造成吸食者在心理、生理上对鸦片产生很强的依赖性。长期吸食鸦片甚至可引起新生儿先天畸形，死亡率高。超剂量吸食鸦片会致人死亡。

症状

- 精神恍惚、恹恹欲睡。
- 目光发直，瞳孔变小，脸无表情。
- 昏迷。
- 呼吸抑制，异常缓慢。

要做什么

如吸食者昏迷或唤不醒，但仍然有呼吸，急救方法与吸用海洛因或吗啡相同。

情况非严重者可自行恢复常态。陪护患者，不断作观察，并防止他继续吸毒，直至他完全恢复常态为止。

不要做什么

如果病人已经昏迷，则不要喂水喂食。

镇静剂过量服用

镇静剂大多数是药片和药囊，形状与颜色各不相同。温和的镇静剂，俗称绿豆仔、罗氏五号、罗氏十号。强力镇静剂俗称忽得、糖仔、MX。温和的镇静剂，服用镇静剂后，情绪会平静下来，不再激动、紧张。有轻微麻醉作用。强力镇静剂有时也用于使人入睡或治疗精神病。经常服用镇静剂可能上瘾，一旦停药就会显得焦虑不安。镇静剂与酒精同服药性大大增强。例如，用烈酒送服Mandrax常会使人不省人事或昏迷。过量服用后也会产生有害影响。虽然症状不同于毒品，但也要采取必要的抢救，以免发生危险。

症状

- 精神恍惚。
- 恹恹欲睡、口齿不清。
- 步履蹒跚、动作失调，与醉酒相似。
- 昏迷。

急救措施

镇静剂过量服用的急救措施和过量服用巴比妥类药物的急救措施相同。

不要做什么

如果病人已昏迷，则不要强行催吐，以防

窒息。

三环类抗抑郁药中毒

三环类抗抑郁药物国内已有阿米替林、丙米嗪、多虑平、马普替林等。本类药物对正常人主要表现为中枢抑制作用；但对抑郁患者则相反，呈现中枢兴奋作用，可使抑郁症患者的情绪提高，能改善抑郁综合征的各种表现，特别是缺乏动力，情绪低落，同时对持续存在的焦虑也有作用，适用于情感性障碍抑郁症、更年期忧郁症、神经性抑郁症及器质性精神病的抑郁症状。较大剂量服用三环类抗抑郁药物时会引起中毒。中毒症状在服药后数小时内出现，高峰在服药后24小时，可持续1周。由于这类药物主要从消化道吸收，可与蛋白质结合，中毒后分布全身，以肝、肺、肾、心脏最多，对肝脏和心脏造成严重的损害，可危及生命。

症状

- 口干。
- 体温升高。
- 少汗或无汗。
- 恶心、呕吐。
- 便秘、排尿困难。
- 头昏、头痛。
- 躁狂样兴奋、激动，
- 瞳孔扩大、视力模糊。
- 血压升高而后降低。
- 心律失常，呼吸困难。
- 嗜睡、短时疲劳。
- 不安感、食欲增加。
- 震颤、肌阵挛。
- 谵妄、惊厥。
- 定向力障碍。
- 抽搐，或攻击性行为。
- 严重者昏迷，伴呼吸抑制、窦性停搏。

急救措施

立即用1：2000高锰酸钾溶液洗胃。

洗胃后用活性炭及硫酸钠导泻。

对昏迷、呼吸抑制和惊厥反复发作者，注意维持气道通畅，有条件可给予吸氧，必要时采用人工呼吸抢救。

发生心律失常时，应严密观察病人的心跳等基本生命体征，出现心脏骤停时应用心肺复苏术及时抢救。

出现休克时，进行抗休克急救。

出现癫痫症状可用苯妥英钠治疗。

在进行初步抢救后，应立即将病人送到医院救治。

不要做什么

避免使用安定及巴比妥类药物。

阿托品类药物中毒

阿托品是日常使用的药物，它是从茄科植物颠茄与曼陀罗等中提取而得的。阿托品类药物口服后，在肠道内迅速被吸收，它具有松弛许多内脏平滑肌的作用，能抑制腺体分泌，使瞳孔括约肌和睫状肌松弛，由于它具有较多功效，所以临床使用广泛，不少家庭也备为常药。阿托品药物如果使用剂量过大，可引起中毒。幼儿对阿托品有特殊的敏感性。幼儿用浓度较高的阿托品溶液点眼时，阿托品溶液通过鼻泪管流入鼻腔或进入消化道，被黏膜或肠道吸收，可引起中毒。另外，曼陀罗冲酒内服可以治疗关节痛，但如果过量，也可致中毒。误服曼陀罗浆果，或将曼陀罗叶混入蔬菜，外敷曼陀罗叶或颠茄膏，误服颠茄，儿童将莨菪根误为萝卜采食，均可发生阿托品中毒症状。

症状

- 皮肤潮红。
- 烦躁口渴。
- 幻觉不安。
- 心跳加快。
- 瞳孔散大。
- 严重病人出现抽搐、兴奋狂躁、呼吸表浅乃至呼吸麻痹。

急救措施

尽快催吐、洗胃，洗胃液可用2%鞣酸溶液或浓茶水。

洗胃毕，尽量让病人多喝浓茶，以沉淀胃内的毒物。

可给病人服用强镇静剂，如水合氯醛、氯丙嗪、短效巴比妥类药物，以对抗阿托品的作用。

然后尽快送往医院。

不要做什么

该类中毒病人多为兴奋狂躁乃至抽搐，故应保持安静，不要刺激病人。

巴比妥类药物中毒

巴比妥类药物是常用的镇静剂和催眠剂，可用于镇静、催眠、抗惊厥、抗癫痫及麻醉等。根据作用与起效时间，巴比妥类药物分为长效类（如巴比妥、苯巴比妥）、中效类（如异戊巴比妥）、短效类（如戊巴比妥、司可巴比妥）、超短效类（如硫喷妥钠）。一般摄入巴比妥类催眠量的5～6倍即可中毒，其临床表现以中枢神经、呼吸和心血管系统抑制为主。中效及短效类脂溶性高，容易进入脑组织，作用快；长效类脂溶性低，作用慢。中效及短效类巴比妥主要经肝脏代谢，药效维持时间短。长效巴比妥主要经肾脏排出，排泄较慢，作用较持久。巴比妥类药中毒无特效解毒药，以对症支持疗法为主。轻度中毒无须治疗即可恢复；中度者经精心护理和适当治疗也可较快恢复；重度可能需数天才能恢复意识，死亡率低于5%。

症状

有过量服用巴比妥类药物史，或现场有残余药物、药瓶存在。

轻度中毒

- 头晕、头痛。
- 思维紊乱，共济失调。
- 困倦，反应迟钝，言语不清。
- 欣快。
- 有判断力及定向力障碍。
- 入睡后可唤醒，呼吸及血压正常。

中度中毒

- 沉睡或进入昏迷状态，强刺激虽能唤醒，但非全醒，不能言语，旋即又陷入昏迷。眼球震颤。
- 呼吸变慢，血压正常。
- 重度中毒。
- 深度昏迷。
- 脉搏细速。
- 血压降低。
- 休克。
- 少尿或无尿。
- 昏迷早期四肢强直，后期则全身肌肉弛缓，反射消失。
- 早期瞳孔缩小，晚期则散大，光反应消失。
- 呼吸减慢变浅且不规则，脉细速。

急救措施

立即以清水或温开水、生理盐水、1：5000高锰酸钾溶液反复洗胃。

病人洗胃应防止胃内容物反流进气管内引起窒息或吸入性肺炎。

洗胃后灌入活性炭、而后导泻。

如果病人已经昏迷或昏睡，让其取平卧的体位，清除口腔分泌物，维护呼吸道通畅，防止窒息。

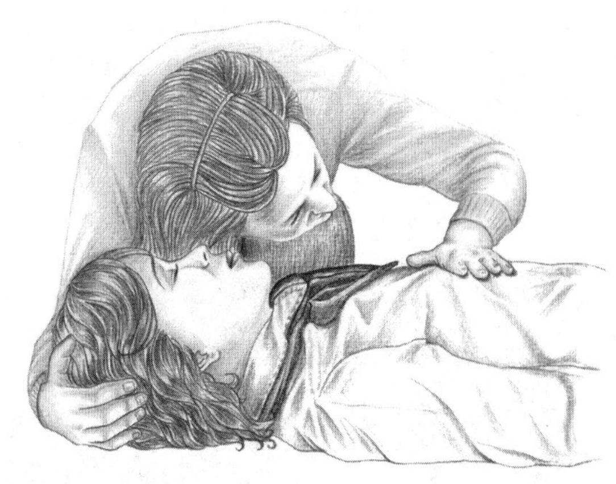

检查病人的呼吸

清醒患者如出现呼吸困难，可用鼻导管或口鼻面罩吸氧；昏迷者如出现呼吸困难，应采用人工呼吸抢救。

休克者给予抗休克处理。

急送医院治疗。

不要做什么

导泻禁用硫酸镁，以避免镁离子吸收后加重中枢神经系统抑制。

预防措施

应用巴比妥类药物应严格掌握剂量，防止过量而引起中毒反应，长期用药应注意防止蓄积中毒。

肝肾功能不全的患者最好不使用此类药物。

精神病患者用药应由病人家属或医务人员按照每次用量给药，看其服用。

特别提示

单胺氧化酶抑制剂、吩噻嗪类药物、其他中枢抑制剂等药物及饮酒可加重巴比妥类药物的作用。

洋地黄类药物中毒

洋地黄类的药物有多种，主要包括洋地黄、洋地黄毒甙、地高辛、毛花苷C（西地兰）、毒毛花苷K等。洋地黄类药物具有增强心脏收缩力，提高心肌兴奋性的作用，是目前治疗心力衰竭最常用的强心药物，同时也可用于治疗某些快速心律失常，如心房颤动、心房扑动以及室上性心动过速等。洋地黄类药物的共同特点是有效治疗量、中毒量和致死量三者相当接近，再加上小儿对药物的耐受性个体差异较大，故容易发生中毒。洋地黄可提高迷走神经张力，减慢房室结的传导。洋地黄的毒性作用主要是胃肠道反应，心脏及神经精神症状，以及对肾脏和视觉的影响，而胃肠反应往往是

打电话急救

洋地黄过量的先兆。

症状

• 病人近期有维持应用洋地黄的口服或注射史，或一次大量应用洋地黄类药物。

• 厌食。

• 恶心、呕吐、流涎。

• 腹泻、腹痛。

• 少尿。

• 头痛、眩晕。

• 牙痛、耳鸣。

• 记忆力减退。

• 视物模糊、怕光。

• 复视、黄视、绿视。

• 失语。

• 嗜睡。

• 共济失调。

• 心动过缓或过速，心律失常。

• 疲乏无力、失眠。

• 虚脱、昏迷。

• 惊厥和癫痫发作。

• 关节痛、肌痛。

• 意识模糊、烦躁不安。

• 定向力异常、谵妄和幻觉。

急救措施

轻度中毒

• 停药后不久可恢复。

重度中毒

• 服药早期可用活性炭混悬液洗胃，硫酸钠导泻。

• 若病人已经昏迷，先检查病人的心跳呼吸等基本生命体症，对症状突出、病情危及生命的患者，必须进行积极有效的心肺复苏治疗，维持呼吸道通畅，保证有效的供氧和循环支持。

• 如有条件，可使用临时起搏器或电击除颤。

• 可用阿托品0.5～1mg肌注或静注。

• 烦躁不安时可给予适量镇静剂。

• 进行以上现场急救措施后，应快速将病人送往医院救治。

不要做什么

• 避免对病人造成精神刺激。

亚硝酸盐类内服药中毒

亚硝酸盐类药物是一种疗效明显的血管扩张剂，冠心病患者在急救时多使用此药。亚硝酸盐对人体的作用主要是引起高铁血红蛋白血症。如果被吸收入血液中的亚硝酸盐过多，就会将正常的血红蛋白氧化成高铁血红蛋白，血红蛋白的铁由二价变为三价，失去携氧能力，使组织出现缺氧现象。亚硝酸盐中毒的潜伏期为1～3小时，长者可达20个小时。因为中毒所造成的高铁血红蛋白是黑褐色的，导致此类中毒病人嘴唇、皮肤常呈紫蓝色，又称乌嘴病、紫绀病、肠源性青紫病。

症状

• 精神不振，倦怠乏力，萎靡思睡。

• 头痛、头晕。

• 嘴唇青紫，口腔、舌、指甲、皮肤呈紫蓝色。

• 腹痛、腹泻、呕吐。

• 脉搏频速，四肢发冷。

• 呼吸困难。

• 血压下降。

• 心动过缓或心律不齐。

• 反应迟钝。

• 惊厥。

• 昏迷、休克。

急救措施

立即催吐洗胃，以尽快排出胃内毒物。

病人如果出现面色青紫、呼吸困难的症状，有条件的可给予吸氧。

用1%美蓝溶液（每千克体重1～2毫克）在10～15分钟内缓慢静脉注射。

用维生素C1克，加入50%葡萄糖溶液60～100毫升中静脉注射；

进行必要的现场急救后，尽快送病人入院救治。

不要做什么

如果中毒症状出现较晚，则不要进行催吐，因为此时催吐已无作用。

六神丸中毒的急救

六神丸,是家庭常备良药之一，至今已有二百多年的历史。六神丸中主要含有牛黄、珍珠、麝香、雄黄、蟾酥、冰片等成分，具有清热解毒、消肿止痛等功效。其中蟾酥是由蟾蜍（俗称癞蛤蟆）的耳后腺和皮肤腺中分泌的毒液加工制成的，蟾酥具有破疤结、行水湿、解毒、杀虫、定痛的作用，常用来治疗疔疮发背、阴疽瘰疬、恶疮、小儿疳积、咽喉肿痛等，用量过大可引起中毒。六神丸还含有雄黄，雄黄是砷化物，具有解毒的作用，但长期或大量使用会发生慢性砷中毒，致肝、肾损害，皮肤严重角化、皲裂、色素沉着。此外，还能抑制酶的活性，若与酶制剂、亚铁盐、亚硝酸盐等西药同服，可发生化学反应，降低疗效，增加对身体的损害。特别是小儿肌体器官功能发育还不完善，娇嫩的内脏对该药毒性尤为敏感，更易引起中毒。因此，最好不给婴儿服用六神丸，周岁以上的小儿也应慎用，如需服用六神丸应遵医嘱，家长不可擅自给孩子服用，避免发生意外。如果内服大剂量的六神丸，在半小时至2小时内可。一般经积极治疗，中毒症状可在1～12小时内逐渐消失。

症状

- 频繁的恶心、呕吐。
- 腹痛，腹泻，严重的可致脱水。
- 头晕、头痛。
- 面色潮红、口唇发紫。
- 四肢发麻、冷湿。
- 喉头水肿、吞咽困难。
- 口吐白沫。
- 胸闷、心悸。
- 心搏细弱，呼吸急促、不规则。
- 血压下降。
- 惊厥。
- 抽搐。
- 嗜睡。
- 休克。
- 婴儿可出现吐奶、气急、皮肤风团红斑等症状。

急救措施

应立即将患者送医院急救。

不要做什么

不要自行催吐。

预防措施

不要滥服六神丸，如给小孩服用六神丸以预防疖肿痱毒等，实无必要。

服药要严格按照说明书的服法服量，或遵医嘱服用。

特别提示

六神丸与洋地黄制剂在致毒方面有协同作用，服用洋地黄制剂的患者，需慎用六神丸，以防洋地黄中毒。

如何防止维生素A中毒

维生素A又称抗干眼醇，属于脂溶性维生素，是视色素的主要组成部分。维生素A具有维持眼睛在黑暗情况下的视力的功能，缺乏维生素A时易患夜盲症，还会引起干眼病，可使视力衰退。另外，维生素A能促进儿童正常生长发育，维生素A缺乏会使儿童生长缓慢，骨骼、牙齿发育不正常，皮肤干燥，腹泻、肾和膀胱结石加重以及生殖失调等。维生素A还能维持上皮组织的健康，增加对传染病的抵抗力。长期缺乏维生素A，会引起皮肤、粘膜的上皮细胞萎缩、角质化或坏死。胡萝卜、黄绿蔬菜、蛋类、黄色水果、菠菜、豌豆苗、红心甜薯、青椒、鱼肝油、动物肝脏、牛奶、奶制品、奶油等，都是富含维生素A的食物，一星期之中，三餐里含有大量的动物肝脏、胡萝卜、菠菜、蕃薯、香瓜等，就没有必要再补充维生素A。因为如果大量摄入维生素A，由于其排出比不高，常可在体内而引起中毒。成人连续几个月每天摄取50000IU以上会引起中毒现象。幼儿如果在一天内摄取超过18500IU则会引起中毒现象。

症状

- 头痛。
- 急躁、哭闹。
- 嗜睡。
- 恶心、呕吐、腹泻。
- 食欲减退
- 前囟隆起。
- 结膜充血、瞳孔散大、视力模糊。
- 皮肤潮红、干燥。
- 腹肝区肿大。

急救措施

酌情施给大剂量维生素C，适量维生素K以及对症处理。

不要做什么

不要再服用鱼肝油。

预防措施

正在服用口服避孕药时，必须要减少维生素A的用量；

给婴幼儿吃鱼肝油应严格注意服用量，不能过量服用。

维生素A与矿物质油切勿一起服用。

误饮洗涤剂的急救

目前日用化学用品日益增多，各种洗涤剂以其方便、实用、价格便宜而给人们的家居生活带来许多方便。但是，如果保管不善与食物混放，常会因为误食而发生中毒事故。洗衣粉的主要成分是月桂醇硫酸盐、多聚磷酸钠及荧光剂。洗涤剂的成分主要是碳酸钠、多聚磷酸钠、硅酸钠和一些界面活性剂，碱性强于洗衣粉，误食造成的对食管和胃破坏性也更大，后果更为严重。至于供卫生间用的洗厕剂，多用盐酸、硫酸配制，都具有强酸性，误服这些强酸性的洗涤剂极易造成食管和胃的化学性烧伤，治疗较困难。

症状

• 口腔、咽部、胸骨后和腹部发生剧烈的灼热性疼痛，

• 恶心、呕吐。

• 呕吐物中有大量褐色物以及黏膜碎片。

• 腹泻。

• 吐血。

• 便血。

急救措施

误食洗衣粉者，应尽快予以催吐，在催吐后可内服牛奶、鸡蛋清、豆浆、稠米汤。

误饮洗涤剂者，应立即内服约200毫升牛奶或酸奶、果汁等，同时可内服少量的食油，以缓解对黏膜的刺激。

误食洗厕剂时应马上口服牛奶、豆浆、蛋清和花生油等。

尽快将患者送往医院救治。

不要做什么

误服洗涤剂及洗厕剂时，不要进行催吐、洗胃及灌肠。

碘酒中毒

碘酒中除了酒精之外，还含有碘、碘化钾等，这些成分对黏膜有强烈的腐蚀性。日常生活中的碘酒中毒，主要是误把碘酒当成止咳糖浆喝下，或是小儿好奇，学大人服药而误将碘酒服下造成的。

症状

• 口腔、咽喉部、食管有剧烈灼烧疼痛。

• 口腔黏膜呈棕色，有金属碘味。

• 大量流口水。

• 恶心、呕吐。

• 腹痛、腹泻。

• 如胃内有淀粉类食物，则呕吐物呈典型的蓝墨水样物。

• 四肢震颤。

• 惊厥。

• 昏迷。

急救措施

立即给中毒者喝下大量的米汤或面糊，然后刺激其咽喉催吐，呕吐出蓝墨水样物，再喝米汤，再催吐，反复进行直到吐出物的颜色逐渐变浅，直至吐出物与喝下的液体的颜色相似为止。

洗胃、催吐后，可给中毒者服用稠米汤或蛋清、牛奶、藕粉等黏滑性食物，以保护骨黏膜。

经上述处理后，应送往医院进一步治疗。

不要做什么

如果病人已昏迷，则不要强行催吐。

高猛酸钾中毒

高锰酸钾，又叫过锰酸钾、灰锰氧、锰强灰，是一种紫色结晶，无臭、易氧化，常用于消毒和洗胃。用高锰酸钾洗胃时，常取1：1000～ 1：4000的浓度，此时液体呈淡紫色、红色。如用于洗涤皮肤创伤、冲洗尿道和阴道，则取1：2000～1：5000的浓度。如果用超过其规定量的高猛酸钾外用消毒，则会烧伤创口与粘膜，造成局部皮肤的腐蚀溃烂；用超过规定量的高锰酸钾内用洗胃，会引起咽喉处出血，胃穿孔，胃粘膜溃疡、糜烂，甚至可造成呕吐物吸入气管，引起肺脏腐蚀，造成吸入性肺炎等。如果误服高浓度的高锰酸钾溶液或粉剂3～10克，可中毒致死。

症状

• 恶心、呕吐。

• 上腹部疼痛。

• 口内有金属气味。

• 少尿、尿闭。

• 唇、口腔、舌、牙龈、咽喉部等处的粘膜出现水肿。

• 严重的呼吸道堵塞，窒息。

急救措施

立即用大量温开水或用2.5%木炭悬液反复洗胃与催吐，直至流出的液体变清，颜色正常

为止。因胃黏膜皱疑内嵌入高锰酸钾的细小结晶，洗胃时要使患者更换不同体位，直到把残留结晶洗净为止。

洗胃后可将维生素C10～20片（每片100毫克）捣碎溶入100毫升水中，再将此溶液给中毒者灌或饮服，有防止高锰酸钾氧化组织细胞的作用。

饮用鸡蛋清、牛奶、藕粉糊、米粥、面汤等保护胃黏膜的食物。

采用硫酸镁25克温水溶后饮服，以促使毒物从肠道内排出。

为防止呕吐物被吸入气管，除应使中毒者采用侧卧位外，还应反复清除其呕吐物、分泌物、保持其口、鼻腔畅通，以防窒息与并发肺炎。

如血压下降、休克时，给予升压药。

呼吸与循环衰竭时，给予呼吸、心脏兴奋药。

窒息或呼吸停止时，立即进行人工呼吸。

可针刺中毒者人中、百会、内关与涌泉等穴位予以救治。

为防止呕吐物、分泌物误入气管而造成吸入性肺炎，可注射青霉素等抗生素。

进行必要的现场急救处理后，立即送病人到医院救治。

不要做什么

如果病人已经昏迷，则不要强行催吐，以防窒息。

沥青中毒

沥青一般分为天然沥青、石油沥青、页岩沥青和煤焦油沥青四种。沥青具有防水、防腐、绝缘等特性，是炼钢、造船、防潮纸等工业的常用原料，在电杆木防腐、筑路等有关作业中也常接触到。长时间接触沥青的人，由于过多地吸入沥青中的有毒物质，如意、毗陡、蚓噪等，便会发生中毒。在强烈阳光的照射下，直接接触沥青或其烟雾后，只需4～5小时，就可能表现出中毒症状。

症状

- 在皮肤暴露部位，如面、颈、手及四肢的伸侧，出现大片红斑，同时伴有刺痒、痛感。
- 局部皮肤水肿、起水泡及渗液。
- 头痛、头晕。
- 恶心、呕吐。
- 腹痛、腹泻。
- 胸闷、心悸、呼吸急促，
- 黄疸。
- 血尿。
- 虚脱、昏迷。
- 两眼红肿、怕光、流泪，有眼内异物感或干燥感。
- 鼻痒、流涕、咳嗽、咳痰。
- 鼻咽部干燥灼热。

急救措施

立即让中毒者离开有沥青的环境，在阴凉处休息。

若皮肤被沥青烫伤或残留沥青，可用2%小苏打水清洗，去除皮肤上的沥青屑，然后再根据皮肤损害情况，涂擦保护性膏剂。皮肤红肿、红斑者，可用含有氧化锌（或滑石粉）、淀粉、甘油及水各等量的膏剂，或用花生油调滑石粉及碳酸镁（各占20%）外搽；皮肤糜烂、渗液者，可用10%甘草、黄柏溶液湿敷。

若沥青溅入眼内，应立即用生理盐水或1%～2%硼酸水或2%小苏打水液进行冲洗，用人乳或牛乳滴眼，并戴有色眼镜进行保护，中毒症状严重者，若有条件，可静脉滴注葡萄糖溶液及B族维生素并口服巴比妥类镇静药物。

尽快将患者送往医院救治。

不要做什么

不要让中毒者受到阳光暴晒。

预防措施

在装卸、搬运沥青时，应戴手套和穿工作服，并注意防止污损其他货物和车辆，并与食品适当隔离。

不要在炎热的中午时间进行沥青的装卸、搬运作业。

船舱、仓库及其他通风不良的操作场所，须在排除沥青的粉尘、蒸汽并保持经常通风的情况下，才能进行沥青工作。

沥青包装应完整牢固，不使沥青粉末散漏。

锰中毒

锰中毒有急性中毒和慢性中毒。急性锰中毒可见于一次性大量吸入含锰蒸汽、粉尘，或误食了高锰酸钾。急性锰中毒主要表现为急性腐蚀性胃肠炎或刺激性支气管炎、肺炎。3%～5%溶液发生胃肠道粘膜坏死，引起腹痛、便血，甚至休克；5～19g锰可致命。慢性锰中毒一般在接触锰的烟、尘3～5年或更长时间后发病，多见于接触锰机会较多者。如锰矿开采和冶炼，锰焊条制造，焊接和风割锰合金以及制造和应用二氧化锰、高锰酸盐和其他锰化合物的产业工人等人群。慢性锰中毒早期以神经衰弱症候群和植物神经功能紊乱为主，后期出现典型的震颤麻痹综合征，有四肢肌张力增高和静止性震颤、言语障碍、步态困难等以及有不自主哭笑、强迫观念和冲动行为等精神症状。

症状

- 口腔黏膜糜烂，呈褐色。
- 面色苍白。
- 恶心、呕吐。
- 头晕、头痛。
- 胃部疼痛。
- 吞咽困难。
- 咳嗽、咽干。
- 胸闷、气急。
- 寒战、高热（金属烟热）。
- 腹痛、便血。
- 全身大汗、四肢无力。
- 定向力障碍、感觉异常、心悸。
- 出现帕金森症。
- 休克。
- 昏迷。

急救措施

口服中毒者应立即用温水洗胃，饮服牛奶、氢氧化铝凝胶。

有条件的可给予依地酸二钠钙、促排灵、二巯基丁二酸钠等药剂。

出现帕金森症者可用左旋多巴和安坦等药物。

如果患者出现休克，应进行抗休克急救。

尽快将患者送医院救治。

不要做什么

如果患者昏迷，不要强行催吐，以防窒息。

急性放射病

急性放射病是指机体在短期内（通常是数日）受到一次或多次大剂量电离辐射所引起的全身性疾病。引起急性放射病的射线有γ线、中子和X射线等，在核爆炸或试验的意外事故中，或医疗时受X射线等照射时，都可导致急性放射病。急性放射病症状的轻重与电高辐射的性质、照射剂量、剂量率、机体的健康及生理状况、个体的敏感性有关。受到100～200伦琴（R）剂量照射后，可发生轻度急性放射病。轻度的放射性病即使未予特殊治疗，1～2个月后也可自行恢复。若照射的剂量为200～400伦琴或400～600伦琴（R）时，则出现中度和重度放射病。中度和重度的放射性病的病程可分为四个不同的时期：初期，假愈期，极期，恢复期。各个时期有不同的症状表现。初期：在受照射后2～6小时内出现各种症状，并伴外周血白细胞先升高后降低，同时淋巴细胞迅速减少。假愈期：一般为2～4周。这一阶段初期的症状减轻或消失，外周血白细胞总数和血小板进行性减少、减少程度与病情轻重一致。假合愈期愈短，提示受照射量愈大，病情愈严重。极期：此期持续3～6周。初期的症状加剧出现，并出现脱发、发热、皮肤黏膜或全身出血、呕吐、腹泻、严重感染、肾功能衰竭、反应迟钝，甚至昏迷，全血细胞减少，血钾低。恢复期：症状逐渐减轻，出血停止，体温恢复正常。外周血白细胞及血小板开始上升。一般3～4个月后可基本康复。如时照射的射线达到600～800伦琴或更高剂量，则出现极重急性放射病。此类患者1小时后即出现恶心、呕吐和腹泻。2～3天可因消化道出血或全身衰竭死亡。

症状

轻度症状如下：

- 疲乏、食欲不振。
- 头晕。
- 失眠。
- 恶心、呕吐。
- 中度和重度症状如下：
- 出现于受照射后2～6小时。
- 疲乏。
- 头晕。
- 恶心、呕吐。
- 心悸、出汗。
- 口渴。
- 发热。
- 腹泻。
- 谵妄。
- 血压下降。
- 失眠或嗜睡。
- 还可伴有皮肤红斑、结膜充血、口唇肿胀、腮腺肿大等。

急救措施

了解放射源的类型（外照射、内照射或皮肤沾染），迅速脱离放射区。

皮肤烧伤可按灼伤处理。

给患者服用磷酸铝（对锶）、硫酸镁（对锶、镭），或普鲁士蓝（对铯、铊和镓），以减少胃肠道对放射物的吸收。

给病人服用导泻剂，以减少放射性物质在体内停留，亦可使用如碘化钾等阻滞剂，阻碍甲状腺吸收放射性碘。

让病人大量饮水，以加速放射性氢的排泄。

如有条件，可给病人服用茜草双脂片、碳酸钾、雌激素等抗辐射药物，亦可应用抗组胺制剂，如苯海拉明，非那根，以利早期治疗。

对恶心、呕吐者给予维生素B6、胃复安等止吐剂。

有休克症状时，进行抗休克急救。

尽快将病人送往医院抢救。

不要做什么

不要让病人受到强光、噪音的刺激。

夹竹桃中毒的急救

夹竹桃又名柳叶桃，是夹竹桃科夹竹桃属的常绿灌木，常见的有红花、黄花、白花3种，可作为观赏植物，常被种植于房前屋后或畜舍周围，当篱墙护院，也种植于道路两旁作为风景树木。夹竹桃全株有毒，枝叶及根皮和树皮均含有强心甙类物质，不管是误食、吸及或皮肤粘膜接触都会造成中毒，成人食用鲜夹竹桃叶8～10片或干叶2～3克即可中毒，食用3克干叶、8～10粒黄夹竹桃的种子可致死亡。夹竹桃中毒类似于洋地黄中毒，中毒者可出现消化系统、心脏和神经系统的症状。 中毒者如发生严重的心律不齐例如心室跳动过速或颤动可导致死亡，但多数中毒者在危险的症状得以控制后，能够康复且无明显后遗症。

症状

- 病人有接触及服用夹竹桃的病史。
- 恶心、呕吐。
- 腹痛、腹泻。
- 头痛、头昏。
- 视力模糊、全身不适。
- 流口水。
- 耳鸣。
- 皮肤、粘膜红肿。
- 发烧。
- 胸痛。
- 心律紊乱。心跳缓慢、不规则，或心动过速、异位心律。
- 呼吸急促。
- 发绀。
- 四肢厥冷、麻木。
- 嗜睡。
- 谵语、出汗。
- 血压下降。
- 晕厥、抽搐、瘫痪。
- 休克、昏迷。

急救措施

立即口服催吐药物或手法催吐，然后服浓茶水后再次催吐。

催吐后给患者服用活性炭50克，2小时后重复一次。

服用硫酸镁20克导泻。

随时注意观察患者的呼吸情况，如果中毒症状较轻，患者可在1～2周内自然恢复；如果中毒症状较重，出现胸闷、心悸者，应立即送医院急救。

不要做什么

如果病人已昏迷，则不要强行催吐。

预防措施

看护好婴幼儿，以免误服夹竹桃的花、叶。

不要听信偏方，乱用夹竹桃治病。

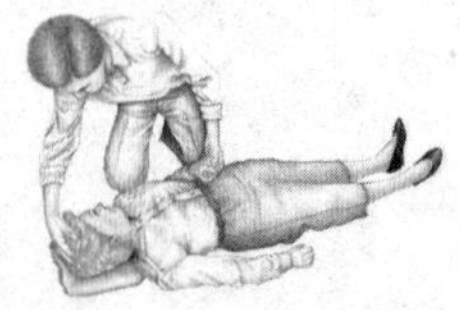

第3章 日常意外急救

了解急救知识和学会如何进行急救在极端生存环境下非常关键，因为它可以挽救生命。学会一些基本技能，你就能在发生事故时帮助受害者，直到专业的救援队伍抵达现场。在家中或者在拥挤的街道上，你的帮助可能决定着受助者的生与死。如果你处于非常偏远或者非常危险的环境，离医护人员很远，那种情况下你更需要了解如何急救。

高空坠落伤

指人们不慎从高处坠落，由于受到高速的冲击力，使人体组织和器官受到一定程度破坏而引起的损伤。常见于建筑工人、儿童等。

危害

高空坠落时，足或臂着地，外力可沿脊柱传导而致颅脑。由高处仰面跌下时，背或腰部受冲击，易引起脊髓损伤。脑干损伤时可引起意识障碍、光反射消失。

急救措施

• 先除去伤者身上的用具和硬物。

• 在搬运和转送过程中，应保证脊柱伸直而且不扭转。绝对禁止一个抬肩一个抬腿的搬法，这样会导致或加重截瘫。

• 创伤局部应妥善包扎，疑为颅底骨折和脑脊液漏患者切忌填塞，以免引起颅内感染。

• 颌面部伤者首先应保持呼吸道畅通，清除口腔内移位的组织，同时松解伤员的颈、胸部纽扣。若口腔内异物无法清除时，尽早行气管切开。

• 复合伤伤者，要持平仰卧位，畅通呼吸道，解开衣领扣。

• 周围血管伤，压迫伤部以上动脉，直接在伤口上放置厚敷料，绷带加压包扎止血，还要注意不能影响肢体血循环。以上方法都无效时可慎用止血带，并应尽量缩短使用时间，一般以不超过1小时为宜。做好标记，注明扎止血带时间，精确到分钟。

• 有条件可迅速给予静脉补液，补充血容量。

• 迅速平稳地送往医院救治。

急腹症

是一组以急发腹痛为主要表现的腹部外科疾病。其共同点是变化大，进展快，若延误治疗会造成严重后果。患者一般都应立即送往医院。

症状

按腹痛的性质可分为吵闹型和安静型两大类。

吵闹型腹痛

是指阵发性的剧烈绞痛，患者大吵大闹，翻身打滚。

• 肠绞痛。多由肠梗阻引起，伴有呕吐、腹胀和停止排便、排气，如阵发性疼痛转为持续性，表明肠壁有血循环障碍。

• 胆绞痛。右上腹和中上腹绞痛，可由胆囊炎、胆石症或胆道蛔虫症引起，若疼痛剧烈或伴有高热和黄疸者，必须及时到医院急诊。

• 肾绞痛。可由肾结石或输尿管结石引起，疼痛由腰部向下腹部放射，可伴有血尿。

安静型腹痛

是指持续性疼痛，患者平卧，不敢随意翻身或做深呼吸，腹部拒按，否则这些动作会加

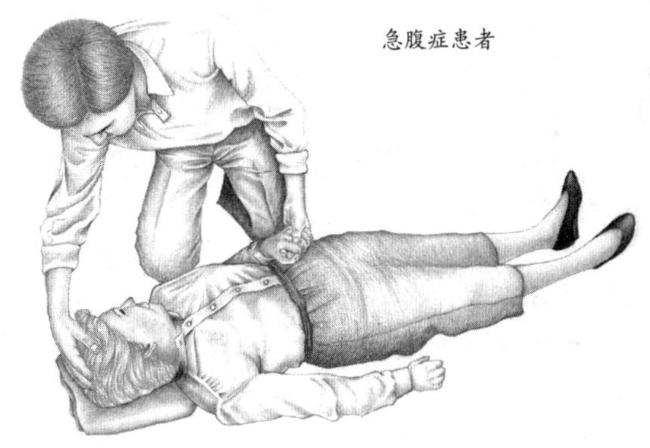

重腹痛，仅是静静地呻吟，呼痛。

• 内脏炎症。疼痛位置固定，如胆囊炎右上腹，阑尾炎在右下腹。

• 内脏穿孔。如胃肠穿孔，疼痛剧烈，甚者会有虚脱，消化液刺激腹膜，会出现压痛、反跳痛和腹肌痉挛等腹膜刺激征；

• 内出血。肝脾破裂、宫外孕破裂等都可引起大出血，血液可引起腹膜刺激征；患者面色苍白，冷汗淋漓、脉细弱，甚或出现失血性休克。

此外，还有些腹痛可由内脏器官缺血引起，如脾扭转、脾梗塞、肠扭转和卵巢囊肿扭转等，疼痛剧烈而持续，或有腹膜刺激征。

急救措施

急腹症患者去医院急诊前不要饮水或进食，再则不要给止痛药。否则可能会引起穿孔或掩盖症状。

泌尿系统损伤

尿道损伤

表现症状

骑跨时发生的尿道损伤，主要表现为会阴部的肿胀疼痛，而且排尿时疼痛加重，后尿道破裂伴骨盆骨折，患者移动时疼痛会加剧，并伴血尿、排尿困难和尿潴留等症，甚者会发生休克。

急救措施

• 及时输液、输血、镇静和止痛等以防治休克，合理应用抗生素预防感染。

• 尿道损伤较轻排尿不困难者，仅需多饮水，保持尿量。

• 根据排尿通畅程度决定是否行尿道扩张。

肾损伤

症状

主要是伤侧腰肋部疼痛，甚者可引起肾绞痛、血尿及不同程度的休克。

急救措施

肾损伤较轻者可通过非手术支持疗法，如绝对卧床休息、监测生命体征，补充血溶量，并选用止血、镇痛、抗菌药物。严重肾裂伤、肾粉碎伤及肾开放性损伤，应早期手术处理。

膀胱损伤

症状

有下腹部外伤史，排尿困难，或有血尿，体检耻骨上压痛等应考虑可能是腹膜内膀胱破裂。

急救措施

及时送医院抢救。

颅脑外伤

症状

颅脑外伤后多有一段昏迷时间，有的患者不久便会苏醒。

昏迷时间较短

在几分钟到30分钟内清醒的多是脑震荡。有的伤者无昏迷但对受伤前的事件记忆丧失，医学上称为逆行性遗忘。这类伤员要绝对卧床，并严密观察，因为一部分此类伤员会因颅内血肿压迫脑组织而再度昏迷，这时就需要急诊抢救。因脑水肿而有头痛症状的伤员可给脱水剂治疗。

昏迷不醒

脑挫伤、脑裂伤、颅内出血或脑干损伤，要迅速送往医院治疗。

急救措施

• 送医院前让伤者平卧，不用枕头，头转向一侧，以防呕吐物进入气管而致窒息。

• 不要摇动伤者头部以求使之清醒，否则会加重脑损伤和出血的程度。

• 头皮血管丰富，破裂后易出血，只要用纱布用手指压住即可。

自发性气胸

症状

自发性气胸起病急，病情重，不抢救及时，常可危及生命。无明显外伤而突发越来越严重的呼吸困难，而且胸部刺痛，口唇青紫。青壮年常因大笑、用力过度、剧烈咳嗽而引发，老年人以慢性支气管炎、肺结核、肺气肿患者多见。

急救措施

• 患者应取半坐半卧位，而且不要过多移动，有条件的情况下可以吸氧。家属保持镇静。

• 及早在锁骨中线外第二肋间上缘行胸腔排气，这是抢救成败的关键。可将避孕套紧缚在穿刺针头上，在胶套尾端剪一弓形裂口。吸气时，胸腔里负压，裂口闭合，胶套萎陷；呼气时，胸腔呈正压，胶套膨胀，弓形口裂开，胸腔内空气得已排出。同时应争分夺秒送患者去医院救治。

外阴损伤

多由意外跌伤，如会阴骑跨在硬性物件上，或暴力冲撞、脚踢、外阴猛烈落地等引起，主要临床表现为疼痛及出血症状。

急救措施

• 出血量不多的外阴浅表损伤，局部清洁，加压止血，并严密观察随访。

• 出血量较多的外阴深裂伤，应注意局部清洁，加压止血，注射止血剂，并及时送医院处理。

• 无裂伤的小血肿，应注意加压止血，24小时内局部冷敷，24小时后改热敷。还可用枕垫高臀部，并严密观察血肿情况。经处理后，血肿可逐渐吸收。

• 大血肿且伴继续扩大者，在清洁创口，压迫止血时，可以同时止血补液。

产后出血

产后出血是一种严重的并发症，病情进展很快，可导致休克，甚至死亡。产后24小时至6周内有阴道出血者称晚期产后出血。

原因

常由胎盘或羊膜滞留，胎盘剥离不全，产道损伤，凝血机理障碍等引起。出血可阵发性大量向外排出，也可积滞在宫腔内，在压迫子宫底时突然排出。

症状

失血过多时产妇会自觉头晕、恶心、呕吐，同时呼吸急促，面色苍白、四肢发冷、血压下降、脉搏弱而快等。

急救措施

• 发现阴道出血，患者应取头低足高位，并监测血压和脉搏。

• 及时吸氧补液。

• 按摩子宫底，以挤出积留血块，并注射宫缩剂。

• 可在宫腔内填无菌纱布，以起止血作用，并迅速送往医院处理。

自杀

自杀是一种社会现象，形式很多，如自缢、触电、服毒、跳楼、焚身、投河、刎颈、割脉和煤气吸入等。急救时注意以下几点共性问题：

• 应及时疏散围观人员，避免过多的刺激，以免激化矛盾。

• 应关注自杀者动态，防止其再次轻生。应及时通知家属并报案。

• 烦躁不安的自杀者，可适当给予镇静药物。

割脉

割脉可造成大量出血，若延误抢救时间可能会造成休克死亡。

急救方法

• 迅速用多层无菌棉垫或消毒纱布压迫止血，或加压包扎伤口。

• 严重者，可在心脏近端行止血带止血，或用血管钳夹持动脉止血。

• 为保证胸部和重要脏器的血液供应，自杀者应取头低足高位。

• 迅速送往医院急救。

自缢

自缢（俗称上吊）可造成颈部血管、神经、食管和呼吸道受压，继而引起呼吸障碍、脑部缺血缺氧和心跳停止。

急救方法

• 割断吊绳前应先抱住自缢者，以免坠地摔伤。

• 伤者呼吸停止，应立即人工呼吸。颈部组织影响人工呼吸效果时，可行气管切开术。

• 伤者心跳停止时，应行胸外心脏按压和人工呼吸，越早越好，可持续2～3小时，不应轻易放弃。

• 呼吸心跳微弱者，可静脉或肌内注射尼可刹米0.5～1毫升，以兴奋呼吸中枢。

刎颈

刎颈可能会造成颈部动静脉或气管、食管断裂，致脑部无血供及过多失血而休克死亡。其中血管断裂更为致命。

急救方法

• 最重要的是止血，无论动脉还是静脉破裂，均应迅速用无菌棉垫或消毒纱布压迫止血。

• 气管、食管破裂而出血不多应及时擦尽血污或食物残渣等，以防止异物吸入气道或造成窒息。

• 立即送医院救治。

新生儿意外窒息

意外窒息是婴儿意外死亡的最主要原因，引起小儿意外窒息的情况主要有以下几种。因喂奶引起的窒息：发生这类情况有的是因为喂奶的姿势不当，有的是因为婴儿的体质太弱，反向机能差（如早产儿），奶汁呛入气道无力咯出，造成奶汁的机械性阻塞。溢奶窒息：给小婴儿饱食后仰放在床上，当婴儿溢奶、漾奶，尤其呕吐时，奶或食物误吸入气管内，造成突然窒息死亡。睡卧姿势不当：有的家长让小婴儿趴着睡，或怕孩子摔下床，把婴儿双手缠着，致使婴儿口鼻部被被子或枕头堵塞以致死亡。缺氧窒息：寒冷大风天抱孩子外出时，怕孩子冷，将其头面部都盖得很严，结果造成缺氧窒息。另外，小儿误吸异物进入消化道或呼吸道，也会造成窒息。意外窒息的时间如果超过15分钟，往往会引起神经系统的后遗症，因此，婴儿窒息抢救的关键是及时发现，立即抢救。

急救前的检查

面色青紫，两眼上翻。

四肢抽动。

呼吸不规则。

如果孩子正在哺乳，可从口腔吐出泡沫奶。

急救措施

吃奶时发现婴儿有窒息的危险，应立即弄醒婴儿，如果有哭声说明有呼吸，否则，应迅速把婴儿头部转向一侧，扒开其口腔，将手伸入口中清除咽喉奶汁。

对吐奶误吸的婴儿，应将其变换为头低位或右侧卧位，迅速清除口腔内的奶渍及分泌物，并用手轻拍婴儿背部，让婴儿咳出部分吸入奶，或用清洁吸管吸吮婴儿口鼻部残留奶，保持呼吸道通畅。

如果婴儿呼吸心跳已经停止，立即进行人工呼吸及胸外心脏按压复苏术。

进行急救处理后，应立即送医院进一步检查治疗。

急救时让婴儿保持头部低位，但不可将婴儿倒置。

预防措施

不要让小婴儿与家长同在一个被子里睡，应给孩子有一单独的包被，有条件的家庭最好让孩子有一单独的小床。

睡觉时不要用被子盖过小婴儿的头部。

母亲喂奶时要将孩子抱起，喂奶后，要轻轻拍拍孩子，让孩子打嗝排气，放下躺着时以右侧卧位最安全。

尽量不要让婴儿趴着睡，不要用被褥毛巾裹住婴儿，或缠住婴儿的双手，限制其活动。

抱孩子外出时，不要把孩子头部盖得太严，如果要盖孩子头部，宜用透气性好的纱布或丝巾。

小儿咬断体温计的处理

按规定测定小儿体温时应将体温计放在腋下或肛门部位测试。但是有一些家长却将体温计放入孩子口中测试，结果出现孩子咬断体温计、吞下体温计中的水银的意外事故。这种情况下，只要碎玻璃没有卡在食道中，情况并没有那么严重。因为水银是一种重金属，化学性质很不活泼，不会溶于胃液被吸收而导致中毒。而且，水银的比重很大，到达胃里后，少则几小时，多则十几小时，就会进入肠道随粪便排出，故不容易造成汞中毒。但是，如果水银散落在地，则可在常温下即挥发成气态汞，被吸入呼吸道后可引起中毒，所以对于散落在地的水银要及时清除，以防吸入中毒。

急救前的检查

含在口中的体温计被咬碎，水银外溢。

口中有碎玻璃。

急救措施

让孩子将碎玻璃吐出，并用清水漱口，清除口内的碎玻璃，只要没有大块碎玻璃被吞下，就不会有危险。

如果孩子已经吞下玻璃渣，可让孩子吞吃一些含纤维素多的蔬菜，使玻璃被蔬菜纤维包住，随大便排出。

可给孩子喝牛奶或生鸡蛋清。

注意观察孩子的大便和有无其它不适表现，如恶心、呕吐等异常征象，如果出现剧烈腹痛，应及时上医院抢救医治。

小儿脚夹进自行车后轮

家长骑车带小孩子时，如果小孩双脚没有较妥当地放置在座椅的踏脚上，则可能发生孩子的脚被夹进自己车轮的事故。这类创伤可能导致软组织挫伤，严重的甚至可发生骨折。

急救前的检查

脚夹进自行车轮的外伤史。

伤处淤肿、出血。

急救措施

把孩子的脚轻轻从车轮中弄出来，如果孩

子的脚别得太深，不易取出，可剪断或掰弯自行车轮的钢丝。

仔细察看伤势，依具体情况进行处理。

伤势较轻，只擦破皮，一般不必包扎，也无须到医院，可涂上红药水或紫药水，避免沾水，过几天就会好了。如伤口较脏，可先用生理盐水冲洗干净后再涂药。

伤势较重，局部疼痛、肿胀、出血者，可先用生理盐水（9克盐加冷开水1000毫升）冲洗，然后用消毒纱布敷盖，用绷带加压包扎，以不出血为度。有条件的送医院进一步处理。

若孩子出血严重，可用手指按压踝关节下侧、足背跳动的地方，直至出血停止；也可用消毒的纱布、棉花等做成软垫直接放在伤口上，紧紧绷扎，并速送医院治疗。

如孩子伤势非常严重，怀疑其有骨折时，严格限制患儿再使用患足行走或站立，迅速送医院检查处理。

注意防止孩子由于疼痛或出血导致休克，出现休克时，应采取抗休克的急救措施。

不要按揉孩子的伤脚，以免加重伤势。

儿童误食干燥剂

在适当的温度、湿度下，细菌、真菌会在食物中以惊人的速度繁殖，使食物变质、腐败，因此，厂商在许多糖果、饼干等食品包装袋中，都放入干燥剂，以降低食品袋中的湿度，防止食品变质腐败。由于目前我国相关标准中未对食品干燥剂的使用品种、无害化程度、包装警示语标注做任何规定，因此食品生产企业对干燥剂的包装比较马虎，大多数纸袋包装的干燥剂很容易撕开，容易被孩子撕开误食。家长在将食品拿给孩子时，如果发现食品袋中有单独包装的干燥剂，必须同时取出干燥剂，防止被儿童误食。

急救前的检查

检查被误食的干燥剂的类型，常见的有硅胶（透明）、三氧化二铁（咖啡色）、氯化钙（白色粉末）、氧化钙（白色粉末）。

急救措施

如果孩子误食的是硅胶，这种干燥剂是无毒性的，因此不需作任何处理。

如果误食的是三氧化二铁，此类干燥剂有轻微的刺激性，让误食者喝水稀释就可以了；但如果病人误食的量比较大，产生恶心、呕吐、腹痛、腹泻之症状，则可能已造成铁中毒，必须赶快就医。

如果误食的是氯化钙，这类干燥剂具有轻微的刺激性，可让病人喝水稀释，不需就医。

如果误食的是氧化钙，由于其遇水会变成碳酸氢钙，具有腐蚀性，应让病人在家里喝少量的水稀释，然后立即送医院作进一步处理。

误食氧化钙时，不宜喝过多的水，以免造成呕吐，使食道再次灼伤。

第 4 章
重伤与危险情况下的急救

各种突如其来的危险具有难以预测和不可扭转的本性，种种情况都需要及时实施救治。面对灾难，很多人因为缺乏自救和急救知识而惊慌失措，错过了最佳的抢救时间，导致悲剧的发生。我们要有足够的能力来保护自己和实施救助，正确的处理和对待将起到非常重要的作用。想要有效地对伤者或病者实施救治，这需要我们掌握科学的自救与急救知识，及时准确地采取救助措施，帮助伤者缓解疼痛，防止更严重的情况发生，避免后遗症。

出血急救

体外出血

轻伤

擦伤（a）。这种伤害只是表皮受伤，是由摩擦或磨损造成的，一般流血量较小。

挫伤（b）。这种伤口刚刚达到表皮之下，通常是皮肤裂开或淤青，不会大量流血。

重伤

切伤（c）。这是由利器切割造成的伤口，会大量流血，尤其是如果切到了动脉，往往很危险。

撕伤（d）。这种伤口形状不规则，一般是被戳破的，严重的情况下会大量流血。

刺伤（e）。这种伤口面积小却很深，很难止血，尤其是伤口里仍残留刺穿物时，可能带来严重的甚至威胁生命的体内出血现象。

穿孔伤（f）。这种伤口是由某种利器直接穿透身体某一部位造成的，如尖刀、枪弹等。如果击穿了动脉，就会引发严重流血现象。

这些伤口都很容易感染。擦伤、挫伤和撕伤的伤口感染很容易发现，也比较容易处理。刺伤和穿孔性伤的伤口很容易发生严重感染，如破伤风或气性坏疽等，比较危险。

如何止血

人体内大约有5升血液。如果动脉被割破，血液就会在心脏收缩的压力下喷涌而出，通常

各种各样的伤口

a.擦伤
b.挫伤
c.切伤
d.撕伤
e.刺伤
f.穿孔伤

按心脏的跳动频率喷出。从动脉血管流出的血液颜色是鲜红的，从静脉血管流出的血液是暗红色的。

少量流血。少量流血的情况下，血液一般是从毛细血管流出的，通常是慢慢往外渗出或滴出，所以血流量不大，不会有很大危险。

动脉出血。动脉出血属于紧急事故。如果急救人员没有及时处理，伤者就会大量失血，导致血液循环停止（出现休克现象），大脑和心脏供血不足，带来致命危险。一般情况下，动脉破裂的血流量往往比血管彻底断裂时的血流量小。

要止住动脉出血，首先应该做的一件事就是确保伤者呼吸顺畅。当看到伤者动脉出血时，必须立即按住伤口。

静脉出血。静脉血液流动较缓慢，所以静脉出血没有动脉出血严重，但如果是大静脉出

血，血液也会喷涌而出，如曲张静脉或者任何一个深部主静脉受伤都可能导致大量出血。

绷带必须足够牢固以防止血液流出，但是也不能太紧而阻碍了血液循环。检查伤者体内的血液循环：看伤者是否有脉搏，或按压受伤手臂的指甲直到它变白为止，当松开时指甲应该呈粉红色。若血液循环不正常，松开手时指甲则仍然呈白色或青色且指尖感觉冰凉。如果伤者手臂受伤，也可以通过检查手腕的脉搏来确定伤者血液循环是否正常。

止血方法

1.用手或手指直接按压伤口（a）。2.如果伤口很大，轻轻地将伤口压合（b）。3.找出身边最适合止血的工具，如把一块干净的手帕折叠起来就是很好的止血工具。4.如果是伤者的四肢受伤流血，必须将流血的肢体抬高（c）。如果伤者有骨折迹象，在处理伤口时必须非常小心。5.如果通过直接按压伤口的方法止住了伤口流血，接着在伤口周围涂上有消毒、清洁作用的敷料剂。6.用棉垫或纱布覆盖伤口（d）。7.用绷带将伤口包扎好（e）。

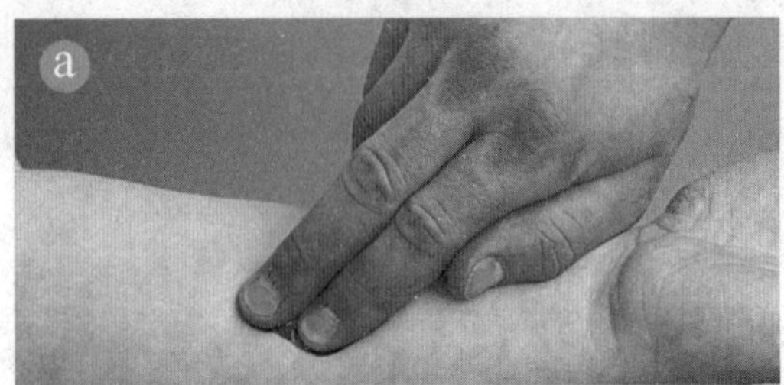

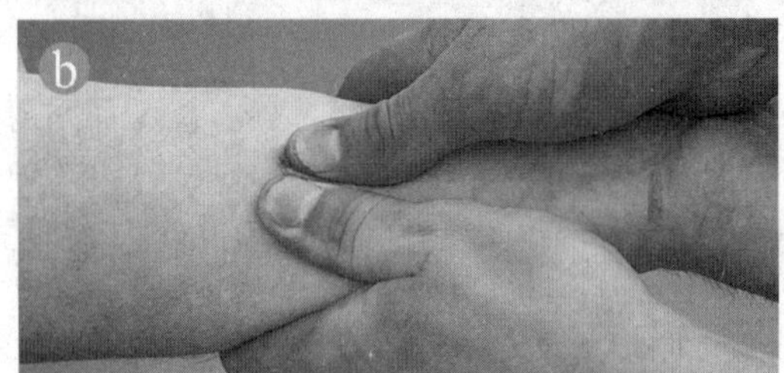

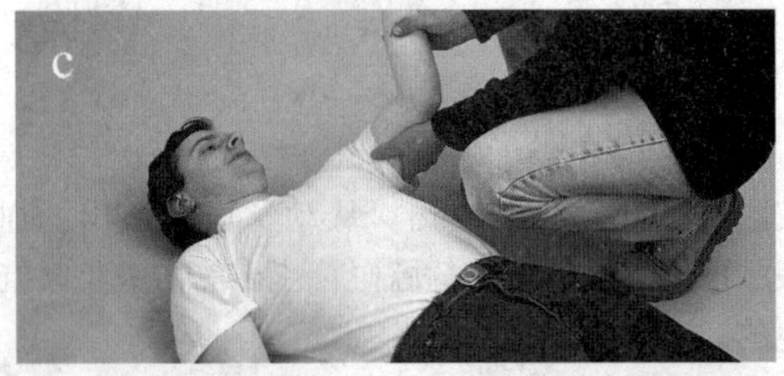

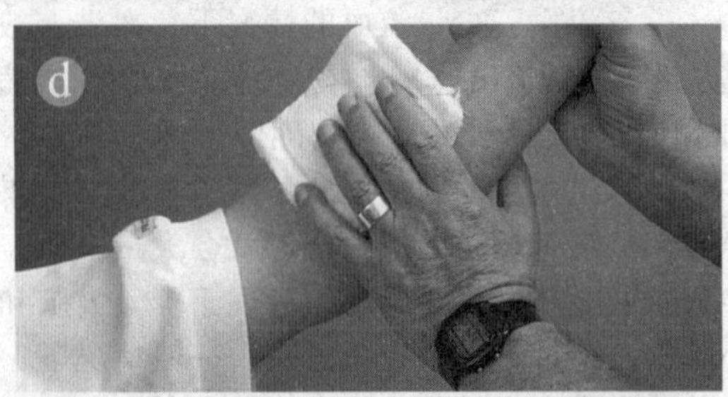

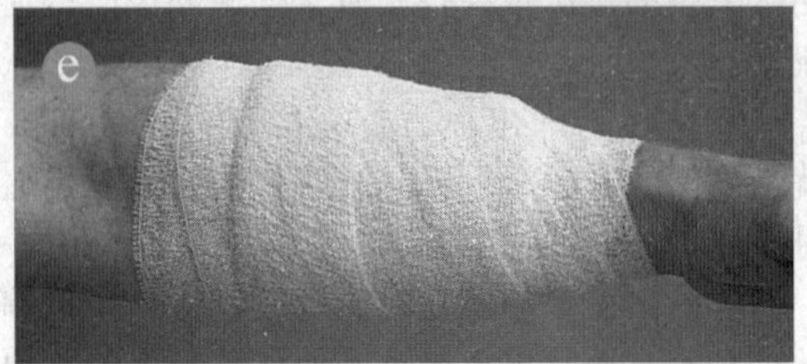

• 如果伤口仍透过纱布向外渗血，不要揭开纱布，否则会破坏刚刚形成的血凝块，导致更严重的出血。此时，应该拿一块更大的棉垫或纱布覆盖在原来的纱布上，再用绷带牢固包扎。

• 如果直接按压伤口并用纱布和绷带包扎后仍不能使伤口止血，甚至出血更严重的话，必须按压通向伤口的动脉。

清除伤口异物

必须仔细清洗伤口上的脏物和各种异物，如果伤口里有体积较大的异物，暂时不要动它。

不要试图从很深的伤口里取出异物，否则可能引起更严重的出血。

如何处理伤口

先给伤口止血，如果伤口流血并不严重，可以直接将裂开的伤口包扎起来。

体内出血

体内出血通常很难发现，所以发现伤者伤势很严重时必须对他做仔细检查，如在交通事故中受伤或大腿骨折时。

体内出血的症状

• 嘴巴、鼻子或耳朵等处出血。
• 伤者身体肿胀、肌肉紧张。
• 身体呈乌青色。
• 伤者显得情绪不安。
• 伤者出现休克症状。

体内出血急救措施

1.立刻打电话叫救护车，因为伤者急需送往医院。2.每5分钟检查一次伤者的脉搏跳动频率并做记录。3.如果伤者休克，立刻采取相应的急救措施。

包扎

包括三角巾包扎和毛巾包扎法。可以用来保护伤口，压迫止血，固定骨折，减少疼痛。

三角巾包扎法

伤口封闭要严密，以防止污染，包扎的松紧要适宜，固定要牢靠。具体操作可以用28个字表示：边要固定，角要拉紧，中心伸展，敷料贴紧，包扎贴实，要打方结，防止滑脱。

包扎部位　头部、面部、眼睛、肩部、胸部、腹部、臀部、膝（肘）关节、手部。

使用三角巾包扎要领

- 快——动作要快。
- 准——敷料盖准后不要移动。
- 轻——动作要轻，不要碰撞伤口。
- 牢——包扎要贴实牢靠。

毛巾包扎法

毛巾取材方便，包扎法实用简便。包扎时注意角要拉紧，包扎要贴实，结要打牢尽量避免滑脱。

头部帽式包扎

毛巾横放在头顶中间，上边与眉毛对齐，两角在枕后打结，下边两角在颌下打结。

面部包扎法

毛巾横盖面部，剪洞露出眼、鼻、口，毛巾四角交叉在耳旁打结。

单眼包扎法

用折叠成“枪”式的毛巾盖住伤眼，毛巾两角围额在脑后打结，用绳子系毛巾一角，经颌下与健侧面部毛巾打结。

单臀包扎法

将毛巾对折，盖住伤口，腰边两端在对侧髂部用系带固定，毛巾下端再用系带绕腿固定好。

双臀包扎法

将毛巾扎成鸡心式放在两侧臀部，系带围腰结，毛巾下端在两侧大腿根部用系带扎紧。

膝（肘）关节包扎法

将毛巾扎带形包住关节，两端系带在肘（膝）窝交叉，在外侧打结固定。

手臂部包扎法

将毛巾一角打结固定于中指，用另一角包住手掌，再围绕臂螺旋上升，最后用系带打结固定。

双眼包扎法

把毛巾折成鸡心角，用角的腰边围住伤者额部并盖住两眼，毛巾两角在枕后打结，余下两角在枕后下方固定。

下颌兜式包扎法

将毛巾折成四指宽，一端扎系带一条，用毛巾托住下颌向上提，系带与毛巾的另一端在头上颞部交叉并绕前在耳旁打结。

下颌兜式包扎法

单肩包扎法

将毛巾折成鸡心角放在肩上，在角的腰边穿系带在上臂固定，前后两角系带在对侧腋下打结。

双肩包扎法

毛巾横放背肩部，两角结带，将毛巾两下角从腋下拉至前面，最后把带子同角结牢。

单胸包扎法

把毛巾一角对准伤侧肩缝，上翻底边至胸部，毛巾两端在背后打结，并用一根绳子再固定毛巾一端。

双胸包扎法

将毛巾折成鸡心状盖住伤部，腰边穿带绕胸部在背后固定，把肩部毛巾两角用带系作V字形在背后固定。

腹部包扎法

在腰带一旁打结；毛巾穿带折长短，短端系带兜会阴；长端在外盖腹部，绕到髂旁结短端。

足部靴式包扎法

把毛巾放在地上，脚尖对准毛巾一角，将毛巾另一角围脚背后压于脚跟下，用另一端围脚部螺旋包扎，呈螺旋上绕，尽端最后用系带扎牢。

呼吸障碍

伤者发生轻微的呼吸困难，如轻微哮喘，不需要采取急救措施，但是在不知道病因的情况下，必须去医院就诊。如果伤者出现严重的呼吸困难，可能有一定的危险，所以急救人员必须立刻对伤者实施急救措施。呼吸道梗阻属于严重的紧急事故，出现这种事故时，只有在现场有经验丰富的急救人员并能够及时有效地采取急救措施的情况下才可能挽救伤者的生命。

窒息

窒息意味着血液缺氧，是由于空气无法自由进出肺部而造成的。喉咙被东西哽住、溺水、脖子被勒压、吸入煤气或没有氧气的烟雾、呼吸道被异物阻塞、喉咙水肿等也会导致窒息的出现。

如果窒息是由外部物体导致的，如塑料袋或者枕头，应该立即移开这些物体，再检查伤者的呼吸和脉搏。如果有必要的话，立即对伤者实施人工呼吸。

哽住

哽住通常是由于喉咙里或者主要呼吸通道里吸入异物导致的，如一块没嚼碎的食物或一块硬糖（a）。这种情况常常发生在人们一边吃东西一边笑或打喷嚏时。由于此类原因导致的呼吸道梗阻，不能对伤者实施人工呼吸，否则会让情况变得更糟。当务之急是清除喉咙或呼吸道里的异物，清理完毕后，如有必要可以再对伤者实施人工呼吸。

被哽住时的症状

• 用手掐住自己的喉咙，几乎所有伤者都有此动作（b）。

• 脸上露出痛苦和恐慌的表情。

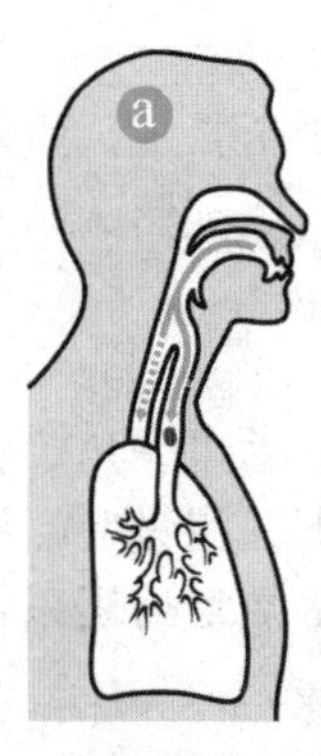

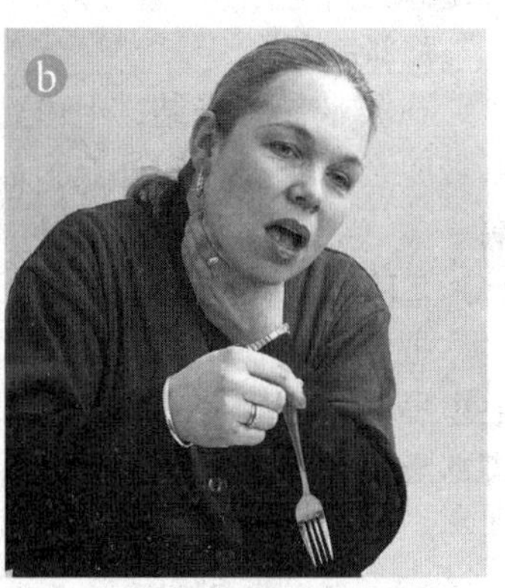

• 刚开始时，伤者会发出急促的呼吸声，接着呼吸声逐渐变得微弱，最后完全消失。

• 脸色发青或时而呈灰白色。

• 大约1分钟后，伤者可能会失去意识。

咯出异物

针对神志清醒的成年人或儿童：1.如果伤者是成年人，可以直接询问他们是否被异物哽住了。2.如果伤者仍能吸入少量空气，让他先慢慢地呼吸然后再猛咳出异物。切记不要猛烈呼吸否则会使事态更加严重。

• 如果以上措施无效，再尝试以下方法。

• 如果该方法无效，可以采用腹部推压的方法。

让伤者弯下腰，用手猛拍他的背

此时不要因为担心会伤害到伤者而行动迟疑，性命攸关的时刻要当机立断。

针对神志清醒的成年人：1.让伤者弯下腰，使伤者头部垂到肺部以下位置。2.用手掌根部猛拍伤者肩胛骨之间的部位。

针对神志清醒的儿童：让伤者面朝下趴在你的双膝上，用手掌根部猛拍伤者肩胛骨之间的部位。如果有必要的话，可以将这些动作重复4次左右。

针对昏迷的成年人和儿童：1.翻转伤者使他面朝你侧躺着。2.使他的头向后仰。3.用手掌根部对准他肩胛骨之间的部位猛拍4次。

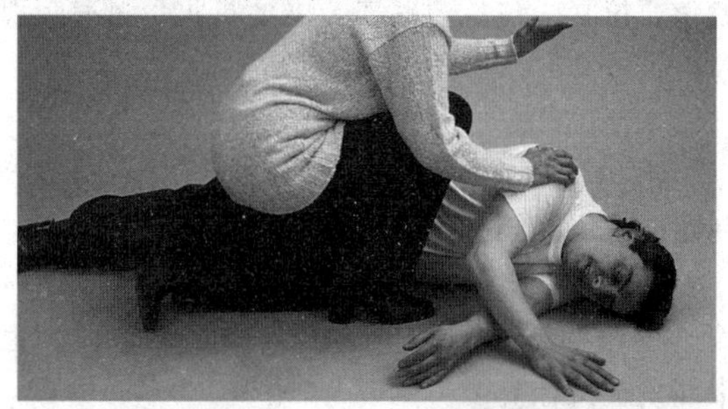

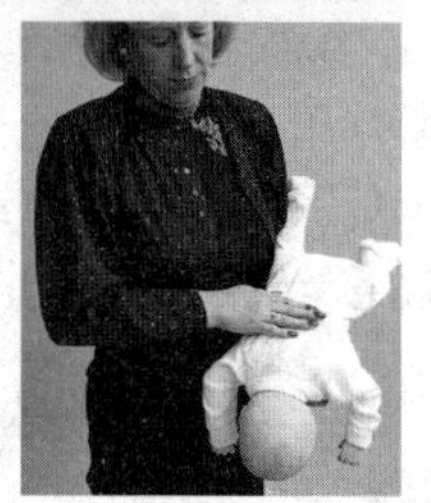

针对昏迷的婴幼儿：1.使婴儿面朝下，用前臂托住婴儿的整个身体。2.同时用手掌托住婴儿的头和胸。3.用另外一只手的手掌根部轻拍婴儿肩胛骨之间的部位。

腹部推压

腹部推压法适用于所有被哽住的伤者，不论伤者是否昏迷。腹部推压可以使伤者肺部的压力突然增加，利用增加的压力把阻塞物顶出来，这与利用香槟酒瓶里的压力顶出瓶口软木塞是一样的原理。

只有在使用前面的方法无法奏效的情况下才可以采用这个方法，因为如果这种方法使用不当可能会导致内伤。当然也不必因噎废食，因为如果伤者的呼吸道完全阻塞的话，不及时清除呼吸道里的异物，伤者会很快窒息死亡。

对昏迷中的宝宝实施了腹部推压后，再将手指弯曲成钩状，清理伤者的口腔，彻底清除伤者呼吸道内的异物。

• 如果伤者神志开始慢慢恢复，但呼吸仍不顺畅，为避免出现呼吸道肿胀等症状，必须立刻叫救护车将伤者送往医院。

实施腹部推压

针对神志清醒的成年人：1.急救人员站在伤者身后，用一只手臂绕过伤者的身体，拳头攥紧，放在伤者腹部中间即肚脐与肋骨最底边之间的位置（a）。2.大拇指向内。3.用另外一只手抓住自己的拳头（b），同时用力将伤者的身体向后拉（c）。4.突然用紧握的拳头用力向伤者腹部内和腹部上方挤压，注意用力得当。在对腹部上方施加压力的同时，向上推动伤者的膈肌——胸腔里一块可伸缩的肌肉。5.如果有必要的话，重复以上动作4次。

针对神志清醒的儿童：1.让孩子背对着站在你双膝之间。2.用一只拳头对准孩子腹部适当位置（肚脐与肋骨最底边之间）用力挤压，同时另外一只手放在其背部相对应的位置，两只手同时向孩子施加相对的推力。

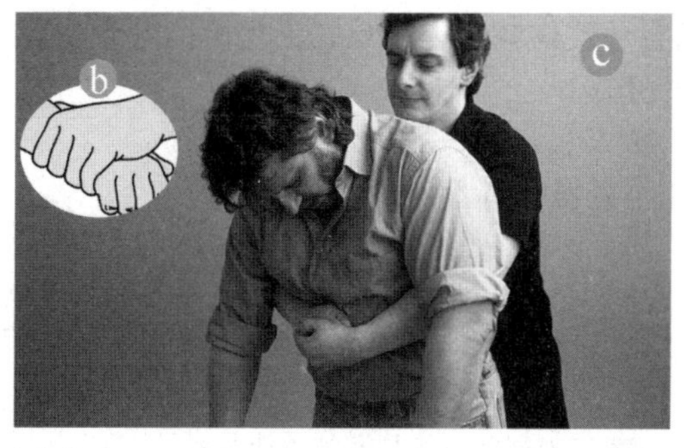

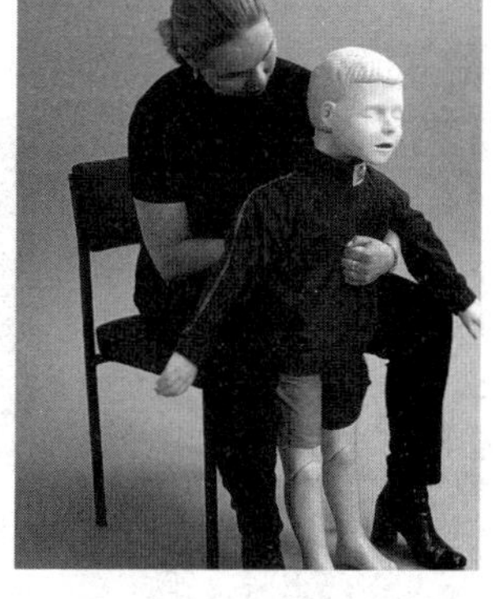

针对昏迷的成年人：1.让伤者平躺在地板上，下巴向上仰，头部向后倾。2.急救人员跪在伤者身边，或者最好跨坐在伤者大腿根部，面向伤者头部。3.将一只手的手掌根部放在伤者的腹部中间即肚脐与肋骨最底边之间的部位，另外一只手压在这只手上。用力向伤者腹部内和腹部上方按压。4.重复以上动作4次。

针对昏迷的儿童：可采用针对昏迷的成年人的急救措施，唯一的区别是针对儿童时，急救人员在实施步骤3时只需用一只手。

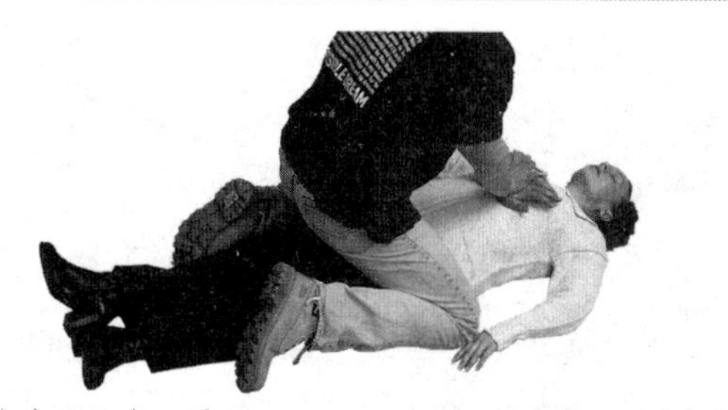

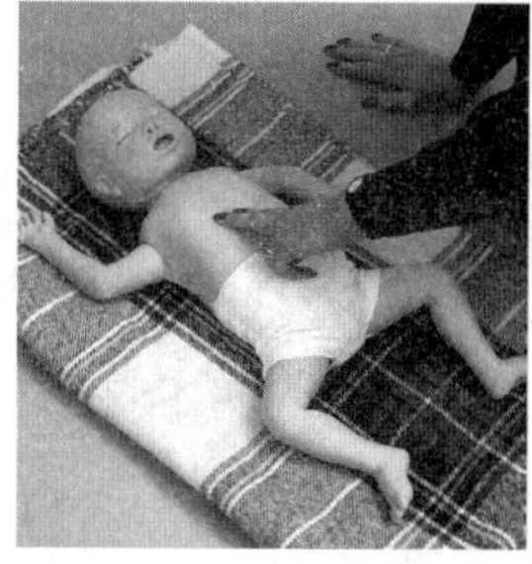

针对婴幼儿：不论受伤的宝宝是否清醒，都让他平躺下来，然后用两个手指推压其腹部恰当的位置（肚脐与肋骨最底边之间）。

溺水

急救人员如果发现伤者已经溺水很长时间，不要轻易认为伤者已经溺死。人即使在冷水里淹没半小时后仍然能够完全恢复清醒状态。因为身体被水冷却后新陈代谢的过程变得缓慢，所以大脑运动减慢，可以承受的缺氧时间比平时更

抢救溺水者

1.使溺水者的头露出水面，并实施人工呼吸（a）。2.尽快将溺水者拉上岸。3.检查溺水者的呼吸。4.检查溺水者的脉搏5.如果仍需要做人工呼吸，必须先将溺水者的头转向一侧（b），清除溺水者口腔里的所有异物。这时溺水者口腔内的积水会向外流出。6.如果溺水者还有微弱的呼吸，使其处于最利于恢复呼吸的状态（c）。7.如果溺水者有呼吸，但身体冰冷，立即采取措施为其取暖。8.尽快送溺水者去医院。

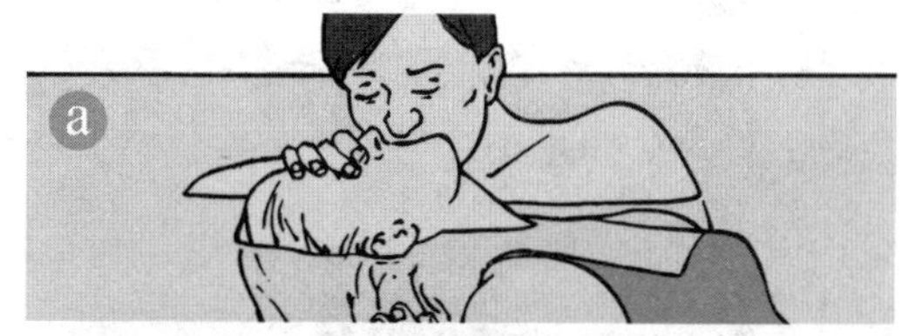

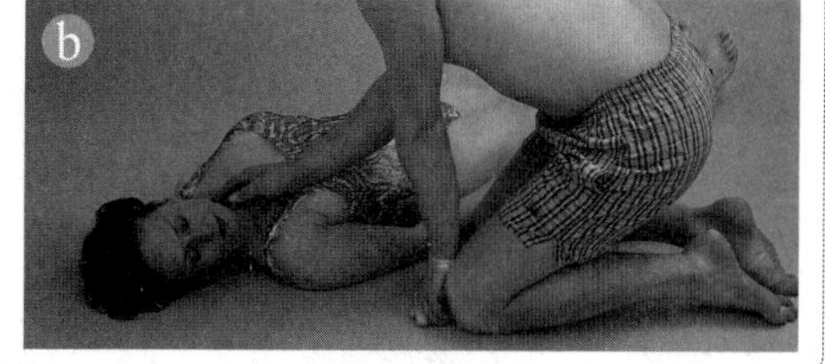

在抢救溺水者时，急救人员必须考虑周到，不要因为一时疏忽而给伤者带来任何危险。

吸入大量烟雾或煤气

一氧化碳中毒

一氧化碳是一种无色无味的有毒气体。汽车尾气中含有大量一氧化碳，以煤为燃料的炉子等也会产生这种气体。一氧化碳与血液中的血红蛋白结合会形成一种稳定的化合物——碳氧血红蛋白，这种化合物会减弱人体内的血红细胞传输氧气的能力。

如果一个成年人体内一半数量的血红蛋白都转变成了碳氧血红蛋白，那么他就会死亡。

将伤者带到室外后应采取的急救措施

1.检查伤者的呼吸（a）。2.检查伤者的脉搏。3.需要的话，立刻对伤者实施人工呼吸。4.使伤者处于最有利于恢复呼吸的状态（b）。5.尽快送伤者去医院。

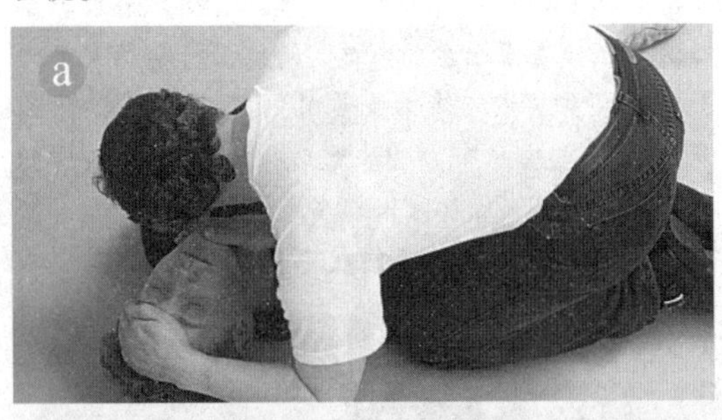

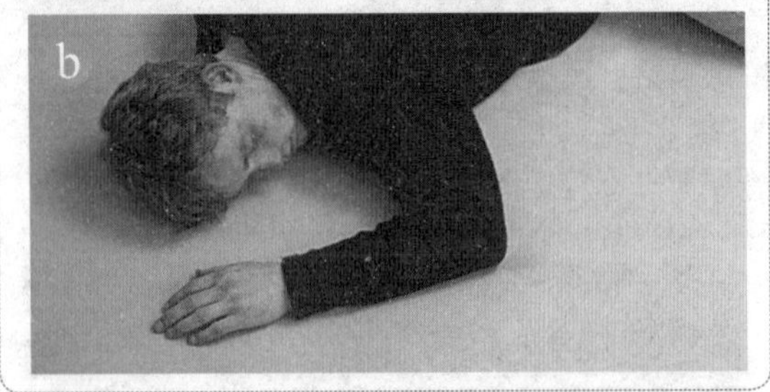

吸入烟雾

着火产生的烟雾会消耗火灾现场的氧气，导致人窒息。如果吸入烟雾，烟雾会严重干扰呼吸道，甚至迫使声带关闭，切断呼吸通道。另外，有些烟雾还含有有毒物质。

必须采取措施立即将伤者转移出火灾现场或呼叫消防人员和救护车。

一旦使伤者脱离烟雾区，并处理了他着火的衣物后，马上实施以下步骤。

对吸入烟雾的伤者实施急救措施

1.检查伤者的呼吸道、呼吸状况（a）及脉搏（b）。2.如果有必要的话对伤者进行人工呼吸。3.检查并处理烧伤部位。4.送伤者去医院。

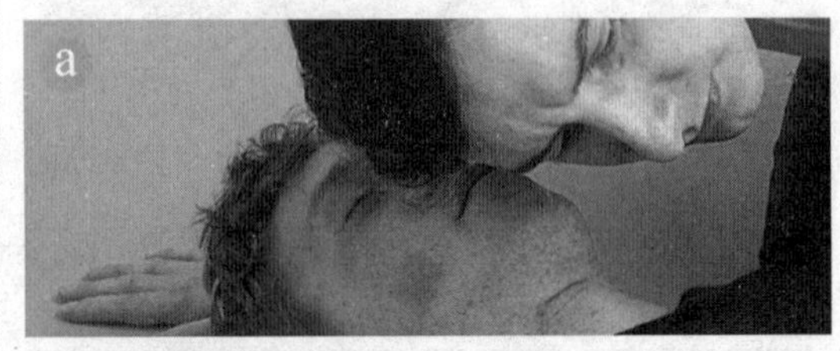

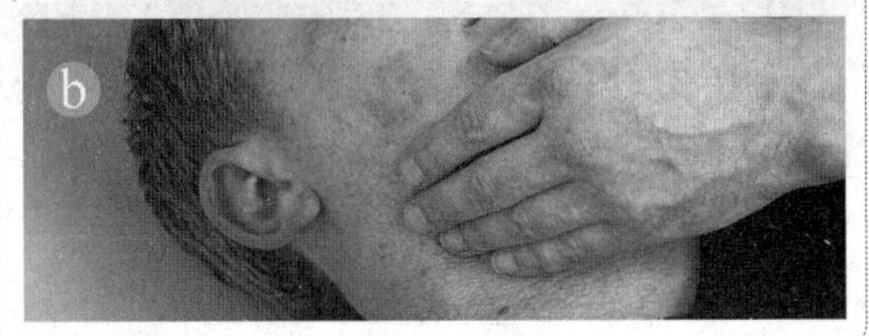

因被勒压导致呼吸困难

压迫伤者颈部的动脉或阻断伤者的呼吸道都会导致伤者昏迷或死亡，也可能导致伤者脊柱受伤。

对被勒伤的伤者实施急救措施

1.托住伤者身体将其向上举起，放松勒在脖子上的绳套（a），这样一来伤者整个身体的重量就不会完全靠脖子来承担了。2.剪掉绳结下的绳圈（b）。3.检查伤者的呼吸。4.检查伤者的脉搏。5.如果需要的话，立刻对伤者实施人工呼吸。6.如果有必要的话，使伤者处于最有利于恢复呼吸的状态。7.立刻送伤者去医院。

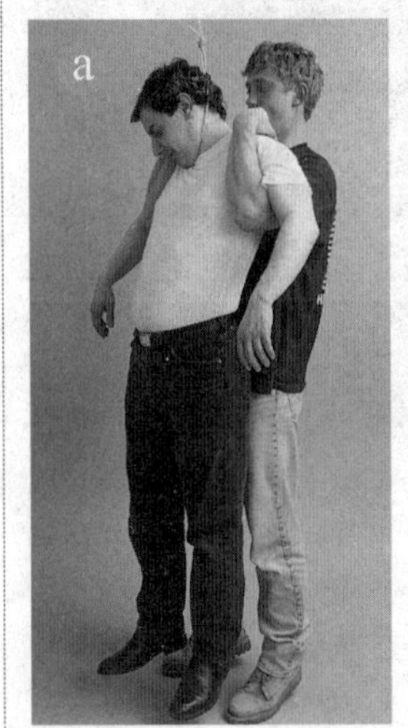

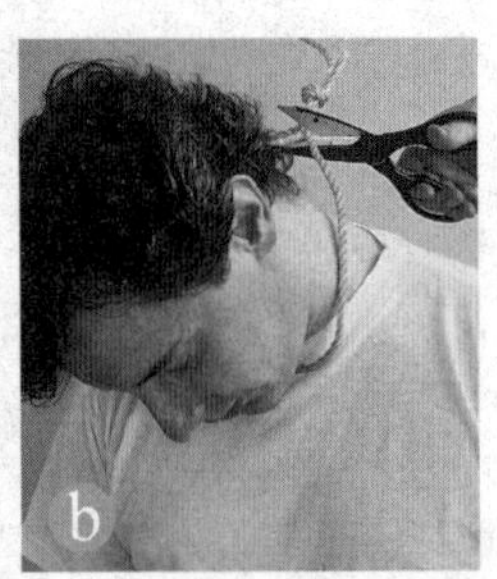

不论何时何地发现被勒伤的伤者都要立刻报警。尽量保留现场作为证据，并记录你观察到的与伤者有关的所有情况。

循环系统障碍急救

循环系统及其作用

大脑是人体中最重要的器官，人体的其他器官都是用来支持和维护它的。比如心脏，它能保持肺部血液循环，为全身其他器官输送血液。血液里含有大量氧气和葡萄糖，源源不断地输送给大脑。如果这一活动停止，人会很快死亡。大脑获得心脏输送来的含有营养物质的血液是通过4条经过颈部向上流动的大动脉来实现的。这些动脉的细小分支，也源源不断地向大脑皮质输送血液。如果其中一条动脉被阻塞或出血，就会出现严重后果。

肌肉也需要氧气作为动力，以便在大脑的控制下产生收缩使全身运动起来。心脏本身就是一块不断收缩的肌肉，也是人体内比较重要的一块肌肉，所以它尤其需要充足的氧气作为动力。心脏有两条冠状动脉为其输送血液，这两条动脉是心脏上方的身体主动脉（B）的分支，布满了整个不停跳动的心脏。冠状动脉（A）一旦变得狭窄便会导致心绞痛，若发生阻塞则会导致心脏病。

心脏通过高压向动脉输出血液，再以低压形式通过静脉收回血液。心脏内有两个心房，即左心房和右心房。右心房（从人本身的角度看）是从头部和身体收回血液（而不是从肺部收回血液），然后再输送到肺部。血液从肺部再回到左心房，然后通过左心室输送到身体其他部位。人体的这一血液循环路线像一个8字形。动脉里的血液（有氧血）是鲜红色的，静脉里的血液（无氧血）是暗红色的。

a.头部和身体的血液回流至右心房
b.输送到肺部
c.输送到头部和身体
d.肺部血液流至左心室

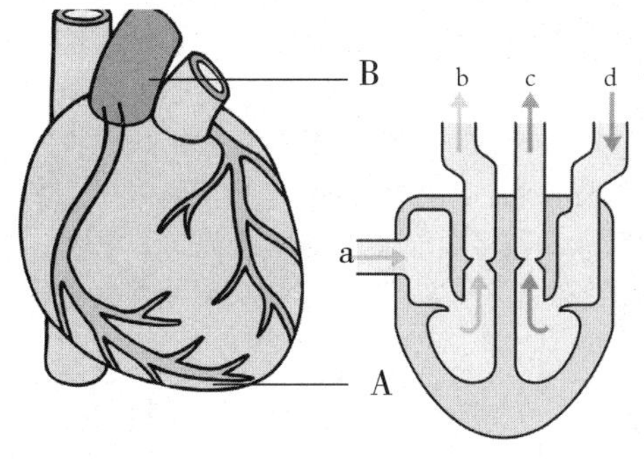

心脏外观图　　心脏内血液循环示意图

心绞痛

心绞痛是一种心脏疾病引起的症状。它是由于心肌没有获得足够的血液来维持正常工作引起的。血液通过冠状动脉输送到心肌。如果这些动脉的某一个分支因为动脉硬化症导致血管窄小，那么就无法为心肌输送足够的血液，心肌也就无法获取其所需的氧气和葡萄糖。心绞痛通常发生在人体力透支或是情绪异常的情况下。

心绞痛的急救措施

1.让患者以最舒适的姿势坐下来，可以将一些衣物叠好当坐垫（a）。2.询问患者是否随身携带了治疗心绞痛的药。如果有且是药丸的话，让他放在舌头下面（只针对神志清醒的患者）。如果是喷雾药剂，就喷在舌头下面。3.解开患者紧身的衣物，便于患者呼吸（b）。4.安抚患者。5.休息一两分钟后，询问患者的疼痛是否减轻。

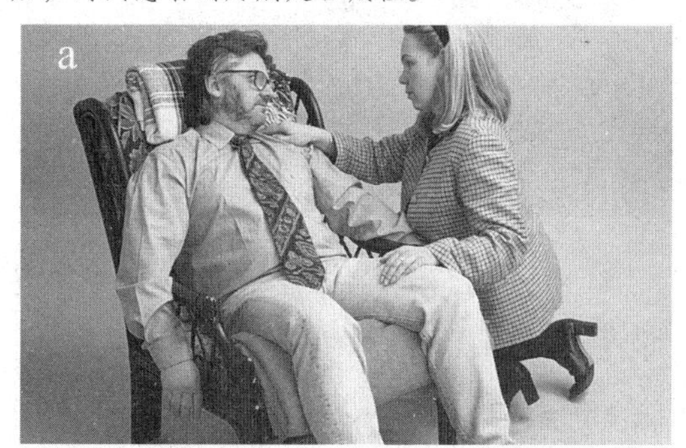

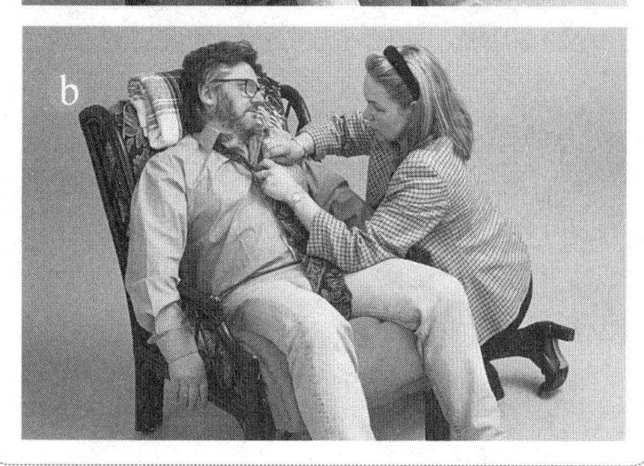

心绞痛的症状

- 胸部中间有揪紧般的疼痛。
- 疼痛扩散到左臂或双臂，穿过背部，上蹿到下颌。
- 开始感觉筋疲力尽。
- 呼吸困难。

• 脸色发白，嘴唇发紫。

急救目标

急救人员所要做的就是尽量减少患者的心脏负荷。

不要让患者走动。

• 如果疼痛仍未减缓，就不是心绞痛而是心脏病。应该立即将患者送往医院，才能挽救其生命。

心搏停止

心搏停止是指心脏停止跳动。这当然是非常危险的，除非心脏能马上重新开始跳动，否则将很快导致死亡。

心搏停止的急救措施

1.寻求支援。2.让现场其他人呼叫救护车。呼叫者必须说清楚患者心搏停止了。3.对患者实施2次嘴对嘴的人工呼吸（a）。4.实施胸部按压（b）。5.胸部按压15次后为患者吹入氧气2次，然后按照这样的频率重复进行。继续做抢救工作，直到医务人员到达。

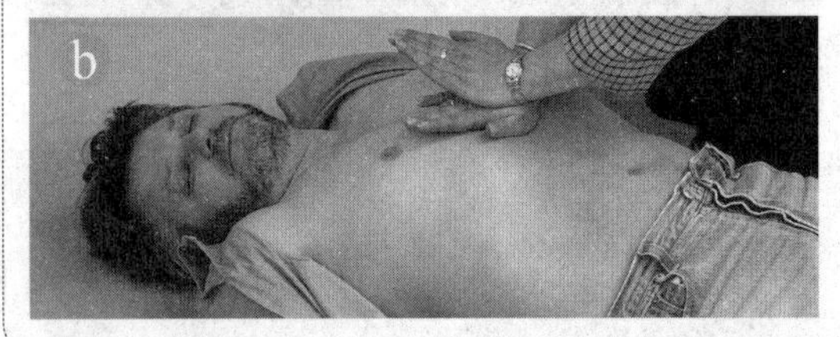

心搏停止的症状

• 心搏突然停止的患者会立刻摔倒在地，同时失去意识，一动不动。

• 患者没有呼吸。

• 患者没有脉搏。

• 患者皮肤呈灰白色。

心脏病

一旦冠状动脉的一个分支被阻塞，由被阻塞的分支提供血液的心肌便会坏死，这种情况下会引发心脏病。如果坏死面积很大的话，可能会导致患者死亡；如果坏死面积很小，患者就有可能恢复健康。在后一种情况下，坏死的肌肉将被瘢痕组织取代，心脏的功能也因此相应地减弱。虽然有些人经过几次心脏病发作最后都幸存下来，但是他们的心脏已经严重衰竭了。

心脏病的症状

• 胸部中间突然出现急速的疼痛感。

• 疼痛蔓延到手臂、背部和喉咙（a）。

• 患者濒临死亡。

• 眩晕或昏倒。

• 身体往外冒汗。

• 肤色苍白。

• 身体虚弱，脉搏跳动快速且无规律（正常的脉搏是每分钟60～80次）。

• 没有呼吸。

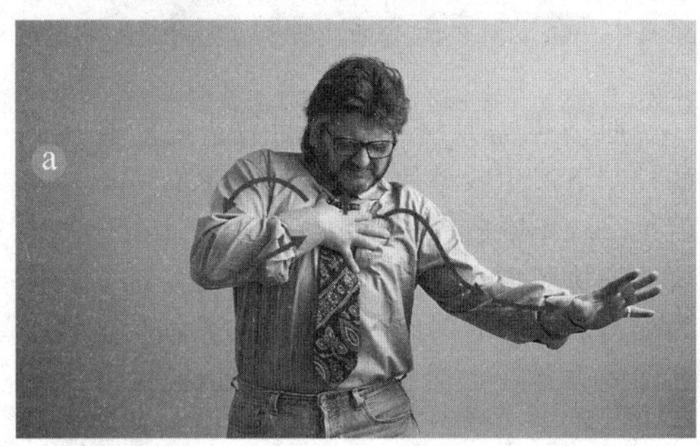

心脏病发作

• 失去意识。

• 心搏可能停止跳动。

除非情况紧急，否则不要让患者移动，这会给心脏带来不必要的劳累。不要让患者吃任何食物。

心脏病发作时的急救措施

1.让神志清醒的患者半躺在椅子上，头、肩膀和膝盖靠在椅子的扶手上（a）。2.安抚患者，使患者身体放松。3.寻求帮助，让现场其他人打电话叫救护车。呼叫者必须说清楚患者心脏病发作时的症状。4.解开患者脖子、胸部和腰上紧束的衣物（b）。5.检查患者的脉搏和呼吸。6.如果患者昏迷了，使其处于最有利于恢复呼吸的状态，并坚持不断地检查他的脉搏和呼吸。7.如果患者呼吸停止，急救人员必须对他实施嘴对嘴的人工呼吸。8.如果患者心跳停止，急救人员必须对他实施胸部按压。

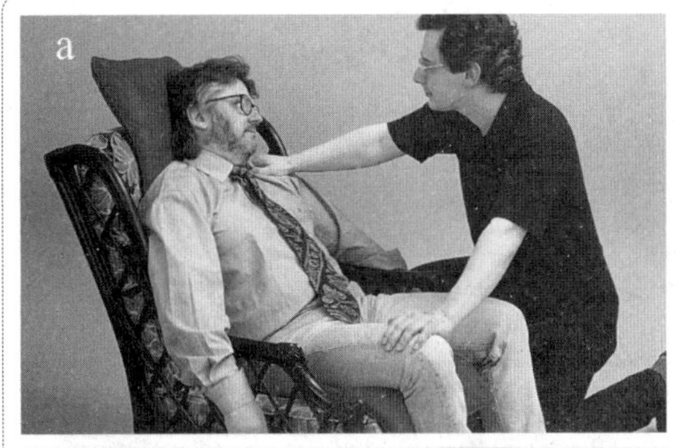

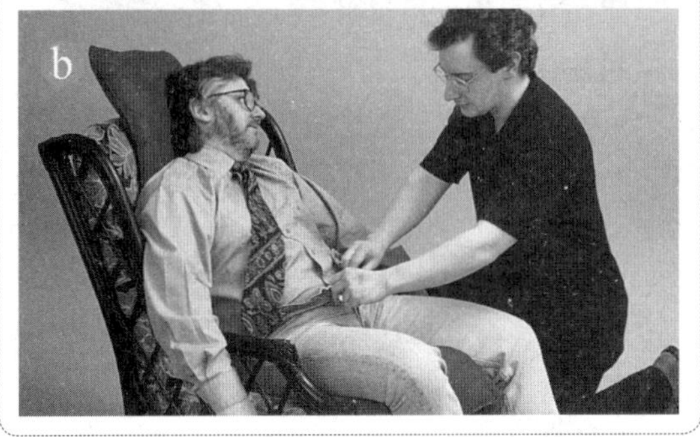

休克

休克是指人体血管里没有足够的血液或者是心脏输出血液量不够多，以至于无法支持正常血液循环。以上两种情况均会导致人体内血压下降，无法为身体的一些重要器官，尤其是大脑、心脏和肾脏等提供足够的氧气作为动力，使它们无法正常工作甚至彻底停止工作。此时，身体为了这些重要器官，可能会关闭通往其他一些不是很重要的身体部位（如皮肤和肠道）的动脉通道，但这也是有一定极限的，治标不治本。休克是非常危险的症状，如果不及时抢救，伤者会在短时间内有生命危险。

休克的原因

• 失血过多。不论是体外失血还是体内失血，如脊柱受伤或体内组织受伤导致的失血，都会导致休克。如果失血过多，会减少向身体某一部位输送的血液量，导致该部位的血管内血液量不足。一般都是动脉出血会引发这样的结果。

• 长时间呕吐或腹泻造成的体液流失。这种体液可能来自于体内血液，从而减少了体内血液总量。

• 烧伤。大量的体液从体表流失或形成了水疱。

• 感染。严重的血液感染会导致血管扩张，使血液里的液体流失到身体组织里。

• 心脏衰竭。如果心脏衰竭就无法继续保持人体正常的血液循环了。

休克的症状

• 由于皮肤中的血管被“关闭”了，所以伤者皮肤呈白色且冰冷。

• 由于心脏试图保持体内循环系统的运作，所以伤者脉搏跳动迅速。

• 由于心脏跳动无力，所以脉搏微弱。

• 由于对大脑和肌肉的血液供应减少，所以伤者有眩晕和虚弱的感觉。

• 由于血液里没有足够的氧气，所以伤者呼吸非常困难。

• 由于血液里的液体流失，所以伤者感觉非常口渴。

• 由于向大脑提供的血液量减少，伤者可能会出现昏迷现象。

急救目标

急救人员要做的工作就是采取措施防止伤者出现更严重的休克现象，使伤者能够有效利用可获得的有限血液进行血液循环。

如何防止伤者出现更严重的休克现象

1.急救人员亲自或让现场的其他人打电话叫救护车。2.让伤者平躺在地板上，使头部一端处于较低的位置，利用地心引力帮助血液流向大脑，尽量不要让伤者移动，降低心跳频率（a）。3.为伤口止血。4.安抚伤者。5.解开紧绑在伤者身上的衣物。6.将外套或毛毯折叠后放在伤者腿下，抬高腿部位置（b）。让血液流向心脏。7.用一件外套或一条毛毯盖在伤者身上（c）。8.大约每2分钟检查一次伤者的脉搏和呼吸。

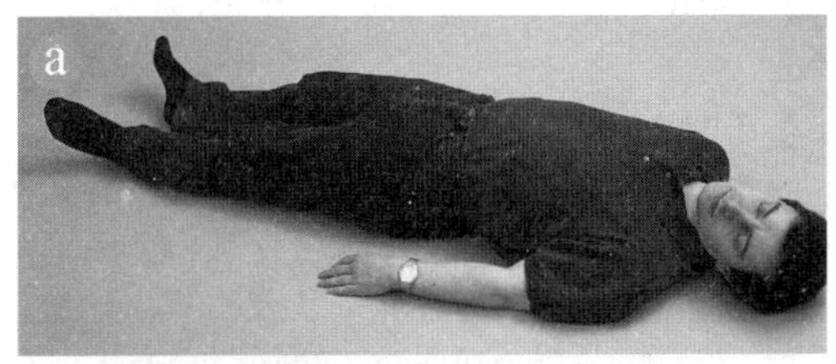

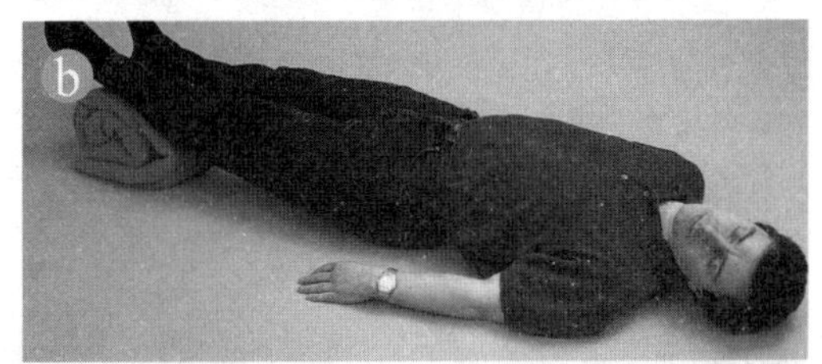

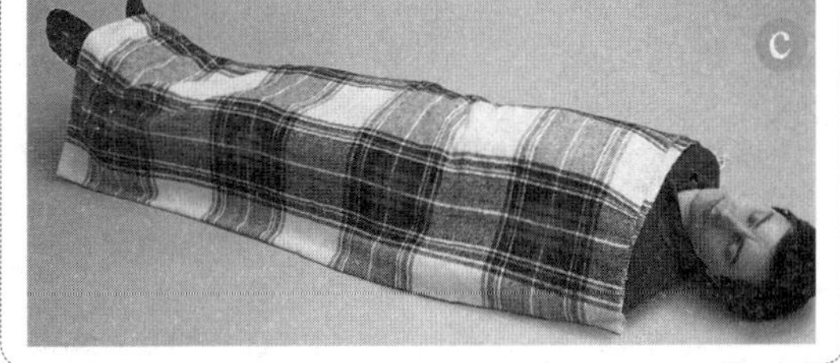

除非遇到特殊情况，否则不要移动伤者，以免加重伤者休克程度。

不要让伤者进食。

不要让伤者吸入烟雾。

不要用热水袋等给伤者取暖。这样做会使血液从身体的主要器官流向皮肤。

• 如果伤者想要呕吐，或者出现呼吸困难、昏迷等现象，应使伤者处于最有利于恢复呼吸的状态（d）。

• 如果伤者停止了呼吸，急救人员应立刻对他实施人工呼吸，有必要的话可以同时对伤者实施胸部按压。

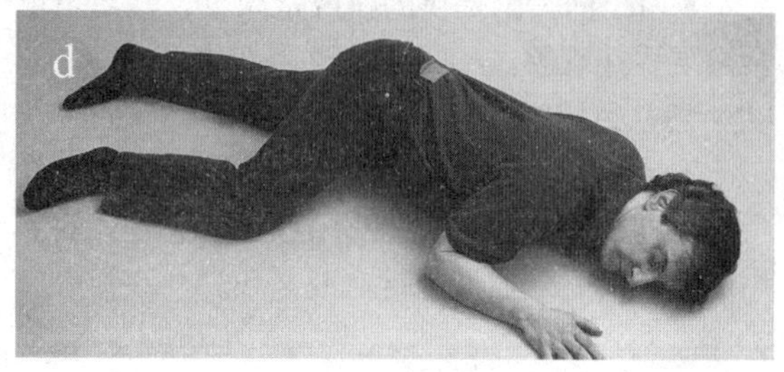

挤压伤

有许多伤害是由于被重物砸到而造成的。这些伤害主要发生于严重的工伤事故和地震导致的房屋、矿井倒塌事故中。挤压伤除了具有骨折和刀伤等常见伤的共同特点外，还具有一些其他特征，这些特征将会影响急救措施的实施。被挤压的肌肉会将大量的毒素释放进血液里，这将会使肾脏发生阻塞，影响正常工作。同时大量的血液也会流入被压伤的肌肉里。

1个小时之内的急救措施

1.尽快移开压在伤者身上的重物（a）。2.如果当时只有你一个人在场，立刻请求支援。3.叫一辆救护车。4.检查伤者。5.检查是否有呼吸和脉搏（b）。6.处理表层流血伤口。7.治疗休克。8.如果伤者已经昏迷，让他处于有利于恢复的状态。9.记录重物压在伤者身上和脱离伤者身上的时间，以便向医务人员传达。

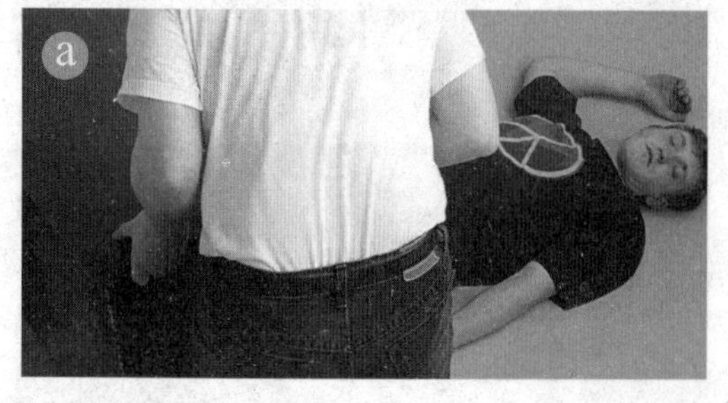

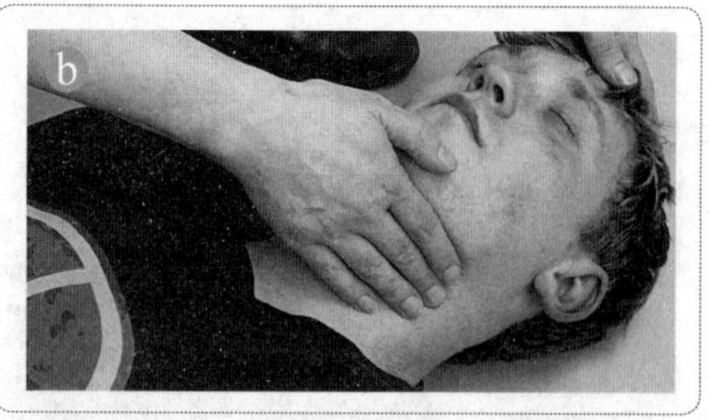

不要让伤者移动。

挤压伤的症状

• 在肌肉部位有重物挤压的感觉。

• 被压的肌肉周围有较明显的肿胀、淤伤和水疱出现。

• 被压部位没有脉搏。

• 四肢冰冷，被压处颜色苍白。

• 伤者可能出现休克现象。

• 有骨折迹象。

时间的重要性

急救措施取决于压力存在的时间。

超过1个小时后，再移动重物会对伤者造成更大的伤害。

伤者受伤超过1个小时的急救措施

1.使重物保持在原处不动并向伤者解释这样做的原因。2.呼叫急救中心并告知伤者的伤势。3.安抚伤者。

脱臼

脱臼通常发生在身体关节部位，当关节的骨头被扭曲错位时就会发生脱臼现象，甚至还可能导致骨折。脱臼既可能是由韧带或关节囊等软组织拉伤引起的，也可能是由于这些组织的非正常松弛而导致的。人体所有的关节都可能发生脱臼，但是有一些关节对软组织的依赖比较大，所以相应地就更容易发生脱臼。最容易脱臼的关节是肩关节，下颌和大拇指指关节脱臼也比较常见。脱臼的症状

• 关节外部变形。

• 关节无法起作用。

• 关节周围肿胀并有淤伤。

• 除非关节经常脱臼，否则会疼痛难忍。

肩关节脱臼

肱骨上端位于肩胛里较深的位置（a），很

容易向下或向内发生错位（b）。肩关节脱臼通常是摔倒时摔伤手臂造成的。这时，关节囊会被拉伤，骨头会从关节处滑动脱位。

肩关节脱臼的症状

- 手臂看起来比平时长，肩膀上突。
- 伤者不自觉地会用另一只手托着脱臼的手臂。

脱臼的急救措施

1.使伤者脱臼的手臂处于最舒适的位置。2.用一个枕头或坐垫托起胳膊，或用悬带或绷带吊起手臂，将受伤的手臂固定起来（c）。3.将伤者送往医院。

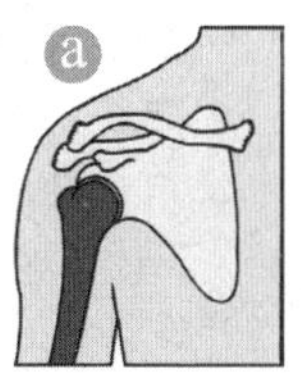

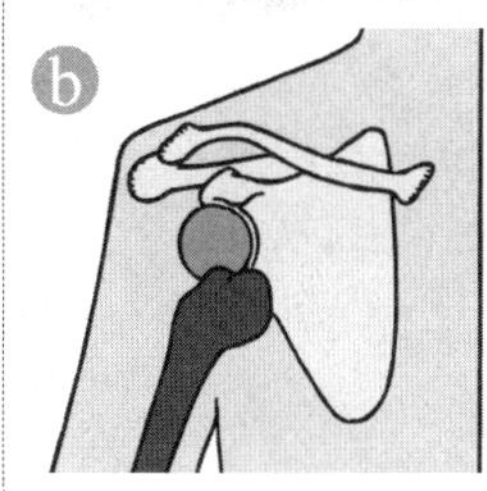

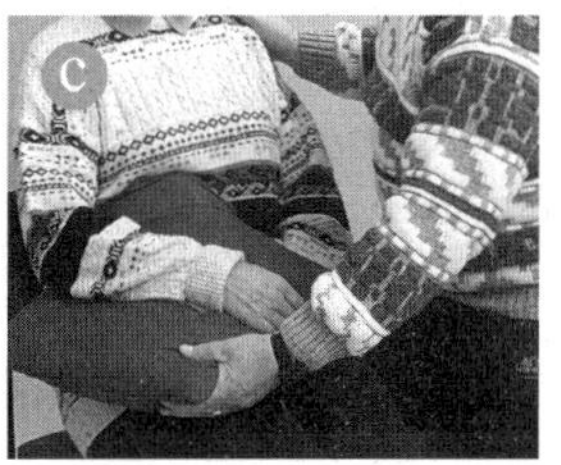

不要试图将伤者的骨头移回原位。这样做可能会伤害到骨头周围的神经和组织，同时使骨折更加严重。

由于伤者到达医院后需要打麻醉药物，所以在此之前不要给他吃任何食物或喝水。

体温异常

人体本身有很好的调节体温的机制，正常情况下都能将人体内部的温度控制在一定范围内。但是如果人体长时间处于很高或很低的温度下，体内的温度调节机制可能无法继续将人体的温度控制在正常范围内。这便会使人体体温出现过高或过低的异常现象，如出现中暑或体温过低现象。

中暑

中暑是由于患者长时间暴露在高温下导致人体内的温度调节机制失灵造成的。人体体温从正常的37℃上升到41℃或者更高。此时，要想挽救患者的生命就必须尽快采取措施降低患者的体温。

中暑的症状

- 患者感觉无力、眩晕。
- 患者抱怨太热并感觉头痛。
- 患者皮肤干燥、发热。
- 患者脉搏跳动迅速而有力。
- 患者神志不清。
- 患者出现昏迷症状。

中暑的急救措施

1.寻求医疗救助并向对方说明事故详情。2.使患者处于半躺半坐姿势。3.脱去患者的所有衣物。4.用冰凉的湿布包裹患者。5.不断用凉水泼洒包裹在患者身上的布，使布保持潮湿。6.对着布扇风，使水气蒸发，加速降低患者的体温。7.当患者的皮肤变凉或者温度下降到38℃时停止以上急救措施。8.小心患者体温可能会回升，有必要时重复步骤4~6。

- 如果患者昏迷，使其处于利于恢复呼吸的状态后再为其降温。然后检查患者的呼吸和脉搏。

中暑衰竭

中暑衰竭是由于人体内的水分或盐过分流失导致的。中暑衰竭有以下症状：

- 皮肤苍白、湿冷。
- 身体虚弱。
- 眩晕。
- 头痛。
- 恶心。
- 肌肉痉挛。
- 脉搏跳动迅速。
- 呼吸微弱而急促。

针对昏迷的患者

如果患者昏迷，使其处于最利于恢复呼吸的状态，然后打电话叫救护车。

中暑衰竭的急救措施

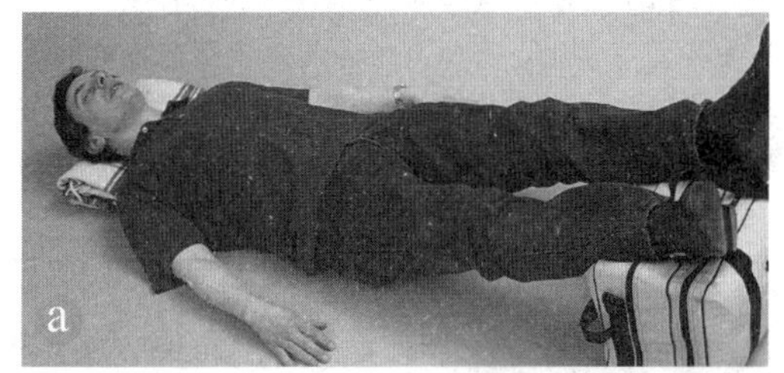

1.让患者平躺在阴凉的地方。2.抬高患者的双腿（a）。3.让患者不断喝淡盐水（按1升水放半汤匙盐的比例）（b），直到患者的情况有所好转。4.打电话寻求医疗救助。

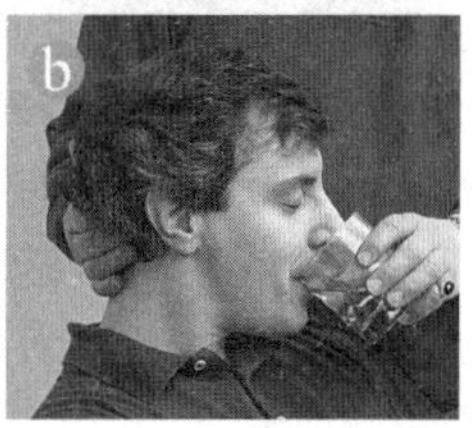

体温过低

体温过低是指人体体温下降到正常体温

37℃以下。如果因吹冷风等原因使温度不停地下降，那么人体就无法自行产生热量（如身体颤抖保持体温）。老年人或比较虚弱的人，尤其是瘦弱、劳累和饥饿的人待在温度很低或没有保暖设备的屋子里就容易发生体温过低现象。

体温过低的症状

• 患者身体一开始会颤抖，然后就不再颤抖。

• 患者皮肤冰冷、干燥。

• 患者脉搏跳动缓慢。

• 患者呼吸频率很低。

• 患者体温下降到35℃以下。

• 一开始患者会昏昏欲睡，然后出现昏迷现象。

• 患者可能出现心跳停止现象。

急救目标

急救人员的主要目标就是尽快让患者的身体暖和起来。即使患者看起来已经没救了，也不要放弃采取急救措施。人体体温过低不会导致大脑在短时间内缺氧，所以此时患者存活的概率比一般情况下心搏停止的存活概率大。

在野外如何对体温过低的患者实施急救

1.寻找医疗救助。2.尽快将患者带到室内或能避风的地方。3.用睡袋或其他隔热物盖住患者。4.和患者躺在一起，用自己的体温温暖患者。5.检查患者的体温。6.检查患者的脉搏。7.在条件允许的情况下，为患者提供一些热的食物和饮料。

在室内如何对体温过低的患者实施急救

1.寻找医疗救助。2.如果患者神志清醒且没有受到其他伤害，就直接将他放到温暖的床上，用被子将患者头部（非面部）也盖住。3.为患者提供一些热的食物及饮料。

• 如果患者已经昏迷，急救人员应该对他实施嘴对嘴的人工呼吸和胸部按压。

不要擦拭患者的四肢或让患者做大量运动。

不要让患者喝酒，因为酒精有散热作用。

不要让患者泡进热水里或用热水袋取暖。这样做会让血液从人体的主要器官转移到皮肤表层的血管里。

冻伤

冻伤非常危险，因为它会冻结人体内的血管，阻断被冻部位的血液流通，最后导致被冻部位发生坏疽。

身体凸出的部位，如鼻尖、手指头和脚指头等最容易发生冻伤。被冻伤的身体部位一开始会变冷、变硬、发白，然后就会发红、肿胀。

冻伤的急救措施

1.将伤者转移到能避风的地方。2.用40℃的温水浸泡伤者被冻伤的部位。3.送伤者去医院接受医疗诊断。

应该避免把冻伤的部位一直浸泡在水里，也不要去搓揉。

骨折

骨折的原因、部位与症状

人体任何部位的骨头都可能因为各种原因导致骨折，如直接的暴力行为、弯曲或扭曲、过分用力、用力按压骨骼外的肌肉或一些会对骨骼造成伤害的疾病等。相对于年轻人的骨骼来说，老化的骨骼更容易断裂，所以老年人常常会发生骨折。

有些部位的骨折比较常见。下图列出了最容易发生骨折的一些身体部位。

骨折的征兆与迹象

• 受到触碰会疼痛难忍（a）。

易骨折部位

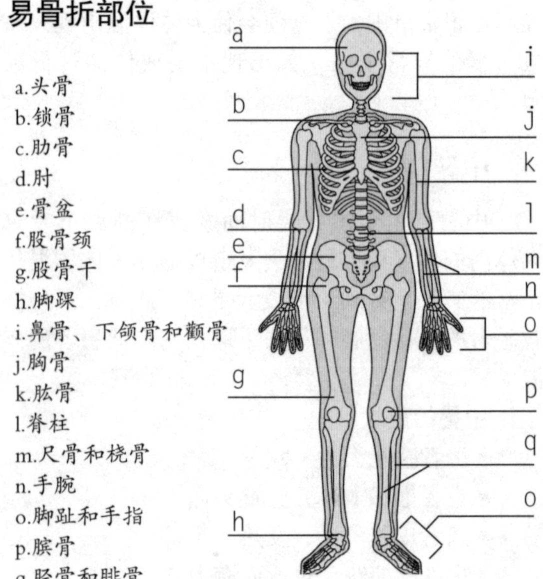

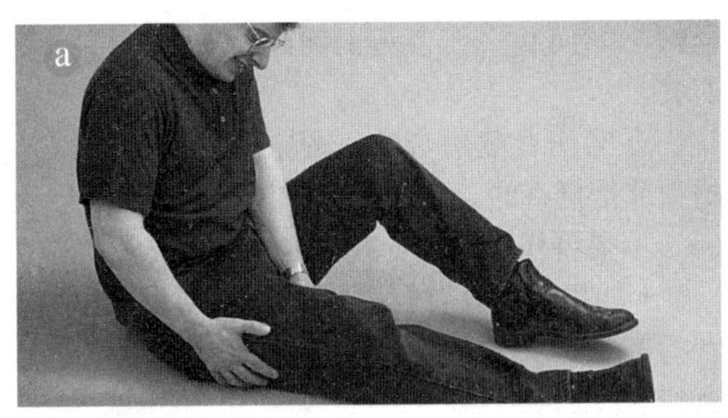

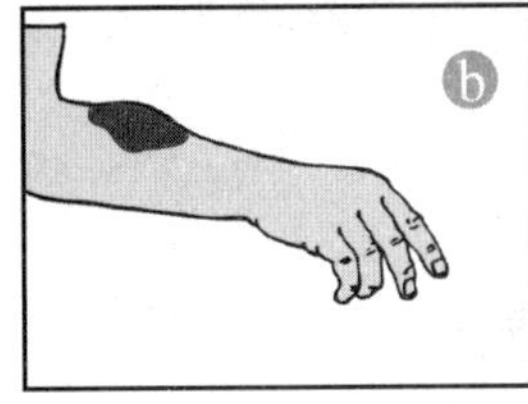

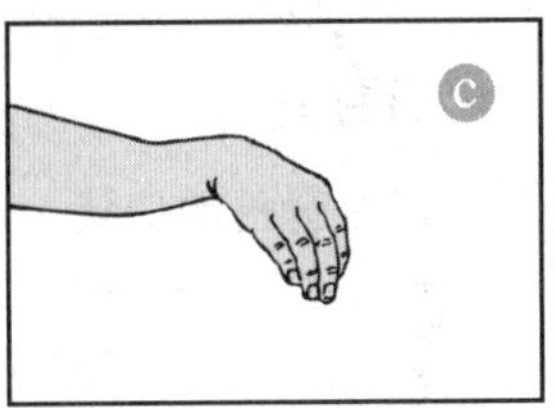

• 受伤部位发生肿胀、淤伤（b）和变形现象（如骨骼线条不规则或发生骨折的手脚比平时短等）（c）。

• 伤者行动不便。

• 受伤的部位无法像以前一样正常活动或无法活动。

• 行动时骨头内有摩擦的感觉。

• 伤者可能会出现休克症状。

除非遇到特殊情况，如现场有危险等，否则不要搬动骨折的伤者。

不要试图检测伤者的骨折程度，否则会对伤者造成进一步伤害。

固定和处理骨折部位

基本要点

• 尽量避免触碰伤者骨折的部位。

• 对于腿部受伤的人，只有情况非常紧急时才可以移动伤者。

• 检查伤者骨折处的脉搏。如果骨折处已经没有脉搏，说明伤者伤势比较严重。

• 打电话叫救护车并向医务人员说明事故详情。

• 不要擅自对伤者使用简易夹板等，因为专业医务人员会带来更专业的医疗器械。

• 可以先用纱布垫或悬带等为伤者骨折的手臂或颈部提供支撑，使伤者感觉更舒适。

• 开放骨折需要特别注意。

• 脖子或脊柱发生骨折非常危险，所以必须谨慎处理。

• 如果不得不使用简易夹板，切记不要立即固定伤者的骨折部位，除非是为了防止骨折部位的关节活动。

• 小心地在骨折部位放上纱布垫，但不要用力按压，除非是为了止血。

• 如果腿骨骨折，可以在用纱布垫等将腿部包扎好后再将两条腿用绷带等捆扎固定。

• 肋骨骨折可能会刺穿胸膜，导致空气进入。此时必须立刻缝合伤口，否则可能导致伤者死亡。缝合后再用棉垫牢固包扎伤口。

闭合骨折和开放骨折

闭合骨折的症状

• 骨折处的皮肤未破损，骨头未突出于皮肤。

• 骨折处肿胀。

闭合骨折的急救措施

1.打电话叫救护车。2.如果伤者大量流血，尝试按压伤口止血（a）。3.缝合伤口并止血。4.用干净的纱布垫或手帕等物覆盖伤口，最好用消毒纱布（b）。5.用绷带包扎好伤口（c）。6.使骨折部位固定不动，然后送伤者去医院。

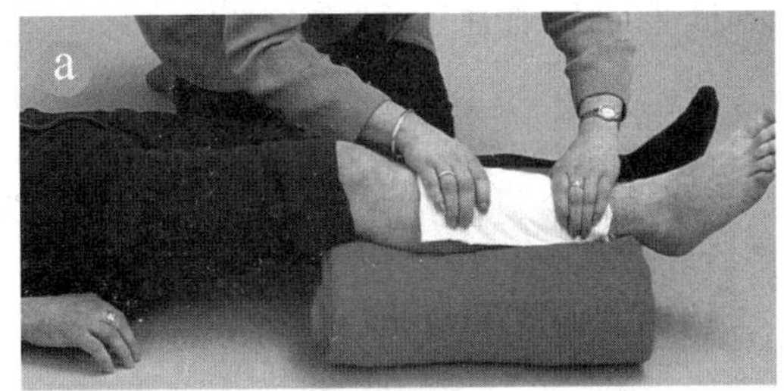

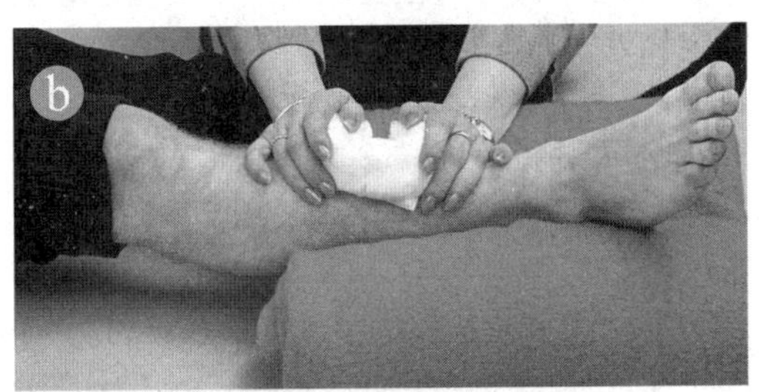

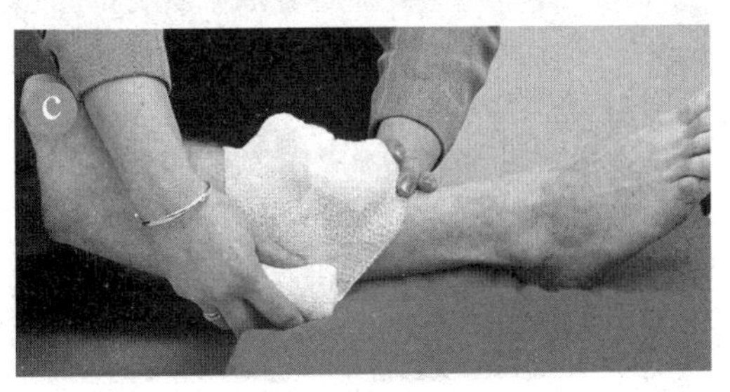

开放骨折的症状

• 通常骨折部位都会有伤口。

• 从伤口外能够看见突出的骨头末端。

开放骨折的急救措施

1.用消毒纱布或一块干净的衣物等包扎伤口（a）。2.在纱布外层放一块纱布垫，盖住伤口四周，高度必须超过突出的骨头。3.将绷带呈对角线放置，安全地包扎好伤口（b）。4.使受伤部位固定不动。5.将伤者送往医院。

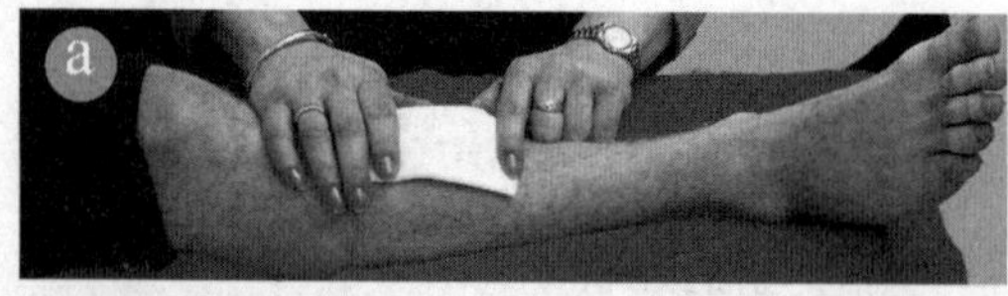

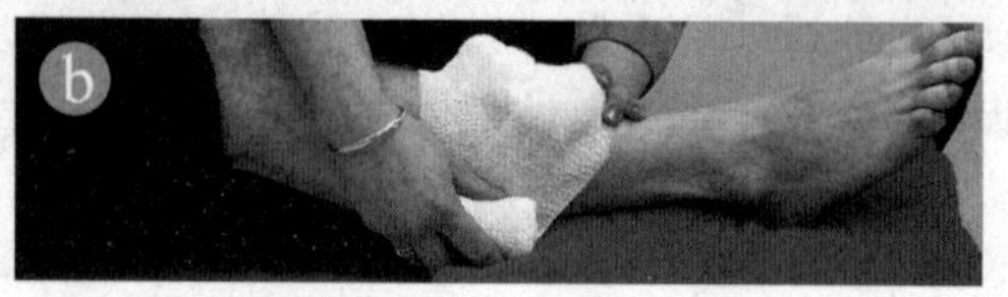

不要把绷带捆得太紧，否则会阻碍伤者体内血液循环。

在实施以上急救措施时，用手托住伤者受伤的部位，避免触动受伤的骨骼。

要始终小心，不要触动伤者骨折部位。急救人员可以用手托住伤者受伤的部位。

颈部骨折

颈部骨折

- 伤者脖子僵硬。
- 伤者的手臂和腿可能无法活动。

固定和处理骨折的颈部

1.立刻打电话叫救护车。2.让伤者平躺在地板上。3.安抚伤者。4.蹲在伤者头部后上方，双手分别盖住伤者的耳朵两侧，将伤者的头摆正（a）。5.用报纸等物制作一个牢固的颈套套在伤者脖子上，然后仍用双手扶正伤者的头。

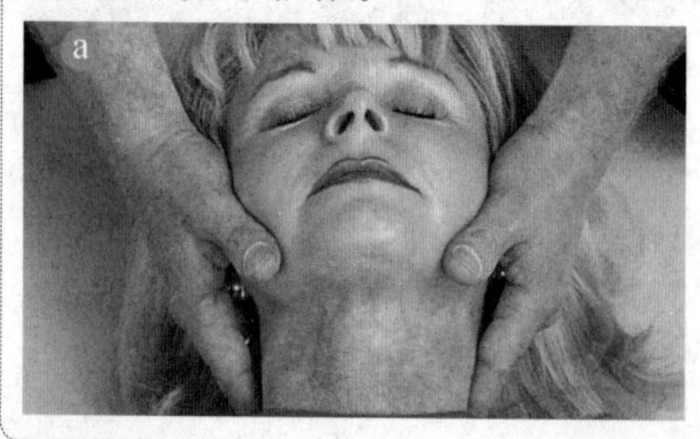

除非在涉及到伤者生命安全的情况下，否则不要轻易移动伤者，因为移动不当的话可能导致伤者终生瘫痪，甚至死亡。

除非伤者的呼吸道梗阻或没有了呼吸与脉搏，否则不要试图脱去伤者头上已经破碎的安全帽。如何脱去伤者头上破碎的安全帽可参考前文。

在给伤者戴颈套的过程中要始终保证伤者的头部是挺直的。

不要将伤者的脖子缠绕得过紧。

- 如果现场没有合适的纸张，就用手托住伤者的脖子和头保持伤者头部挺直，直到医务人员到达。

脊柱骨折

脊柱骨折的症状

- 背部有剧痛感。
- 手臂和腿无法正常活动。
- 骨折以下部位有麻刺感或失去知觉。

固定和处理骨折的脊柱

这项工作需要两名急救人员共同完成。1.让伤者保持身体不动。2.检查伤者的呼吸和脉搏是否正常。3.立刻打电话叫救护车。4.其中一个急救人员蹲在伤者头部后上方，双手分别盖住伤者耳朵两侧，将伤者的头摆正（a）。5.将卷起的衣物放在伤者身体两侧，支撑伤者的身体（b）。6.在伤者两腿之间放上软垫，将伤者臀部、大腿和脚踝处捆绑起来，使两腿并拢（c）。7.如果伤者出现呕吐症状，将其翻转到有利于脊柱恢复的状态。8.确保伤者呼吸道通畅。9.让伤者一直躺着不动，并将其送往医院。

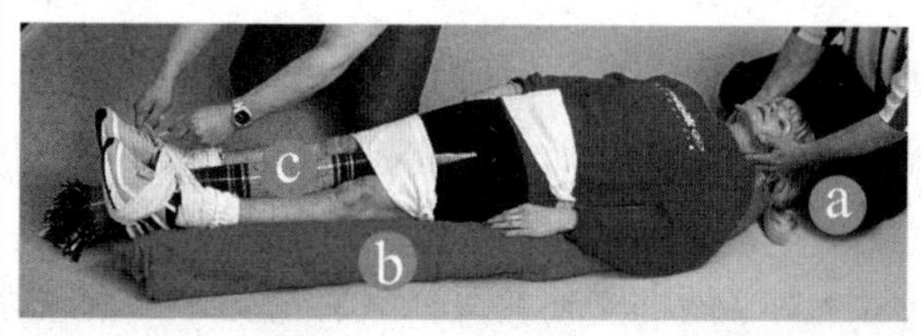

除非涉及到伤者的生命安全，否则不要轻易移动伤者。因为移动不当的话可能会导致伤者终生瘫痪，甚至死亡。

肌肉拉伤

常见的肌肉拉伤

人体有几百块肌肉，其中任何一块肌肉都有可能被拉伤。比较常见的是四肢肌肉拉伤和背部肌肉拉伤。肌肉拉伤有以下几种情况：肌肉淤伤、肌肉被拉伸、肌肉被撕裂、肌肉被割裂或肌肉与骨分离。肌肉拉伤的严重程度通常根据肌肉受到的损害程度来判断。严重的肌肉拉伤通常伴随出现骨折症状，此时，必须立刻送往医院就医。

肌肉拉伤的症状

• 按压拉伤部位的肌肉时会感觉疼痛，身体虚弱。

• 拉伤部位的肌肉出现肿胀和僵硬现象。

• 伤者可能会出现痉挛现象。

• 受影响的肌肉无法正常活动。

肌肉拉伤的急救措施

1. 让伤者坐下或躺下。2.使受伤的部位处于最舒适的位置。如果是腿部肌肉拉伤，可以将腿部吊起来。3.在受伤部位放上一个冷敷袋（冰块或冷冻食物，如冰豌豆），用绷带将冷敷袋绑在受伤部位，持续半小时左右，可以减轻体内流血或者淤伤症状。4.用绷带和厚厚的棉垫牢牢地包扎受伤部位，有助于减轻浮肿。

心跳停止

心脏停止跳动后，因为血压降到零后产生脑部缺氧，人只需15～30秒就会失去知觉。你还可能遇到因为伤痛发作和呕吐而引起的肌肉痉挛。

心脏为何停止跳动

交感神经抑制和心室颤动是心脏停止跳动的两大原因。

交感神经抑制

交感神经的功能之一是控制心率。它将心跳控制在休息时大约每分钟60次，而在进行其他活动（如身体锻炼）时，可以适度调节。对该神经的过度刺激可以导致一定幅度的心跳减缓或者彻底停止。

无论是因为身体的疼痛或者严重的惊吓、按住颈部的某个部位，还是拳打脚踢前胸下部引起的休克，都可能引起交感神经的功能异常。

对胸部的拳打脚踢，或者击打颈部的某个部位，在打斗当中是最有可能发生的事情。这种情况可能是非常严重的，如果有人在这种情况下确实失去知觉，至关重要的就是立刻检查他们的呼吸道、呼吸和循环系统。

心室颤动

当心室由于心肌过敏而开始以每分钟400次的速率收缩时，就出现了心室颤动。心室颤动时，心室肌纤维只是颤动而不能形成协调有效的收缩。由于此时没有血液泵出心脏，因此血液循环也就停止了。3～4分钟后，因为大脑停止工作人就会死亡。

心肌过敏通常是由心绞痛或者之前的心脏病引起的。有时，心绞痛是一个警示。因此，如果有人在锻炼时出现心绞痛等症状，就必须立即休息。

如果发生心跳停止的情况，就不能浪费任何时间。一旦心脏停止跳动，在大脑受到不可逆性损害之前，你只有2分钟时间，除非能恢复对大脑的供血。4分钟以后，心脏将永远不会再次跳动。因此，至关重要的是思路敏捷、保持冷静，并立即开始恢复治疗。只有专业的帮助可以解决问题，因此，不要迟疑，立刻求救。

HIV病毒和艾滋病

HIV病毒感染会导致艾滋病，如果有人在HIV病毒感染高发的国家受伤，就更加有危险。受HIV病毒感染的严重程度取决于个体情况的构成因素。聪明的旅行者肯定会在穿越HIV病毒感染高发的国家时，将这种危险牢记在心。尽管在帮助伤者时有受到HIV病毒感染的可能，但这种情况是极少的，如果自己没有开放性的伤口，那几乎就没什么可担心的。

第5章 与车辆有关的安全防护

随着人们生活水平的提高，路上的汽车也越来越多，与车有关的突发事件也不断发生。汽车在带给我们生活的便利的同时，也给我们的安全带来隐患。针对汽车的犯罪并不总是偶然的，作案者通常都是年轻人，他们寻找的是可以迅速换成现钱的物品。在有些情况下，这些年轻人想驾着你的汽车兜风。

日常预防

藏好值钱物品

从安全的角度来看，汽车和房子一样，都有一个主要的缺点：它们都有窗户，而别人可以轻易地砸开窗户进入。建议千万不要将任何值钱的物品留在自己车内。如果不可能将值钱物品随身带着，就将其锁在后备箱里（后备箱也不是绝对安全的地方）。

即使是在开车时，也要避免将自己的手提包或值钱的东西放在前座上或者其他容易被抢走的地方。很多小偷都将开车的女性作为目标，趁她们等红灯之际实施袭击。

↑ 在抵达一个不熟悉的城市之后可能会失去方向感。第一夜最好住在市中心安全的宾馆里，然后再去熟悉方位。

周期保养

现在大多数的汽车性能非常可靠，但是如果不认真对待它们，它们还是会出问题。许多人经常将自己车辆的保养委托给修理厂。尽管这样做并没错，但参加一个车辆保养的短期培训还是非常有用的。大多数的汽车修理院校都有这样的培训班。

基本检查

为了确保汽车运行的安全性，每星期做一下以下检查。

- 检查油量和水量。
- 检查所有的轮胎气压是否正常，不要忘记备胎。
- 检查自己是否有换轮胎所需要的所有装备，并且了解如何使用。
- 确保挡风玻璃清洗器的水瓶装满了水。在冬天的时候，使用水和防冻液的混合物。

如果车坏了

如果自己的车坏了，而且发现自己孤身一人处在偏远或自己不熟悉的地方，最好锁上车门然后待在车上，特别是在夜里。手机在这种情况下非常有用。车上最好有一个医疗急救箱，它不仅仅是给自己用的，而且可以给其他可能发生了车祸的人使用。

在陌生的地方

在交通高峰时段，开车穿过陌生的街道，如果自己对路线不太确定又没人帮助你，那会让人不知如何是好。如果你正好处于这种情况下，锁上车门，不确定自己是否安全时不要打开。如果有人试图拦住你，不要理睬他们。如果等红灯时遇上强行洗车者，而且不能用手势阻止他替你洗窗户，那就将窗户摇下几厘米，少给他一点儿钱。

请记住，如果必须开窗，就只开一条小缝，千万不要开到能让人把手伸进来开车门的程度。如果面临有人试图上车而自己又无法开车离开的情况，考虑一下用车上的物品击打他的手臂。通常情况下会有许多“武器”供你选择，如手电筒、螺丝刀或者重的扳手（所有这些都是汽车上合法的工具），而一罐除冰剂也能当做一件良好的威慑攻击者的武器。把它们放在你坐在驾驶座时触手可及的地方，但在你使用了这些临时性武器后，要记得证明自己行为的合法性。

停车

如果你将自己的汽车停在一个陌生的城市，一定要将它停在有人看管的停车场内。找一下哪儿有安全监控摄像头，然后尽可能停在它们的监控范围内，或者，如果做不到，就选个灯光照射得很亮的地点。

如果可能，尽量不要将可以显示自己性别的物品留在车上。罪犯比较倾向于选择女性作为目标，所以，把诸如手提包、化妆品或女式服装之类的东西留在车上就等于将它们送人。

如果要回到车上去，就在停车场还有人看守的时候回去。将钥匙拿在手里，时刻准备好开车门。如果看见有一群年轻人围着自己的汽车闲逛，就找人帮忙。

如果在走回自己汽车的时候发现已经有人进过自己的汽车，那就停下来检查一下汽车。弯下身来看一下车底下是否有人，并且透过后窗户检查一下是否有人躲在车里。

专家提示

无论在何时停车，无论将车停在什么地方，始终倒车停泊。这样可以让你跳上车就开走，比还要倒车才能开走快多了。

千万不要把车停在不允许停车的地方。如果你的车被贴了罚单或被拖走了会非常麻烦。如果你发现你的车已经被贴了罚单或拖走了，最好尽快去相关部门缴纳罚款，然后询问他们要多长时间你才能取回自己的车。

路怒

路怒这个词所描述的是一段时间以来一直存在的一个问题，它主要表现为开车人毫不理会公路上的其他车辆，引发交通堵塞或影响其他车辆前进。当一个驾驶员的行为干扰了另外一个驾驶员时，通常就会引起冲突。而且，近几年来，这样的争执逐步升级为对身体的攻击，甚至有人在冲突中丧命。

以下行为将有助于你避免在公路上引起他人的愤怒情绪。

- 安全、匀速驾车。
- 尽早清楚地表明自己的意图，譬如要左转。
- 跟在车流当中。
- 在正确的机动车道行驶。
- 避免有意识地引起堵塞，如将行人从支路放入车流之中。
- 不要强行并线。

如何处理路怒

如果看见其他车辆的驾驶员对着你打车头灯、按喇叭或跟你打手势，不要想当然地认为这是因为路怒。首先考虑一下他们是否在试图告诉你什么事。在路上时，其他车辆的驾驶员向你指出你的汽车可能有问题，而你却对此一无所知，这种情况是非常正常的。然而，如果自己受到其他驾驶员具有侵略性的骚扰，要注意采取以下行动。

- 如果自己确实有错，微笑着向他道歉。大多数人的怒气会因此而平息下来。
- 如果他们在你前面，减速以尽量和他们保持距离，要不就保持车速。
- 如果其他车辆的驾驶员和你并排开车，避免和他的视线相对。
- 不要做污辱性手势。
- 尽量避免停车。只有当驾驶员将各自的车辆停了下来并相互碰面时才可能发生争斗。
- 如果确实碰上塞车，确保自己车上所有的车窗关上、车门锁上。
- 发生冲突时不要从自己的车上下来，除非

在铁路公路岔道口上抛锚

1.如果汽车在铁路线上抛锚，不要冒不必要的风险。即使看不见听不见有火车，也要提高警惕。

2.立即让车上的人全部下车，并保证大家离开，撤到安全距离以外。

3.利用岔道口的紧急电话通知火车司机或者警方铁路线上有障碍物。

是发生了车祸，而且即使在这种情况下，也要保持冷静。

• 如果发现有人试图上自己的车，而且因为交通堵塞又不可能将车开走，那就按住喇叭不放，他们很快就会放弃这种行为。

汽车炸弹

汽车炸弹通常安放在车下、驾驶座下面的位置。这种汽车炸弹的安放方法最简单，因为恐怖分子不用钻到汽车的发动机罩下。对这种攻击的唯一防御措施就是坚持不懈地保持良好的个人安全意识。

• 每次上车都要检查自己的车辆。

• 在发动机罩和后备箱上贴上一小条透明胶带，在上车前检查一下是否原封未动。

• 离开车之前一定要将其锁好，并确保车窗完全关闭。

• 检查车的遮阳篷顶是否紧闭。

• 如果可能，清理后备箱、仪表盘下的置物柜等地方。

• 用记号笔标出自己轮轴的固定位置。

如果可能，将自己的车停放在人员较多的公共场合。回到车上之前，执行以下步骤。

• 检查一下自己的车辆，但不能用手触摸。

• 检查一下车轮的弧度、鼓胀程度和挡泥板。

• 跪下来检查一下车底下。

• 检查是否有胶带或电线。

• 检查一下自己做的记号。

• 找一下发动机罩上、车门上或后备箱上是否有手指印。

• 透过车窗检查一下车内的情况。

↑ 由钉子造成的小孔可以用橡胶塞塞住（橡胶塞可以从轮胎修理铺买到）。给轮胎重新充气或者从轮胎阀向内喷乳胶轮胎修复胶（可以从绝大多数汽车修理厂购买），这样可以暂时修复轮胎并给轮胎充气。

↑ 在紧急情况下，可以利用打火机油和打火机让轮胎归位，但这是一个非常危险的过程。

第 6 章 交通事故中的逃生

我们在从一个地方前往另一个地方的时候常需要选择交通工具。在走路、驾车或者骑车时，我们能够控制行进的步伐，但是也需要做好准备应对他人的疏忽行为、恶劣天气或者交通工具的机械故障等意外情况。在公共交通工具上，我们必须警惕自己的人身安全和财产安全，做好准备应对晚点和未能到达目的地等情况。如今，国际旅行拉近了距离，但同时也带来了可怕的空难、海难以及恐怖袭击。不过冒险精神绝不会屈服于这些风险，只要掌握正确的方法和做好必要的准备，旅行仍会成为最美妙的人生经历之一。

保护好自己和财产

绝大多数不常旅行的人一般都会带大量的行李，其实，这是一个巨大的负担，不仅仅是重量的问题，需要时刻看守也是个问题。

保护贵重物品

旅行的时候穿普通的衣服，不要炫耀钱财和佩戴结婚戒指之外的珠宝。不要将笔记本电脑或者相机等放在一眼就能看清的包里。使用装钱的腰带或者在身上不明显的地方装钱和文件。还需要随身携带一些必备药品和其他基本的物资以防行李丢失。

如果停留在高风险的地方，可能还需要用金属线制成的行李保护器来保护自己的行李，以防在大街上被人割开包偷东西。街头小偷常用的伎俩还有直接用刀子割断背包肩部的背包带抢包。这种抢包方式很难防御，因为小偷手里拿着刀，你所要做的就是尽量让自己看起来像是一个不容易对付的目标，但是如果有人实在要抢包，把包给他就是，你失去的只是个包而已。

在公共交通工具中

这时候不仅要防止包被盗的风险，还要防止被其他人利用来进行犯罪。总是锁好行李或者拉好拉链。在行李上使用旁人不容易看懂的标签，以防不怀好意者得知你的身份。可以在行李上使用单位地址，这样更安全。

不要接受来自陌生人的信件、包裹或者礼物，也不要让自己的行李无人看管，哪怕一分钟也不可以。在机场、火车或者汽车站发现没人要的行李，立即报告有关部门，并远离它。

很多机场都会在收取少量费用的情况下为旅客用收缩性薄膜包装行李。这将不仅能保证行李的安全，还能保护行李以防包装出现裂口和磨损。

寻找安全住处

什么地方安全？一家昂贵的宾馆可能是安全的。但是也有人潜入这种地方专门盗窃那些富人的东西。因此向旅行社咨询，即使你并不希望通过他们来预订也可以向他们咨询，或者向曾经经过这条旅行路线的人咨询，或者向值得信赖的当地人咨询。如果不是按照预期而是偶然来到某个地方，首先要确保饮用水、温暖和阴凉等基本要素，然后在选择居住的地方之前再花时间考虑当地存在什么威胁。

应对城市街道上的危险

当你在城市街道上步行、驾车或者骑车的时候，面临最大的危险就是另外的人。在喧嚣的城市街道上，你可能会对某些有恶意企图的潜在危险全神贯注，但是更常见的危险却是交通事故。

预防是避开交通事故的关键。警惕那些开车时打盹、看地图或者打电话的司机。要注意，驾车的人经常看不见自行车，还有较老较小的车一般控制力都较差，而且刹车能力也有限。确保汽车状况良好并随时加满油，这样就不会在一些不想停下来的地方被迫停车了，从而可以避免不必要的麻烦。在车门储物袋内放置一样“秘密武器”（如防强奸警报器或者胡椒喷雾等），用以应付特殊情况。

道路暴怒

“道路暴怒”现象有上升的趋势，尤其是在道路拥挤时，或者司机不能够承受日常压力以及碰到他们不能控制的局面感受到极端压力和愤怒时。这是一个非常严重的问题，因为愤怒的司机控制着极其危险的“炸弹”——汽车。

如果你不幸成为了道路暴怒的受害者，一定要保护好自己。最重要的是，不要与愤怒的司机进行眼神接触，而应该尽快离开。在下一个容易拐弯的地方拐弯，寻找另外的行进路线。

如果暴怒的司机一直尾随着你，不要回家，而是直接驾车前往警察局。如果愤怒的司机下车向你走来，一定要锁好汽车门窗，即使在他对你的汽车发动攻击的情况下也要熟视无睹。他对你的汽车发泄愤怒总比在你身上发泄愤怒要好得多。

劫车

随着汽车安全系统越来越复杂，劫匪现在越来越倾向于攻击该系统最弱的环节——驾车者。劫车案件在红绿灯处和加油站越来越常见。如果劫车者的动机只是为了劫车，最好的办法就是让他劫。不要反抗，而要安全地离开。如果被强迫开车，你受到人身伤害的机会就会小很多，因为他们需要你的配合，你有一定程度的控制权。

搭便车者

让陌生人搭便车对司机来说有很大的风险。那些需要搭便车的人即使看上去比较沮丧也有可能在后来成为麻烦或者危险。最好的办法就是不搭载任何搭便车的人。

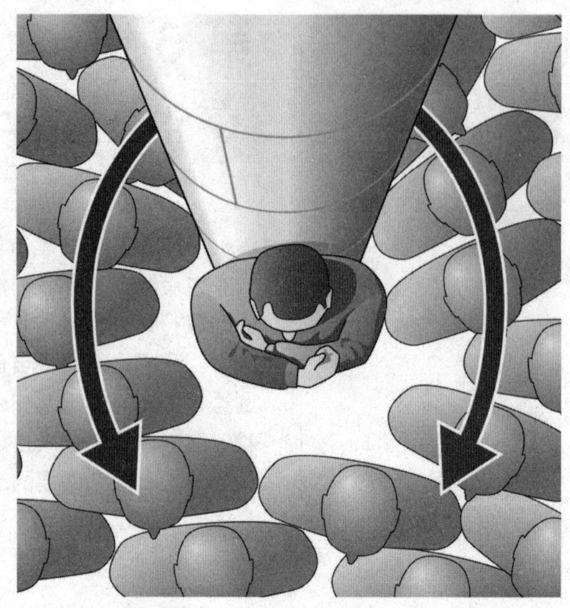

↑ 如果在拥挤的人流里，最好待在紧急出口处。要是能够找到柱子或者类似的结构，躲在它的背后。

应对危险的路况

在驾车的过程中你可能会遇到麻烦，当然你不能预测会在什么时候和什么地方陷入困境，但是你能够做好适当准备、保护好自己的车并保证把油箱加满油。告诉别人你前往什么地方，预计什么时候抵达，并且带好移动电话：尽管它是现代生活的“祸害”，但同时也是无价的可以拯救生命的东西。

号码112是世界通用的紧急电话号码，可以在任何国家和任何数字网络上使用。但是鉴于各种手机网络的特性，打这种电话的成功率没有保证，因此还是应该熟悉当地的紧急电话号码。如果你遇到困难，而且是一名单独旅行的女性，一定要告诉营救部门，因为营救部门往往首先营救女性。

高速公路

如果在高速公路上汽车抛锚或者发生故障，你必须把车停到路边，并且离开自己的汽车。因为在这种情况下，很有可能有疏忽大意的司机撞上你停在路边的汽车。给修理厂或紧急服务部门打电话，在等他们抵达的时候，你应该停留在公路边。

在急转弯处

如果在急转弯处汽车抛锚，很有可能会发

□从掉进水的汽车中脱身

1.如果汽车掉进水中，立即采取行动。利用任何可以利用的方式离开汽车。将车灯打开，通过车窗或者汽车遮阳篷顶脱身。

2.摇下车窗逃生。如果车窗是电子驱动的，可能在这种情况下已经不能正常工作，这时候一定要保持镇定。

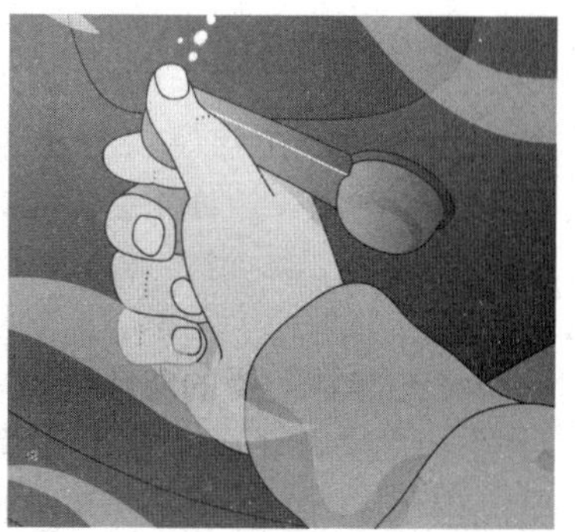

3.如果按常规的方式打不开车窗，用灭火器或者扳手等坚硬的物品将车窗敲碎。

4.如果不能击碎玻璃，就用脚使劲踹，首先踹车窗边缘较薄弱的地方，还可以努力踹开挡风玻璃。

5.如果还是不行，可以试着打开车门。车门只有在车内几乎已经灌满水的情况下才能打开，这时候车门内外的压力基本上持平。

生与其他道路使用者撞车的事故。因此在距离自己的汽车150米远的地方向其他司机设置警告装置，自己也要待在远离汽车的位置。如果没有警告装置，你就不得不亲自站在距离自己的汽车150米远的地方警示其他司机减速。

隧道

如果汽车在隧道中抛锚，最好迅速离开汽车，但是你可能会认为没有安全的地方供你停留以等待救援。但事实上，绝大多数隧道里每隔一定距离都会在墙上挖一个洞作为安全岛供人躲避飞驰的汽车。不要穿着宽松的衣服，谨防被其他汽车挂住。

隧道里可能会有紧急电话，但是如果没有，你可能就需要步行走出隧道寻求援助了。移动电话在一些大的隧道里一般都是可以用的，因为里面也安装了天线。无论什么情况，都不要在隧道里停留太长时间，否则你可能被热量和汽车尾气击垮。

贫民窟

如果汽车在一个危险的地方抛锚，你可能受到来自当地居民的威胁。应对这种直接威胁的最好方式就是待在车内，避免眼神交流和攻击性行为。如果没有直接威胁，将所有的个人物品放在从车外看不见的地方，然后离开前往安全的地方，在自己的人身安全得到保障的情况下再安排车辆抢修等事宜。

偏远地区

如果汽车在一个偏远的地方抛锚，你可以试图步行走到安全的地方。如果确定附近有某个地方能够提供安全和帮助，你完全可以这样做。否则，你应该留在停车的位置，并引起过往车辆的注意。不要冒迷路、受伤害或者消耗光食物、水和油料的危险而去步行前往一个没有目标的地方。在野外情况下待在车内能够保护自己免遭绝大多数危险。

在海滩和水边

如果你计划把车停在靠近水的地方，必须考虑到潮汐的变化。不要仅仅因为看见别人也把车停在这里就认为这个位置是安全的，说不定你停放的车辆就会被潮水淹没，因为当地人可能只在这个地方暂时停车。应该找一份潮汐表或者在准备长时间停车之前进行咨询。

地表状况也有可能因为潮水的到来而发生变化。比如把车停放在看上去很硬实的沙滩上，退潮之后，沙滩就有可能变得松软或者呈粉末状，让你开不动车。

悬崖顶和斜坡

无论是停在悬崖顶上还是停在斜坡上，刹车都非常重要。你不会希望自己的汽车滑走或受到破坏，因此，如果是自动车，请选择“停”，如果是手动车，一定要挂到一档上，这些都是非常必要的防范措施。但是，如果你对刹车装置有疑虑，就不要简单地依赖变速箱。应该在坡度向下的车轮一侧加楔子，防止车轮打滑。

应付汽车故障

汽车抛锚很容易让人感到束手无策，但是车辆驾驶中出现了机械故障则可能会引起恐慌，我们需要知道采取什么样的行动来减少自己和其他人的危险。

刹车失灵

在驾车之前对汽车进行例行检查的时候，都要检查看制动装置是否正常。每次应该保持手制动装置的灵活性，因为一旦驱动制动装置发生故障，就必须依靠它来进行自我防护了。

如果发生刹车失灵，首先调低档速让车速慢下来。在很多斜坡上，都专门为刹车失灵设置了“逃生道”。如果你足够幸运正好在这样的地方，就可以利用逃生道。如果你迫切需要立即停车，手制动就可以完成刹车，但得是在走直线的情况下进行紧急刹车，否则就可能翻车。另外的技巧还包括利用车身或者车底与雪堆、护栏等之间的摩擦减速，但是在没有进行过专门训练之前千万不要这么做，否则后果极有可能是汽车失控或者翻车等更严重的事故。如果是车队旅游，可以与其他司机联络，让另一辆车在失控车辆的前方，利用它的制动能力来减慢刹车失灵车辆的速度是可以做到的。但是这种技巧只能是非常冷静和勇敢的司机才能够尝试。

变速器失灵或节流阀堵塞

如果发动机停不了，除非生命受到威胁，否则不要踩离合器，也不要挂空档，因为这样的话车子会立即超速运转，导致发动机被毁。相反的，应该立即关闭点火器，这样车子将减速，这时候汽车制动和转向应该还是正常能使用的。如果不得不再次加速，就重新打燃点火器。

一些比较老的汽车或者柴油车在关闭点火器之后可能不一定管用，在这种情况下，刹车就是唯一的办法了。但是在准备毁坏发动机之前，关闭点火器还是值得试一试的。

转向失灵

这种情况容易发生在双向车道上。如果转向轮从齿条中滑出，你可以努力使其归位，归位到什么地方不要紧，只要管用就行。如果这样不行或者车底下的转向齿条断裂或不发挥作用，你就必须尽快停车。如果没有锁死刹车系统，可以通过大力刹车锁住所有的车轮：这样将使汽车转向不足，而不是跟随失控的前轮，在很多情况下，这是一个更安全的选择。

车胎被扎

到目前为止驾车当中最常见的事故还是轮胎被扎。发生这种情况的时候，能够听见一声闷响，感受到车辆的颠簸，甚至还可能感受到视线高度的变化（对地面的高度）。高速行驶中轮胎被扎会是非常危险的。把危险警示灯打开，刹车然后立即停下来——不要等到下个方便的地方，而是立即停下。

如果能够在轮胎被扎之后几秒钟立即停车，你也许还能自己更换轮胎甚至是修复它。如果你还继续向前开，就可能会损坏车轮本身。也就是说，这样之后即使停下来，你也可能已经无法把轮胎从车轮毂上卸下来了。

轮胎充气

在危急情况下，可以使用打火机油和火柴对轮胎充气。如果轮胎已经完全陷在轮毂上，需要将轮胎卷边从轮胎环一侧撬出。这时你需要利用杠杆，如撬棍或者大的改锥，还需使花费大的力气，同时还可以利用管子等加大杠杆的作用。如果轮胎卷边已经全部从轮胎环上滑落，你就必须将其安装回去，同时留出一侧。

在轮胎环内喷少量（大约半杯）打火机油，然后旋转轮胎让打火机油在轮胎环内散开。用打火机或者火柴点燃打火机油，将手远离轮胎环，以免压伤手指。如果方法得当，将会产生响亮的爆炸声，然后轮胎被充好气，还有可能被稍微过度充气。这种方法还能用来让已经剥落的轮胎归位到轮胎环上。

警告：这是一个非常危险的过程。只有在生命受到威胁的危急情况下才能使用。

避免汽车打滑

控制打滑的秘诀就是多练习。你可能已经阅读过或者听说过大量这类知识，但是除非你此前进行了大量的练习，不然也不一定能够采取适当的行动。在“转向试验场”上进行练习，掌握一些基本技巧将给自己提供足够的应付打滑所需的经验。

打滑是指汽车任何形式的滑动，也就是说车轮不能很好地“抓”住地面，这也是驾车中比较常见的现象。最常见的打滑就是车轮空转和刹车打滑，这两种情况分别是由于过度节流或者刹车而导致轮胎失去牵引力。这种情况不一定能够导致车辆变向，只需要简单地放松脚踩的踏板就能解决这个问题了。转向打滑更难以控制，主要有3种类型。

转向不足

在转向不足（有时被称为推头）的情况下，前轮抓地力量不足，车子转向角度没有达到要求。这种情况可能由车速过快或者刹车过猛引起。车辆转向不足很难制止。你可以加大油门或者放松方向控制，前者会加大本来就已经很快的速度，而后者将可能导致车辆偏离车道甚至进入到逆向车道上。

由转向不足引起的最常见的事故是由于司机为了让车辆有反应而继续转动方向盘，导致前轮迅速抓地，车辆迅速做出反应，有可能会冲进拐弯处或者迅速转变为转向过度甚至是翻车。

转向过度

这种打滑发生在转弯时后轮失去牵引力的情况下。车辆后轮将向外侧滑，导致车辆转向超过预期，在一些极端情况下，甚至可能造成车辆打转。其原因通常是因为对后轮驱动的汽车施加了过大的动力，或者在拐弯的时候刹车过度。在转弯过程中间操纵手闸也会出现转向过度。在转弯过程中间操纵手闸这种情况通常被称为手刹转向。

如果出现转向过度，弥补办法就是将方向盘往外打，放开任何导致车辆打滑的踏板。在极端情况下，你可能会发现，前轮的方向可能会与正常情况下转弯时候的方向完全相反。将方向盘往正常拐弯训练时候的相反方向打被称为“反向锁”。

如果你的车是四轮驱动，或者车辆平衡得非常好，有的时候甚至在拐弯时会出现四个车轮同时打滑（被称为“四轮漂移”）。同样的基本原理也是适用的：松开节油阀或者刹车，如果必要还要进行“反向锁”。

绝大多数现代的汽车，尤其是四轮驱动汽车的设计都倾向于发生转向不足的情况，这是因为转向不足被普遍认为对不具有防滑技巧的司机来说更安全。但是具有讽刺意义的是，转向不足对于经验丰富的司机来说却是噩梦，这是因为相对不足来说，转向过度容易控制而且发生的时候还能被预感到。

光滑路面

在冰上或者雪上（或者汽车高速行驶下的其他路面上），无论开车多么仔细都容易打滑。克服这种问题的秘诀就是保持车辆轻微转向过度而绝不能转向不足。要在不同的车辆（前轮驱动、后轮驱动或者四轮驱动）上做到这一点，你可能必须参加一个专门的驾驶培训班。在雪地上，使用防滑链或者将轮胎压力减小到0.7巴（10磅/平方英寸）都会有所帮助，但是一旦恢复到正常路面驾驶之后，必须能够立即给轮胎充气。在冰面上，使用窄轮胎会比较

□如何控制前轮打滑

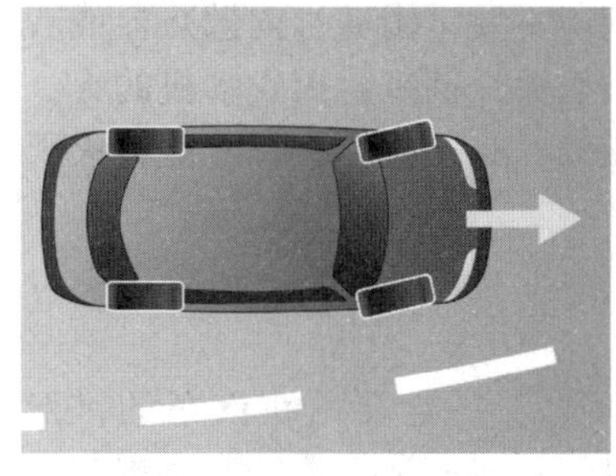

1.在转向不足的情况下，车辆前轮继续向前滑动，导致车辆没有拐向想要的方向。

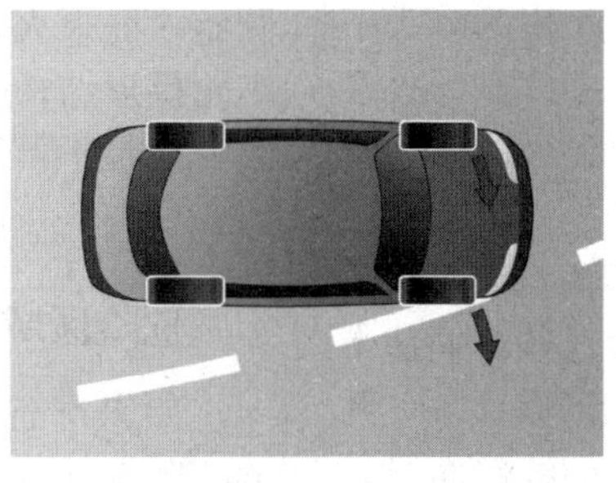

2.减小对前轮的转向控制力量，让其重新抓地并控制好车辆，这样你不可避免地会跑进拐弯处的其他车道。

3.一旦重新抓地和控制之后，调整路线，让车辆转向你原先预想的方向。

□如何控制后轮打滑

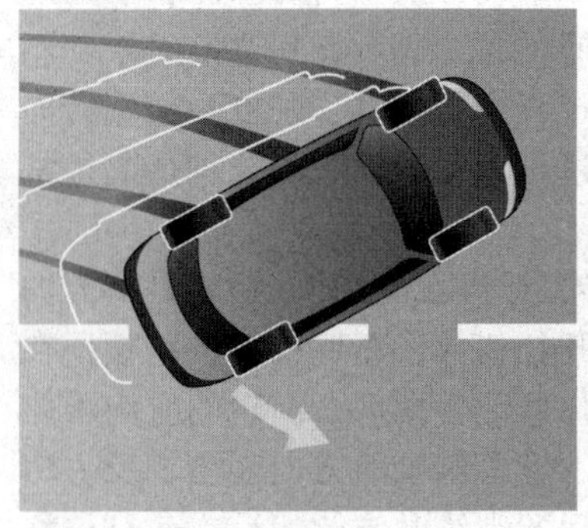

1.当车辆后轮在拐弯处失去牵引力的时候，拐弯的角度将会超过自己的预期，甚至可能导致车辆打转。

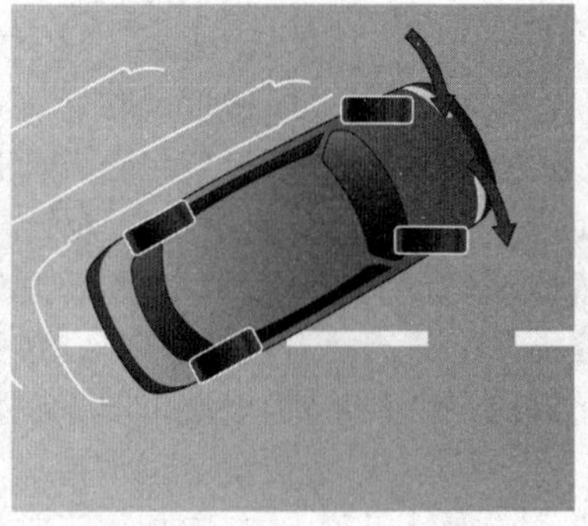

2.将方向盘往反方向打，直到车辆前部重新回到自己的控制之下，这种情况下可能会拐一个很大的角度。

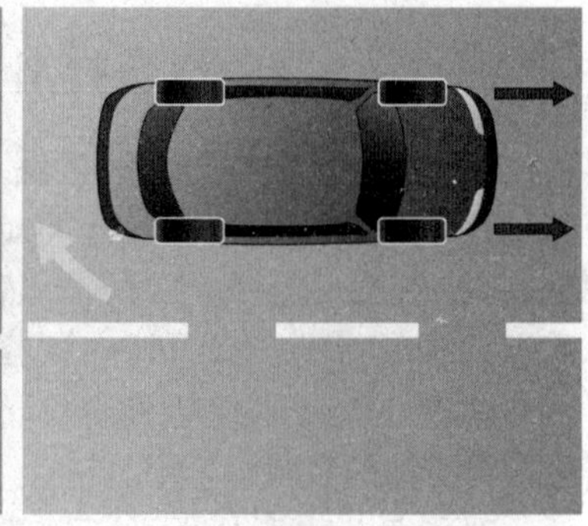

3.将方向盘重新平稳地打回到中间位置，这样车辆就会慢慢回到正确的方向：继续控制好前轮，不要顾及后轮的情况。

好，但最好还是要利用防滑钉或者防滑链。

拖车摇摆

如果不仔细开车，拖车、房车或者活动住房都可能会引起各种各样的问题。如果汽车减速过快，尤其是在下坡的时候，拖车就可能引起左右大幅度的摇摆，其解决办法就是稍微加速，但是这也是比较危险的。如果车辆行进速度较慢，而又想迅速转向，这将可能导致连接汽车和拖车之间的连接物弯折，造成拖车翻车或者撞上牵引的车辆。

即使你把轮胎的气压调得正好，也要定期检查轮胎面和轮胎结构，因为拖车轮胎很可能会爆胎。这是非常危险的情况，尤其是当路上还有其他车辆和你感到恐慌的时候。无论怎样，千万不能猛踩刹车或者试图迅速停车。应当逐渐踩刹车，如果拖车向旁边滑去，就要松开刹车，然后稍微加速，让拖车回到正确的路线上来。保持这个状态，直到速度已经彻底降下来，然后才能安全停车。

应对车辆失火

绝大多数车辆失火不是发生在仪表盘底下的发动机部位（油料泄漏），就是因为烟头不小心掉在了座位上引起。还有很多汽车失火事件是车辆停在了草地上然后离开，因为发动机过热，点燃了车身底下的草。

如果你驾驶的是房车或者车辆拖拽着活动住房，你就必须加倍小心，因为这些车辆都带有丙烷罐，丙烷会给失火后的汽车提供另一种燃料。这种车辆也会因为其复杂的线路而容易发生用电方面的失火。车上一定要安装烟雾探测器或煤气探测器（也可以两者都装上）。

使用灭火器

有各种各样的灭火器可供选择，但是ABC（粉末型）灭火器是最实用的。准备一个又大又沉的灭火器不仅能避免灭火剂很快用光，还能被用做逃生工具和自我防卫武器。

灭火的时候，将灭火器对准着火的基部前后移动喷射直到火焰全部熄灭。不要对准火焰喷射，这样不能把火扑灭，只会浪费灭火剂。

如果座位着火，扑灭火焰后立即把座位拉出窗外，因为座位填充物可能还在闷燃，需要打开座位进行彻底检查，或者干脆扔掉座位。

发动机失火

发动机失火有可能是由于输油管漏油漏到其他较热的部位上引起的。经常检查输油管，在发现看上去可能会漏油的情况下要立即更换。如果发动机着火，立即关闭点火器，立即关闭油泵。

要安全扑灭发动机的火需要两人，一人使用灭火器，一人打开引擎盖。快速打开引擎盖非常重要，因为一旦火把开锁电路烧毁，引擎盖可能就打不开了。引擎盖一打开，新鲜空气一进入，火苗会立即蹿高，因此准备好马上开始喷射灭火剂。不要试图通过向散热器或者车轮拱形结构喷射灭火剂来熄灭发动机的火，因为这是不可能的，必须找到火源才能将火灭掉。

危险区域

如果准备灭火，一定要站在汽车的锥形危险区域外。对于一般的油箱位于车辆尾部的汽车来说，这种锥形危险区域就在汽车的后面。一旦油箱爆炸，将把致命的冲击波扩散到

□从翻车中逃生

1.用双手将自己撑离车顶，减小对安全带的压力，否则将不能解开安全带。

2.你可能需要用坚硬的物品敲碎玻璃，然后用双臂爬出来。

3.从车内逃生的时候注意车内、车窗框内以及地面上的碎玻璃可能对身体造成的伤害。

↑ 如果发动机着火，应该只将引擎盖打开到必要的高度，将灭火器瞄准火焰的基础部位喷射。

15～30米远的范围。不过部分汽车的油箱位于车头或者车身侧面，因此不要想当然地认为所有汽车的油箱都在车尾。

绝大多数危险都是与汽油有关，而不是柴油，因为柴油不容易起火。汽油只要轻微暴露在热量、火焰或者火花的情况下就可能发生爆炸。因此应让每个人都远离以汽油为燃料的汽车。

司机生存策略

如果汽车在偏远的地方或者恶劣天气情况下抛锚，你可能不得不等待很长时间才能得到救援。汽车将会给你提供一定的天然保护，但是在极端寒冷的情况下，保持温暖才是首要的任务。

生火

用镜子或者车灯反射镜作为取火镜，或者用眼镜或双目望远镜将太阳光聚焦到一些引火物（如干树叶）上取火。

如果没有阳光，可以利用汽车电池和连接电线，或者你所拥有的任何电池和电线。如果电池够小，将两节电池握在一起，正负极相连，然后把两根电线分别连接到两端的正负极上。将电线的另外两端同时接触钢丝绒，就会产生很多火花。如果没有钢丝绒，可以直接将两根电线的末端相互接触，也能产生火花。如果引火物不好，可以添加一点油料助燃。

如果你的汽油发动机还在运作，你可以用手戴上手套或者垫了绝缘良好的材料抓住一根插头电线，然后把它从插座上拔下来。把它拿在插头或者发动机任何金属部位附近就会产生大量的火花，足够点燃一把引火物。（如果手套的绝缘不是很好，你就会受到一个很强的电击。）至关重要的是，千万不要忽略了汽车点烟器的存在。

把汽车从雪里面挖出来

在发动发动机之前，首先将排气管周围的雪挖开，然后一直挖到车身底下，保证任何从排气系统排放出来的废气能够散开。如果没有良好的通风，那些致命气体将很快充满整个车厢。

将车窗和车灯上的冰雪清除干净。但是也不要忘记清除引擎盖上和车顶上的雪，否则这些地方的雪很快就会被吹落到前后玻璃上。

如果在车轮附近挖沙或者沙砾这种不容易弄走的东西，可以努力前后迅速开动汽车。你能够通过汽车自身的重量来将汽车从车轮陷进去的地方拖出来：使用节油阀的时候一定要小心，向前的时候放松，然后向后退，直到最后把车从陷进去的地方弄出来。

长途驾车必备物资

⊙汽车驾照等文件资料
⊙地图
⊙手机以及紧急救助电话号码
⊙手电
⊙手电备用电池
⊙急救包
⊙备用轮胎，充足气
⊙联结电线
⊙拖索
⊙道路照明灯或者警示三角牌
⊙刮冰刀和除冰器
⊙油料容器
⊙基本工具包（包括可调节扳手、刀具、电线和管道胶带）
⊙毯子或睡袋
⊙防水衣服和手套
⊙大量清洗液
⊙瓶装水和高能量食物
⊙铁铲

确保容易被发现

汽车的颜色决定了汽车被发现的难易程度：例如雪地里的白色汽车和草地里的绿色汽车就不容易被发现。在汽车上放置一些颜色鲜亮的衣物，如外套和围巾等，让汽车容易被发现并得救。

选择安全的位置

无论什么时候乘坐公共交通工具，无论乘坐什么类型的交通工具，保持那种“如果……将会怎么样”的生存态度会使自己武装起来。根据自己的以往经验或者现场观察选择最安全的地方坐下。这里介绍的是一些关于如何选择乘坐的地方和如何乘坐的技巧。

火车和公共汽车

不要选择靠近桌子的位置，否则在发生碰撞或者紧急刹车的情况下，有可能由于桌子被猛烈撞击而间接受到严重伤害，还有可能被别的乘客撞上或者被桌子上的物品撞上。选择背后被自己的椅子保护，前面被对面椅子保护的位置是比较安全的。另一方面还要记住，如果长途旅行，有可能感到不适，比如极端的案例就是患上深度静脉血栓（DVT），而不是被卷入交通事故中，因此更重要的是选择一个更舒适的能够伸腿并站起来适当走动的位置。如果既有面向车辆行进方向又有背向车辆行进方向的座位供选择，选择一个背向车辆行进方向的位置可能更安全，但是这也可能要根据事故的性质来决定，另外还有很多其他因素也可能影响到你的安全。做出选择的时候，一定要根据环境进行判断。

靠近紧急出口的座位应该是你的首选。这甚至有可能比主要出口的位置更好，因为你对紧急出口拥有掌控权，能够第一个冲出这个出口。同时，无论是在飞机上还是在长途客车上，这样的座位会比其他座位有更大的活动空间。在飞机上，紧急出口处的座位都被指派给能够对其进行操作的乘客，这一条就已经排除了年老体弱者和儿童坐在紧急出口处的可能性。在与航空公司联系的时候，你就可以提前预订靠近紧急出口处的座位。如果航空公司的规定是起飞前才确定位置的话，你可以提前抵达，看能否调换座位。

安全带和其他保证安全的因素

如果有安全带，只要坐在座位上就把它系好。在所有交通工具的交通事故中，安全带都能够大大提高生存的机会。

不要在车辆刚停下来时就从座位上站起来。这是最常见的导致受伤的原因，车辆刚停的时候，由于惯性还会向前冲，尤其是橡胶轮胎的车辆，而在一两秒钟之后，车辆又会后退回来。如站起来过早，就有可能被这种没有预计到的车辆移动晃倒。

在应该考虑到的所有因素中，最重要的就是随时注意可能发生的交通事故。一些有经验的旅行者在某些落后地区旅行的时候，宁愿选择坐在车顶上而不是在车内。他们认为这样在速度较慢的车辆上一旦发生交通事故（很常见）会比较安全，而且比与其他乘客和他们所携带的家畜一起挤在车厢里更舒服、更健康。此外，这样他们还能够照看好存放在车顶的行李，以免在车辆进站的时候在站内被盗。这种旅行方式可能并不适合你，但是，某些时候特殊的情况需要采取特殊的应对方法，因此，你对这样的选择至少应该持开放的态度。

安全存放行李

绝大多数人为了安全和方便起见喜欢把行李放在身边，但是松散的行李在发生事故的时候容易给乘客带来很大的危险，这也是事实。

位于头顶的行李架是放置随身携带的小件物品的好地方，但是不要把重型的大件行李放在头顶的货架上，因为一旦发生撞击，它们就可能成为非常危险的“流弹”。那些在紧急情况下需要使用的物品要尽可能地放在身边。

公共交通工具上的陌生人

乘坐公共交通工具旅行的时候，其他乘客是敌还是友完全取决于你个人的态度。在这一过程中，你可能会从同行的其他旅客身上看见人类的所有行为，比如会碰到你想睡觉的时候却不停说话的人、感到孤独和害怕的人、喝醉酒的人、满口污言秽语的人等等。有人试图偷你的东西，这也是有可能的。在与其他旅客接触的时候，要努力表现得自信，但千万不要看上去好斗，光明正大地使用肢体语言，坚定但不要具有威胁性。

尤其是女性更容易受到与性别有关的不必要的关注，这种被关注可能会让人感到不舒服，或升级为冲突，在某些极端情况下，甚至演变为性侵犯。第一条原则就是尽量不要单独旅行，但是如果别无选择，在不得不单独出行的情况下，尽量保持在其他旅客或者司机的视线范围内，并且与你认为值得信赖的旅客建立良好的关系。最后，携带某种秘密的防身武器，如防强奸警报器或者胡椒喷雾，在迫不得已的时候使用。

↓ 在有三节车厢的火车上，中间车厢由于在发生撞击时不会受到直接冲击而可能是最安全的。如果是在有更多车厢的火车上，考虑靠近尾部的车厢，但不是最后两节车厢。

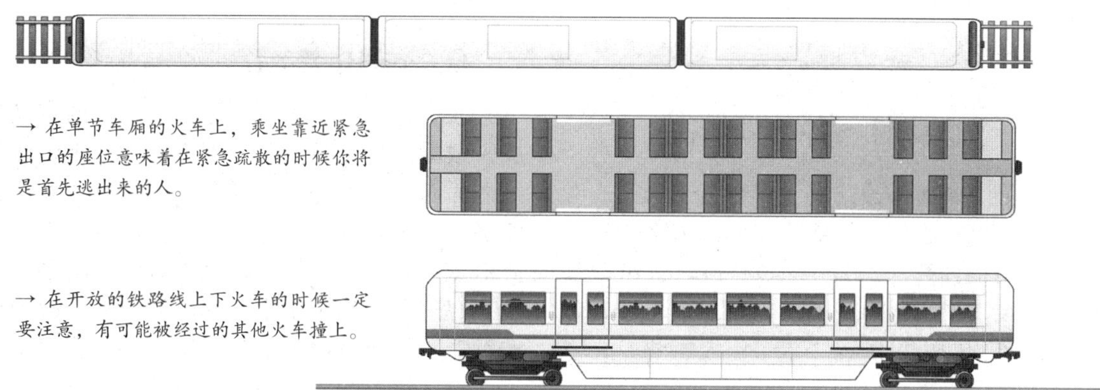

→ 在单节车厢的火车上，乘坐靠近紧急出口的座位意味着在紧急疏散的时候你将是首先逃出来的人。

→ 在开放的铁路线上下火车的时候一定要注意，有可能被经过的其他火车撞上。

↓ 在公共汽车上，坐在靠过道的位置上比较安全，因为这样在紧急撤离的时候更方便，而且不容易遭到飞来的玻璃划伤。

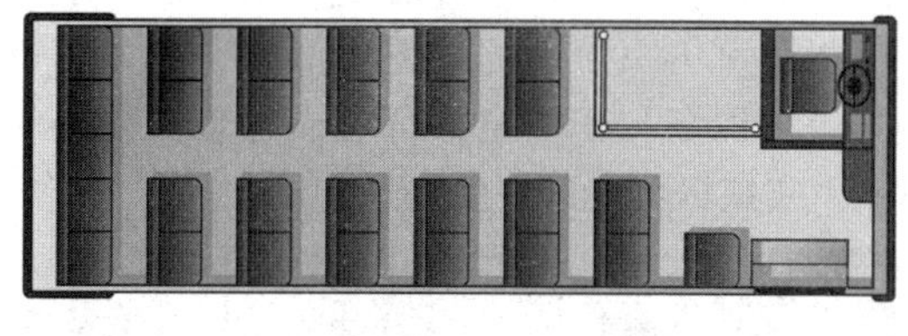

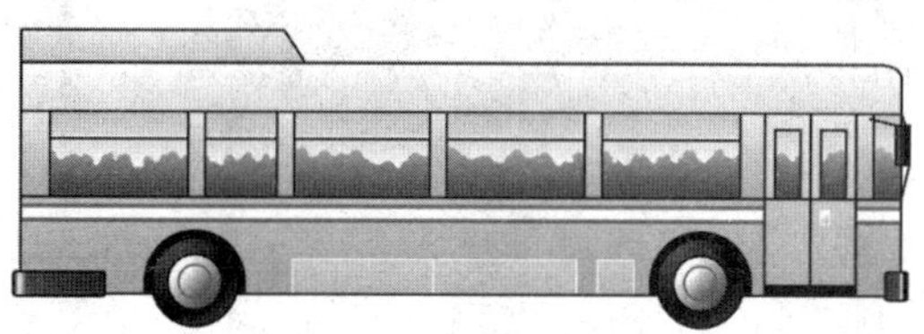

↑ 如果只能坐在汽车后排靠窗的位置上，必须时刻警惕过往的车辆。

↓ 在飞机上，没有证据显示飞机的哪个部位在空难中更安全，但是坐在靠近紧急出口的位置在撤离的时候会更方便。

位于机翼附近的座位最结实，也最平稳，但是靠近油箱。

靠近飞机尾部的座位噪音比较大，而且晃动比较厉害。

飞机前端的座位很多人都喜欢，但是在空难中却往往是最先遭到破坏的部位。

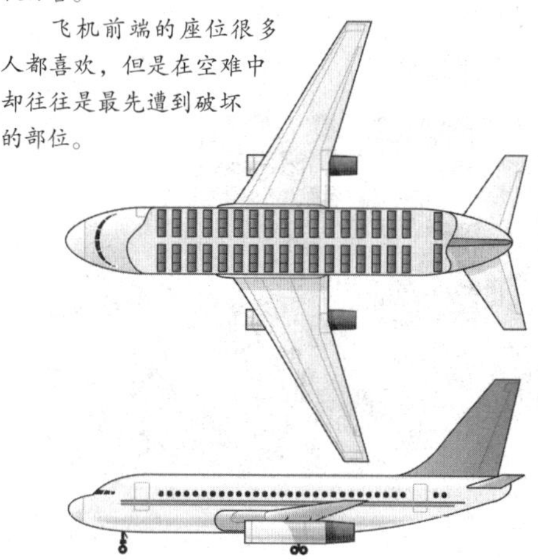

第 7 章 恐怖袭击和冲突中的生存

恐怖袭击总是突然的、不可预料，而且几乎总是匿名的。恐怖分子很少会穿统一的服装，在藏好炸弹之后，无论是定时器控制的还是遥控控制的炸弹，他们像胆小鬼一样偷偷离开。而现在，更致命更具杀伤力的恐怖袭击往往是狂热的自杀式爆炸袭击者发起的袭击，而且这种袭击正有越来越流行的趋势，在公共场所更需要对这种恐怖袭击保持警惕。

学会应付各种不同情况

恐怖主义通常被定义为针对某个国家或者其普通平民非法使用或威胁使用武力来达到某种政治目的的行为。2001年9月11日，由"基地"组织发起的针对美国世界贸易中心和五角大楼的恐怖袭击对美国产生了巨大影响，改变了其对国际恐怖主义和全球政治形势的认识，直接影响了后来对阿富汗和伊拉克的战争，揭开了乔治·W·布什总统称之为"反恐战争"的冰山一角。

当然，为此付出代价的不可避免地是那些无辜的平民。像巴厘岛和埃及这样的西方人旅游度假胜地也已经成为恐怖袭击的目标，因此在度假之前一定要仔细考虑清楚，至少要参考政府的旅游警报。

↑ 在城市中进行日常活动的时候，保持警惕是关键，尽量预想到存在潜在危险的地方。

自杀式爆炸袭击者

联合国还在努力就"恐怖主义"的定义达成一致的同时，城市居住者不得不每天生活在可能面对身上捆绑着炸弹或者背包里背着炸弹的爆炸袭击者的现实危险下。他们可能走进人群引爆炸弹，导致自己乃至无数的无辜平民丧生。在这种恐怖袭击中生存不太容易，因为你有可能刚好经过发生爆炸的这个地方，但是如果你有足够的洞察能力，并对某些危险信号保持警惕的话，你还是有可能生存的。

炸弹或者不够精致的临时爆炸装置是恐怖分子发动恐怖袭击常用的方式（绑架和劫持人质也是恐怖分子常用的方式，在后面的篇幅中会详细介绍）。在形势高度紧张的情况下，政府办公室、军事部门、招聘部门、电力和供水部门、机场和车站全部都会成为恐怖袭击的目标，应该尽可能避免前往这些地方。

↑ 闭路电视和身份证不能阻止狂热的恐怖分子，却可以帮助预防潜在的暴乱。

与分裂斗争存在某种联系的纪念日也经常被那些希望引起对分裂斗争的注意或者希望制造恐慌和在民众中制造暴乱的人（分裂分子）所利用。1987年，爱尔兰共和军针对在恩尼斯基伦举行的战争牺牲者追悼日纪念活动的爆炸袭击就是为了在民众中制造恐慌。这起袭击共造成了11人死亡，60多人受伤。因此，通过简单地了解恐怖分子可能制造恐怖袭击的地点和时间，然后据此改变自己的行程，避免前往这些地方，你就能大大减少自己受到恐怖袭击伤害的可能性。

公共意识

2004年发生在马德里的火车站爆炸案可以被预见吗？实际上可以。根据西班牙支持2003年3月美国发动的伊拉克战争以及即将来临的大选，公众和当局都应该保持高度警惕。更重要的是，尤其是放有炸弹的行李的那节车厢的乘客们没有发现炸弹，事实上，他们应该意识到潜在的危险，而且在时间不是太晚的时候立即采取行动。

2005年7月7日，恐怖袭击爆炸活动暂停4年之后，由于北爱尔兰政治气候的变化，伦敦又由于系列自杀式恐怖袭击而陷入混乱。这是英国以前从来没有遇到过的一种恐怖战术，尽管此前已经预计到，但是这种方式更难以发现和控制。这次炸弹袭击者并没有留下没人照看的包裹，而是与他们的致命装置连在一起，选择在爆炸中一同丧生。由于他们把自己装扮得并不显眼，所以未被察觉。放置在帆布背包中的3颗炸弹几乎同时在地铁车厢中被引爆，爆炸中超过50位无辜平民丧生，大约1个小时之后，城市中心的一辆公共汽车上又发生了第4起爆炸。当时英国正在举办G8国际政治峰会（八国集团峰会），这引起恐怖组织的最大关注。不过在差不多2周后，类似的恐怖袭击没有得逞。

可以采取的措施

培养应对各种情况的能力。利用自己的观察和排查能力对可能的藏于周围环境的恐怖危险保持警惕。警察和军人在近身保护和卧底特工中所使用的“扮演灰色人物”的技巧是需要掌握的最重要的技巧。只要恐怖分子不把你单独列为攻击目标或者不认为你值得特别关注，你生还的机会就大大增加。所以不要站出来“逞英雄”。

↑ 像铁路枢纽这样的公共场所是恐怖分子明显的袭击目标。应该利用自己的观察力辨别可疑的地方。

被绑架为人质

2005年和2006年发生在伊拉克的绑架援助人员和商人的严重事件，引起了国际社会对恐怖组织为了大肆宣扬其目标所采取的极端方式和在高风险国家如何保护外国公民问题的关注。对于那些顽固的恐怖分子，劫持无辜的慈善工作人员是一种吸引国际媒体关注的有效途径。近年来，世界各地的恐怖组织已经显示出他们极少甚至根本就不关注人的生命。如果你自己不幸被恐怖组织劫为人质，情况就会极其严重。

索要赎金的绑架案件对犯罪分子来说很有诱惑力，无论是否与政治有关。对歹徒来说，外国商人或者在有钱的公司任职的工程师与银行金库管理员一样具有诱惑力。

恐怖分子和犯罪分子，或者更确切地说他们组织的基层分子并不总是逻辑性最好、最聪明的人物，因此你没有必要让自己成为潜在绑架的受害高危人群。身份扮演错误是一种很容易犯的错误，或者根本就没有考虑到身份这个问题，因此有一点非常重要，那就是努力使自己看上去不是容易受到伤害的人，同时做好防范，让绑架者不容易将自己劫为人质，再次让自己成为“灰色人物”，不要从人群中站起来，集中智慧考虑自己潜在的危险。

尽早逃脱

如果自己被劫为人质，你必须尽早逃脱。你被劫持的时间越长，逃脱的机会就越少。在最初阶段，你可能只是被一两个劫匪简单地绑上后塞进汽车，然后迅速开车离开。除非你保持高度警惕，否则绑匪的这部分行动将使你失去方向不知所措，但是这是你逃生的第一个机会。当绑匪将你从一侧的车门扔进或者拉进车

□被绑架的情形

1.与大量金钱打交道的人如银行雇员、财务人员及其家人容易成为劫匪绑架的受害者。

2.如果不是在家中被绑架，受害者要尽快逃跑。除非受到死亡或者严重受伤的威胁，应该尽力反抗。

3.逃跑的最佳时机是被抓之后的最初阶段，这时候一切都还是可改变的，所以应抓住一切机会逃跑。

4.如果劫匪精力不集中，对其进行攻击然后迅速逃脱。在这个阶段，劫匪可能给你造成非常严重的伤害。努力逃脱，不要被监禁。

5.如果知道自己没有逃跑的机会了，就与劫匪保持友好关系并努力对劫匪感兴趣，这种示好有可能会救自己的命。

6.如果劫匪控制了一切，听从劫匪的安排以保命，不要与他发生冲突，为自己在想出逃生计划之前争取时间。

里的时候，你应该利用身体的力量努力将另一侧的门弄开然后逃走，但是这种机会只可能在他们没有将另一侧车门锁死的情况下才存在。他们有可能不会把车门锁死，因为这样的话，在绑架过程一旦遇到麻烦，他们能够迅速逃跑。

厢式货车后侧的门提供了一个更好的选择。一旦被推上车之后，尽快撞开后门逃生，即使肩膀受伤或者折断几根肋骨相对于被关闭几周时间或者碰到更糟糕的情况来说也可能是更好的选择。在撞门之前首先要确定哪扇门先开，因为被关紧的那扇门有可能连大象都撞不开。

被绑进汽车后备箱

到目前为止，我们在假设你在被扔进汽车的时候一直都还是清醒的，而且绑匪在从后面抓住你的时候只是计划给你戴上头套、口中塞上东西和绑住你。如果在绑架的时候，劫匪把你打昏，等你醒来的时候你可能就会发现自己已经像一只火鸡似的被捆得严严实实。但是这时候如果他们只是把你扔进了储物箱或者轿车后备箱，你可能还是有机会逃生。劫匪需要一辆大型的轿车才能在后备箱里装进成年人，而现在绝大多数大型轿车的后备箱都有电缆释放装置，让司机能够自动打开后备箱门。检查看能不能发现这个打开车门锁的装置。

即使没有电缆释放装置，你还是可能从里面把后备箱门打开。使用卸外胎用的撬棍或者用做警示器的三角铁把车锁撬开。这些东西根据很多国家的标准都是放置在工具架或车厢里的，在不使用的时候有可能被隐藏得很好不容易看见。只能希望劫匪没有把这些东西重新放置到另外的地方。

在行进中跳车

如果你确信你的生命存在极大的危险，而汽车还在飞驰，这样即使在快速的行进中，你也不得不跳车逃生。在突然打开车门之前应该努力拉动汽车手闸，然后与汽车行进的方向呈一定角度跳出车外。跳出车外之后，你的行进速度跟汽车的行进速度会是一致的，因此一定要确保跳出之后能够落在路边草地、软地面或者矮树丛中。双臂抱紧头部尽可能增加对头部的保护，并采取向内滚动的方式。如果逃生的时候没有受伤，赶紧爬起来，尽量在停放的汽车和建筑物间采取“Z”字形的逃跑路线逃跑，避免再次被抓。

警告：这是一个极端危险的行为，只有在生命受到切实威胁的情况下才可以利用。

如果被劫为人质

保持冷静。劫匪这时候处于高度兴奋的精神状态，情况非常不稳定。

不要出现挑衅行为。

安慰其他人，如果他们出现过度紧张的状况。

帮助其他的人质，尽量使自己成为对劫匪有用的人。

除去身上任何可能导致自己与别人不一样的文件，防止劫匪把自己单列出来。

保持精神高度警惕，随时寻找可能逃脱的机会。

听取劫匪的抱怨，不要试图与他们争论政治。

谈论自己的家庭，如果有的话还可以展示照片，尽量让自己像他们组织的一个成员而不是被劫持的受害者。

从囚禁中逃生

一旦劫匪把你带到了他们准备关押你的地方，尤其是第一个地方，你逃生的希望就将非常渺茫。放在这个地方与把你进行转移不一样，他们对你拥有完全的控制权，他们肯定会尽最大努力让你难以逃脱。当然这也并不意味着他们就不会犯错误，现在你也还有足够的时间来充分开动脑筋考虑他们做错或者做得不到位的地方。如果你意识到你活着对他们来说比死了没有更大的价值，也就是说，他们可能会杀了你的时候，你就值得冒险寻找尽可能早的机会逃脱。反正都是死，不如拼死一搏，还会有生的希望。

尽早尝试逃跑

尽早进行逃跑尝试，不仅可以检验劫匪的应对能力，还能为将来的逃跑收集到更多的信息。但是另一方面，如果逃跑失败，你会轻则受到呵斥打骂，重则受到严重的拳打脚踢。你必须在此前确保自己有足够的意志力来承担这种后果。记住，你所收集到的有关劫匪和自己被关押的场所的任何点滴信息都将会影响到自己在什么时候以及如何成功逃脱。如果你被关押的地方的外面是供一大群武装劫匪居住的地方，你就要避开这条逃生路线。但是如果门外只有一名守卫坐在椅子上把守，而且外边的房间或过道上有门或者窗户通向外面，你就可以选择这条路作为逃生路线。

博取劫匪的同情

让我们假设一下，如果你对于劫匪来说还有利用价值，无论是政治上的还是经济上的，他们就没有理由对你施以酷刑以获取信息或者仅仅为了取乐。从意识形态上和文化上，你们可能不是同一个世界的人，但是你也需要记住，劫匪也是人，因此你应该通过某种方式博取他们的同情，甚至与他们建立关系。任何将使你的囚禁生活变得更容易度过或者增加自己最终逃跑机会的事情都应该努力去试一试。时间较长之后，不要指望有人能够前来救你，即使有，那也只能是自己救自己。

做好心理和身体上的准备

在心理上做好长期枯燥等待的准备，但是精明地利用自己的时间找出一条脱离目前困境的方式。记住，自己的心理活动是劫匪看不见的。相信你已经阅读了大量的介绍处于实际情况下的受害者如何逃生的书籍和报纸，而且你也肯定从电影电视上见到了那些英雄如何从囚禁中逃脱的情形，所以你已经具备了相当多的

1.传统手铐不容易挣脱，但是经过练习之后，你应该能够将腿部从双臂之间的空隙穿过去，然后把双臂移到身体前面。

2.充分利用自己的观察技能，掌握劫匪的日常规律，找出可能用来逃跑的路线和方式。不要只是静待救援，因为很有可能没有救援。

3.在自己独处的时候，搜寻任何可能的逃生路线。努力找到一条可以通往外界的路线，这条逃生路线最好具有隐蔽性。

4.总是检查那些明显的逃生路线。不要想当然地认为窗户上有锁窗户就一定被锁好了，或者就一定不能被强行打开。其实这种地方最容易给自己提供一条安静和简单的逃跑路线。

□解开捆绑方法一

1.如果是被绳子绑住手腕，你完全有机会将它弄松并最终解开绳子。握拳可以让绳子感觉松一些。

2.如果被单独关押，可以把手臂移到胸前，然后用牙齿进一步将绳子弄松并可能最终解开绳子。

□解开捆绑方法二

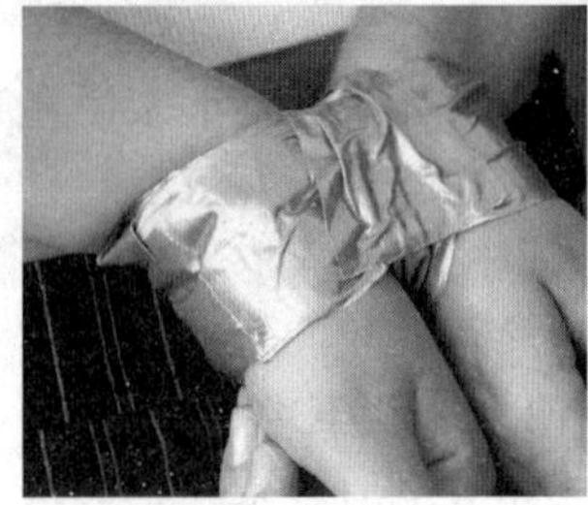

1.用宽编织带、软排线或者窄带绑，如果绑得比较紧，会比绳子更结实。首先在边缘上打开缺口，然后就可能将它横向撕开。

2.用一对尼龙绳套套住手腕是最难对付的方式，因为挣扎的时候，细细的绳套很可能会勒进肉里。这种绳套需要剪断。

基本知识。你需要做的事情就是，把你当前的困境与你见过的场景进行对比，找出其中的相似之处，找出能够让自己从劫匪手中脱身的办法。

被劫为人质的情况

虽然抢劫银行一旦失败，劫匪很可能把银行工作人员劫为人质作为讨价还价进行交涉的工具，但是绝大多数被劫为人质的情况背后通常都存在着恐怖主义。被卷入绑架案之后，应该尽早抓住机会逃脱。但是如果不可能逃脱，你就必须努力保持高度警惕。

只要劫匪在与当局进行交涉，无论是要求当局政治让步还是要求当局给他们机会让他们逃走，被劫为人质的受害者得以生存的机会都会成倍增加。这种情况下，最明显的受益者就是小孩、妇女、老人和病弱者。如果可能，装出像心脏病、食物中毒等症状，或者急救药品忘带等任何可以利用的方式，让劫匪相信你是病人。如果劫匪需要以人质作为讨价还价和交涉的工具，他们就最不希望看到人质死去或者即将死去，因此如果你的行为能够让劫匪信服，你就很可能在这时候被释放。

“理解”劫匪的动机，聆听他们的抱怨，打同情牌。这往往能让看守放松警惕。

如果劫匪是恐怖分子，而你又是属于与他们敌对的宗教或者民族团体，你就必须隐藏自己的身份。其实简单地隐藏自己的口音就足够让劫匪们不会发觉。最不容易引人注意的人质也是最可能得以生还的人质。

在交通工具上被劫持

飞机、长途汽车和火车对恐怖分子来说都是非常明显的目标，因为这些交通工具在一个狭小的、移动的和可控制的空间范围内一次性提供了大量的人质。“9·11”袭击世界贸易中心和五角大楼的事件中恐怖分子不仅杀害了所有在飞机上的乘客也同时自杀。这其实是一个极大的例外，因为几乎每一件交通工具劫持案件都是为了将乘客当做人质，但是最后这些人质绝大多数都被释放或者被营救。但是，随着恐怖组织越来越多地使用自杀式袭击，而这种自杀式袭击者不仅自杀同时也会搭上人质的性命，因此一旦被劫为人质，千万不要静待未知的不确定的救援人员前来营救。如果希望生存，就应该抓住任何可以逃生的机会逃跑。

飞机被劫如何逃生

要从飞行中的飞机上逃脱几乎是不可能的，因此如果明确知道劫机犯打算让所有人包括他自己丧命，起来进行反抗也不会失去什么，反正都是死路一条，说不定还能击败劫机犯。2001年9月11日的第4架被劫持飞机93号航班上就发生了这样的一幕，尽管那些奋起反抗的乘客并没有最终改变局势，但是他们英勇的行为阻止了被劫持的飞机撞上预定目标，拯救了无数人的生命。

如果自己不幸被卷入这样的局面，你需要找出那些无论是身体上还是心理上都足够强悍的人来帮助自己，并且这样的乘客要分布在飞机上的各个角落，以便大家能够几乎在同时控制住所有劫机犯。现在很多根据计划安排的航班上都会至少配备一名空中警官，但是劫机犯可能早已认出了警官，所以不要指望从警官那方面获得帮助。

除非你悄悄把自我防卫武器带上了飞机，否则你就不得不努力寻找那些可以被秘密用来作为临时武器的舱内设施或者旅客行李。从像手袋或者相机带这样可以用来勒脖子的东西到飞机上的可以临时用做刺杀、抽打和砍杀等工具的装饰品都应该被考虑到，即使是免税香水的香水瓶也能被用做短棒。在这种生死攸关的情况下，需要的是“创新精神”。

可能的场景

在绝大多数情况下，劫匪将把所有人质集中在一起，通常是在飞机、长途汽车和火车车厢的尾部，因为在这种地方飞行员或司机出来帮忙的可能性较小。空间比较狭小，座椅靠背比较高，这些都能给自己提供与其他乘客进行交流的机会。当你被带走的时候，你完全可以借助靠近过道的座位对劫匪发起攻击，争取将其制服。无论何时都要保持高度警惕，抓住一切机会。

一旦飞机着陆或者长途汽车和火车停稳，应该尽可能快地逃跑。如果自己能够到达紧急出口处，打开它（紧急出口的操作指南在座椅后背口袋内的安全卡上有介绍，每个人都应该仔细阅读），然后跳下去，哪怕让一侧脚踝或者两个都受伤，也比搭上自己的生命值得。而且如果你能够沿着飞机机身滚下去掉到地上，还能有效地避免劫机犯用枪射中你。从长途汽车或者火车上逃跑就要容易得多，用锤子或者其他合适的坚硬物体敲碎玻璃窗，然后就可以直接通往外面了。你需要的只是足够的迅速和稳健，在机会来临的时候能够抓住它。

在任何交通工具中对被劫为人质的人来说最危险的时候就是当安全部队企图通过强制手段争取解救人质的时候，因为这时候恐怖分子可能会决定启动爆炸装置。

如果你发现劫匪正在准备启动爆炸装置，这时候阻挡他可能就是你生还的唯一机会。但是，如果还没有非常明显的危险就要努力保持警惕，注意观察安全部队并遵循他们的指示，保持冷静，避免出现任何突然的运动，谨防朝你的方向出现射击。

防备炸弹和爆炸物

安置在汽车、垃圾桶、丢弃的箱子内或者绑在狂热分子身上的炸弹是恐怖分子使用的最典型的武器。非常不幸的是，如果你刚好在这个错误的时间出现在这个错误的地点，你生存的机会就完全取决于爆炸发生时你所处（无论是坐着还是站着）的位置。炸弹通常会在很少或者完全没有警告的情况下爆炸，而更可怕的情况是，恐怖分子会发出警告，但是其警告的真正目的却是吸引更多的受害者进入爆炸的有效杀伤范围内。

保持警惕

确保从炸弹攻击中生存的唯一有效途径就是注意潜在的威胁，为避免这种威胁，对可疑的包裹和个人一直保持高度警惕。在以色列，巴勒斯坦和以色列之间的冲突持续不断，无数的自杀式炸弹袭击已经导致大量的人丧生。警察、士兵和保安都会接受训练，观察自己正在接近的目标是否存在藏有炸弹的可疑迹象。可以通过移动方式、出汗状况或者兴奋状态来判断自杀式炸弹袭击者，但是更明显的线索可能是自杀式炸弹袭击者的身体由于绑有炸弹而比一般的人臃肿。很多以色列安全人员还没有接近已经发现的炸弹袭击者就迫使其提前引爆炸弹，从而用自己的牺牲挽救了大量无辜平民的生命。

遗留在机场、火车站、长途汽车站或者是火车上的装在箱子或者背包里的炸弹是被全球恐怖分子利用的一种典型的低风险高杀伤力的袭击方式。注意观察并远离遗留有这种炸弹的地方是这种情况下生存的关键。如果在交通工具或者在机场和车站的休息室发现这样的没人要的行李或者可疑的包裹，与之保持安全距离，并立即向有关负责人报告。千万不要自行打开检查里面的东西，因为恐怖分子很有可能在爆炸装置上安装了防动引爆装置。

转移到安全区域

我们不能避免那些可能被恐怖分子列为袭击目标的地方，但是我们能够尽快穿越这样的地方从而大大增加生存机会。例如在机场的时候，尽早通过安全检查，这样可以避免排队或者减少在外面公共区域的活动。安检之后前往候机区，因为在候机区，所有乘客的行李都已经通过安全检查，发生恐怖袭击的概率已经大大降低。

飞溅玻璃的危险

在爆炸中心以外的区域，绝大部分受伤都是由于飞溅的玻璃造成的。如果自己必须在炸弹袭击高风险地区停留较长时间，一定要注意避免靠近窗户或者其他装有大量玻璃的地方。通常情况下，最好是站在角落里，面向入口处或者门，这样可以观察到身边发生的任何

□如果发生爆炸

1.如果发生爆炸，但是自己不是位于爆炸中心，立即转身，保护好眼睛和其他重要器官，避免受到飞来的玻璃和炮弹碎片的伤害。

2.因弹片朝上飞溅，所以最好将自己平甩出去后卧倒在地，头部远离爆炸的方向。

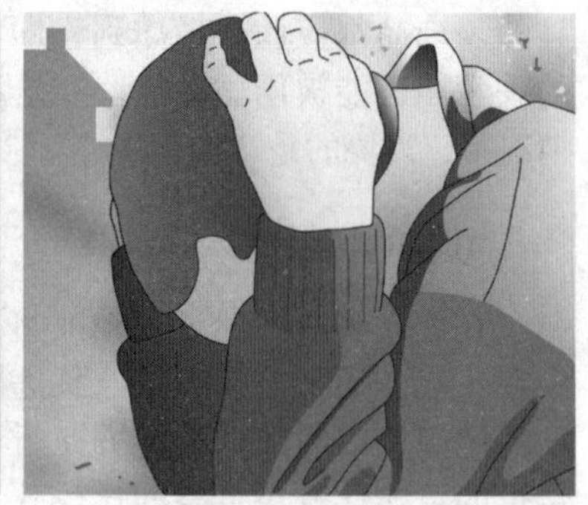
3.如果空间有限，用双臂保护好耳朵和眼睛等容易受伤的部位（采取飞机上安全保护的方式）。

事情。如果感觉到自己暴露在危险之下，容易受到伤害，尤其是存在大量的玻璃，应该背对潜在的危险区域坐着，这样至少可以保护到眼睛，因为眼睛最容易在爆炸的时候受到严重伤害。

再爆炸

第一次爆炸之后很可能还会有第二次爆炸，既可能针对前来处理事故的安全人员，也可能针对在第一次爆炸中没有丧生而现在又聚集到一起的受伤人员。如果自己不幸被卷入到爆炸袭击中，不要在爆炸现场周围停留，或者到一个集中的区域，而是应该尽可能快地远离事故现场，考虑一下自己的安全，并保护好眼睛等重要器官不要受到第二轮爆炸的伤害。

防备毒气和毒物

伊拉克出现的大规模杀伤性武器把毒气、生化武器和其他的毒物带进了公众的视线，但是这些东西实际上已经存在了至少1个世纪了。早在1914～1918年的第一次世界大战中，交战双方就都使用并都遭受了毒气进攻，但因为毒气没有被用来针对平民，所以并没有引起公众太大的注意。上个世纪80年代末期，当萨达姆·侯赛因用化学武器攻击库尔德村庄的人口的时候，这个问题才被带进了公众的视线。上个世纪80年代，两伊战争中，双方都互相指责对方在战场上使用了化学武器，但是正如对待战争本身，该地区外很少有人对此给予过多关注。

直到1990年萨达姆·侯赛因入侵科威特的时候，国际社会才开始认为萨达姆可能使用

↑ 极少量的有毒的化学或者生物物质能够在几分钟之内让上千人受害。因此，紧急情况下的呼吸设备越来越常见。

化学和生物武器，并对此感到恐慌。这种恐惧在上个世纪的最后10年时间里一直存在着，直到2003年英美联军进入伊拉克才发现，作为发动战争的理由的大规模杀伤性武器在这个地区根本就不存在。尽管英美联军现在已经承认伊拉克没有大规模杀伤性武器，但还是存在着担心，担心大规模杀伤性武器或者其组成部件已经落入恐怖分子的手中。

几乎同样的事情也曾经发生在“华沙条约”时期，当时由于丢失了部分化学原料储备，欧洲和美国的大众传媒就开始阶段性地对此大做文章。其实这种武器真正被恐怖活动使用的唯一的重大案件就是1995年发生在日本东京的地铁沙林毒气案，当时死者有12人，并影响到了超过5000人。在该案件中使用的化学毒气后来被证实是他们自己制造的一种纯度并不太高的毒气。

无形的致命物质

这种类型的化学和生物物质容易被恐怖

↑ 尽管专业人员最终将帮助毒气事故中的幸存者，但是只有通过自己的努力才能让自己成为幸存者。

分子利用，而且在对人产生影响前不容易被发觉，通常其最初的症状是呼吸困难或者视觉方面的问题。唯一能够保住自己性命的办法就是当发现别人受到影响的时候立即戴上面罩，但是即便如此，也不敢保证你所采取的保护措施就能够有效抵御威胁，因为不同的化学和生物物质具有不同的特性，而那种通用面罩只能防御住其中一部分类型的有毒物质。但是，无论如何，有保护总比完全没有好。

紧急呼吸设备

自从纽约、华盛顿和宾夕法尼亚州的“9·11”恐怖袭击之后，美国又爆发了可疑的炭疽袭击，由此，公众对恐怖分子能够轻易获取或者制造基本的化学或生物武器的认识大大提高，同时，相对比较便宜的口袋大小的呼吸设备一般民众也能购买到了。由于竞争，这种呼吸设备的价格还在继续下降。如果你经常乘坐公共交通工具，或者参加很多人在一起的可能成为恐怖分子攻击目标的活动的时候，携带一个这样的轻型面罩还是有必要的。

某些极端政治活动组织提出了从政权更替到停止穿着皮革服装或者禁止堕胎等各种各样的要求，他们的方式已经从邮件炸弹变成了通过邮件进行化学恐怖袭击。通常他们利用的是某种类型的无味粉末，因为液体邮寄比较困难。在几乎每一个案例中，这样的恐怖袭击都被最终证实为精心设计的骗局。

政府对于可能成为化学攻击目标的人员或那些在高风险行业处理信件的人的建议就是保持警惕、不要慌乱、事后彻底清洁。对可疑邮件保持警惕是最重要的要求，然后所有邮件都要小心打开，最好是利用工具而不是手指，这样不会直接接触里面的东西。

一旦邮件打开，最好是放在没有其他物品的平面上，不要摇晃邮件或者将邮件里的东西倒出来，也不要向信封里吹气，因为里面可能存在某种通过空气传播的有毒物质。最后，在处理完邮件之后洗手也非常重要，因为感染化学有毒物质的第二大常见方式就是通过皮肤吸收。

战争地带生存策略

自从冷战结束、美国和前苏联两大超级大国之间的政治平衡被打破以来，这个世界已经变得越来越不稳定。位于欧洲心脏部位的前南斯拉夫的情况更明显。在前南斯拉夫，沉寂了几个世纪的仇恨被唤醒，为了最终的生存，友好和睦相处了近半个世纪的邻居卷入了内战。很多人都会认为战争是一个政府发起针对另一个政府的，但是事实往往并非如此，民族或者宗教上的分歧常常更容易导致战争，很多战争都是内战而不是国家间的战争。

战争地带生存

在战争地带生存，你不仅要避免敌人，而且还要注意抵抗自然的力量，如身边的建筑物倒塌等，主要有以下几种基本原则：

- 你必须具备在身边环境恶化的时候适应环境的能力。
- 你必须学会搭建临时的避难所，让自己和家人能够暂时栖身，待上几天甚至是几周的时间，直到战争结束。
- 你必须储备一定量的能够度过最艰难时间的水、食物和其他的生活基本必备品。

发生在家门口的战争

有些人会有诸如地下室这样很好的避难所，但是对于居住在发达国家城镇的绝大部分人来说，暂避地下室几乎是不可能的。在这种情况下就必须选择房间，最好是外墙比较少窗户也比较少的房间，在这个房间里准备睡觉的地方，储备水及食物等物资。

在房间里距离外墙最远或者靠近楼梯的角落这样结构上比较结实的地方搭建一个窝棚。你还需要在顶上搭建一些临时用以保护的东西，预防附近发生爆炸时从顶上掉下瓦砾等砸伤人。其实楼梯底下（如果空间足够）是最好的栖身之所。这种避难的窝棚应该主要是睡觉的地方，里面还应该储备水和医疗物资等。

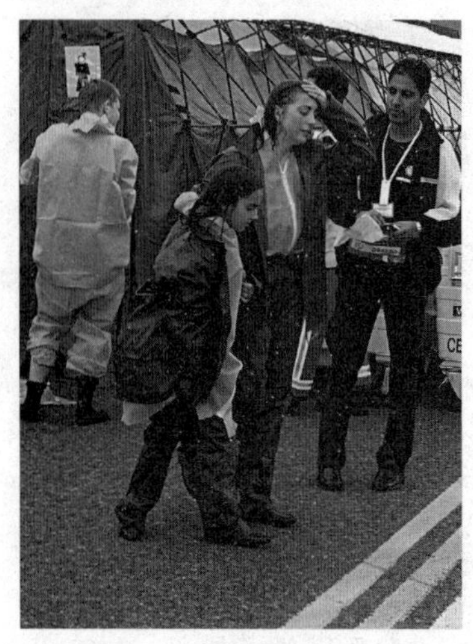

↑ 如果不幸成为化学或生物攻击的受害者，而且还没有保护措施的话，要先战胜恐惧，尽快前往开阔的地方。

↑ 站在受到感染的人员的上风处将能够有效减少吸入更多有毒物质的机会。但是如果时间较长，最好还是要戴上面罩。

↑ 尽快洗掉身上的污染物质，如果在公共场所，使用灭火水龙比较好，这样可以减少有毒物质的影响，增加自己生存的机会。

↑ 透气性好的暖和的防风和防水的服饰在电力供应被切断的时候非常重要。羽绒被能够提供很好的绝缘和保暖效果。

一旦战事临近，或者自己的房子有发生爆炸或者被炮弹击中的危险，就应该立即撤退到避难所。

在用来避难的地方储备足够的不易腐烂的食物，这是基本要求，但是更重要的是准备足够的饮用水。因为人的身体是相当奇特的，在很少或者没有食物的情况下也能存活好几周时间，但是如果没有水，只能坚持几天的时间。

在城镇和市内，最容易受到战争影响的两大弱项就是电力供应和自来水供应，主要是因为电站通常是攻击者的袭击目标，而自来水需要用电来将水输送到各个家庭和企事业单位等。浴室里可以储备一定量的紧急用水，但是需要在浴缸上加盖防水油布或者板子，问题是即使在装水之前已经用硅胶把所有可能漏水的地方都补好，一个浴缸的水也不可能用很长时间。随着时间的推移，你可能还不得不利用宝贵的燃料来把这样的水烧开，保证安全之后才能饮用。因此，最好还是储备桶装水，用50升装或者更大容量的塑料容器。

在用以避难的地方储备大量的保质期长的食物也是明智的，尤其是那种蛋白质含量高的肉、鱼或者豆类罐头。不要试图储备大量的体积小的脱水食品，或者像燕麦这样需要大量水来制备的食品，因为这种食品需要利用大量宝贵的饮用水和燃料来进行加工。在平时，可能很少有人会觉得吃冷冰冰的罐头会很有胃口，但是如果已经在避难的地方待上了一段时间之后，你可能就会盼望吃这种冷冰冰的罐头食品了。

应对工作场所中的恐怖袭击

对恐怖分子来说，有时商业中心是比普通民众更好的打击目标。因为如果没有银行和商业，社会生活很难有效运转，所以像政府公务员、银行雇员和商务人士就很容易处于被攻击的峰口浪尖。

如果无政府主义者攻击到了你工作的地方，这极有可能是在社会秩序产生危机的时候，而且这种攻击可能是公开的，以进一步破坏社会秩序为目标。在这种情况下，你个人的安危将不会是太大的问题。你应该脱掉自己的工作服，然后赶紧从侧门安静地离开工作的场所。但是，如果他们把你劫为人质，这种攻击可能就不会这么公开了。

邮件炸弹

信件炸弹、包裹炸弹，或者程度更轻的在邮件里放上化学或生物有毒物质都是攻击常见的基本方式，如果你在属于袭击高风险的商业或政府部门工作，一定要对此保持高度警惕。处理这些信件或包裹的人通常会是邮件部门的人或者秘书助理等，也正是他们容易成为这类袭击的受害者。但是如果你需要亲自打开私人邮件，你也必须注意这种潜在的威胁。

通常针对商业的炸弹或有毒物质攻击都是利用精心准备的包裹来设置骗局，因为袭击者也不希望由于伤害或者杀害无辜的受害者而失去公众对他们的同情。即便如此，打开包裹，如果发现里面有一个假的炸弹或者神秘的粉末状物质，另外还附带一张警告纸条，给自己造成的那种紧张压力和心灵创伤也不会是一个愉快的经历，因为对被袭击的恐惧所产生的心理与真正发生袭击所产生的心理几乎是一样的。

自上个世纪90年代后期，随着互联网的普及，任何人只要愿意并且具备最基本的技术能力都可以利用简单易得的零部件制造廉价有效的简易爆炸装置，因此这种威胁一直都无处不在。无论是反活体解剖者攻击制药公司员工还是无政府主义者企图扰乱政府部门，还是不满的公司员工对公司进行报复，通过邮件邮寄的炸弹都是一种匿名的有效的武器。绝大多数恐怖分子最不愿意被轻易地追踪，因此他们会尽量在包裹上留下最少的线索。

包裹上的地址如果是手写的，将会留下被指控证据，因此在绝大多数情况下，地址都是用计算机打印好之后贴上去的，即使手写，他们也会对自己的笔迹进行伪装。但是无论如何，用自己的眼睛和大脑通常会很容易对此加以辨别。预防这种情况的首要任务就是看地址标签。包裹里的爆炸装置应该是固定好的，避免在运输过程中出现晃动，由于运输的长短距离和时间的不确定性，这种邮件爆炸装置基本不会使用定时器控制，因此对于这种邮件不打开就应该是安全的。如果邮件看上去或者感觉上比较可疑，最简单的办法就是把它放在一边，赶紧打电话通知专家。不管怎样，即便尴尬地生存也比死去好。

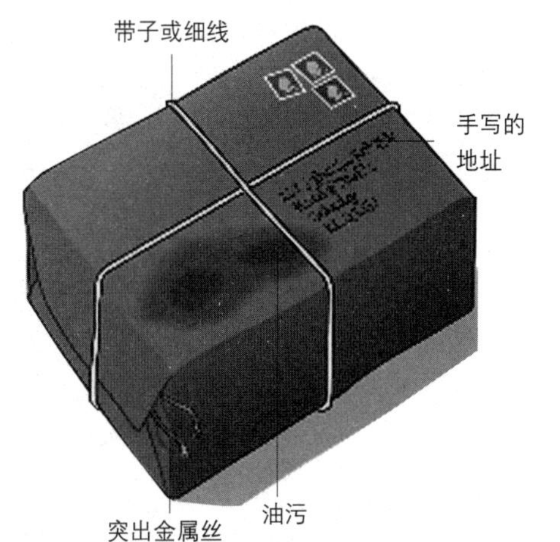

↑ 这种包裹炸弹很久以来就一直是分裂分子和动物权利恐怖分子们利用的攻击方式。邮件地址标签不正确、两根绳子交叉绑定或者形状不规则都有可能是一种警示标志。

“9·11”的教训

自从“9·11”以来，商业中心，尤其是那些高层商业中心都已经进行了认真的风险评估，从常规的“重大事故”紧急撤离到消防都已经进行了演练和评估。尽管“9·11”事件由恐怖分子发起，但是危险也有可能来自于严重的事故（毕竟在1945年7月28日，一架B-25轰炸机曾经撞上了帝国大厦第78楼）。这种事故其实在最初设计大楼的时候就已经预见到。当时大型飞机已经被上天，设计者错估了飞机的大小，事故最终证明了当初的“远见”。但是即便如此，设计者还是给大楼留出了有效的逃生通道，让受到攻击的楼层以下部分的人员得以逃生。不过从“9·11”事件看出，他们当初设计没有考虑到的问题是，部分人员在看到危险的第一时刻没有离开，因此被最终坍塌下来的大楼埋葬。

在双子大楼已经遭到了炸弹袭击，造成了部分人员伤亡和较低楼层的严重受损的同时，在那里工作的人们应该已经意识到自己可能成为恐怖袭击的目标。但是当第一架飞机撞进大楼，造成了如此具有破坏性的后果并且使得好几个楼层着火后，在另一幢楼和被撞楼层以下没有受到影响的楼层上班的人们依然没有意识到危险，继续留在办公室，而不是根据早就制订好的紧急撤退计划尽快撤出大楼。他们不是在等待个人的安危，而是在等待别人告诉他们该怎么做或者还在幻想紧急救助部门完全能够控制住局势。

办公室安全

记住，在麻烦到来之前只有自己才能进行个人风险评估，并制订一个计划确保在危险出现时能够生存下来。一旦危险的时刻来临（一定要记住，我们谈论的不仅仅是大楼失火或者自然灾害，也包括恐怖袭击），你必须了解如何从最近的路线逃出大楼，而且还要准备一条备用路线，以防最近的路线不可用。在紧急情况下，千万不要依赖电力和照明供应，因为在遭到重创的时候，这些系统都可能被中断，因此要确保自己能够知道如何在黑暗中逃生。

在靠近紧急逃生出口的位置办公是一个明智的选择，如果可能，一定要尽量争取。在紧急情况下，时间就是生命，如果你必须与很多同事一起在一间开放的大办公室中逃生，你就已经没有优势可言了。

大楼失火之后逃生一般都走大楼最结实的部位，不同大楼的建筑结构不一样，最结实的部位可能是大楼中央、角上或者边缘。你可以选择在靠近这些位置的地方办公。如果使用汽车炸弹对大楼进行攻击，这种地方也可能是遭到最小破坏、最不可能坍塌的地方，从而能大大提高自己的生存机会。

要注意爆炸发生之后，炸飞的玻璃是构成伤害的最主要因素。即使炸弹在数百米开外的地方爆炸，其附近的完全与目标不相干的地方的窗户玻璃也可能被震碎，从而带来严重后果。很多人都愿意坐在窗户边上办公，认为良好的视线可能调剂办公室生活的枯燥，但是如果恐怖分子在附近发起攻击，你所看到的也许就是你最后能看到的东西了。

第8章 其它灾害中的生存

大自然是可怕和令人敬畏的。它能够让我们完全陷入恐慌，例如海啸，由于其极其罕见，因此一旦出现，大家会完全震惊，只剩求生的本能。即使在熟悉的环境下，人们也可能碰到完全出乎意料的而且可能存在破坏性后果的情况。从生存的角度来说，事前准备和积极态度是具有决定性影响的因素。本章中介绍的内容将帮助大家为应对这样的局面而做好准备。

陆上事故逃生技能

公共汽车和火车的事故一般来说要比空中和海上事故造成的极端情况要少，但不幸的是，这种事故也更常见。很多人可能都会碰到一次或者更多的交通事故，尤其是在陆地上旅行的时候。在所有的紧急情况下，关键的就是要预先想到并做好应对准备。

计算一下座位距离出口处的座椅排数，熟悉紧急安全门的操作方式，注意发生意外情况时可以用来敲碎玻璃的设备的位置和使用指南。随身携带如手电和手机之类的小物品，从登车就开始考虑逃生的策略等等，这些都将让你在发生意外情况的时候能够从容面对。

道路交通事故

在道路交通事故中最好的保护措施就是系好安全带。如果车辆上配备了安全带，从上车开始就系好，哪怕是停车的时候。一旦车辆在发生交通事故停稳之后，立即解开安全带，让自己和车上的其他人尽快下车，然后迅速逃离到尽可能安全的地方。当然，脊椎可能受到严重伤害的人例外。任何受到这种严重伤害的人在医护救援人员抵达之前都不能被随意移动，除非车辆还会出现其他致命的事故。

如果车上没有安全带，当预感到即将发生事故的时候，立即采取抱头的保护姿势，用双手保护头部，双肘抵在前排座椅的背部。这将减小受伤害的可能性。

↑ 道路上越来越多的交通堵塞现象意味着出现交通事故和车辆机械故障的概率也在持续增加，我们必须做好准备应对各种情况。

从车辆上逃生

在车辆发生事故需要撤离的时候，你可能不得不自己动手打开车门。紧急出口可能已经向内侧、外侧或者两侧同时打开。在部分公共汽车和火车上，电源被切断之后，紧急出口就只能强制打开了。

如果门不能用来逃生，就只能选择敲碎玻璃从窗户逃生了。很多公共交通工具上，都在车厢接头处配备有在发生紧急情况的时候用来敲碎窗户玻璃的装置。登车之后，一定要注意距离自己最近的这种装置的位置，并熟悉其操作规程。这种装置的型号和操作规程各不相同，如果没有

□敲碎窗户安全玻璃

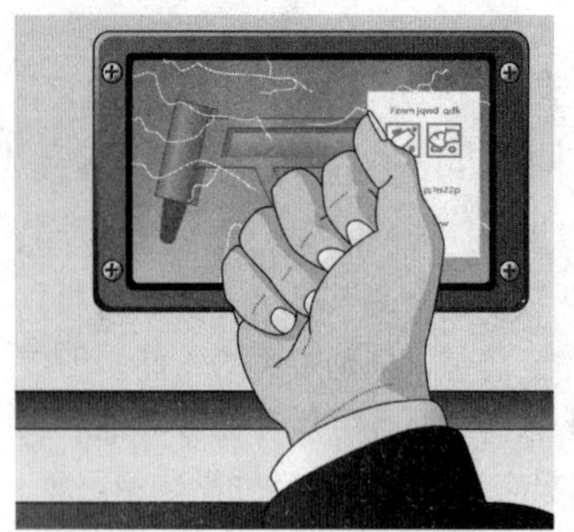

1.根据指示打开装有锤子的盒子，通常是敲碎盒子的玻璃盖，尽量用身边的书或其他物品来敲碎盒子玻璃。

2.拿出锤子，然后用锤子稳固地敲击窗户玻璃的一个边角，如果是双层玻璃，一定要确保两层玻璃都被击碎。

3.用背包或者衣服包将洞扩大，为了避免被玻璃划伤，一定要将窗框上的所有玻璃碎屑清理干净。

这种装置，你就可能敲不碎车上的强化安全玻璃。

从行进中的车辆上逃生

当意识到自己不得不从一辆行进中的车辆上逃生的时候，一定要谨记下面的规则。跳车之前首先观察移动方向，确保自己不会撞上路边的灯柱或者其他类似的物品。跳车落地之后要保持向前跑的姿势，然后迅速向前滚动，双臂抱住头部。如果以前练习过从移动中的物体如秋千、旋转木马、自行车或者滑雪板上跳下来，那你就会做得更好。车辆速度超过50千米可能就不值得冒受伤的风险跳车了，除非确定继续待在车上就只有死路一条。

警告：这是一个极端危险的方式。只有在生命受到严重威胁的时候才可以使用。

火和烟

公共交通工具一旦失火，地毯、座椅泡沫和塑料制品燃烧产生的浓烟会迅速充满整个车厢。如果你根据前面的指导，数好了座位距离出口处的座椅排数并携带了手电，你就可以在手电的帮助下趴在地面上，避开有毒气体向出口处移动。在脸上包一条围巾将帮助你过滤气体，更易呼吸。

电力火车和有轨电车

下火车之后，你需要注意铁轨。有些铁轨是带电的，因此不要碰它们。也要注意地上或者空中的任何导电的东西，以免遭到电击。部分电车从顶上获得电源，因此也要注意，既要预防车顶带电，也要预防电线在事故中被拉下来。

地铁车站

如果从地铁列车上撤离，你只能沿着地道里的铁路线逃生。这时如果还有其他火车，就比较危险了。迅速查看地道里的墙上每隔一段距离是否有供躲避火车的安全洞，很多地道都会有这样的安全洞。即使在安全洞里的时候也要控制好衣服和头发，谨防被过往的火车挂住。

如果不知道最近的车站在哪个方向，查看地道中是否会有一股微风。最近的车站一般都位于微风风向的位置。一旦抵达车站，迅速爬上站台，然后离开。如果失火，一定不要使用电梯或电动扶梯。尽管走楼梯的人可能不会太多，但这通常是最好也是最安全的方式。一旦使用某条线路成习惯的人，在发生紧急情况的时候也很难改变这种习惯。

如果你已经进入电梯，电梯突然停止运作，你可以强制用手把门打开，看电梯是否靠近某个楼层，然后选择是否爬进这个楼层。如果不靠近楼层，你可能就必须通过电梯顶上的天窗爬出去，然后爬进某个楼层。其实这两种情况都非常危险，尤其是电梯又重新开始运作的时候，因此在开始行动之前一定要按下电梯控制面板上的停止键。但是，最好的办法还是冷静地等待救援，除非情况非常危急。绝大多数电梯都有一个电铃或者电话可以发出求救信号。尽管可能在断电的情况下，这种电铃和电话会不好使，但还是值得一试。你还可以通过大声叫喊或者敲击电梯地板上的金属部分，这些声音在电梯升降井中都能传递到很远的距离。

空中事故逃生技能

绝大部分人即使明确地知道乘坐飞机其

实是很安全的交通方式，但是在坐飞机时还是比乘坐其他交通工具更害怕。部分原因是不熟悉，人们可能经常乘坐汽车、火车，但是乘坐飞机的机会可能就不会这么多。另一个因素可能就是人们认为坐飞机缺乏对周围环境的控制，再也没有任何一种交通工具比飞机让乘客发挥的能动性更小。你对何时出发或者坐在何处没有选择的权利，每一步都是被别人告知该怎么做。

通过简单地对自己能够控制的东西采取积极的态度就会使自己感觉好很多，而且这么做也能大大提高自己在紧急情况发生时的生存机会。

飞行中的安全知识介绍和安全卡

如果你本来就对乘坐飞机比较担心，安全知识介绍会让事情更加糟糕，因为你可能就会特别联想到自己碰到飞机严重颠簸、舱内失压、紧急迫降或者掉进海里等情况，其实这些情况发生的可能性都极小。即便如此，你还是应该认真了解并谨记这些安全介绍，这一点非常重要，然后仔细阅读介绍发生事故该如何应付的安全卡。这样不仅能让你在遇到事故的时候不至于感到非常震惊，同时也能够让你理解周围的人在做些什么以及为什么要这么做。

飞行中的安全知识介绍和安全卡将告诉你救生衣储存在什么地方。救生衣通常会放置在自己座椅的下方，一定要确保自己真正理解了，并在发生紧急情况的时候能够顺利将它取出。安全知识介绍和安全卡还会告诉乘客如果出现舱内失压的情况，氧气面罩会从头顶的控制板上自动脱落。

在高度超过3000米的地方，一般的人都需要补充氧气，要么通过给飞机舱加压，要么就是乘客带上氧气面罩。因此客机必须携带通过氧气面罩供应氧气的应急设备，以防机舱氧气加压系统失灵或者机身被意外穿孔。这种氧气供应给飞行员提供了必要的时间来安全降低飞机的高度到一个不需要补充氧气的高度。正如电影里所表现的一样，由于子弹或者其他穿孔引起的舱内失压并不一定都是灾难性的，甚至是失去一扇门或者窗户也并不一定会毁灭掉整架飞机。

熟悉环境

登机之后，立即熟悉自己周围的所有环境。尽管在出现事故的时候，打开紧急出口和使用灭火器都是乘务人员的工作，但是如果你知道如何操作使用这些东西也不会是坏事。离自己最近的乘务人员有可能在事故中受伤，或者被不冷静的乘客纠缠着脱不开身。

“空中暴怒”

不守规矩的乘客的极端行为通常被称为“空中暴怒”，将可能给乘务人员和其他乘客带来危险。出现这种攻击性行为的原因可能包括过度饮酒（酗酒）、被禁止吸烟、幽闭恐惧症、长途飞行造成的沉闷和厌烦、失去控制的心理感觉和丧失权利等方面的问题等等。

乘务人员都接受过应付这种局面的培训。如果你不幸被卷入了这种事情，保持冷静的眼神交流，利用开放的肢体语言，努力让麻烦制造者平静下来。千万不要让事态升级。

大气变化

有时飞机会由于湍流等大气变化而产生剧烈颠簸。通常情况下飞行员会对此进行预警，但是有的时候时间会来不及，因此最好是在飞行中随时做好准备。

确保放在头顶行李箱里的所有行李都安放稳当，而且每次打开行李箱门之后一定要关好。减小物品滑落伤人的可能性。

在飞机上不要喝水太多，避免频繁或者在不方便的时候上厕所。坐在座位上的时候随时系好安全带，而不是只在安全带指示灯亮的时候才系上。

↑ 在紧急情况下，每个出口都会配备紧急滑梯，乘客能够利用滑梯迅速从飞机上撤离。

做好最坏准备

值得考虑的最坏的场景就是发生事故后从飞机上撤离。其窍门就是了解你的座位与每个紧急出口之间有多少排座位。一旦找到自己的座位后，一定要环顾四周，找到紧急出口的位置，然后数一数每个紧急出口与自己的座位之间的座位排数。这样在发生浓烟、失火或者电源失灵的时候，你就将是少数几个能够在摸索中找到紧急出口的人之一。自己行李中对生命至关重要的基本物品（如救生药物和呼吸器等）应该随时随身放在衣服口袋里。这样的话，一旦发生紧急事故，没有必要在忙乱中还要找行李。

一旦出现浓烟或者失火，你必须在90秒钟之内离开飞机，否则你基本上就已经没有机会逃生了。在脸上包一件衣服来过滤气体能够帮助解决呼吸困难的问题，尤其是在把它弄湿的情况下，效果会更好。

深度静脉血栓

在乘坐客机商务舱的时候你还可能面临患上深度静脉血栓（DVT）的危险，尤其是超重、过胖、饮酒过度或者是有血管疾病史的人。这种病会形成血栓，尤其是在腿部，导致疼痛和肿胀，如果病情恶化，发生血栓易位，堵塞住肺部血管的话，甚至可能会威胁生命。这种情况的发生并不局限在飞机上。在都市生活中，这种情况也并不鲜见。连续坐的时间太长也容易导致深度静脉血栓。为了避免出现这种情况，每隔1个小时站起来到过道里溜达一会，在座位上坐着的时候，也可以做一些适当的腿部放松活动。

当前的医学观点认为，“飞行袜”能够有效降低患深度静脉血栓的风险，这种“飞行袜”能够从航空和旅行商店购买。深度静脉血栓尽管比较少见，但是即使自己不是高危人群也应该采取预防措施，这样就不必过度担心患上这种病了。

↑ 消防队员抬着一位伤者离开严重的事故现场。化学灭火设备喷出的泡沫在他们周围还随处可见。

在空中紧急情况下逃生

在飞机上发生紧急情况的时候，一定要穿好自己的上衣，并且确保把所有最基本的必需物品放进口袋。从飞机上安全撤离的时候，那些不是必需的随身携带的行李应该留在飞机上。

最好是穿上比较宽松舒适、能够保证自己充分自由活动的衣服，而且把手臂和腿部完全盖住。天然纤维制成的衣服能够提供很好的保护。鞋子应该穿那种带鞋带的，这样可以保证在发生紧急情况的时候鞋子不会从脚上滑落。

系好安全带并调整好，保持双手抱头的姿势。一定要记住自己的座位与每个安全出口之间的座椅排数，看一下身边所有的乘客，争取努力记住谁是谁，并尽可能对他们建立某种印象，例如如果自己要出去，他们会做出什么样的反应等。

水上紧急着陆

如果飞机进行海上迫降，等撤离了飞机之后再对救生衣和救生艇进行充气。要带上救生装备尽快从飞机上撤离。要谨记，在这种生死攸关的情况下，淡水可能是最重要的东西。在救生艇和飞机之间绑上绳索，等飞机上的人都撤离之后，或者飞机已经开始下沉的时候再解开绳索，然后在飞机下沉的同时尽快划救生艇离开。

如果拥有多个救生艇，用8～10米长的绳子将它们串连在一起会更好。如果能够把会游泳的人用这种方法连在一起也会对生存有所帮助。

如果需要搜寻失踪的人员，首先要确定风向，然后顺着风向进行搜寻，飞机和失踪人员都有可能顺着风向漂移。海浪没有关系，因为大家都在海浪里随波流动，但是风却能以不同方式影响海上漂浮物的移动方向。

小心调整救生艇行进的方向并保持平衡。注意随身携带好必备物资，学会在救生艇倾覆之后如何将它翻转回来，因为救生艇很容易被打翻。

尽量保持身体干燥，越干越好，因为一旦衣服被浸湿之后，就会造成严重的后果。如果天气寒冷，要尽快考虑如何保暖的问题。因为如果你首先考虑的是其他迫切问题，而一旦冷下来就很有可能暖和不起来了。如果天气炎热，你也需要考虑被太阳晒伤或者脱水的后

□空中紧急情况

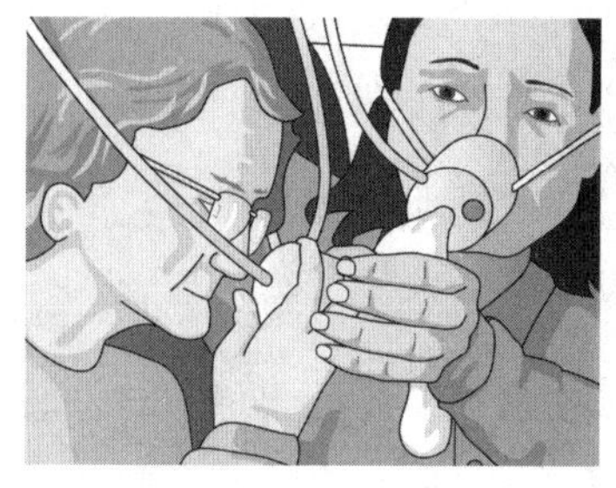

↑如果舱内失压，氧气面罩会自动脱落。首先戴好自己的氧气面罩之后再帮助那些需要帮助的人。

↑当听到“抱头！抱头！”的通知时，根据图示采取行动，双手抱住头部，双肘抵在前排座椅的后背上。

↑如果紧急迫降之后发生了火灾，立即趴倒在地，避开浓烟和有毒气体然后向此前已经确定的最近的紧急出口爬去。

□使用紧急出口

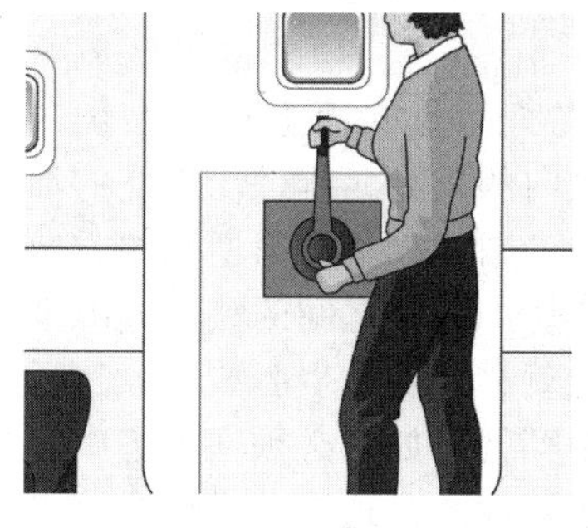

↑根据指示方向转动门上的把手就可以打开紧急出口。只有当飞机已经停稳之后才能打开紧急出口。

↑紧急出口门可能是双向打开或者从右侧打开。在安装紧急滑梯之前一定要确保门已经完全打开，不会挡住滑梯。

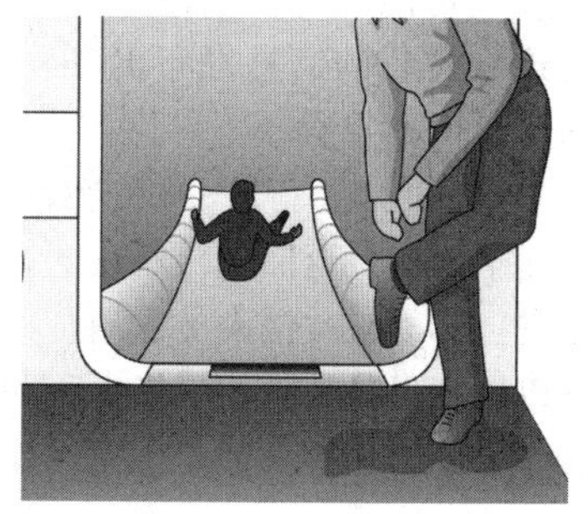

↑上滑梯之前脱掉鞋子，避免鞋子划伤滑梯。跳进滑梯的中央，双臂抱在胸前，双腿并拢。

果，尽快给自己制造阴凉的地方或者把身体全部盖住。如果在海里游泳，要避免脸部迎着阳光的方向，或者用衣服将脸部皮肤包起来。很显然，如果有的话，最好戴上遮阳帽或者太阳镜。

尽快启动求救装置发出求救信号。如果有无线电装置，也要打开。记住：搜救飞机或船只很难发现幸存者，尤其是在比较小的救生艇上或者在海里游泳的时候。因此应该想办法让自己容易被发现。在身边放一面镜子，或利用无线电装置，准备好在看见救援船只和飞机的时候用它们向救援人员发出求救信号。

在紧急迫降中逃生

紧急迫降之后如果发生火灾，一定要趴在地上，避免吸入浓烟和有毒气体，然后按照紧急疏散指示灯（如果还保持工作的话）指示的方向，根据自己此前已经铭记在心的座椅排数，数着座椅向最近的紧急出口处移动。尽量超越和绕过挡在自己前进路上的其他人。这些乘客有可能已经迷路，或者仅仅是行动比较迟缓。这些都不是你的问题，不要排队等候。

如果紧急滑梯已经安装好，不要坐在上面滑动，而是直接跳进去落在滑道的中央，然后迅速下滑。双臂抱在胸前，减少碰到其他物品和其他人的危险，也能避免自己受到伤害。

一旦从飞机上撤离之后，立即远离飞机，直到发动机已经完全冷却下来，泄漏的燃料已经完全挥发。检查一下受伤的人员，并给他们提供任何力所能及的帮助。首先要寻找某种能临时遮风挡雨的地方。如果需要，可以生一堆火，最好再弄一杯热的东西喝。如果有通讯设备的话把它打开，让它能够正常工作。这些都完成之后，就可以放松一下了，让自己从震惊中恢复过来，至于其他的计划和行动留到下一步再考虑。

等待救援

短暂休息之后，就应该寻找给养物资，并对其进行组织利用。记住水是最重要的东西。

□如果发生紧急迫降

1.不管局势多么严峻，飞行员都会尽力安全着陆，但是并不一定能够确保着地角度正确。

2.无论是机头还是机尾首先着地，都有可能发生机身折断的情况，从而威胁到乘客的生命。

3.机身最容易在中间部位折断，这极有可能引发这个部位乃至飞机其他部位的迅速着火。

尽最大可能确定自己的方位，并通过电台把有关这个位置的信息发布出去，即使是根据推测的信息也不要紧。

如果已经离开飞机，在确定飞机是安全的前提下，尽量返回飞机所在的地方，因为飞机总比自己容易被救援人员发现。如果天气寒冷，还可以在自己另外搭建更好更暖和的住所之前把飞机作为临时住所。但是千万不能在飞机上取火做饭。

如果天气炎热，利用飞机做临时住所就会太热了。相反，应该在飞机外面利用降落伞或者毯子等搭建遮阳篷，让较低的一端距离地面50厘米，允许空气流通。

保存任何电器设备的电源。即使已经用电台发布了救援信号，也要用镜子或者手电等每隔一段时间向四周发射光线作为救援信号。

弃船逃生

发生船只失事的时候，做好准备就意味着将增大逃生的机会。了解救生设备的位置很重要，了解如何准备最基本的生存物资也同样重要，水是第一位的，但是食物、衣服和通讯设备也同样重要。如果你发现没有合适的救生艇或者其他救生设备，你就需要寻找较大的可以在水中漂浮的物品，然后将必需的生存物资转移到上面。

遵循船员的任何指导。下水之后，立即远离失事船只。如果船只没有立即下沉或者爆炸的危险，可以先待在船只附近，还可以用绳索把救生艇和船只连在一起，直到更多的物资被搬运上来。要是发现继续待在这个地方将会非常危险，就赶紧离开。

油料燃烧

如果发生火灾，而且水面上也有燃烧的油料，尽量按照风向的反方向行进。燃烧的油料很容易被风吹动，因此火不会向逆风的方向蔓延。你需要在燃烧的油料之间的狭小缝隙里穿行，这样你可能就需要给救生艇放气，然后才能在这种缝隙中穿行。如果必须在火焰中穿行，可以用双手手臂煽风，这样在火焰中煽出空隙，能够保证自己正常呼吸，但是这种情况非常危险，不到万不得已的时候千万不要在火焰中穿行。因为火可能会把周围区域的氧气全部耗光，而且极高的温度可能会烧伤肺部，从而让人丧命。

如果救生设备是用嘴吹的气，你还可以吸入救生设备中的气体。尽管这种气体是从嘴中呼出的，但是其中的含氧量还是足够利用很多次。但是注意那种自动充气的救生背心，其中的气体通常含有大量的一氧化碳。

水中求生

只要身体不下沉，哪怕会游泳也不要游泳。如果可能，尽量用背部靠浮力漂浮（借助救生设备、充满空气的衣物或者椅子坐垫等），保存体能。只有在确定能够抵达一个安全的地方的时候才游泳。一直把头部没入水中，呼吸的时候才探出头，这样也能保持体能。即使自己是一名非常好的游泳者，也会发现在海上游泳非常困难。提前在风大浪急的海面上练习游泳对此会有很大的帮助。

游泳，即使是稍微游一段距离也会迅速散失身体的热量，大大缩短自己生存的时间。如果你能够保持静态，就能够将身体周围的一

□临时漂浮辅助设备

↑ 将裤脚打结，握住裤腰摆动，然后套进头部，直到裤腰没入水中，让两条裤腿充满空气。

↑ 椅子坐垫和枕头能够用来作为漂浮物，船上的这类物资都是为此目的专门设计的。

↑ 如果没有任何漂浮辅助设备，不要脱掉裤子，尽量减少蹬水的次数以保存体能。

点海水的温度升高一点点，尤其是衣服内的海水。每次你移动，这点温水就会被凉水替代，然后失去热量，从而消耗体能。鉴于此，尽量多穿衣服。如果你有包（帆布包、塑料救生包，甚至是垃圾袋），钻进里面也能有效阻止身体周围的海水流动，从而大大提高生还的机会。如果几个人穿着黄色救生衣待在一起组成一个圈，会对大海中鲨鱼这种最令人恐怖的生物构成威慑。

海上生存

在只有少量给养物资的情况下生存，你必须照看好自己所拥有的东西，首先照看好救生艇。对于任何船只，如果把重量集中在中间部位会使船只保持平稳，不会进水，而如果把重量分布开来，则船只发生倾斜或者摇摆的概率较小。在风大浪急的情况下，如果将锚从船头抛进海里，会帮助船只保持平稳和抵御来袭的海浪，但

□紧急逃生程序

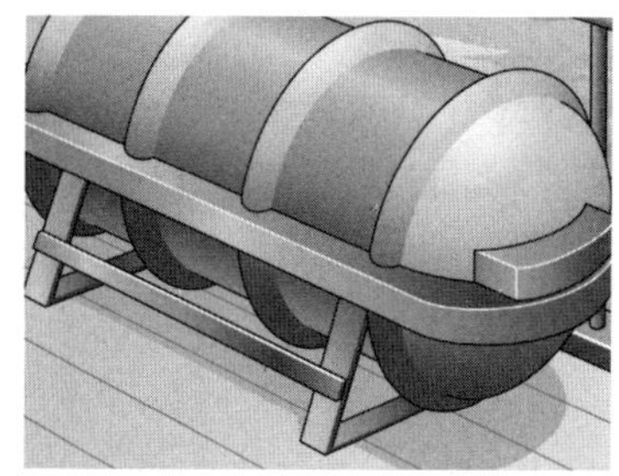

1.船只上除了一般的救生筏之外，还会配备一种圆柱形的并配有整套救生包的“抛掷型”救生筏。

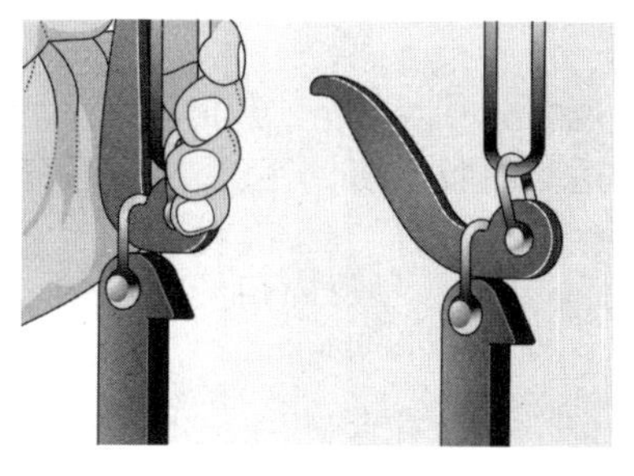

2.为了让救生筏下水，必须首先把固定救生筏的绳索解开。

3.把系艇索（连接救生筏和船只的绳索）系好后，在保证船只外的水面上没有其他物体的情况下，把救生筏扔到水面上。

4.将系艇索拉到最长，当系艇索拉紧之后再猛一用力，这样救生筏就会自动开始充气。

5.将救生筏拉到船边，然后让人依次进入救生筏，最好不要把自己弄湿。进入救生筏之前脱掉鞋子，去掉身上任何尖利的物品。

6.在所有人都登上救生筏之后，剪断系艇索，在海面上搜寻此前可能已经跳海逃生的人员，然后离开正在下沉的船只。

□用小划艇作救生筏

1.如果有绳子，从小划艇两侧的边上通过划艇底部绑上绳子，可以用来在小划艇翻转之后将它翻转回来。

2.如果有必要，把自己及所携带的东西都绑在小划艇上，让绑自己和小划艇之间的绳子足够长，以免发生翻转的时候自己脱不开身。

3.可以利用一块油布或者一件衬衣作为临时的船帆，这样会让小划艇移动更快，而且还能提供一小块阴凉的地方。

1.在锚上套一件衬衫或者类似的布料用做滤网，然后将锚放进海中。

2.这样锚上的临时滤网就会兜住海中的浮游生物及其他的小动物，也可能兜住海藻的碎片。

3.对滤网捕获的东西进行分类，分辨出能够食用的部分。

是这样也会减缓船只顺风行进的速度。在炎热的气候条件下，早上的时候可以适当给救生艇放气，防止救生艇爆裂。

食物和水

要明智地利用现有的给养物资。在没有食物的情况下也能撑好几周的时间，但是如果没有淡水，只能撑几天的时间。尽量减少喝水，只要保证不脱水就行。如果天气炎热，经常用海水弄湿头发和衣服，减少排汗，但前提是这样做不会刺激皮肤。雨水、多年冰（蓝色）以及海洋生物身体内的液体都可以是海上生存所需的水源。在任何情况下都不要饮用海水。

如果没有食物，你可能需要自己捕获，首选的食物是鱼类、鸟类和浮游生物。可以用衣服过滤海水得到浮游生物，它们一般含有大量的蛋白质和碳水化合物，把它们身上的毛刺和触须去掉之后就可以食用，但是这样你可能会同时吃进大量的海水，而且对于这种浮游生物你还必须首先判断其是否有毒。

临时制作捕小鱼的鱼钩和鱼线也非常简单。如果没有线，也可以试着做一个鱼叉，但是不要试图用鱼叉去捕较大的鱼类。鸟类将非常难以捕获，你可以将其引诱到船上，然后用鱼叉或者绳套将其捕获。绝大多是海藻都是可以食用的，但是珊瑚一般都有毒，不可以食用。

鲨鱼

如果碰到鲨鱼时你是与很多人在一起，最好的建议就是大家待在一起围成一圈，面朝外。鲨鱼经常会对强大的、有规律的移动和很大的声音感到恐惧，因此如果鲨鱼游近，大家一起把手掌握成杯子状，使劲拍水，发出巨大的声响，可能会吓跑鲨鱼。

如果是单独一个人，尽量与鲨鱼保持在水平的位置而不是垂直的位置：这将稍微降低鲨鱼攻击的风险，因为鲨鱼会把你看成是一个活的目标，而不是一个容易受到攻击或者死亡的目标。鲨鱼拥有高度发达的嗅觉，能够在很远的距离感觉到血液和废弃物的味道。黄昏和黎明是最危险的时间，然后才是黑夜。很少有攻击事件发生在大白天。鲨鱼很少攻击颜色鲜亮的目标，但它们对颜色对比尤其敏感，即使是身上被太阳晒出来的那种印记也能分清。饥饿的鲨鱼容易把闪亮的物体当做小鱼来攻击。

↑ 如果你看见来进攻的鲨鱼，而鲨鱼又不是太大，你就有进行防卫的好机会。用脚踢、用胳膊打或者用手掌根部挡开鲨鱼。

其他有害动物

很多种类的鱼都有非常锋利的、防卫性的、能够刺穿人体皮肤的刺，其中还有一小部分鱼的刺带毒。任何鱼的这种刺都应该小心应付。像石鱼这种鱼会隐藏在浅海的海底，如果不小心很容易踩上去。而其他带刺的鱼可能被钓上来，在对其进行处理的时候很有可能把自己刺伤。如果有疑问，直接把这种带刺的鱼扔掉，因为某些毒素是致命的。如果自己不幸被这种刺刺伤，首先把刺拔除掉，然后立即冲洗伤口。先用热水清洗，然后再用热的敷布敷在伤口上，用热量去除毒素。

某些鱼如果被碰上会给你一个强大的电击，尽管这没有太大的危险，但也要注意。这种鱼中的一种名叫电鳐，生活在温带和热带海域的海底，另一种名叫电鳗，生活在热带的江河中。如果在水中接近了这种鱼，会有一种触电的麻刺感觉。

水中急救

汽车沉入水中

在靠近水域的路边行驶，汽车难免有发生事故掉进水中的情况。作为驾驶员，能否实现自我救助全在于时间的把握和方法是否对路。

时间的把握

• 汽车掉进水里，通常不会立刻下沉，把握这1～2分钟的有限时间争取从车门或车窗逃生。

• 汽车沉入水底，水注满车厢约需30分钟左右，利用此段时间打开车门逃生。

• 逃生的方法

• 打开车灯，解开安全带，爬到后座部位。

• 关上车窗和通风管道，防止车内的空气外逸。

↑ 汽车引擎部位重，后座部位会翘起形成空气区域，按逃生方法的第一个步骤去做爬到后座部位。

↑ 按逃生方法的第二、第三个步骤操作后游泳出去。注意，上升时要慢慢呼气，否则会伤害肺脏。

↑ 如果车内还有其他人，除按上述步骤操作外，还要手挽手游泳出去，以免使力量较弱者被水冲走，直到上岸为止。

• 耐心等待至车厢内水位不再上升，即车内外压力相等时再打开车门。

• 深深吸一口气游泳出去。

人落水中

不慎掉进水里应保持镇静以利于呼吸。游泳或踩水时，动作要均匀缓慢。倘若水很冷，保持体温很重要，尽量少动，以减低体热消耗。因为体温太低会丧命。

踩水保持平衡

• 踩水助浮。办法是像骑自行车那样下蹬，一面用双手下划，以增加浮力，保持平衡。看看身边有没有漂浮的物体可以抓住。

• 脱掉鞋子，并卸掉重物，但不要脱掉衣服，因为衣服能保暖，而且困在衣服之间的空气还可起到浮力的作用。

顺水向下游岸边游

不要朝岸径直游去，这样徒然浪费气力。应该顺着水流游往下游岸边。如河流弯曲，应游向内弯，那里可能较浅，水流比较缓慢。

高声呼救

保持镇定并高声呼救。若有人游来相救，自己应尽量放松，以使拯救者合理采取拯救措施。

营救落水者

尽快找一条结实绳子或布条、竿子等送过去。然后俯卧堤边，利用任何可利用之支持物稳住身子，或叫人抱住双脚，让溺水者抓住绳子拖回来。

抛救生圈

向溺水者抛救生圈或轮胎一类的东西，然后去求援。

划船过去

将船划近溺水者，小心别撞伤溺水者，从船尾把溺水者拖上来。

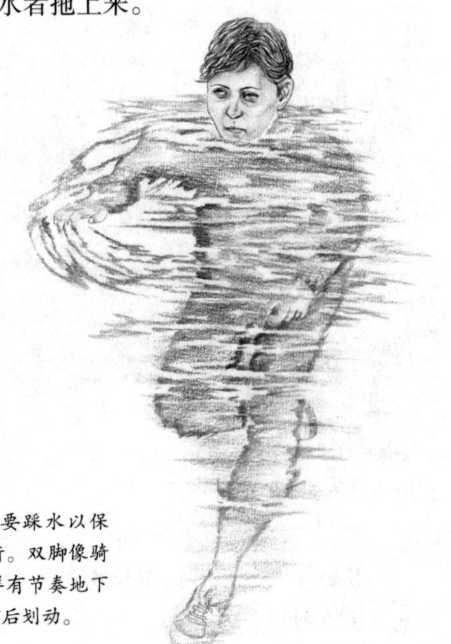

→ 落水后要踩水以保持身体平衡。双脚像骑自行车那样有节奏地下蹬，双手前后划动。

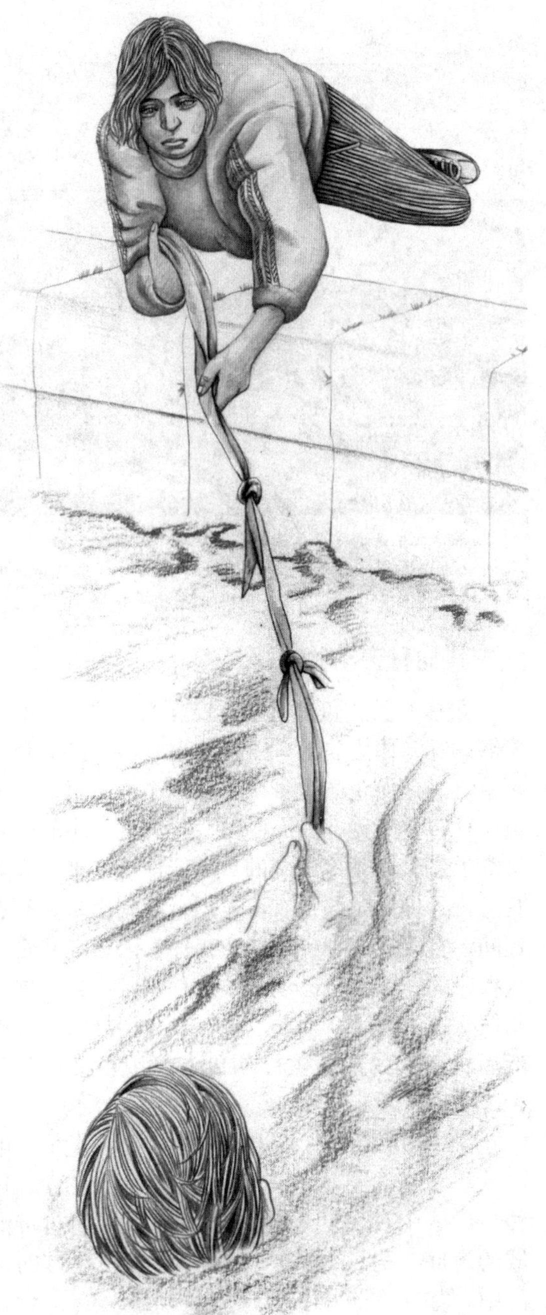

↑ 用身边可利用之物结成绳子，从岸上抛给溺水者，然后俯卧堤边，稳住身子，将落水者拖上来。

游泳抽筋

游泳中常会抽筋是长时间在水里浸泡使体温下降的结果。

应对措施

• 仰面浮在水面停止游动。

• 拉伸抽筋的肌肉。脚背或腿的正面抽筋时要把腿、踝、趾伸成直线。小腿或大腿背面抽筋则把脚伸直，跷起脚趾，必要时可把脚掌扳近身体。

• 抽过筋后，改用别种泳式游回岸边。如果

→ 腿部抽筋时，仰面浮在水面，将抽筋部位的肌肉伸直，必要时用手拉直。待症状缓解后改用别种泳式游回岸边。

不得不用同一泳式时，就要提防再次抽筋。

被激浪所困

波浪拍岸之前，要破浪往海中游，或不让浪头冲回岸去，最容易的方法是跳过、浮过或游过浪头。泳术不精者很快就会筋疲力竭，而精于游泳的也有可能出事。如游术平平，经验不多，只宜在风平浪静的水中游泳。

应对措施

• 波涛向海岸滚动，碰到水浅的海底时变形。浪顶升起碎裂，来势汹涌澎湃，难以游过。浪头未到时歇息等候，刚到时可借助波浪的动力奋力游向岸边，同时不断踢腿，尽量浮在浪头上乘势前冲。

• 采用冲浪技术以增加前进速度。浪头一到，马上挺直身体，抬起头，下巴向前，双臂向前平伸或向后平放，身体保持冲浪板状。

• 踩水保持身体平衡以迎接下一个浪头涌来。双脚踩到底时，要顶住浪与浪之间的回流，必要时弯腰蹲在海底。

↑ 在水中遇上危险，用力踩水使头部浮出水面，直举一臂做大幅度挥动动作。

营救溺水者

营救溺水者最重要的是讲科学态度，绝不能感情用事。即使受过训练的救生员，也只在万不得已的情况下才下水救人。没受过救生训练的人，往往力不从心，救人不成反而赔上性命。所以尽量采用绳拉或划船营救的方法。

下水营救措施

• 下水救人应避开溺水者相缠。否则必须立刻用仰泳迅速后退。

• 将救生圈一类的东西扔过去，让溺水者抓住一头，自己抓住另一头拖他上岸。

↑ 观察浪头的形势，采取对策向岸边奋力游。

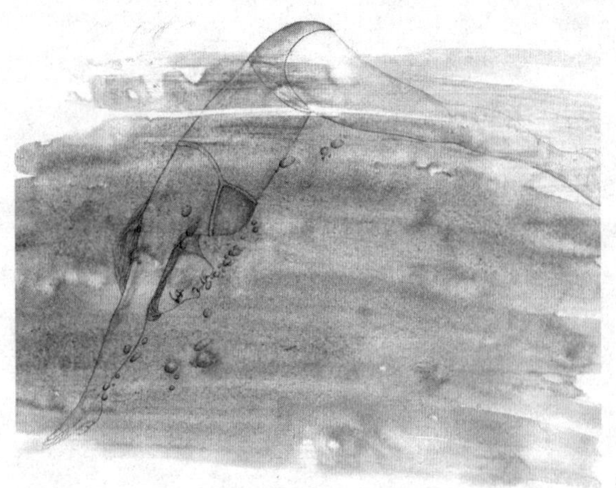

↑ 为避过碎浪的动力可朝着浪头潜进水中。

↑ 看到浪头逼近时可蹲在海底等浪头涌过后才露出水面，但要注意别正好碰上下一个浪头。

↑ 实施营救时，若溺水者有相缠企图，迅速用仰泳游开。一旦一只脚给抓住，用另一只脚把溺水者踹开。

↑ 如被溺水者从前面抱住，可低下头来，抓住其双臂，向上推过头顶，脱身游开。

↑ 对于不省人事的溺水者，可用手抓住溺水者的下巴，伸直手臂牵引，用侧泳游回岸去。

↓ 对于神志清醒的溺水者可递给毛巾的一端，仰卧水中，营救者自己拉着毛巾的另一端将溺水者拖上岸边。

← 对于张皇失措的溺水者，可在其背后抓住其下巴，使之仰面向上，与自己头靠头，然后用肘挟住其肩膀，仰泳游回岸去。

↑ 如果被溺水者从后抱住，可低下头来并抓住其上面一只手的肘中和手腕子使其松动。然后把溺水者肘部往上推，手腕子向下拉，自己的头则从抬起的肘下钻出来，游到溺水者背后或干脆游开。

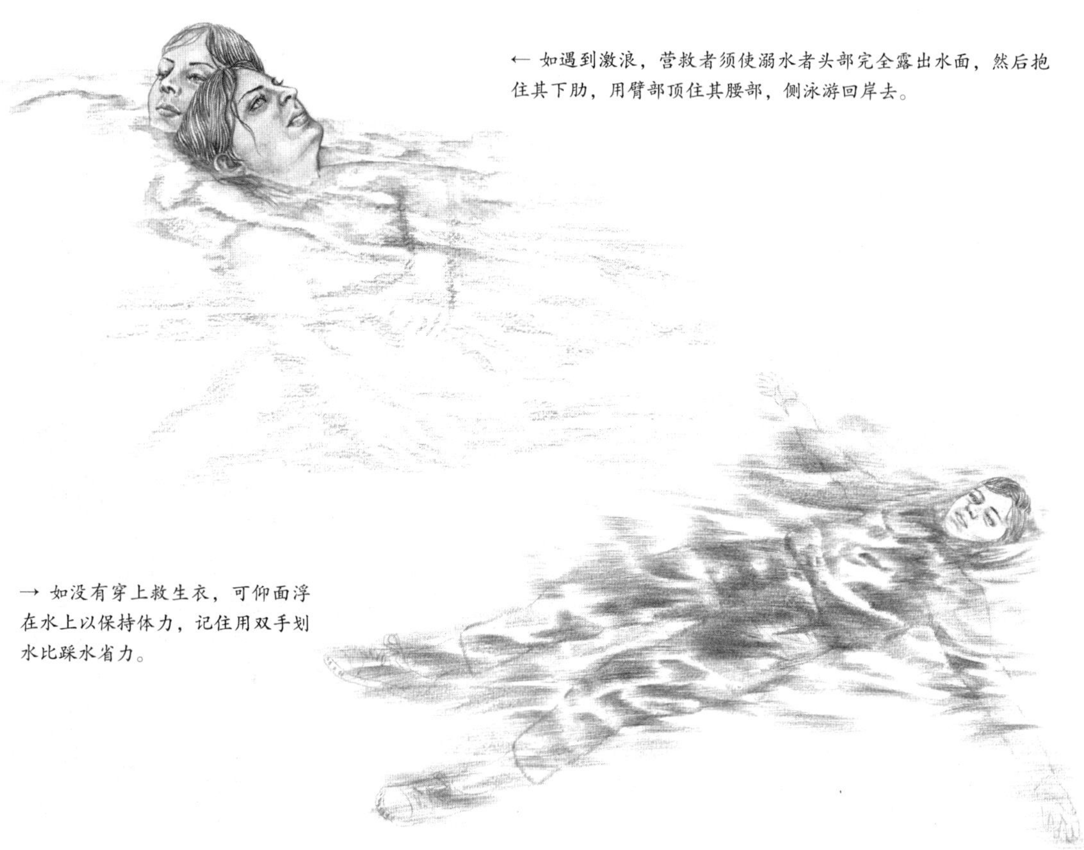

← 如遇到激浪，营救者须使溺水者头部完全露出水面，然后抱住其下肋，用臂部顶住其腰部，侧泳游回岸去。

→ 如没有穿上救生衣，可仰面浮在水上以保持体力，记住用双手划水比踩水省力。

从船上落水

不小心从船上掉进水里，极度紧张会使体力迅速减弱，以致神志混乱、筋疲力尽，身体失去平衡。

自救措施

• 给救生衣充气使自己浮到水面上。如穿着救生衣，把双膝屈到胸前以保持温度。

• 呼救并举起一臂，会较易为船上的人发现。即使自己已看不见船在何方，举起手臂也有助于船上的人寻找。

• 如没穿救生衣，脱去笨重的靴子或鞋子，丢掉口袋里的重物，但勿脱衣，以保存身体的热量，并尽可能仰面浮在水上。

自制浮囊方法

未穿救生衣而要长时间浮在不太冷的水中最有效的方法是采用自制浮囊法。脱下裤子，在裤管末端分别打一个结，并拉开裤头顶端，从背后越过头顶举向前，在游动中使裤管充气，迅速按下水里。把裤管夹在腋下，即可助浮。空气可能慢慢泄出，必要时须再次充气，此法只能在不太冷的水中使用，在冷水里则切勿脱去衣服，才能保存体温。此法适用于会游泳的落水者及离岸边400米以外的水中。

掉入冰窟

在冰面上活动，万一掉进冰窟中，即使泳术不错，也会在几分钟内遇溺，即使头仍浮在水面上，也会因惊慌而呼吸困难，因寒冷而四肢麻木，陷入极度危险中。

营救措施

• 小心地从冰上向遇险者滑过去。将绳子、棍子一类的东西递给他。若无法靠近，可延长甩过去。

• 叫遇险者把双手平伸在冰面上，向后踢脚，身体保持水平。然后抓住棍子或绳子，另一手打破前面的薄冰，直至到达足以支承体重的厚冰。

• 如自己的位置不稳固，就不要抓住他或让他抓住，否则可能给他拉下水。滑到冰上后，叫遇险者趴下来，然后把他拉到岸上。

• 在两岸间拉一根绳子，叫遇险者自己用双手抓住绳子，自行攀回岸边。

踏破冰层落水

冬季冰面常常冻得不很结实，一旦有人从上面行走或溜冰，很容易掉下去。如不及时援救，体温会迅速下降导致死亡。

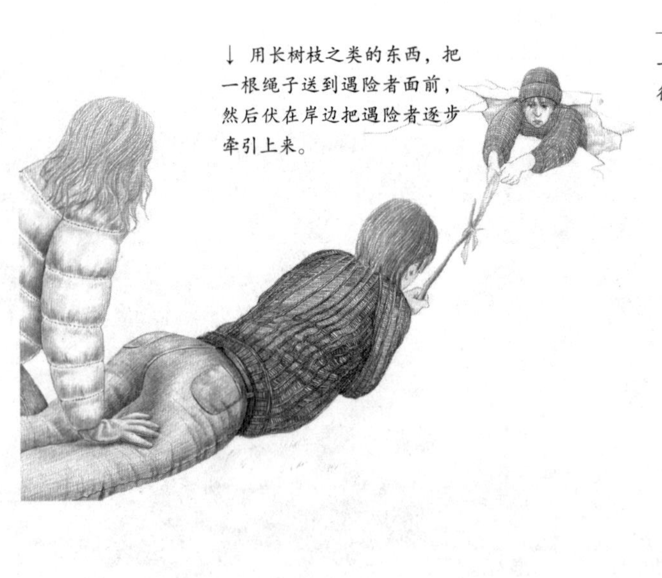

↓ 用长树枝之类的东西，把一根绳子送到遇险者面前，然后伏在岸边把遇险者逐步牵引上来。

→ 可在河面较窄的两岸间拉一根结实的绳子，让遇险者自行攀回岸边。

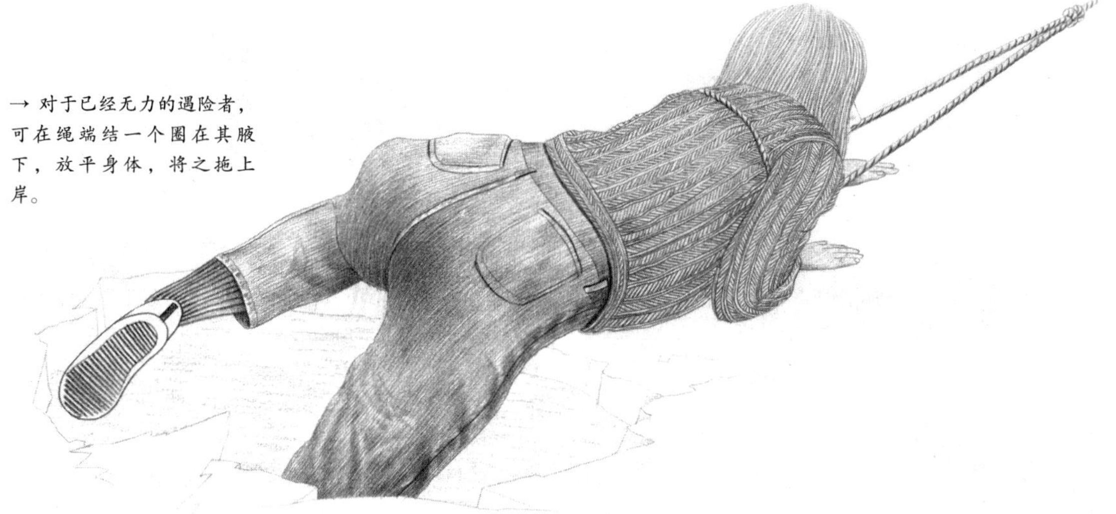

→ 对于已经无力的遇险者，可在绳端结一个圈在其腋下，放平身体，将之拖上岸。

自救措施

• 尽力爬上冰面。

• 像踏自行车那样踩水助浮，同时用双手不断划水。慢慢呼吸，切勿慌张。

• 破冰向岸边移动，直至找到看来足以支持体重的冰面。将双手伸到较结实的冰面上，双脚往后踢，使身体浮起，而且尽可能成水平。如果冰破裂，身体保持水平位置，继续向前推进。到达足以承受体重的冰面时，趴在冰上，滚向岸边。

↑ 破碎四周的薄冰，慢慢向岸边移动，直到找到可支持体重的坚冰。

← 用脚踩水，使头部伸出水面，以免困在冰下迅速散失体温。

↓ 手撑到较厚的冰层时，双脚向后踢水，使身体尽量浮起，保持接近水平的姿势，然后爬上冰面。

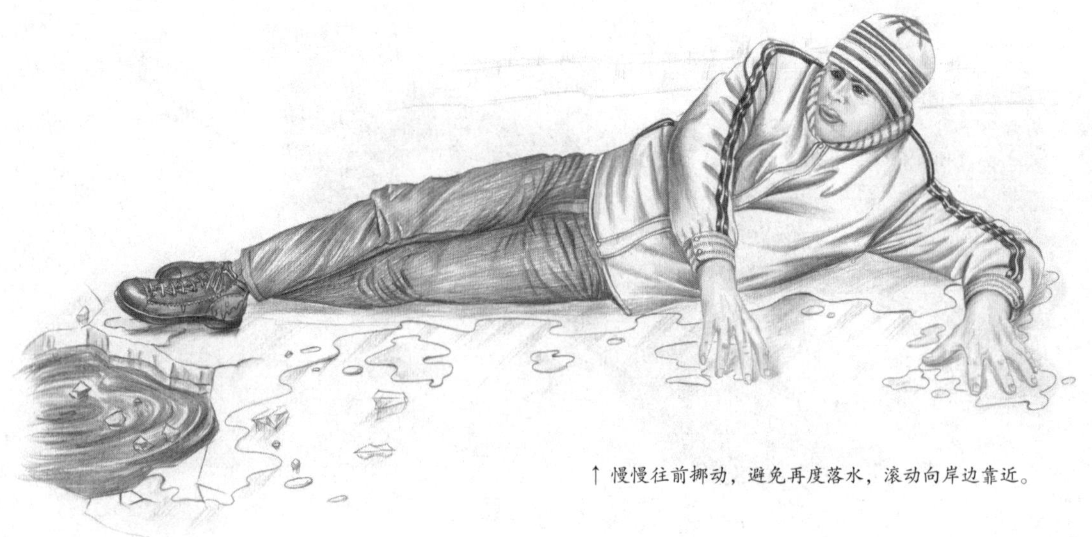

↑ 慢慢往前挪动，避免再度落水，滚动向岸边靠近。

海岸生存

很多事故和紧急情况都发生在水域边缘，熟悉一些基本的技巧也许能够得以生还。

你可以采取很多行动来帮助自己：你应该能在穿着内衣的情况下游至少50米远，你应该在不浪费体能的情况下保持漂浮状态。你还应该了解有关波动作用、激流以及潮汐的基本知识。

☐对游泳者的救援

1.救援人员或其他强壮的游泳者如果确信自己不会陷入同样的困境可以通过游泳来进行救援。

2.救援人员会尽快游到遇险者身边：救援人员会携带不会影响自己行动的牵引着的漂浮物。

3.漂浮物已经套在了遇险者的腰部，帮助其保持漂浮状态，也为了帮助救援人员进行施救。

☐搬动遇险者

1.实施心肺复苏术固然是第一要务，但是如果考虑到遇险者脊椎可能受伤，救援人员会在支撑其颈部和头部的情况下非常小心地把遇险者带回岸边。

2.抵达海岸之后，将遇险者迅速放在地面上，然后用心肺复苏术进行急救。

3.一旦遇险者恢复呼吸，救援人员会立即对其进行固定，防止造成进一步的伤害，然后等待专业的医护人员抵达。

□激流

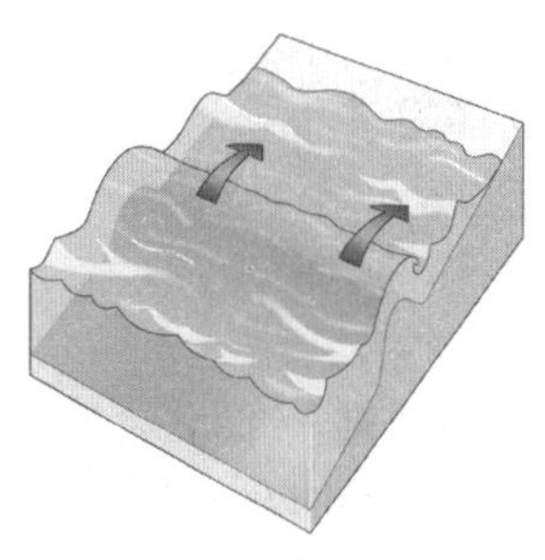

1.当海浪往岸上涌的时候，大量的海水会被推上海滩，而这些水返回的时候，可能会在海滩上逐渐形成沙洲。

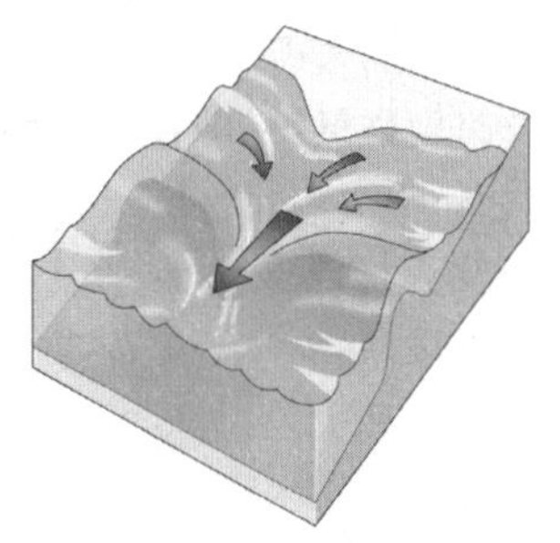

2.当返回的海水的压力在沙洲中打开一个缺口之后，所有的水都从这个缺口流出。这种强大的水流被称为“离岸流”。

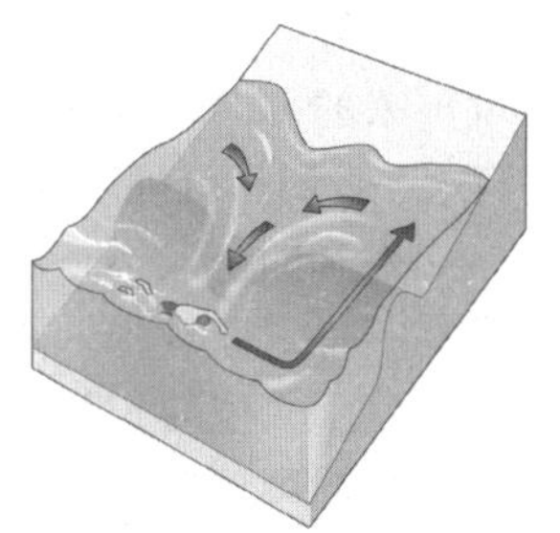

3.一个与其他海浪截然不同的平静的海浪往往就意味着有离岸流。直接游过这种离岸流，不要试图从这个地方登岸。

□救援人员救援

1.救援人员可能利用较大的轻快的冲浪板进行救援，这样可以保证速度，同时保证他们能够清楚地看见遇险者。

2.遇险者可以利用冲浪板作为支撑，救援人员会对遇险者的状态进行评估，然后决定谁停留在冲浪板上以保持稳定。

3.遇险者可能被救援人员扶上冲浪板，然后救援人员推着冲浪板返回岸边，这种方式会更快操作起来更容易。

4.遇险者可能已经精疲力竭，这时候有更多救援人员来帮助他回到岸上。

5.救援人员会全面检查遇险者的身体，看其状况是否稳定，有没有恶化。

6.让遇险者处于最有利于恢复和施救的姿势，检查其重要的生命特征，等待医疗救助人员的到来。

动物和昆虫的袭击

狗的攻击

被人袭击是一种情况，但这并非是我们在外可能遇到的唯一危险。我们还可能被狗攻击，而被狗攻击是非常可怕的，因为你没办法和一条狗讲道理。

狗会试图用爪子扒下它身前的任何障碍物后发起攻击，所以，用结实的棍子挡住它会有所帮助。狗发起攻击后会试图咬住你身体的一部分，通常是四肢。如果情况确实如此并且自己有时间，那就脱下自己的外套并用它包住自己的前臂，然后将这只保护好的手臂迎向狗。狗一旦咬住你手臂上的外套，你就抓住它的项圈，或者用石头或棍子打它的头。无论你对狗做什么，目的是确保使它失去攻击能力，否则只会让事情更糟。

如果有狗向你冲过来，要尽量阻止它的冲击势头，因为狗是想将你撞倒在地的。靠墙角站立可以避免狗将你撞倒，等到狗离自己一两米时再在最后一刻迅速绕过墙角，在移动时要面对狗来的方向。这样狗会被迫放慢速度以转过身来，此时你就可以好好利用这点优势了。

如果狗的主人不在场，而且自己没有其他的武器，可以试着张开双手并尖叫着直接向狗冲去。鉴于人体与狗的身体的大小比较，加上出乎意料的突然反击，狗可能也会因害怕而跑掉。

蚊子叮咬

虽然在北极和气候温和地区的蚊子不是特别危险，但它们在热带地区却是致命的。它们可能带有疟疾、黄热病等的病毒。要尽一切可能防止被它们叮咬。

• 如果有条件，就使用蚊帐或频繁地涂抹驱蚊剂。如果条件不允许，就用手帕盖住裸露的皮肤，即使是用大的叶子也有用。

• 穿上长衣长裤，特别是在夜间。把裤管塞进袜筒里，袖口塞在手套或其他简易的能裹住手的东西里。

• 在特殊情况下，睡觉之前在脸上和其他裸露的皮肤上涂抹泥浆。

• 在选择休息地点和宿营地点时不要靠近沼泽地、死水或水流缓慢的水源。因为这些地方是蚊子的滋生地。

• 在营地的上风处生起一堆燃烧缓慢又多烟的火，让它一直烧着驱除昆虫。

• 在自己睡觉的地方周围撒上一圈已冷的灰烬可以阻拦大多数爬虫。

• 疟疾是没有免疫疫苗的，所以必须根据说明在有效期内使用防疟疾药物。

水中的危险

鲨鱼

鲨鱼除非受到惊扰，否则一般不会攻击人。然而，它们具有很强的好奇心，因而会探究在它们附近的任何物体。如果你发现自己正在穿过的水域有大量的鲨鱼，尽量遵循以下建议，以避免激起它们的好奇心。

• 尽可能保持安静。

• 除去身上任何发光发亮的物品，如珠宝或者手表（在鲨鱼看来它们可能像小鱼）。

• 平静地游动，尽可能减少会惊扰它们的动作，不要溅起水花。在这种情况下，采用平稳的蛙泳要比自由泳安全得多。

• 千万不要让自己出血，因为这会导致鲨鱼发起攻击。

其他鱼类

有许多长刺的鱼是有毒的，它们的刺主要长在体外。石鱼和蟾鱼是其中的两种，它们生活在珊瑚丛中和浅水区。在欧洲，值得一提的是织网鱼。通常，我们建议大家注意不要触摸或者食用任何长刺的、形状古怪的或者长得像盒子的鱼。在确认它们无害之前，要小心地对待在暗礁旁或者热带水域里发现的任何东西。被任何有刺的水生动物刺上一下都应该像被蛇咬后一样处理。

自我防卫篇

第 1 章
健壮的体魄

保护自己和其他人是你的基本权利，但是无论你用来保护自己的武力多么合理，都必须是合法的。在冲突中使用任何暴力都是不正当的。除非你和其他人直接受到暴力的威胁。你的身体要足够强壮，要对自己负责，才能自我防卫得当。

积极的思考

人们常说，“生活的路就在你自己的脚下”，这一点儿没错，每个人都能激励自己达到自己想要到达的境界。不管你年龄多大，积极思考永远是养成好的生活方式的关键，而健壮的体魄则很大程度上依赖于你的主观态度。决心是主要的因素。对于一个普通的急救人员来说，通过选拔的决心和他能走多远都与他体魄健壮与否有着直接的关系。那些通过选拔的队员所拥有的健壮体魄很少能在世上其他地方发现。另外，一旦入伍，急救人员的生活方式将继续锻炼他的身体。这样，他就能保持头脑敏锐、身体健康，并且对生活充满乐观情绪。积极的主观意识和健康体魄通常会让人感到能掌握自己的命运，而这正是形成自信心的一个重要因素。

自我生活方式分析

生活方式是你对身体健康的期望中一个主要的部分。你知道自己的身体有多结实吗？普通的急救人员都知道这点：他通过与战友的比较将自己归入某个级别，你也应该这样做。这意味着你应该检查自己的家庭生活、日常工作和饮食等各方面。回答以下几个问题。

- 你每天是否喝超过1000毫升的啤酒或酒精饮料？
- 你有高血压吗？
- 你的饮食中是否经常含有高脂肪的食品？
- 你的体重与你的身高相匹配吗？
- 你吸烟吗？
- 你做身体锻炼吗？
- 你吸食毒品吗？
- 你是否在危险的环境中工作？
- 你的邻居中是否有人有暴力倾向？
- 你是否每天开车？

如果你发现自己的答案不能令自己满意，那就采取一些行动吧。计划慢慢做一些改变，可以一次只解决一个问题。可以选择从饮食、吸烟、喝酒或身体锻炼中的任何一个开始，然后在开始时给自己制定一个容易达到的目标。当你选择身体锻炼项目时，要注意自己的年龄、性别和目前健康状况所允许的范围，以及所有对你应该做什么和如何做产生影响的因素。

不同年龄的生活方式指南

18～25岁：在这个年龄段，人的身体处于巅峰状态。此时，你会体验社会生活，处理社会关系并开始理解社会的各个方面的联系。对于男性来说，这是一个危险的年龄段。他无论在家里、工作中，还是在休闲时，都会冒险。事实上，对于这个年龄段的男性来说，第一杀手是车祸。处于这个年龄段的女性往往对自己要负责得多、对社会关系更重视，并且会更迅速地做出个人生涯的决断。

26～36岁：处于这个年龄段的男性心理成熟度开始赶上女性。随着成家立业、娶妻生子以及稳定的工作节奏和对家庭的负责，年轻男性的急躁、激进日渐被平凡的日常生活和家庭琐碎事务所代替。而对于女性来说，这个阶段却是一个危险期，生孩子、生病和家庭危机可能给她们带来沉重的压力。

37～45岁：处于这个年龄段的男性大多数已经成熟，并且生活比较安逸，饮酒量通常会因为社会地位而增长，患心脏病的概率开始增高，身体对热量的需求开始减少。处于这个年龄段的女性大都不会有再要一个孩子的想法，因而这是回顾一下自己整体的生活方式的重要时期。你应该养成一个良好的、有益于身体健康的锻炼习惯，不管是跑步、游泳，还是像高尔夫或壁球一类更具社交意义的活动。

46～60岁：此时，心脏病成为最大的威胁。但是，如果你能经常锻炼，并不再像自己还是21岁那样行动，那么仍然可以改善自己的生活方式。像长距离散步、侍弄花草一类的活动，以及保持合理的饮食，都有助于保持健康。要保持健康的心情，享受生活。对于女性，更年期可能会带来生理和心理上的问题。

60岁以上：尽情享受生活。保持合理的饮食并每天锻炼，花时间和伴侣交谈、回忆一起生活的细节、计划访问老朋友，扮演好祖父母的角色，教育年轻一代。重要的是要心情愉快以及保持年轻的心态。不要逞强：如果需要帮助，那就说出来，毕竟每个人都有老的一天。

保持身体健康

我们都希望保持身体健康并长寿。假设你没有遇到什么大的事故，而且如果你决心正确对待自己的身体健康状况，就没有理由达不到目标。养成有利于身体健康的生活方式和习惯必须成为你生活的一部分，而你开始得越早，身体反应就越好。健康的身体就如同保养得很好的汽车：它运转更正常、性能更可靠，而且更经久耐用。

身体健康不仅有助于你控制体重，而且有充分证据证明，身体健康者患当今折磨我们的致命疾病（如心脏病）的可能性较小。保持身体健康有助于使你更长久地享受生活、感觉更好、体力更加充沛，而且你个人的整体形象要好得多。

健康的体魄和自我防卫

从许多方面来看，保持身体健康有助于保护自己的生命，而且这两者与你如何应付压力有着直接的联系。

压力

当我们处于一些需要用体力和脑力的情况下，如一些已经预见到要发生的事情（不一定就是不好的事情），或者像不合脚的新鞋伤脚之类的微不足道的麻烦事，就会产生紧张情绪。我们的性格就是在紧张情绪以及对它的处理中形成的。

压力并非完全不好，特别是当我们受到威胁时，压力能使身体出现“战或逃”的应激状态。

身体的应激状态：

• 肌肉紧张，而且我们的条件反射动作会对攻击者起到阻挡作用。

• 呼吸频率加快，为肌肉注入更多氧分。

• 血液中的糖分分解以提供能量。

• 心跳加速，从而为肌肉提供更多血液。

• 皮肤出汗，以便迅速为因为动起来而过分升温的身体降温。

在危险消除之前，身体会保持紧张状态。长时间的紧张可能会导致身体中的生化状态，产生令人讨厌的变化，而健康结实的身体是避免这些的必要条件。

速度和出其不意的价值

任何一个急救人员都会告诉你，部队里时时采用的两大武器就是速度和出其不意。坚持身体强度训练以及各种自我防卫技巧的练习直到精通，会极大地提高你的速度并缩短反应时间。

另一方面，发自内心的自信以及健壮的外表将赋予你出其不意的最重要的要素。任何一个攻击者通常只挑比自己瘦弱或个子比自己小的对象攻击，认为这样自己取胜的概率会很大。以自信的态度面对他可以让他感到吃惊，做好保护自己的准备也会让他感到吃惊。如果搏斗在所难免，最好的就是出其不意地首先发起攻击，这会让他感到吃惊，并思考是否要继续袭击你。

↑ 经常锻炼有助于延长呼吸极限。

呼吸

如果你卷入冲突事件中，不管是争吵还是搏斗，你会发现自己的脉搏加快，并且呼吸变得不稳定。这是因为你的身体防御系统正在为突然行动做准备——我们通常称之为恐惧。使呼吸保持稳定是在紧张情况下保持镇静的好办法，以下是控制呼吸的一个很好的技巧。

① 长呼一口气，然后慢慢吸气，数到10。

② 用同样的方法数到10，呼气。

③ 重复3次。

此练习有神奇的效果，特别是针对那些感到恐慌的人。

经常锻炼有助于延长身体的呼吸极限。如果说人们发现了一些与身体健康有关的东西的话，那就是身体需要新鲜空气。没有一个急救人员能比完成选拔那天更结实——他真的是容光焕发，其原因就是急救人员们在翻山越岭时被迫增大了呼吸量。新鲜空气滋养了血液，而血液又滋养了肌肉和大脑。

因此，应该挤出时间，至少1周在户外锻炼4次。要根据自己的年龄和身体状况选择合适的运动强度，不过要将时间控制在1个小时之内。一旦达到了标准运动量，就可以每次稍微强迫自己多运动一会儿以达到轻微的改善。可以先步行上坡，然后慢跑下坡，但不要真的跑起来。尽量保留一点儿体力。每周1次，譬如星期天上午，把散步或跑步的路程延长1倍。如果走路时关节会疼痛，那就试试骑自行车。

如果天气不好，不能去户外，那就在家里做一些锻炼。如果你想要保持身体健康，并且喜欢自我防卫术，那就买个拳击沙袋和一副拳击手套，把自我防卫术和拳击结合起来，帮助自己控制呼吸。然后练上半小时的自我防卫术，而不只是打沙袋出气。

- 5分钟跳绳热身。
- 10分钟拳击练习。别着急，先踱踱步。
- 5分钟跳绳。
- 5分钟快速拳击。
- 用脚尖快速跳绳5分钟。
- 每做完一段身体锻炼后放松几分钟。

第 2 章
自我防卫的基础知识

在现代都市生活中避免危险有两个关键的因素。其中之一就是加强对环境的认识，在日常生活中养成良好的习惯，利用常识将风险最小化，例如避免在没有路灯的情况下穿越行人稀少的地下通道。第二个因素就是如果必须依赖自我防卫，要做好正确的事先准备，争取最好的防卫。换言之，成功依赖于良好的心理素质和适当的体能训练。

判断受攻击的风险

在都市环境中，很多地方在某些时段明显需要避免前往。但是如果不得不单独到一个没有人的地方，也必须要带上一个警报器，或者能够临时用来防身的武器，如雨伞。鞋子也是非常关键的，不要穿那种在跑步过程中容易滑倒或者被绊倒的鞋子。

预防远比补救重要。但是如果必须进行自卫，一定要记住，潜在的暴力局势造成的压力

□需要保持警惕的地方

↑ 在大型停车场，无数的柱子和光线昏暗的区域为袭击者提供了很好的藏身之所，因此在这种地方要随时保持高度警惕，尤其是在没有同伴的情况下。

↑ 站在取款机前很难顾及到背后，因此应当随时环顾四周，取钱之后，立即将钱放进里衣服口袋或者手袋中。

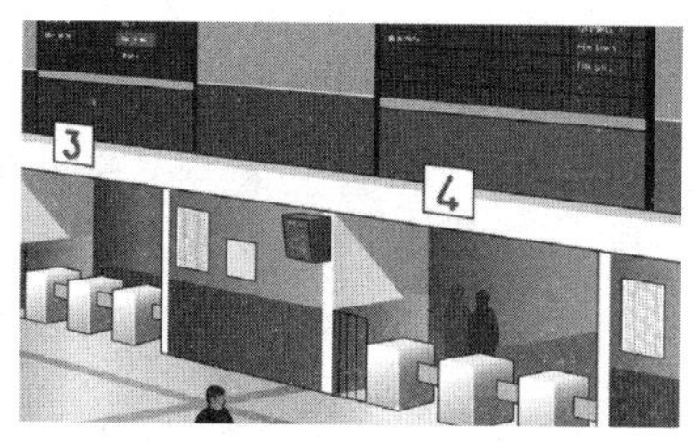

↑ 在公共交通工具上，常常会遭遇扒手和猥亵者。为防扒手，应将值钱的物品放进贴身的口袋，最好还要拉上拉链。对于猥亵者，最好的方法就是大声喊叫，引起人们对这种人的注意。

↑ 在排队的时候，陌生人往往会站得比平时更近。这时候最好在手上拿点东西，如一份卷好的报纸，以备自我防卫。这种情况下，最应该注意的是醉汉。

↑ 光线不好、行人稀少的地下通道由于逃跑出口较少可能会是危险的。如果必须过这种通道，靠近一侧走，并且在拐弯之前一定要环顾四周。充分利用眼睛和耳朵，保持高度警惕。

↑ 如果在一个不安全的地方遇到红灯必须停车，一定要将车门锁好，摇上车窗。警惕任何靠近车子的人，并注意观察他们有没有携带可能被用来砸坏车窗玻璃的东西。

■针对女性的常见攻击方式

根据公安局档案，这些是男性经常用来攻击女性的方式：

攻击者接近受害者，展示某种武器作为威胁。然后立即将武器隐藏起来，最后攻击者拉住受害者的上臂将受害者带走。

攻击者从背后突袭受害者，卡住受害者的头部或者颈部，将受害者拖到安静的地方，常常是树丛中或者偏僻的小路上。

与前两种方式一样，但是受害者被抱住腰部扛走或者拖走。

攻击者卡住受害者的喉部（通常用左手），把受害者逼到墙角，然后与第一种方式一样进行威胁，将受害者带走。

攻击者从背后接近受害者，用左手抓住受害者的头发，然后将受害者带到安静的地方。

会让身体释放肾上腺激素，让你准备好逃跑或是进行反击。但是，这也可能会导致你行动的准确性降低。只有通过实践训练，才能学会如何在面对危险的情况下做出有效的反应。

最好的方式就是进入武术学校学习有效的技能。这种武术学校应该是致力于教授自卫的方法，而不是为了体育事业而培养武术运动员。你应该在对实际作战要求正确理解的基础上进行实战训练，而不是展示我们通常所看到的令人印象深刻的以体育竞赛为目的的技巧。

攻击性行为

人在紧张情况下会出现习惯性的动作和行为。这一点无论进攻者还是防卫者都是如此。对攻击的研究表明，各种各样的攻击性行为是可以进行鉴别和预测的。

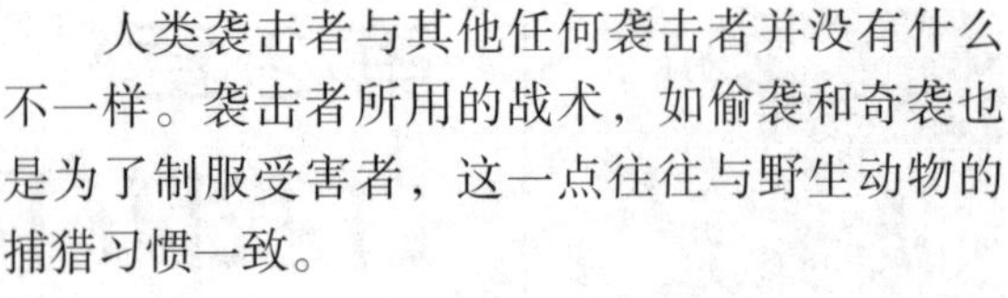

人类袭击者与其他任何袭击者并没有什么不一样。袭击者所用的战术，如偷袭和奇袭也是为了制服受害者，这一点往往与野生动物的捕猎习惯一致。

针对女性的攻击

很多原因导致女性容易成为被攻击者。除了明显的性别差异外，女性由于携带诸如手机和钱包等值钱的物品也会成为小偷袭击的目标。在这种情况下，没有必要以身体受到伤害为代价，最好让小偷拿走他所需的东西，然后尽快逃离。只有当袭击是针对人身而不是财产的时候才进行反击。

性侵犯

尽管陌生人往往被看成是性侵犯最大的威胁，但是数据显示，事实并非如此。绝大多数强奸案件都发生在家中：32%的强奸受害者是受到同伴的攻击，另外22%是受到认识的男性的侵犯。

从自我防卫的角度看，这是因为在与陌生人之间会自然而然保持着警惕性，而与朋友在一起的时候这种警惕性就会放松，从而减少了做出快速而果断的反应的机会。当情况从正常的交往或者社会活动中发生转变的时候，做出积极的反应也是非常重要的。强奸是一种为了让受害者感到羞辱和堕落的暴力行为。在警察的审讯中，强奸犯通常表示他们进行这样的行动是为了通过性来享受一种力量和暴力的感觉。

对强奸犯性要求的屈从经常被认为是减小攻击强度的一种方式，但是事实上，这种屈从可能会鼓励攻击者，让他们错误地认为受害者实际上可能是在“享受”着这种行为，事实上

□对女性受害者的典型攻击

1.攻击者用左手抓住女性的右臂。这种初步侵犯往往伴有威胁性暗示，恐吓受害者顺从。

2.如图示，攻击者挥舞刀具增加威胁性。

3.刀具可能由于与攻击者小臂平行而不太明显，但是受害者完全可以清楚看见，尤其是当攻击者将受害者拉扰靠近刀刃的时候。

是在“要求这么做”。

强奸造成的心理影响可能包括饮食紊乱、睡眠紊乱、恐惧症、忧郁症、自杀倾向以及性困难等等。

家庭暴力

家庭暴力几乎占到了所有记录在案的暴力案件1/4的比例。其受害者主要是女性和儿童。家庭暴力中不太可能出现武器,受害者更容易受到连续的拳脚相加以及被撞墙或者撞家具的伤害，也可能被卡住脖子窒息。

这种攻击并不是个案。女性一般平均在受到其伴侣35次以上攻击才会向警察报告这种暴力案件。家庭暴力犯罪是报案率最低的暴力案件，大约有2/3的家庭暴力案件没有得到应有的关注。

学会一些基本的生存策略可以最大限度地减少受家庭暴力攻击的机会。从身体层面来讲，回击的能力将减小袭击的后果，并可能阻止攻击者使用暴力。通过培训还可以改变受害者看待世界的角度，培养自尊心。

学习自我防卫

你不仅需要进行体能方面的训练，也要进行心理和精神上的训练，才能在自我防卫情况下占有优势。

效果训练

经过正确的负重练习，你的力量和耐力都可以得到提高，击打的准确性和效果也能通过击打目标练习得到提高。在进行击打效果练习的时候最好不要戴手套，因为在受到攻击的时候手上可能不会戴有任何的防护措施。刚开始的时候轻轻地击打目标，确保准确性，但是在熟悉了击打的感觉之后，就可以增加出手的力度，学习全力击打。在不得不与比自己更强壮的对手进行搏击以保命的情况下，可能就只有一次机会发出决定性的一击。所以学习如何正确地进行决定性一击很重要。

进行力量练习能够帮助你提高应付身体对抗带来的打击的能力。不要把在体育馆里受到的碰撞和淤伤看成是被虐待，而应该看成是一种良好的生存投资。

与同伴一起训练

如果单独训练，沙袋是一个提高击打技巧非常有用的工具，但是如果有一个同伴，你会使训练更有成效，而且更有趣味。如果参加武术学校，将会有很多现成的训练伙伴，但是也可以邀请一个同样也愿意训练自我防卫技巧的朋友或者家人一起练习。

如果要使用两个特制的套在手上的通常被称为焦点垫或者钩拳垫的垫子（手垫）进行训练，训练同伴就非常重要。同伴可以任意移动带动手垫位置的变化来模仿攻击者。在与同伴进行训练的时候，减小击打、揪扭或者捉握的力度非常重要。因为在训练的时候，如果不注意，很可能会由于用力过度而伤害到别人。刚开始的时候一定要慢，随着协调能力和时机掌握能力的提高再逐步增加力量和速度。

用于自我防卫的武术

学习有效的自我防卫技能的方式就是加入武术俱乐部。寻找一家以培训自我防卫能力为主要目标的俱乐部而不是培养参加比赛技能的俱乐部。武术的传统和习惯是创造一个安全的训练结构，培养针对训练的正确态度。每一种训练都要强调自己的技巧和方法。

寻找一个好的俱乐部需要坚定的信念和耐心。如果你认识武术家，你可以向他们咨询，但要向他们清楚地说明自己想要学习的东西。然后再去俱乐部看看，并注意他们的训练过程，仔细观察训练方法和教练与成员之间互动的方式。那种横行霸道的、武力性质的而且不欢迎提问的俱乐部不应该去。如果在这种俱乐

□学习击拳

1.利用手垫练习准确性和有效性。用大关节击打，保持手腕伸直，拳头呈直线出击，就像在试图打破攻击者的鼻子或者下巴一样。保持身体平衡，并用腰部和臀部增加出击的力度，击打手垫的中心部位。

2.在实际情况中，你企图击打的部位应该是攻击者的肉而不是骨头，否则可能会导致手严重受伤。对攻击者喉部进行较轻的拳击就会让他呼吸困难，但是在训练的时候一定要慎重，因为喉部和颈部很容易在击打中受到伤害。

□手拍

1.用手掌猛拍能够带来令人意想不到的疼痛和震撼效果。在训练中，注意像使用鞭子一样使用手掌，从上往下扇或者从侧面扇，用手掌接触而不是手指。让手腕保持一定的放松状态能够产生鞭子抽的效果。

2.下身理所当然是一个很好的攻击目标，但是很多男性在感受到可能袭击的情况下会条件反射似的向后弯腰。这时候如果将膝盖上挑，可能就能袭击到心窝的位置。其他的袭击目标包括肾脏和大腿上的大块肌肉。同时努力通过抠对方的眼睛或者咬耳朵来增加对袭击者的打击。

□肘击

1.在靠得很近的情况下，肘击能够导致非常剧烈的疼痛。在练习中，肘部应环形出击，击中手垫中央，掌握肘尖击中的位置。另一只手向后拉回到腰际，模拟将袭击者拉进有效打击范围内的情境。

2.这种肘击会让攻击者无暇顾及下身，这样有利于进一步踢或者用膝盖顶。千万不能只依赖于一种自我防卫技巧，时刻准备着发现攻击者的弱点或者劣势。顺利逃生可能就依赖于此，尤其是当攻击者体格比自己大的时候。

□膝盖顶

1.膝盖是非常有效的武器，经常在被攻击者抓住并拖近的时候使用。在用手垫进行膝盖训练的时候，掌握好同伴位置，模拟出正确的范围，感受与攻击者之间适当的距离。

2.如果是要拍脖子，一定要稍往下以打到咽喉。其实这种打击方式最好的袭击目标是眼睛。当攻击者眼睛受到严重袭击之后，他一般会将手举到脸部的位置。利用这时候的有利条件，踢攻击者的下身或者膝盖。

□大横踢

1.大横踢利用的是臀部和腿部的运动，用脚背踢下身、膝盖或者大腿。经过大量练习之后还可以用来踢头部。但是一般来说为了更安全，还是选择踢腰部以下的部位。

2.利用大横踢的一个有效方式是从后面踢攻击者的膝盖。除了能够引起剧烈疼痛和速度减缓之外，还非常有可能导致攻击者站立不稳甚至倒下。如果攻击者倒下，随后立即猛踩其下身或者脚踝。

□踢下身

→ 直接踢攻击者的下身能够弱化攻击者的力量。首先将膝盖弯曲，然后伸出小腿，用脚背踢下身。在练习这个动作的时候，用最大的力度从下往上踢手垫。男性攻击者一旦被击中下身通常会向前弯腰，双手护住下身，从而无暇顾及眼睛、喉部和颈部，便于受害者对这些目标进行有力击打。

部进行训练，你会发现不是为了学习自我防卫技能，而是更像在进行自我惩罚。

武术俱乐部的训练方法和传统经常有着东方背景，作为初学者，你可能会发现会有像鞠躬和穿着奇异的白色棉质训练服这样的特点，这也许会使你感到亲切。

身体平衡

武术，不管其形式是什么，都依赖于一个简单的因素：身体平衡。我们必须学会征服任何敌手所必需的技巧。

关于这点，有一条重要的原则。

• 身体失去平衡就没办法发力。

保持身体平衡

要发挥身体的力量，就必须保持身体平衡。因为如果身体的姿势不对，并且因此而失去平衡，那么徒手搏斗靠的就纯粹是肌肉力量了，因而赢的就是身体强壮的一方。

要战胜比自己身体强壮的人就必须采取积极的态度，它将使你摆好预先训练过的“防御”站立姿势。这种姿势会让你的身体自动地处于平衡状态，从而可以充分发挥身体的力量。“防御”姿势将在后面谈到。

使攻击者的身体失去平衡

你的另一个主要目标就是使攻击者的身体失去平衡。他可能会被推得向后倾、拉得向前倾、左右摇摆，但是髋关节和膝关节的构造让他只要简单地随着身体的移动而移动脚步，就可以恢复身体平衡。

然而，如果他受到斜向的推拉，身体就会立刻失去平衡（这是因为膝关节不能承受斜向的力）。因而攻击者的双腿会立刻变得僵硬，其中一条腿不得不走交叉步以保持身体的站立姿势。要阻止攻击者的攻击并牢牢把握自己的优势，就必须使攻击者身体失去平衡，同时自己却能保持身体平衡姿势。

“防御”姿势

下图中的“防御”姿势是所有多数自我防卫课上教的第一个格斗动作。这不是个复杂动作，只是像拳击手一样站立和移动。

按以下要领采取“防御”姿势。

• 面向对手站立。

• 双脚分开，与肩同宽。

• 一条腿稍微靠前，双膝弯曲。

• 双肘收拢，抬起双手保护面部和颈部。

↑ “防御”姿势。

最好对着一面大镜子来练习这个动作：站立时放松，然后轻轻一跳，落地时成“防御”姿势。身体不要僵硬，尽量保持放松状态。告诉自己这是轻松的一跳。

“防御”姿势之后的动作

首先使用自己的双手：挥起自己惯用的那只手做格挡动作，同时自动地将另一只手放在自己眼睛下方的前方。这样能保护自己的嘴和鼻子，却又不会影响自己的视线。

↑ 利用“防御”姿势躲避击打（图中左侧为防御者）：左前臂向上抬起挡开对方击打的手臂，同时右手保护面部免受随后的击打，或者回击没有防卫动作的攻击者。自始至终保持身体的平衡。

接着，假设有人将用拳头击打你的肚子。保持姿势，收紧肘部并从腰部发力扭肩，转动身体避开对方的击打动作。你会发现这让你的前臂处于保护你免受击打的状态，而无需移动脚步或失去身体平衡。

要练习自己的身体平衡，需要在地上移动，首先一脚向后滑动，然后另一只脚迅速后撤。要练到不管自己如何移动，都能立刻停下来并且保持身体平衡。脚步移动不能拖沓，动作要干净利落。

双脚的动作要流畅。脚不要抬得过高，除非你想踢腿。双腿不要交叉，否则身体就不能保持平衡。朝着攻击相反的方向移动。和同伴一起练习“防御”姿势以及随后的动作，或者对着沙袋练习。

对身体的保护

人体完全可以承受击打，甚至是可怕的攻击。在遭到攻击时，我们必须保护身体最容易受伤的部位。相反，当你被迫面对攻击者并必须还击时，了解哪些部位是人体最容易受伤的部位是有用的。

身体容易受伤的部位

人体有许多容易受伤的部位，这些部位可以成为你正当防卫时合适的攻击目标。下图中显示的是你击打时应该选择的一些主要部位。

眼睛

人如果没了眼睛，将会十分无助。对攻击者眼睛的攻击，会导致他暂时甚至永远失明，可以为自己创造逃走的机会。注意：这种自我防卫方式只有在迫不得已的情况下才可以使用。例如，当你受到致命的危险时，或者阻止如强奸一类的严重事件时。

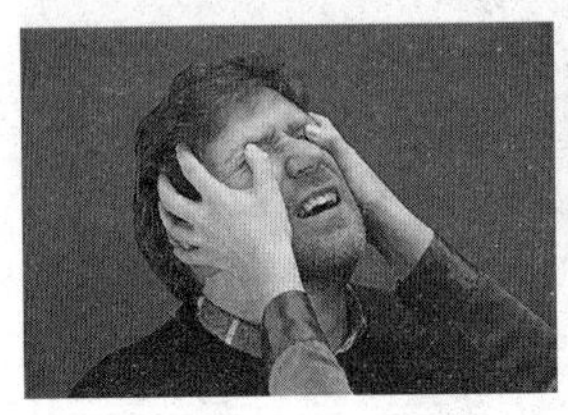

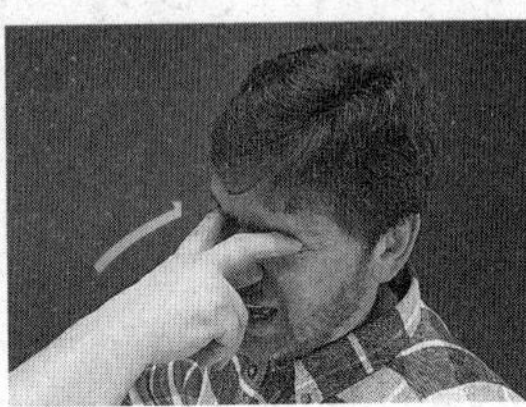

对攻击者的眼睛进行攻击，会使他暂时甚至永久失明（上面两图）。

耳朵

攻击者的耳朵是很好的攻击目标，你可以狠狠地去咬。如果你受到攻击，用牙齿狠咬攻击者的耳垂可能会使他因为痛楚而放弃对你的攻击。尖利的长指甲插进攻击者的耳朵内也会造成剧烈的疼痛。开掌合击攻击者的双耳会使他的头部出现麻木感，并且众所周知，这会使被打的人失去知觉。

鼻子

像耳朵一样，鼻子是一个突出的部位，所以它也就成了你牙咬或拳击的好目标。使用足够的力量击打可以使攻击者中断对你的攻击。任何向上的击打都会使攻击者抬头，暴露出颈部让你攻击。像耳朵一样，尖利的指甲插进鼻孔是会令人感到非常疼痛的。

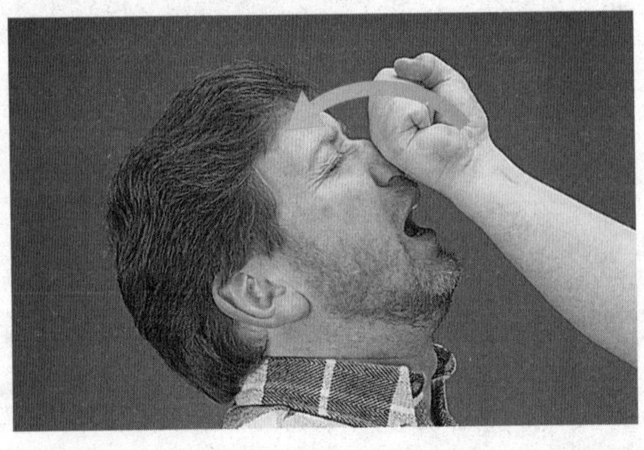

↑ 使用足够的力量击打攻击者的鼻子可以使他中断对你的攻击。

颈部和咽喉

颈部和咽喉是非常容易受伤的区域，因为大多数维系我们生命的血管和气管都在这个位置。供应大脑的两条主动脉就在颈部两侧的浅表皮肤之下，损伤任何一条血管都会导致死亡。咽喉部位下的气管同样容易受损，轻轻一击就能使攻击者丧失攻击能力，让你有时间逃跑。对攻击者后颈部的用力一击也会导致他暂时昏厥。

腹部

瞄准胸骨末端的兜心击出一拳将会对任何攻击者造成毁灭性的效果。同样，对准攻击者胃部用力一击几乎会让他喘不过气来。

睾丸

对腹股沟的拳打脚踢会让女性受伤，而它给男性带来的疼痛更会成倍增加。另一种可能性是抓住男性攻击者的睾丸，然后一扭。虽然这个过程让人觉得很恶心，但它能对攻击者造成最有力的一击。

大腿以下部位

对准腘窝的击打保证能阻止攻击者追赶你。当你被熊抱或从后面抓牢时，大腿也是脚踢的一个好目标。用力踩攻击者的脚趾也会收到很好的效果。

肢体武器

在没有任何武器的情况下，你必须将肢体作为武器来自我防卫。根据情况选择合适的速度和力度，当你决定击打时，用上自己所能集聚的所有力量。记住：首先采取“防御”姿势，并想好自己的动作。

毁灭性的一击

如果你已经使攻击者身体失去平衡，并且通过这样做让他无法防范你的攻击，最好立即采取后续行动。你的首次防卫会让攻击者重新考虑攻击你的动作，一定要好好利用这点，然后用狠狠一击收场。先评估一下他的状况，推测一下他的下一步行动，然后在他恢复之前行动。

成功的秘诀

如果运用得当，“毁灭性的一击”能让你脱离大多数的困境。以下几条提示有助于你提高自己的防卫能力。

• 准确地计算自己出击的有利时机，在攻击者身体失去平衡时，给他又快、又狠、又准的一击。这个动作在没有对手时也可以练习（可以使用拳击沙袋）。

• 学会将对手一拳击倒。也许这并不是对每个人都管用，但是它能让攻击者停顿一下。正如我之前所说的，大多数的街头袭击只持续几秒钟，所以，击中攻击者一次可能会让他停止攻击你，然后寻找更容易得手的对象下手。击中攻击者一次并不需要你有很大的力气，而仅仅依靠灵活、速度和节奏而已。

• 短促的猛击：紧握拳头，在伸展肘部之前先自肩部转臂。瞄准实际接触点后方一点用最大的力量击出。不要用摆拳，出拳要快、猛、狠。

击打

• 如果对手倒在地上，就用脚踢他的膝盖或踩他的睾丸。你的目的应该是让攻击者丧失进攻能力并阻止他追赶自己。

• 如果他还处于站立姿势，而且你稍微有点背向着他，你可能正好处于非常有利的位置，给他的胃部一记狠命的肘击。

• 如果他正对着你，而且面部距离你不远，就用掌缘击打他的颈侧。动作要猛，手要伸直，手臂自肘部弯曲成直角。这样，你的手臂和手就能像镰刀一样挥动。这一动作同样可以瞄准攻击者的太阳穴，不过这时要使用拳背来击打。

尖叫

声音作为你的“兵器库”里的一种武器，其威力常常会被忽视。最起码，对着攻击者尖叫可以使他吃惊或失去勇气（还可能引起周围人的注意，带来帮助）。而且，如果与你的攻击相配合，尖叫还能给你的击打动作增加额外的动力，有助于你集中自己所有的能量。对于女性来说，这是在受到威胁情况下特别有效的一个武器。

↑ 尖叫是女性受到威胁时的一个有力武器。

拳

警告：当某人受到攻击时，他的本能反应就是用拳回击。尽量避免使用这种技巧。如果你打到的是硬的目标，如攻击者的头部，你的指关节或手指的骨头可能就会骨折，这很容易使你受伤。如果你一定要用拳击打攻击者，要确保你瞄准的是柔软的目标，如胃部。而且，运用手掌击打的技巧，如掌缘击打，效果更好且更安全。

↑ 正确握拳姿势。

↑ 正确出拳姿势。

如果你必须用拳，那就学一下如何正确使用拳头吧。如果你的握拳姿势不对，你自己受伤的可能性会比击伤攻击者的可能性更大。正确的握拳方法是，四根手指向手掌蜷拢，大拇指紧贴在它们上面。不要将手指蜷拢在大拇指上或伸着小指。拳头打出去的时候，手腕要“锁住”，并且前臂与掌指关节呈一条直线。不要收臂后再出拳，因为这个动作会暴露你的意图，使你的击打动作失去作用。出拳的力量应当来自腿部和扭腰发力。

开掌

不管是从前面还是从后面用张开的手掌同时抽击耳部，都会对攻击者造成伤害。砍击颈侧或后颈部也非常有效。如果攻击者年龄很小或已经上了年纪，可改为猛抽一记耳光。

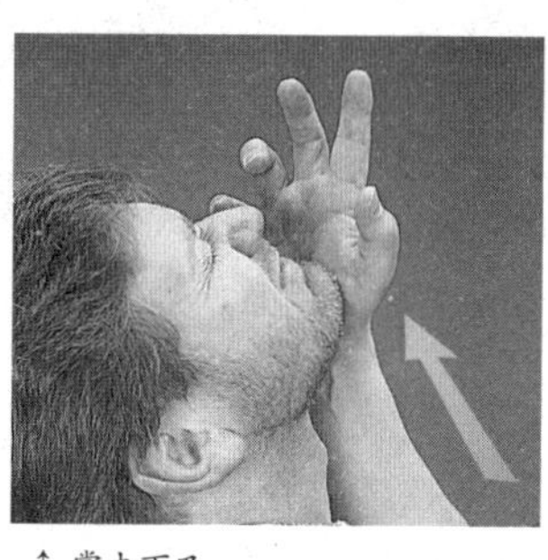

↑ 掌击下巴。

掌根

可以用掌根猛击攻击者的下巴，此时应该身体前倾，全身发力。如果是正面进攻攻击者，要张开手指，瞄准他的眼睛。如果是背后进攻攻击者，可瞄准他发际下面一点的后颈部使劲猛推，当攻击者头部猛地向前一低时，抓住他的头发，然后猛地向后拉。只要你用的是掌根，自己的手受伤的可能性就较小。

掌缘

掌缘击打使用的是手掌的外缘，即小指一侧。四指伸直，大拇指与其他手指并拢。手臂在击打时始终保持弯曲。自肘部发出砍击动作，借助身体重量发力。无论用哪只手下切或斜击，手掌挥出时手背始终向下。

肘

当你侧对或背对攻击者时，肘是一个威力强大的武器。用肘顶攻击者的胃部几乎一定可以将攻击者击倒在地。如果你被击倒在地，那就试试用肘顶他的睾丸。用肘连击攻击者可以让你脱身，并有时间逃跑。

膝盖

虽然膝盖是人体最有威力的武器之一，但它的动作受到限制，局限于人体的下半部分。然而，如果针对的是睾丸，它所产生的极大的冲击力可以造成重伤，如果瞄准的是攻击者的大腿外侧，就会使他的大腿麻木。

↑ 用脚尖踢膝盖下方能有效地阻止攻击者的进攻。

脚

脚踢和拳击的效果是相同的，而且运用起来难度也差不多。脚踢的部位最好是攻击者的腰部以下，除非你受过特殊训练。另外，要记住，在你抬脚的一刹那，你也失去了身体平衡。虽然有一些例外，但一般情况下穿着鞋时应该使用侧踢。这样做的原因是可以使打击力更大，而且如果需要的话，可以踢得更远。

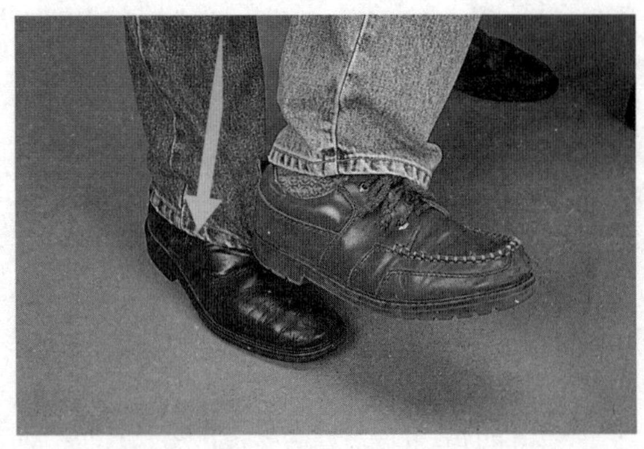

↑ 用力踩攻击者的脚背。

脚后跟

如果有人从后面抓住你，脚后跟就是一个不错的武器。用力踩攻击者的脚背或连续踩他的脚。另一个有效的方法是用脚后跟踢他的脚踝骨。

牙齿

用牙齿咬攻击者身体的任何部位都能给他带来巨大的疼痛和不适。能咬到耳朵和鼻子最好，咬不到的话，他身体任何暴露在外的皮肤都行。如果咬的是敌人的皮肤，最好只用牙齿咬住一丁点儿，这样他的疼痛感就会大大加剧。

警告：在咬攻击者的时候不要让他的血液流入你嘴里，以防止HIV病毒感染（可能性很小）。

↑ 用牙咬攻击者的耳朵能给他带来巨大的疼痛感。

头

如果有人从正面抓住你，那就向前猛然低头，用前额上部撞击攻击者的鼻子或嘴唇。如果有人从后面抓住你，那就用后脑做同样的动作。

用日常物品作武器

烟灰缸

在公共建筑物内通常有大量的烟灰缸，其中有些会装满烟灰。可以把烟灰撒向攻击者的脸上，然后再将烟灰缸砸过去。大多数的烟灰缸是圆形的，因而除了重量的差别，还可以被当做飞盘来投掷。

棒球棒

家里有根棒球棒是一回事，带着它上街是另一回事。多年以来，许多暴徒都喜欢用球棒做武器。在任何事件当中，瞄准的时候都要小心一点，因为用球棒很容易将攻击者打死。如果你发现自己受到歹徒袭击，而你手上正好有根球棒，最好用球棒打他的手和脚，不要打他的头。

浴巾

浴巾作为武器有许多种使用方式。最好是湿的浴巾，因为这样能使击打的力更强。浴巾的使用方法之一是当鞭子，这在抽击攻击者的眼睛和面部时特别有效。把浴巾对折拧成短棒也是一件用来击打的好武器。小毛巾可以裹块肥皂来增加重量。

皮带

任何带金属扣的皮带都能成为一件防卫的好武器。把皮带的一头在手上绕几圈，然后把它当鞭子甩。集中攻击攻击者暴露在外的部位，如脸部、颈部。

自行车

如果你是在骑自行车时受到攻击，且无法逃跑，就把自行车当做盾牌，就像用椅子一样（见下文）。自行车的打气筒用起来也像手杖一样称手。如果可能的话，可以将自行车链条卸下，作为武器。

开水

这是当你在自己家里受到攻击时的一件很好的防卫武器。将烫的或烧开的液体泼到攻击者的面部可以给你争取到足够的逃跑时间。这种液体可能是一杯热咖啡或茶，甚至是热汤。

鞋

你所有的鞋都应该穿着很舒服，同时也很

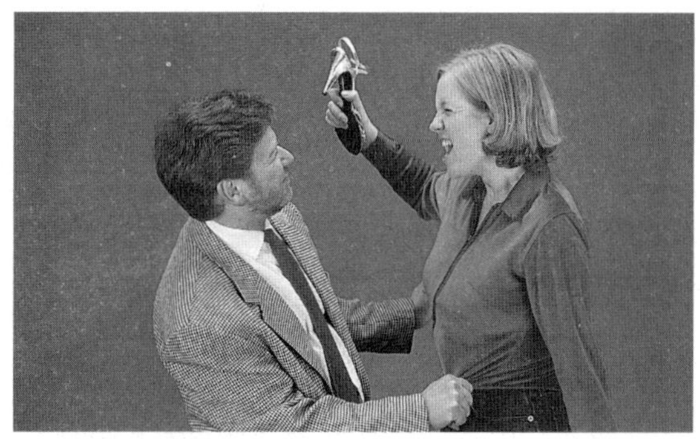

↑ 高跟鞋是非常好的自我防卫武器。

结实。脚踢是你的基本防卫动作之一，但穿着凉鞋可别想能踢伤攻击者。只要穿的靴子或其他鞋是结实的，那么踢哪儿都能对攻击者造成伤害。把攻击的目标集中在攻击者的大腿上。

瓶子

危急时刻瓶子可以有多种用法。不要把瓶底砸掉，因为这通常可能会把整个瓶子完全砸烂。可以把它当棍子使，击打攻击者的头部或太阳穴。用瓶子击打他身体的关节部位，如肘部和膝部，也特别有效。

扫帚

在家里遇到攻击者时可以使用任何种类的扫帚来自我防卫。头部是木头的大扫帚可以当马球棒来用，也可以用扫帚刷捅攻击者的脸部。

打火机

如果你发现自己被身体强壮的攻击者按住不能动弹，或被他从后面抓住，但有个打火机触手可及，那就用它吧。即使他把你抓得牢牢的，看见火苗也会放开你。一旦你脱身了，就攥住打火机，手握成拳击打攻击者的太阳穴。

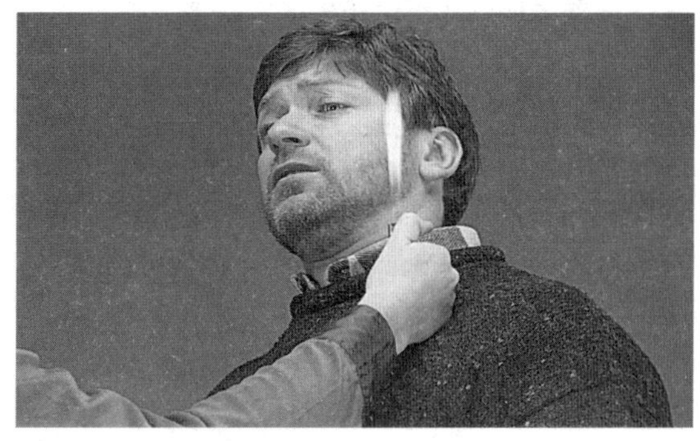

↑ 打火机的火苗会使攻击者放开你。

椅子

家用椅子也是非常有用的武器。一只手抓住椅背，另一只手抓住椅子的前部。如果在家里遭到攻击，就用椅子把攻击者逼入死角，直到你处于离逃脱路线最近的位置。如果攻击者有刀，就用椅子来还击。椅子的椅座部分可以当盾牌，椅子腿可以用来戳攻击者的头部和胸部。

外套

外套与其说是武器，不如说是盾牌。如果你在街上受到攻击，那就脱下外套，然后像斗牛士一样使用它。把外套甩到攻击者的头上可能只能给自己争取几秒钟的时间，而且不穿外套跑起来肯定能快一些。

硬币

手里握着盛有硬币的口袋并攥紧拳头可以使击打的力大大增强。另外，把几枚硬币扎在手帕或围巾的角上就能做成一根非常有效的短棒。用它来甩击攻击者的太阳穴或整个头部。

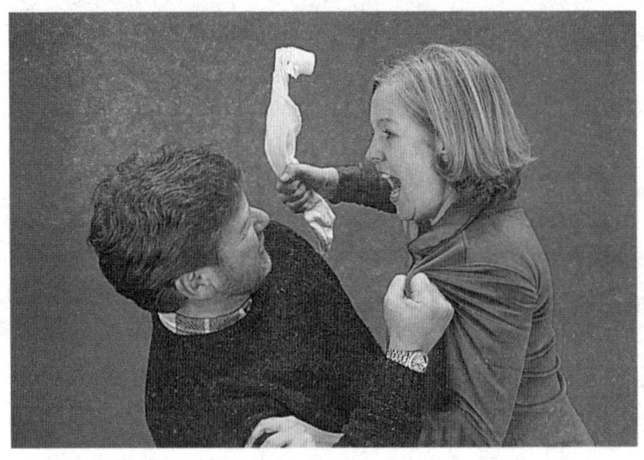

↑ 把几枚硬币扎在手帕或围巾的角上做成短棒。

梳子

用梳子或毛刷快速地在攻击者的眼睛上刷一下会使他感到不舒服。同样，刮擦攻击者的皮肤也能让他把你松开。有些梳子的把又尖又长，像老鼠尾巴，可以用来刺攻击者。

除臭剂或喷发胶

许多妇女的手提包里会带着喷雾罐。遇到危险时可以把它直接喷到攻击者的脸部。用喷发胶喷攻击者的眼睛非常有效，或者直接喷进他的嘴里或鼻孔里也行。

警告：有些介绍自我防卫的书籍提倡用打火机点燃从喷雾罐里喷出的东西。这很有效，但也非常危险，因为喷雾罐有50%的可能会在你手上爆炸。

书桌上的东西

家里或办公室里用来开信封的东西是完全合法的东西。选一把坚固、握把结实、已经开刃儿的小刀来用。危急关头可以把它当刀来用。同样，用分量重的玻璃镇纸砸攻击者也能让他受重伤。

灭火器

大多数家庭或办公室里现在都有几个灭火器。可以将里面的压缩物喷到攻击者的脸上，弄瞎他的眼。一旦攻击者睁不开眼，你就有机会逃跑了，或者，如果条件成熟的话，就紧接着用金属瓶砸他的头。

高尔夫球杆

虽然不大可能有人在高尔夫球场上受到袭击，但在车上或家里放着的高尔夫球杆会是一件非常有用的武器。可以握住球杆的握把甩击攻击者的头部或手。球杆的击打距离较长，因而也就可以避开刀的攻击。只要应用得当，高尔夫球杆可以抵挡除了枪以外的大多数武器的攻击。

电源线

家里的大多数水壶或咖啡机都有根1米长的电源线。在危急情况下，可以拔下电源线当武器。抓住插电器的那头，然后用插头甩击攻击者，用它砸攻击者的头部特别有效。这招在办公室同样可以用，如电脑和打印机的连线。

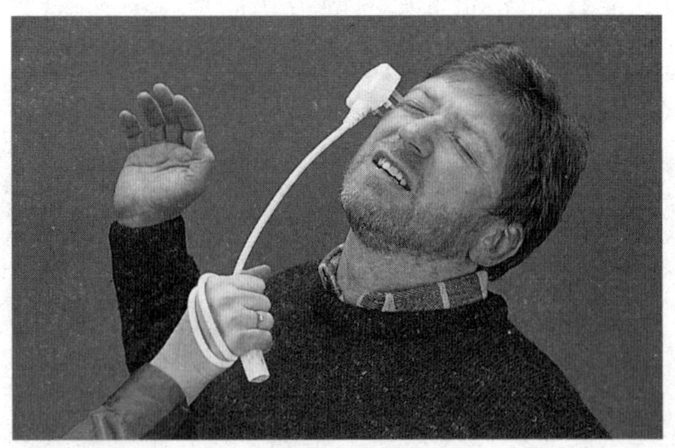

↑ 危急时刻，可以拔下电源线当做武器。

钥匙

大多数人都带有一串钥匙。把钥匙链握在手掌里，让钥匙在指缝间凸出。这就成了一个非常有效的指关节套，可直接击打攻击者头部或颈部的致命处。

杂志或报纸

把杂志卷成短棒，然后抓住中部，可以用

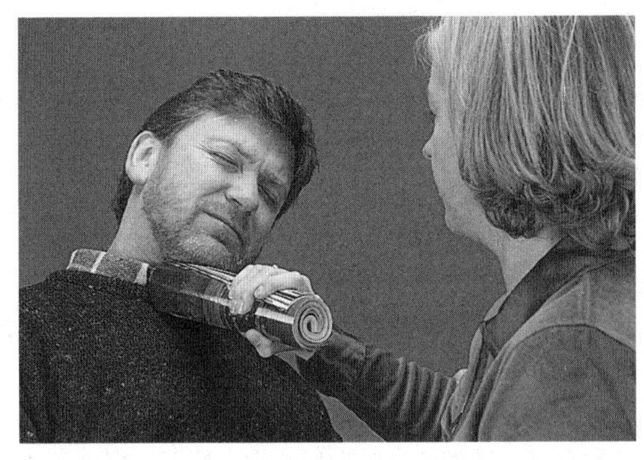

↑ 将杂志卷起来，用它刺攻击者的颈部。

它向前刺或向后刺。如果打算击打攻击者的头部，就握住"短棒"的尾端。卷起来的报纸也是对付持刀攻击的一件很好的防卫武器。

笔

大多数种类的笔都有尖头，这就意味着如果用它戳人的话，能刺穿皮肤。遇到危险时，可以把笔当刀使，对准攻击者暴露在外的身体部位，如颈部、手腕和太阳穴。戳得越狠，效果就越好。

胡椒粉和咖喱粉

在家里受到袭击时，胡椒粉和咖喱粉都是很好的武器。在紧急情况下，可把干粉直接撒向攻击者的面部。有一个更好的主意，就是在浇花的喷壶里灌上这两种成分的水溶液。两样东西各取50克，加入250毫升的热水就行了。把它放上几天，每天早晨使劲摇几下（用洗衣粉也行）。将此液体放在一个安全但又触手可及的地方。但一定要放在孩子拿不到的地方。

火钳

火钳是一件好武器，历史上它就曾经是对付普通飞贼的武器。将火钳挥动起来，对准攻击者身体上没有肌肉的部位（如手腕和肘部）实施击打。但在击打头部时要小心，因为铁铸的火钳可能会打死人。

石头和泥土

如果你是在户外受到袭击，朝攻击者扔石头有助于使他和你保持距离。如果他接近了，可以抓把土或沙子扔到攻击者的脸上，这能让他暂时睁不开眼睛。

剪刀和螺丝刀

大多数家庭中都能找到这类东西。即使是在手提包里带上一把剪刀也是合法的，而任何车上一般都会有把螺丝刀。使用它们自我防卫非常方便，就像用刀一样。

袜子

虽然听起来似乎有点儿荒唐，但是实际上袜子可以做成非常有用的"短棍"。在袜子里装满沙子、碎石或泥土即可，如果是在家里或街上，就将硬币装入其中。把它甩起来，就像使用短棍一样猛击攻击者的头部。

手电筒

夜里走路带上一支手电筒或手电棒是一个生活常识。另外，在家里不同地方也应该放上手电筒以备不时之需。虽然磁力手电筒价格昂贵，但非常好用，而且还是一件方便的武器（SAS队员已经用了好多年了）。在受到攻击时，可以把手电筒当锤子或棍棒来用。

手杖

虽然并非所有年龄的徒步旅行者都会带根手杖，但它是上了年纪的人自我防卫的好武器。手杖最好有一个重的装饰把，金属包头，实木杖身。可以把手杖当剑使，砍、戳攻击者的头部或腹部，狠狠地砍击他的手腕。这在对付持刀或瓶子的攻击者时非常有效。如果能狠狠地打到攻击者的膝盖，就足以阻止他追赶你。在手杖上装个皮带扣套在手腕上是个好主意。

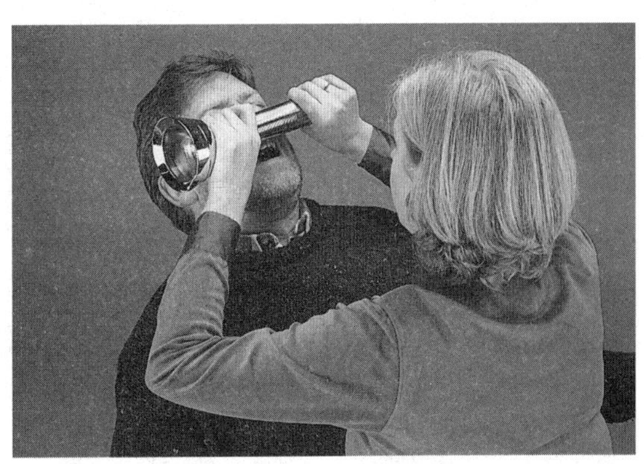

↑ 遭人攻击时，可以把手电筒当做锤子来用。

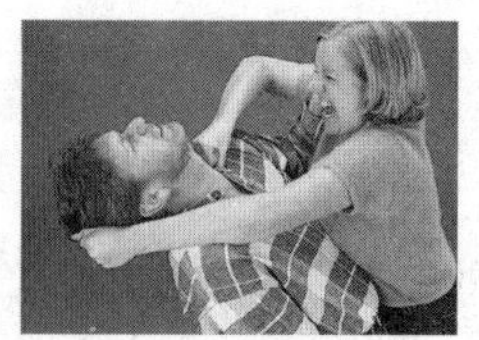

第3章 防卫技能

假设你是一个中年商人，你受到几个歹徒的攻击，那么你打败他们的机会甚微。因为他们可能比你更强壮、动作更快，相反，你可能坐在办公桌后面的时间太长了。即使你是个精通自我防卫技巧的专家，如果你不能逃走或找到帮手，他们仍然有可能因为人多势众而击败你。要打败他们，你必须身体健壮，并且对自己的行动有自信，不然就会被打倒在地。所以，保持健康的身体和健壮的体魄将有助于保护自己的生命。

对付正面攻击

大多数攻击一开始都是来自正面的。如果你动作敏捷，并且看出自己将要受到攻击，那就采取以下行动。

①摆好“防御”姿势。

②用一只手挡开攻击者的击打动作，用另一只手击他的下颏。

③紧接着向后推攻击者的头部使他身体失去平衡。

④保持自己的身体平衡，然后抬膝顶他的腹股沟。

⑤尽量避免被攻击者抓住自己或自己的衣服。

↑ 一只手挡开攻击者的击打动作，另一只手击打攻击者的下颏。

↑ 保持身体平衡，用膝盖顶攻击者的腹股沟。

⑥一旦挣脱了，就踢他，使自己与他分开，然后逃跑。

如果攻击者抓住你的手腕并试图将你拉向他，如下图所示，你需要采取以下行动。

①狠踢他膝盖以下的胫骨。

②用自己未被抓住的手将他的手锁在自己

↑ 攻击者可能试图将你拉向他。

↑ 狠踢攻击者的胫骨。

被他抓住的手腕上，同时，向后翻转自己被抓住的那只手，掌缘向下切击他的手腕。这个动作可以扭转锁住他的手腕，并给他造成剧烈的疼痛。

③向前将攻击者拉倒在地。

咽喉被攻击时如何反击

在许多情况下，攻击者会用双手抓住某人的咽喉，掐脖子。然后掐住不松手，直到将对方慢慢摁到地上。如果预见到攻击者将对你的咽喉下手，可以低头，直至下巴碰到胸部，从而防止他掐住你的脖子。如果不可能做到这样，那就尽量放松，掐脖子不一定很有效。如果发现自己处于这种威胁之下，那就采取以下行动。

①在刚开始时，如果他刚刚抓住你，右手握拳，向上抬起至自己的左肩。

②向后挥臂，用反手拳击打攻击者的太阳穴。

③如果上面的方法没起作用，将自己的双手交叉，摆在自己和攻击者之间。

④竖起自己紧握着的双手，使双臂成“A”型，保持这个形状，举过头顶，使肘部低于自己的双手，然后向下猛压他的前臂。这个动作即使不能使攻击者将你松开，至少也可以使他头部前倾。

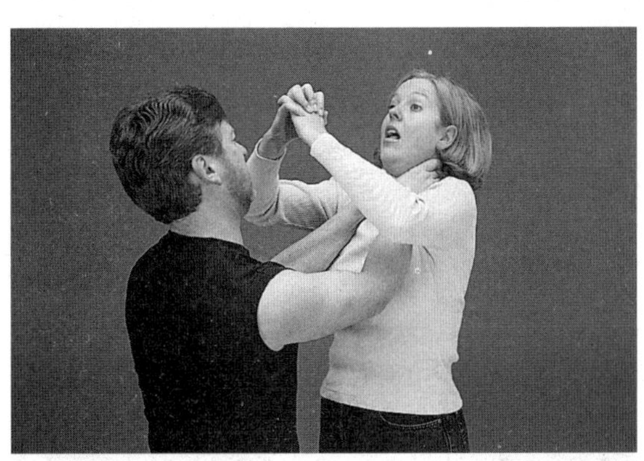

↑ 双手交叉，摆在自己与攻击者之间。

↑ 双臂下压，用前额撞攻击者的鼻子。

⑤在自己双臂下压的同时，前额猛向前倾，撞击攻击者的鼻子 。

⑥这套动作可以在站立时使用，也可以在倒地时用。

当自己被人用双手掐住咽喉时另一个简单实用的挣脱技巧如下：

①左脚后退一步。

②右脚紧跟，成自然姿态。

③抬起右臂，绕过他的双手并向自己身体的左侧扭转。

④在此同时，左手应该抓住离自己最近的点，如他的右手腕，有助于拉动他而使他失去身体平衡。

对付身后攻击

对付熊抱

在受到来自身后的攻击时，如果够得到攻击者的双臂或双手，就试着咬它们。如果能用牙齿咬住他的部分皮肤，就只咬住一点点。这样做可以让你咬得牢一些，而且对攻击者造成的疼痛感也强烈得多。但是，要记住，如果你把攻击者咬出血来，就可能有（也许只有很小的机会）感染上HIV病毒的危险。

对付低位熊抱

如果攻击者对你采用低位的熊抱，双手更多地搂住你的腰部而不是胸部，让你难以挣脱，那就试试头的后顶动作。

①踮起脚尖，弯腰向前。

②头部猛地向后撞击，尽量撞到攻击者的鼻子。

③与之相结合的动作是握拳向后击打他的腹股沟。

如果攻击者从背后用单手抓住你，那就采取以下行动：

①身体前倾，并朝他抓住你的手臂的反方向扭动。

②同时，尽量将自己的左肘在身体前方向上抬起并向外伸展。

③攻击者肯定会试图将你向后拽（朝着你扭动的相反方向），此时利用自己和他的共同作用力，用肘部向后击打他的脸部。

④同时用自己另一只手握拳向后击打他的睾丸。

← 弯腰向前。

← 头向后撞，同时拳打攻击者腹股沟。

对付双手被固定在体侧的熊抱

如果有人从身后抱住你，并将你的双手固定在体侧，试着按以下步骤挣脱：

① 弯腰，用自己的背部顶住攻击者，同时自己的双手相握。

② 屈膝，使自己的重心下沉，尝试向下滑脱熊抱。

③ 双手保持相握，摆动肘部。

④ 扭臀，以肘部击打攻击者的胃部。

⑤ 接着用后脑撞击他的脸或用脚向后踩踏。

⑥ 一旦脱身，就踢他使其与自己分开，然后逃跑。

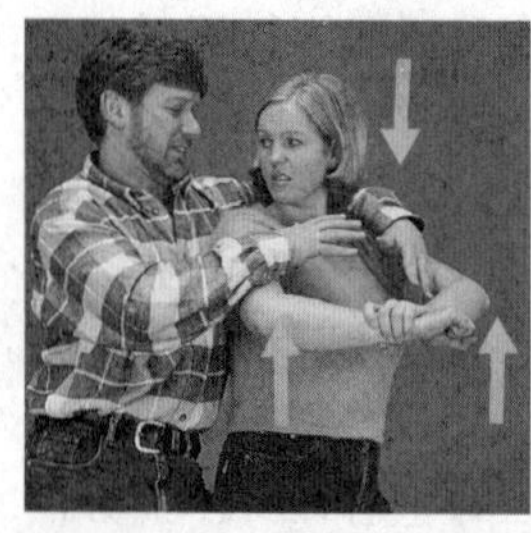

↑ 双手相握，重心下沉，摆动肘部。

↑ 肘顶攻击者的胃部。

头发被抓住时如何反击

如果攻击者从你身后抓住你的头发，并将你向后拽，那就采取以下行动。

① 跟随他向后退。

② 用双手抓住他的手腕。

③ 向内转身，面对攻击者。

④ 尽量向后退，并用力将他的手扯离自己的头发（此举可能会导致自己的头发被拔掉，但可能直到事后你才会注意到这点）。

⑤ 继续抓住攻击者的手腕，将他向前拉，然后抬膝顶他的腹股沟。

被迫靠墙时如何自我防卫

攻击者有时候可能会将你逼得靠墙，然后等上几秒钟再开始对你发起攻击。只要发现攻击者侧身对你，或你能巧妙地使自己处于这样的位置，那就采取以下行动：

① 抓住他头顶上的头发，然后猛地将他的头向后拉。这不但可以使攻击者身体失去平衡，而且可以让他露出咽喉。

② 使劲击打他的喉部。

③ 如果你还在向后拽攻击者，他应该会倒地。

④ 如果攻击者是个光头，则手成爪型，抓他的鼻子和眼睛，迫使他头部后仰。

⑤ 一旦脱身就踢他使其与自己分开、然后逃跑。

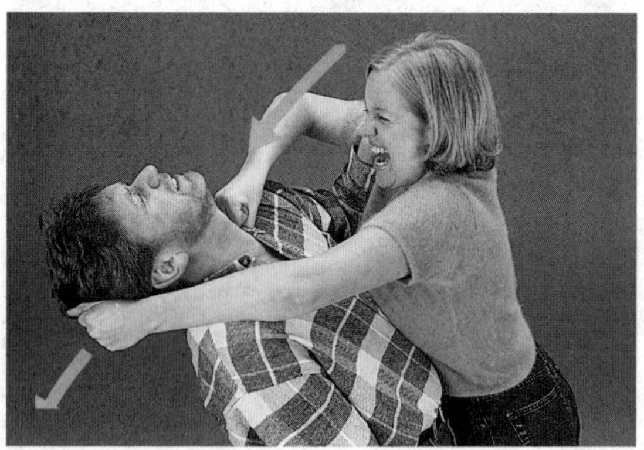

↑ 抓住攻击者头发向后拉，另一只手击打他的喉部。

倒地后如何自我防卫

在冲突当中，你非常有可能会被击倒在地。这时候你处于非常容易被攻击的境地，但千万不要投降。如果你的头部受到了重击，特别是下巴上，那么你就会感到头昏眼花。这时候要集中你的注意力忍耐，这样就可以让你熬住疼痛。

学会如何摔倒同学会如何站立几乎是同等重要的。这需要一定的训练，而摔倒在体操馆

↑ 一旦倒在地上，可以用脚踢攻击者的腹股沟。

的垫子上同被别人摔倒在路面上或硬地上则完全是两码事。

假设攻击你的人有能力将你四脚朝天击倒在地，然后趴在你身上，掐住你的脖子。这时候你应该采取如下行动：

①用左手抓住他的右手腕。

②屈起右腿，用胫骨顶住他的右腋窝。

③用力拽他的右臂。同时抬起左腿，从他的脑后绕到前方，使你的小腿顶住他的咽喉。

④挺直身体，用胯部作为支点锁住他的手臂。

⑤将他的手臂紧紧地卡在你的两腿之间，用力压他的肘部。

⑥一旦成功地形成这样的锁定姿势，那么无论你的敌人如何强壮或经验丰富都将无法逃脱。这个姿势能让他手臂骨折。

⑦双脚对准攻击者，准备躺在地上进行搏斗。双腿轮流蹬踢进行自我防卫或攻击。尽可能快地从地上站起来。

从地上爬起来

一旦倒地，你就变得容易被攻击，虽然你并非无依无靠，但最好尽快爬起来。

以下介绍的是从地上爬起来的一种简单方法。所有的动作应当在身体的一次连续翻滚或扭动中完成：

①向身体左侧快速翻转，腹部着地。

②双手手掌撑地，同时蜷起右膝至身体下方。

③左腿前移至身体下方，足部平踩地面。

④跳起身来，面对攻击者。

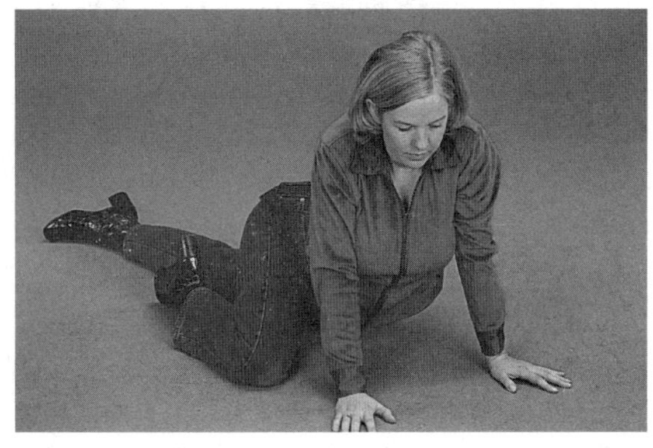
↑ 双手撑地，右膝蜷至身体下方。

↑ 右腿前移至身体下方，双脚踩地。

⑤摆出“防御”姿势。

另外一种方法类似我们在许多电影中所看到的，但需要一些训练。

①滚动至背部着地。

②双膝抬起，尽量靠近胸部和头部上方。

③做前滚翻。

④根据自己的习惯采用左手或右手，手掌撑地，跳起，站立。

⑤面对攻击者。

⑥摆出“防御”姿势。

踢打

大多数人认为搏斗时主要依靠拳头，其实，双腿是有力得多的武器。用鞋子或靴子的边缘踢攻击者的大腿能给他造成巨大的痛楚。

踢打和拳击一样需要练习。如果你已经有了一个拳击沙袋，把它放低一点，大约离地10厘米，就可以练习以下几种踢打技巧了。

↑ 向前直踢的最佳取点是膝盖下方一点点的位置。

需要练习的技巧

向前直踢

①离沙袋约1米处站立，采取“防御”姿势。

②向前直踢，假设瞄准的是攻击者的膝盖。

③将注意力集中在自己的速度、出其不意、身体平衡以及复位上。

④利用双臂帮助自己保持身体平衡，然后退后。

重复该动作直到自己觉得已经掌握该技巧。如果发现自己身体失去平衡，这意味着你踢得太高了。

侧蹬

①靠近沙袋站立，抬脚，然后用力向下蹬踏沙袋的侧面。

②以用力跺脚作为完成动作，就好像是踩攻击者的脚。

↑ 猛踩攻击者的脚。

→ 侧蹬。

这个侧蹬动作如果与猛踩攻击者的脚趾结合起来使用，可以使对手产生强烈的疼痛感。在被攻击者抓住时，这是一个值得一试的技巧。

膝顶

身体向前靠近沙袋，试着用膝盖顶沙袋的顶部。同样，速度和出其不意是至关重要的因素。抬起膝部，就像自己是在奔跑。因为双脚相距较近，此时的身体平衡比较难以掌握。用双手推开攻击者。

被逼上楼梯时

你可能会在楼梯上或靠近楼梯的地方受到攻击。如果被追着上楼梯，或者强奸犯在将你逼入楼上的卧室时，采取以下行动。

①抢在歹徒的前面。

②等到靠近楼梯顶端时，弯腰扶住最后一级台阶或抓住扶手。

③在俯身向前做这个动作时，用脚后踢。尽量把歹徒踢下楼梯。

④如果是在家里，就奔进一个房间，将门反锁，然后大声呼救。

↑ 抓住楼梯扶手，脚向后踢。

↑ 弯腰扶住最后一级台阶，脚用力后踢。

用短棒的技巧

警告：类似警方所使用的警棍是不合法的。下面提到的是一些可以合法携带的物品，如粗或细的金属手电筒。它们可以用类似的方法使用。

短棒指的是直径约为1厘米，长10～15厘米的棒状物。外表可以是光滑的，也可以是有凹槽或棱以便于抓握的。有些短棒尾部有孔，便于装在钥匙圈上。短棒可能看上去毫无用处，但是如果使用得当，它可以使你在许多危险的情况下脱身。尽管它尺寸小，但是使用正确的话，它可以造成疼痛和压迫感。如果使用得当，短棒对攻击者可以产生一定的控制作用，同时又不会导致重伤。它最有效的用途就是用来击打贴近皮肤下的骨头部位，如头盖骨、膝盖。

握棒

以下是几种不同的握棒方法。

①握住尾端，作刀用。

②握住中部，挥动短棒的两端。

③大拇指握法，像用锤子一样砸击。

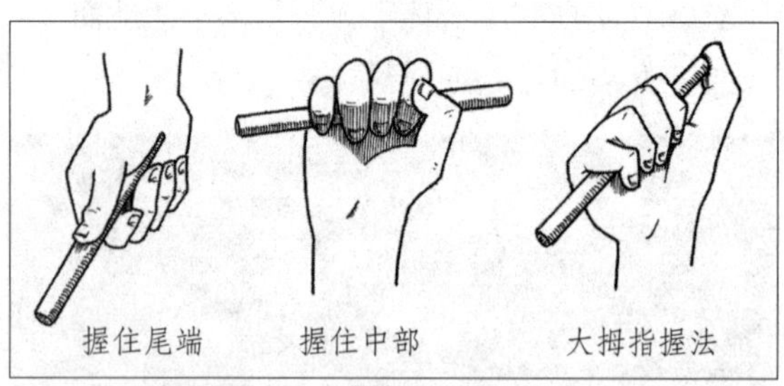

短棒的基本格挡动作

高位格挡

如果攻击者用摆拳击打你的头部，那么就可以使用高位格挡。实际动作为：用大拇指握法握住短棒，以你的前额到攻击者袭来的手臂内侧

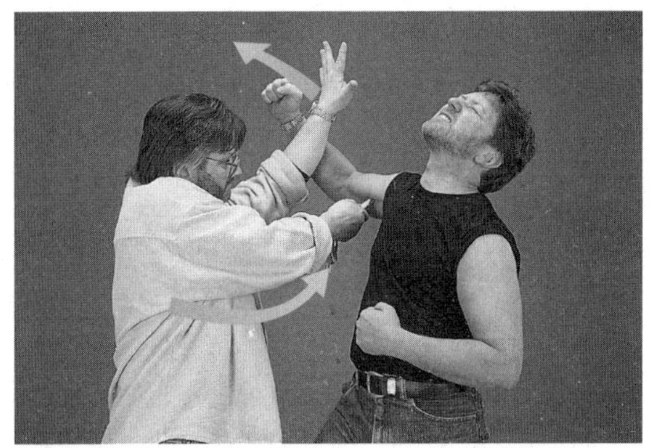

↑ 高位格挡，用短棒刺攻击者的上臂。

↑ 高位格挡，用短棒刺攻击者的太阳穴。

的距离为半径呈圆弧形向外挥动。

由于短棒击打的结果必定会让攻击者痛得停手，因而几乎不会对自己产生什么不良的后果。

中位格挡

当攻击者攻击你的躯干时就使用中位格挡。可以运用几种不同的刺击。从体前或身后刺攻击者腹部可以将其击倒在地。还可以击打他的咽喉或睾丸。

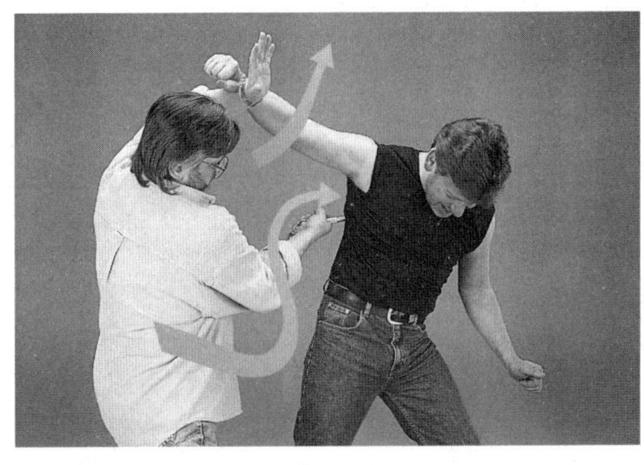

↑ 中位格挡，用短棒刺攻击者背部。

↑ 低位格挡，用空着的手格挡攻击者的腿，另一手用大拇指握法握棒戳他的腿。

低位格挡

低位格挡可以用来对付攻击者的脚踢。用自己空着的手格挡他踢过来的腿，另一手用大拇指握法握棒戳攻击者大腿从胯部到脚的任何部位。膝盖内侧是最佳的攻击部位。

短棒脱困法

摆脱正面控制

如果攻击者从正面抓住你，最好的脱困方法就是用短棒向上击打他的咽喉，或者向下击打他颈部和肩部的连接部位。

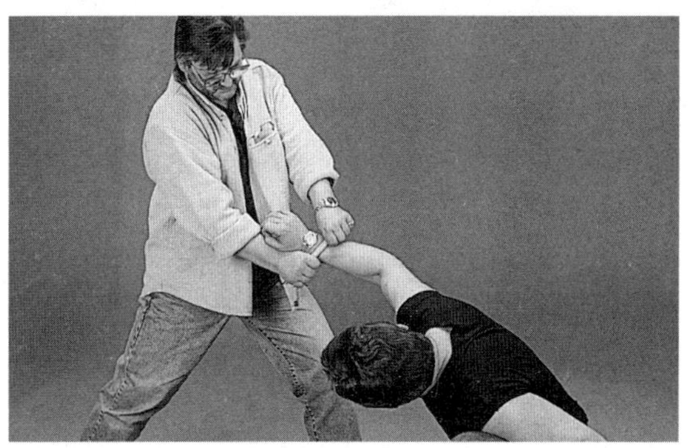

↑ 双手握棒向下击打攻击者的手腕，同时用大拇指掐他手腕的内侧可以保证让你从任何正面控制中逃脱。

摆脱身后控制

如果被人从身后抓住，就用短棒击打攻击者手背的掌骨，对准它们的位置猛戳几下保证可以让你逃脱。

社交场合的自我防卫

抚摸

女性发现她们在某些拥挤的场合，如舞厅里，会受到骚扰。一般说句“把你的手拿开”

就能解决问题，但是当有人不理会你的反抗，同时你又有可能抓住他手的时候，试试以下行动：

①抓住他的一只手，双手分别攥住他的两根手指，用力向两边掰。

②与此同时，使劲掰他的手腕，并将他向后推，使他失去身体平衡。

③抓着他的手将他扭翻在地。

④将他扭翻在地后，仍然抓住他的手指，然后猛踩他的腹股沟。

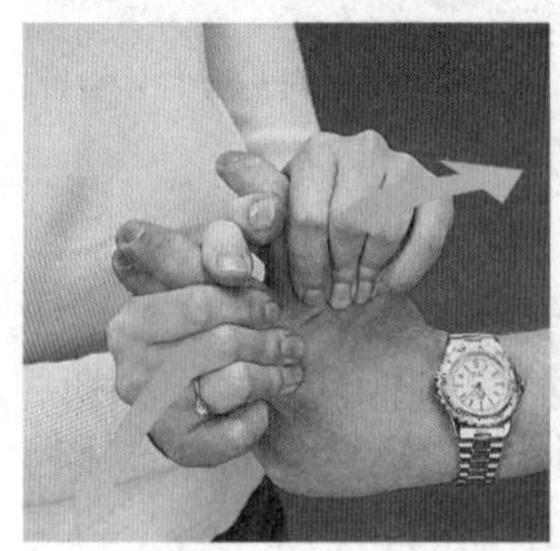

↑ 向两边掰攻击者的手指。

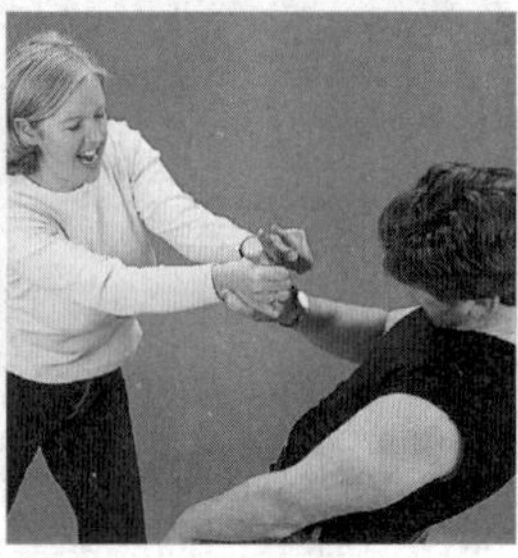

↑ 将攻击者扭翻在地。

← 将攻击者扭翻在地，猛踩他的腹股沟。

对付挑衅的醉鬼

在聚会上和舞厅里还有可能遇到一些讨厌的醉鬼，采用以下步骤可以轻易地将他们甩开：

①如果有醉鬼把手搭在你的肩膀上，就把自己靠近他的腿从他的身后放在他两腿之间。

↑ 用肘顶他的胸部并向后压。

↑ 必要时，在他倒地后踢他的睾丸。

②用肘部顶住他的胸部，然后向后压。

③在他向后倒地时走开，或者，在必要时踢他的睾丸。

抱头

摆脱醉鬼纠缠的另外一个方法就是抓住他的头部。只要顺着他的脖子扭他的头部，就能让他晕头转向。

①双手向上伸出，用手指抠住他的头部并尽力抓住，譬如，抓住他的耳朵或鼻子。

②绕圈摇晃、扭动他的头部。

③把他的头拧向一边就能使他倒地。如果有必要的话，就再踩他一下。

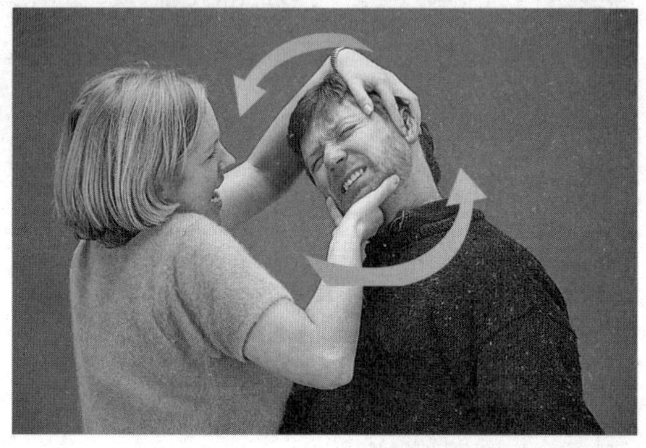

↑ 用手扭醉鬼的头。

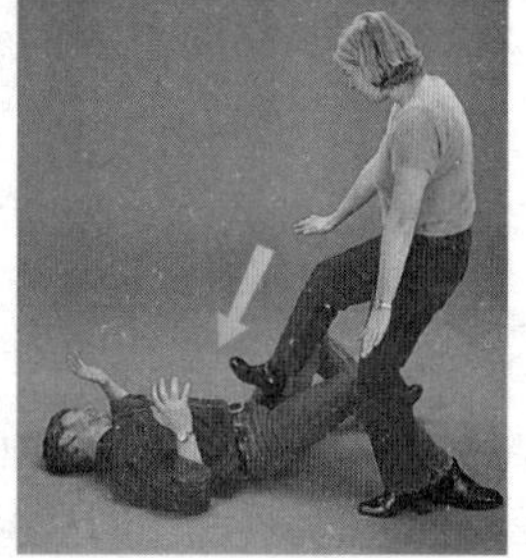

↑ 使他倒地后，必要的话再踩他一下。

← 用自己的腿绊住他的腿，就能迫使图谋不轨的醉鬼放开你。

瓶子的用法

经常有人直接拿着瓶子喝酒，当你在聚会上或小酒馆里被骚扰时，啤酒瓶也是一件有用的东西。

①只要一有机会，就抓住对方的手腕，然后将他的手臂往上抬。

②抓住瓶子的中部，然后用瓶颈向上顶击他的腋窝。这样做能让他的手臂麻木，使他暂

↑ 抓住瓶子的中部。

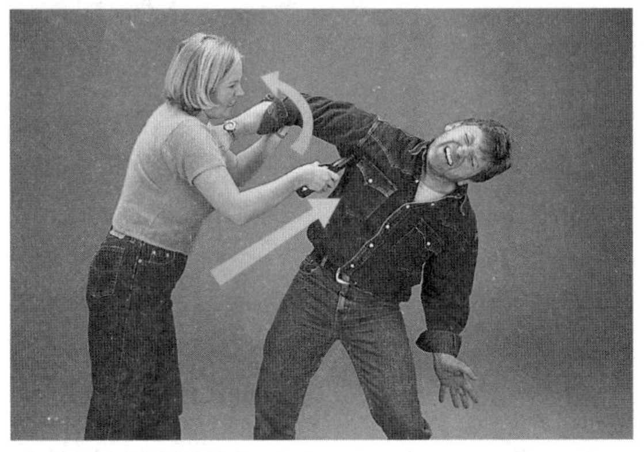

↑ 用瓶颈顶击他的腋窝。

时无力再骚扰你。

将攻击者绑住

如果你已经制住了攻击者，并且在旁人的帮助下已经将他控制住了，你的首要任务就是确保他对你不能再造成任何伤害了。用鞋带或其他触手可及的绳子捆住他的双手，并用他的腰带绑住他的双脚。如果手头没有这些东西，就迫使他双手掌心向上，让他坐在他自己的手掌上。解开他的裤子，向下拉到脚踝。如果是在家里，就用手边任何容易拿到的东西将他绑住，譬如食品保鲜膜就很好。用保鲜膜将他的手腕紧紧绕上几圈就能阻止他对你造成任何伤害，同时又不会对他造成任何伤害。

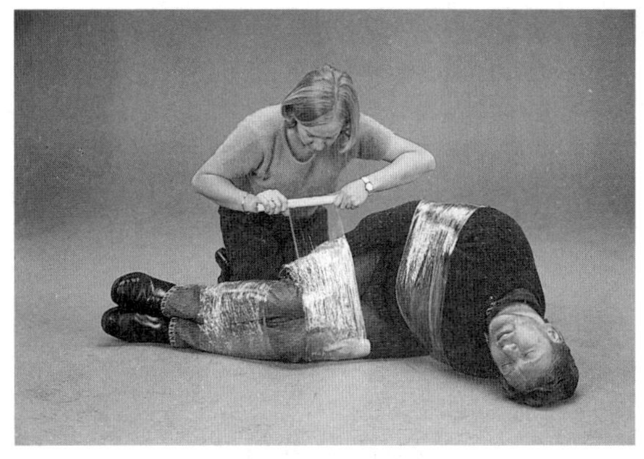

↑ 制服攻击者后，可以用保鲜膜将他绑起来。

第4章 女性自我保护

从暴力强奸和严重袭击事件中逃生的女性日后生活受到的影响会非常大，尤其是在未做任何反击努力的时候。每个女性在受到男性攻击时，都不要耗费时间去揣测他是出于什么样的心理攻击她，他不会有一丝的自责。出其不意的反击是最好的防卫措施，而且，只要得到正确的指导，女性也能主动地进行自我防卫。

女性及自我防卫

通常看来，女性躲开攻击者的能力比男性要差，这一部分是因为大多数人认为，男性的体格比女性强壮，体力比女性要强，而且男性是传统上的保护者。事实上，体格和体力并不一定是个人能力的决定性因素——女性成功击退比自己强大的攻击者并不是什么新鲜事。

许多女性比她们的男性对手更结实、更聪明、更敏捷。她们不会喝太多的酒，因此在任何冲突中所采取的行为也更有节制。两性之间最明显的区别就是，自他们降生到这个世界开始，孩子的“心理程序设定”。对男孩的期望是意志坚强、对恃强凌弱者进行回击，而对女孩的期望则是不要反击。这种心理作用是女性被人们看做是受害者的主要原因。

相信自己

女性必须克服自己对打斗的恐惧感。她们体内蕴藏着大量的愤怒和积极主动的能量，而她们应该准备好在遭遇暴力对待的情况下运用自己的力量保护自己和孩子的安全。这只是一个关于自信心的问题，要明白，反击不会失去什么，却可能获得一切。

立刻做出反应

要让攻击者吃惊并让他失去自信，女性应该迅速、果断地采取行动。要相信自己在这种情况下的本能反应并根据本能采取行动，但至关重要的是不能延迟自己的反应，因为如果你所采取的行动出乎攻击者的预料，就能削弱他的气势。

• 表现自信。不要让攻击者因为明显察觉到你的软弱而使用暴力。软弱只是一种感觉，而你的心理力量会对攻击者产生影响。

• 如果有人扑上来，就反击。大声叫喊、奔跑、出拳、脚踢，都是防卫的有效手段。

家庭暴力

任何在家庭中发生的暴力攻击都触犯了法律。男女双方都无权从身体上或感情上侮辱对方。不幸的是，许多女性多年来受着她们伴侣的侮辱。这种侮辱可能会持续多年，通常直到女性离去才终止。女性和暴虐的伴侣待在一起的原因可能有许多种，如缺钱、受到威胁、认为他会改变等。重要的是女性应该认识到，她们还是有地方可去的，在受到不公平对待时，女性应该寻求相关机构的帮助，以维护自己的合法权益。

经受家庭暴力的女性在初期可能没有认识到她们受到了侵犯。然而，从某种程度上来说，她们应该考虑做一些离开的准备了。这不是一个容易做出的决定，特别是当牵涉到孩子时。如果你已经下定决心，就把自己的麻烦告诉一个女友，然后告诉她自己可能需要和她待在一起。把过夜的东西装个小包放在她那儿，存好一笔足够付一段时间住宿费和饭费的钱。如果可能的话，请邻居在他们听见任何骚乱时打电话报警。

遇到团伙攻击的情况

对于女性来说，单身一人遭遇男性团伙攻击可能是可以想象得到的最坏的场景之一。充分的自信应该是你在这种情形下采取防卫的第一步，由于这种团伙一般是期望女性不做反抗的，因此你的反击可能会促使他们放弃对你的攻击。你对胜利的决心越大，就越能使攻击者失去勇气。

对付团伙

应付这种情况的关键要素就是迅速认清哪个是团伙头目，然后将注意力集中在他身上。团伙头目不是个头最大的就是包揽所有对话的那个人。

• 你应当使自己与团伙头目视线相对，并保持这种相对。

• 要表现得自信，并且不停步地向前移动，同时平静但坚决地要求他们不要挡路，你也许能完全让该头目信服地退却。

• 如果他避开你的目光，你应该继续向前移动，从人群中走出去。

• 如果他仍然挡住你的路，那就接近他，但要与他保持一定的距离，在这过程中始终保持与他对视。

• 尽量避免自己被包围。

此时，他非常有可能会装作他只是和你开了一个玩笑，然后笑笑或说几句话，让你过去。

如果这个办法不起作用，那就考虑用自己的声音吸引别人的注意。犯罪团伙不可能希望女性对他们尖叫，而且大声叫喊可能会促使他们攻击你。

如果团伙开始攻击你，你的最后一招就是动手。用上自己所有的技巧，如声音、拳打脚踢，然后，如果有跑开的空间，一有机会就赶快逃跑。

下面是几个需要牢记的要点。

• 保持目光对视。

• 不要对自己选择的逃跑路线三心二意。

• 除了发令之外，不要和攻击者对话。

↑ 大声叫喊是在遇上任何攻击时都可采用的一个重要武器。

• 保护自己的后背，攻击者从你身后发动攻击比正面发动攻击要容易。

遇到尾随情况

近年来，尾随事件呈上升趋势。这一术语通常用来指某人迷恋他人或对他人存有恶意，然后一直跟着他们。然而，尾随者经常不满足于单纯地尾随他们的目标，他们会对目标进行身体袭击、书面或口头的侮辱，以及做出各种经常是显示威力的举动，乃至对目标进行胁迫和使用暴力。

向警方求助

如果你认为自己被尾随了，就可以报警。但是，应该了解的是，如今仍然没有任何立法针对尾随这一特殊犯罪。所以，不可避免的，除非尾随者对你进行了身体袭击，否则警方可能不会立刻对尾随者进行处罚。

当你认为自己被尾随时

寻找“安全避难所”

如果你离开了自己熟悉的环境，并且感到自己被尾随了，无论原因是什么，赶快找一个安全的“避难所”。你可能只是看到了影子，但保持警惕永远比留下遗憾要好。当自己在街上行走时要尽量找出可能的“安全避难所”，例如，警察局、公寓大楼、医院、银行、酒店或商场。当你感受到直接威胁时，赶紧往最近的亮着灯的房子走，然后打电话求救。

在人行道上行走的时候要走在人行道的中央，并且要对小巷口或“凹”进去的商店门口提高警惕。如果认为自己被人尾随了，要马上转身查看。穿过街道（如果有必要的话就穿两

↑ 对可能的危险区域提高警惕。

次）以便确定自己是否被尾随。如果自己不确定，那就进入大商场或类似的场所，然后打电话叫辆出租车送你回家或目的地。如果尾随者跟着你进来，就告诉店员或者打电话给朋友。如果你真的独自一人遭遇上了尾随者，要做的第一件事就是面对尾随者，这样你就能看见他以及他在做什么。

• 尽量不要为了抄近路而穿过自己不熟悉或人迹稀少的地区。

• 携带私人警报装置并准备好使用它。

• 如果可能的话，在深夜回家时让家里人来接你。

• 请送你回家的朋友等你进了楼门后再离开。

• 把自己的钥匙拿在手上。不要等到站在家门口时再在手提包里或口袋里找钥匙。

遭遇强奸

强奸是非常常见的一项犯罪，而且可能会毁掉女性的一生。85%以上的强奸案件中强奸犯与受害者原本是认识的，而且受害者并非全是单身女性。许多受害者在被强奸后没有报案，因为受害者感到肮脏和难堪，或者因为她们感到警方或法庭不会相信自己。重要的是要记住，被强奸从来不是女性的责任或错误。

有预谋的强奸案件很少，大多数都是偶然的。

从施暴者手下逃脱

如何从施暴者手下逃脱可能取决于你自己与施暴者之间的关系以及自己的性格。你可能会毫不犹豫地用拳头猛击一个陌生人，但却可能会对认识的人下不了手（也许是害怕对将来的影响）。你也许可以通过对话来摆脱这一状况，但要准备好在必要的时候使用身体的力量。有资料显示，同施暴者展开搏斗的女性比不进行反抗的女性安全逃脱的机会要大。

• 评估一下施暴者：他的个子有多大？他是否喝多了？他是不是在拦路抢劫的过程中对你产生了歹意？

• 保持冷静，做好同他进行搏斗的准备。

• 运用自己的声音：大声叫喊并求救。

• 保持与对方对视。

• 尽量不要让他碰你。

反击

在采取了上面所说的方式之后，施暴者也许仍然会企图强奸你。处于这种情况时，就要准备好用行动来制止他了。施暴者在施暴时会易于受到攻击（譬如，当他在拉开拉链时），而受害者在必要的时候，应该判断何时是反击的最佳时机。

除非施暴者用武器顶着你的喉咙，否则就应该使用一切方法与他搏斗，你不论做什么都

↑ 如果施暴者将你按倒在地，就用自己的双手抓住他的头部。

↑ 用力向一边拉和拧他的头会让他身体失去平衡并可能为自己提供逃脱的机会。

对改变局势有所帮助。你可以采取挠、咬、踢等方式，扯他的头发、抓他的睾丸、抠他的皮肤。即使这些不能制止他，至少保证可以在他身上留下痕迹，以后可以指证他。

防止约会对象或熟人起歹意

“约会强奸”通常指男女双方第一次约会，或在发展相互关系的初期，由于男方未能正确理解有关暗示，而对女方实施性侵犯。

男性必须明白，虽然初次约会取得进展可以很好地确立自己在对方心目中的地位，但如果没有得到女方的同意，这样的举动就构成了强奸。同时，女性也必须明白，在深夜或是喝了一点酒后，把一个自己不太了解的男人邀请到自己家里可能给对方以错误的暗示。这就是说，请男性喝咖啡、喝酒或有些亲密的表示，并不意味着女方同意接受强加给她的性行为。

男女相约出行通常是因为相互喜欢。问题是，我们相互有多少信任？女性在和不够了解的男性约会时要谨慎、自重，不要给出容易让人误解的暗示。

• 第一次约会时间不要太长。

• 自己解决赴约和回来的交通。

• 注意自己的衣着打扮。

• 在给出自己的有关信息时要谨慎，如地址、电话号码、工作地点等。

• 明确地表明自己的意见。

• 如果不希望发生性关系，就断然拒绝对方的要求，并准备好在必要的时候以行动来证明。

如果已被侵犯

如果受害者已经被侵犯了，那就立刻报案；如果你不想报警，可以向相关机构寻求帮助、支持和建议。

受到侵犯后的自我恢复

只要一有机会，就要在第一时间向有关组织寻求帮助。比如前往最近的警察局，寻求直接的医疗救助，但在接受检查之前不要自我清洗。你可能非常想进行自我清洗和换衣服，但警方会需要他们所能得到的全部证据，以逮捕施暴者并证明他有罪。你可以让朋友或亲戚来陪你。

受害者要明白，检查是为了你好，不仅是为了医治身体上的创伤，也是为了检查是否有怀孕或被传染上性传播疾病的可能。也许警方的询问会让你觉得好像是自己犯了罪，但你应该明白，警方必须依法行事。他们可能会问你一些你不想回答的问题，但你要尽自己所能回答。你可以在任何询问时请人陪你。

如果受害者是被自己的朋友或亲戚强奸了，法庭可能会禁止此人（包括受害者的丈夫）再次和受害者接触。如果诉诸法庭，受害者的匿名权也应该受到保护。

男性能帮什么忙

男性必须理解，许多女性在孤独时，特别是在陌生的环境里，会变得精神紧张。

• 尽量不要在黑夜或偏僻的地方紧跟在一位女性身后。

• 在深夜的公交车上不要坐得离她太近。

• 如果看见有女性陷入困境，要前去帮忙或找人来帮忙。

恶意电话

电话通常是对人有帮助作用的，尤其是当我们有麻烦的时候，但有时它也会被别有用心的人利用。避免在家里接到不想接的电话的最简单方法就是不要将自己的电话号码登在有可能被公开的号码簿上，然而，这仍然不足以保证你不会接到恶意电话，因为有人会乱打电话。

有些电话纯粹是骚扰电话：这种情况往往是因为你的电话号码正好和某些出租车叫车电话或订餐电话差不多。当然，有些人会故意拨打恶意电话，而正是这些电话才有潜在的危险。它们可能会给你带来麻烦，使你感到焦虑。恶意电话可能是你认识的人打来的，也可能是和你有纠纷的人打来的。

预防恶意电话的措施

为了最大限度地减少自己可能面对的问题。

• 不要在电话中说自己的名字或私人电话号码。

• 不要在电话的自动回话录音中录入自己的名字、电话号码或类似“我现在不在家”之类的信息。

对付恶意电话

如果接到自己认为的恶意电话，那就采取

以下行动。

• 如果对方不出声，不要试图哄他开口，干脆挂上电话。

• 保持镇静：真有事打电话来的人，或者想跟你开个小玩笑的朋友，通常会先开口说话的。

• 情绪不要过于激动，他们要的就是这种反应。

• 除非你相信来电者，否则不要在电话中说出有关你的任何具体信息。

如果来电者纠缠不休，就与电话公司联系，以采取相应措施，若事情的性质严重，可以报警。

私人防护装置

私人警报器

市场上有许多不同种类的私人警报器，其中有些很实用有些则毫无用处。这主要取决于其声音的尖利程度，声音越是让人难以忍受就越好。私人警报器通常是用电池或小的气缸来驱动的，用气缸驱动的发出的声音较大，但持续时间较短，而用电池驱动的可能效果更好一些。有些私人警报器现在有的几项功能，全部都是为帮助你对付攻击者而设计的。例如，手电筒和警报器合而为一。还有更好的，有些警报器可以装在手提包上或者门背后，当有人试图偷你的手提包或破门而入时警报器就会启动。私人警报器在大多数DIY（自己动手制作）店铺，或者电子产品批发商店里都能找到。

如果你有一个私人警报器，最好随身携带，并保证在出现紧急情况时自己能迅速拿到：任何警报器，无论它有多少功能，如果被埋在包底，也是没有用的。然而，你不能完全依赖于自己的私人警报器，它可能确实会让攻击者大吃一惊，但普通大众可能不为所动，因为我们对警报声已经习以为常了。在警报器响起的同时要大声呼救，同时准备好自我防卫。

其他

有许多日常用品（如梳子、香水等）是可以合法携带的，你也可以用它们来对付攻击者以保护自己。如果你在自我防卫中确实使用了这些东西，在事后要向警方证明自己的行为是合法的。

运用武器自救

女性因为生理上处于弱势，更易成为被侵害的对象。敢于侵犯青年女性的歹徒一般都比较强壮，除非受过专业训练，徒手反击是很危险的。所以女性最好在出门前用“武器”将自己武装起来。

要注意选择在法律许可范围内的“武器”，如小学生削铅笔用的小刀，这样既能使自己逃脱，又不会将歹徒杀死。万一受到攻击时，可以按如下方法自救。

如果歹徒用右手抓住了你的左手腕，就刺他的右手腕内侧。受伤的歹徒只能用手按住伤口去看医生，你就可以逃脱了。

如果歹徒从侧面抱住你，而你拿刀的手靠近他的身体，可以刺他的大腿内侧。这是神经敏感区，他肯定会疼得放开你。

如果歹徒抓住了你的肩头、衣领、头发，或者扼住了你的脖子，就刺他的手臂、身体。

如果歹徒从背后抱住你，你的手可以活动，可以刺他的手背。

如果歹徒从前面把你抱起来，可以刺或划向他的颈部。

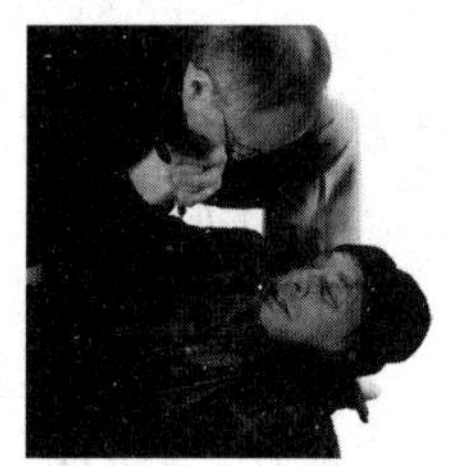

第5章 常见的防卫方式

了解常见的攻击方式与相应的防卫方式在极端条件下非常关键，因为这不仅可以使你有效摆脱困境，甚至能挽救生命。当确定自己受到攻击或骚扰时，采取有效的防卫措施是必要的。你应该掌握在面临武器进攻或性骚扰时应采取的有效防卫方式。

骚乱

骚乱基本上就是对和平的破坏，而如果它得不到控制，就会成为更严重的暴力行为的前奏。小酒馆里的争吵所发出的噪音和闹剧只能打破和平的气氛，但是，一旦动起手来，就可能触犯法律了。往往在这时候，人们才发现自己卷入了一个本可以避免的麻烦事件之中。

设想自己是在小酒馆里，有人侮辱你的同伴。虽然你可以进行口头报复，但却无权打这个“大嘴巴”。同样，如果在由语言侮辱引起的冲突当中，你决定英勇地反抗“大嘴巴”并动手，那么你会因为打架而违法。

在大多数情况下，如果你没有直接介入争吵，骚乱是可以避免的。尽量不要和一个喝醉后在酒吧里大声嚷嚷的人一起喝酒，邻里纠纷也要尽可能地避免，除非你认为自己的生命受到威胁，否则在这些情况下最好走开。

抢钱包者和无赖

抢钱包的现象现在越来越多。抢钱包者采取这种简单办法来抢你的钱、信用卡和住处的钥匙。大多数抢钱包者作案时成群结伙，他们看准了准备下手的对象后就紧跟他们，由团伙中的一人转移受害者的注意力，然后另一个抢夺装有钱包的包，这并不是什么稀罕的事。

- 带上一个旧的钱包或皮夹子，里面只放很少的钱。没有一个抢包者会在附近停上很长时间来查看他从你那儿抢到了多少钱。
- 永远把这个旧钱包放在显眼的地方，里面放上过期的信用卡，并剪几张纸币形状的纸，上面放一张面值较小的钞票。
- 小心藏好自己的真钱包。
- 永远不要让任何无赖拿到你的住址以及你住处的钥匙，因为他们可能会企图“拜访”你。

暴力犯罪

刀、枪都是非常危险的，而且在大多数近身攻击中会造成重伤，甚至死亡。碰上抢劫时，不要大惊小怪，赶快放弃自己的东西。如果遇上的是强奸或报复，你逃开的机会可能很小，在这种情况下，就只好自我防卫了。事实上，除非你受过彻底的训练并自信能应付这类情况，否则你得胜的机会也不会太大。对待持刀或持枪的袭击，唯一有能力对付袭击者的是有枪的职业人士，如警方。

用刀和其他武器的攻击

尽管拳脚能造成致命的伤害，但是毋庸置疑，当攻击者使用武器的时候，被攻击者受到严重伤害甚至丧命的危险更会大大增加。很多物体都可能被用做武器，但是经验表明，最常用的武器还是刀。

近年来，利用刀进行攻击的案件数量有所上升，部分专家认为刀文化正在形成，尤其是在年轻人当中。

带刀者经常宣称带刀是为了自我防卫，但是非常明显，刀也可能被那些“危险”人物利用来攻击人，或者更普遍的现象是被用来辅助盗窃或者性暴力。

抵抗利器的自我防卫

刀、敲碎的瓶子、玻璃以及烟灰缸都能造成可怕的伤口。动脉与身体的其他部位相比更容易受到伤害，因为它们离皮肤更近，特别是没有受到衣服或装备保护时。因此保护好这些部位免受攻击很重要，比如颈部，由于里面有颈静脉和颈动脉血管，因此应该特别保护好。

用刀攻击最令人害怕的事情就是知道自己可能被砍伤、刺伤甚至被杀害。这种担心就可能让人手脚瘫软。为了重新获得对局面的一定程度的控制，你必须接受你可能会受到伤害这一现实。

企图让攻击者缴械是一件非常困难的事情。但是表现出自己并不是一个由于害怕就会任凭摆布的人就足以有效地让部分攻击者意外，从而有机会逃脱。如果被迫进行反击，也不用担心，该怎么做就怎么做，但是不要冲撞带刀的人。记住你最可能受到伤害的部位就是脸部或者腹部。与攻击者进行周旋，并保持一个足够安全的距离避免被刀碰到，还要保持收腹。如果身边有东西，如椅子等，可以抓过来当自卫武器。可以拿衣服或者腰带当鞭子进行抽打或者缠绕，还可以将口袋里的零钱抓出来竭尽全力扔向攻击者的眼睛。

使用刀具

在你为了让自己或者另外的受害者保命而不得不挺身迎向挥刀的攻击者时，记住心脏或者胃部如果没有得到有效保护的话，可能是最容易下手的目标。

如果在自己家中被攻击，比如夜间携带棒球棒的盗贼，这时候千万不要试图拿厨房的刀具来威胁攻击者，那样只会提醒攻击者从你手中将刀争夺过去，然后反过来用刀对付你。

钝器

像棍棒、短棒、铁条、锤子或者类似的物品都能够造成很大的伤害。用锤子敲击手臂可以很轻松地导致手臂骨折，而用同样的力度敲击头部则可能导致头盖骨破碎，从而造成对大脑的严重伤害。一定要努力通过摇摆、下蹲、躲闪等避免受到这种伤害。如果被击倒在地，可以在地上滚动，用双手护住头盖骨，手腕护住双耳。

枪

在被抢劫当中，如果遭遇到持枪的歹徒，生存的黄金法则就是按照歹徒的命令行事。如果他们让你不要动就不要动。从严格意义上说，很多抢劫者携带武器可能完全就是为了恐吓受害者，而他们自己或许并不知道如何正确使用这些武器。你其实也并不是他们的主要目标，他们的主要目标也许是抢夺财物而不是杀人。尽可能地让自己不显眼，这样歹徒就不可能把你看成是威胁，他们也没有太多理由让犯罪案件升级，同时也不敢确定到底他们的射击会不会准确，因此不到万不得已的时候，千万不要刺激攻击者开枪。

但是如果歹徒没有其他目的而完全只是针对人，你该怎么办呢？如果攻击者已经悄悄接近你，并用枪顶着你让你上车，你又该怎么办呢？

有的人会说，如果进行合作能够劝诫让歹徒回心转意的话，你可以服从。另外一部分人则认为应该抓住机会，因为在攻击发生的前几秒钟完全能够给自己提供逃跑并得以生存的机会。

无论怎么样，只要决定了逃跑以保命，就一定要尽快拉开你与攻击者之间的距离。身体放低，然后呈“Z”字形线路逃跑，让攻击者没有办法进行瞄准。如果能够在你与攻击者之间制造障碍最好，如利用一排车子、一排树或者栅栏等进行躲避。

□受到持刀攻击

1.如果攻击者带有武器，最好的防卫方式当然是尽快逃离，但是在某些情况下，逃跑是不可能的。

2.当攻击者用刀砍的时候，身体后仰躲过刀子，手臂尽量靠近身体。不要把手臂张开，因为那样很容易被伤到。

3.当攻击者准备用刀砍你脸的时候，双臂上举，保护好脸部和颈部。但是不要把手腕内侧暴露在外。

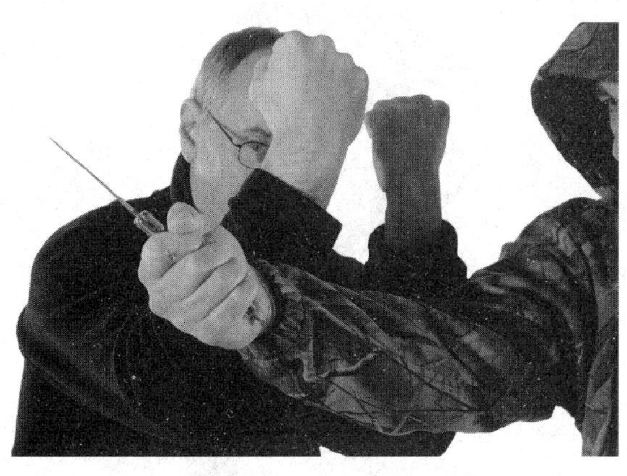

4.当你抬手臂护脸的时候，不要只被动地抬手臂，而是用它们撞击攻击者持刀的手臂，对其造成伤害或者可能让他握刀的手松开。

5.刀没有砍到目标的时候，用手紧紧抓住攻击者握刀的手臂控制住武器，然后用肘部撞击攻击者的肋骨部位或者脸部。一旦控制住攻击者握刀的手臂，无论在什么情况下都不要放手。这是避免被砍到的最有效的防护措施。

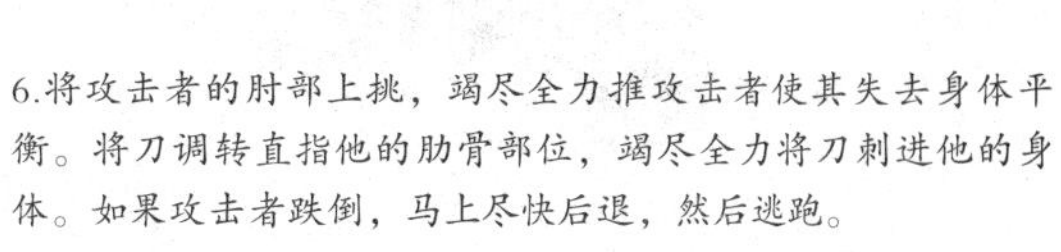

6.将攻击者的肘部上挑，竭尽全力推攻击者使其失去身体平衡。将刀调转直指他的肋骨部位，竭尽全力将刀刺进他的身体。如果攻击者跌倒，马上尽快后退，然后逃跑。

□躲避刀刺攻击

1.攻击者用左手抓住受害者，试图将刀举起向下猛刺受害者头部或者颈部。

2.应向攻击者走近，抓住攻击者持刀的手臂，用前臂使刀刃偏移。

3.一只手握住攻击者持刀的手腕将他握刀的手往外拉，用另一只手挖他眼睛。往后推攻击者，使其身体失去平衡。

4.向后推攻击者的时候，用脚从后往前扫攻击者的小腿，迫使其跌倒。尽量不要松掉握住攻击者持刀的手腕的手。

5.用双手控制攻击者持刀的手腕，将刀尖转向直指攻击者自身。

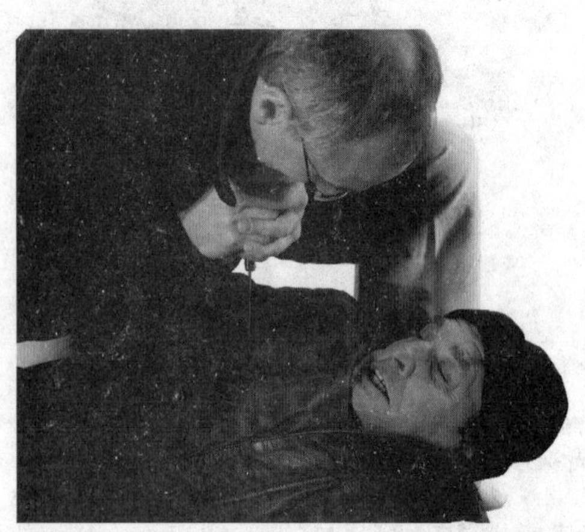

6.将身体的全部重量转移到刀柄上，用刀刺攻击者的胸部，然后尽快逃离。

□受到枪械威胁

1.在面对持枪的攻击者的时候，我们的建议是按照攻击者的指示做。如果是劫匪，给他任何想要的东西。你的生命远比一块表、一些钱或者一辆车更值钱。

2.如果你确定无论你做什么，攻击者都可能开枪的话，那么除了自卫，你将别无选择。将枪推到一边，让自己避开枪口的方向。

3.如果这时候子弹射出，你可能会被产生的声音吓倒，但是你必须继续握住枪或者握住攻击者持枪的手腕。

4.击打攻击者持枪手臂的肘部。

5.你的目标是双手控制攻击者持枪的手臂。用脚尽最大力量猛踢攻击者的膝盖分散其注意力，然后用手尽量夺取枪。一直保持向前的力量控制整个局势。

6.从攻击者手中夺过枪，并尽快退开。

应对脖子被勒

颈部内有脊髓、主要的血管和气管，但却缺乏任何形式的骨质保护结构，因此很容易由于受到挤压等而被伤害。受害者首先感到极度疼痛，然后失去知觉，最后脑死亡。压迫喉咙将影响到大脑供血，甚至导致心脏停止跳动。只需要用15千克的力量就可以让气管闭合，然后受害者在几秒钟内就有可能休克。这种形式的攻击往往被男性利用来针对女性，而且勒脖子也是一种常见的家庭暴力的形式。

□应对脖子被勒方法一

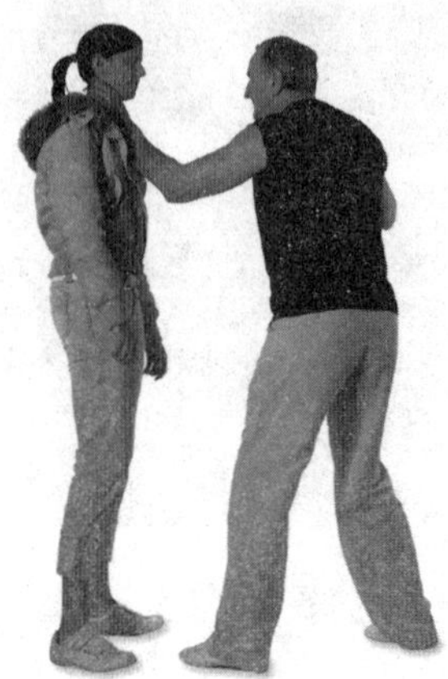

1.攻击者试图用左手抓住你的喉咙，企图让你窒息。

2.用最大力量向下推攻击者的肘关节处，用另一只手袭击他的喉部。

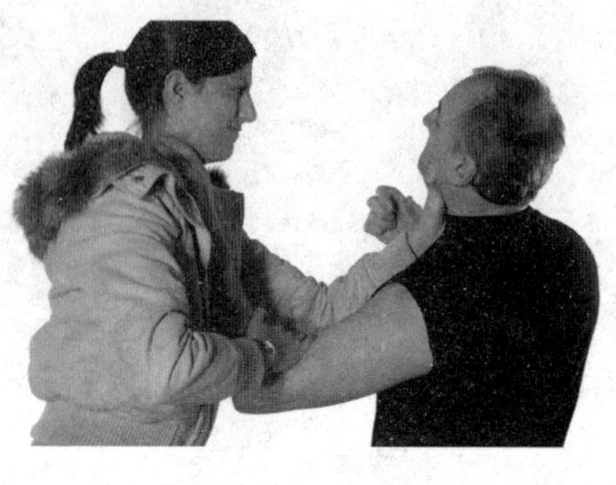

3.向攻击者的眼睛吐口水会导致他眨眼睛，让他更容易受到进一步的攻击。

4.右手向上移动抓住攻击者的头发，左手卡在攻击者脖子处向后推，猛烈扭动攻击者的脖子。

5.从后侧使劲踢攻击者的腿部，使其膝盖着地。集中全身重量踩住，对攻击者造成尽可能大的伤害。

6.用手掌将攻击者的头撞向地面。如果他试图站立起来，踢他的下身或者踩他的脚踝。然后迅速逃离。

□应对脖子被勒方法二

1.攻击者伸出右手准备抓住你的喉咙。

2.躲避攻击者的手，对其肘部施加向上的推力。

3.推动攻击者的手臂使其身体失去平衡。

□应对脖子被勒方法三

1.攻击者伸出右手试图抓住你的喉咙。

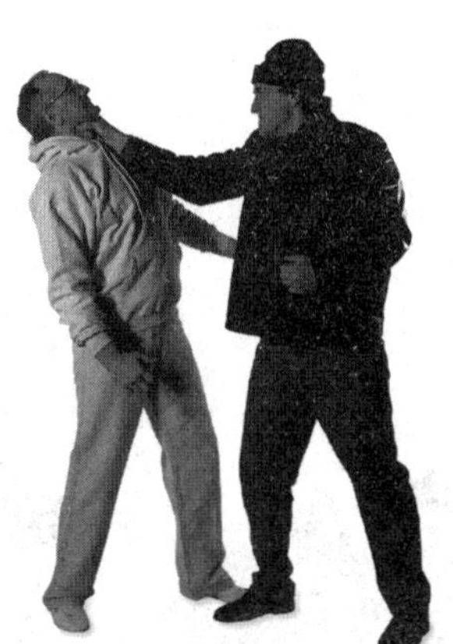

2.攻击者握住喉咙开始用劲猛捏。

3.将头向一侧适度偏移，向下点下巴，然后前推，同时利用各种方式攻击其下身，迫使攻击者逐渐后退。

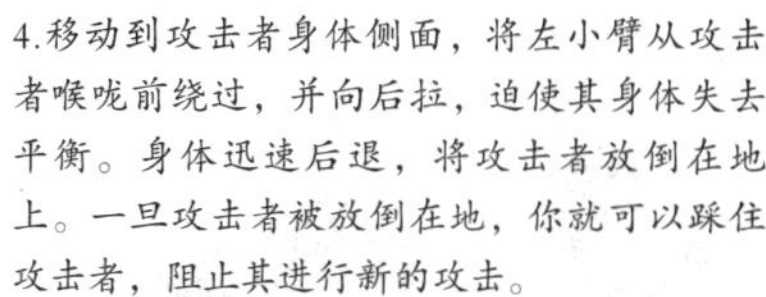

4.移动到攻击者身体侧面，将左小臂从攻击者喉咙前绕过，并向后拉，迫使其身体失去平衡。身体迅速后退，将攻击者放倒在地上。一旦攻击者被放倒在地，你就可以踩住攻击者，阻止其进行新的攻击。

□应对攻击者从背后勒脖子

1.攻击者有时会从背后接近你，企图勒住你的脖子。

2.攻击者用右小臂勒住你的喉咙后会开始加力。

3.你应该身体前倾，用最大的力量将攻击者的手臂向下拉，减少其对喉咙压迫的力量。

4.继续控制住攻击者的手臂，握住其手臂，呈顺时针方向扭，离开攻击者的身体，用最大的力量将攻击者的手臂向外扭。

5.将一只脚伸进攻击者靠你最近的腿的后侧，并用右手攻击其脸部。用手掌根部击打其下巴或者喉咙都非常有效，随后立即用手指去抠攻击者的眼睛。

6.向后推攻击者，用你的腿让其失去平衡，并最终将他推倒在地。之后继续用脚踩踏其身体或者下身。千万不要以为攻击者倒地之后就已经不构成威胁，应该迅速离开，防止攻击者将你也拉倒在地。

应对用头撞击

用头撞击是一种破坏性很强的攻击形式，尤其是如果撞击的部位正好是鼻子、眼睛或者颧骨。如果在用头撞击的同时，攻击者用双手将受害者拉过来迎上撞击的头或者用双手抓住受害者以稳定其撞击目标，这种撞击的后果会更严重。如果用头撞击的部位适当，很容易将被攻击者击倒在地、造成脑震荡或者脸部软组织受伤。用头部撞击还可能导致眼睛永久失明，甚至脑受伤。对用头撞击进行防卫需要对攻击者最初的行动做出快速的反应。

□应对攻击者用头撞击

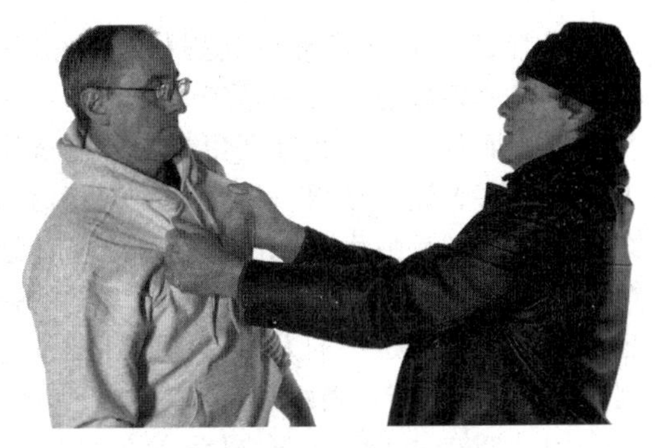

1.攻击者有时会采用头部撞击的方式来对付你，他的动作非常有力，经常会让受害者的头颈部感到某种程度的疼痛。因此很有必要对颈部肌肉进行锻炼，以减小攻击者对你做出的各种动作造成伤害。

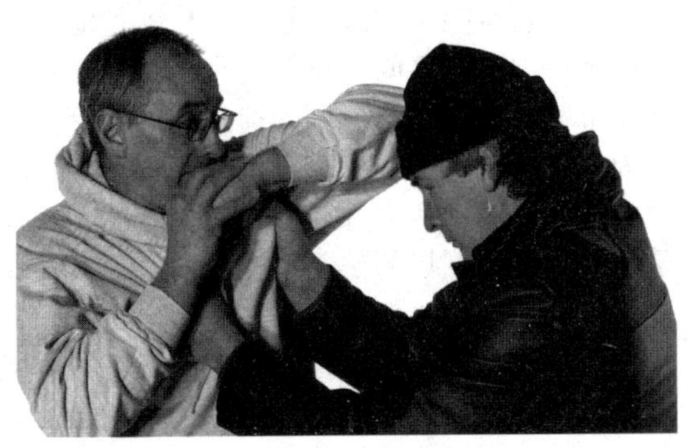

2.当攻击者将其头部撞向你脸部的时候，你应迅速抬起肘部，让肘尖撞击攻击者的脸部。这不仅能够阻止攻击者用头撞击的动作而且还能对攻击者脸部的软组织构成伤害。

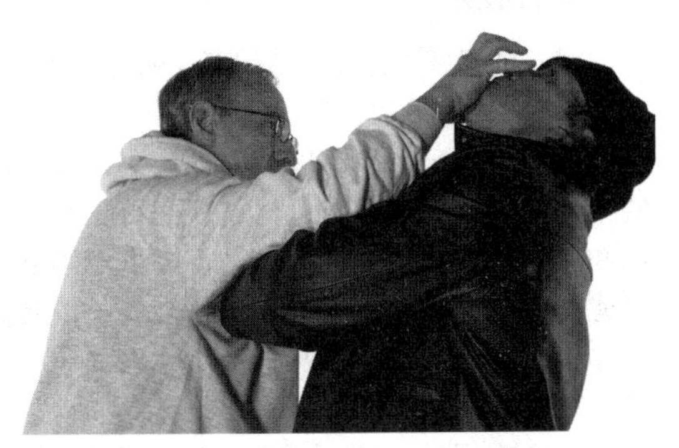

3.用右手手掌的根部击打攻击者的下巴或者喉咙，将其头部向后推。随后立即用手抓攻击者的眼睛将进一步减弱他对你的攻击性，并使攻击者不知所措。

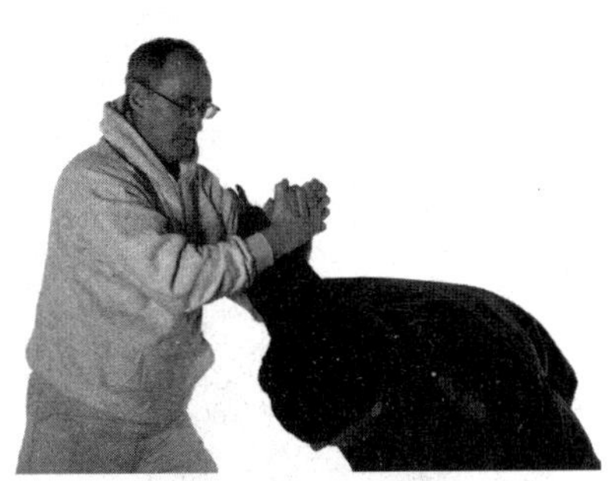

4.用身体的全部重量向下压攻击者的手臂，以破坏其肘关节为目标。如果空间允许，应该稍微后退或者往旁边移动，使杠杆作用发挥最大威力。

5.将攻击者的手臂向上向后扭，扳攻击者的肩膀使攻击者的头部朝下，这样的话，你的膝盖或者脚就可以对其进行攻击。如果攻击者试图挣脱保持身体平衡，可以把他撞到墙上。

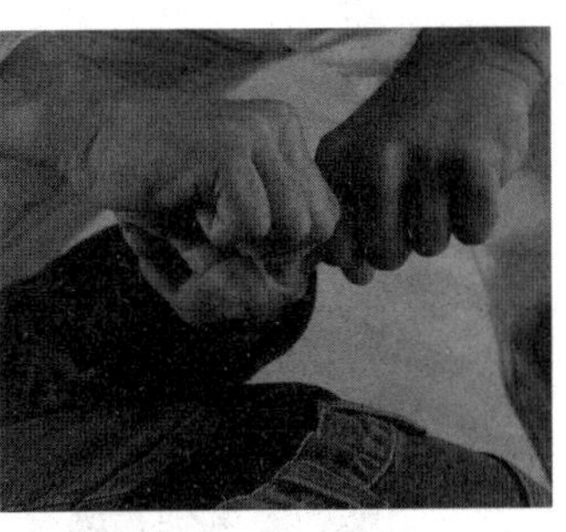

6.双手抓住攻击者的手指，并用力向两侧掰开，伤害其指关节。这种方式并不需要使很大的劲。之后攻击者将不能再用手来对你进行攻击。

应对性侵犯

尽管任何人都可能成为强奸犯攻击的目标，但是大多数受害者都是年龄未满18周岁的青少年，而且绝大多数强奸犯都会使用身体暴力胁迫受害者让其屈服。尽管很多人相信强奸案件大部分都是陌生人在没有经过周密计划的情况下作案的，但是事实上，绝大多数的强奸犯都是受害者所认识的人，而且强奸案件也是强奸犯在事前周密计划好的。

团伙攻击可能是你会碰到的最危险的情况。最重要的事情就是保持尽可能大的距离。最好的办法是尽快跑到光线更好、人更密集的地方。

对付强奸犯

潜在的强奸犯经常会使用下列的方法：

• 获取受害者的信任。通常情况下，强奸犯会公开接近受害者，并以某种方式寻求受害者的帮助。一旦距离适当，他立即变得具有攻击性和威胁性。利用这种方法进行攻击的强奸犯可能伪装成警察、挨家挨户的兜售人员或者允许你搭便车的司机。强奸犯是陌生人的时候，以上都是最常见的策略。

• 突袭。强奸犯隐藏在某种掩护下，在没有任何警示的情况下对受害者下手。

• 偷袭。强奸犯闯入受害者睡觉的地方。

强奸犯会努力通过身体胁迫、口头威胁、展示武器（通常是用刀）或者身体暴力控制住受害者。通常情况下，受害者会感到害怕，因此强奸犯只需要很小的力量就能让受害者屈服。强奸犯也正是依靠这一点得手，因此受害者可以通过大声喊叫或者进行积极反抗引起别人的注意来破坏攻击者的计划。

酗酒很容易让受害者成为攻击目标。他们的身体已经被酒精麻痹，不可能进行有效的反抗或者逃跑。而且其记忆力也受到严重影响，很难记住攻击者的相貌特征。

性骚扰

通常情况下，性骚扰并没有强奸严重，但是工作中的性骚扰是对自尊的一种威胁，你应当正面回击，法律保护雇员不受这种事情的伤害。性骚扰有很多形式，包括对你外貌的不恰当的评论以及同事间不友好的直接接触。你应该非常明确地表示自己不欢迎这样的评论或者行为。不要为自己的反应进行道歉或者努力展示友好的微笑。从一开始就要表明态度，最好是在目击证人在场的情况下，表明自己不接受这样的骚扰。

如果这些都不奏效，把发生的所有的这类事情记录在案并向领导汇报。在迫不得已的情况下，你可以对这种持续的骚扰行为采取必要的手段，但是你必须能够证明你所采取的行动是在问题未得到解决的情况下的正当行为。

□应对正面攻击

1.走上前去抓住攻击者的衣服，或者如果他们头发比较长或者戴有耳环，用力拉扯这些东西。

2.如果攻击者的头部向下，将膝盖提起用力撞其下身。

3.随着攻击者向前倒，向后推他的头部。然后继续进行反抗，比如用手抠他的眼睛。

□反抗路上的性侵犯

1.如果你走在偏僻小路上，攻击者可能从背后接近，然后迅速追上并抓住你。

2.攻击者利用身体的重量和力量将你推倒在地面上，骑跨在你身上，双手按住你的肩膀或者手臂。

3.攻击者没有控制住你的双腿。用你的脚勾住袭击者的一条腿。

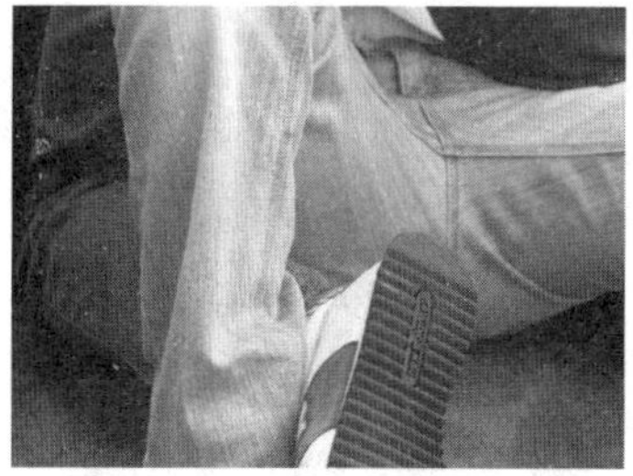

4.如图示，用脚踝勾能够让你滚到一侧，用手使劲推，并用腿使劲往里扭攻击者的脚踝。

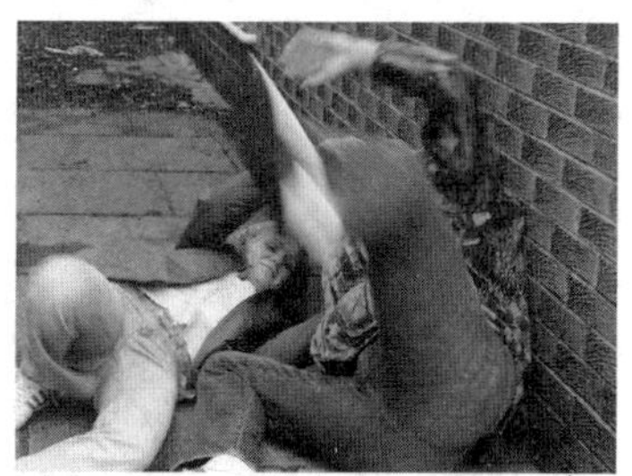

5.一旦从攻击者身体底下逃脱，如果可能，用手使劲将攻击者推向墙，以增加逃跑的机会。

6.用膝盖猛击攻击者的下身，然后迅速挣脱，跑到一个安全的地方，并尽快报案。

□对抗团伙攻击

1.如果遭遇到一个有威胁性的团伙，尽可能大声地呼叫以吸引其他路人注意，并且明确表示自己不会轻易就范。

2.如果该团伙坚持对你进行攻击，并向你走近，此时诸如重型搭扣的皮带、狗链等东西都是非常有用的自卫武器。

3.快速挥舞皮带，保持与攻击者之间最大的距离。如果攻击者继续上前，你就应该尽可能快地后退。

□应对靠墙攻击

1.攻击者会躲在角落里观察，等你走近。

2.攻击者迅速向你移动，把你推到后背靠在墙上的位置。

3.迅速做出反应，用膝盖猛击攻击者的下身、胃部或者大腿。

4.将头部偏向一侧，用全身的力气将攻击者的脸拉过去撞向墙。

5.将攻击者用力从身上推开，让其背部着地。大声呼救，并注意观察攻击者。

6.用脚用力踩攻击者的下身，然后迅速逃离，前往人多的地方。

□应对骚扰方法一

1.你应该对骚扰者最初的接触立即做出反应，抓住攻击者的手以防攻击者进一步的行动，抬起肘部准备反击。

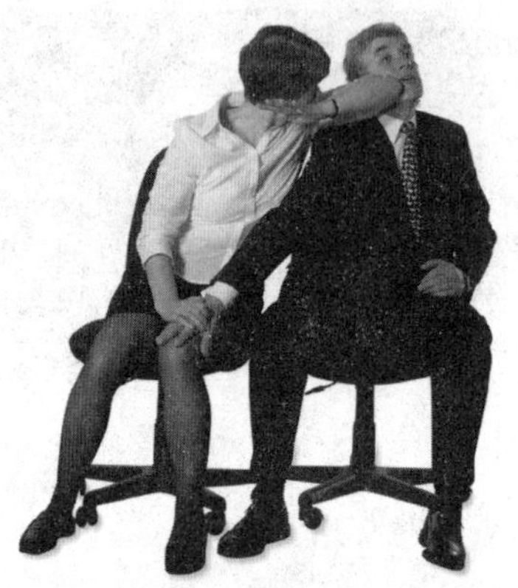

2.将肘部直接击向骚扰者的脸部，以鼻子、嘴唇或者眼睛为击打目标。大声喊叫并增加击打的力度。

3.将另一只手掌伸直砍向骚扰者的下身。站起来准备离开，同时将骚扰者往反方向使劲推。

□应对骚扰方法二

1.在你坐着的时候，骚扰者通常会从背后接近你。

2.骚扰者会将双手放在你的肩部。骚扰者身体前倾，仿佛要对你说悄悄话。

3.此时你应立即用手抓住骚扰者的一根或者多根手指。

4.扭动并向前拉骚扰者的手指，迫使其头部下沉。同时准备用另一只手进行反击。

5.使劲用手掌根部直接猛击骚扰者的下颌，使其头部后仰。这样将给自己留出足够的空间站立起来，然后离开。

第 6 章 家庭事故中的逃生

你最后一次对家庭及家庭财产进行安全评估是什么时候？你如何防范入侵者进入你的房子？你可能会成为煤气泄漏或者一氧化碳中毒的受害者吗？你家会发生火灾吗？如果着火了，你知道如何让每个人安全离开吗？你应该了解如何应付这些发生在家中的危险。这些也将是你在战争、社会动乱或者恐怖袭击中逃生需要的技能。

防范入侵者

评估自己的房子被入侵的风险的最好方式就是假设丢了钥匙，然后在造成最小破坏和噪音的前提下找到进入房子的方式。

窗户锁

对很多窃贼来说，窗户是他们入室盗窃首选的入口。窗户即便锁上了，也没有门安全。钢化玻璃或者双层玻璃可能会止住窃贼，因为他们最不愿意打碎玻璃制造噪音，以免惊动邻居。但是，如果你嫌麻烦而不关好并锁好所有的窗户，窃贼绝对会毫不犹豫地从窗户进入房子。

现在几乎所有的双层玻璃窗都只中间有一个钩子锁窗户。这种情况下，只要用铲子从窗户的一角插入将窗户弄变形，窗户就被撬开了。

为了避免这种情况，完全可以在窗户的角上添一把便宜的简单固定在表面的锁，安装的方法很简单，只要会使用改锥就可以。

门的安全

通常来讲正门都是最安全的，因此不会是窃贼轻易选择的入室路径。但是如果正门只有一把单一的弹簧锁，它就有可能成为窃贼的目标，因为弹簧锁从外面用一块软刀片甚至信用卡往往就能够打开。如果门上还装有榫眼锁或者死锁，那窃贼可能就不得不三思了。因为这样的话不仅仅门更难打开或者噪音更大，而且就算他通过窗户进入室内之后也无法带着盗窃到手的东西从正门出来。

后门或者旁门往往由于不容易从大街上看见而比结实的正门更容易成为窃贼入室的目标。而且后门和旁门往往都是有部分玻璃的门。很多家庭往往将这种辅助门作为前往花园或者车库的通道，因此经常不会上锁，或者把钥匙留在钥匙孔上。门上可能在上下两个地方都装上了门闩，但是又有多少人会把门闩插上呢？

有很多种方法可以取得插在门内侧钥匙孔上的钥匙。但是如果门上有猫洞，这就更容易了。如果洞比较大，比如为了让狗出入，那么年幼的或者个子瘦小的窃贼完全可以通过这个洞悄无声息地进入室内，除非洞是开在厚厚的墙上而不是薄薄的门板上。尽管门上的猫洞连接的可能只是一个门廊或者温室，但是只要进入里面，他们就不太容易被邻居或者路人看见，然后就可以从那个地方放松地打开门或者窗进入主屋了。

外屋和梯子

就算你已经将地面楼层的门窗全部关好并锁好，但将一些工具放在了没有锁好的杂物间，或者将梯子放在花园没有锁好，那你的房

□提高家的安全性

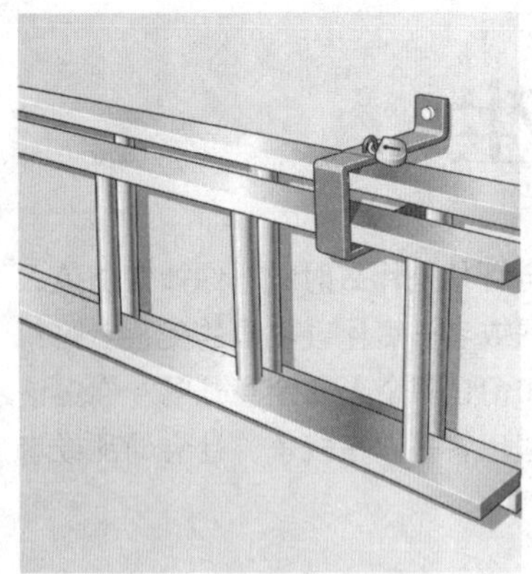

↑ 如果不得不把梯子放在家外面，必须将其固定在架子上并锁好。防止盗贼利用它通过楼上的窗户进入室内。

↑ 家里没人的时候，要将楼上的所有窗户关好并锁好。因为即便自己锁好了梯子，也可能有邻居没有锁好梯子。

↑ 如果门上有猫洞，千万不要将钥匙遗忘在钥匙孔上。为了增加安全性，给门加一把锁。

↑ 窃贼最先检查的两个地方分别是正门前的地垫底下和最近的花盆，看是否会留有备用钥匙。

↑ 如果窃贼入室，而你把所有值钱的物品和文件放在一起，你将使他们的盗窃工作简单容易得多。

↑ 如果你要出差，可以在部分房间利用定时开关自动打开和关闭电灯和收音机等，这样会让房子看上去有人。

子还是很容易受到窃贼的光顾。你觉得你的邻居会对在你院子里进行工作的“工人”或者“窗户清洁工”产生怀疑吗？所以，给杂物间和外屋上锁并装上警报器，将梯子锁在适当的架子上。这些东西都可以从五金商店购买到，而且价格便宜。

吓退窃贼

窃贼们一般希望在受到最小抵抗的情况下窃取财物。因此，如果在显眼的地方装一个防窃警报器，将侧门和后门都锁好，而院墙上也装有易碎的东西，那么窃贼一般不会浪费时间，而会寻找另外的目标下手。窃贼也不喜欢那种沙砾车道，因为在这种地方不弄出声音比较困难。但是如果你傻到直接将钥匙放在地垫下面或者明显的花盆里，窃贼还是会直接进入房间盗窃。

不要把房子或者车钥匙放在从外面就能看见的显眼的地方，那样的话窃贼只需要花少量时间就能够用像钓鱼那样的方式拿到钥匙。

房屋防盗

虽然结实的锁头可能会让窃贼望而却步，但是也不能高枕无忧，应该时刻注意那些可能让我们的房屋成为窃贼攻击目标的细节。你还可以采取进一步的措施保护自己的财产，尤其是在夜间这种入室盗窃者可能对自己或者家人构成人身伤害的时候。

安全照明

在房屋外仔细设置安全照明灯，最好是由活动传感器控制的灯，这在夜间对窃贼是一个很好的威慑。为了发挥最大功效，安全照明灯应该设置在能够照亮几乎整个可能是入侵位置的地方。这种灯不能只照到邻居或者路人，而让入侵者躲在背光的地方“作业”。

如果房前有花园，花园中能够挡住正门或者窗户视线的矮树丛也经常被窃贼利用。所以应将它们砍掉。（相反的，如果在矮树丛周围加一圈带刺的篱笆对盗窃者会是一个威慑。）

做好应对最坏情况的准备

尽管已经做好了各方面的安全措施，万一窃贼还是进入了房间，卧室门上的门闩能够给你提供一点时间来打电话求助。因此应该在睡觉的时候把手机带进卧室而不是放在别的房间充电，谨防入侵者切断电话线。

你还应该考虑在卧室里放手电，最好是较大的多功能的电池警用手电，这样还能将手电作为防身武器。注意，各个国家对针对入侵者的暴力抵抗手段的认可度是不一样的，因此要注意这方面的法律规定。

夜间使用警报器

最后，预先警告就是预先武装。如果你有一个防盗贼警报器，每天晚上上床睡觉之前把它调试好。警报器不仅能吓住入侵者，也能让你察觉到有人在楼下活动，让你有时间打电话求助、穿衣服并做好准备对付正在上楼的入侵者。

如果家里没有安装警报系统，单独的使用电池的房间警报器可以作为很好的替代，只需要将它安放在楼梯上就行。

对付入室者

一般的窃贼都会在主人上班或者休假不在家的情况下溜进房间进行盗窃，因为一旦双方

↑ 不要让陌生人进门：在门上安装猫眼，或者使用门链，在开门之前首先看看来访者是谁。

□容易受到入侵的情况

↑ 如果你将大门开着就返回汽车取购物袋，就为窃贼提供了入室的机会。

↑ 如果将花园大门开着，当你转身的时候，盗贼就可能入室行窃。

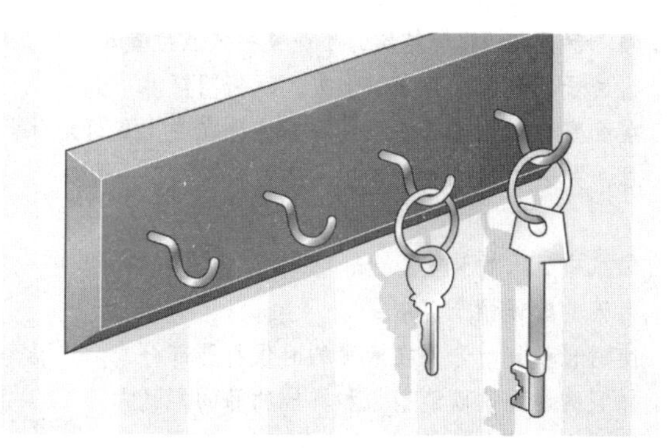

↑ 不要将钥匙挂在窃贼能拿到的地方，更糟的情况是其中还有邻居家的备用钥匙。

↑ 长得靠房屋太近的树叶茂盛的灌木丛能够给窃贼提供藏身之所，让其能够寻找机会通过门或者窗进入室内。

安全检查清单

绝大多数盗窃案件都是窃贼在偶然的情况下犯下的，如家中没有人的时候，尤其是傍晚或者夜间。最好的安全措施首先是不要吸引窃贼的注意，然后才是采取一些措施防止其进入家中。

⊙房子周围

安装安全照明。

将梯子锁好，工具放好，将车库和杂物间的门锁好。

不要让窃贼很容易溜进花园，在侧门挂锁、放置易断的架子和铺沙砾车道等对窃贼都有威慑作用。

修剪那些靠房子太近能够被窃贼用来藏身的植物和树篱。

不要将备用钥匙放在室外方便的地方，窃贼知道在什么地方寻找备用钥匙。

⊙在家中

让专业人员安装防窃贼警报器，并定期检查。

给楼下所有的窗户和容易够到的地方装上锁。随时锁好，并把钥匙拔下来放在从外面看不见的地方。

给所有外门装上榫眼死锁，并在门的上下方各装上榫眼门闩。

在门上安装猫眼，或者使用门链，每次有人来访都要先看看是谁。如果住在公寓里，可以考虑在大楼正门处安装电话呼叫进入系统。

确保窗框和门框够结实，不能被窃贼强行撬开。

将房子钥匙放在安全的地方，远离门窗。

在卧室门上采取点安全措施能让你在晚上更好地休息，并且将移动电话和防卫性武器等放在手边。

⊙家中无人的时候

白天的时候拉开窗帘。

使用自动定时开关在天黑的时候打开部分灯。

休假的时候，取消报纸和其他物品的配送。

离开之前修剪好草坪。

请求邻居帮忙照看一下。

⊙如果被盗

如果回家发现或者听见有入侵者的动静，不要进入，立即打电话报警。

如果在房子里听见有窃贼的动静，立即打电话报警。应该使用合理的自卫手段保护自己或者家人。

发生正面冲突，窃贼就可能被认出来，这是任何窃贼最不愿意发生的事情。也就是说，如果你中途回家意外碰到入室盗窃者，他不大可能会向你道歉，然后举起双手静待警察的到来。如果发现窗户被打开，或者大门被破坏，千万不要单独或者在没有准备的情况下进入室内。将这一切都留给警察，给警察打电话让他们过来处理也就是几分钟的事情。因为你不知道入室盗窃者是否还在室内，或者他们一共有多少人。

入室者的类型

无论如何，你更可能碰到的是顺手牵羊的小偷，而不是专业的窃贼。顺手牵羊者最有可能是寻找容易偷的物品来支付毒资的吸毒者，这类小偷比职业窃贼更危险，因为他们可能孤注一掷，也更可能抓住一切机会逃脱。如果屋主妨碍他们的偷盗行为，他们就可能使用暴力。

当然，也有那种肆无忌惮的盗贼会准备通过欺骗或者恐吓的方式进入房间作案，这种状况下，受害者通常都是弱势群体，如年老者和弱小者。对付这种盗贼最简单的防范措施就是认真检查那些号称来自社会生活服务公司的上门服务者的身份证件，在开门的时候充分利用门上结实的门链，这样就能够有效防范这类窃贼，让他（她）的阴谋不能得逞。如果这类窃贼难以对付或者使用暴力，放在口袋里或者安装在门上的警报器可以用来吸引路人的注意，也能震慑住窃贼。窃贼一般以男性居多，但是靠骗取受害者信任的骗子男女都有，他们一般两个一起作案，获得受害者的信任之后进入房间。

如何反抗

在这种情况下，很多人认为采取任何可以利用的方式来捍卫自己、家人和财产安全都是正当的，但是在许多国家，法律通常规定自我防卫要得当。

↑ 如果发现了入室盗窃者没有带武器，不要使事态升级。给盗窃者逃跑的机会，同时找好位置，表明自己已经做好准备进行反抗。

夜间闯入者

家是人们感到最放松的地方，因此也是最可能受到攻击，最没有做应对冲突准备的地方。在夜间，人们更容易受到攻击，尤其是当窃贼在人们睡觉的时候进入房子。即便是你穿着睡衣，当你面对头戴面具、身穿黑衣、手握武器的窃贼的时候，你也会有裸露感。如果入室盗窃者进入你卧室的时候持枪或者持刀，他就占有了绝对优势。当这种状况发生在完全的黑暗中时，你的恐惧感可能会加倍。

当发现有盗贼在家中的时候，尽管本能反应可能是与窃贼进行对抗然后将他们赶跑，但是最好的办法还是避免与入侵者发生暴力冲突。如果你决定亲自抓住窃贼，必须有信心赢过他们，并且确保不会以自己的自由（被捕）为代价。

合理的反抗

如果入室盗窃者在你家中对你进行攻击，你可能有权利操起家中任何可用的东西，如煎锅、雨伞或者高尔夫球杆等进行反抗。同样地，如果盗贼手中拿了一把锋利的刀子，你操起厨房的菜刀进行反击也是可以的。但是如果你使用了超出法庭认为必要手段的武力，你就可能得不到法庭的同情。

要确保这两项（有信心取胜和不以自己的自由为代价）的一个有效途径就是加入一个自我防卫技能培训班，准备好应付可能出现的局面。这样你不仅能学会必要的技能，还能对自己的体能建立信心。有时参加武术培训班是有用的，但是这些专门的技能可能是致命的，因此要谨记，如果你以这种方式杀害或者严重伤害了入室盗窃者，你可能会被指控过度使用武力而受到惩罚。

如果你决定采取顺从路线，尤其是当你是女性的时候，入室者可能就会利用自己的力量优势，不过这时候如果你展示出勇敢和信心的话，就极有可能让入室者迅速逃离。只有根据你对当时环境的解读，才能立即做出决定。还要记住，入室者不知道家里都存放着些什么东西，也不知道屋主在发现了他们之后会做出

1.记住，尽可能避免冲突，因为金钱不值得用生命去换。但是如果你确认你或者你的家人的生命有危险，就需要进行反抗。

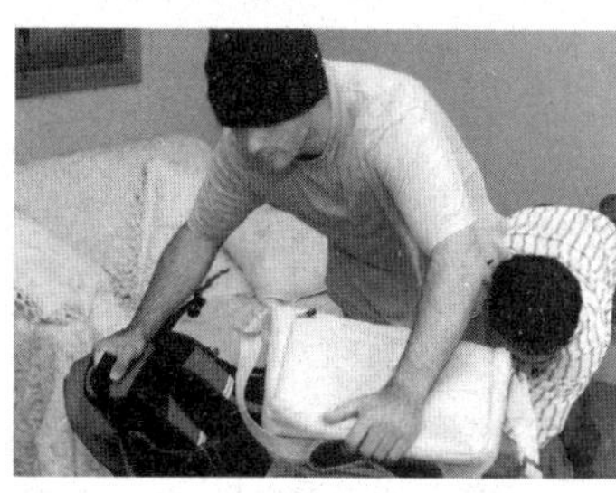

2.橄榄球式的扭倒是一种有效的方式，这样可以让正在离开的人跪倒在地。

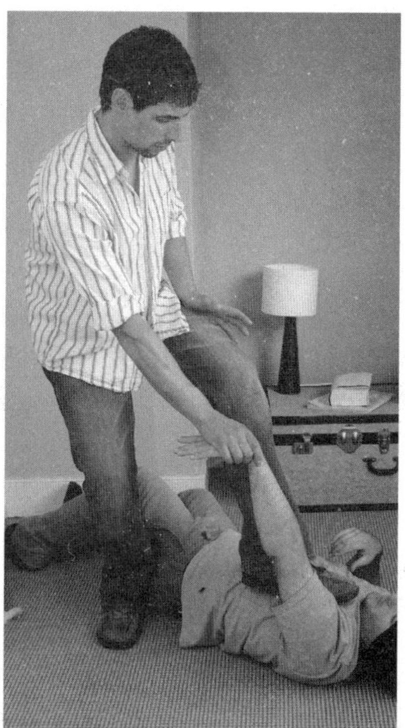

4.入室者被击倒在地上之后，一定要让他不能动弹，同时大声叫喊寻求帮助。

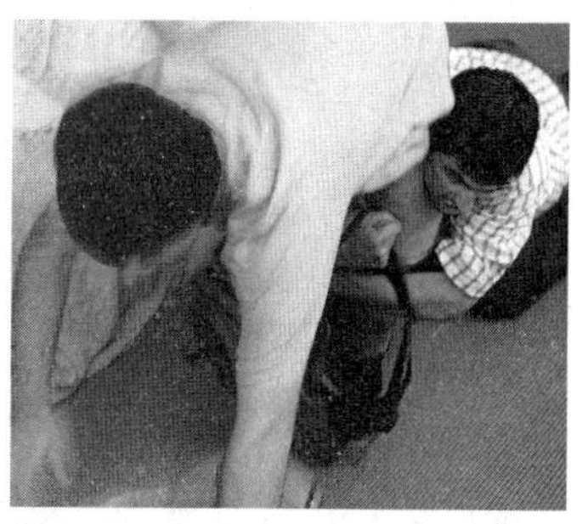

3.将肩部伸进入室者的两腿间，抓住其膝盖，将其击倒在地上。受到这种决定性的攻击，入室者可能会完全不知所措。

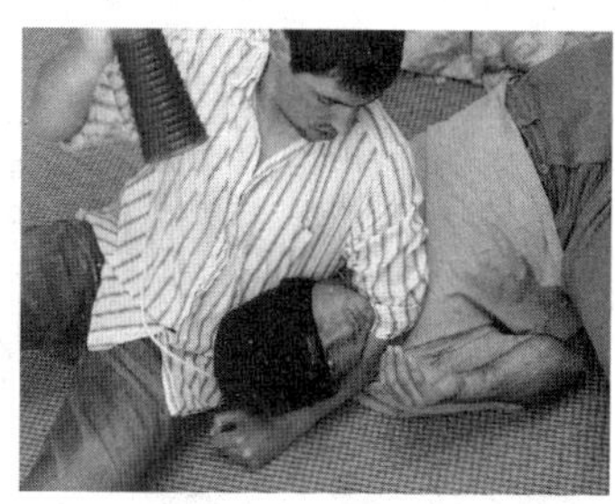

5.只有在万不得已的情况下，才用武器对付入室者。

什么样的反应，因此他们的神经都是高度紧张的。一个突然的巨大声响，如个人警报器的声音，可能远远出乎他们的预料。同样，如果盗贼夜间进入房间，突然用高亮度的手电射到他的眼睛上，会让他短暂失明，不知所措。

就算发生冲突已经不可避免，你积极的心理态度和自信的身体姿势也可能足以让你重新控制整个局面，但是你必须记住，如果窃贼向你挑衅，他就不大可能容易对付。另一方面，对于女性来说，如果你控制着整个局面，你的尖声惊叫就可能吓退入室盗窃者。在很多情况下，小偷或者攻击者被“当场捉住”都只是简单地想逃脱，那就让其逃脱。钱可以再赚，而人的生命是不可以重来的。

家庭防火技能及火灾逃生

绝大多数家庭火灾只要采取简单的基本的防范措施就可以轻易避免。厨房是最危险的房间，绝大多数白天的火灾发生于此。如果家庭成员中有吸烟者，将大大增加晚上爆发火灾的可能性。没有防备的蜡烛、房间照明不科学、为了举办晚会而添加的一些设置、家里电器太多等都会增加火灾的可能性。正确认识潜在火灾的风险就已经完成了火灾防卫战的一半工作，下面介绍的大多数建议其实都是一些最基本的常识。

烟雾警报

如果确实发生火灾，有效的烟雾警报器能够让屋主有时间组织撤离、打电话报火警，甚至能够及时控制住火灾。在夜间，烟雾警报器还能挽救生命，因为火灾产生的烟和毒气能够在人睡着时还没有意识到家已经着火的情况下置人于死地。装在天花板上的烟雾警报器非常便宜，而且安装简单，但是如果不定期查电池状况，它也就只能是个无用的摆设而已。

避免火灾

预防总比事后挽救好。因此，在炸制食物的时候，不要将油装满超过整个锅1/3的位置，人也不要离开锅。热油锅是厨房火灾最大的一种诱因。遇到油锅起火，首先关闭火源，然后盖上防火的毯子或者湿毛巾就可以扑灭明火。千万不要在油上面洒水，因为在油上面浇水可以使火焰燃烧更猛烈，并且让热油飞溅，会引燃旁边的易燃物品。一块小的防火毯子可以应付厨房里绝大多数的意外失火，但这也是一种极易被忽略的厨房必备品。独自应付厨房失火的时候，一定要记住，烧热的油温度会持续很长一段时间，过早地拿开防火毯子可能导致其复燃。还要记住，一定要移开周围的易燃物品并关闭所有的用火设备。

↑ 夜间家庭失火可能置人于死地，通常是火灾产生的浓烟使人丧命而不是火焰。

最简单的对吸烟所致火灾的防范措施就是禁止在房间内吸烟。与厨房火灾迅速燃烧不一样，绝大多数吸烟导致的火灾都是逐渐燃烧起来的，有的时候带火星的烟蒂不小心掉进家庭装饰品或者床上用品里几个小时之后才能燃烧起来。

预防由用电引起的火灾就要简单得多：在不用电器的时候切断电源，并将插头从插座上拔下来，而且所用电器绝对不要超过插座负荷。即使将电器开关关闭，它也可能继续从插座上接收能源，因此要拔掉插头。处于休眠状态的电视、录像机或者数据盒都有可能发生电路短路或者电源电压出现剧烈波动，因此它们都是潜在的定时炸弹。电源线接触不好，或者插座超负荷使用的表现就是过热，很容易发现，必须立即处理。不使用电器时，一定要将

↑ 堵住门缝将能够有效挡住有毒烟雾进入你所在的房间，并可能让火由于缺氧而熄灭。

↑ 如果衣服着火，立即躺在地上打滚，或用毯子盖住火焰让其熄灭。一直待在较低的位置，这样有助于呼吸，移动到窗户，等待消防梯营救。

其插头从插座上拔掉。如果听见了“噼叭”的声响、闻到了塑料烧焦的味道或者看见了火花，一定要找出原因。要确保地面上的电线没有受到家具的挤压，也要确保负荷较大的电线没有卷曲，因为这两种情况都有可能导致电线过热，从而引发火灾。

火灾逃生

如果发生火灾，首要任务是尽快转移所有人员。不要停下来穿好衣服或者找值钱的物品。绝大多数火灾死亡事故都是由于吸入了大量烟和有毒气体，而不是被烧死。家具一旦着火就会烧得很旺，迅速产生大量的有毒气体。为了防止吸入有毒气体，必须尽快离开，同时还应该尽量靠近地面，因为靠近地面的地方有更多的氧气。

不要想当然地认为头附近的空气只要没有烟就可以呼吸，因为很多火灾产生的有毒气体是无色的。首先你需要知道的是，你在呼吸有毒气体的时候喉部和肺部就会有灼烧感。塑料和家具装饰品的燃烧能够迅速产生大量的辛辣浓烟，即使趴在地上，你也会感到呼吸困难。在口鼻处捂一块湿布可以暂时当做口罩，即使干的手绢或者衣服也能滤除较大的有毒微粒。你必须清楚房间的布局，寻找逃生的路线，因为即使不是天黑的情况下，你也可能会被烟熏得看不见东西。

一旦脱离危险，立即通知邻居保持警惕，并打电话报火警。不要返回室内，财产都是可以重新挣回来的，但是生命不可以。

↑ 一场小的火灾也能在60秒之内让整个屋子充满浓烟。消防队员会有呼吸设备，而你没有，所以失火之后立即离开房子。如果关闭着的门摸上去是热的，千万不要打开，说明火已经蔓延到了门外。这时候应该从窗户逃生。

→ 烟雾警报器是现代家庭中最基本的生存工具，能够给你提供宝贵的时间以逃生。电池烟雾警报器至少在每个楼层的天花板上安装一个，这是最基本的。

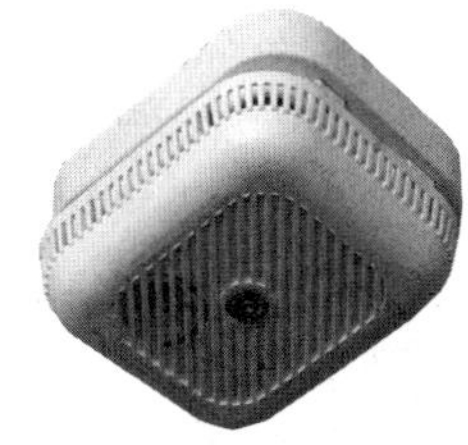

← 拉、瞄、压、灭是一个需要记住的有效过程。瞄准得低一些，让灭火器对准火的基部，从一侧开始往另一侧逐步灭火。

↑ 如果必须从楼上逃生，应该努力找到那些能够让自己距离地面更近的地方，减小自己降落的高度，而不是直接从楼上跳下来。

煤气泄漏事故中逃生

发生在家中的损失、受伤甚至死亡事件最常见的原因毫无疑问是火灾。煤气事故虽然不如火灾常见，但也同样是致命的。在绝大多数的西方国家里，罐装或者管道提供的煤气是取暖和供热系统的主要能源，因为煤气比煤炭和石油燃烧更高效环保。以前，家用煤气都是用煤炭加工而成的，有异味，但是现在的天然气无味，因此必须添加一种物质，其气味能在发生煤气泄漏的时候对我们发出警告。

煤气与水一样，总是能够在管道的裂缝、接头等地方泄漏出来。与水不一样的是，煤气具有高爆炸性。因此，你必须对煤气的味道非常熟悉，而且一旦闻到这种味道，就应该立即意识到发生了煤气泄漏事故。不要试图自己动手修复煤气泄漏的地方，因为这是一个非常精细的专业工作，新手对其进行处置会非常危险。

如果闻到了煤气味，应该立即打开所有窗户，让屋子通风，并尽快离开屋子到外边去。无论你是使用罐装煤气还是管道煤气，主供气阀通常都在室外，如果使用的是管道煤气，主供气阀通常会在煤气表旁边。这时候应该尽一切努力关闭供气阀。如果不知道供气阀在什么地方，现在就去找。

离开房屋之前，最好是先打开门窗让房屋通风，立即与服务供应商或者紧急服务部门联系。煤气泄漏可能造成巨大破坏。如果可能发生煤气爆炸，一定要在爆炸之前，及时把所有

□煤气泄漏的处置

1.如果闻到煤气味，立即关闭煤气表附近的总阀切断煤气供应。

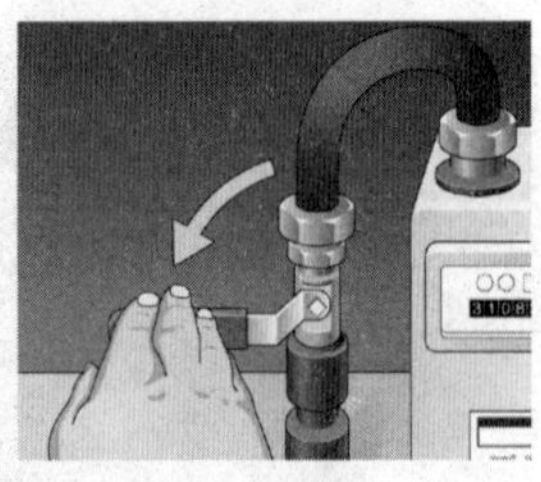

2.打开所有窗户让屋子保持通风，并让泄漏的煤气散出去。

4.立即向煤气供应商或者紧急服务部门报告泄漏事故。

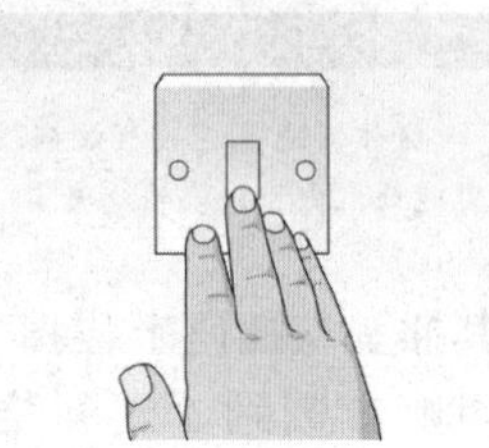

3.不要开灯，因为这可能会造成火花，进而点燃煤气。

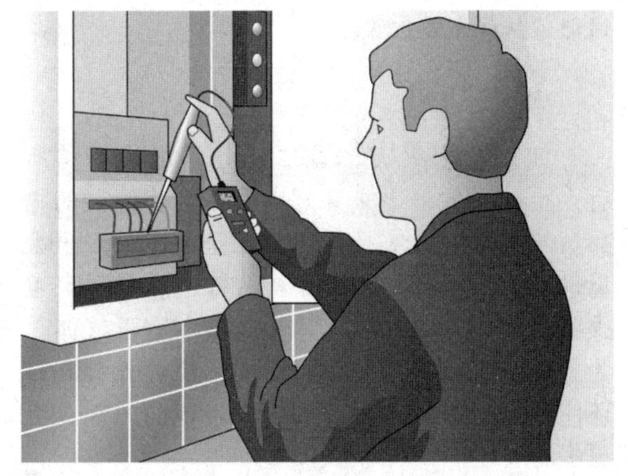

↑ 一氧化碳是无声的杀手。煤气取暖器和热水器应该定期进行检查。

的人疏散出来，即便这是一个善意的、错误的警告，也比面对爆炸事故的严重后果要好。

一氧化碳中毒

家庭环境中，不仅仅煤气供应是潜在的危险，有些燃气产品也有危害。如热水器等设备中燃气不能完全燃烧，而且又不能正确通风的情况下，就可能产生危及生命的一氧化碳。

一氧化碳是一个无声的杀手，在使身体中毒之前首先让人感到想睡觉。即使中毒没有致命，也可能对神经系统造成永久性伤害。这种气体无色无味，因此需要特殊的探测器来检测其是否存在。

为了保证家庭的安全，每年至少对煤气设备进行一次检查和维护保养，尤其是在较长一

段时间没有使用之后。通气管道绝对不能被阻塞或者被遮挡。鸟窝甚至是常春藤或者长在屋外墙上的其他蔓生植物容易在夏季阻塞通风管道，而在秋天开始使用取暖设备的时候让家庭成为“死亡陷阱”。

一氧化碳中毒的初步症状就是突然袭来的睡意和头痛。对已经失去知觉的受害者，首要的紧急救助就是把他移到有新鲜空气的地方进行人工呼吸。

水灾中逃生

家中漏水的最大原因可能是水管上冻之后融化造成的爆管、洗澡水外溢和洗衣机故障等。水会以惊人的速度蔓延，并很快渗进建筑材料当中。主水管爆裂可能会带来灾难性的后果，因为这种高强度的水流有可能破坏到房屋基础。但是即使仅仅是在楼上洗澡，漏水只有5分钟也可能会造成电路短路或者楼下天花板的破坏，而且其破坏程度将有可能让你不得不重新进行装修。

自然水灾

如果你居住在容易发生自然水灾的地区，受水灾影响的风险就不是自己能够控制的了。你应该对水灾警报保持警惕，并熟悉当地为应付水灾制订的计划。像准备好装满沙的沙袋和重载塑料这样简单的防范措施还是有必要的，可以在发洪水的时候用来堵门。但是如果房子可能遭受大型洪灾，还是应该听取当地有关部门的建议。

如果必须离开房子，不要冒险趟过流动的

↑ 低洼的地区最容易受到水灾侵袭。

↑ 如果你家容易受到水灾侵袭，准备一定量的装好沙的沙袋，在水灾的时候堵在门前防水。

水流。即使水看上去并不太深，底下也可能有急速的暗流，导致你站立不稳，而且水底下还可能有造成严重伤害的危险的杂物。

溺水之后，被电击身亡是水灾导致死亡的第二大最常见因素。因此要远离输电线路，也不要试图使用已经被水弄湿的电器。你还应该检查是否有煤气泄漏的现象，谨防煤气管道被破坏。水灾极有可能会污染水源，因此存在水灾危险的时候，准备一些瓶装水以应急是一种明智的举动。

紧急逃生

在火灾和煤气泄漏事故中，你必须尽快让自己及他人离开房子。你应该清楚逃生路线，如果火已经挡住了这条首选逃生线路，你必须立即寻找另外的逃生路线。楼梯通常是经过加固的，能够在家庭失火的早期用来逃生。但是在很多情况下，尤其是防火门已经被打开，利用楼梯逃生基本已经不可能，这时候就不得不利用窗户逃生了。

利用窗户逃生

如果安装有窗户锁，应该把钥匙放在容易找到的地方，尤其是在黑夜或者危急的情况下。但是，如果处在不熟悉的地方，也打不开窗户锁，你可能需要敲碎玻璃。（如果你有这样的窗户，最好在窗框边上挂一把锤子，以防紧急情况下找不到钥匙。）

注意玻璃碎片，用厚衣服把胳膊包上防止被划伤。如果没有锤子来敲碎玻璃，可以用其他较小的比较沉的物品来代替，如床头台灯或者金属装饰品等。如果能够将这些东西放进枕套里，先举过头顶，然后再用劲敲玻璃，这样的话击打的力度更大。

从一楼的房间窗户逃生比较简单，没有生命危险，但是即使从几层楼上的窗户逃生，跳下落地也不一定会让你丧命，除非头部着地或者掉在地面尖利的物体上，如带尖的栅栏上。

从楼上逃生

不要仅仅只是站在窗户上就开始向下跳，而是应该试图找到一种方式来降低自己距离地面的高度。为了减少落地之后的冲击，如果可以，先将床垫通过窗户扔下去，然后再扔床上用品和其他任何能够起到缓冲作用的物品。当发现待在室内将比冒险跳楼逃生的危险性更大的时候，首先让孩子和老人先逃生。将他们的脚伸出窗外，抓住他们的手腕，尽量放低他们的身体，然后再放手让他们掉进刚才准备好的缓冲物上。如果你此前制造了足够大的声音，这时你的邻居可能就已经过来了，能够帮忙接住或者安抚已经从窗户逃生的家人。

理论上，如果窗户位于二楼甚至更高的楼层，应该随时准备一根逃生用的打结绳索或者绳梯，但是很多屋主都不会考虑到这个问题。一个有效的替代品就是利用床单和其他任何适用的东西连接在一起制作一根临时的绳索，从窗户延伸到地面上，但是这并不是一个能够很快完成的工作。如果确实有时间完成这项工作，一定要将绳索一端牢固地绑定在能够支撑身体重量的物体上。如果必要，可以将床推到窗户的位置，因为床比窗框大，会卡在窗框上，也可以用来绑牢绳索。

楼梯逃生

如果从窗户逃生并不可行，那即使是充满浓烟的楼梯也只能是唯一的选择了。用水完全浸湿夹克，将袖子从袖口扎好将能够保存一些可以呼吸的空气。楼道和楼梯中仅存的氧气只会在接近地面和台阶的地方，因此放低身体，缓慢移动。快速跑动和站直身体只能让你吸入更多的有毒有害气体。

□楼内逃生方法一

1.如果被锁在了房里，又不能打开窗户，就要想到打破玻璃逃生。将一个重物放进枕套或者一只袜子中，像用锤子一样用它来敲碎玻璃。

2.为了减少受伤的程度，强壮者应该先让弱小者下去，双手抓牢弱小者的手，尽可能地让他接近地面，而不是直接从窗户上往下跳。

3.最后一个离开的人也应该双手攀住窗沿，放低自己的位置，减少下落的距离。落地之前记得屈膝，然后滚翻。

□楼内逃生方法二

1.如果利用临时制成的绳索逃生，如床单或者衣服，一定要将绳索牢固地绑在能够支撑自己体重的固定的物体上。

2.如果室内找不到这样的物体，结实的床架也是可以利用的，因为它足够大，不能穿过窗框。

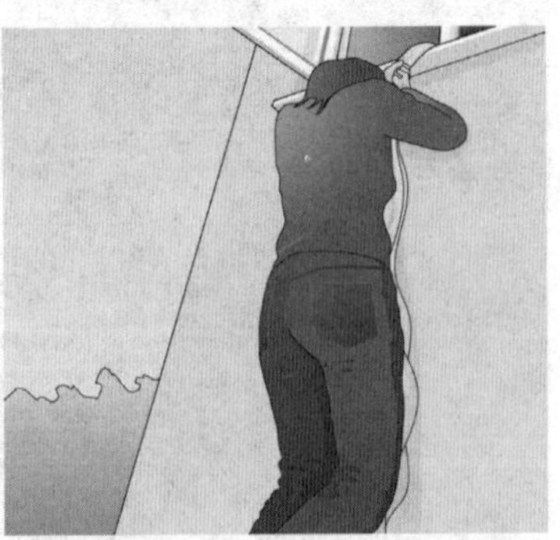

3.用双脚脚背夹紧绳索，双手交替下移迅速下滑。即使绳子很短，也能减少自己下落的距离。

□伞兵式滚动

1.这种滚动是用来防止高速猛烈撞击坚硬地面时受到伤害。这种方法简单易学。腿在膝盖和臀部处应该适当弯曲，手臂蜷缩。

2.接触地面的时候，用弯曲的双腿吸收最初的撞击力量，然后沿大腿和肩部滚动，让腿摆动到空中。

3.夹紧双腿和脚后跟，蜷缩的手臂将迅速把撞击的力量分散到全身，能够保护住脚踝和腿。

□背向滚动

1.如果没有横向的速度，你就不得不用双腿承受全部的撞击力量。必须在这种力量冲击到脊椎之前立即将它分散掉。因此触地之前，弯曲双腿。

2.双脚触地之后立即后仰，双臂尽最大力量拍击地面，这样将减少撞击力对脊椎的影响，同时让身体分散撞击力。

3.一定要确保是在向后滚动，而不是简单地平躺到地面上。保持继续向后滚动，这是吸收下落撞击最安全也是产生冲击最小的方式。

家中紧急避难

如果自然灾害突然袭击了你所在的地区，或者你所在的地区突然成为了战争前线，或者国际恐怖分子在你的家门口放置了大规模杀伤性武器，你能在社会秩序恢复前为自己和家人找到避难的地方并提供安全的饮食保障吗？

一所普通的房子能够让你平安地度过严冬，但是当子弹和炸弹在周围炸开的时候，或者恐怖分子扔下“脏”弹污染你所在的地区的时候，这种房子就不一定能够提供很好的保护了。但是，如果你能够知道房子结构中最结实的部位，你就可以在那个地方储备食物和水，然后在发生紧急情况的时候撤退到那个地方。这样，你和你所爱的人将可能平安渡过难关。除非发动战争的人希望进行消耗战，否则战争可能迅速结束，恐怖袭击带来的污染也可能不会存在太长时间，因此，建一个避难的地方，然后准备好能够持续几周时间的足够的紧急必备品将给自己提供生存的机会。

选择紧急避难所

在那种二层或者三层复式楼房中，一般来说楼梯底下能够提供结构性的保护。在抵御炮击的时候，还可以卸下房子内部的门然后固定在楼梯台阶上，这样也能起到加固的作用。虽然楼梯底下的空间一般比较狭小，也比较封闭，但这个空间还是能够提供足够的保护，除非房子受到直接炮击。用垫子把地面和墙面都铺好，这样你就能有一个暖和的避难的地方。

住在公寓的人可能就不会有楼梯底下这样的避难空间了。他们必须寻找一间至少看上去最坚固的房间，最好是没有窗户，然后再搭建避难的地方。将桌子放在房间的一个角落，把门和垫子放在桌子上和桌子没有靠墙的两侧，这样就搭建好了一个简易的避难的地方，但要确保桌子腿能够承受住这些重量。如果桌子腿不够结实，可以将门板靠在墙上，使其与墙的夹角超过45°，这样也能构成一个三角形的避难的地方，然后再在门板上铺垫子加强保护。

紧急必备品

要在家中搭建紧急避难所，也得确保家里有一定的必备品能够维持至少几天的生活，就算不是几周的话。在准备必备品的时候最大的限制因素可能就是没有存储的地方。如果你有幸拥有很大的地下室作为避难所，那么存放好几周的生活必备品不会是问题。

水是首要关注的问题，因为在没有水的情况下，人在3～4天的时间里就会死亡，但是如果水受到了污染，那又另当别论。随时在避难所里用密封的容器保存至少几天使用量的水储备是比较明智的，同时准备一些空的容器在危机爆发时水源被切断之前灌满水。也应该准备水过滤器和净水药片，以防危机持续的时间超过预期。准备一把烧水的水壶，还有一些蜡烛。蜡烛不仅能照明，提供一定的热量，还可以用来加热罐头食品。不需要使用电池的手摇

□临时避难所

↑ 很多房子最结实的地方就是楼梯底下的空间。尽管它比较狭小，不适合长期居住使用，但是在紧急情况下却可以救命。

↑ 没有窗户的浴室在危急情况下是安全的撤退地方，尤其是在遭到毒气攻击的时候容易对其进行密封。给浴缸放满水，谨防水源被切断。

↑ 如果没有其他的避难场所，在结实的桌子上放上门板和垫子也能提供一定的抵御爆炸和弹片的保护。

式收音机和手电筒也是很有用的。在民防情况下，政府用广播作为首要手段来播发有关局势的最新情况。

在避难所内或者附近储备适量的不易变质的食物也是非常必要的。肉罐头、鱼罐头和豆类罐头等罐头类食品不需要加工就可以直接食用，因此远比干燥食品受欢迎。干燥食品需要烧火加水再加工之后才能食用，但是干汤粉却是很好的选择，既便宜又不占地方，冲好之后饮用，在你感到寒冷和垂头丧气的时候能够给你提供温暖和营养，让你重新振作精神。

如果当地存在核污染或者生化污染的威胁，要暂时把避难所所在房间的门、窗和通风口用胶带封上，但是要记住，这样一来房间里的空气很快就会耗尽。因此，如果发现蜡烛火焰开始熄灭，你就不得不冒险把胶带撕开。

野外生存篇

第 1 章 旅行准备

好的计划是旅行成功的关键，旅行前做计划也是旅行乐趣的一部分。细致的准备工作意味着一切都将顺利进行，所有的困难都会迎刃而解。但也不要将你的旅行计划制订得过于详细，因为那样你就享受不到那些不能预见的事所带来的惊险乐趣：在旅途中，你应该准备好走一条不同的路，并准备好体验那些随时可能出现的令人激动的时刻。

旅行计划

计划对于任何种类的旅行都是必需的。计划的复杂程度取决于如下因素：旅行地点、团队人数、旅行时间等。即使是最简单的短途旅行也必须事先做好一些计划。

在开始制订计划时，你得先考虑一下你的旅行的类型。当你已经决定要选择何种旅行时，你就可以开始考虑目的地、随行同伴、路线、旅行方式、旅行时间等问题了。

你通常需要做一些调查研究（诸如使用地图、旅行指南或在网上查），才能做出最后的决定。你需要根据搜集到的信息相应地更改你的旅行计划。你的考虑越细致、计划越周密，旅行途中所遭遇的意外事件就越少。这就是制订计划如此重要的原因。

国内旅行

如果你想在国内的某一地方进行为期一周的徒步旅行，那么你事先应做好如下准备：选择旅行目的地和旅行同伴、找出列车时刻表（或计划一次驾车旅行）、向当地的旅游信息机构询问关于野营地点的问题、买一张合适的地图等。你必须要考虑到衣物和装备问题，如果你还没有其中的某些必备物件，那么必须去借或者购买。选择与旅行地气候相适应的衣物和装备对于旅行的安全度和舒适度来说是十分重要的。此外，研究一下你所能预见的天气情况也将对你日后的旅行产生不可估量的作用。

↑ 一天的划船旅行能够让你对一个地区的景色产生全新的感受，因此你应该弄清楚你所前往的目的地能进行哪些活动。

根据你所计划的活动，你也许需要购买额外的保险或进行一些技能训练。健康问题也是

↑ 骑车越野并非易事，因此你在进行此类旅行前的几个月就有必要开展一些增强体能的训练。

需要注意的，你必须熟练地掌握一些基本的急救知识。

国外旅行

如果你要去更远的地方，你制订的计划也许就会涉及到：预定火车票（也可能是渡轮票或飞机票）、获取步行或登山的许可、租用交通工具或取得你自己车辆的相关证件、获取签证、接种疫苗、拿到国际驾照，以及你在国内旅行所需要计划的一切事项。

如果你想在旅行的途中骑车、骑马或划独木舟，那么就有必要在出发前做一些常规热身训练，以便发现潜在问题。骑着一辆装满各种沉重器具的自行车旅行，与在乡间小道上骑自行车兜风可完全是两回事。如果你打算在马背上进行一次探险活动，你除了需要会骑马外，还得知道如何喂马以及如何在夜间照料马。

如果你前往一个缺乏专业医疗服务的偏远地区旅行，你的急救准备措施就显得至关重要了。在旅行前你必须进行疫苗接种，此外你还需要更多的急救物品。丰富的急救知识和熟练的技能对于在偏远地区进行探险活动或一些其他高危险活动具有重要的意义，例如在登山运动中，万一发生事故，如果你知道该做些什么，那么你的生存机会就大得多。

对于这样的一次探险活动，你至少需要提前12个月开始制订计划。上表所列清单会对你有所帮助。但这只是一个参考，也许你不需要其中的一些物品，或者需要再增加一些其他物品。

请提前做好准备工作

提前 12 个月

⊙确定旅行地、旅行路线及旅行目的。
⊙确定团队成员。
⊙考虑交通工具的选择。
⊙考虑准备在旅行地进行的活动。
⊙实施危险评估。
⊙请求旅行国或旅行地的旅游许可。
⊙制订预算大纲。
⊙制作一张关于旅行地的信息表。

提前 10~12 个月

⊙召开第一次团队会议。
⊙确定旅行日期。
⊙确认所有的团队成员都已经通过了相应的体检。
⊙确定准备进行的活动的细节。
⊙确定进行训练活动的日期。
⊙所有团队成员进行一次周末野营活动。

提前 8~10 个月

⊙列出团队装备的清单。
⊙列出个人装备的清单。
⊙安排保险（医疗保险、人身保险、第三方保险等）。
⊙制订食谱。
⊙预订车船机票、野营地或宾馆。
⊙指定国内联络方式。

提前4个月

⊙获取所需要的签证。
⊙开始接种疫苗。
⊙确定食谱。
⊙确定行程计划。

提前1个月

⊙获取所有需要的额外证件。
⊙将所有不易腐烂的食品装入行囊。
⊙全体成员集合，检查并整理所有装备。
⊙准备并检查将在旅行中使用的交通工具。
⊙寄送所有需要提前寄送的物品。
⊙兑换货币并购买旅行支票。

提前1周

⊙完成所有的疫苗接种；如果需要的话，开始服用一些防疟疾的药片。
⊙检查清单上所列的所有装备和食物。
⊙检查所有的签证及其他旅行证件。
⊙检查全部行程路线。

提前1天

⊙检查车船机票。
⊙检查行囊，确保一切都已装好。
⊙询问机场、渡轮站或火车站以确认你的交通计划无任何的改变或迟延。
⊙确保你的行囊内没有会在机场安检中发生问题的物品。

初步设想

组织一次野外探险活动需要考虑许多不同的问题，并且需要制订许多详细的计划。这么多的任务可能会令人望而却步。但只要你将这些任务分成几步，然后一件一件地处理，整个旅行计划就显得很容易操作了。很快你会发现，所有的问题都解决了。

组团

在组织团队旅行的时候，你需要考虑到你所计划的活动能容纳的人数。当团队人数比较多时，最好指定一位领队。选择旅行同伴时要谨慎，并且要知道，不同的人面对野外生存压力时会有不同的反应。团队成员的身体素质应当大体处在同一水平。在组织团体旅行的时候，应当鼓励每个人都说出对于旅行的期望，以便采纳每个人的意见并明确旅行目的。这就是组织计划的第一个步骤。如果团队成员互相之间并不认识，那么就有必要组织一次周末野营以了解成员之间是否能融洽相处。

旅费计划

一旦旅行计划已大致确定，你就需要计算出实际的旅行费用。提前做好旅行预算是非常重要的。因为一旦旅行费用超出你的预算，你就可以适当地修改你的旅行计划。不要过于低估旅行费用，预算中还应当包括至少占预算总额15%的应急费用。

↑ 如果带孩子一起去野外旅行，你必须在旅行计划中考虑到那些能影响孩子的因素。

保险

千万不要忽视保险，必须为所有计划的活动及你自己的人身、健康和财产购买相关的保险。

装备

确定了团队成员并确定了旅行目的地、出发日期、活动安排及到达日期后，你就可以列出一张个人及团队所需的装备清单了。

医药准备与身体训练

如果你不能确定前往的旅行地是否有合理的医疗救助服务，那么团队中最好有一位熟练掌握急救知识的人。同时，你还应同你的团队成员讨论出一种最合适的体能训练方式。此外，看看你是否需要接种疫苗或携带一些特殊药物（如防疟疾的药片），而且要考虑到你所计划的活动要求具备的体质水平。

交通工具

好好想想要将团队成员和旅行装备运送至目的地，哪种交通方式最好。记住，交通方式将会影响到你所能携带的行李数量。

如果你所计划的旅行只是一次简单的往返旅行，你就可以驱车前往特定的地点并将车留在那儿以备返回的时候使用，或者你也可以安排从家人或朋友那儿搭便车。依据团队人数的多少，有时候租用一辆多座位的车一起行动，比各自开各自的车来得更为方便，也更有乐趣（特别是与年轻人一起旅行）。

如果你打算使用公共交通工具进行旅行，那么你应了解一下沿途是否有中转站。如果沿途没有中转站，你就应事先想好如何到达目的地。如果你需要预订座位——特别对于人数较多的旅行团队来说，就应尽早。万一起程时间出现了延迟或取消，你得有一个应急方案。此外，你还要准备好应急费用以备不时之需。问清楚你是否能够携带一些大体积的装备，比如自行车、皮划艇。如果是坐飞机旅行，你需要了解一下飞机所允许携带的物品重量限制以及超出这一限制应当支付的罚金。

团队计划

也许你正在为一个团体——比如你的家庭——做一次旅行计划，那么这意味着你得协调众人不同的兴趣。

⊙如果是和孩子们一起旅行，要注意到孩子能力的局限性，不要计划超出他们承受能力的活动。

⊙保持旅行计划拥有一定程度的灵活性，随时准备做出一些调整。比如，一个又累又吵闹的孩子将会破坏每个人的心情。因此当跨越了不同的时区后，一定要给孩子充足的时间来调整时差。

⊙在你的行程计划中安排几天休息日。团队中体质强壮的成员也可以借此机会进行一些更具挑战性的额外远足活动。

团队

志同道合的团队成员将增添旅行的乐趣，使旅行变得更有价值。选对旅行同伴就如同选对旅行装备一样重要，选择前需要花费你很多心思。

选择目标

无论你计划与家人还是好友或是一群新认识的人一起旅行，你都应该在旅行前鼓励每个人说出各自对于此次旅行的预期目的，然后尽量将这些目的综合成整个团队的共同目标，因为共同目标能够促进团队凝聚力。在达成一个让每人都满意的清晰的共同目标之前，一定要花时间讨论在旅行中可能出现的情况及应对方法，以便确保你所安排的活动在每个人的能力范围之内。

选择团队成员

如果你已经有了一个旅行意向并正在选择旅行同伴，你应该选择那些易于相处且与你有着相似生活经验的人。你应该确保每个团队成员相互之间能够融洽相处，每个人都对团队所做决定满意，而且他们与你有着共同的旅行目标。

↑ 共同的日程和目标以及融洽的团队人际关系是确保旅行顺利的关键。

如果你需要一些具备特殊技能（如急救）的人，那么你必须要了解他们的技能水平及其所接受的技能培训是否是最新的。如果他们的技能已过时，则有必要让他们学习一些最新的课程。还有一点是非常重要的，即团队中的各个成员都要具有大致相当的生理和心理素质。拒绝那些身体不健康或受伤的人加入团队。这样似乎不太友善，然而你必须要考虑到一个身体不健康的人很可能会拖累整个团队。此外还需要考虑的是:在旅行条件恶劣的状况下，你的团队成员是会积极应对这种挑战还是牢骚满腹。

领队

由于旅行团队中人数较多，因此有必要从中选择一位领队来带领整个团队。这个人可以毛遂自荐，也可以由团队选举产生。但前提是此人必须要有足够的威望和能力在各种情形下指挥整个团队。当团队中有儿童或遇到地势情况复杂的时候，领队所扮演的角色就显得更为重要了。此外，在进行一些需要特殊技能的活动时，领队也发挥着重要作用。

团队成员都为成人时，领队似乎显得可有可无。但是当一个团队的人数在20人以上时，甚至需要有多个领队，队员还需要分工合作，其中一些成员可以负责一些特定问题，比如开车或急救。

沟通

良好的沟通能力是一个领队所必须具备的最重要的能力。作为一个领队，需要具备良好的判断力，并能有效地组织成员之间的讨论以及合理地分派任务。当团队成员之间发生冲突时，领队还应扮演调停者的角色。当处于一种恶劣的环境并且可能遭受压力和恐慌时，沟通就显得尤为重要。如果成员之间不能进行很好的沟通，那么大家就会产生不满的情绪并导致整个旅行成为一次不愉快的经历。

性格问题

在旅行出发前，领队需要尽快了解每个团队成员的性格。当整个团体开始分化为几个小团体，那时就难以达成整个团队的共同目标了。进行一些有趣的团队活动有助于增进成员之间的融洽度并加强团队精神。

领队要避免表现出任何的偏袒和不公正。如果有人察觉到了领队的某种偏袒倾向，他就会感到被忽视。这极有可能成为一些不良行为的导火索。

预算

为旅行经费做预算时，首先要估算出旅行所需的总费用，然后再决定这些资金的具体分配。这两个过程都需要做一些预算。本节所提供的预算大纲表仅供参考，你也可以根据需要增加或删减一些项目。

符合实际

旅行预算要与实际所需的支出相符并尽量做稍高的估计，以便你在旅行中能从容地应付一切花费。要是在旅行中为钱发愁，那么你的旅行肯定就不那么愉快了。

你应该准备充足的时间来研究旅行中需要开销的项目。如果你不知道一项支出的确切花费，那就要尽量了解其可能有的价格。预算编制应采取该项花费的中间价格（介于最高价格与最低价格之间）。理想的预算数字应该是刚符合或稍高于实际需要。反之，如果预算数字低于实际需要，你就不得不挪用应急费用来支付一些日常花费。而等到发生一些紧急情况时，就没有多余的钱来应付了。这时，你将不得不突然改变行程计划。

银行费用

如果需要兑换外币，你还应该将兑换和汇款手续费列入预算当中。如果你专为旅行开设了一个银行账户，也需将开设账户的手续费列入预算当中。

食物与装备费用

如果你是乘坐公共交通工具旅行，要确保所带行李没有超重。一旦所带行李超出了限制重量，就会产生额外费用。当然你也可以将行李托运至旅行目的地，但是这样做的花费可能会比较多，而且行李通过海关也比较费时间。此外，你还要弄清楚的是，在目的地购买食物和装备是否会更便宜。

应急费用

预备应急费用就像购买保险一样，是十分重要的。如果是驾车旅行，那么你还应该准备至少占总预算15%的应急费用，因为你很有可能需要用这些钱来修车。

预算大纲

管理费用
⊙邮费。
⊙通讯费（电话/传真/上网费）。
⊙宣传费。
⊙办理护照与签证的手续费。
装备费用
⊙购买费用。
⊙租赁费用。
训练费用
⊙划船/骑马/骑车/滑雪训练费。
⊙急救训练费。
交通费用
⊙飞机/渡轮/火车/巴士/出租车费用。
⊙租用车辆费用。
⊙租用动物费用（马/骆驼/牦牛）。
运费
⊙装备的运费。
⊙车辆的费用。
保险费
⊙人身保险费。
⊙车辆保险费。
银行费用
⊙兑换手续费。
⊙银行转账手续费。
食物费用
⊙国内购买的费用。
⊙国外购买的费用。
外地支出费用
⊙生活费。
⊙雇佣向导/当地人的费用。
⊙燃料费。
⊙海关税。
⊙礼品费。
⊙杂费。
探险后费用
⊙管理费。
⊙摄影费。
占预算15%的应急费用

钱与保险

无论你计划何种探险活动，都需要考虑一种最安全、最方便的携带钱的方式。此外，你还要确保已为计划中所有的活动购买了保险。

↑ 即使你打算使用旅行支票和信用卡，你仍应该携带少量小面额的现金。

钱

有多种携带钱的方式。不过最好还是尽量预备好一切所需物品，以减少携带大量金钱所带来的危险。

旅行支票

旅行支票是一种必须与护照结合使用的支付方式，因此对小偷的诱惑力远逊于现金。你可以在到达目的地后用当地通用或接受的货币购买一些旅行支票，其中既要有大额支票也要有小额支票，以方便使用。由于一些地方的商店并不接受旅行支票，因此你也有必要随身携带一些当地货币的现金。

现金限制

一些国家为了控制旅游业收入，规定每位游客要将所携带的一定数量的钱兑换成当地货币。而且，你还可能不能将这些货币兑换回来或带出这个国家。旅行前，你要搞清楚你所前往的目的地是否有此类规定，并相应地将其列入预算。

信用卡

需要注意，除一些大的中心城市和国际性饭店外，你可能不能使用信用卡。此外，拿信用卡在自动取款机上取款前，要查验一下手续费和汇率。一些由国际租车公司发行的信用卡可用于租车等服务，但要知道任何通过该信用卡支付的款项都以你的本国货币来结算，这一方式更易于核对支出。

保险

标准的假日险所涵盖的险种能满足你的大部分旅行需要，当然你可能还需要为更多的危险性活动上一些专门险。

人身意外险

标准假日险一般已包括了人身意外险的保费，但你要确保该险已覆盖死亡、四肢伤残、失明等事故的赔偿。

医疗保险

当你前往一个缺乏或者没有足够医疗服务的地方时，空中救护就显得至关重要了。如果你打算前往偏僻的山区或驾舟海上航行，那么你可能还需要购买单独的营救险。

行李保险

大部分假日险的保单都包括了行李迟延或丢失的保费。诸如照相机、珠宝等贵重物品必须要适当地投保，当然你也应该尽量避免携带那些旅行不需要的贵重物品。虽然家庭财产险中可能已包括了一些物品，但在旅行前你还是应该仔细阅读保单上的所有详细条款。

信用卡保险

由于信用卡容易被窃贼盯上，故而需为信用卡的失窃购买保险。

注意保管好你所使用的信用卡的发卡部门的电话号码，不能将其与信用卡放置在一起，以免与信用卡一起失窃。

高危运动险

即使你不是前往国外旅行，冬季运动、登山、划船、潜水、大型狩猎活动及其他高危运动通常也需要上专门险。仔细核对标准假日险的保单，看其是否包括了高危运动险，因为这些高危运动具有很大的受伤风险。

第三者伤亡险

万一你由于某种原因对他人的生命或财产造成损害，投保第三者伤亡险可谓是明智之举。第三者伤亡险通常也包括在标准假日险的保单之中，但旅行前你还是有必要核对一下是否已包含了此险种。

车辆保险

如果打算驾车旅行，还应为车上车辆保险，并确保该险的保险范围覆盖车辆所经驶的所有国家。

飞机失事险

如果你计划坐飞机旅行，你得核对一下你的人身意外险中是否已包含了此险种。如果你是打算自己驾驶飞机，则需要投保单独的高危运动险。

危险评估

作为团队中的一员，你有责任对自己及其他团队成员的安全负责。对旅行进行危险评估是至关重要的，比如旅行中的活动可能带来的危险、团队成员可能受到的伤害及其危险程度

↑ 一本好的旅行指南通常会强调旅行地潜在的危险因素，但是你最好还是上一下相关网站以获取最新的可靠信息。

等。

为什么要进行危险评估

危险评估是对一次活动所具有的危险性进行的事前评估，以确定可能会出现哪些问题、哪些人可能会受伤以及如何处理类似问题等等。意外事故总是可能会发生的，但是有效的危险评估能够减少潜在的意外事故发生并使人从中吸取教训。

识别危险

在识别一项活动所具有的危险性的时候，你应当注意那些可能导致严重伤害的方面。有时候你应该询问那些对活动内容不太熟悉的人的看法，因为这些人往往会发现一些老手所忽视的问题。另外，一些装备生产商所提供的产品说明书也往往有助于你识别某些危险。

此外，你还应考虑到一些其他的潜在危险，包括自然灾害、恶劣的天气状况、高原环境的适应性、危险的野生动物以及当地的饮用水安全。如果你需要山区急救服务，则要提前了解一下你所前往的地区是否有该项服务。确保每个团队成员都已接种了必要的疫苗。你的目的地也许是一些政局不稳定的地区，这些地方可能存在着内战、游击战、绑架勒索或恐怖主义活动等危险。出发前应多了解情况，一些国外网站上一般都会有最新的可靠信息。

↑ 良好的体能和严格的纪律在山区等地势状况复杂的地域显得尤为重要，因为在这些地域很容易发生一些由于疏忽而导致的意外故事。

在任何活动中，活动的参与者和指挥者都处于最明显的危险之中。但同时也要充分考虑到，该活动对于那些等待参与活动的人以及参观者和路人所具有的潜在危险。

评估危险

在分清每一活动包含哪些单独环节后，你就需要估计出每一环节所具有的危险程度。你可以将危险程度分成“高—中—低”3个等级。同时，你应该考察到该项活动的历史，因为在历史中可能已经发生过一些事故，可以让你吸取一些经验教训。

改进操作技术、增添装备或增加训练等所有这一切都有助于减少危险和加强安全，当然这并不能完全消除旅行中的危险因素。

仔细阅读保单（人身意外险、车辆保险、团体保险）上的详细条款，确保已覆盖所有可能涉及的危险。

做记录

旅行中应对以下事项做记录：装备的使用时间、使用年限、维修记录以及旅途中发生的意外事故。这些记录会对以后使用这些装备的人有所帮助。

个人证件

办理各种旅行证件颇让人头痛，但这却是至关重要的。如果你在出入边境时不能出示各种正确的证件的话，你将会陷入麻烦。

证件清单

⊙护照。
⊙签证。
⊙国内驾照。
⊙国际驾照。
⊙接种记录。
⊙国际预防接种证书。
⊙国际野营证书。
⊙货币与贵重物品申报单。

护照

当你前往一个需要签证的国家时，应确保护照的使用期限不少于6个月。通常情况下，大多数签证都占据护照中一页或至少半页的篇幅。因此要确保你的护照本上留有足够的空白页。

有些国家特别发行一些留有较多空白页的护照，因此如果你的旅行要途经多个国家（特别是那些需要签证的国家），则最好考虑申请这类护照。否则，万一在护照有效期限之前空白页就用完了，你就不得不花钱重新换领一本。

签证

签证是一国为控制入境的外国游客和居留者而签发的一种官方证明。签证规定总是随着移民政策的修改而不断地发生变动。出国前，你应该给你将前往国家的大使馆打电话或者访问其官方网站，以获知你是否需要办理签证。

签证经申请后可以在国内的相关大使馆处获得——既可以亲自申领也可以通过邮递。根据你的国籍、旅行理由及目的地等的不同，签证时间可能需要几小时到几周不等。如果你准备邮寄护照和签证申请及相关费用，一定要选择已经注册的邮政服务并在邮寄前记录下护照号码或备下护照的复印件。申请签证前务必要仔细阅读签证要求，因为一旦由于某些差错而被拒签，之后就很难再拿到签证了。

如果身在国外，你通常可以在该国的相应大使馆获得目的地国的签证。当然这一过程可能比较花费时间，有时需要花费几周的时间。千万不要对大使馆及其工作人员的工作效率表现出不耐烦，这么做非但于事无补而且可能导致进一步的拖延时日甚至拒签。

签证申请必须提前进行。在计划旅行时就要决定是否前往那些需要签证的国家。这样做能够让你在国内有充足的时间来申请签证。

国内驾照

即使你需要有国际驾照才能在国外驾驶，你仍然要携带国内驾照的复印件。因为大多数国外租车公司都会接受国内驾照复印件作为身份认证和具备驾驶能力的证明。

国际驾照

国际驾照是一种在世界范围内承认的可以

↑ 如果你打算在河流或湖泊划船，你得确保该水域有不受限制的公共通道。此外还要注意不要闯入私人水域，特别是当身处国外或不熟悉当地法律法规的时候。

证明你在本国持有有效驾照的证件。并非所有国家都规定外国驾驶者必须携带国际驾照，因为有些国家相互承认对方的驾照。国际驾照是为那些喜爱自驾车出国旅行的人设立的，这为驾车旅行者在对驾照要求各不相同的各个国家旅行带来了方便。此外，在护照失窃的时候，有照片的国际驾照也是身份认证的一种有效方式。

国际驾照共用10种语言印制——联合国的5种官方语言（英文、法文、西班牙文、俄文、中文）以及德文、阿拉伯文、意大利文、瑞典文和葡萄牙文。国际驾照的申请费用较低，一般可以在本国负责颁发驾照的机动车管理机构申领。

接种记录

医疗机构及至一些航空公司都会发一些用于记录疫苗接种情况的小册子。这些小册子能够提醒人们接种最新的疫苗。此外，如果这些小册子是半官方性质的，还能作为疫苗接种的证明。如果你没有这类小册子，就把接种记录写在一张纸上并与护照放在一起。

国际预防接种证书

国际预防接种证书（俗称“黄皮书”），是你已经接种了某些疾病疫苗的国际性证明。这些疫苗包括：麻疹疫苗、腮腺炎疫苗、风疹疫苗、伤寒疫苗、甲型肝炎疫苗、黄热病疫苗、脊髓灰质炎疫苗、破伤风疫苗等。如果你是前往一些较落后地区，推荐你接种以上所有疫苗。国际预防接种证书是由为你接种疫苗的医生或医疗机构签发的。该证书一定要正确填写并由相关部门盖上印戳，否则就是无效的。在一些国家，也许需要你在边境检查时出示该证书；如果你没有该证书，则会被要求在其设立的接种点注射疫苗，通常都是在简陋的设施下由一些非专业医务人员操作且有接触不洁针头的危险。你也可能被拒绝入境。

国际野营证书

国际野营证书是由世界各地的野营协会签发的，其中附有护照的细节信息。许多野营地也许需要该证书以代替上交护照，这就使得你可以保留护照以便用于兑换货币、兑现旅行支票及用于其他事项。同时，把护照放在身边也会感觉比较安心。当然，并不是所有的野营地都接受该证书以代替护照，因此你应该提前了解打算前往的野营地的相关政策。

财务申报

有些国家规定，必须在边境填写外汇申报单。该单所需填写的内容包括诸如相机、珠宝等贵重物品及货币。注意正确填写该单并妥善保管防止遗失，因为在你离境的时候可能会要你出示该证件以核对你是否卖掉了其中一些物品。

车辆证件

如果你打算驾车出国旅行，你得留出足够的时间来办理除国内驾照和国际驾照以外的所有相关证件。在有些国家，如果你被警察拦下而不能出示相关证件，你将会有大麻烦。此外，如果缺少必要的保险，万一发生车辆故障或事故，你也将会损失惨重。

相关车辆证件通常是由你本国的机动车管理机构签发的。如果你不清楚需要办理哪些证件，务必在旅行前向相关机构咨询以获取最新信息。

汽车证

汽车证用以证明你对汽车的所有权。通常在你被警察拦下或穿越国界的时候，需要出示这些证件。

↑ 自驾车旅行有许多优点，但若缺乏相关证件，则会陷入麻烦。

保险单

务必随身携带你在国内办理的保险单原件，并确保该保险单在有效期之内。如果你打算把车带到国外，你可以在国内的机动车管理机构和保险公司办理车辆的国际保险。

绿色保险卡是联合国保护国外驾驶者机制的一部分，能够提供一些附加保护，在40多个国家都得到承认（大部分是欧洲国家，但同时包括俄罗斯、伊拉克和伊朗）。绿色保险卡本身并不提供必要的保险，但是它可以证明：外国驾驶者在本国所办理的保险涵盖了承认绿色保险卡的国家对于第三方责任保险的要求。如果你的国家是承认绿色保险卡的，请与本国的机动车管理机构取得联系，以询问你是否有资格申请该卡并了解更多细节信息。

国际机动车证书

国际机动车证书是一种车辆通行证，有效期为1年。该证书用多种文字提供了汽车证的信息。尽管接受该证书的国家极为有限，但还是有必要提供多种文字版本——特别是当你需要修理车辆而又不懂当地语言时，该证书就显得尤为有用。同时，该证书还记录车辆出入境的历史。

授权书

当你所驾驶的车辆的所有权并非属于你的时候，比如租车，你就需要向车主或租车公司取得一份授权书。该授权书的内容应该包括:获得驾驶许可的注册信息以及你将前往旅行的国家。

海关报关单

在有些国家，你需要有海关报关单才能将汽车从一个国家带到另一个国家，并免于交纳汽车关税。当你出入国境的时候，海关将会检查你的相关证件并要求你交纳海关担保（表面上代替交纳关税，尽管其费用数倍于关税）。在交纳了海关担保之后，海关才会将报关单签发给你。

因此，在旅行前，你得联系相关国家的大使馆询问是否需要海关报关单及其担保费用。

证件复印件

所有车辆证件都应备有复印件，并与原件分开放置，以便在原件失窃时，你仍能证明自己具备驾车资格。此外，在车里备放一些证件，比如护照的复印件。

如果你的车上有贵重物品、大的或不常见的装备，最好能在穿越国境时出具一张物品清单。如果你能事先拿到盖有该国大使馆印章的物品清单，你就能够比较顺利地通过海关。

锻炼体能

你应该具备的体能水平取决于你所进行的旅行活动的强度要求。例如，山地骑车或激流冲浪这类运动所要求具备的体能远比轻松的徒步旅行高。当然，即使是徒步旅行之类的低水平运动，也需要在生理和心理上做好双重准备。

作为旅行团队中的一员，为了其他成员，你有责任尽力确保自己的身体健康。一个团队成员的生病或体能不济很可能会影响到团队中的其他成员。一般来说，行前进行至少1个月的适度锻炼将有助于你避免生病和受伤。

全方位的体能训练

为了达到适于野外探险和户外活动的全面体能水平，应当注意以下要素：耐力、力量、灵活性、速度、敏捷性、平衡性、协调性、反应时间。在这些要素当中，耐力和灵活性最为重要。

耐力

耐力是指能够长时间地进行体育活动，这是体能要素中最为重要的。一个人的体质越好，他的耐力也就越强。通常有两种不同类型的耐力：心血管耐力和肌肉耐力。

心血管耐力

心血管系统包括肺、心脏、血液和血管。良好的心血管耐力能使人在长时间全身运动之后既不感觉累也不气喘吁吁。

为了增强你的心血管功能，你应该制订一个计划来进行一系列的体能训练以增强心脏的负荷能力。例如，游泳就是一项极佳的体能训练运动，它能够锻炼全身的肌肉。特别是仰泳和蝶泳，对背部和肩部肌肉有很大的锻炼，而背部和肩部肌肉一般很难通过其他运动得到锻炼。此外，骑自行车和跑步也是提高全面体质和耐力的好方法，特别是对于大腿肌肉。作为行前身体适应训练的一部分，你还需要穿上你将在探险活动中穿的靴子或其他衣物进行一些

↑ 双脚分开站立，一只手放臀上，另一只手举过头顶，然后慢慢地向身体一边倾斜，之后再向身体另一边倾斜，以重复以上动作。

↑ 双脚并拢站立，然后一条腿从膝盖处开始向后弯曲，双手从身体后面抓住脚以舒展脚筋和四头肌。

↑ 双脚并拢站立，身体向前弯曲，让背部呈水平状态，然后双手高举过背并交叉在一起，维持15秒。

↑ 斜体仰卧起坐，要求肘部触膝，有助于锻炼腹部肌肉并增强上半身的力量。

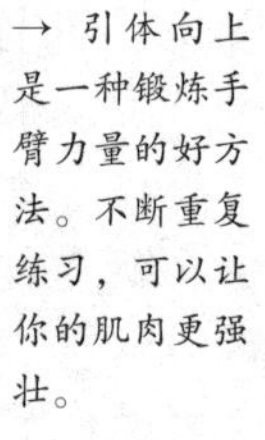

→ 引体向上是一种锻炼手臂力量的好方法。不断重复练习，可以让你的肌肉更强壮。

↑ 俯卧撑运动有助于塑造结实的胸大肌、肱二头肌、肱三头肌。

↑ 也许你会觉得用双膝来支撑身体重量更容易做俯卧撑。

常规训练。比如，背上跟自身体重差不多重的背包进行训练就十分有用。

肌肉耐力

肌肉耐力是指重复运动同一块肌肉而不疲劳。不同的活动需要不同的技能，因此需要锻炼不同的肌肉和关节。例如，步行和登山需要大腿和小腿肌肉的力量。如果你需要随身携带装有帐篷和野炊器具的背包，你的肩部肌肉就必须十分强壮。相反，划独木舟则需要手臂、肩部和胸部等处的肌肉力量，而骑自行车需要腿部、手臂和肩部肌肉力量。

你可以通过多种方式增强全身肌肉的力量。也许你会觉得参加一个健身俱乐部很方便，因为那里有各种专业的健身器材，并且只需做一套简单的常规既定动作，外加一些常规负重步行。另外，俯卧撑、引体向上和仰卧起坐等都是准备进行户外活动前的好的锻炼方法。这些运动可以在家里做，既不用去健身俱乐部，也无须借助于体育器材。

灵活性

伸展关节和肌肉有助于增大动作幅度和防止肌肉损伤。进行伸展运动前，最好先做15分钟的小幅运动来热身，例如甩臂散步、掷飞盘、慢跑，以防突然疲劳并减少发生肌肉损伤的危险。

伸展运动，既可以仅仅单做以提高全身各方面的良好灵活性，也可以在耐力训练之后做以增加训练效果。伸展运动应遵循从上到下的原则，先活动头部和颈部，然后逐渐往下直至腿脚。不要突然加大动作幅度，而应该缓缓地伸展，伸展的幅度以自己感觉舒适为准。放松前，每一伸展动作都至少要持续15秒钟。训练后所做的肌肉伸展运动的时间越长，你的身体灵活性就越好。

↑ 沿海滩慢跑是进行伸展运动前的热身方式之一。

心理素质

心理力量基于你相信自己能够处理身边的一切状况。具备良好的心理素质有助于你克服心理焦虑，并自信自己的体能可以克服所有的困难。

事先为某些紧急情况做好准备是十分重要

的。必要的训练能够使你在生理和心理上更为从容地应对困难，而且将提高你对自身能力和局限的认识并增强自信心。必要的训练还能够让你在糟糕的状况下不易陷入恐慌。

心理准备

有一些人虽在旅行前已经在体能上做好了充足的准备，但是当他们进入野外时，状态并不好。这在很大程度上源于缺乏心理准备，使得他们不能够适当地调整自己来适应新的环境。

有些人觉得露营生活缺乏隐秘性；有些人会对他们在一些地方所看到的贫穷或疾病等现象深感不安，甚至于被某些气味和声音所困扰；有些人始终觉得睡在露天不太安全而更倾向于睡在帐篷里面。

许多类似问题，如果在行前被及时发现，都能得到有效的解决。例如，事先尽可能多地了解有关目的地的各方面情况；行前尝试一些体验，如用柴火来煮饭或进行高难度的登山。这些事情在第一次做的时候看起来不太容易，但是在你下一次做的时候就不会如此了。因为通常都是由于未知人才会感到不安。

团体旅行

一次团队探险活动需要牵涉到许多机构来确保每个人都拥有安全且愉快的旅行。探险之前，行程计划需要得到每个成员的同意。这一点是非常重要的，即使对于一次休闲旅行来说也是如此。因为我们总是想让旅行活动达到每个人的预期并避免不愉快的事情发生。

组织团队成员

团队人数越多，发生混乱的可能性就越

↑ 一大群人带着一大堆装备，很容易使整个营地变得一片狼藉。因此要让每个人把不用的东西都放整齐。

↑ 一些重要的团队物品，如地图和野炊装备等，应该指派一两个人负责看管。

大，对于有儿童或青少年的团队来说尤其如此。通常，人数较多的旅行团体总是很容易在售票处和机场登记处出状况。因为其他乘客会因为自己前面排了如此多的人而造成的拖延感到不满。因此，领队应该在快要接近边境之前提醒大家准备好钱、护照和票等物件。

如果你的旅行团队人数较多，最好将每个人的姓名、地址、出生年月和护照号码记录在一张纸上，这有助于加快办理住宿登记和通关手续的速度。此外，在换乘交通工具的时候，也需要一张名单来清点人数。

如果打算乘坐公共交通工具进行旅行，则一定要告知每个成员目的地的具体位置并约定一个会合点。这样一来，即使有人走散，他仍然能够很容易找到团队。

在旅行途中，你很快就能发现哪些人的动作总是比别人慢半拍。这个时候，如果你不想他们拖累其他人的话，你就应该提醒他们动作迅速些并提前做好准备。同时，你也可以让团队中的其他人对他们多加留意，以确保他们按时到达。

争端

无论同行成员有多少，也无论你们之间是多么地相互了解，旅行途中发生一些争执冲突都是在所难免的。旅行前达成一个得到全体成员赞同的行程计划有助于将争端发生的可能性降到最低。当然，一旦争端发生，要迅速解决。

应急计划

在正常的计划之外，你最好再制订一个包括计划外住宿的应急计划。万一在旅途中由于某种原因耽搁而不得不在某地做一晚的停留时，你准备的应急计划就派上用场了。如果是单独的个人旅行或是一个小团体的旅行，遇到这种状况通常不会出什么问题；而一个大团体若是碰上此类状况，如航班延误、租车公司歇业等，就很容易陷入混乱。

务必记住你打算入住的旅店的电话号码，以便在有变动时及时通知他们。即使你已经提前预订好了房间，你最好还是在即将到达之前打个电话过去以确认是否一切已准备就绪。

贵重物品

如果你们将在某地做一段时间的停留，就应该找一个信得过的人或机构来保管贵重物品。整个团队的贵重物品包括护照、机票、珠宝、大量现金等，加起来能放满一个“百宝箱”，足以让小偷垂涎。因此为安全起见，还是将这些贵重物品妥善地保管起来比较让人放心。

行李遗失

旅行途中可能会发生行李遗失，特别是在公共交通工具上。团体旅行尤其容易发生行李遗失事件，因为大家总是比较留意各自的私人物品而忽略团队的共同装备。为了防止行李遗失情况的发生，可以指定一两个人负责在每次转乘交通工具的时候清点行李，以确保每件行李都与你们一同达到目的地。如果行李不幸被航空公司遗失或延误，你就得多费些周折了。

单人旅行

许多人喜欢单人旅行的自由，喜欢独自面对新的挑战，喜欢独自游历新的地方。如果你不喜欢团队旅行所带来的种种弊端，如一大堆的机构、不可避免的性格冲突、缺乏自立性等等，那么你也可以考虑一下单人旅行。

单人旅行的最大优点在于你可以随心所欲地改变你的行程计划，而不用和任何人商量。当然，单人旅行也有缺点。以下几个方面是你在决定是否进行单人旅行的时候需要考虑的。

装备

如果你打算做一次徒步旅行，并且自己携带所有的物品（包括营帐和野炊器具），那么你就要尽量选择那些重量较小的器具并避免携带不必要的物品。如果你还没有徒步旅行所需的装备，特别是一些比较昂贵的装备，最好是能租到或借到，因为配备那些装备需要一笔花费。你得确定自己能够正确使用所有的装备（包括怎样搭建帐篷），以及懂得修理和维护。

旅行费用

除非你是自己驾车并且睡帐篷，否则你的花费将会比较大。因为渡轮和住宿对单个人的收费会相对贵一些，特别是当你要求单人船舱和房间的时候。

保持联络

要与国内的亲戚或朋友保持定期的（可以在每周的同一时间）电话联络，以便让他们知道你的现状以及活动安排。

住宿

一人徒步走在荒漠之中的想法听起来很吸引人，但在做决定之前一定要三思而后行。除非你是个有经验的野营者，否则还是去一些指定的野营地比较好。那些区域不仅更容易找到饮用水和盥洗设施，而且有更多的人可以寻求帮助和建议，因此更为安全。如果你打算住在旅馆里面，就参考一下旅行指南手册或咨询一下旅游信息机构以了解这一地区的特点。当然了，单独一人旅行还是住在比较靠近市中心的区域更为安全。

单人活动

如果你打算进行一次单人的徒步（或骑自行车、骑马、驾车）旅行，最好告诉某些人你的活动安排、行程路线和预期返回日期。万一你发生了意外，那些人可能就是你唯一的获救希望。进行登雪山之类的活动前一定要三思，特别是在天气情况恶劣的条件下。而诸如划独木舟之类的活动，单独一个人是绝对不能进行的。如果你要去参观某一个著名景点，则最好加入某个旅行团。这样不仅更安全，费用也比较少。

过边境时须知

作为一个单人旅行者，交友务必要谨慎，绝对不要接受那些不知里面装了什么的包裹和礼物，特别是在穿越国境的时候。有很多人都是由于为那些所谓的“朋友”携带了包裹而被送进了监狱，因为这些包裹中往往装有毒品或其他违禁品。

第2章
旅 行

世界上存在着一些原生态地区，它们有极端的气候环境和艰险的地形，水源匮乏，甚至人烟稀少，对于旅行者来说能去这些地方可谓是一种挑战。在这些地方，时间以一种不同于常态的速度流逝着。你必须放慢脚步，采用徒步、骑牲畜、骑自行车或划船等方式，来慢慢体味这些奇迹。

每日旅行计划

出行前，你要计划好整个旅行的行程路线。除非你打算在野外扎营，否则你还应该计划好将在沿途的哪些地点找旅馆投宿。然而，无论你的行前计划多么严密，旅途中还是极有可能发生一些意外事件的，特别是天气的突变。遇上这种情况，你就必须依据每天的具体情况来调整或重新安排当日的行程计划。

路程

行程路线的规划要以尽量减少花在路途上的时间为原则，并且要均匀地分配每日的行进路程，以便让人逐渐地适应沉重的背包。每4~6天之中要安排一天作为休息日，以供大家做一些必要的休整，并为下一步的旅行做好更充分的准备。

在做长距离的徒步旅行计划时，大多数人总是会高估自己所能走的路程。据调查，大多数有经验的徒步旅行者每日最佳的行走路程为16~24千米。当然，这个数据并不是绝对的，具体还会受到地形状况、天气条件等因素的影响。如果你随身携带营帐和炊具等笨重物品，那么你每日的行走路程最好不要超过16千米。开始几天，最好每日不要超过13千米，以便自己有一个逐渐适应的过程。

由于所使用的交通工具不同（自行车、独木舟、动物、汽车），每日适合行进的路程也不同。此外，你所具备的旅行经验、地形状况以及天气状况等因素都会对每日的行进路程产生影响。

食物与水

野外旅行中，最为重要的是携带充足的饮用水。此外，你应该弄清楚自己打算驻扎的营地及沿途是否有水源。这些水源并非一定要达到可直接饮用的标准，它仅仅是指一条河或一条小溪（只要通过净水器净化之后能饮用就可以了）。在高山或极地地区，雪水也可以用做饮用水。在一些缺乏水源的路段，你必须事先备足饮用水。只要一有机会，你就应该将自己所携带的储水容器装满，以防在接下去的路段中找不到水源。一般情况下，一个人每日所需摄入的水至少为4升；炎热天气下，则需要8

↑ 在离开营帐之前，请将你的水瓶装满水。

休整日

旅行途中，不要忘记安排一些休整日。当你在一个陌生的地区进行探险活动的时候，你会发现安排一些休整日是十分有必要的。如果你不在旅途中不时地做一下休整，身体肯定会受不了。

在一个旅行团队中，每个团队成员所需要的休息频率不尽相同。而且何时休息也取决于你身处何地。一般来说，风景秀丽的地方是大家比较喜欢的休息地点。

↑ 旅行途中，建议你在背包里携带一些含高碳水化合物的食物，如燕麦压块干粮。这类食物能够提供较多的能量。

升。注意不要携带含糖或含酒精的饮料。这些饮料只会让你感觉更口渴，在水分摄入不足的情形下，甚至还容易使人脱水。

旅行途中最佳的膳食组合是：丰盛的早餐和晚餐加上一顿高能量的午间点心。在背包里携带过多的食物会让你行动迟缓，特别是在午后消化食物的时候。午间点心的选择也不能太随意，比如新鲜的坚果、葡萄干、巧克力和燕麦压块干粮等都是能够提供高能量的午间点心。注意不要携带太咸的食物，以免造成口渴。

衣物

旅途中，你得注意衣服不要穿得过多。如果你在刚出发的时候感觉稍微有点冷，那么经过15分钟左右的跋涉之后你就会感觉冷热正合适了。如果你在刚出发的时候感觉有点热，那

↑ 当你将行囊放在自行车上的时候，要注意保持车两边行囊重量的大致相等。

↑ 山区的地形错综复杂，你要抓住一切机会检查自己所行走的路线是否正确。

么15分钟之后你肯定会感觉更热。一般来说，温带地区的天气变化比较频繁。因此，如果你处在温带气候条件下，则要对天气突变做好心理准备。

当然，穿什么样的衣服也取决于你所穿行的地形环境。如果你将穿越大片灌木丛生的林地或者该地有大量的蚊虫，那就意味着你不能穿短衣裤，否则你的身体就很容易被荆棘和蚊虫弄伤。

在气候炎热地区，你也不能总是穿着短衣裤。当阳光强烈的时候，你得换上轻便的长衣长裤以抵御太阳辐射。此外，宽边遮阳帽也是一样必不可少的装备，能够保护后颈部免受阳光灼晒。

如果你所旅行的地区多沙砾，建议你在靴子上面绑上绑腿，以免细小的沙石进入靴子。如果所旅行的地区比较泥泞，则最好穿长筒橡

一日远足活动的背包装包

如果某日的行程是整个旅行的一部分，那你就得随身携带全部的行囊。但是如果仅仅是从大本营出发做一次一日远足活动，则携带一日所需的物品就够了。这些物品还应当包括一些急救物品，以防意外事故的发生。

⊙地图、指南针和旅行指南。

⊙小型急救包。

⊙驱虫剂和防晒霜。

⊙水。

⊙点心。

⊙雨衣。

⊙保暖的衣服（如抓毛绒上衣）。

⊙手机。

胶靴。

如果你所旅行的地区多雨，则要记得在背包的最上层放上一块防雨布，以便下雨的时候能迅速地把它拿出来。诸如地图、旅行指南和指南针等常用的工具可以随身放在衣服口袋里面或者用一个塑料袋装起来挂在脖子上，以方便拿取。

新靴子的购买

当你购买旅行时所穿的鞋子时，记住要把旅行时所穿的袜子也带上。试鞋的时候把袜子穿上，要确保脚趾有活动的空间。如果你不确定自己究竟需要哪种类型的鞋子，可以向一些有经验的售鞋商咨询一下。

新的鞋子在正式出行前要先穿一段时间，以使脚尽快适应。特别是皮靴，这一点尤为重要。纤维材质的鞋子则无需太长的合脚时间，一般来说，穿着它在户外走几次，每次走半小时左右就差不多了。

徒步旅行

大多数旅行总是免不了要步行，即便是骑自行车旅行或骑马旅行也是如此。近距离的远足活动是一般人都能够承受的，但如果是一连数天并且每天要背包步行16～19千米，恐怕大多数人的身体都会支持不住。

行前准备

如果你并不是一个经验丰富的徒步旅行者，并且你所行走的路途比较艰险，那么你一定要在行前做好充分的身体适应训练。一开始的时候，可以在居住或工作的地方周围每次步行3～5千米。然后，逐渐增加距离，直至每次步行16～19千米，并且要穿上靴子、背上背包。后期这种强度的训练应该挑选在地势不太平坦的地方进行，建议每周进行1～2次。

行前身体适应训练的强度要考虑到你自身的身体状况，比如体重是否超重、健康状况是否良好、伤病是否痊愈等等。

在背包徒步旅行中，你将随身背负营帐、炊具、食物、水等众多物品。你的身体尤其是双腿和双脚将承受很重的压力。你得确保自己的身体能够承受得了这种负担，不会使自己的健康受损。

脚部护理

千万不要低估旅途中双脚舒适的重要性。脚部的不舒适将会破坏整个旅行，因此旅途中注意对双脚的保护十分有必要。

↑ 如果你将要穿过一条小溪，千万不要赤脚走过去，否则很容易将脚划破。

为了增强脚部的耐受能力，建议你洗完脚擦干后在脚上涂一点外用酒精，特别是在脚趾和脚后跟部位。

旅行途中，要注意经常修剪脚指甲，以免脚指甲过长，进而造成脚部挤压。此外，每天晚上休息的时候都要记得洗脚。这不仅是出于卫生考虑，同样为了使双脚更舒适。洗完脚后一定要擦干，并检查一下脚底是否有水泡。如果你的脚容易出汗，建议你擦一点抗真菌的药粉。

鞋子的选择

选择步行鞋最重要的标准就是穿着舒适。穿不合脚的鞋子会让人感觉不舒服，甚至会让脚起水泡。此外，鞋帮处要具有良好的支持性，特别是在山地地形条件下。记住，同一双鞋子是不可能适用于各种类型的旅行的。在一些极端环境下，如雪山、丛林或沙漠，你需要穿一些专为该种环境设计的鞋子。因为在这种极端恶劣的环境下，你的双脚以及小腿部位需要特殊的保护。

在天气状况良好并且路途平坦的情况下，穿什么样的鞋子并无太多讲究，甚至越是普通的鞋子越合适。因为通常来说，普通鞋子的透气性反而更好。

水泡的处理

有些人的脚特别容易起水泡，特别是在鞋子不合脚、鞋带系得过紧或者袜子里面有沙子的情况下。建议你在行前的步行训练中注意检查一下鞋子是否合脚。如果脚上的某个部位看起来比较红，则说明鞋子的该部位与脚的摩擦比较大。

如果你忽略了这些问题，以后这些部位就

↓ 在徒步探险活动中，有必要带一些处理水泡的工具。一感觉到脚上有疼痛的地方，就要马上采取处理措施。

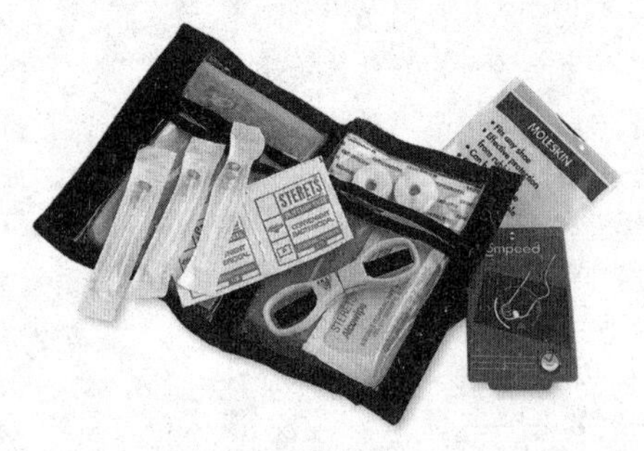

会很容易起水泡。建议你在那些容易与鞋子产生摩擦的部位贴上一些胶布，这样可以起到一定的保护作用。

如果在行走中有沙子进入鞋子或袜子里面，一定要立刻停下脚步，把沙子清理出来。否则，时间一长，与沙子接触的部位就很容易产生水泡。当你感觉脚上起了水泡或有其他疼痛的时候，一定要停下来做一些必要的处理，否则水泡会变得更加严重。如果是皮肤刚刚有一点擦破，可以在该处垫一块敷料。这种敷料在一般的药店里都能够买到。

如果脚上的水泡越来越大且又不得不继续赶路，你可以用刀片把水泡刺破。当然所用的刀片一定要干净，否则水泡受了感染会发炎。水泡里面的脓水挤出之后，可以在上面贴上一块胶布以防感染。

即便你没有将水泡挤破，也最好在水泡上面垫一块敷料以保护它。敷料的中间要剪出一个水泡大小的洞，这样就不会对水泡造成挤压。

到了营地，你得洗一下脚，并更换一下敷料。第二天早晨出发的时候，不要忘了在有水泡的地方垫一些东西。

袜子

无论你是穿两双袜子还是只穿一双厚袜子，都要每天换干净的，并且要及时把脏袜子洗净，以免换洗不过来。袜子破了之后就不要再补了，因为修补的地方会对皮肤造成较大的摩擦，容易起水泡。

背包的重量

一个成年男性或女性能够承载的重量取决于下列因素：个人的身体素质、背负的时间、所走的地形状况等。一般来说，背包的重量最好控制在11千克以下，否则一次愉快的徒步旅行就会成为一次痛苦的耐力比赛了。在天气炎热的时候，由于需要大量的饮用水，因此你得尽量减少其他装备的携带，以免总体重量超标。

徒步旅行的技巧

每个人都知道如何走路，因此本节并不是要告诉你如何走路，而是提供一些如何费更少的力在路况不佳的地形上行走的技巧，以及如何避免意外事故的发生及减轻脚部和关节的压力等方面的建议。希望本节所叙述的内容能够让你以更轻松的步伐来走更长的路途。

团队徒步旅行

团队徒步旅行，特别是当团队中的一些成员缺乏徒步旅行经验的时候，你们得在步行队伍的最前面安排一个有经验的人来领路，同时在队伍的最后面也安排一个有经验的人来防止有人掉队。

如果团队的人数超过10人，最好将整个团队再分为若干的小队。这样一来，有利于领队更好地控制自己所带领的队员，也更便于协调大家的意见。

走在队伍最前面领路的人要保持大致匀速的步速，该步速不能超过队中走路最慢者的步速。那些队伍中走路较慢的人最好能有人陪同，并不断地给予鼓励，而不能将他们独自扔在队伍的最后。当然，队伍中也有一些人走路的速度特别快。无论他们走得多快，都必须要保持他们在后面的人的视线范围之内。必要的时候要停下来等后面的人赶上来。

如果不是团队中的每一个人都配备了地图和指南针，这一点就显得更为重要了。万一后面的人不知道行进路线，而又没有导航工具，就很可能掉队。领队还应担当侦察员的角色，

↑ 在地形艰险的地方行走时，每个团队成员都务必紧跟队伍，并要时刻注意前方潜在的危险。

↑ 在上下陡坡的时候，特别是在土质较松的地形状况下，步子要往侧面迈。

观察前方的障碍物和潜在危险，并找到最佳的前进路线。

领队自然要注意不能让走路较慢的那些人掉队。当然走路慢的人也要尽量保持一定的速度，而不要在一个地方做过多的停留。这样会使团队中的其他成员产生厌烦心理，致使整个旅行不愉快。

步行效率

有一种方法能让步行的效率更高，那就是步幅一定要跨得大。虽然步子跨得大会降低步速，但事实证明这样会更省力。

人们每跨出一步都要消耗一定的能量。每步90厘米的步幅与每步60厘米的步幅所消耗的能量是相同的。如果你的步幅大的话，就意味着你用与较小步幅相同的能量完成了更长的路程。因此，你可以在行前做一些加大自己步幅的练习。

上坡和下坡

走上坡路的时候，步幅要迈得小，身体重心要向前，步速尽量要和在平地上行走时一致。走下坡路时，步幅也要迈得小，身体重心要向后，膝关节保持微微弯曲的状态以减少背包重量对膝盖处的压力。此外，在上下陡坡的时候，采取“之”字路线这种前进方式会更为省力。

艰险地形

如果山坡的土质比较松软，比如是由沙子、碎石或雪构成的，那么最好迈侧步。在山坡上停留的时候也要以侧步的状态停下来。因为侧步的状态比较稳。在土质比较松软或者湿滑的地面上行走时一定得十分小心，即使是穿着防滑性比较好的鞋子也很容易滑倒。注意不要在松散的岩石上面行走，因为这种岩石很可能会随时坍塌。此外，在地形艰险的地方，最好使用手杖，这样能够让你走得更为平稳。

如果在雪山上行走，你会发现使用滑雪橇代步更为方便。在地形较为开阔的地方，大家应该以一列纵队行进，且相互之间的前后距离要保持在能够用手接触到的范围之内。这样做的目的是:万一遇到大风雪、能见度降低的情况，不会有人掉队。在风雪特别大的情况下，建议停止前进，并找个避风处躲避一会儿。但如果非继续前进不可，队伍中的每个人务必都要搭住前面人的肩膀，依次排列成一个纵队前行。

谨慎选择路线

即使你们走的是一条人行道，仍然要时刻注意观察周围的地理环境，如湖泊、河流或树林等，并将观察到的实地特征与地图上所标注的信息相对照，以检验行进方向和路线正确与否。如果通过以上方法，你仍不能确定自己的方向是否正确，你可以使用指南针定位。

在行进途中，务必时刻观察前方路途的潜在危险，比如沼泽地、溪流或松散的岩石等某些团队成员不可逾越的艰险地形。在走上坡路的时候，一定要在上坡之前就看好安全的路径，反之亦然。在下山的时候，一定要从能看到整个山坡的路下来，否则走到某个地方就很可能会遇到悬崖峭壁。

乡间礼仪

当你们在乡间做野外徒步旅行的时候，要注意保护野外的自然环境并要尊重途中遇到的其他人。

⊙遇到其他步行者、骑车者或骑马者要主动让道。

⊙所有的垃圾都要随身带走。

⊙路过庄稼地或家畜群的时候，注意不要践踏或惊扰。如果有狗随行，要用皮带将其拴起来牵着走，以免践踏庄稼或惊扰家畜。

⊙行走在有车辆的道路上时要注意来往车辆。拐角度小的弯时，一定走在外侧，以便能清楚地看到对面驶来的车辆。当能见度差的时候要加倍小心。

每日徒步计划

对于路途较长的徒步旅行来说，必须花若干天才能完成。一般来说，每天所走的路程并不会太多，你可以尽情享受途中的美妙风光。

路线规划

每天起程和营地休息的时间要经过全体团队成员的讨论通过。当然这也取决于你们的旅行季节和旅行地点等因素。

冬季的温带和极地地区，白天时间很短。因此，如果你在冬季前往这些地区，白天所走的路程就不可能太长了。而且白天行进的时候，最好不要进行中途休息。等到天快黑的时候，再在某个地方扎营休息。

热带地区的白天时间很长，因此你可以黎明就出发，一直走到晚上七八点钟。也就是说，在热带地区，你有很充足的时间赶路。中午11点左右的时候，阳光已经比较强烈，你可以就近选择一个阴凉处安排休息，一直休息到下午3点半左右再起程赶路。

基于人体的生理需要，每天行进途中要有规律地安排午餐和休息时间，以便使大家保持更好的体能。在遇到某处风景优美或有水源的地方时，通常人们都会很愿意逗留片刻来用餐或休息。

中途休息

请尽量遵循以下建议：对大多数人来说，每走1小时停下来休息5～10分钟就足够了。当然，如果团队中某个人的状态特别糟糕的话，则应该按照他的需要来安排休息。在天气炎热或地形状况差的情况下，通常需要更多的中途休息来补充水分和恢复体力。当团队中有较多儿童时，也会需要更多的中途休息。休息的频率和时间取决于这些儿童的年龄和体质。关于

↑ 在多岩石的地形中行走是比较辛苦的，因此需要更多的中途短暂休息。

具体的休息安排，你得在出发前就做出决定并告知每个队员，以免他们在途中总是吵着要休息。因为有时候过多的中途停留会打乱整个旅行计划。同样，喝水、大小便和察看地图等事项也都要在规定的休息时间进行。

在时间较长的中途停留中（如中午用餐时间或者等待落在后面的同伴），要注意适当地增添衣服，以免着凉。此外，注意不要光脚在地上行走，以免脚被划破。

休息完毕后，千万不要将行李落下，并且要记得将营火扑灭（如果生了火的话）。

疲劳时要格外当心

一般来说，当一天的路程快要结束时，身体已十分疲惫，注意力也会随之松懈。这个时候最容易发生事故。不要在行进途中抄近道或省去计划中的休息时间，因为临时改变原先精心制订的计划很可能会导致意外事故的发生。

单人徒步旅行

如果是单人徒步旅行，你就可以随意决定行走的路线、路程以及停留的地点等事项。尽管如此，你最好还是安排好有规律的途中休息，不要在一天之中走太多的路，以免第二天体力不支。

只要你具备良好的导航技能，你就可以按照自己的意愿临时改变路线计划。同时，由于没有同伴分散你的注意力，你对周围事物的警觉性将会更高。而且你可以随意放慢脚步来欣赏你所感兴趣的沿途景色。

骑自行车旅行

传统意义上的自行车野营旅行只能在有公路的地区进行，直至山地自行车的出现才扭转了这一情形。如今，即便是在没有公路的地方也能进行自行车野营旅行了。

自行车的选择

如果你沿途经过的地区都有平整的公路，那么一般的变速旅行自行车就可以应付了；但如果你要穿越一些崎岖坎坷的路，则要山地自行车才行。山地自行车的轮胎更为厚实、车驾更结实，因此也更适合在柏油碎石路面和崎岖的山道上骑。还有一种自行车，介于厚重的山地自行车和轻便的旅行自行车之间，也是一种可选择的多功能自行车。

选购新的自行车时主要注意两点：一是自行车的尺寸要适合你的身型；二是车座坐起来

要舒服。一般来说，自行车的后轮胎磨损的速度要比前轮胎快；因此，经过一段时间的使用后，你可以将前后轮胎相互调换以平衡两个轮胎的磨损程度。

↑ 自行车头盔是由具有减震作用的泡沫塑料制作成的。一旦受到撞击之后，就不会再恢复原状，也就是说必须得更换新的。

自行车在经过一段长距离的使用后，要进行全面的检查和养护。如果你自己不会做这项工作，那就得拿到专业的修车铺去修理。

自行车的调试

出发前，你一定要将自行车调试到适合自己的各方面要求才行，包括车座的高度和前后位置、车龙头的高度、最大踩踏效率等。要让自己能够轻松地踩到脚踏板，骑起来感觉舒适。如果你自己不会调整车龙头或车座的位置，你可以拿到卖自行车的商店，让那里的工作人员帮你调试。一般来说，山地自行车的车龙头是笔直的，很容易造成手臂疲劳。而普通的旅行自行车则没有这个问题。因此，你可以买一个延长杆安装在山地自行车的龙头上，这样握把手的时候就会舒服多了。

衣服和其他装备

如果你打算骑车旅行，那么除了自行车以外，你还得仔细考虑与骑车旅行相配套的衣服

舒适的头盔

好的自行车头盔也是骑车旅行时一样必不可少的装备。现代的自行车头盔都非常轻便，符合空气动力学的原理，戴上头盔跟没戴头盔的感觉没什么两样。头盔系好之后，应该要正好紧贴头皮，不能前后左右移动，也不能阻挡你的视线。同时，头盔的系带不要系得过紧。

↑ 这种自行车衬棉手套能够防止双手由于长时间紧握把手而起水泡。

和其他装备。要尽量减少随身携带的行李，因为过重的行李会让你难以控制自行车。具体适宜的行李重量取决于你所骑自行车的大小以及你自身的体能。一般来说，车上装载的全部行李的重量最好不要超过11千克（大致相当于徒步旅行者所背的背包重量）。

衣服

如今在市场上可以买到专门用于骑车旅行的衣服，适用于各类季节的都有。穿上这种专业的服装，能够让你在骑车时感觉更舒适。你可以查阅一下旅行指南的信息以确定购买哪种季节类型的专业自行车服。

你的基本服装装备应包括：头盔、齐腰的带帽防水风衣和防水裤（如果前往多雨的地区）。保暖的衣服应该穿在防水风衣的里面。衣服的穿着要分层并且紧身，以免骑车的时候衣服和车缠在一起。

自行车衬棉手套能够保护双手，而且能够减少自行车在崎岖路面上震动给双手带来的不适。还有一种自行车衬棉短裤是专为自行车运动设计的，穿着舒适且不妨碍身体活动。虽说这些不是必备的装备，但如果是长距离骑车旅行，还是推荐你穿这种专业的自行车衬棉短裤。另外，棉质长裤和绑腿也是可以穿的，只要不妨碍到骑车就行。天气炎热的时候，当然是穿短裤最理想，但是也要注意防晒问题。

有些人骑自行车喜欢穿插夹式的鞋子。这种鞋子可以固定在脚踏板或踏脚套上，有助于提高踩踏效率。无论穿什么样的鞋子，都应注意一个基本的原则，就是鞋底一定要厚实。软运动鞋虽然能够减少震动，但骑起车来更费劲。

行李

如果是一次路途较远的旅行，将行李装载在自行车上显然要比背在身上轻松多了。你可以在车后座行李架的两边各固定一个后车筐，

用来放置行李。如果还不够放，可以再安装一个前车筐，但是要确保不会妨碍到你骑车。装载行李的原则是：重的东西要尽量放在低的地方和靠近自行车中间的位置，以保证自行车的平稳性。

车上装载的东西越多，你骑得也就越辛苦，车也就比较难把握。因此，要尽量避免携带一些不必要的物品。一些常用的物品要放在车筐的最上层，以便于拿取。

备用零件和修车工具

如今的自行车比较易于维修，并且维修费用也相对比较便宜。如果打算做一次长途的骑车旅行，你最好携带备用内胎、补胎工具、扳手、刹车片以及至少一根后胎用的刹车线。此外，如果能备上一个备用外胎就更好了。

↑ 你可以在自行车的车把处安装一个监测仪器以显示车速、行驶距离和路面坡度等信息。

↑ 这种便携式的修车工具包含多种实用修车工具，便于在途中做一些紧急修理。

↑ 当行李重量成为一个大问题的时候，可以考虑携带这种折叠式的多用途工具，包含各种小刀、剪刀、钳子等。

如果是团队旅行，你们可以相互交换和借用一些备用零件及工具。这样就可以由大家一起来携带这些工具和备用零件，以减轻每个人的负担。此外，别忘了带打气筒和测量车胎气压的量表（建议每天出发前测量一下）。

骑自行车训练

自行车赛车手一般都很强壮。确实，骑自行车是能够强身健体的一种极好的运动。然而，你并不需要为了锻炼身体，而将骑车旅行的要求定得过高。

培养耐力

无论是在公路上训练还是在山道上训练，都要遵循循序渐进的原则。不要在第一天就骑很长的路程，否则第二天你很有可能体力不支。

如果你平时并不常骑自行车，你就需要一定的时间来强化你的肌肉力量以及让臀部适应自行车的车座。在一段时间内，坚持进行有规律的短途骑车有助于增强你的肌肉力量和耐力。正式出发前，你可以试验一下自己在一天内的最大骑程（应该在轻松自如的状况下完成）。

与其他运动一样，骑自行车的最佳训练方法就是要多练。因此，除了做一些其他增强体能的运动外（如跑步、游泳等），你还是要多花一些时间骑车。这不仅可以增强体质，而且能使你的骑车技巧更为娴熟。上坡的时候要注意调挡；有时候骑累了也可以下车推着走，好让腿休息一会儿。

家庭野营出游就很适合骑自行车，因为自行车的使用和修理都比较简单，即使是孩子们也能轻松驾驭。

骑车技术

你所需具备的骑车技术取决于你将穿越什么样的地形。所有骑车的人都要时刻注意地面路况，特别是在山道上骑车的时候。骑车时，眼睛要向前看，以便在远距离以外就能观察到前方的障碍物。千万不要紧盯自己的车轮，那样，等你看到障碍物的时候再采取措施就为时已晚了。

在技术要求方面，公路骑车与山地骑车的

↑ 林中山道上通常有很多盘根错节的树根露在地面上。下坡的时候，臀部要离开车座，遇到树根时要减慢速度。

主要不同点在于对自行车的平衡把握的要求。在下陡峭的山道时，臀部要离开车座，将身体的重量移至车后轮。

如果有多人一起下山，千万注意不要与其他人的车相撞，否则后果十分严重。

在仅容一辆自行车通过的狭窄道路上骑车，技术含量高且危险性大。因此，出行前你最好在一些窄道上练习一下。在窄道上骑车时，对方向的控制是最为重要的，务必要集中注意力，紧盯前方的路。

制订计划

自行车的训练要多样化，应该交替进行简单和艰险路段的训练。因此，你应尽量选择那种有多种路况的路线进行训练——平地、起伏地、多坡地、山道等等。因为在真正的野外骑车旅行中，你一定会遇到各种各样的地形状况。在山道上训练时，要尽量尝试上下各种不同长度和倾斜度的山坡。此外，你还要训练在下雨和刮风的天气里骑车，以便从容应对旅行中可能遇到的各种状况。

自行车训练的目的是要使你能在各种不同的地形状况下保持相对稳定的速度以及一定的耐力，而不是训练骑车的速度。自行车旅行的目的在于能够观赏沿途的自然风景，因此并不需要骑得很快。你应该保持一种让自己感觉比较轻松的速度，而不是累得气喘吁吁。

团队骑车的安全性

团体骑车旅行的理想人数是4个人。当其中有一个人发生意外事故的时候，可以有两个人结伴同去寻找帮助，还有一个人留下来照看伤员。团队中每个人的体力和耐力都是不同的，但是大家要尽量保持大致相同的速度，相互之间不能相距太远，否则容易失散。旅途中，注意不要过于劳累，要经常停下来休息并且补充食物和水分。下山的时候，先下山的人应该在山脚下等后面的人。最后需要提醒的一点就是注意同伴的体能状态。

□补胎

1.将自行车轮胎的钢圈取下来。所有的螺帽和螺钉都要存放好。

2.使用卸外胎用的撬棍将外胎从钢圈的边沿上撬松。

3.将内胎从里面取出来，注意不要损坏打气的气门。检查漏洞所在，并做上记号。

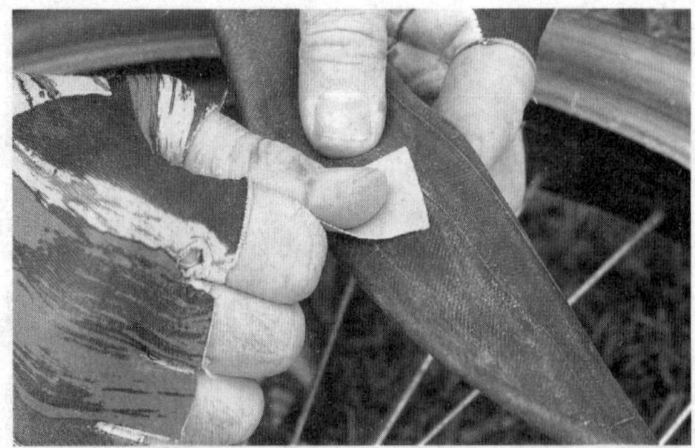

4.用砂纸将有破洞的部位磨平。

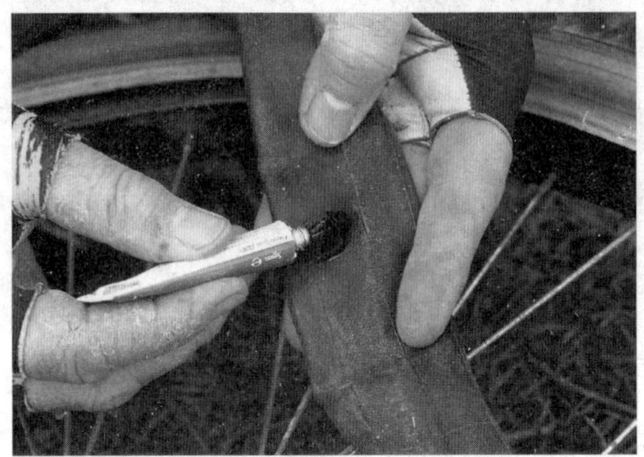

5.在砂纸打磨过的部位涂上黏合剂。

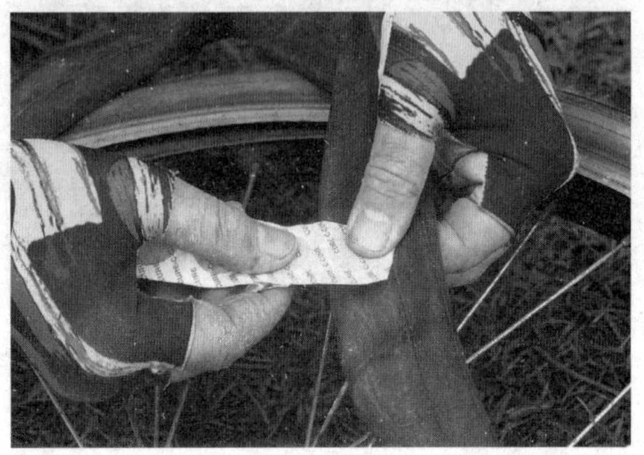

6.将补胎胶片贴到涂过黏合剂的部位。然后按照该产品的使用要求，将胶片按住一段时间。

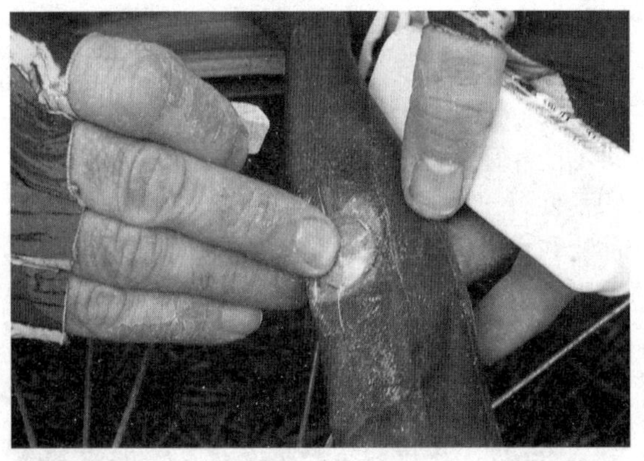

7.用粉笔在补过胎的部位涂抹一下，以增加其光滑度。稍微给轮胎打点气，再将内胎塞进外胎里面。

8.将外胎边沿重新塞进钢圈，然后打足气。

每日骑车计划

自行车旅行的一大优点就是携带方便，你可以用飞机、轮船、火车或汽车将你的自行车运送到世界各地。

规划骑车路线

如果你是个自行车新手，最好选择一些路面平坦的行进路线。当然那些没有任何遮挡物的大平原并不是理想的路线，因为一旦遇到风雨，你就找不到任何躲避之处。另外，如果你是逆风骑行的话，还会更加吃力。

骑着自行车行进在乡间小道或根本不成道路的野外地面上，能够让你领略到许多驾车旅行所感受不到的自然风光。因为，骑自行车的速度要比开汽车的速度慢得多，你有更多的时间去观察周围你所感兴趣的景物。同时，骑自行车要比步行更快，因此能够走更多的路。随着你体能的增强，你将会吃惊于自己所穿越的距离。

在规划每日行进路线的时候，你首先要明确一点，即骑车可比步行走更多的路。一般来说，在1日之内，骑自行车所走的路程大致是徒步所

↑ 在山道骑车的时候，要特别注意其他的骑车人，尽量避免相撞事故的发生。

走的路程的4倍，也就是80～100千米。这也就是说你大可在途中绕道去一些自己感兴趣的地方。一般来说，每天绕道额外的16千米路程是不会影响行程计划的，除非沿途有较多地势艰险的上下坡。

现在在一些骑车旅行的流行区域，都提供一些关于行车路线的旅行指南。有一些区域还覆盖多个国家，因此你也可以骑着自行车穿越国界线。这些地区通常都会根据路况的好坏把骑车路线划分出等级。如果你对这一地区的地形状况不甚熟悉，这一信息的提供无疑有助于你规划行进路线。还有一点要提醒你注意的是：当一辆自行车的载重量达到90千克的时候，其操控性就不太好了。

自行车的检查和养护

骑自行车旅行期间，自行车的检查是一项每日都应例行的公事。每天早晨出发前，最好用测量气压的仪器测一下车胎的气压。此外，检查一下轮胎面是否有嵌入的石头或其他尖锐的东西，以防在途中发生爆胎事故;检查一下链条是否需要上油、变速器是否运转良好；检查一下刹车线的松紧是否合适。刹车线如果过紧，则刹车片容易碰到钢圈；刹车线过松，又会导致刹车不灵。此外，还要注意适时调整车座的高度。

在结束了一天的行程之后，要对自行车进行清洁和上润滑油的工作（特别是山地自行车）。车上的泥土和尘垢如果不及时清除，日积月累就很难弄干净了。此外，这还会影响自行车的性能（如刹车、变速器），并会加快自行车生锈的速度。自行车链条的清理工作是最

当日往返的短途骑车旅行

对于当日往返的短途骑车旅行，你用不着带上全部的行囊，只需要背个背包就行了。一个背包足够存放一些修车工具、衣服以及一天所需的食物和水。现在有许多背包装有一个灌水的水袋，并有一根吸管可以让你边骑车边饮水。但是在行程较长的情况下，则不太适合使用这种背包，因为水难于长时间保持洁净。

为重要的，一定要将沙砾清除干净，否则将影响车子运行的顺畅性。清理完之后，不要忘了上润滑油。

在自行车上装行李

每天早晨出发的时候，你肯定要将各种行李放到自行车上去。因此，懂得如何整洁有序地摆放行李是十分重要的。大部分的行李都应该放在后车筐，特别是分量重的东西。如果后筐的空间不够放，可以放到前筐。但是前筐的东西务必要摆放整齐，以免影响骑车。你得确保车筐安装牢固，以免车筐摇晃影响骑车的稳定性。

如果你随身携带营帐，则营帐要么放在后车筐里，要么夹在后座的行李架里。炊具和衣服也应该放在后车筐。体积大但分量轻的物件要放在后车筐的上面，如睡袋。炉具和食物可以放在前车筐。

你可以在车把手处系一个小袋子，用于存放路途中经常使用的物品，如雨衣、指南针、地图、水壶等。如果能将绘有地图的木板固定于车把手上，则定位的时候就更节省时间了。

你要确保所有的器具都已安全地放在自行车上，并且不会妨碍到传动装置和车轮。还有一点需要考虑到的是：大多数自行车的刹车系统仅在车辆承担自重的状态下能发挥有效的刹车功能。因此，出于对人身安全的考虑，你应该检查一下该车在载满行李状态下的刹车性能。

中途休息

如果是团队骑车旅行，你们应该事先安排好中途休息的频率和时间，可以利用这些时间来用餐以及确定下一步的路线。如果团队队员之间的体能和车技差别较大，那么一些队员也可以适当先行一步，但是要在事先计划好的休息点等待后面的成员。在一天的行程结束时，可以由那些先行一步到达营地的成员搭建帐

篷。

在天气炎热的状况下，早晨出发的时间最好提前一些。因为清晨的天气相对其他时段来说要凉爽得多。而中午日照最强烈的时候，则可以停下来做较长的休息。你应该根据具体的情况来安排每天的行进节奏。

防水裙

防水裙是一种围在划桨人腰间，将整个座舱封住，防止水溅入船舱的防水装置。在水面平静的河流上划艇是不需要围防水裙的。在使用防水裙的同时，你还得掌握如何快速脱掉它的技能，以便翻船的时候迅速离开船。

划艇旅行

独木舟和皮划艇都是古老的交通工具。如今的独木舟和皮划艇运动分为静水划艇和激流划艇两类。独木舟和皮划艇在行进过程中可能会被过于湍急的激流、拦河坝或没有标记的水闸所阻。

船只与划桨的选择

现在市场上有多种类型的皮划艇可供选择，但所有的类型都是单人座位的。皮划艇的选购主要是检查其浮力：浮力分布要平衡，确保在沼泽地带也能漂浮。皮划艇上一定要有一个座位和脚凳，这样划桨的时候才有着力点。

独木舟既有单人座的，也有双人的。双人座的独木舟能够乘坐两个人，并且能够存放几天所需的物资。双人独木舟可以仅由一个人来划，而单人独木舟如果坐上两个人的话则有翻船的危险。除单人和双人外，还有3人以上的多人独木舟。其中双人独木舟的选择范围较大，从较贵的原木到较便宜的合成材料（如铝合金、聚合物合金）都有。如果你所划行的水流水位较浅且多岩石，还是挑选合成材料的比较合适，因为合成材料的独木舟抗撞击能力更强。

↑ 激流独木舟上放有安全气袋，以便船舱进水的时候仍能漂浮。当在平静的水面行进时，你可以将安全气袋拿掉，以腾出空间放另外的器具。

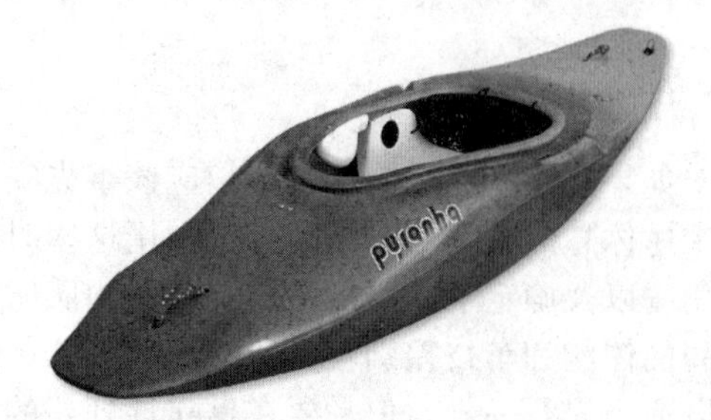

↑ 这种激流皮划艇适合皮划艇新手使用。当然这种皮划艇也可划行于静水和沿海保护性水域。

↑ 皮划艇旅行所需携带的附属物件可能包括：手动抽水泵、小刀、指南针、高频收音机、晶体管接受器、照明灯以及手机。

↑ 合适的头盔应以戴在头上不向前滑为宜。不合适的头盔根本起不到良好的保护作用。

划桨的选择标准是：牢固、分量越轻越好。此外，还要有合适的长度。皮划艇划桨的理想长度是你的站立身高加上你的臂长。独木舟的划桨要比皮划艇的划桨短，因为它的划桨只有一头。原木制作的虽然比较美观，但是价格比较贵。而合金或塑料材质的划桨则要便宜得多。你在选购或租赁划桨的时候，要亲自试一试各种不同的类型。同时不要忘记带一把备用的划桨，以防划桨损坏或丢失。

救生衣

救生衣是一种重要的救生设备。无论你

对自己的游泳技能多么自信，都要在划艇的时候穿上救生衣。救生衣穿在身上一定要贴身，同时又要不影响双臂的灵活性。下水前，要检查一下救生衣是否束紧。如果从肩部可以扯下来，则表明太松，需要把皮带再系紧一点。

头部防护

划艇运动虽然并没有硬性规定一定要戴头盔，但建议你最好还是戴上，特别是在激流上划艇的时候。头盔的型号应该与你头部的大小相适应，太大容易脱落，太小则会有不适感。此外，你所挑选的头盔一定要带有安全标志。

衣服

穿着什么样的衣服取决于具体的天气状况。划艇运动的穿衣原则是：衣服在弄湿的情况下，不会变得很重。按照这一要求，聚酯和聚丙烯面料的衣服就要比全棉的衣服好，因为在打湿状态下它们的保暖性能相对全棉衣服更好些。

在空气阴湿、水温较冷的情况下，你应该穿一件聚酯和聚丙烯绒衣或者是潜水服。在风大的日子，可以再穿一件防水的带帽薄防风衣，这样更有利于上身的保暖。天气好的时候，穿一件T恤和短裤就够了。

↑ 适宜在温暖天气里穿的鞋子是凉鞋，它具有轻便、舒适的特点。

↑ 这种专门适用于水上运动的鞋子，即使在弄湿的状态下，仍然具有较好的保暖作用。如果你经常从事皮划艇运动，则非常有必要购买这种鞋子。

鞋子

划艇时穿的鞋子不可以太笨重,然而又不能不穿鞋子，否则在河岸边行走时容易打滑。凉鞋是比较适合的类型，分量比较轻。即便是翻船了，穿着凉鞋游泳也不会感到太重。另外，潜水鞋或专业的水上运动鞋也有很好的防滑性和舒适性。但如果你平时不怎么划艇，那么专门买这种鞋子是不划算的。

划艇训练

河流和湖泊是训练划艇技能的理想场所，而且这些地方通常都邻近合适的野营场所。进行划艇训练之前所应具备的重要技能是游泳。你至少应该具备在穿着衣服的情况下能在水中游50米的能力。

交叉训练

在进行划艇技能训练的时候，要注意提高整体体能水平。良好的体能素质能增添划艇的乐趣，且有助于减少运动中受伤和疲劳的可能性。长距离的划艇是一项非常消耗体力的全身运动，因此你有必要开展一系列增强自身心血管功能的运动项目，如游泳、骑自行车、跑步等。无论你选择哪种运动作为交叉训练的项目，都要坚持适度和持之以恒的原则。

目标肌肉群的训练需要做大量的运动。划艇运动特别要使用到腿部、腹部和肩背部的肌肉力量，如俯卧撑、引体向上、仰卧起坐等都是很好的训练项目。

热身运动

在上船之前，你应该做一些热身运动来放松一下身体并提高心率，如快走、游泳、掷飞盘等；或者可以做一些伸展运动来舒展一下肌肉。坐在船上的时候也可以手持划桨做一些前后伸展的运动。

水上翻船

如果你打算进行划艇运动，你必须能够应对翻船之后的情形。每一个从事这项运动的新手都务必要意识到这一点。

当船快要翻的时候，你有很长一段时间来做出反应。你是应该在船还未完全倾覆之前就跳下水呢，还是等待船完全倾覆之后再跳？正确的做法应该是后者。因为当船还未完全倾覆

□皮划艇倾覆的应对措施

1.为了能够从容应对在实际情形中极易遇到的皮划艇倾覆情形，你应该事先演练一下。

2.首先是端坐或跪在皮划艇划桨的位置处。一只手抓住划桨，另一只手抓住舷沿。

3.身体向船的一边倾斜，直至船失去平衡。在此过程中，手一直要紧握划桨。

4.将皮划艇弄翻。继续保持一只手抓住划桨，另一只手抓住舷沿。

5.当皮划艇完全倾覆后，才能将抓住舷沿的手放开。

6.从皮划艇下钻出来，浮出水面——最好仍然能够抓住划桨和皮划艇。

7.游到皮划艇的前方。如果可能的话，要继续抓住划桨和皮划艇。

8.抓住皮划艇的前端，任其保持倾覆的状态。

9.竭尽全力游向岸边或其他船只。

的时候，船体是在剧烈晃动的，因此你极有可能在下水的时候碰到船舷。

在皮划艇倾覆之后，你仍应该尽量抓住划桨和艇；不要试图爬到倾覆的船背上。在实际情况中，翻船后的第一要务就是要找到你的同伴（如果有的话），并确定他们的安危。当水很浅的时候，你可以站在河床上，但仍要提防水流。如果可能的话，你要尽量拖着船只游往岸边。如果不行的话，你就只能等待同伴的救援了。

安全提示

⊙不要独自一人进行划艇运动。

⊙一定要穿救生衣（个人漂浮设备）。

⊙下水前要进行热身运动。

⊙弄清目的地以及有急流的河段。

⊙身体部位的任何伤口都要贴上防水胶布，以防感染。

⊙确保所携带器具的安全。

⊙在岸边挪动皮划艇的时候，应请人帮忙一起抬。

⊙划艇之后，一定要洗手或洗澡。

划艇旅行的日常事宜

即使你是首次进行皮划艇或独木舟旅行，你也不用担心晚上扎营等事宜。一般来说，河边有很多适宜扎营的地点。只要你事先跟当地的居民打个招呼，他们通常是不会拒绝你的。但是你得对农村地区的一些牲畜保持警惕，特别是在春季，因为春季是大多数牲畜的发情期。

日常使用的帐篷一定要保管好。扎营的时候要距河岸一定的距离，以免被潮水弄湿。在天气状况比较稳定的时候，可以直接睡在船里面，下面垫一块防潮布就行了。

烹饪与饮食

尽管生火煮东西显得更有野趣，但是很多地方都禁止这一行为或者仅允许在指定的区域生火。因此，你最好带上一个内置打火石的汽油炉子以及几只锅。

你所携带的食物应该是高能量的，以便提供更多的热量。如今，你可以在户外用品商店买到各种口味的速食食品，其包装袋上都标有具体的热量数值。

如果你对所获取的水源水质不太放心，那么最好将其煮开以杀菌。

保持物品干燥

每天下水之前，你都需要将自己的行李重新放到船上。在此过程中，你得尽量避免将行李打湿。当然，遇到下雨或翻船的时候，要想行李保持干燥也不是件容易的事。

塑料防雨膜是一种比较理想的划艇防潮用具，市场上有多种不同形状和大小的塑料防雨膜可供选择。这种塑料防雨膜折叠起来后体积小，便于携带。

↑ 这种塑料罐子结实耐用，是存储需要保持干燥的小物品的理想容器。

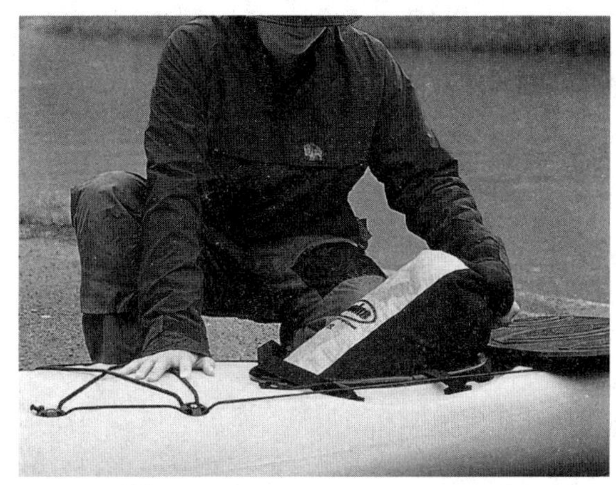

↑ 海洋皮划艇有防水舱口，但是你仍应该将你的物品放在防水的袋子里面。

在将帐篷打包的时候，要将帐篷的支撑竿和桩子安全地固定在一起，或者将其分别放置在不同的袋子里面，以减少在皮划艇倾覆的时候零件丢失的可能性。

所有的包裹和器具都应该放在横坐板的下面，以免翻船的时候行囊顷刻间四散开来。

整理行装

一般来说，双人独木舟的内部空间较大，因而装载一日旅行所需的物品和器具比较容易；而皮划艇的内部空间则比较小，要想将你的所有行李都放到皮划艇上是十分困难的。将物品合理地放入皮划艇上的诀窍是把它们分装在若干个小的防水袋里面，而不是全部放在一个大包里面。这样才能更合理地利用皮划艇的内部空间。当然，在此过程中，懂得如何整理和打包各种物品是非常重要的。

划独木舟的时候，船体的平衡性是决定划船难易程度的关键因素。因此合理规划船体的受重部位十分重要。一般来说，划独木舟的人的重量比行李要重，应坐在船的后部；此外，要尽量将各个包袱均匀地分散在船体的各个位置，使其达到最佳的平衡效果。

将行李放到船上的次序应遵循“越是不常用的越先放”的原则。也就是说，诸如地图、指南针、水壶和点心等常用物品应放在最上面，以方便拿取。最重要的一点是，千万不要将任何东西固定在船体上，以免这些东西在紧急状况下逃生的时候阻碍你离开船只。

骑马旅行

骑马旅行是家庭探险的最佳非徒步旅行方式之一。在采取这种旅行方式时，你得考虑到

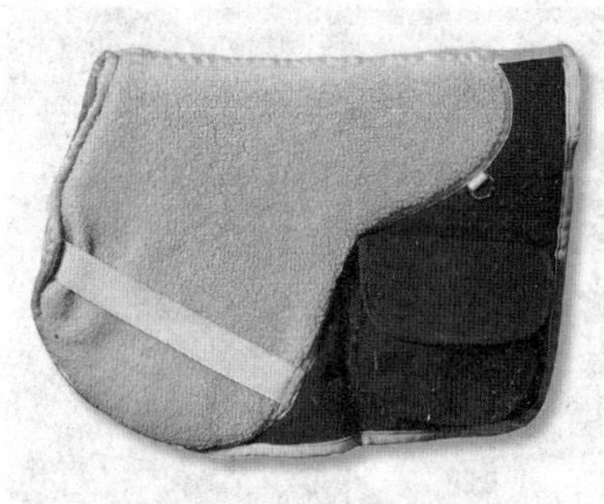

← 这种鞍垫的内层是帆布，外层是抓羊绒，其边侧的小口袋可用于存放一些常用的小物件。

← 马匹清理主要的工具：马刷、金属马梳、长毛马刷、水刷、橡胶或塑料马梳、带刷的马蹄清理铲以及仙人掌式的清洁布。

如何在途中保证马的饲料与水的供应，当然也包括你自己的食物供应。但是，总的来说。骑马旅行绝对是一种十分令人愉悦的旅行方式，它让你悠闲地徜徉在乡间小道之上尽情地欣赏周围的自然风光，并可以随时用相机把这些美景记录下来。

马匹的选择

一次成功的骑马旅行一定要有一匹合适的马。当你从养马中心租借马匹的时候，你得了解一下该马匹驮人或驮物的经验及其习性。有些国家对这些载重的马匹有一整套规范的训练方法，因此在租马的时候你应该了解一下该马匹接受过哪些专业的训练。

你不但要熟悉自己马匹的习性，也得了解团队中其他成员所骑马匹的习性，比如哪匹马喜欢尾随在其他马的后面、哪匹马的速度最慢等等。整个团队的行进速度要与速度最慢的马匹保持大致同步。另外，你还得弄清楚你将要骑的这匹马是否适合没有骑马经验的人骑，以及其是否适合驮你所打算携带的器具。

此外，你还得打听一下该马匹所要求的马厩设施及其它是否适合在夜间的陌生地形下行走等事项。

衣物

骑马旅行对穿什么样的衣服并无特殊要求，首要的原则是安全。

在许多国家，很多骑马的人都会戴一顶硬质的帽子，可以在跌落下马的时候起到保护头部的作用，减少严重受伤的可能性。当然这也并非硬性的规定。

除了帽子之外，安全的靴子也同样重要。骑马者穿的靴子可以是短马靴，鞋底光滑的皮靴或者其他有明显后跟的靴子，它们都可以较好地防止脚从马镫上滑落。

骑马时所穿的衣裤要舒适，不应该有束缚身体的感觉。上身穿一件衬衫，外加一件羊毛衫或抓羊绒衫，下身配一条舒适的牛仔裤或骑马裤就是一身理想的骑马装束。衣服的颜色宜选深色，长袖优于短袖。无论天气多么炎热，都不能穿无袖的沙滩装。

骑马时穿的衣服要扣好扣子，否则衣服被风吹起后的拍打声很容易使马受到惊吓，而且在穿越树林的时候也容易被枝杈钩住。有一些马对那种防水的纤维面料所发出的摩擦声比较敏感和紧张，因此要避免穿这种面料的衣服。如果你留长发，务必将头发扎起来，以免惊吓到马并减少被障碍物羁绊的可能性。一些比较凸出的首饰，如耳环、手镯等，不适宜在骑马的时候佩戴，因为这些首饰万一被某些东西钩住势必会造成某种程度的身体伤害。

装备

马是一种强壮的动物，能够承载很大的重量。但是，炎热的天气和漫长的路途对马来说，仍然是一种不小的压力。因此，你仍应该尽量减少行李的重量，以减轻马的负担。除了你自己的野营器具和衣服外，你还得考虑到马的饲料以及其他马具。你得根据沿途所预期的天然青草量来决定所应携带的饲料量。如果你前往某个偏远的地区，最好带上备用的缰绳、

清理马蹄

建议用专门清理马蹄的小铲子抠出嵌在马蹄内的泥土和小石头，先清理后跟部位，然后清理脚趾。当大的嵌入物清理完毕后，再用刷子将残留的泥沙刷出来。在此过程中，要注意掌握轻重，避免伤到马蹄。

↑ 图中后面的两顶帽子是安全帽，可以与柔软的丝棉帽配合起来戴；图中靠前的那顶帽子是典型的传统骑马帽。

↑ 这种短马靴与骑马裤一起穿，可以有效地保护骑马人的小腿。

↑ 长马靴可以是皮的，也可以是橡胶的。其窄小的鞋型与较低的鞋后跟是为了方便双脚踏在马镫上。

马镫等物件，以备物件发生损坏时拿出来使用。

行李上马

为了便于在马背上装载行李，你可以在马鞍两侧装上两个箩筐。在箩筐里放置器具的时候，要注意不能有任何刺戳到马身体的器具。此外，注意不要将东西悬挂在箩筐或马鞍上，以免对马造成惊吓。所有的器具都要装在包裹里面，两侧箩筐所装载的行李重量要保持大致平衡。

体能与训练

在开阔的乡野骑马旅行远比徒步或骑自行车旅行来得轻松，因此其对身体素质的要求也不会太苛刻。而且，你并不需要是一位有经验的骑手，因为受过专业训练的马匹通常都比较温顺、易于操控。当然，如果你之前从未骑过马，那么还是有必要在正式出行前花一些时间来进行练习。

骑马旅行的日常事宜

时刻注意马匹的需求是骑马旅行中的日常主要任务之一。每天的行程安排要根据马匹的状态来决定。

行进途中

关于旅行中的行进路线，建议你在出行前就做出大致的规划。你可以向当地的居民或骑马机构询问适合马匹行走的路径（包括有供马匹饮用的水源）。行进途中要尽量沿着马道行走。如果你所选择的路线人流量较多，那么最好事先规划好途中休息和用餐的时间和地点，尽量避开其他路人，以免造成道路阻塞。

野外道路上的交通规则一般是：徒步人、驾车人以及骑车人在同一道路上遇到马时，都要让道于马，让马优先通行。但是，并非每一个你在途中遇到的人都会遵守这一规则。因此，当路上有其他路人的时候，你仍要格外地小心，因为一些突发的动作或噪音很可能会惊吓到你的马，如汽车发动机的声音。当迎面遇到另一匹马朝你走来时，一般的通行原则是：走上坡路的马优先通行。

野营事宜

扎营的地点应选择干燥且平整的地面。拴马的时候，要注意让每匹马都保持一定的距离，至少60米。此外，还要注意远离水源，如湖泊、河流等，以免马匹的粪便污染水源。搭建营帐应该至少在天黑前的两个小时进行，以便马匹在天黑之前还能吃草。

无论你多么疲惫，在自己休息之前都必须先把你的马照料好——卸去马鞍和缰绳、洗刷、喂食。检查一下马匹身体各部位是否受伤，包括头部、放置马鞍的部位、四条腿以及马蹄等部位。如发现任何伤口，应立即使用相关的马匹急救器材做一些必要的处理。马蹄可使用专门的清理铲清理干净，四肢和身体部位的泥土则使用马刷来进行清理。

↑ 在广阔的乡野间骑马旅行是一件十分惬意的事，当然这也少不了事先周密的计划和准备。

安全提示

⊙骑在马背上的时候要一直戴着合适的帽子，并系好帽带。

⊙帽子掉到地上被压扁后，应该换一顶。

⊙骑在马背上的时候，脚上一定要穿着靴子；此外，马镫的大小也要与自己的靴子相匹配——应大约比你的靴子宽2.5厘米。

⊙夜晚或能见度较差的情况下，避免在道路上骑马。

⊙不要戴珠宝首饰。

⊙骑马的时候，衣服的扣子务必要扣住，并且不能在马上脱衣服。

⊙如果你的视力不太好，最好配戴隐形眼镜。如果不能戴隐形眼镜，则可以向眼镜商询问其他比较安全的眼镜。

第二天早晨出发时，再重新安上马鞍、箩筐、缰绳之类的物件。同时，一定要确定没有任何物品会刺戳马的身体，以免马匹受伤。

喂马

除非你十分确定计划中的营地周围有供马匹食用的草，否则一定要带够足量的草料。草料既可以自行准备，也可以向提供马匹的机构购买。

如果你打算将马匹饲料带往国外，你得事先了解一下相关国家的政策和规定允许你携带何种饲料。也许你需要一份关于你所携带的饲料不含有种子的证明，以证明你所携带的饲料不会对当地的物种造成侵害。

马匹每天都需要好好喂食一次，至于在什么时间喂食并不重要。为了方便起见，傍晚时分是比较合适的喂食时间，即在搭完帐篷之后、准备自己的晚餐之前。请尽量在每天的同一时间喂食马，并要让马摄入足量的水。虽说马所饮用的水并不需要是纯净水，但也要尽量选择干净的水源，绝不能让马饮用被化学污染物、腐烂的蔬菜和垃圾所污染的水。

野生动物

如果你所前往的地区会有一些野生动物（如熊、狼、鬣狗等）对你和马匹的安全造成威胁，则最好向租马的机构询问一下应该注意的安全事项，比如可以随身携带一杆步枪。如果该地区的安全系数极低，一定要记住一点，即食物的气味会引来远处的野兽。因此，一定要将随身携带的食物包好，防止气味外泄。此外，食物的残渣也要及时烧掉。不要将马匹拴在远离营帐的草地上，安全的做法应是将马拴在帐篷内。

带着驮畜旅行

如果你打算前往某个汽车不能通行的地区，那么你一定得尽量减少所携带的行李的数量，使之控制在自己能背得动的重量范围之内。当然，如果你的行李数量实在太多，那么你也可以雇佣一头甚至数头驮畜来运行李。

骡子和驴子

在地形陡峭且多岩石的地带，骡子和驴子是较为理想的载人和载物的交通工具。这两种动物具有在马与骆驼不能生存的环境下生存的能力。

骡子在很早以前就作为一种常用的交通工具使用了。当然，骡子的脾气暴躁、很倔，在被激怒的时候很容易踢人或咬人。因此，相比驴子，骡子需要更好的控制。骡子和驴子的力气都很大，一般能够载重100千克。骡子和驴子的速度都较快，其背部较宽，故长时间骑在

↑ 驴子更适合载物，而非载人。其行走速度较慢，更利于欣赏沿途的美景。

驮畜的驾驭

如果你没有雇佣驮畜管理员，那你就得自己负责这件差事了。

⊙喂饲料和水：卸下重物之后，应让驮畜自由活动并啃食青草。

⊙清理：将驮畜身上的尘土和泥浆刷干净。

⊙装物：确保鞍的平整以及两侧货物的重量平衡。

⊙驾驭：这需要你花几天的时间来让这些驮畜以相对稳定的速度前进。

其背上会不太舒适。两者相比，驴子的个头要比骡子小，其速度也较慢，一般只能载重50千克，且需要人在前面牵引。当然，驴子的性格要比骡子温顺，非常适合在山区使用。

驮畜管理员

旅途中，建议你最好雇一个人专门负责照看你们所使用的驮畜。除非你自己具有照看驮畜的丰富经验，否则这件差事将是十分麻烦和花费时间的。驮畜管理员必须要熟悉这些驮畜的习性，如：该驮畜喜欢吃的饲料、能够背负的最大载重量、中途需要休息的频率等等。

有驮畜管理员帮你照看这些牲畜，你就能有更多的时间来享受旅行了。特别是在你所选择的旅行路线及当地的生存条件比较恶劣的状况下，雇佣专门的驮畜管理员来帮你的忙，更是有必要。尽管如此，要雇佣驮畜管理员，还是得经过一番考虑。

如果你们的旅行团队中无人通晓驮畜管理员所说的语言，则还需雇一个翻译。

关于驮畜的饲料供应以及驮畜管理员的伙食由谁负责的问题应事先达成一致。如果是由你们提供，建议你在每次需要的时候进行分配，而不是一次性分完，以避免所分发的食物被快速吃完。特别是在饮用水上更要注意这一问题。饮用水应根据每天所需的量来分发，否则容易出现浪费现象，导致中途水源枯竭。

装备的检查

在你骑上骡子之前，请先检查一下骡背上所驮的行李。鞍垫坐起来是否舒服？脚蹬是否完好？行李架是否适合摆放行李？

雇佣协议

出行前雇佣驮畜的时候，一定要与出租方订立协议。协议应该包括：雇佣费用、驮畜管理员所应承担的服务、驮畜及其管理员的食物花费以及其他附加装备所应支付的费用（如驮畜管理员所使用的帐篷、照料驮畜所使用的器具等）。

驮畜的租赁最好找信誉较好的机构，或者在签协议的时候找当地有权威的机构或人士出席（如当地的长官、牧师、警察等），以便在出现纠纷的时候给你作证。驮畜管理员的酬劳最好是支付给其所在的机构，而且是先付一半，另一半则等旅行结束后再支付。如果你对驮畜所有人或管理人的信誉持怀疑态度，那么你最好承诺在旅行结束后一切顺利的条件下付给其额外的奖金，这样会让你的旅行更顺利。

雪橇狗

在北极和亚北极地区，雪橇狗是一种人们常用的交通工具。在阿拉斯加1896年的淘金热时期，雪橇狗的使用极为频繁，它被证明是一种比小型马更为可靠的驮畜。

雪橇狗是专门培育用来拖拉重物的，拖拉重物的工作是由团队协作来进行的。雪橇狗具有性情友善、身体强壮、耐力好的特点。它是哺乳动物中代谢率最高的动物，每天需要摄入大量的新鲜肉类。阿拉斯加雪橇犬的腿较长，适合在积雪深厚的地带拖拉重物；而西伯利亚雪橇犬的个头则较小，但是奔跑速度更快。

一般来说，一辆由7条狗共同拖拉的雪橇车可在载重270千克的情况下一日行走32千米。这组雪橇犬的排列顺序是有一定讲究的：3只领头的雪橇犬是母的，因为母犬较为机警；中间的两只狗速度较快，负责调节整个队伍的速度；最靠近雪橇车的两只狗通常是公犬，因其负重能力较强，是拖拉雪橇车的主要力量。

在租赁雪橇车和雪橇犬的时候，最好同时雇佣一位赶狗拉雪橇的人。这样你就可以用滑雪板来跟着雪橇车的队伍，同时赶狗拉雪橇的人也教你一些如何驾驭雪橇车和雪橇犬的技能。雪橇犬是根据特定的口令来做出相应的反应的，例如：“嗬”表示向左转；“唧”表示向右转。

带着骆驼旅行

骆驼是沙漠地区的理想驮畜，因为骆驼可以长时间不进食食物和水。但是，骆驼的脾气不好，是一种喜怒无常的动物。它们会踢人和咬人，而且遇到陌生人常常会表现得局促不安。因此，如果你用骆驼来驮运行李，那么你在行进途中最好与其保持一定的距离，并要听从赶骆驼的人所发出的指令。

旅行计划

骆驼每小时大约能行走6.5千米的路程。在起程地点，你得找到当地的向导和租赁骆驼的人。如果你觉得你找的那个向导还比较可靠，那最好还是由他来为你挑选一匹合适的骆驼。

驾驭骆驼

当你首次见到你的骆驼时，要注意与其

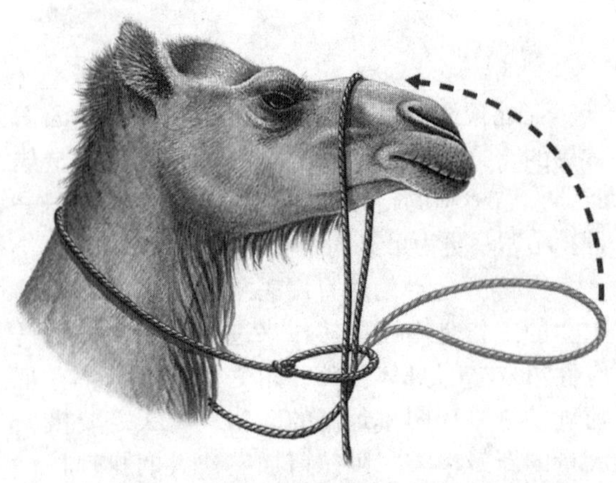

↑ 套头绳：先把绳子围在骆驼的脖子上，然后将绳子的一端穿过线圈，再将穿过线圈的绳子套在骆驼的鼻子上。

保持一定的距离，不要去拍打它，否则你可能会被踢咬。第一天上路的时候，你应该让赶骆驼的人帮你把行李放到骆驼的背上。当然，你可以帮忙把行李递给他，只是注意不要靠近骆驼，并且要听从赶骆驼者的指令。

经过一段时间的熟悉之后，骆驼对你的畏惧应该就大大减少了。这样一来，你就可以开始驾驭骆驼了。对待骆驼一定要既坚定又温和，当它不听话的时候，你一定要坚持自己的立场，坚决改变它的行为。

装载行李

由于沙漠环境恶劣，你所携带的行李会很快就遭到一定程度的损坏，再加上这些物品经常会由于各种原因从骆驼的背上掉下来，更是加快了行李的损坏速度。为此，你最好将行李装在帆布包里面，因为帆布既结实耐磨又不会对骆驼的皮肤造成刺戳感。如果你需要携带箱子用来装诸如摄影器材之类的物品，则最好在这些箱子的下面垫一些软物，以免对骆驼的皮肤造成伤害。水壶可以用一根绳子悬挂在行李的表面，以方便拿取。因此，你要确保自己带有足够的绳子。

在装载行李的时候，不要在骆驼周围做出突然的动作或发出突然的声音。此外，你还得时刻关注骆驼的举动，因为骆驼并不喜欢满载重物，所以很可能会试图踢咬人。

装载行李的时候，首先要将骆驼的头部用绳子束紧，然后用“吐”这一口令让骆驼卧下（即让它的腿跪下）。如果骆驼试图站立起来的话，则在放置鞍架之前先将其两条前腿用绳子捆绑住。两侧行李的重量要尽量保持平衡，而且一定要用绳子捆紧。

跋涉途中

通常只有在气候燥热的沙漠地带才使用骆驼来装载行李。正因为如此，每天天蒙蒙亮的时候就应该出发了，以便最大限度地利用白

↑ 骆驼几乎能够依靠任何种类的灌木生存下去，但是其啃食所需的过程较长，一般要花好几个小时。

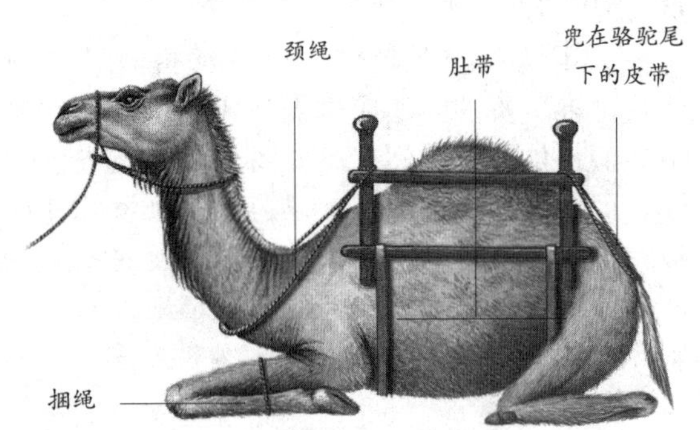

↑ 安装鞍架的时候，必须要骆驼跪下来配合才行。为了防止骆驼站立起来，你可以将骆驼的前腿捆绑起来。

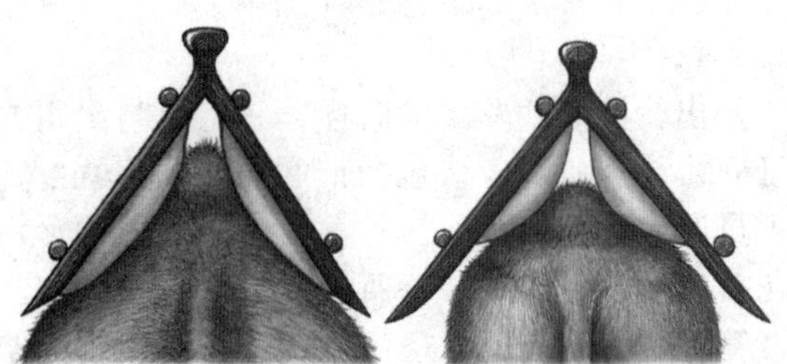

↑ 从骆驼的前方观察：鞍架底部的填料应贴身地附在骆驼的背上，并且鞍架不能触碰到骆驼的脊骨。

↑ 从骆驼的后方观察：鞍架应位于骆驼的前部。

天较凉快的时段，而正午气温最高的时段则可以停下来做中途休息。起程后的两个小时内应不间断地赶路，这段时间是一天中相对最为凉快的，所以你应当尽量在这一时段里多赶一些路。随着气温的逐渐升高，你就可以增加中途休息的频率—每隔1个小时休息5分钟。

需要携带的物品

⊙舒适的靴子。虽然沙漠的天气很热，但是靴子能够保护你的双脚免受阳光的照射和荆棘的伤害。当你骑在骆驼背上的时候，最好将靴子脱掉，以免擦破骆驼颈部的皮肤。

⊙沙漠环境里，宽松的棉质衣服是首选，并且还要戴一顶棉质的遮阳帽，以减少阳光辐射和蚊虫叮咬。

⊙保暖的衣服。沙漠地区昼夜温差极大，夜晚气温较低，因此需要增添衣服。

⊙一条温暖的绒毛睡袋和以及防潮垫。

⊙太阳镜，用来保护眼睛。

⊙防晒霜。

↑ 骆驼喜欢呈直线排列行走。有些骆驼喜欢领头，而有些则喜欢尾随在别的骆驼的后面。

行进途中，你应该不时地关注骆驼及其所负行李的状况，查看一下鞍架和行李的捆绑是否松动甚至脱落，否则骆驼的背部很容易受到伤害，行李也容易丢失。

赶骆驼的人应该总是走在骆驼的前面，牵着骆驼沿着正确的方向走。当然，骆驼的后面也应该跟着一个人，以免有行李从驼背上滑下来而无人知晓。在戈壁荒漠地带行走是很容易迷路的，因此你务必要紧跟着赶骆驼人的步伐，因为只有他才是熟悉当地路线的。

帐篷的搭建与拆除

帐篷应该在正午时分左右就开始搭建了，这样在气温较高的时段可以在里面休息。夜晚，应将骆驼拴在逆风的方位，因为骆驼身上所散发出的气味确实比较难闻。每天晚上，你都应该和赶骆驼的人一起检查一下骆驼的身体，看其是否有任何损伤。如果有的话，一定要在第二天起程之前做必要的处理。

驾车旅行

如果你打算在探险行程中使用一辆甚至数辆车，你得先确定自己需要哪种 类型的车辆并要决定是自己驾车前往目的地还是到达目的地后再租车。

如果你们是前往那些没有正规道路的偏远地区，建议你们至少开两辆车去，最好是3辆车。这样的话，如果其中的一辆车抛锚了，就可以由另一辆拖到安全的地方。在探险途中，你需要注意对车辆的维修和保养。你应该具备独自进行一些简单的车辆维修保养的能力，如果有必要的话，你可以在出发前参加一些关于车辆养护的培训课程。

自带车辆

自驾车前往探险目的地的缺点在于费用更高，牵涉的行政手续也更复杂；而其优点则在于更便于携带所有必要的汽车零件和修车工具。

租车

如果你打算从当地的租车公司租赁汽车，那么在租车的时候首先要对该车进行一番检查（包括轮胎、方向盘、车灯、刹车等），然后上路试开一段。选择车辆要仔细:长轴距的汽车内部空间更大，但是灵活性较差;动力强的车能够适应各种地形，但同时也比较耗油。与柴油发动机相比，汽油发动机的质量更轻、动力更强。但是，在低速挡的状况下，柴油发动机的工作效能更为出色，因此在地面崎岖的地带，还是使用柴油发动机的汽车更为可靠。而且，柴油的价格要远低于汽油，柴油发动机的耗油量相对也更少。

在有些国家，是不允许外国游客驾驶汽车的，所以你必须雇佣一个司机。雇佣一个司机的优势在于:司机比较熟悉这个国家的行车路线，因此可以充当你们的向导和翻译。其劣势则在于：你们会少一个座位，还有可能与司机合不来甚至听不懂司机所说的话，或者可能司机没有按照你们所要求的路线行进等等。在雇佣司机之前，你得确定自己能够与该司机愉快地合作。此外，建议你最好承诺该司机在其表现较好的前提下，旅行结束后支付给他额外的小费。

备用零件与车辆维护

你的汽车上一定要备有一只充足气的备用轮胎、一个起重器以及一把撬轮胎用的扳手。此外，你还得确认一下租车方是否提供了其他

↑ 在积雪很厚的道路上，你得将4个车轮或者仅两个后车轮套上雪链。在为轮胎套上雪链之前，要先确定轮胎的气压处于合适的数值，否则雪链将损坏车轮胎。

一些必需的物品，如灭火器、急救箱、三角警告牌等。无论是什么时候前往那些没有正式道路的偏远地带，你都应该带上备用汽油、备用内胎以及包括撬胎杠杆在内的一整套修车补胎工具。

旅行中，只要一有机会，你就应该将油箱加满油，千万不要错过能够加油的机会。如果你所得到的燃料油不是很纯净，可以先用漏斗过滤一下，再灌进油箱里面。

每天结束一天的行程之后，你都应该对你的车辆做一番检查，特别是轮胎、油箱的油量和水箱中的水量等。

装货

如何在汽车上装货是一个重要问题。如果是在封闭式的道路上行驶，那么车顶架所放置行李的高度不得超过该车原定允许装货高度的3/4。

夜间驾驶

夜间驾车的时候要格外小心。

在地形恶劣的道路上驾驶

在路况较差的地带驾驶时，较为稳妥的做法是：放慢速度。如果有必要的话，要停下来查看一下前方的路况。在泥泞的道路上行驶时，要尽量沿着道路的中央行驶，避免出现车轮原地打转或者发动机碰到岩石的状况。除非是在路面坚硬的情况下，否则应该采用四轮驱动的方式。当车轮陷入泥坑或沙坑里面时，可以试着先向后倒车再往前冲，或者用人力把车推过去。如果这两种方法都失败了，可以尝试挖开轮胎前面的泥土来形成一个缓坡的方法，以便让轮胎顺着这个缓坡慢慢地走出泥坑。此外，将诸如树枝、帆布以及任何可以增加轮胎摩擦力的东西垫在地面都可能会有所帮助。

摩托车

如果你是在气候温和的地带单独旅行，那么选择摩托车作为交通工具是一个不错的主意。摩托车车型小巧，便于在各种地形中穿梭，但是也需要更多的养护：每天洗车并检查所有连接处的零件。

以摩托车作为交通工具就意味着你所能携带的行李数量要受到严格的限制，而且你的行李中需包含一些备用的零件和修车工具。大多数行李应放在摩托车的后部，当然也不能超重，否则会影响摩托车前轮的稳定性。车两边悬挂的行李越小越好，可以减少风的阻力。

如果你所前往的地区摩托车不太常见，那你就得格外注意道路上的其他路人，以防交通事故的发生。

乘坐公共交通工具旅行

在旅途中的某些路段，你势必会用到某种公共交通工具。你有可能仅仅乘坐公共交通工具到目的地，也有可能是使用公共交通工具完成整个旅行。不同的国家，其公共交通的质量不同。有些国家拥有井然有序并且一体化程度很高的现代化公交系统。而一些地方的火车、渡轮和巴士通常都比较拥挤和不舒服，你最好备有自己的食物、水和厕纸。

飞机

飞机票的超额预订是常常会发生的事，然而在一些国家往往没有一个健全的机票预订系

↑ 登机临检一定要准时或者提前一些时间，否则等你上了飞机后会发现没有座位。

↑ 如果你是独自一人或者是在晚上乘坐火车，建议你还是多花点钱坐头等车厢。

统，你到了机场之后常常会发现你所预订的航班机票已经以5~7折的折扣被售空。如果你真的不幸遇到了这种状况，那么应通过恰当的方法，尽量使自己登上飞机。如果你打算采用包机或私人飞机的方式，你得事先确认一下你的旅行保险单是否涵盖了这种交通方式。

火车

在很多国家，火车车厢都是分3个档次的。如果你所进行的是一次长途旅行，特别是得在火车上过夜的情况下，建议你最好还是多花一点钱坐一等车厢或者至少是二等车厢，因为三等车厢通常都是拥挤不堪、令人感觉很不舒适的。

如果你是独自一人旅行，一般来说，你最好还是坐一等车厢，因为一等车厢有更宽敞舒适的空间和更多的服务人员提供各种服务。如果你所乘坐的是长途列车，你最好事先检查一下自己的卧铺是否完好。需要注意的是，有些国家的卧铺列车是实行先来先坐的原则，而且没有男女隔离。在火车上的时候，你要时刻将自己的行李放在自己身边。晚上的时候，你应将窗户关好，以防夜间中途停靠的时候有人从窗户爬进来。

当地渡轮

在许多国家，渡轮的船舱也分好几个档次。头等舱是单人间，而三等舱则可能仅仅是在露天的甲板上。记住，如果你坐头等舱，你很容易会成为渡轮上的小偷的行窃对象，因此晚上睡觉的时候一定要记得把门关好。

有些渡轮的航行速度是随着河流水位的高低（由于旱季和雨季的结果）而呈季节性变动的，因此在你决定乘坐渡轮的时候需要考虑到这一因素。

巴士

热带国家的巴士通常在黎明时分就会发车，以便利用一天中较凉快的时段。赶巴士最好提早一点，但是通常你还是得在车上等候一段时间，因为司机要等到位子全都坐满了才会出发。通常你的行李会被要求放到车顶行李架上，但是贵重物品还是放在自己身边为好。

乘坐长途巴士是一种结识友善的当地人以及欣赏沿途美景的好方式。保持一种开放的心态将会让你在旅途中遇到一些意想不到的有趣经历。

当地的出租车和小巴

在乘坐出租车的时候，你要看清楚车上的计程器。如果车上没有计程器，则最好事先同司机讲好价钱。在有些国家和地区，小巴是一种最便宜的交通工具，但同时也非常拥挤并且容易发生交通事故。

↑ 美国“灰狗”长途汽车的交通网络遍布全美，是背包旅行者在美国旅行时常用的一种经济型交通工具。

第3章
野外生存基本装备

如今市场上各类旅行装备应有尽有，足以让你在世界上的任一偏远地区舒适地待上几周。当然，有些装备的价格比较昂贵，而且其中一些太过专业的可能也不大需要。装备恰当的关键在于是否带上了必需的器具。绝对不要携带不必要的物品，这一点非常重要，特别是背包旅行的时候。当然，即便是用车装载，如果你的行李超载过多的话，也会妨碍旅行的进程。

野外生存的服装选择

选择装备

合适的基本装备对于旅行的舒适和安全是十分重要的。在考虑需要哪些装备时，要把旅行目的地的气候和地形状况以及计划实施的活动等因素考虑在内。此外，还要考虑携带装备的方式。因为携带方式将决定你所能携带装备的体积和重量。

如何获得装备

户外活动装备的商家销售适合用于各类气候和地形状况的装备。在选购新的旅行装备时，你首先得明确自己的需要，根据需要来做出合适的选择。很多装备的价格都比较昂贵，因此许多人并不能一下子把所有的装备全都购齐，而是逐年添置一些，以免给自己带来太大的经济压力。如果是第一次野外旅行，建议你尽量向朋友或一些野外探险团体借齐各种装备。这样一来，除了比较省钱以外，你还可以从他们那儿获得一些关于野营的经验——他们会告诉你哪些是重要的，哪些是不重要的。在借野营装备的时候，务必跟物主达成一个书面协议，在上面写明各种装备的价格以及失窃或损坏如何赔偿。此外，你还应该给所有的物品上保险。

衣服与鞋子

穿着适合户外活动的衣服是为了让你更容易适应旅途中的各种天气状况。毫无疑问，你所准备的衣服必须要适合旅行地的气候状况。这一点是很重要的。此外，户外衣服还要结实耐穿、易干、分量轻、体积小。如果你是背包徒步旅行，这些就显得尤为重要了。鞋子要能防水、防泥沙，而且能确保你安全地进行各类活动。千万不要为了时尚好看而忽视了舒适性和安全性，这可能将导致一次不愉快的旅行，甚至使你的生命处于危险之中。

野营装备

野营工具是野外旅行的各类装备（如指南针、地图、水壶、手表、炊具、洗涤工具）中最为核心的部分。其中一些，如指南针是野外旅行中不可或缺的重要装备。如果你的空间有限的话，那么像充气枕头之类的奢侈物件就不要带了。团体装备中也许还应包括一些学习资料和用于准备食物的炊具。

基本生存装备

在一些紧急情况下，是否拥有一些重要的救生装备将决定你的生死。

帐篷

帐篷也许是各种野外旅行装备中最昂贵的，因此你必须要弄清楚自己需要哪种类型的帐篷。一顶好的帐篷应当具备易于搭建、方便携带、能防风雨、空间宽敞等特点。但是很少有帐篷能同时符合以上全部条件，因此你得根据需要做出折中。

睡袋

合适的睡袋能够让你在晚上较好地休息。考虑一下你将在何地以及何种情况下使用睡袋，然后再据此选购一条最适合并且你能买得起的睡袋。

背包

好的背包应该能让你在背着行李的时候感觉舒适。你需要的背包类型取决于你所从事的活动以及你需要携带多少东西。有些背包上附有的腰带、垫塞、侧带等虽说也十分有用，但同时也会增加质量而且更贵。是取是舍，就看你的实际需求以及你的经济承受能力了。

工具

野外生存中，携带某些工具是十分有用的，即使你的工具箱里只有一把小刀也总比没有好。当然，你得了解一下相关政策以确保自己携带的工具是合法的。比如弯刀、大刀、照明弹，也许有些地方会允许你携带这些，但你不能在公共场所随身携带。任何被归为枪支类

远足与野营的基本装备清单

以下所列是温和气候条件下进行3～4周远足和野营旅行的装备清单。

衣服和鞋子

⊙内衣裤。
⊙保暖背心、长内衣裤。
⊙棉T恤。
⊙棉袜。
⊙羊毛袜。
⊙短袖衬衫。
⊙长袖衬衫。
⊙羊毛衫或拉链式抓毛绒衫。
⊙长裤。
⊙短裤。
⊙轻便防水服。
⊙风衣。
⊙防水裤。
⊙备用鞋带。
⊙轻便的软运动鞋或橡胶平底人字拖鞋。
⊙游泳衣。
⊙结实的带子。
⊙抓毛绒或羊毛手套。
⊙抓毛绒或羊毛帽子。
⊙宽边太阳帽。
⊙太阳镜。
⊙汗巾或围巾。
⊙一套连鞋子的智能衣服。
⊙睡衣。

个人装备

⊙指南针。
⊙地图。
⊙手表。
⊙水壶和其他装水的容器。
⊙哨子。
⊙棉质藏钱腰带。
⊙背包。
⊙日用型睡袋。
⊙帐篷。
⊙睡袋。
⊙睡垫。
⊙小储物包和垃圾袋。
⊙小刀。
⊙手电筒和备用电池。
⊙两个盘子或一套军用饭盒。
⊙杯子。
⊙刀、叉、汤匙。
⊙擦碟干布。
⊙平底锅洗涤剂。
⊙罐头开启器。
⊙肥皂或洗衣粉。
⊙衣夹。
⊙小型轻便折椅。
⊙拐杖。

洗漱用品

⊙毛巾。
⊙肥皂。
⊙牙刷。
⊙牙膏。
⊙镜子。
⊙梳子。
⊙洗发水。
⊙卫生用品。
⊙剃须刀和剃须泡沫。
⊙唇油。
⊙除臭脚粉。
⊙锌油或蓖麻油润肤乳。
⊙防晒霜。
⊙驱虫水。
⊙纸巾。
⊙脸盆。

杂物

⊙护照。
⊙车票。
⊙现金、旅行支票、信用卡。
⊙接种证明书。
⊙修理工具箱。

的物品都必须经过官方的枪支认证。

适用于温和气候的衣服

世界范围内的温带地区包括欧洲、北美洲和新西兰等地。这些地区的平均气温都在-14～37℃之间。这一地带的气候特征是：夏季炎热有阵雨；冬季湿冷，在海拔高的地方还会下雪。虽然这一气候带的天气并不十分极端，但是比较多变。因此你需要适时地增减身上的衣服。

逐层着装

在温和气候条件下，最佳的着装方式是逐层着装，让身体有最大的灵活性。穿几层薄衣服要比光穿一层厚衣服的保暖效果好。如果你感觉热，你可以脱掉一层衣服或者打开最外层衣服的拉链以便散热。如果你感觉冷，你可以再加一层衣服或者拉上拉链。如果下雨了，你应该马上穿上防水服，以防最外层的衣服被弄湿。雨停之后，应马上脱掉防水服，不然会感觉很热。

第1层

棉质内衣：夏季可以穿背心或T恤；春季或秋季可以穿长内衣裤。

第2层

选择一件可以根据天气变化卷放袖子的长袖衬衫。在天气温暖的时候，穿一件棉质衬衫会比较凉快；春秋季节则穿羊毛衫更保暖一些。裤子要穿宽松的，面料为棉的或合成纤

← 轻便的棉质长裤穿起来很舒适，而且弄湿之后，干得也很快。

↓ 在防水外套里面穿上一层抓毛绒的拉链上衣，感觉会比较温暖舒适。

↑ 棉质T恤比较实用，四季都可以穿。

↓ 纤维手套能够防水保暖，戴起来比连指手套更灵活。

↓ 围一块羊毛围巾能够有效地抵御寒风。

↓ 抓毛绒帽子能够有效地保暖，因此你应该在帆布背包里放上一顶抓毛绒帽子，以备气温下降时拿出来戴。

↑ 在帆布背包里放上羊毛连指手套，以备在途中休息时戴在手上保暖。

↓ 当道路泥泞时，在靴子上面绑上绑腿以保持小腿部位的干燥和清洁。

↓ 棉质太阳帽能够保护头部免受太阳的强光灼射。帽子上的气孔有利于散热，从而减少出汗。

↑ 高温天气下，围一块折叠毛巾能够有效地吸汗。

维的。当然也可以穿短裤，但是务必要带上长裤，以防天气突然转冷。

第3层

可以穿一件轻便的抓毛绒短上衣或长袖羊毛衫，或者将其放在帆布背包里面，根据天气情况随时拿出来穿。

最外层

温和气候有时候会比较潮湿，因此你需要一件防水风衣——最好是袖子里有袖口、领子比较严实并且有帽子的那种。此外，你还需要带上防水的裤子。最外层衣服的面料最好是可透气的纤维，可以是合成纤维，也可以是天然纤维。不可透气纤维面料的衣服容易使人感觉闷热并且出汗，因此穿起来不太舒服。

鞋子

穿什么样的鞋子也是依据具体情况而定的。有时候即便是在温暖的夏天，一些小道仍然是泥泞的。这时，你就应该在靴子上面绑上短绑腿或者是长及膝盖的绑腿，以保持小腿部位的干燥和清洁。袜子应当是棉的或羊毛的，可以根据需要穿1～2双。

其他

太阳帽或棒球帽能够保护头部免受阳光灼射；而羊毛帽子可以盖住耳朵，天冷或风大的时候能保暖。春秋季节，在脖子上围一块羊毛围巾也是很有必要的。此外，你还应该在背包里放上一双羊毛或纤维的连指手套，以备休息时戴在手上，给手部保暖。

适用于燥热气候的衣服

美国、澳大利亚、非洲以及中东等地的部分地区属于燥热型的气候环境。这一气候带的典型地势即沙漠和平原，平均气温为-6～50℃。生活在这一气候环境下的人们喜欢穿宽松的衣服，因为这样比较有利于散热。与温和气候条件下的逐层着装原则不同，燥热气候条件下穿着舒适的关键在于通风和防晒。

衣服的面料必须是结实耐磨的纤维，因为即便是沙漠地区也有一些带刺的植物，容易刮破衣服。此外，还应选择那些可透气的天然纤维，比如棉或羊毛，以利于保持身体凉爽。另外在颜色的选择上，最好是浅色的或中性色的，比如黄褐色或绿色，因为这些颜色不像白色那样显脏。

内衣

内衣要选择棉质的，因为棉的透气性比较好。男性也许喜欢穿拳击短裤，因为其比较宽松，有利于避免裆部摩擦。当冬天气温降至零下时（即使在沙漠地带也有可能有零下的天气），最好在衬衫里面穿上棉质T恤，这样会更暖和。当然，无论是什么季节，如果你出汗比较多的话，衬衫里面穿上一件棉质T恤也比较利于吸汗。

衬衫

一件轻质的带袖的长袖棉衬衫可让你的手臂免受阳光灼射。此外，衬衫最好有一个比较大的上衣口袋，以便于你放一些在路上常用的物品，如指南针、相机或防晒霜等。

裤子

裤子应选择裆部宽松的棉质长裤，并且其长度要能盖住靴子，以防止细小的沙石进入鞋袜里。裤腰带要选择质地结实的带子，这是因为你需要携带一些比较重的常用物品，如水壶。裤腿上最好有大口袋，可以用来放地图。裤子的膝盖部位要用双层的厚实布料以防磨破。

外套

无论是夏季还是冬季，都有必要穿上防风和防水的外套。只不过夏季穿轻薄点的，冬季气温低的时候穿厚实点的。沙漠地区也会下雨，因此准备一件带帽子的防水外套或雨披是十分有必要的。有些雨披对折起来还能铺在地上当防潮布。

鞋子

袜子要穿轻薄的棉袜，并且每天要换干净的。因为脚每天都会出很多汗，穿不干净的袜子会让人感觉不舒服。鞋子最好是穿那种为沙漠和干旱地域特制的鞋。这种鞋子鞋帮的材料通常用的是轻质的小山羊皮，不仅有利于脚的透气，也能防止沙子进入鞋内。此外，特制鞋的鞋底比较厚实，能在多岩石的地形中保护双脚。而普通的步行皮靴大都比较重，且鞋帮处无透气孔，故而脚容易出汗。

其他

在天气炎热的时候，务必要一直戴着宽边的遮阳帽，以遮挡烈日对头皮、脖子和耳朵的灼射。特别是在每天气温最高的一段时间里，注意这一点十分重要。沙漠地带风比较大，因

防晒措施

在燥热气候环境下，阳光是最大的消极因素，你需要给皮肤以足够的保护。当你外出时，一瓶防晒霜（防晒指数至少25），一顶宽边太阳帽是必不可少的。

← 这种棉质棒球帽能够遮挡面部，把帽檐转过去还能遮挡颈后部位。

← 一根结实的皮带能够用来悬挂一些常用的物品，如水壶、指南针或地图。

→ 这种宽边棉质太阳帽能有效遮挡强光，且其上的透气孔有利于空气流通，从而能够减少出汗。

→ 当太阳光强烈的时候，一定要戴一副高质量的太阳镜。镜腿上系上绳子，挂在脖子上。

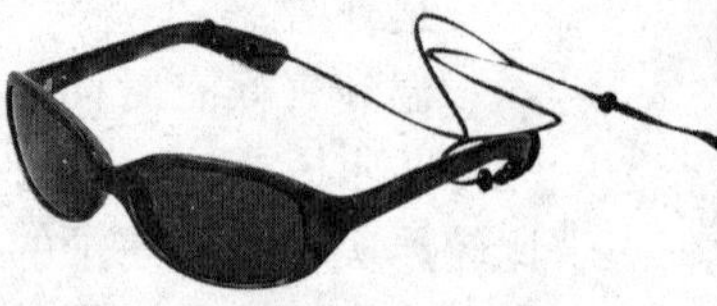

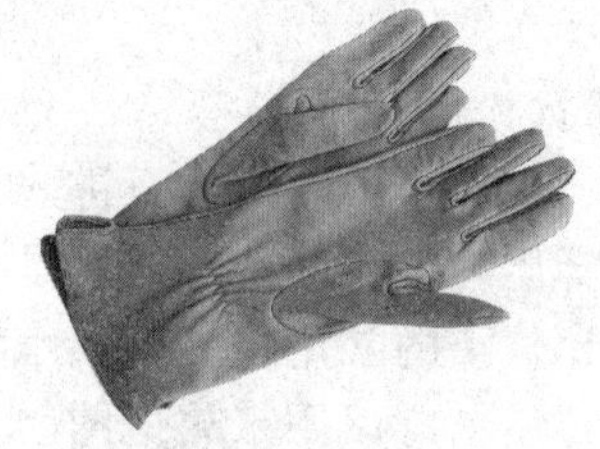

← 如果你每天都要在阳光下开几小时的车，务必戴上一双轻便的手套以防手背被太阳晒伤。

← 脖子上宽松地围上一条花色棉质大手帕能有效地吸汗。

↑ 长袖衬衣可以保护你的手臂免受阳光灼射。

↑ 选择一条中间色的宽松棉质长裤，穿的时候把裤脚塞进靴子，这样能防止沙子进入鞋内。

↑ 夏天的时候，建议你带一件轻便的风衣；如果是冬季，则建议你带一件厚外套。

此帽子一定要用绳子在下巴处系紧以防被风吹走。

帽子上要有孔眼，以利于空气流通，保持头部凉爽。在沙漠地区的烈日下，帽子是十分重要的。因此，务必在行囊里多带一顶备用的帽子以防帽子丢失。

强烈的太阳光会让人感觉很刺眼，因此有必要戴一副深色的墨镜以防紫外线辐射。如果是开车，则最好戴一副护目镜，这样能够有效地防止灰尘和细小的沙子进入眼睛里面。与帽子一样，太阳镜也要多备一副，以防戴着的那副丢失或损坏。

脖子上宽松地系上一条棉质大手帕或汗巾，有助于吸汗，同时也使颈后部免受阳光照射（颈后部长时间受到阳光灼射很容易导致中暑）。

如果是骑马（或驴、骆驼）或开车，你还应该戴一双棉质手套，以防手背被太阳晒伤。如果是在冬天，则戴轻便的皮手套，这样更保暖。

适用于湿热气候的衣服

湿热地带的气候特点就是高温和潮湿，生活在这种环境下很难让人感觉舒适。这一气候带分布于南美洲、北美洲、非洲、亚洲和大洋洲等地的近赤道地区，平均气温为20～30℃。湿热气候带的典型植被通常是热带丛林。丛林中有许多树木都带刺，其中有一些还有毒。因此，去这些地方之前，你得从头到脚地把身体裹严实了，以免在那种危险的环境中受到伤害。

湿热气候环境下所穿的衣物必须都是棉质的，因为棉布的透气性较好，有利于保持身体凉爽，并且干得也比较快。你得准备两身衣服：一身在白天干活或赶路的时候穿，另一身干净的则在晚上营地里穿。

白天的时候，如果你把所有的东西都放在一个背包里面，备穿的衣服必须要用防水的袋子装起来，否则潮气会把衣服弄湿。根据旅行时间的长短，你得做好旅行期间洗衣服的准备，以避免携带大量衣服。

内衣

与在燥热环境下一样，在湿热环境下棉质内衣同样是穿起来最舒适的内衣。内衣的选择要以合身为标准，注意不要穿过紧的内衣，以防束缚身体。

内衣的式样越简单越好，装饰越多，皮肤擦伤的危险越大。衬衫里面可以穿一件棉质的背心或T恤，以利于吸汗。

衬衫

选择一件中性色的棉质长袖衬衫，穿的时候要把袖子全部放下来，以防手臂被荆棘和昆虫弄伤。此外，衬衫上最好有一个大口袋，可以用来放一些常用的物品，如驱虫剂。在湿热气候的环境下，外套是不需要穿的，因为那里持续高温且很少有风。

裤子

尽管该地带的气候炎热，但你的下半身还是要穿严实了，并要把裤脚塞进袜子或靴子里去，以避免腿脚被昆虫叮咬。放在裤子口袋里的东西很有可能被潮湿的空气或汗水所浸湿，因此一些重要的东西（如地图、证件）要用防水的袋子包起来。

鞋子

在泥泞且不平坦的丛林小道上行走时特别需要一双好的鞋子来保护你的双脚。专业的丛林鞋要比一般的步行鞋好，因为它们是根据丛林环境而特别设计的。

防昆虫叮咬

在手上和脖子上喷上驱虫剂，但注意不要让驱虫剂接触到眼睛及其周围部位。另外，额头上也不能喷驱虫剂，因为额头上出的汗会流到眼睛里去。手腕上可以戴上驱虫带，但每隔几天要更换。你还可以在鞋帮、鞋眼以及帽子的孔眼等处喷上驱虫剂。当你中途休息的时候，你就应及时做好上述部位的喷洒工作。因为当你不断地在丛林中穿梭的时候，驱虫剂的效果也在逐渐消失，所以必须在休息的时候再次喷洒。此外，好的头罩也能够起到很好的防护作用。但是头罩只能在休息的时候套在帽子上面，在行进途中则不要戴，因为其很容易在灌木丛中被钩破。

↑ 穿丛林鞋的时候，脚上务必要穿一双薄的棉袜。并且要尽量做到每天更换干净的袜子，以保持脚部的舒适。

其他

遮阳帽有助于保护头部和面部免受荆棘和昆虫伤害。宽边型的遮阳帽是最理想的，帽子上还应该有透气的孔眼以利于减少头部出汗。戴的时候，要用绳子在下巴处系住，以防被一些低垂的枝杈碰掉。另外，在脖子上围一块棉

↑ 一件能够紧扣起来的长袖棉质衬衫可以很好地保护身体免遭植物和昆虫伤害。

↑ 选择一件耐穿的宽松棉质长裤，最好是那种裤腿上有大口袋的裤子。

↑ 一顶宽边的遮阳帽能够保护头部免遭某些植物和昆虫伤害；帽子要有透气孔和可系的绳子。

质大手帕或毛巾，用来吸汗，并能防止颈后部被烈日晒伤，也可防止昆虫从衬衫领口爬入。

适用于干冷气候的衣服

世界上的干冷气候带分布于欧洲、北美洲、南美洲、亚洲和非洲等地的高海拔地区，其地表特征大都表现为冰雪覆盖的山地，平均气温为-56～18℃。在这一气候带的穿着应以保暖为主，当然也不要穿得太过厚重。

逐层着装

为了保持体温，你需要采取灵活的逐层着装方式。这样可以根据具体情况方便地加减衣服。

第1层

第1层应该穿长袖的保暖内衣（面料为天然纤维或合成纤维）。内衣要紧贴身体，但也不要过紧。至少准备两套内衣，以备替换。

第2层

上身穿长袖带扣隔热衬衫，下身穿厚实的裤子；或者穿一身带松紧口的高领连体服。衣袖和裤管都应该能够卷起来，以便适时地调节体温。第2层衣服的面料可以是合成纤维或天然纤维，天然纤维的优点在于透气性较好以及利于吸汗。一些必须存放在零上环境下的物品，如指南针，应该放在该层衣服便于拿取的口袋里面。

第3层

如果你是徒步旅行，那么你可以在途中适时地增添或减少一些衣服，如羊毛衫或抓毛绒上衣。当你打算从事一项不太方便换衣服的活动时，你最好穿着登山连体服。这种衣服可遮住手腕，更可防风保暖，且不会影响身体活动。其胸口部和肩部留有一定的空隙，在尽量减少身体热量散失的同时也有利于在出汗的时候散热。

↑ 第2层衣服可以穿一件棉质衬衫。当你感觉热的时候，可以把袖子卷起来。

↑ 穿裤子的时候，应该把衬衣塞进裤子里面去。裤子上的拉链口袋可以用来放一些常用的物品。

最外层

↑ 第3层可以穿一件轻便的抓毛绒上衣，根据天气的变化来脱掉或穿上。

最外层应当穿拉链式防水外套以及有透气性的防水防风的登山裤。外套的袖子应放至手腕部位遮住手套；外套上应该连有帽子；此外，带扣子的大兜也是十分有必要的。

鞋子

在干冷气候环境下，需要穿两双羊毛袜，其中一双最好能拉长至膝盖处，以确保没有皮肤露在外面。

在该种环境下，理想的鞋子是皮质的登山鞋，其鞋帮要有隔热作用并且高至膝盖部位，或者是有弹性的雪鞋。袜子和鞋子不要过紧，过紧会造成脚部血液循环不畅，会使脚感觉更冷并且更易被冻伤。

其他

头上要戴一顶毛线帽或羊毛的巴拉克拉法帽。戴的时候，务必把耳朵和脖子都捂住。在异常寒冷的时候，你还可以在羊毛帽子里面再戴一顶丝质的巴拉克拉法帽，可以起到很好的防风作用。

与身体的其他部位一样，双手也要戴好几层手套。在异常寒冷的时候，需要戴3双手套：第1层是丝质手套；第2层是羊毛或毛线手套;最外层是防水防风的连指手套，以覆盖外套与第2层手套之间的连接处。

适用于湿冷气候的衣服

世界上的湿冷气候带分布于极地、格陵兰岛、冰岛、北斯堪的那维亚半岛和俄罗斯，平均气温为-42～21℃。这种气候环境对人类最具危险性和挑战性，因为空气中的湿气会破坏衣服的隔热作用，从而迅速地降低人体体温。如果一个人体温过低的情况得不到及时改善，将会有生命危险。

逐层着装

在该气候环境下，穿衣应遵循逐层着装的原则，以便根据天气变化方便地增添或减少衣服。另外需要考虑的是，何种面料在潮湿环境下具有最好的隔热作用。完全防水的衣服并不适用于费力的步行或

→ 一件带帽子的防水风衣外套是抵御寒冷的第一线。

↑ 在天气比较寒冷的情况下，可以在连指手套的里面再戴上一双抓毛绒手套。

→ 羊毛的巴拉克拉法帽可以覆盖整个头颈部位，舒适且温暖，对耳朵能起到很好的保护作用，而且不会被风刮落。

← 双手的最外层戴上一对防水的纤维连指手套，能够提供很好的保护。

→ 这种防水的登山裤能够很好地抵御雨（雪）的侵袭。但是，一旦雨（雪）停了就要马上脱下来，以防出汗。小腿部位的拉链使得这种裤子在穿着鞋子的时候也很容易穿上。

登山活动，因为这种衣服不利于身体排汗。这样一来，汗就会被衣服所吸收，在低温的情况下，人体就会感觉非常冷。

第1层

贴身的衣服必须要能够吸汗以及从外层衣服上渗入的雨雪，同时能够继续发挥隔热效果。羊毛或纤维面料的长袖保暖内衣是一种具有良好吸水性和隔热性的贴身衣服。

第2层

该层的着装要求与干冷气候环境下的要求相同，即宽松的长袖棉质衬衣和棉质长裤，或者带松紧口的高领连体服（对脖子和手腕处有很好的保暖效果）。在衬衣和裤子的外面穿上连体服的好处在于能够防止肌肤露出。此外，在脖子处围一块围巾或毛巾能够防止雨雪流进脖子里面，同时也使肩部更加暖和。一些必须存放在温暖干燥环境下的物品可以放在该层衣服的兜里，但是要用防水的袋子套起来。

第3层

该层的着装要求与干冷气候环境下的要求相同，即羊毛衫或抓毛绒上衣，或者带松紧口的高领登山连体服。连体服的面料应该是那种比较轻便且防水的纤维。一般来说，合成纤维在湿冷环境下的隔热效果要比天然绒好。而且，天然绒如果频繁弄湿，就会永久地失去隔热效果。

最外层

最外层应当穿拉链式防水外套以及有透气性的防水防风的登山裤。外套的长度取决于你所从事的活动。长至膝盖的外套具有更好的保暖性和防护性；而长度只到腰部的短外套则有利于减少对身体的束缚性，因此比较适用于费力的步行和登山运动。

鞋子

在湿冷气候环境下，需要穿两双厚羊毛袜。鞋子要穿皮质的登山鞋，然后在腿上绑上

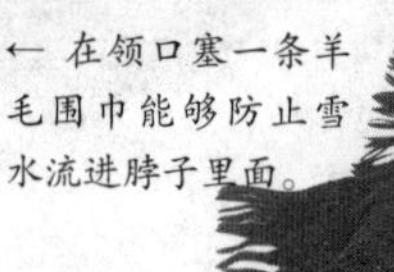

← 抓毛绒长内裤具有很好的保暖效果，而且能迅速吸汗。但是，它需要在保持干燥的情况下，才会有比较好的保暖效果。

↑ 贴身层的长袖保暖内衣在干燥的情况下具有较好的隔热效果；但在受潮的时候，其隔热性就会大打折扣了。

← 在领口塞一条羊毛围巾能够防止雪水流进脖子里面。

↓ 第3层可以穿抓毛绒的登山连体服，能够起到很好的隔热和防护作用。

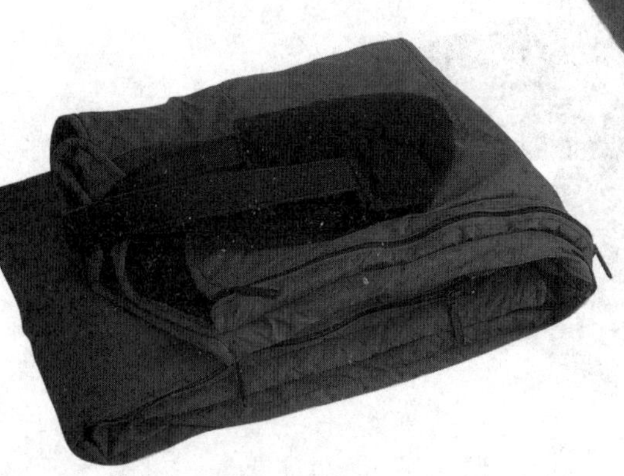

←羊毛的巴拉克拉法帽能够对头和脖子起到很好的防护作用。在雨雪天气的情况下，应在帽子外面再罩上一个帽兜以保持干燥。

← 强烈的太阳光和雪的反射都会使人感觉很刺眼。因此在户外的时候，最好能戴一副高质量的太阳镜或护目镜。

↑ 金属带钉鞋底应该和鞋子绑在一起，以便在冰上行走的时候具有更强的平稳性。

← 绑腿有助于防止雪水进入鞋子，并对腿部起到一定的保暖作用。

↑ 塑胶雪鞋比一般的步行鞋具有更好的防水性和防滑性。

隔热绑腿或高统腿套。在一些积雪比较厚的地方，你最好还是穿塑胶雪鞋。这种鞋子是专门针对冰雪环境设计的，在外层塑胶里面还有一层保暖内层。此外，鞋子上还要绑上带钉鞋底。这样，在冰雪上行走时就会有较强的平稳性。

其他

头上要戴一顶毛线帽或羊毛的巴拉克拉法帽。戴的时候，务必把耳朵和脖子都捂住。在异常寒冷的时候，你还可以在羊毛帽子里面再戴一顶丝质的巴拉克拉法帽，这样可以起到很好的防风作用。手套也要戴3层：第1层是丝质手套；第2层是羊毛或毛线手套；最外层是防水防风的连指手套。连指手套最好用绳子绑在外套上，这样在脱下来的时候就不容易弄丢了。

鞋子

对于双脚的舒适性和安全性来说，鞋子将是你各项装备中最重要的物品之一。穿鞋子必须要合脚并且感觉舒适。如果你专为旅行买了一双新鞋子，那么你需要在出行前试穿一段时间，以便让新鞋更合脚。

新鞋

即便你在商店试鞋的时候感觉很舒服，在正式穿着它出行前还是得有一段磨合时间。也就是说，穿一段时间以后让新鞋更合脚。新鞋经过这样一段磨合期后，穿起来就不会有任何不适感了。一些有经验的步行者认为：一双皮质的步行鞋至少要穿着走160千米，才能合脚；而一双轻便的布料鞋则需要经过80千米路程的磨合。

舒适度

可供选择的鞋子类型非常多，你需要考虑的是什么样的鞋才适合你所前往地区的地形和气候环境。有些鞋子是专门针对某些特殊地形（如山地、沙漠、丛林）要求设计的。这类鞋子是不可随意穿的。如果穿上不适合特殊地形的鞋子，你的双脚不仅得不到有效的保护，还容易受伤。

步行

如果你将在一条路况较好的道路上步行，并且可预期的天气状况也比较温和干燥，那么你只需要穿普通皮质或布料的步行鞋就可以了。很多人觉得穿普通的步行鞋比穿那种特殊的靴子要舒服得多，特别是在天气温暖的情况下。但在气候潮湿并且道路泥泞的情况下，普通的步行鞋就不那么合适了，因为它们对脚踝的支持性较差。当然，它们还有一个优点就是干得很快。

对于一次在潮湿或干燥天气下的低强度步行或者穿越一片湿滑的空旷地区，你可以穿轻便的布料靴子或步行皮靴。如今，布料靴子已成为皮靴的替代品。因为它们穿起来更为轻便和舒适，对脚踝也有良好的支持作用，此外鞋底也具有良好的防滑性。步行皮靴是经典的多用途的鞋子，它们比布料靴子更结实耐穿，而且通常情况下防水性能也更好。

山地

山地比较不平坦，因此需要谨慎选择所穿的鞋子。皮质的步行鞋或登山鞋有厚实的鞋底，在崎岖的路况下能够对脚起到较好的保护作用。此外，靴子要具有良好的隔热保暖效果，其鞋舌要能够防止雨雪进入。

沙漠

专业的沙漠鞋能够有效地保护双脚免受灌木和昆虫的伤害。其鞋帮通常采用的是小山羊皮或帆布面料，且鞋底也比较厚实，因此能够抵御地面上的荆棘。有些鞋子的鞋底比较光滑，有些则有棱纹。但是在沙漠地形下，鞋底有无花纹并不重要，除非你打算进行登山或一些其他活动。

丛林

专业的丛林鞋具有结实的橡胶鞋底，能够抵御丛林地面的湿气，其帆布鞋帮使脚能够更好地透气而且保持干爽。丛林鞋的鞋帮一般都高于脚踝，你可以把裤子塞进鞋帮里面以防止腿部被水蛭或其他一些昆虫叮咬。丛林鞋要有单向的透气孔，以利于鞋内水分的排干，同时也能够阻止昆虫进入鞋内。此外，鞋舌也要能够阻止昆虫进入鞋内。丛林鞋的鞋底花纹要较宽较深，以便在泥泞的路况下防滑。

冰雪地区

世界上许多高山地区终年冰雪覆盖。如果该地区的积雪很深或者既有雪又有冰，那么地面肯定会很不平。在这种环境下，你所穿的鞋子必须足够结实并且要绑上鞋钉以防滑倒。

如果你知道自己将穿越积雪很深的地区，那么最好穿雪鞋——其塑胶外层里面还有一层保暖内层。雪鞋的保暖内层在严寒气候下具有很好的隔热效果，而且这种鞋子可以绑上带钉鞋底。这样一来，其防滑性能就更好了。当然，雪鞋的橡胶外层也让它很不灵活，会约束身体动作。但是在冰雪覆盖的环境下，最好还是穿专业的雪鞋，并且要绑上带钉鞋底。同时

↑ 轻便的现代布料靴穿起来非常舒适，特别是在天气好的情况下。

← 较高的鞋帮和结实的鞋底使得沙漠鞋能够有效地保护脚底和脚踝免受荆棘和细小沙石的伤害。

↓ 塑胶雪靴由内外两只鞋构成：外层是塑胶靴，内层是保暖靴。这种靴子特别适合在积雪很深的环境中穿。

↑ 皮靴比较结实耐穿，在长距离步行的情况下能够对脚起到较好的保护作用。

↓ 在又湿又冷的天气状况下，穿上布料高帮套鞋能够保持小腿部位的温暖和干燥。

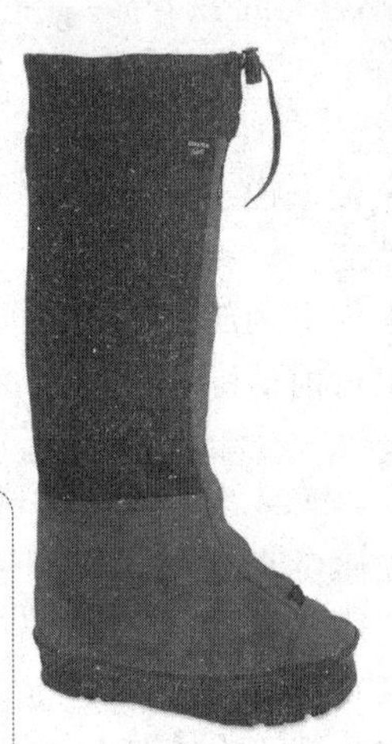

→ 丛林鞋具有良好的防滑性，干得快，透气性较好，且能防止昆虫进入鞋内。

靴子的保养

靴子是旅行装备中的重要物品之一，因此需要注意保养，以便穿得久一些。为了让靴子保持良好的防水性，在出行前要在靴子上涂一层防水油。皮靴需要涂两层防水油或其他销售商所推荐的防护品，布料靴子则推荐使用含硅的防护品，喷或抹均可。

你也要对其缺乏灵活性的缺点做好心理准备。雪鞋的另一个优点是其保暖内层能够分离出来。这样一来，在气候异常寒冷的时候，你就可以在帐篷里单穿它的保暖内层以抵御严寒。

野外生存的休息装备

在旅途中，你会需要一些关键工具来完成一些日常普通的任务。这些工具也就是你的个人野营装备。也许你会觉得本节所列的一些器具与你的旅行关系不大，而你需要的是另外一些器具。但是在你整理行装的时候，本节所列的一些器具还是可供参考的。

指南针

指南针是重要的导航工具，指南针有必要人手一个，而且每个人都应该知道如何正确使用指南针。万一你与大部队失散了，指南针可能是你找到安全之路的唯一指望。很多人发现，量角器指南针要比棱镜指南针好用。指南针是常用物品，请务必保管好你的指南针。要放在手边，如放在衣服口袋里、系在皮带上或挂在脖子上。关于该项的更多信息，请参见本篇第3章。

地图

当你在野外探险的时候，拥有一张好的地图是十分重要的。当然，只有在你懂得如何看地图的前提下，地图才会有用。平面图上通常标有详细的道路路线和城镇位置，因此它是你规划行程路线时的一个重要工具。但是如果要了解某地的地形状况，你就需要一张地形图（野外旅行的标准式地图）。你所需要的地图比例尺应大于1：100000，这样的地图才能比较好地显示详细的地貌特征，以便你进行正确的导航。务必把地图放在合适的地方。当天气比较潮湿的时候，最好把地图放在防水的箱子里。

水壶

野外探险的时候，饮水是一个重要问题。在没有水源的地方，你需要有足够的饮用水储备。因此，准备一个高质量的水壶是十分必要的，但应防止出现水壶漏水（特别是在远离水源的地方出现这一事故是十分糟糕的）。如今有多种容量的水壶可供选择。一般来说，1升左右容量的水壶比较合适，带在身上不会觉得太重。水壶的盖子最好和壶身连在一起，这样盖子就不容易丢失了。此外还应注意，壶盖处也是一个易于漏水的部位。

净水器

如果你不清楚将前往地区的水源是否干净，那么最好带上净水器。净水器在一般的户外用品商店都能买到。将水倒入净水器中，经过大约15分钟的消毒净化之后，水就可以倒出来安全地饮用了。

现金

旅行途中，将你的现金和护照放在棉布钱包里，而钱包则放在衣服里面的口袋中。这样一来，既不会很显眼，又能在需要时方便地拿取。为了以防万一，你需要在钱包以外另外存放一些小面额的现金，以备应急之用。

货币的选择取决于你所前往的目的地，但也要携带一定数量的途经国的货币。如果你所前往的某个国家的货币在你本国不能兑换到，那么一般来说，携带美元总是比较有用的。比如你可以携带面额为10美元和1美元的总计100美元的现金。因为，世界上的大多数国家都是接受美元的。

手表

当你身处野外的时候，别忘了带上手表。除了能看时间以外，手表还可以用来检验你是否在规定的行程之中。当到达一个计划中的休息点的时候，你有必要看一下时间以核对自己是否符合当日的行程计划。如果你没有在特定的时间到达某一既定地点，这很可能意味着你在行进途中拐错了一个弯。

手电筒

当你在昏暗的光线中看地图的时候，手电筒是十分重要的。如果背包的空间比较大，则最好再带上能固定在头部的探照灯。这样，能让双手空出来更方便地做一些事，例如在黑暗中搭帐篷或换车轮胎。

← 手电筒要尽量选择体积小并且能防水的那种。

电池

除非你确定旅途中能够买到电池，否则就得为手电筒、收音机等准备充足的备用电池（包括碱性电池和锂电池）。碱性电池要比锂电池便宜，且适用范围也较广；而锂电池的使用时间更长，且能在异常低温的状况下工作。注意小心处理废旧电池，不要将其投入火中或埋入地下，因为电池里面的重金属会渗入土壤，造成环境污染；正确的做法是将废旧电池扔进专门的回收箱。

小刀

如果你的行囊中没有空间容纳一个综合性的工具箱，那么带一把瑞士军刀也会有用处。但是在上飞机之前，你要把小刀放在主要的工具袋里（飞机上是不允许在手提行李中放小刀的）。

餐具

野外探险需要带两只盘子（其中一只应为内部较深的），或者是带一套军用饭盒。军用饭盒的优点在于既能用来当餐具，也能用做炊具。此外，你还需要有个杯子（大约300毫升容量）。你要综合考虑各种材质餐具（塑料餐具、瓷餐具、铝餐具等）的优缺点。塑料餐具的优点是分量轻、不易损坏，缺点是遇火会熔化。而瓷餐具和铝餐具虽然更牢固，但分量比较重，而且盛上热东西的时候比较烫手。刀、叉、汤匙等餐具最好是铝质或强化塑料的。如果可能的话，你也可以买那些比普通餐具更为轻便的专业野营餐具。

帐篷

帐篷是旅行途中休息和睡觉的场所。帐篷的形状和大小有很多可供选择的范围，有许多帐篷是专为某些特殊情况设计的。你所选择的帐篷要适合旅行地的气候和特点。如果是背包徒步旅行，你还应该考虑到你能背多重的行李。正式出行前，你应该背上帐篷等行囊做一些负重适应训练。

睡袋

在野外生存的时候，睡袋能带给人家的感觉。睡袋的选择要适合旅行地的气候特点。如果选择不当，不是太热，就是太冷。要是在一些气候条件极端的地方，睡袋选择不当将会导致严重后果。在睡袋里面，你还可以铺上一层隔热的席子。你得注意保管好睡袋，千万别把它弄湿了。

洗漱用品

除了肥皂、牙刷、牙膏、洗脸毛巾和梳子之外，你的洗漱用品还应该包括洗发水、指甲刷、指甲剪，如果需要的话还应该带上剃须刀以及剃须泡沫。所有这些物品都应该放在一个防水的小包里面。如果你计划的野外旅行将持续好几周，则有必要在帆布背包里带一个综合性的洗漱用品箱，其中的洗漱用品应该能满足各项日常洗漱需要。另外，一些每日必用的洗漱用品应放在一个小袋子里随身携带，如浴巾、洗脸毛巾、厕纸等。除此以外，你可能还需要带上防晒霜、唇膏、驱虫液等用品。这些物品在高温下通常会溶化，因此要特别注意保存。许多女性在外出旅行时很喜欢带上一些自己常用的卫生用品，因为她们怕这些东西在有些国家买不到。即使能找到这些东西，通常价格也不便宜。

急救用品

每一个准备野外旅行的人都要根据自己的需要准备好一些基本的急救用品。这些基本的急救用品应该包括各种型号的防水胶布、消毒纱布、腹泻药、阿司匹林或扑热息痛（退热净）、消化药和电解质平衡粉剂等。此外，如小剪刀、灭菌手术刀以及绷带等物品也是十分有用的。

电子产品

收音机虽说不上是一件重要物品，但它确实能够在漫长的旅途中为人们增添几分乐趣。如果前往国外进行野外旅行，期间又看不了电视或上不了网，那你就只能用一只短波收音机来收听一些当地或国际的电台节目当消遣了。

此外，照相机和手机也是很有必要携带的。照相机可以记录下旅途中的美景；手机能够方便联络，虽然在一些偏远地区有可能收不到信号。当然，如果你是前往国外，别忘了带上电源适配器（方便给电池充电）。

双目望远镜

在野外旅行中，双目望远镜十分有用，而且能为旅行增添不少乐趣。有了双目望远镜，你就能够远远望见前方的某些潜在危险，并且能够仔细观察到一些远处的花草树木；有了双目望远镜，你就能够在远处提前发现一些野生动物，而不去惊动它们；有了双目望远镜，你就能够确定远处的某块区域是否适宜作为营地，而不必亲自走近观察；有了双目望远镜，你就能够在高处判断出最佳的渡河位置。一些鸟类观察爱好者也许需要携带那种比较高级的望远镜，但对于一般人来说，带一副迷你型望远镜就足够了。

个人日记本、记事本等

纸张在受潮的情况下很容易被弄破，因此你应将一些本子放在防水的袋子里。你可以在日记本上记下旅行中所做过的一些事及所见所闻，这是非常有意义的。等到旅行结束，再翻看一下这些旅行日记，你仍会觉得很有意思。

针线盒

针线盒可以只有火柴盒那样大小，但里面应该包括这些东西：针线、一两颗不同大小的纽扣、别针、小剪刀。现在，这种轻便小巧的针线盒很容易在户外用品商店里买到。

如果你戴眼镜，那么最好再携带一些修理眼镜的小工具，以便自己能够修理一些小毛病。如果你的眼镜破了或丢失了而又配不到新眼镜，可以买一个放大镜将就一下，总比没有强。

洗衣工具

如果你的旅行将持续比较长的时间，并且需要在旅途中洗晒衣服，那么你还应该带上清洁剂、晒衣绳、晒衣用的夹子等物品。建议你把这些洗衣用品都装在一个塑料袋里。

旅途游戏

在行囊中带一些娱乐玩具绝对是一个好主意，可以供晚上或途中休息的时候消遣。当待在营地的时候，你们可以进行一些棋类游戏、球类运动。但如果你是背包徒步旅行，那么最好只带一副纸牌，因为纸牌体积小且质量轻。

记住，不要带那些容易损坏和被盗的贵

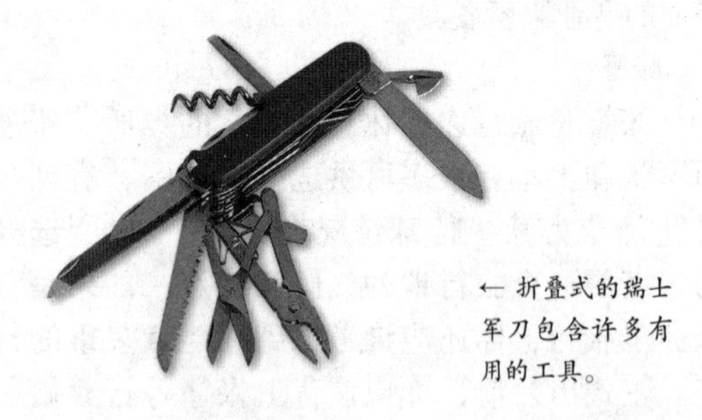

← 折叠式的瑞士军刀包含许多有用的工具。

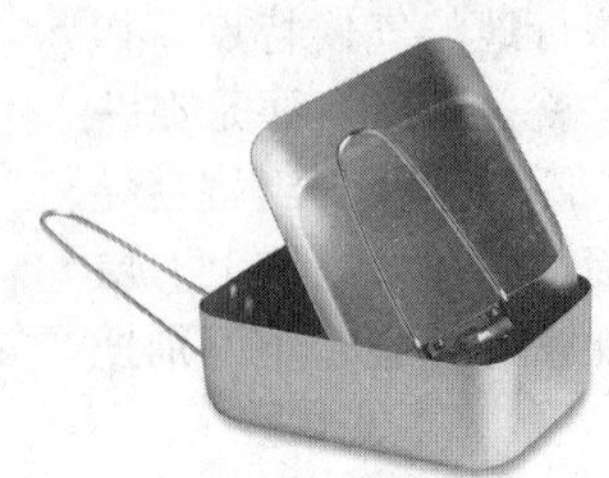

↓ 军用饭盒既能当餐具也能当炊具，而且使用后折叠起来很方便携带。

↑ 每个人都要有自己的一套杯、碗、碟等餐具。

← 你的洗漱包应该包括你所需要的所有个人卫生用品。

↓ 不用睡袋的时候要注意保管，务必使其保持干燥。

↓ 务必携带一支防晒霜（防晒系数至少为25），特别是前往一些紫外线辐射强度比较大的高海拔地区时。

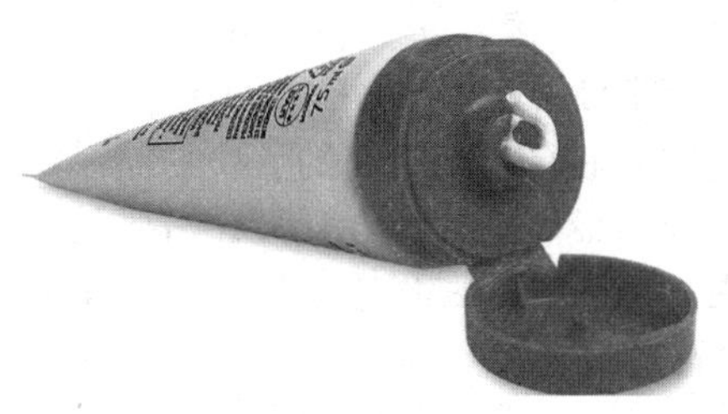

重的电子游戏机。如果是和一群青少年一起旅行，你可以组织大家进行一些富有教育意义的团队游戏。这些计划在旅行前就应该想好，并且要记着带一些小道具，如铅笔、钢笔和记事本。

基本生存装备

进行野外探险时必须携带一些必要的生存装备。有了这些装备，即便在迷路或受伤，无栖身之所，并且缺乏取暖用的火和饮用水的情况下，你照样能维持24～72小时。有时候，是否拥有这些装备关乎性命。

这些必要的生存装备必须时刻带在身边，以备应对可能随时出现的危险情况。因此，它们一定得体积小质量轻，这样才方便随身携带，最好是绑在结实的腰带上。用来装这些装备的包裹里不要放其他物品，并且要经常检查包裹，看是否需要更换其中的一些物品。这些生存装备最好放在防水的袋子或有密封盖的小罐子里面。

当遇到危险时，你的当务之急是做以下事情。

- 保护自己免受自然环境的伤害。
- 生火。
- 储存并净化饮用水。
- 发出你所在方位的信号。
- 找到路。
- 做一些简单的急救处理。

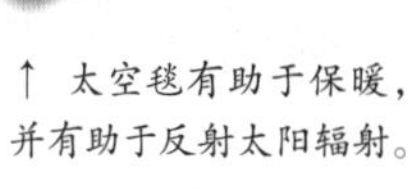

↑ 太空毯有助于保暖，并有助于反射太阳辐射。

你必须要学会使用自己携带的那些生存装备，这一点是非常重要的。这样你才能够在危机发生时从容应对。

栖身之所

当你遇到危险情况时，当务之急就是搭建一个能避寒的栖身之所。

太空毯

太空毯是一种轻质的毯子，它有3种用途：保暖、防晒、避雨。

帐篷包

所谓的帐篷包，也就是那种橘红色的大塑料包，质地很轻，有多种用途。天冷或风大的时候，可以钻入包中避寒取暖。此外，帐篷包还可作为防潮布或空中救援的信号（明亮的橘红色是一种十分醒目的颜色，易于辨识）。

绳索

当需要搭建一个栖身之所的时候，你就会发现降落伞绳十分有用。因此，在行囊中携带至少20米长的绳索。

绳锯

绳锯占的空间很小，当生火或搭建栖身之所时，可用于锯断树枝。

生火

你可以买一些现成的生火工具，或者自己做也行。火镰就是一种最有效的自制取火工具，或者是用凸透镜聚焦太阳光取火。你可以带一些棉絮，以备在找不到引火物的时候充当引火物。如果你备有火柴，就务必要保持划火面的干燥，并要有备用划火面。

蜡烛

蜡烛所占的空间并不大，而且可以用来生火。但是请你不要携带那种以动物脂肪为原料做成的蜡烛，因为这种蜡烛在炎热天气下极易溶化。

贵重物品

如果你携带了一些贵重物品，别忘了给这些贵重物品上保险。此外，你应该将这些贵重物品记在一张清单上，离开营地的时候核对一下，以防遗忘。

储存并净化饮用水

一旦你发现了水源，就需要用容器把水储存起来。塑料袋和避孕套都可以用做储水容器；一只避孕套大概能够储存0.9升的水。用避孕套装完水后，再把灌满水的避孕套用袜子或裤管套起来，以防其破裂。这些水在饮用之前，必须经过消毒净化。高锰酸钾就具有净化水的功能（它还具有防腐作用，并可用来生火）。

发信号

请在行囊中装上手电筒和日光仪，并在脖子上挂上一个哨子。此外，你还可以用纸和笔写下一些信息留在途中，以便营救者找到你。另外，前面说到的那种橘红色的帐篷包也能作为一种指明你所在位置的信号。

导航

建议你在生存装备包中准备一只备用的指南针，以防另外一只丢失或损坏。

急救工具

生存装备包中应包含以下急救物品。

- 胶布（橡皮膏）。
- 消毒创可贴。
- 电解质口服粉剂。
- 盐片。
- 绷带。
- 消毒解剖刀。
- 针。
- 线。

食物

一个人在不断水只断食物的情况下能维持5天，而在断水的情况下仅能维持1天。因此，当处于危险情况时，当务之急就是确保能喝上水。在生存装备中放食物是不太实际的，但是可以带上鱼线、鱼钩和鱼饵，这样你就可以自己钓鱼吃了。

团体野营装备

一个人数众多的野外探险团队，肯定会涉及到很多团体要使用到的装备和器具。由于团体装备牵涉到每一个团队成员，其丢失或损坏将影响到每一个人，因此要特别小心保管这些团队装备，如帐篷、运动器械和旅行指南等。

任务分配

一些团队使用的大件物品，如睡觉用的帐篷、炊具等，应该由几个人共同来保管，以便每个人都分担责任。这样一来，每个人都能知道谁保管帐篷A，谁保管帐篷B，这样做有利于减少某些重要部件丢失的概率，如帐篷桩。如果团队物品并不太多，并非每个人都会分配到保管任务，那么，为公平起见，可以采取轮流的方法，以便每个团队成员都承担一定的保管任务。

所有权的问题

如果探险活动中所使用的一些团体装备是用团队集体资金（包括团队成员的会费以及其他的赞助或捐赠）购置的，那么探险活动结束之后就得考虑这些装备的归属问题：是直接遗弃在旅行地还是送给当地的某些人或组织，或是存储起来以备日后的旅行使用，或是允许团队成员折价买走，也许还可以采取拍卖的形式，拍卖所得捐献给慈善机构。这一问题的解决方法在旅行前就应该达成一致。

地图和旅行指南

诸如地图和旅行指南之类的重要物品一定要放置在营地中最安全的地方，只在需要的时候才拿出来。此外，最好指定团队中的一个人专门负责看管这些物品。

炊具

对于一个探险团队而言，集体解决伙食问题显然要比各自搭灶台生火煮饭来得更为方便。对于一个大的团队来说，生一堆大的营火能够提供更多烧煮大量食物的方法。这种做法也可以使得人们免于携带笨重的炉子，而且取暖也更为方便。当你们仅在某地逗留一夜的时候，也许你会觉得并无必要生营火；但如果你们要在某地驻扎好几天，生一堆营火绝对是一个好主意。此外，一大群人围在营火旁边吃边喝也能增添不少野趣。如果你打算把炊具直接放在营火上烧，你得确定你带的炊具能承受得住高温加热。一些比较轻薄的炊具很可能会被炽热的营火烧熔化并把食物烧焦。要为整个团队同时准备伙食，你就得有适合团队人数的足够大的炊具。

如果你所前往的地区并不十分偏僻（能够通往当地市场），你便可以在当地市场上采购到一些便宜的物品，如平底锅、简便油桶、贮藏容器等。这也就意味着你不必在旅途中携带笨重的物品，并且还节省了行囊的空间。如果你是坐飞机旅行，这可能还将为你节省一笔额外的行李超重费。一旦你完成了炊具的采购，你就可以将其交给负责营地事务的队员了。

急救包

对于一个大的旅行团体来说，携带一个

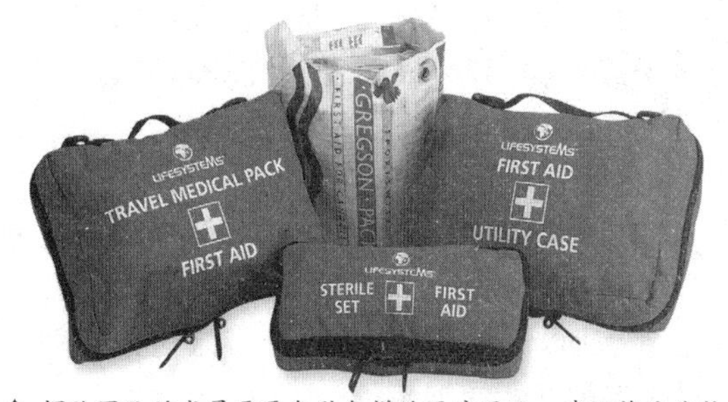

↑ 探险团队的成员需要各种各样的医疗用品；建议将这些物品分门别类地打包并贴上标签，这样在需要的时候就比较容易找到了。

综合性的急救箱是十分必要的。当然每一个成员还应当携带各自的急救包。此外，最好让每一个团队成员填写一份健康状况表（过敏症及所需的药物等），并将这些表格放在急救箱里面，便于到需要的时候使用。

建议你将各种急用和非急用物品按其各自的功用分门别类地放置，以便于各种日常处理，如水泡、伤口、瘙痒、头痛等。这有利于团队成员迅速地找到所需的医药品，而不会老是打开一些自己不需要的东西，因此像消毒纱布、绷带等医疗物品就不易被经常误拿而弄脏了。

存放急救物品的容器必须是防水防尘的，以免急救物品被污染或损坏。团队中每个成员都应该知道急救箱放在营地的哪个地方和由谁负责行进途中的保管。因此，对于一个较大的团队来说，最好指定一个人专门负责保管急救箱——及时补充必需的急救物品，并确保将各种急救物品摆放整齐。此外，团队中的急救员最好要具备最新的急救知识。

工具

你得将各种工具明确分配给各个成员，让他们负责携带和保管。有许多工具是具有一定危险性的，如小刀、火柴、斧子等。这类工具一定要交由那些可靠的人保管，特别是在团队中有许多孩子的时候，最好将这些危险工具锁起来。工具保管者要确保其所保管的工具一直保持良好的性能状态，并能维持至旅行结束。

帐篷

在选择帐篷的时候，你会看到各种各样的款式、颜色、质量和型号。为了买到适合你实际需要的帐篷，你得考虑以下因素：何时何地使用帐篷、打算如何携带帐篷、帐篷的使用目的以及打算供几个人使用等问题。

何时何地使用帐篷

这个问题也就是说你得考虑到你所前往的目的地的气候条件和地理状况等因素。在非洲丛林，你所需要的帐篷应该能够较好地抵挡酷热和暴雨；在北极圈以内的山区，你所需要的

↑ 你可以在当地市场上购买一些便宜的炊具。这样一来，就可以免去携带这些笨重物品所带来的麻烦。

帐篷的首要功能就是要具有抗强风能力。

如果你将前往燥热气候地带旅行，最好选择那种内部空间较大的帐篷，以利于空气流通，降低室温。如果你是背包旅行，你得综合考虑一下质地轻和质地重的帐篷的各种利弊。通常来说，棉布和帆布材料的帐篷的防晒性要比合成材料的好。一般来说，热带地区的紫外线比较强烈，比较容易损坏像尼龙之类轻质材料的帐篷；另外，轻质地帐篷还易被丛林中的荆棘弄破。

如果你前往湿热气候带旅行，而且是在雨季，那么你所需要的帐篷必须要有非常好的防水性能。棉布或帆布面料的帐篷就非常适合在这种环境下使用。

在寒冷的高山地区，你需要的是内部空间较小的小型帐篷。因为小型帐篷更易保存人体所散发出来的热量，并且其抗风能力也更强。相比棉布和帆布面料的帐篷，合成面料的帐篷质地较轻，因此更易于携带。当然，这种环境所要求的帐篷还得十分结实，其内部应有厚实的防潮布。这样，无论是在冰、雪或岩石上搭建帐篷，都不会感觉不适。

↑ 在燥热气候条件下，应该选择内部空间大的帐篷，以利于空气流通，降低室温。

在极端寒冷的气候状况下，帐篷的门还是用绳子或搭扣系起来比较好，而不是用拉链。因为拉链在这种情况下往往会被冻住。

如何携带帐篷

如果你是自驾车旅行，那么行李的重量和体积就不是大问题了，因为车的后备箱通常能放很多东西。但如果是背包徒步旅行，你就要尽量挑选那些轻质的装备。

帐篷的使用目的

你是打算将帐篷作为临时的栖身之所，随时准备安营或拔寨；还是打算在帐篷里住上一段时间。你得考虑打算怎样使用帐篷，然后相应地做出合适的选择。

帐篷的容纳空间

如果你的帐篷将作为一个大本营，你得确定将有多少人会睡在帐篷里面以及每个人所占的空间。如果团队中有男有女，则还要分营睡。此外，如果每个人所携带的装备需要存放在帐篷里面，装备的数量也要考虑在内。

山脊帐篷

这种多用途的帐篷适于在任何环境下安营扎寨，无论是自家的后花园还是沙漠或丛林。山脊帐篷通常由中间一根垂直的铁杆或两边呈A字型的铁杆支撑。有时，还有一根帐篷横梁作为固定之用。这虽增加了帐篷的重量，但同时也使其具备了更好的稳固性。如果你前往某个多风的地方，帐篷的稳固性就显得尤为重要了。有些山脊帐篷采用斜梁的形式来减少重量。

帐篷的外帐连有一些可调整的绷索，这些绷索可向外拉伸以最大限度地扩大帐篷内部的空间，同时没有触碰到帐篷内帐。这种方式可以避免帐篷内帐与外帐防雨层接触而导致下雨的时候被弄湿。帐篷的两端最好都开一扇门，

↑ 这种多用途的山脊帐篷适用于世界上任何地方的各种气候状况，而且有多种型号可供选择。

↑ 有些汽车的车顶可供搭建帐篷。这样一来，夜晚就能够避免被野兽袭击了。`

↑ 单人隧道式帐篷：这种铁箍架提供了更大的内部空间，但是其抗强风能力较弱。

帐篷的标准

当你在野外的时候，帐篷就是你的家。其主要功能就是提供一个干燥温暖的睡觉场所；当然有时候你也会在里面煮饭或在极端天气下作为避身之所。以下标准对于帐篷来说是十分重要的。

⊙帐篷要有足够的睡觉空间，并具备良好的通风条件。

⊙帐篷内部要有足够的高度，能够让每个在帐篷里面的人坐直。

⊙帐篷内部的防潮布质地要足够结实，能适应各种地面条件；如果防潮布达不到该要求，你可以带一张额外的席子，这样睡觉的时候会更舒服一点。

↑ 搭建穹顶帐篷时，如果把斜面朝向风向，它会更加稳固。

↑ 穹顶帐篷是最稳固的帐篷类型之一，能够抵挡强风吹袭（只要支撑帐篷的骨架不变形）。

这样当你在帐篷里面生炉子煮饭的时候（炉子一般都应该放在门口处），就不会妨碍别人出入帐篷了。

单杆帐篷

单杆帐篷通常仅由中间一根杆子作为支撑，既可以是垂直形的也可以是A字型的。这两种结构的稳固性都很好。

圆顶和穹顶帐篷

圆顶帐篷的内帐和外帐都需要许多帐篷杆来支撑。这种类型的帐篷价格比较贵，而且帐篷杆也极有可能在使用中折断，因此你还必须多买一些帐篷杆备用。

关键问题

在选购帐篷之前，你得事先了解一下可供选择的款式，或者可以向信誉好的商家咨询一下。当然你得明确自己的需求，向自己提出以下问题。

⊙这顶帐篷有多重？你可以拿一个折叠好的帐篷背在身上试试，看你是否能承受其重量？

⊙这顶帐篷上的某些装饰是否并无实际用处，反而使得价格更贵？

⊙这顶帐篷的缝合工艺如何？绷索是否结实？

⊙这顶帐篷的支撑杆是否足够结实，能否抵御住强风？

⊙这顶帐篷在发生损坏的情况下是否易于修理？

⊙如果这是一顶圆顶帐篷，你是否需要再买几根额外支撑杆？

⊙这顶帐篷是否易于搭建，特别是在恶劣的地形和气候条件下？

⊙搭建这顶帐篷需要多少人手？

⊙这顶帐篷的材料质地是否适合你所前往的目的地的气候状况？

⊙你是否需要双层类型的帐篷，即在内帐以外还有一层防雨的外帐？

在恶劣气候条件下，穹顶帐篷的稳固性比普通的圆顶帐篷要好；但是它不容易在强风下搭建。

隧道式帐篷和露宿帐篷

隧道式帐篷的优缺点介于山脊帐篷和穹顶帐篷之间。隧道式帐篷采用半圆形营柱支撑起内帐，使其具有更大的内部空间。但其缺点是无法抵挡强风的吹袭，容易变形。露宿帐篷具有隧道式帐篷的很多缺点，却又不具备其优点。露宿帐篷的最大问题就在于其不稳固，在刮大风时无法招架。

睡袋

在野外，你需要有一个温暖舒适的睡袋来保证你在夜晚拥有良好的睡眠质量。只有晚上睡好觉，白天才会有充沛的体力和好的精神状态。因此，选择一个合适的睡袋是十分重要的。

所有睡袋的填充物通常都有隔绝空气的作用，能够很好地保存人体所散发出来的热量。睡袋内部空气越热，说明其隔热效果越好。

睡袋可供选择的范围和种类十分广泛，既有便宜的单层棉被型的，也有质量较好的羽绒填充物类型的。选择睡袋的标准有：睡袋的构造、面料、填充物、拉链、型号以及是否有兜帽等。

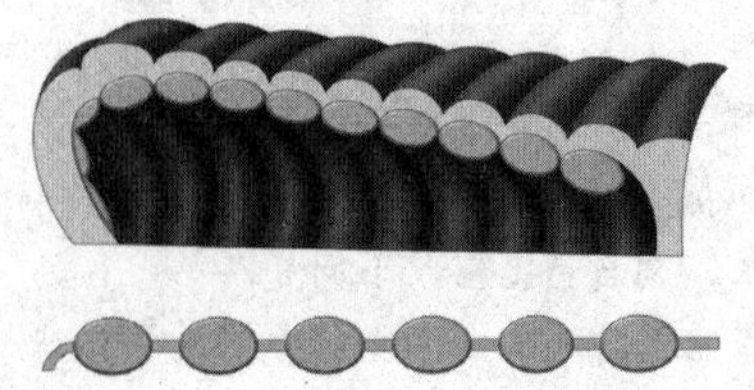

↑ 简单缝合式工艺通常用于低档睡袋，可使用一到两季。

↑ 封筒式构造有3种类型：封筒式（主图和上条）、叠交式（中间条）、V形隔板（下条）。

↑ 双层缝合式构造实际上就是将两条简单缝合层再缝合在一起，以减少热量的散失。

构造

从构造来说，通常有3种类型的睡袋:简单缝合式、封筒式和双层缝合式。

简单缝合式

这种缝合工艺通常用于价格比较便宜的睡袋。采用这种缝合方式的睡袋不易保持热量，因为热量很容易从缝合线处散失。因此，这类睡袋适合在夏季、春夏之交和夏秋之交使用。

封筒式

这种构造的睡袋有较好的保温性，四季皆宜。其通常有3种类型。

• 封筒式构造。该种工艺在加工的时候，将填充物裁成规定的小块缝合在一起，有助于填充物均匀分布。

• 叠交式构造。该种工艺在加工的时候，将填充料整理好后，再裁成规定的小块，小块的一端和里儿缝合在一起，另一端和面儿缝合在一起。这种工艺有更好的保暖性和透气效果，强度也大。

• V形隔板构造。该种工艺与叠交式大致相同，但是填充物更多。

双层缝合式

加工的时候，把里儿和一层填充料缝合在一起，面儿也和一层填充料缝合在一起。然后把两层的缝合线错开叠加在一起。这种工艺的睡袋保暖性较好，不会有针眼透风。这种工艺的睡袋采用的填充物质量较好，但通常也较重，因此不适合背包旅行时使用。

面料

睡袋面料的选择取决于你所前往的目的地的环境和气候。

棉质面料是高温和潮湿环境下的理想类型，因为棉布是一种透气性、吸汗性较好的天然纤维。

尼龙则适用于气温较低的环境。有些尼龙睡袋有棉布衬里，这样睡起来会更舒服。

专业羽绒面料能够很好地防止填充物移动。此外，这种面料还具有一定程度的防水性，因此适合在微潮的环境下使用。

保暖度

任何种类的睡袋所给出的保暖度都只能当做一个参考，因为关于睡袋的保暖度并没有一个统一的标准。一些生产厂家是以适用于不同的季节来区分保暖度的；而另一些则以具体的温度来区分。这些标示既可能是以感觉舒适温暖为标准的，也有可能是以能生存的最低限度为标准的。

军用睡袋的下面还有一块防潮布，因此即便没有帐篷或席子也可以直接放在地上使用。然而这种睡袋比较笨重，不易携带且不方便清洗。军用睡袋可以在特种户外用品商店中买到。

填充物

不同睡袋之间最主要的区别就是填充物的类型及其厚度。睡袋填充物的功能在于通过隔绝空气来达到保暖效果。填充物越厚，其隔绝空气的效果就越好，睡袋的保暖效果也就越好。天然填充物睡袋通常会采用以下3种填充材料：羽绒、羽毛以及羽绒和羽毛的混合物。此外还有合成纤维填充物。

羽绒

纯正的羽绒只能取自鸭或鹅的翅膀下面部分。目前为止，这种羽绒是已知的最轻且最保暖的睡袋填充物，且其适用的温度范围也较大。与合成纤维不同，羽绒能够紧贴人的身体，故而具有更好的保暖舒适性。而且羽绒填充物的压缩性也比合成纤维要好，因此将其打包后放入背包时所占的空间也更小。羽绒填充物的缺点是当弄湿以后就会失去其隔热效果，而且存储在潮湿环境下易腐烂。当然一般情况下，睡袋也不太容易被弄湿，除非你不小心将睡袋掉在了水中或淋了雨。

虽然羽绒睡袋的价格比较贵，但是其使用寿命也比较长——在保养良好的情况下能使用

20年，这从长远看不失为一种更经济的选择。羽绒睡袋具有轻便舒适、保暖效果好的特点，最适合在寒冷的气候环境下使用。

羽绒和羽毛混合物

有许多睡袋生产商将羽绒和羽毛混合起来，以降低成本和价格。这种混合填充物具备羽绒填充物的所有优点：温暖、舒适、轻便、易于打包；当然要达到与羽绒填充物睡袋相同的保暖性，得填充更多的混合物。一般来说，混合填充物中羽绒所占的比例越高，其保暖性能也就越好。不过，通常混合填充物中羽绒所占的比例都低于50%。

羽毛

这种填充物是指相对羽绒而言较大且硬的鸭毛或鹅毛。羽毛填充物的保暖性能不如羽绒及羽毛和羽绒混合填充物，因此其填充量必须是后者的两倍，才能达到同等的保暖效果。不过羽毛填充物睡袋的价格比较便宜，而且睡起来同样比较舒服。

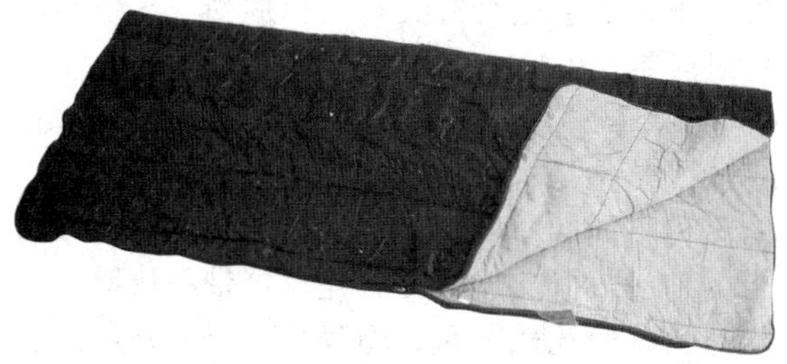

↑ 这种最为普通的睡袋可用于家中或温和的气候环境中，具有易于打理和价格便宜的优点。

↑ 这种内部填充羽绒的睡袋在零下的气温环境下睡起来很舒适，但要注意保持其干燥。

↑ 这种棉绒睡袋具有较好的隔热效果，即便是在受潮的情况下，其隔热性也不会受到太大的影响。此外，这种睡袋还可以机洗。

↑ 这种军用睡袋的底部具有结实的防潮布，因此即便没有帐篷或席子也可以直接放在地上睡。其缺点是比较重。

合成纤维填充物

合成纤维填充物的质量要比羽绒和羽毛重，它是睡袋中最低档的一种，体积笨重，柔软性也不是很好。这种睡袋的使用年限也不是很长，基本上用过两三年之后，其隔热效果就不太好了。这种睡袋的优点在于价格便宜、易于干燥并且可以机洗。此外，合成纤维填充物的睡袋对保养的要求也比较低。总之，这种睡袋比较适合在温暖的气候条件下使用。

毛绒是一种专业的合成纤维填充物，也可以说就是更厚一些的抓毛绒材料。这种材料在受潮的情况下仍然能保持较好的隔热效果，且易于干燥、可机洗。但是其缺点就是要比其他的合成纤维睡袋都要笨重，因此不适用于轻装野营活动。此外，这种睡袋在市场上不太容易买到。

型号与形状

在选购睡袋的时候，你得当场试睡一下，看是否足够宽和足够长。与你的体形比较符合的睡袋的保暖性要比过于宽松的睡袋好，当然也不能过紧，以免束缚身体。一般来说，质量较好的睡袋都是锥形的。

拉链

大多数睡袋的拉链拉开之后可以将睡袋完全展开，这样可以方便身体出入睡袋并有助于空气流通。另外，这种设计对于清理睡袋也更为方便。尽管拉链的下面有一块挡板，但是拉链仍然是冷空气钻入睡袋的潜在途径之一。尽管如此，也不能因此就不装拉链，否则人的身体就很难钻进睡袋了。

兜帽

人体大约有20%的热量是从头部散失的，因此睡袋上有必要连有一个兜帽。这样更有利于保暖，同时也使头部感觉更舒适并保护头部免受蚊蝇等昆虫的叮咬。

安全性

当你不用睡袋的时候，注意不要将其随意

影响睡袋保暖性的因素

除了构造和填充物之外，还有以下因素影响着睡袋的保暖效果。

⊙气候条件，包括湿度（湿度过高会使睡袋受潮，从而降低睡袋的隔热效果）。

⊙是在帐篷内使用还是露天使用。

⊙是否是独自一人睡在睡袋里面。

⊙睡袋下面是否垫上了席子。

⊙你穿什么衣服睡觉。

⊙你吃了多少食物，因为食物能够提供热量。

⊙你的疲劳程度，因为一个人在疲劳的状态下相对来说较难变暖。

摊在地上，而应及时卷起来放入背包里面。特别是在一些气候温和或炎热的国度，更要注意这一问题。因为这些地方的虫子比较多，要防止虫子爬进睡袋里面。

其他睡觉装备

除了睡袋之外，还有其他一些装备能使你晚上睡得更舒服。当然在选择的时候，你得考虑这些物件的价格以及携带的方便性等问题。

隔热与保护

当地面又硬又冷或者比较潮湿的时候，或者那个地方蛇虫鼠蚁比较多，那么你肯定需要在睡袋下面垫一些东西，以便与地面隔离。

行军床

行军床有多种型号和形状可供选择。其最大的问题在于比较重，因此只有在有车或动物载重的情况下才能携带。但是，行军床确实能为晚上睡觉提供一个很舒适的场所。

当你使用行军床的时候，最好在下面铺上一条垫子之类的东西。这样，晚上地面的寒气就不易往上蹿，隔热效果自然更好。如果你所前往的地方蚊子多，可以考虑一下在行军床上装上蚊帐。还有要注意的一点就是，行军床一定要放在平整的地方，这样晚上睡觉的时候才会比较稳当。

气垫

气垫在使用的时候，需要用气筒或嘴进行充气，因此比较费时间。气垫也有多种型号、颜色和厚度可供选择。充气的时候，注意不要充得过满，否则气垫就会很硬，睡在上面就不舒服了。

充满气的气垫在夜晚也会变冷，因此也需要在其上铺一条隔热的垫子（当然天气炎热的时候除外）。注意不要让气垫碰到尖锐的石头或小刀之类的东西，并且不能放在地上拖，以免导致气垫被刺破。你最好带上修补气垫破洞的工具以防意外。

↑ 一般市场上有多种不同厚度和长度的隔热垫可供选择，你可以根据需要进行挑选。

自动充气式睡垫

自动充气式睡垫只要打开阀门就会自动吸进空气。在开始的时候，用嘴先吹进一些气可以加速其自动吸气的进程。展开气垫之前要检查一下地面上是否有尖石头和荆棘。气垫不用的时候要放在背包里面以防损坏。

隔热垫

隔热垫是一种最轻、最便宜的隔热物品，有多种不同的厚度可供选择。如果你所前往的目的地的气候比较寒冷，建议携带一块厚的海绵垫（尽管比较笨重，但隔热效果非常好）。这种隔热垫的最大优点在于不易损坏，只有在遇火时才会熔化。在展开隔热垫之前，同样检查一下地面上是否有石头，以免睡的时候感觉不舒服。

报纸

如果你没有带隔热垫，找几张报纸垫在睡袋的下面，也可以起到一定的隔热作用（一般要垫5～10张才会有效果），虽然作用不大，但总比什么都不垫要好一些。

睡袋衬套

不管睡袋的外层面料是哪种材料，也许你都应考虑再买一个单独的衬套。一般来说，大多数衬套都是棉布做的。衬套的主要作用在于防止睡袋弄脏（清洗衬套要比清洗睡袋方便多了），同时也略微增加了睡袋的保暖性能。在炎热的气候环境下，你可以直接睡在衬套里面的，而把睡袋垫在下面作为睡垫用。

充气枕头

充气枕头虽不是什么必不可少的装备，但其确实能使睡觉的时候感觉更舒服；而且其重量之轻，几乎可忽略不计，因此并不会带来任

↑ 这种棉质睡袋衬套有助于保持睡袋的清洁，且便于清洗。

↓ 这种充气枕头小巧轻便、适合背包旅行者携带，能够提高夜晚睡眠的舒适度。

何负担。需要用的时候为其充气，不用的时候则把气放掉即可。

背包与行囊

背包是旅行途中用来携带食物和衣服的重要装备。如果是野外探险，背包还可以用来装野营或野炊器具。由于地形、气候以及旅行时间长短等因素的不同，对背包的要求也不一样。在购买背包时，你得根据自己的实际需要并结合以上要素做出合适的选择。

如今大多数背包都有带子、拉链、小口袋及其他一些小配件，这些小配件往往会增加背包的价格。千万不要被一些多余的小配件迷惑了，要弄清楚自己是否真的需要这些附加的配件。记住，背包越大，你就越会想尽办法往里面塞东西，而不管有些东西是否必要。换句话说，背包越小，可能越有助于你避免带上不必要的东西。

一般来说，市场上所有的背包都声称具有防水功能。通常，纤维材料的背包防水性能比其他材质的要好。建议你把放在背包里的物品用塑料袋分类装起来。这样一来，这些器具会更干燥。一些特别重要的物品，如护照、急救器具等，最好用加厚的塑料袋套起来。

一日远足用的背包

对于一次夏季的一日背包远足，背一个容量在20～35升之间的背包就足够装所需的食物、水、雨衣和急救物品等东西了。如果你打算进行登山或滑雪等活动，那就有必要使用容量在40升左右的大背包了。

配件

一日背包远足活动并不需要携带支架，因为你不会带很多沉的东西。当然，支架除了有负重的功能外，还能让你背起来更舒服，因为它可以减少背包对背部的压迫。此外，在打包的时候，要把衣服之类柔软的东西放在靠背部的一侧，作为背部的软垫。

在天气炎热或进行剧烈运动的时候，背上贴着一个包会使背部出更多的汗。为了解决这一问题，一些好的背包的背面设计有一块棉质面板来吸汗。还有一些质量较好的背包采用网状垫板来吸汗，具有更好的透气性。

用于一日远足的背包并不需要很多的小口袋，只需要在外面有个口袋用于放地图就够了。

一般来说，大容量的背包都会配有腰带。如果你要进行一些诸如登山之类的危险活动，你的背包就必须要有腰带。在登山的途中，如果没有腰带固定背包，背包的晃动就会大大影响到你的平稳性。

如果你将在某些地形复杂的地域行走或者进行登山、滑雪之类的运动，你的背包上要多一些挂钩之类的附件，用于悬挂拐杖、破冰

↑ 这种用于野营过夜的大容量背包可以装一些轻便的野营器具及其他工作或学习用具。

↑ 在天气炎热或进行剧烈运动的时候，背着一个装满东西的大包会使背部出更多的汗。

↑ 如果你需要用大容量的背包来装很多的东西，那么背带和腰带一定要足够结实。出发前务必检查一下背带的缝合处是否牢固，否则背包容易在行进途中断裂。

斧、铁钩等物品。

其他的附属配件还包括：可压缩的皮带（用于扎紧背包）、钥匙圈和把手等。

野营背包

野营背包的容量一般在35～55升之间，有的还配有支架。

一般来说，这种背包装载的东西比较多，因此其腰带要足够牢固并且要易于脱卸（以便在紧急状况下及时抛弃背包）。此外，还要检查一下肩部的带子是否有衬垫以及是否能方便地收紧和放松。

这种背包通常两边都各有一个小口袋，以及一个文件口袋，用于存放一些经常使用的物品。边上的口袋通常用来放水瓶、燃料及其他一些液体物品或垃圾。这样做可以避免渗漏的液体污染到其他物品。当你把物品放在边袋的时候，务必要将这些口袋封好，以防东西滑出去。

你是否需要那种配有支架的背包，取决于你将如何使用背包以及你所携带的物品的类型。虽然支架会增加重量，但是当你背负一包沉重的行李时，支架会让你感觉更舒服。这一点对于长途徒步背包旅行者来说尤为重要。

探险背包

这种背包的容量一般在55～120升之间。容量相对小些的那种比较适用于一些近距离的轻装远足活动；大的那种则适用于一些远距离的探险活动。至于中型的那种，其适用范围更广，几乎适合各种野营活动。

一般来说，这种背包的价格都比较昂贵。所以在选购的时候就更要仔细考虑，尽量要买到真正适合自己需要的类型。

关键特征

探险背包通常有两个以上的外袋，其中有些袋子可以分开来单独使用，作为一个小型的背包。许多背包的内部都有分层：下面部分通常放衣服和睡袋；上面部分则放一些常用的器具。一些质量较好的背包，其上下两层之间的分层上装有一条拉链，将拉链拉开，上下部分又可以连为一体，这样就比较方便放置那些长的物品了。

探险背包的舒适度是一个非常重要的因素，因为你得背着它走好几天甚至好几个星期。特别是腰部和肩部的带子必须得有衬垫，这样背在身上才会比较舒服；此外，还要将背包的腰带束紧，以便使背包更紧贴身体。

外部有支架的背包

如果你要用背包来装一些形状不太规则的物品前往某个穷乡僻壤，那么这种背包最好

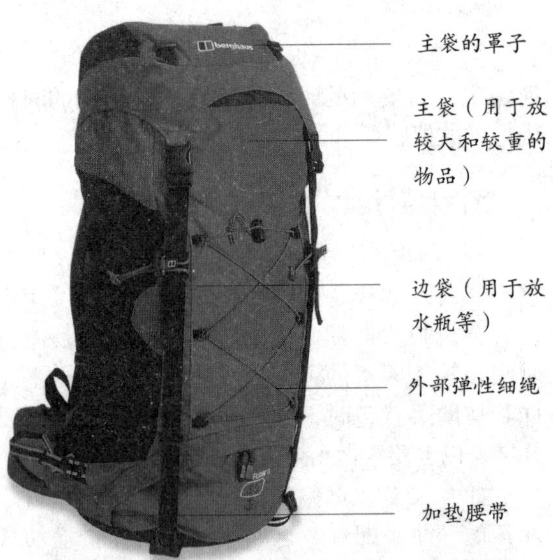

↑ 这种探险背包比较适合背负重物，并且具备较好的舒适性，但是必须要正确放置物品。

→ 挂包非常适用于用自行车来载行李的情况。

背包支架的选择

⊙内部支架的重量要比外部支架的轻，这样在携带的时候才能更便利一些。

⊙外部支架相对来说更为结实，也就是说能承载更多的重量。

⊙外部支架特别适合背负一些笨重或者形状不太规则的物品。在紧急状况下，这种支架还可以用做担架。

⊙使用外部支架可以让你背负长度超过头顶的行囊，而且能够更均匀地将重量分布于后背和臀部。

⊙一副好的外部支架能在支架与背部之间留有一定空隙以利于空气流通，有助于减少背部出汗。

配有支架。最有用也最简单的支架设计形式就是：支架的底部有一块挡板，用以支撑重物。如果你将前往某个植被茂密的热带丛林，那么所使用的支架的高度最好不要超过自己的头部，以免因支架过高而被一些枝杈绊倒。

驮篮或挂包

如果你要将行囊放在自行车、汽车、摩托车或动物身上，你会需要一些驮篮或挂包来放置你的行囊。

自行车

在自行车上放挂包要注意不要影响到轮胎或链条的转动。此外，车两边行李的重量要大致保持相等。

汽车或摩托车

使用小汽车或有篷货车时可以在车内安装行李架来增加储存空间。摩托车可在后面放挂包或驮篮来携带行李。

牲畜

使用牲畜来驮行李的时候，可在其背上放驮篮或挂包，但要避免擦伤它的背部。每天晚上安营休息的时候，你都应该检查一下牲畜的背部，看其是否受伤。如果发现有伤痕，就要马上为其医治。一般来说，骆驼、马以及驴子都是比较适合驮重物的牲畜。注意不要让牲畜超负荷载物，要适时地卸下行李让其休息一下。对这些牲畜进行检查应该是你每次中途休息时的必做功课之一。

野外生存的厨具选择

按照使用的燃料不同，目前市场上大概有5种类型的野炊炉具。每种炉具都有其各自的优缺点，包括挥发性、气味、使用的方便性以及价格等。一般来说，你选择哪种燃料，就得相应地使用哪种炉子。当然也有些炉子可使用多种燃料。

在选择炉具的时候，要考虑使用炉具的环境。有些燃料在极端严寒的天气条件下会凝固，而有些燃料在高温环境下容易蒸发。因此炉具的选择取决于具体的使用环境。还有一点要注意的就是：在有些国家，你可能买不到合适的汽缸（用于灌装燃气）。

煤气

煤气是一种使用最为广泛和最便捷的燃气，但其发生事故的潜在危险性也最大。通常有两种类型的煤气（液化石油气）：丁烷（比较常见的类型）和丙烷（适用于低温环境）。

煤气炉在不用的时候，务必关紧阀门，并将它放置在远离睡觉地点的通风处。当煤气罐在一个比较封闭的空间内发生泄漏并达到一定浓度时，里面的人会窒息而死，一旦遇到火星还会发生爆炸。

甲基化酒精

最流行的炉具是瑞典产的Trangia牌酒精套炉，它使用甲基化酒精为燃料，具有防风和稳固性好的特点。有的套炉还带有一个小型的煤气炉。这种套炉分为两种不同的型号，每种型号都配有一套野炊用的平底锅。

甲基化酒精（甲醇）是一种清洁燃料，其燃烧的火焰经常呈透明状态。因此在点燃炉子的时候要格外小心，以防烧到别的东西。酒精一定要放在专门的燃料瓶里面。

煤油

煤油是一种以蒸气的形式燃烧的燃料。它需要通过其他燃料对其进行加热，然后才能蒸发出可以燃烧的气体。溢出外面的煤油就不能再进行蒸发了，而且还会挥发出难闻的气味，所以一定要将煤油储存在密闭的铁罐里。

煤油炉是一种相对经济的炉具，而且燃烧时的火焰也很大。然而，其缺点就是使用起来比较麻烦，一般得经过一段时间的使用才会习惯。另一个更大的缺点是：会把平底锅烧黑。

汽油

汽油是一种比较清洁的燃料，除非汽油里面含有杂质。汽油不像煤油那样需要其他燃料来加热。

汽油易挥发，其气味极其浓烈难闻，因此必须存储在专业的容器里面以防泄漏。汽油一旦泼洒到地上，很快就会蒸发掉，特别是在高温天气下。而且衣服上一旦沾染了汽油的污渍就很难洗干净。

← 煤油炉是一种相对经济的炉具，但使用起来比较麻烦。如果你之前并没有使用过煤油炉，需要在出行前练习一下。

→ 风大的时候，可以在汽油炉的四周围一圈挡板，以提高煮饭的效率。

→ 汽油炉，用途广泛，操作简便，但价格较贵。

→ 使用固体燃料炉，即在金属架子上放一块燃料。其最大的优点是携带方便。

→ 有了这种野营烤箱，你就可以在营地里烤新鲜的面包了。当然这种烤箱肯定需要用汽车来携带。

固体燃料

固体燃料有两种类型：药片（六亚甲基四胺）和固体酒精。固体燃料通常也会散发出一股难闻的气味，而且其火势很难被扑灭（虽然在风大的时候可以作为一种优势）。此外，固体燃料很难调节火的大小，必须放在通风良好的地方使用。

炊具

对于一次背包旅行来说，所携带的炊具自然是越少越好。当然，这样一来，旅途中的饮食也只能是简简单单了。但如果是在大本营，你可以搭起一个炉灶来做一顿相对丰盛的饭菜。为此，你必须携带上合适的炊具。

轻装野营

如果你是背包徒步旅行，那就只能携带一些比较重要的物品。食物是必不可少的，其最主要的功能是为你提供能量，你不要奢望这些食物能合你的口味。野外探险所携带的典型食品包括罐装食品、真空包装食品、脱水食品。此外，你最好再带上一套军用铝质饭盒（既可以当餐具，又可以当炊具），而且折叠起来后还不占空间。如果你带了罐头食品，那么还得带上开罐头的器具。一般来说，剪刀或小刀都可以用来开罐头。特别是瑞士军刀，可以作为临时性的厨房用具来使用。当然，如果是一次时间较长的野营，则最好带上一些比较正式的家庭厨房用具。

大本营

如果一个团队要在某地完成一系列的活动或调查研究，通常就会在这个地方搭起一个大

携带备用的燃料

旅行途中，你一定要确保自己拥有足够的燃料。如果你将前往国外旅行，出行前你得打听好你的炉子所使用的燃料是否能在目的地买到。如果不能买到，你就应该换其他的炉子了。因为几乎所有的航空公司都不允许乘客携带可燃烧气体。

携带备用的燃料

旅行途中，你一定要确保自己拥有足够的燃料。如果你将前往国外旅行，出行前你得打听好你的炉子所使用的燃料是否能在目的地买到。如果不能买到，你就应该换其他的炉子了。因为几乎所有的航空公司都不允许乘客携带可燃烧气体。

其它有用物品

如果你将在大本营为一大群人准备伙食，有了以下这些器具将会使你的炊事工作变得更为方便。

⊙不同型号的木匙（烹调用的）。不要使用那些由木屑压制成的木匙，因为那种木匙可能携带细菌。

⊙2～3只公用匙。

⊙大漏勺。

⊙各种型号的刀，包括那种有锯齿的。务必确保每把刀都是锋利的。这些刀只能用于切割食物，不能用于其他目的。

⊙煎鱼锅铲，用于将一些摊平的食物从锅中取出。

⊙各种型号的勺子，用于舀汤或调料。

⊙土豆去皮刀和捣碎器，也可用于其他蔬菜，如卷心菜。

⊙手动搅拌器,用于混合一些调味料。

⊙开罐器。

⊙滤网,用于滤干某些食物的水分。

⊙食盐、辣椒粉、糖以及诸如番茄酱、芥末酱之类的调料。

本营。在这样的大本营里，人们可以做一些相对丰盛的饭菜。因为在某地搭建一个大本营就意味着将在这个地方驻扎较长的时间，这样就减少了频繁的移动所带来的麻烦，携带比较多的炊具也就不会造成太多的不便。厨房用具要根据所使用炉子的类型来决定，两者要相互匹配。

蒸煮罐

蒸煮罐的大小要根据旅行团队的人数来决定。有些较大的蒸煮罐的容量为9.0～13.5升。蒸煮罐的内部和外部都要保持干净。使用的时候，在罐口上盖个盖子可以节省煮东西的时间。

对蒸煮罐质地厚薄的要求，得看你是使用炉子还是使用明火来煮东西。那些质地比较薄的蒸煮罐禁不住明火的高温，通常只能放在炉子上使用。用于煎炸的平底锅通常要求其质地要比较厚实，因为煎炸食物必须要在高温下进行。

储水容器

一般来说，出于尽量减轻行囊负担的目的，轻装野营活动是不会自带饮用水的，而是于沿途临时寻找水源。但是，如果你是驾车旅行（也就是说行囊的重量不是问题），并打算在某地驻扎较长的时间或前往某个偏远地区，建议你最好自行携带大量的饮用水。饮用水可以用比较结实的塑料大桶来装。注意不要将饮用水装在存储燃料的金属容器里。

量杯

量杯有各种不同的型号，你可以根据团队人数的多少来决定量杯的型号。对于一个人数较多的旅行团队来说，你可以准备一个大量杯以及数个中小型量杯。

砧板

切各类生熟食物，如蔬菜、鱼类、肉类和

↓ 炊具的选择取决于你所能携带的行李的重量以及你准备烧煮的食物类型。

← 当你要端起那些正在蒸煮食物的锅时，你需要戴上一双烤炉抗热手套来保护双手。

← 野营炊具包括一系列不同型号的蒸锅,甚至包括专门煮蛋用的锅。

↑ 如果你携带了罐头食品，千万别忘了再带上一个开罐器。

↓ 如果团队人数比较多,你就需要用一个容量比较大的锅来煮食物。

面包时，都应有其各自单独的塑料砧板。每块砧板的颜色最好都互不相同，以便区分其是用于切哪种食物的。比如，红色的用于切肉，蓝色的用于切鱼，绿色的用于切蔬菜等。这种做法有助于避免食物交叉污染，减少食物中毒的概率。

烤炉手套

如果你需要端那些正在烧煮食物的锅，最好有一些东西来保护你的双手以免被烫伤，特别是那些放在明火上烧的锅。为此，你最好准备一双烤炉用的抗热手套。

餐具

你需要各种不同大小的餐具来盛食物。这些餐具既可以是塑料的，也可以是金属的。一般来说，塑料餐具要比金属餐具轻，但是要注意远离火源（因为塑料遇火会熔化）。

附加装备

除了背包、帐篷、炊具、个人洗漱用品、收音机、手电筒等主要装备外，还有一些附加装备能让你的户外生活变得更加方便和舒适（虽然不是必不可少的物品）。

汽灯

当夜幕降临后，如果营帐里面有一个汽灯的话，做起事情来就要方便多了。如果你带着汽灯的话，在途中要把汽灯用多层覆盖物包裹起来，以防灯罩在运输途中被震碎。与汽油炉一样，汽灯也是不允许带上飞机的。因此，如果你是乘飞机旅行的话，就不要带汽灯了。在这种情况下，你可以带使用蜡烛的灯笼（尽管灯笼的光没有汽灯明亮）。

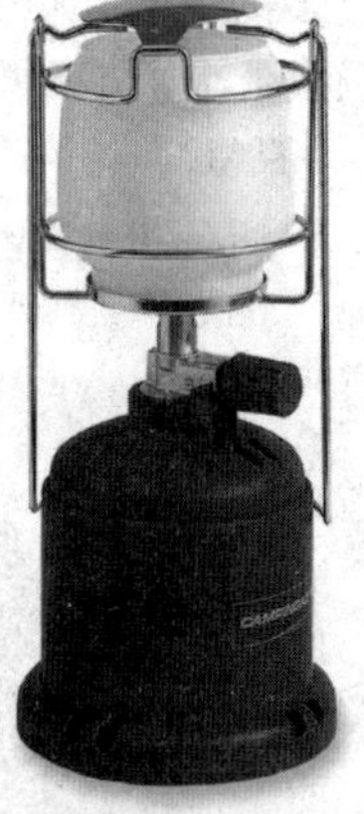

↑ 汽灯是一种比手电筒更为方便的夜晚照明工具。

当人离开帐篷时，一定要将汽灯或灯笼熄灭。此外，不要在封闭的空间内使用或摆放汽灯。

枕头

如果你习惯于晚上睡觉用枕头但又没带枕头，你可以把自己的衣服折叠成枕头的形状，临时充当枕头。如果有枕头套的话，可以将衣服塞到里面，这样衣服就不会滑动了。事实上，许多小巧的充气枕头都是非常便于携带的，将里面的气放完之后，几乎不占什么空间。要用的时候，再往里面充满气就行了，十分方便。尽管枕头并不是十分重要的物件，但是确实能让人在晚上睡觉的时候更舒服。因此，枕头还是值得带的，特别是充气枕头。

折椅

折椅的价格虽说比较昂贵，但在休息的时候能有个椅子坐也确实要舒服得多。如果你有一辆车或者一匹马来装载行李，你就可以考虑带上一把折椅。但如果是背包徒步旅行，就不适宜带了。对于某些野外考察研究，如鸟类观察，就特别有必要带上一把折椅。有了折椅，你就可以坐在上面长时间一动不动地进行某些观察。

坐垫

坐垫的规格一般为30厘米×60厘米。你可以利用废弃不用的旧睡垫剪成坐垫的形状和大小。这样，你就可以在途中休息的时候拿出来坐。

↑ 这种坐垫可以从普通的户外用品商店中买到。其特点是质量很轻，便于携带。

钢镜

钢镜，即有光泽的金属薄片，可以作为镜子使用。有了这种镜子，刮胡子的时候就方便多了。钢镜在不用的时候要放在盒子或塑料袋里面，以防长时间受潮而生锈。

炉子的挡风板

很多炉子都配有一块小的挡风板。如果你觉得原有的太小的话，你可以再买一块大点的。当你在户外风大的环境下煮东西的时候，在炉子的四周围上一圈挡风板可以节省煮东西的时间，同时也节省燃料。

棋盘游戏

如果是轻装野营旅行，一般不带棋盘游戏。棋盘游戏能在旅途中为人们提供很多乐趣。如果有时候大家只有一个游戏可玩，可以把大家分为几个小组，然后做一些体现团队合作精神的游戏。有些棋牌的筹码和骰子一定要保存好，因为少了这些东西，棋牌便玩不了了。

↑棋盘游戏能为人们在闲暇时提供不少乐趣，并且能培养良好的团队精神。

闹钟

如果你需要在早晨准点起床，而你的手表又没有闹铃功能，那你就需要带上一个使用电池的旅行闹钟，以确保你在早上不会睡过头。

电源适配器

如果你前往国外旅行，则需要带上可以转换该国电压的电源适配器。这样才能使用你所携带的电子用品。

弹簧秤

如果你是乘飞机旅行，最好带上一个弹簧秤。这样就可以称一下自己所带的行李，以免行李超重导致产生额外费用。

延伸器

所谓的延伸器，就是一根弹性绳的两端各固定有一个钩子。这种延伸器有许多用途:搭帐篷、挂蚊帐以及绑行李等等。

野外生存的必备工具

一般的工具大多比较笨重，轻装野营活动是限制携带那些笨重的工具的，当然也有一些例外。旅行中携带的所有工具都务必保持干燥和锋利，使之保持良好的性能。并且在使用各种工具之前，都要对其检查一番，以防出现事故。

铁铲

对于一个探险营地来说，拥有一些具备多种用途的长柄铁铲是十分重要的。如果你打算驱车前往某个沙漠或丛林地区，你至少得带上一把铁铲，以便在车轮胎陷进沙坑或烂泥坑里的时候，可以用来挖土。折叠式挖壕锹也很有用，而且不占空间。还有一种塑料小铲子，分量不到200克，可用于填埋人体排泄物。

→ 这种可折叠的铁锹易于存放，可用于挖掘生营火用的沟渠以及清理垃圾。

大砍刀

这种又大又重的砍刀在丛林中开辟道路或清理营地的时候能够发挥很大作用。当你购买大砍刀的时候，一定要选择刀刃锋利且厚实的那种。此外，还要为其配一个皮质的刀鞘。

斧头

如果你是开车前往某个偏远的山区野营，你应该带上一把斧头，可用于砍伐一些树枝来生火或搭建临时的栖身之所。

锯子

对于一个没有伐木经验的人来说，使用锯子伐木要比使用斧头来得容易。轻装野营者可以携带绳锯，因为它分量轻，又不占空间。

修理工具

在旅行期间，炉子及一些照明设备有时也许会需要维修。因此，你得带上一些基本工具（如改锥），以便修理某些东西。有些装备可能需要专门的维修工具，因此你在买这些装备的时候就得弄清楚这些事项。

管道胶带

这种胶带的黏性极强，可用于许多东西的临时性修补，如帐篷、背包等。因此，有必要带上一卷管道胶带，并要将其放在有盖子的盒子里面，以防灰尘和沙子。

磨刀石

磨刀石是让各种工具保持锋利的重要物品。诸如锯子、斧头、小刀和砍刀等，要想保持锋利，就得天天磨。

→ 这种管道胶带可用于很多东西的修补。

↓ 为了安全起见，大砍刀不用的时候，一定要放进皮质的刀鞘里面。

↑ 瑞士军刀是一种很好使的工具，但是其刀刃很小且比较易坏，因此使用的时候要小心。

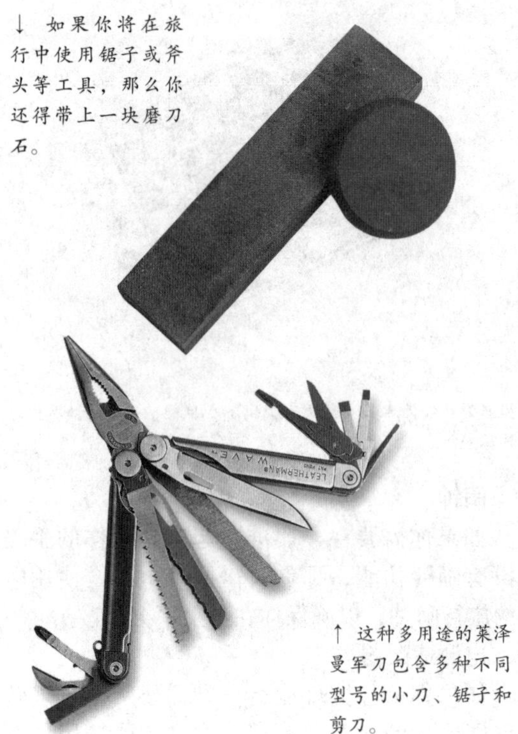

↓ 如果你将在旅行中使用锯子或斧头等工具，那么你还得带上一块磨刀石。

↑ 这种多用途的莱泽曼军刀包含多种不同型号的小刀、锯子和剪刀。

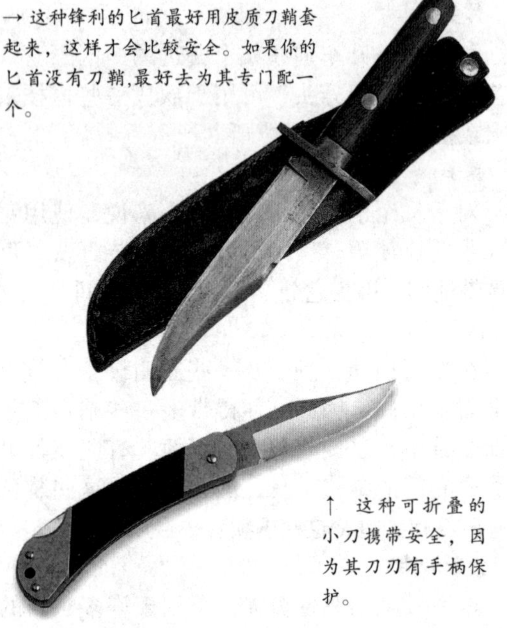

→ 这种锋利的匕首最好用皮质刀鞘套起来，这样才会比较安全。如果你的匕首没有刀鞘,最好去为其专门配一个。

↑ 这种可折叠的小刀携带安全，因为其刀刃有手柄保护。

帐篷维修工具

帐篷维修工具在一般的户外用品商店里都能买到。典型的帐篷维修工具包括尼龙补丁、胶黏剂、备用支索、备用帐篷桩。在用补丁片补帐篷破洞的时候，要先把破的地方擦干净，然后再把涂上胶黏剂的补丁贴上去。

小刀

诸如瑞士军刀或莱泽曼（LEATHERMAN）军刀之类的迷你型工具也是十分有用的，其包含许多不同型号的刀片和剪刀。

装备的保养

各种野营装备大都比较昂贵，而且关系着你的生命安全。因此，要保持各种野营装备的良好性能，你就得适时地对其进行保养和维护。野营装备的维修和保养最好在旅行刚结束后回到家的时候进行，因为这个时候你对各种装备的损坏处还记忆犹新。在将各种野营装备存放好之前，你得对其损坏的地方进行维修（如果有损坏的地方的话），然后清洗干净并晾干或擦干，以便于下一次使用。

帐篷

野营结束后收拾帐篷的时候，要检查一下帐篷的零部件是否齐全。如果发现帐篷的接缝处有开裂，可以用密封剂（可在户外用品商店买到）粘好，等密封剂干了之后，再将帐篷收好。如果帐篷内部有蚊帐，你还得检查一下蚊帐上是否有破洞。在下一次使用帐篷前，得把这些破洞修补好。

炉具

野营所使用的炉具如果没有给予必要的维护，就不能发挥其良好的性能，甚至会发生危险。千万不要将可能让炉子产生损坏的东西放在炉子上面烧。如果你需要更换炉子的某些部件，一定要使用正规厂商生产的质量好的产品。在不使用的时候，炉子和燃料瓶要分开放置，这样才比较安全。

指南针与电子产品

指南针要远离磁场，如熨斗或无线电扬声器。如果你所携带的是量角器指南针，则要保持量角器的清洁，以免日后看不清上面的刻度。长时间不使用的电子产品，要将里面的电池取出来，以免发生电池泄漏或腐蚀。

背包

背包在使用的时候，注意不要扔或拖、不要只背一根背带。旅行结束后，要将背包清洗

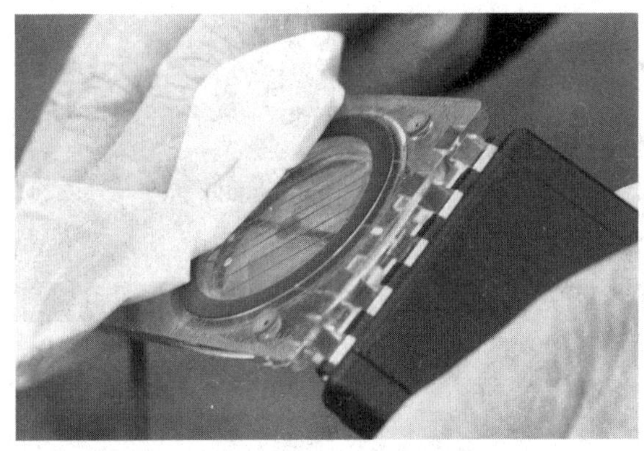

↑ 这种塑料质地的量角器指南针在使用之后要注意擦干净，以免以后看不清上面的刻度。

干净。如果有破的地方，则要缝补好。在存放起来之前，一定要确保其已经完全干燥。记住不要使用洗衣粉来清洗背包，因为洗衣粉容易破坏背包面料的防水性。存放背包的地方一定要干燥、通风。

睡袋

睡袋都需要仔细地清洗，晾干所需的时间也较长。如果你是用洗衣机洗的，晾的时候最好平摊，因为挂在绳子上晾容易变形。如果还有睡袋衬套的话，旅行结束后也要按照生产商所注明的清洗方法进行清洗。

羽毛或羽绒填充物的睡袋

羽毛或羽绒填充物的睡袋最好拿到干洗店进行清洗，就像洗羽绒被一样。如果你喜欢自己洗，一定要用羽绒产品的专用洗涤剂，晾的时候要平摊。晾的时候，要将里面的结块拍打蓬松。晾干之后，请将里面的羽绒拍打均匀。羽绒填充物的睡袋得存放在干燥的地方。

合成纤维填充物的睡袋

这种睡袋可以手洗，在通风的阴凉处晾干或用滚筒烘衣机低温烘干，但要注意不要使用清洁剂。此外，这种睡袋还可以用干洗的方式清洗。

毛绒填充物的睡袋

这种睡袋是最容易清洗的，直接放进洗衣机就行了，而且晾干的速度也很快。

鞋子

作为一种重要且价格昂贵的旅行装备，鞋子在旅途中以及旅行结束后都需要一些特殊的维护和保养。

↑ 为了让潮湿的靴子干得更快，你可以在靴子里面塞一些报纸或干草。

旅途中的保养

每天晚上脱下鞋子的时候，请将两只鞋子轻轻地相互敲打，以便震落鞋子上沾着的泥土。鞋底的缝隙里嵌着的泥土可以用小刀撬掉。晚上晾鞋子的时候（放在帐篷门口或挂在帐篷外），可以在鞋子里面塞一些报纸，这样更利于鞋子干透。注意不要将鞋子放在营火边烤或放在烈日下暴晒，以免损坏鞋面。

旅行结束后的保养

□靴子的保养

1.将两只鞋子轻轻地相互敲打，以震落鞋子上的污垢和泥土。

2.鞋底的缝隙里嵌着的泥土可以用小刀撬掉。

3.用硬毛刷将鞋子上残留的尘土和污垢刷干净。

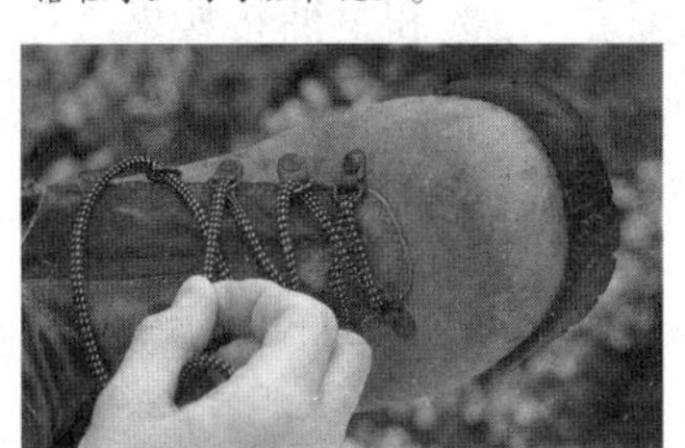

4.检查一下鞋带是否有磨损，如果需要更换的话就要及时进行更换。将鞋子放在温肥皂水中进行清洗。

5.用一块软布或直接用手给皮靴上油。

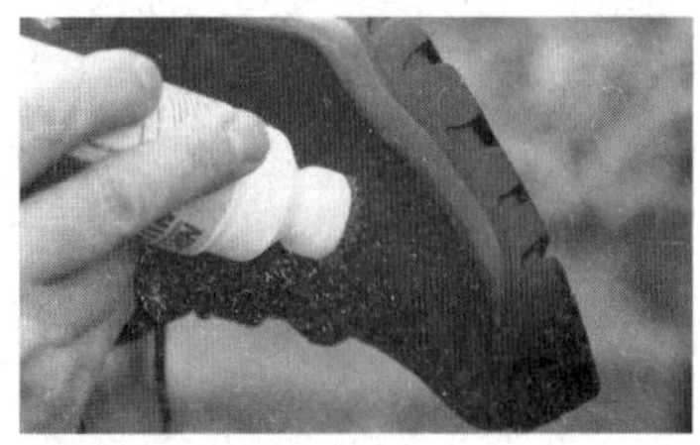

6.如果你的靴子是纤维面料的，则使用一种硅树脂产品进行护理。

□整理靴子

1.检查一下鞋带是否牢固，即在重力下是否很容易被拉断。此外，记得带一双备用的鞋带。

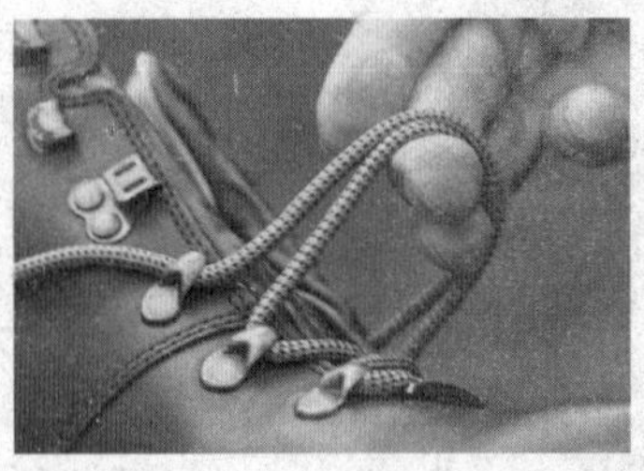

2.检查一下D字形的鞋扣是否有弯曲或损坏，或者嵌有泥土；如果存在以上问题，鞋带就不容易穿好了。

3.仔细检查靴子的缝合处是否有松动，最好在缝合处喷涂一些防水的密封剂。

先将鞋子上的泥土弄干净，然后放入温肥皂水中清洗，洗完后让其自然干燥。所有的鞋子都要给予适当的保养才能使之保持良好的防水性能。特别是皮靴，如果不定期打蜡和上油，很快就会穿破。因此如果你的靴子或鞋子是皮质的，建议你在存放起来之前将其进行抛光、打蜡和上油处理；如果你的鞋子是纤维面料的，建议你使用一种硅树脂鞋护理产品喷涂在鞋子上面。

装备的检查

在进行任何野外旅行之前（无论是近距离的一日远足还是长达一个月的国外探险），你都得仔细检查一下自己所要携带的旅行装备。任何装备如发现有破损的迹象都要及时地进行修理或更换。在家里修理总比到时候在野外修理要方便得多，因为在家修理时修理的材料和器具都比较易于获取，万一修不好还可以换一个新的。

衣物与鞋子

除了要确保你所带的衣服适应当地的气候以及你所进行的活动以外，你还得确保这些衣物的舒适性，特别是裤子和衬衣（如果穿着不舒服，会影响身体的灵活性）。出行前，你得检查一下这些衣物是否需要缝补，特别是拉链和扣子这些部位。如果是团队旅行，你最好在自己的衣物上缝上自己的名字或其他标记，以便辨认自己的衣服。

除了检查衣物之外，你还得检查野外旅行时所穿的靴子是否完好无损。如果有破损的地方，一定要修补好，缝合处最好涂上一层密封剂以保护缝线。

靴子上一些小的裂口可以自行用黏合剂粘好，如果是比较大的洞则需要拿到修鞋铺修补或者换一双新的。此外，要检查一下鞋带是否牢固，并且要记得准备一副备用的鞋带。

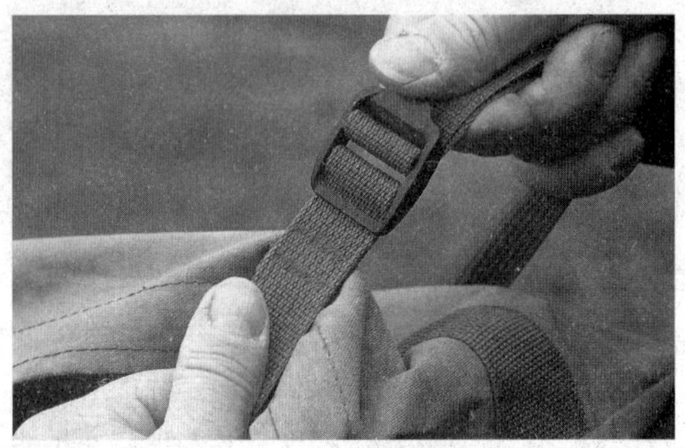

↑ 出行前，务必仔细检查一下背包的背带是否牢固。如果背带不结实，旅行中在重物的压力下很容易断开。

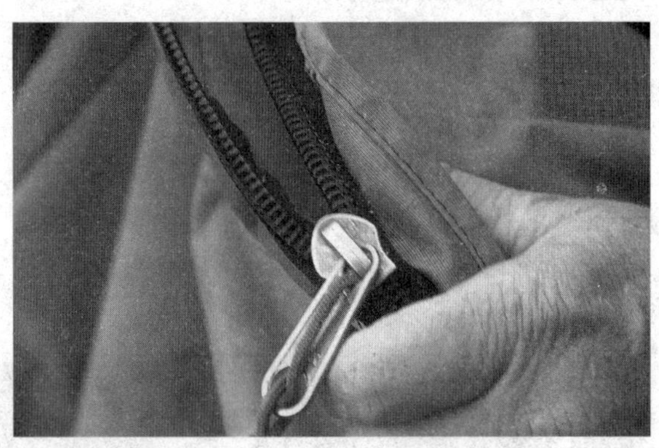

↑ 请仔细检查一下背包的缝合处和拉链是否完好无损。此外，建议你在缝合处涂上一层密封剂以保护缝线。

注意检查一下鞋底是否脱胶；如果脱胶，一定要拿到修鞋铺修理或者换一双新的。如果是皮靴，记得在出行前抛光和上油；如果是纤维面料的靴子，则应喷涂一些硅树脂鞋护理产品。

电子产品

一些电子产品在长时间不使用的时候，要记得将里面的电池拿出来，以防电池渗漏腐蚀。万一电池真的渗漏腐蚀，你可以用砂纸将腐蚀的部位擦干净。检查一下所有的电池接头是否存在腐蚀;如果存在腐蚀的话，务必要清除

↑ 燃气炉的形状虽然比较奇怪，但它有专门的配套包装袋，因此也比较容易携带。

干净。如果被腐蚀的部位清除不干净的话，则表明需要更换了。或者，你可以再换新的电池试一试，看其是否能正常运转。一些使用多节电池的产品，你可以将其中的一节电池反向放置。这样，在不使用的时候，就不会发生由于误碰某个按钮而开启了该产品的情况。记住，务必携带充足的备用电池，包括用于相机或电脑的锂电池。

野营装备

检查一下帐篷的各个零部件是否齐全，以及帐篷桩是否充足（要准备备用的帐篷桩）。仔细检查帐篷和防潮布上是否有破洞，以及绳索是否结实。此外，如果有睡袋的话，还得检查一下睡袋是否干净以及拉链是否完好。

炊具

出行前，你可以先试用一下炉子，看其能否正常使用。此外，一定要备足充足的燃料，除非你确定能在目的地买到该燃料。如果你乘坐飞机旅行，燃料一般是不允许带上飞机的。因此，你必须将燃料瓶从炉子上拆下来。此外，你还应该检查：野营时所使用的各种餐具是否洁净，洗涤剂和各种调味品是否齐全，各种锅碗瓢盆是否完好无损等等。

装载行李的装备

你得检查一下自己的背包是否干净以及背带和拉链是否都完好无损。特别是大容量的背包，由于要装比较多的物品，对背带及腰带的牢固程度的要求就更高了。如果发现有任何松动的迹象，就必须及时缝补好。另外，建议你在背包的各个缝合处涂上一点密封剂，以使其具备更好的防水性。

装备的装包

将各种装备装包的首要原则就是要尽量减轻重量，但同时也不可省去任何重要的装备。行李装包的第二原则就是对一些不可受潮或易碎的物品要小心处理。

← 这种防水的塑料袋比较适合装睡袋和帐篷。

个人装备

个人行李装包的第一步是先将所有要携带的物品堆放在一起，并根据你所列的行李清单清点一下是否有任何遗漏。核对无误后，你应该对某些物品的必要性及其所增加的重量和体积等因素再三考虑，然后再决定是否携带。

以上工作完成后，你就可以开始装包了。建议你先将一些细小的物件装在一些小的袋子里面并在这些袋子上贴上所装物品的标签，以省去到时候寻找的麻烦。

睡袋的打包一定要特别注意，务必要将其放在防水的袋子里面。这样一来，即便到时候你的背包不小心弄湿了，里面的睡袋仍然是干的。羽绒填充物的睡袋具有很好的压缩性，可以被压缩成很小的体积并且不会对填充物造成损坏。合成纤维填充物的睡袋经过压缩之后，其厚度也能变薄。到达目的地之后，将其拿出来拍打，其隔热性能丝毫不会受到影响。

团体装备

装包前，可将打算携带的各种团体装备集中在一处，以免遗漏。如果是乘飞机前往目的地，你还可以核对一下这些物品是否有可能超过飞机所允许的载重限制。

飞机旅行

一些旅行中不常用的物品应该安全地存放在行李箱中。如果行李中有易碎物品，要提醒搬运工小心轻放。诸如小刀、剪刀、手术刀、剃刀刀片等物品要放在各自的工具箱内，而不能放在手提袋里，否则是不允许你登上飞机的。

行李的装车

你要确保所有的物品都已装入各种箱包，并且不会在颠簸的路途中震落下来。如果你所携带的箱包数量很多，建议你在各个箱包上贴上标签，以便寻找物品。注意行李不要超载，并且要尽量将重量集中在轮轴附近的位置。

车顶行李架上只放一些体积较大但重量较轻的物品，因为头重脚轻的车辆很容易在崎岖的道路上翻车。可以将一些不防水的物品放在防水容器里或结实的塑料袋里，或者在上面盖上一层遮雨布。

易碎物品一定要有填料保护。燃料瓶要注意与食品、衣物、急救物品及任何易燃物品分开放置。燃料瓶和储水容器的周围最好也塞一点填料，以避免其在路途中长时间颠簸而损坏。

背包的装包

先将睡袋放入背包底部，然后依次放入帐篷、防潮布，这样正好符合打开行李时拿东西的顺序。水瓶、地图、指南针及其他个人物品可以放在背包的小口袋里面，以方便取出。炉具和燃料瓶一定要与食品、衣物、睡袋等物品分开放置，以避免燃料泄露造成污染。

手提袋的装包

使用最为方便的一种手提袋是上面可以完全打开能看清里面东西的长方形袋子。放东西的时候，要将较重的物品（如书）放在最下面，易碎物品放在中间，然后再把衣服、睡袋等柔软的东西放在易碎物品的周围。

第 4 章
基本的野外生存技能

学习野外生存技能能让我们轻便地旅行，能让我们在缺乏或者完全没有装备的情况下在绝大多数地形条件下生存。即使我们并没有处于生死攸关的境况，野外生存技能也能够为我们提供一种方式，加深我们对祖先的情感，再现我们与地球之间最原始的联系。野外生存技能是在没有现代化工具的情况下的生存技能。要掌握这些技能，需要坚持不懈地练习，一旦掌握，它们将为你打开一扇无限可能的大门。最重要的是，这种技能属于每个人，它们是在前人不断实践的基础上传承下来的，应该得到完整的保存并代代相传下去。

心理和情感生存

当我们陷入生死攸关的境况时，我们面临的最大问题不是如何寻找水和食物，而是如何从心理上准备好应付这种局面。我们不得不依赖自己的本能，在那一瞬间可能冒出一系列强烈的相互冲突的心理活动。心理学家普遍认为，当碰到紧急事件的时候，人们往往会出现一系列典型的心理反应：震惊、否认、恐惧和气愤、谴责、沮丧、接受、继续前行或者在这些心理活动间相互变换。

情感反应

• 震惊　你对刚发生在自己身上的事情完全没有准备，处理这些信息有一定的困难。

• 否认　这是一种生存机制，你现在可能已经意识到了你所处的形势，但是你却拒绝承认其真实性，你欺骗自己说：“不，这种事情不可能发生在我身上。”

• 气愤　你对你所处的形势感到非常气愤。你对所有事情没有按照预期的发展而感到忐忑不安，你担心它们永远也不能恢复到正常。

• 谴责　谴责别人让你陷入到这样的形势中来，这会让你好受些，但是从理性上说毫无意义。

• 沮丧　这是一种内在的气愤。你在寻找某种方式让压力更容易排解。

• 接受　现在你回到了“现实”。你面对的是现实，尽管它仿佛很遥远，但它确实存在。

• 继续前行　从心理上，你开始找到平衡，开始考虑你所处的形势及如何生存，不仅仅是在接下来的几个小时，有可能是接下来的几天甚至是几周时间的生存。

不要恐慌

当处于生死攸关的情形下，无助的感觉能够迅速地转化为沮丧和孤独。不过最严重最难以应付的心理是恐慌。恐慌会让你做出一些非常理的反应，导致局面恶化。在一些极端恶劣的情况下，不能保持冷静甚至可能威胁到你的生命，因为此时你已经失去了理智，不能做出正确的决定。在很多时候，你甚至意识不到自己已经陷入了恐慌。

战胜恐慌的第一步就是认识到一个事实：如果你不采取预防措施就可能会陷入恐慌之中。在你还没有到神经紧张的状态时，逐步地分析所有事情，给自己一个正确评估所处局势的机会，这一点非常重要。

一次完成一个步骤

不要把所有问题叠加到一起，那样的话将会是一个大问题。坐下来安静几分钟，深吸几口气，考虑一下什么才是你最迫切需要解决的问题，然后全力以赴地着手解决这个问题。在这个问题解决之后，你才能够继续解决接下来的问题。记住，一次进行一个步骤。

举一个非常恰当的例子。一个人在海上划着小皮艇，在暴风雨中准备返回海岸。如果当时他考虑了可能碰到的所有海浪的话，他可能早就被淹死了。但相反的是，他每次只关心当前的海浪，在这个海浪来临时小心地掌舵，在这个海浪的问题还没有解决前从来不去想下一个海浪。就这样，他在海浪中拼搏了好几个小时，最后战胜了所有的风浪，并成功返回了海岸。

保持乐观也是一种生存技能

很多人认为保持乐观心理只是书里的语言，只要当确实需要的时候能够记着就行。其实不然，学会控制自己的精神状态与摩擦生火一样也是一种重要的技能。你能够通过在日常生活中的各种场合保持冷静积极的态度来练习这种心理技能。无论什么时候，就算事情变得艰难，请切记每次只做一件事情，做完后才开始下一件。这样不仅仅能让你从容面对各种生死攸关的局面，还能让你觉得日常生活更加令人愉快，生活压力也会减轻。

当你确保能为自己及他人提供各种技能，你自己会有一个乐观的心态。受人赞誉的技能将增强你的信心，并帮助你战胜恐慌。

团队生存

人多确实更安全，而且当你受伤或者身体虚弱的时候，有人在身边会有很多明显的优势。当生死攸关时，团队还有很多其他的优势。最大的优势就是在一个团队里有很多人能够负责日常的生活所需。不仅仅是因为人多力量大，也因为不同的个人肯定具备不同的强项和弱项。比如说，在一个团队里，如果你特别擅长搭建营地，但是不擅长在野外寻找食物，那么你完全可以全身心地投入到搭建一个坚实帐篷的工作中，而不用担心别的，因为团队中的其他队员会提供其他生活所需，如水、食物和火种等。

但是团队也有团队的劣势。在团队中，你不仅要对自己负责，还要对整个团队负责。如果其他所有的队员都具备相当高的野外生存技能，而且你们身边有大量的资源，这样还构不成困难。但是如果你是团队中唯一具备一定生存技能的成员，或者当地没有足够的资源可供利用，那么就很难保证整个团队有足够的饮用水和食物，也很难令所有人感到舒适。另外，团队中某个队员有可能受伤，需要别人的照顾。毕竟，这种团队队员之间的联系是一种最脆弱的关系。

团队的首要任务

按照如下步骤做，这样可以确保你的团队时刻准备着迎接可能遇到的各项挑战：

⊙ 选择一名领队。领队应该由技能最好的人担任，必须能够担负起责任，以“主席”的身份行事，而不是“独裁者”。作为领队，你必须对整个形势负责，组织开展需要完成的各项任务。听取所有队员提出的各种意见和建议，如果需要，帮助他们做出决定。有些时候，听取大家的建议是不可能的，比如说你的团队只有你一个人具备一定的相关知识，这时你就不得不做出总的决定，并分配任务。

⊙ 列举出为确保生存必须完成的各项任务，并与所有队员讨论。

⊙ 找出每个队员的强项，这样能够保证将任务分配到最胜任的队员身上。有些任务可能需要每个队员通力合作完成，比如搭建供团队集体宿营的帐篷。

⊙ 向每个队员及时传达整个团队取得的任何进步，并确保每个队员的身体状况良好。在团队中努力营造一种相互依靠的氛围，这样的话每个队员都能以团队为家，没人会感到受到孤立。确保那些完成某项任务有困难的队员能够得到及时的帮助。

⊙ 制作每个队员所有物品的清单。一旦发生事故，一定要从现场尽可能多地抢救所属物资：不管是电线（可以作为绳索）还是座椅填充物（可以用来绝缘）。

独自生存

如果你是独自去野外，你需要战胜的最大困难就是孤独。孤独可能会让你很快感到无助、恐慌，然后绝望。为了避免这种情况出现，请充分利用你的想象技能来战胜恐惧。想象自己被营救，并努力争取让自己得到营救。为那些需要首先考虑的事情制定一个清单，并坚持完成这些事情。全身心投入到当前手上的工作，无论何时只要消极念头一出现在脑海里就立即驱除它们。从你完成的每项任务中汲取力量。坚强的心理将能够帮助你战胜困难。

发出求救信号

毋庸置疑，当你在野外碰到困难的时候，你肯定希望能够平安回家，因此你必须了解你正要前往的地方以及何时抵达目的地。这样，一旦出现异常情况，外界的人就能够及时发现并准备营救你和你的队友。

如果你发现自己（单独或者与队友一起）在别无选择的情况下陷入一种生死攸关的局面，例如车祸等，你将不得不考虑求救的问题。无论你是在宿营地里还是在寻找食物和水源的路上，你所做的每个决定都必须确保任何前来营救的人员能够发现你。

为营救人员留下标记

人们离开事故现场却不留下任何线索提示营救者他们前往何处，这种事情经常发生。最好的方式其实是留在事故现场附近，但是如果事故现场不能长久停留，你最好还是离开。但是离开之前应该留下一些清楚的标志，显示存在多少幸存者、是否有人受伤、你们要去往何处等信息都是非常重要的。

一旦抵达一个较安全的地方，并且已经决定留下来等待救援，那么要确保这个地方从空中非常容易被发现。你可以在地面上利用石块或者其他容易辨别的材料制造明显的标志。如果这个标志距离营地还有一定的距离，一定要用箭头标示出营地的具体位置。

在白天，另一个有效途径就是焚烧草和树叶，因为浓烟能够很好地表明你所处的位置。

在夜晚，可以利用你所拥有的资源燃起大型的火堆，如果燃料充足，你可以燃起三堆大火，让它们呈三角形，每堆间隔大约10米。

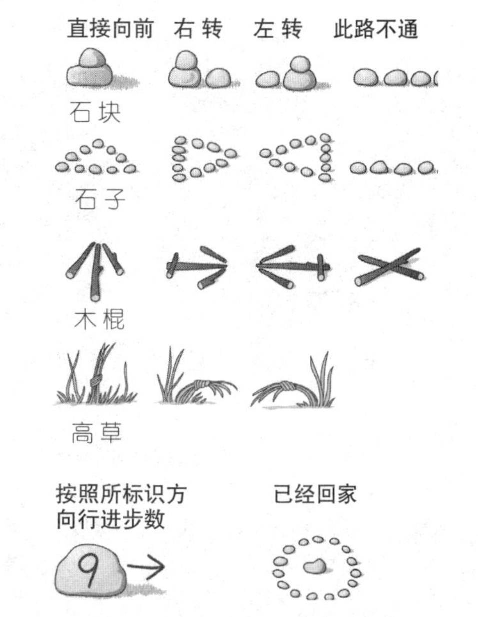

留下行进方向标志

可以向可能前来营救的人员留下一些关于你曾经到过这个地方并正在前往哪个方向等内容的线索性标志，这里有很多种方式。如果有石块的话请利用石块，没有的话可用木头或者草、树叶等来进行标识。

↑ 利用石头在行进路线上进行标记，便于营救人员寻找。这种标志在离开事故现场的时候尤为实用。

□对飞机适用的基本信号

↑ 两臂向上前方伸直，就像要拥抱飞机一样。这个动作是请求飞行员向你飞来并让你搭载。

↑ 两臂侧平举。这个动作是要告诉飞行员让飞机保持一种盘旋状态。

↑ 手掌朝下，伸直手臂，两臂上抬张开呈翼状。这个动作是告诉飞行员下降。

↑ 将伸直上抬的手臂放下一点，这是上一个鸟翼动作的后半部分，这个动作告诉飞行员下降是安全的。

↑ 左手臂伸直，挥动右臂。这个动作告诉飞行员需要向你的左方移动。

↑ 左手臂伸直，继续挥动右臂。这个动作表明飞机还需要继续向左移动。

↑ 将两手置于耳后，表明接收器还好用。

↑ 这个动作是告诉飞行员需要机械援助。

↑ 这个动作是告诉飞行员安全出口在左侧。

↑ 向特定方向伸直手臂并屈膝，以显示该区域是安全着陆区。

↑ 伸直两臂置于头上并左右挥动表明“不要着陆”。

↑ 伸直两臂置于胸前并上下挥动表明“可以着陆”。

学会使用地图

地图

地图以平面图的形式表示各种复杂的地貌。有的地图十分简略，看上去就如一幅画，而有的地图则十分精确。在不同的国家，地图的精确度也不同。当你将跨越多个国家和地区旅行时，你就不可避免地要用到不同国家所绘制的精确度互不相同的地图。好的地图一般都会及时更新。你要确定自己所使用的地图是最新版的。

比例尺

地图比例尺大小的选择取决于你对地图所能显示信息的详细程度的要求。如果你所进行的是一次跨国探险活动，那么一张比例尺为1：2500000（25千米：1厘米）的地图就足够了。但如果你打算进行徒步探险活动，则需要精确度更高的地图，也就是说需要地图上显示更多详细的信息。对于地形条件比较复杂的跨国探险而言，比例尺为1：50000或1：25000地图是较为合适的。比例尺为1：50000的地图比较适用于旅程较长的探险活动，因为这种地图一般能够显示较大的地理范围；而比例尺为1：25000的地图则更适合在恶劣地形环境下使用。然而，在现实情况下，你常常会发现自己所使用的地图的比例尺和精确度并不理想。在这种情况下，你只得再借助于其他的导航方法来确定自己的路线和位置。

标记

每张地图都会用一些符号来标示出自然地貌特征以及某些人造的地理特征。一般来说，大比例尺的地图通常都会详细地标出该地域的水路、公路、铁路以及可住宿的地点等信息，而小比例尺的地图通常是不会包含这些信息的。

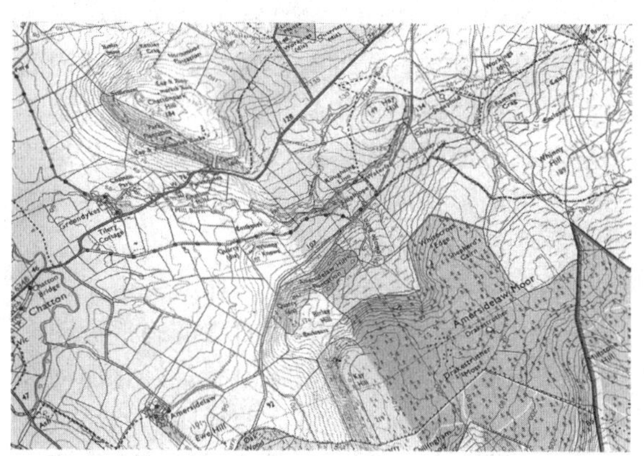

↑ 比例尺为1:25000的地图意味着地图上4厘米的距离代表实际1千米的距离，能够提供较多比较详细的信息。

地图的比例尺及其用途

比例尺	用途
1：15000	定向越野
1：25000	步行
1：50000	步行或爬山
1：100000	骑自行车旅行、开车旅行、划船旅行
1：250000	骑摩托车旅行
1：1 000000	国家地图

无论是自然地貌特征还是人造的地理特征，都会用特定的符号来表示。这些符号通常都会在关键词列表中罗列出来，并注明其代表的含义。不同的国家在地图中所使用的标记符号也各不相同。大多数标记符号都是仿照实物的形态来表示的，当然也并不一定都是如此。因此，如果地图上有关键词列表的话，你还是应该先对照一下该表。地图上标出的物体肯定实际存在，而地面上存在的实物并不一定全都会在地图上标示出来。

地形

有些地图会以不同的颜色来表示不同的海拔高度，使得地图的层次感更为分明。在大比例尺地图上，同一等高线就意味着相同的海拔高度。不同的地形特征就是由等高线来表示的。一般来说，大比例尺地图上等高线的间距在10～20米之间。在做重要的估算之前，要先确定等高线之间的准确间距。读地图的一项关键技能就是通过地图上的等高线看出实际的地形状况。很明显，等高线之间的间距越小，该地的地势就越陡峭。通过估算等高线之间的距离，你可以很快估计出该地的地势陡峭程度，在脑海中呈现出一幅大致是原物比例的图画。

网格系统

在许多大比例尺的地图上，你可以看到许多由数字或字母标示的南北向和东西向的线所组成的网格。不同国家的地图，网格系统的标准也会存在差别。

大多数地图上的一个网格代表1平方千米的实际面积，你可以使用地图上所标示的数字来命名某一区域。这样你就可以准确地通知其他人你所在的大致位置了。为了增加精确度，网格坐标可以从1千米的间距缩小到100米甚至10米的间距。这样你就能够更加精确地知道自己的位置所在。如果你认为自己很有可能在旅途中使用到网格基准（事实上，只要使用地图，就不可避免地要涉及到网格基准），你就应该在出发前熟悉网格系统所表示的意义。有的地图可能没有网格线，但通常也会以纬线和经线来代替（纬线和经线同样可以作为一个基准坐标）。

地图的类型

以下所列举的一些地图都是最为常见的旅行地图。地形图一般都是由政府机构制作的，起初只是用于军事上，是精确度最高的一种地图。地形图通常会定期做一些更新或修订，因此买地图的时候，一定要注意核对所购买的地图是否为最新版本。

私人制作的地图要谨慎对待，除非你已经在实地使用过该地图或者你是一个读地图的高手。一些私人制作的地图通常只是标示出了某些信息，其精确度和可靠性远不如正规地形图。私人制作的地图通常并不是按比例尺来绘制的，有的看上去就像一幅图画。因此，私人制作的地图并不适宜作为正式的导航工具来使用。

在有些地方，你可能只能买到一些绘制质量较差的地图。这个时候，你就不得不寻求一些其他的导航方法了。

国家地图（1：1000000）

国家地图所给的信息并不会非常详细，通常只是给出了该国的大致轮廓、国界线、主要城镇、主要的公路和河流等信息。由于国家地图所给出的信息十分少，因此有时候并不能确定地图上所标示的某条公路的真实情况，它既可能是一条六车道的高速公路，也有可能是一条坑坑洼洼的破旧公路。

地区地图（1：250000）

地区地图实际上就好比是公路路线图，因此并不适用于越野导航，仅仅可以在旅行初期规划行程路线的时候作为参考。除了标示出大的人口中心和主要公路之外，有些地区地图会标出一些次人口中心和次要公路。另外一些地区地图还会标示出该地区的主要山区或丛林。

专题地图（1：50000）

专题地图是最适合野外探险使用的地图。专题地图就是画出精确等高线的地形图。这种地图会显示出某地详细的地理特征，如悬崖、露出地面的岩层、植被等，甚至还会标示出森林中的某些小路。

大比例尺地图（1：15000）

大比例尺地图的精确度很高，因此十分适合做野外导航之用。大比例尺地图的纸张比较大，因此查看的时候也比较麻烦。但是这种地图所涵盖的信息确实十分详细，特别是在一些地形条件复杂恶劣的地域，更需要这种大比例尺地图所提供的详细信息。

读地图

数千年以来，人们一直在没有地图的情况下成功地穿梭于世界各地。各种精确的地图仅仅是近代以来才发展起来的（最早只能追溯到200年前）。在各种精确地图的帮助下，导航越来越成为一项精准的技术。当然，如何读懂地图也成了一门学问。为了你自身的安全，你必须学会这一技能。

3种不同的北向

大多数国家和地区的地图顶端都标有地球正北方向（地理北极的指向）。但是，网格比例尺地图通常使用网格北向。网格北向与地理北向的区别在于：地图是平面的，而地球表面实际是呈弧形的，故而两者所指向的正北方向并不一致。在中低纬度地区，两者之间的区别并不是很大；而在高纬度地区，两者之间的区别就比较大了。第3个北向是北磁极。指南针的指针就始终指向北磁极（目前正位于加拿大北部的哈得逊海湾），而非地理北向。质量好的地图一般会将3种不同的北向全都标出，即网格北向、地球北向与磁极北向，并且会标出逐年的磁变数值。

学会看地图标记

地图上所使用的各种标记通常都会在关键词列表中注明其意义。同样的标记在不同的地图中会有不一样的意义，因此在确定行进路线之前一定要先弄清楚各个标记的正确意义。你应该熟记自己所使用的地图上的各种标记的含义，以免每次看图的时候都要查看关键词列表。只有熟记各种地图标记，读地图的效率才会高。看懂地图上所标示的等高线的含义是读图的一项最重要的技能。这并非一件很容易的事，需要多次练习才能掌握。

如果你并不善于读地图，那么一定要在出行前多加练习，争取能熟练而又准确地读图。你可以先拿当地的地图来练习，最好是那种标有海拔高度和各种地貌特征的地图。然后选定某一地点作为目的地，按照地图所标示的路线寻找，看自己能否准确地到达目的地所在的位置。

找到自己所在的位置

一个好的导航员能够准确而又迅速地重新部署行进路线。重新部署行进路线实际上就是积极识别周围所处环境的一个系统过程。该过程的第一步就是地图定位，即将自己所处的周围地理特征与地图上的标记相对照（比如说一片树林或一个湖泊），或者使用指南针来定位。无论是用哪种方式，你所使用的地图都必须要标示出正北方向以及地形状况。这样，你就可以识别自己所处环境的地理特征，并将其与地图相对照，然后不断排除那些不相符的地点。下面举一个例子来说明这一过程。比如你站在一个面南的陡峭岩石坡上，从山坡上看下去，可以看到一条向东流的S形的小溪。于是，你就可以排除所有不朝南的山坡和不向东流的小溪。这样一来就大大缩小了范围，然后再做进一步的排除：有几条位于面南陡坡下并且流向朝东的小溪是呈S形的。一般来说，通过这样几步排除工作，就能确定自己的所在位置了。如果有两条以上的小溪符合这一特征，那你就得再寻找其他的特征对照，直至找到与你所在位置的地貌完全相符的一点。

学会辨别方向

指南针

人们使用指南针作为导航工具已有数千年的历史了，其间指南针得到不断改进。指南针的指针指向磁北的方向（它随着磁北极的移动而移动，目前的磁北极正位于加拿大北部的哈得逊海湾）。

传统指南针的构造为：一个圆盘内装一个摆动的指针，圆盘四周标有360°的刻度和基本方位（东、西、南、北）。后来，又有人在其上装上一块棱镜，以便更清晰地看到方位。为了更准确地判断地图上某一地点的所在方位，又有人在指南针上安装了一个量角器。第二次世界大战之后，北欧人发明了一种新型的指南针，称之为量角器指南针，即将指南针、量角器、直尺合而为一，也就是现在最常见的指南针。

量角器指南针是如今最流行的一类指南针，是一种多用途的导航工具，它具有如下功能。

- 地图定位。
- 测量地图上标示的距离。
- 找出你所在位置的网格基准。
- 确定你实际的行进方向。
- 确定自己在地图上的行进方向。

指南针的养护

指南针是一种重要的野外生存工具，且构造较为精细。因此，在旅途中，务必小心保管。你可以把它挂在脖子上或放在腰包里，但要注意不要将指南针与有磁性的东西放在一起，否则会影响指南针的精确性。

找到正北方向

将指南针平放在手掌之上，并确保附近没有大的含铁金属物（因为这样有可能形成一个较大的磁场，从而影响指针的精确性）。指南针的红色磁针始终指向磁北的方向。为了找到真正的地球正北方向，你得知道你所在地区的磁偏角的数值（一般地图上都会注明），然后再将该数值应用到量角器中。根据你所在位置的不同，你可能需要加上或减去磁偏角的数值。在使用时必须对照地图来调整磁北和地球正北的偏差角度，才能得到正确的方向或位置。将红色磁针与量角器底板上的平行经度线

□实地定位

1.将指南针水平放置在手掌上，然后将前进方向线指向自己要去的方向。选择一个远处与你的前进方向相同的物体，并向它走去。

2.当你到达该物体的时候，再重复上述过程。将红色磁针与量角器底板上的平行经度线对准。

3.将前进方向线的箭头指向自己要去的方向，然后选择一个与前进方向一致的物体，并朝它走去。如果有需要的话，继续重复这一过程。

对准，前进方向的箭头即指向正北。

寻找方位

如果你行进的路线上没有显著的地理特征如小路、小溪或山脊作为判断方向的参照物，那么指南针就是指示方向的唯一可靠工具了。

确定自己打算前往的目的地的方向后，将红色磁针与量角器底板上的平行经度线对准，前进方向线箭头所指向的就是应该行进的方向。

在用上述方法寻找方位时，一定要先以路途中的某一地理特征为标记。也就是说，你必须找出地面上的某一地理特征（比如说一棵树）作为参照物。让这一参照物与你的前进方向一致，并朝它走过去。然后不断重复以上过程，直至最后到达你打算前往的目的地。

在能见度差的天气条件下，人们很容易迷路。在这种状况下，要尽量避免在行进途中偏离方向。你可以借助近距离的一些地面特征来判断自己是否身处正确的位置，如露出地面的岩层。如果是团队探险，可以先让几个人始终行进在众人的前面，但要保持在后者的能见范围以内。当能见度极低时，最好采取前面所说到的方法，即把人当做一个地面特征。前面的人可以用喊声来指示方向。这样一来，就不容易偏离正确方向了。

地图与指南针的使用

导航的实质就在于能够确定自己的位置并找到到达另一地点的正确路线。一个好的导航员，在地图和指南针的帮助下，能够在任何状况下自信地寻找到正确的方向和路线。

为了保证导航的精确性，你得知道自己的出发点、旅行地的方向以及已经走过的距离。大多数人通常都是因为弄不清以上这3个要素而迷路的。万一不小心迷了路，你所要做的就是重新确定自己的方位，千万不要到处乱跑，陷入恐慌。所谓确定自己的方位，也就是将周遭环境的地理特征与地图相对照，逐渐确定自己所在位置。

图上定位

图上定位是一项简单而又重要的技能。只要你能够识别自身所处环境的一些地理特征，你就可以比较准确地进行图上定位。如果你不能够识别自身所处环境的一些地理特征，那也没有关系，可以借助指南针进行定位。首先你得知道当地磁偏角的数值。然后，将指南针放在地图上，并让量角器上的平行经度线与地图上的网格线保持平行。接着，转动地图，直至红色磁针与平行经度线重合。这个时候，前进方向线的箭头指向就是朝北的。至此，整个图上定位的过程就完成了。

地图与实地的对照

许多导航员都有过于依赖指南针的毛病，导致他们的导航思路过于狭窄。事实上，人们可以单独利用地图进行导航。这同样能让你找到正确的方向和路线，并且让你对旅途中的地形更了如指掌。如果单独用指南针进行定位，一旦出错了，则根本没有实物进行检验和对照。看懂地图上等高线所表示的含义是一项最重要的导航技能。在旅途中，你应该不断标出等高线的特征，以此来检验行进的方向和路线是否正确。一旦发现自己走错方向了，就要立刻回到原来正确的位置上。然后再从那个正确的位置上重新找到正确的方向。

确定路线

在能见度比较差的情况下（比如说夜晚），或者在缺乏显著地理特征的一望无际的大平原或大沙漠上行走的时候，使用指南针进行定位就是唯一比较可行的定位方法了。

用指南针测量网格地形图上两点之间的距

□使用地图和指南针定位

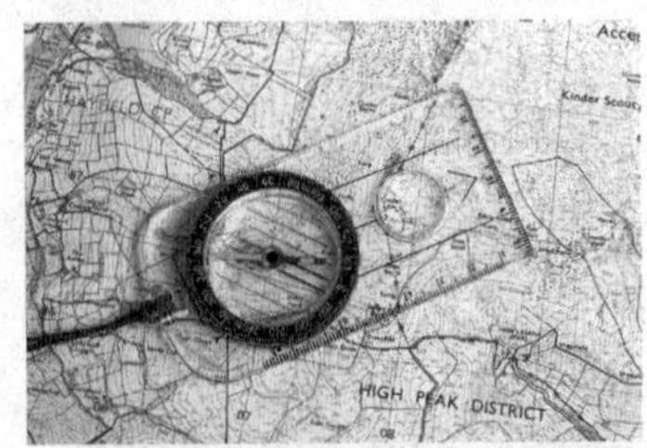

1.用指南针的底板将你的起始点和终点连接起来。确保前进方向线的箭头是指向终点的。

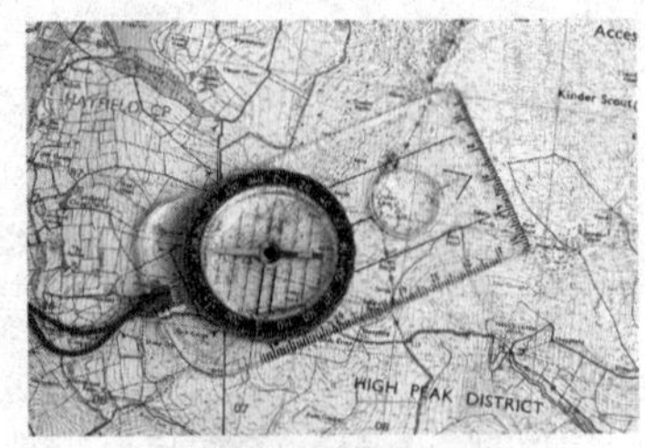

2.转动方位角圆盘，直至平行经度线与地图的网格线平行。此时，指南针底板上的箭头指向网格北向。

3.在该箭头所指向的刻度值的基础上相应地加上或减去当地的磁偏角数值，所得出的数值就是你应该行进的方向。只要磁针与前进方向箭头是重合的，这一方向就应该是正确的。

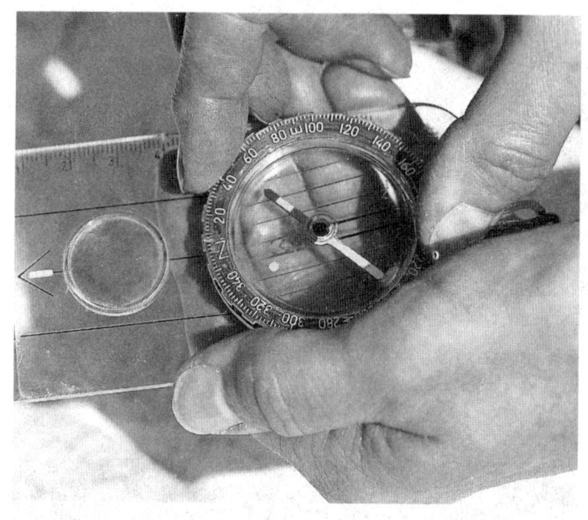

↑ 在使用指南针进行定位的时候，要在网格方向的基础上加上或减去磁偏角的数值，才能得出正确的方向。

离，将量角器底板置于你的起始点和目的地之间。确保前进方向线的箭头指向正确的方向。将量角器底板紧按于地图之上。接着，将量角器按在地图上旋转，直至底板上的平行经度线与地图上南北向的网格线平行。然后，将指南针从地图上移下来，并读取底板上前进方向线的箭头所指向的刻度。同时，不要忘记将磁偏角数值计算在内。将指南针平放在手掌之上，然后整个人开始旋转，直至红色磁针与量角器所标示的北向重合。这个时候，前进方向线的箭头所指的方向就是你应该行进的方向。

如何将磁北方向调整到地球正北方向

指南针的红色磁针总是指向磁北方向，而地图上所标示的又往往是网格北向。在高纬度地区以外，地球正北与磁北之间的差值被称之为磁偏角。在地球的不同地方，磁偏角的数值不尽相同，或是向东偏，或是向西偏。

无论是指南针定位，还是地图定位，都涉及到将磁北调整到正北的问题。在欧洲，你需要在网格北向的基础上加上磁偏角的数值，所得出的才是真正的地球北向。而在世界其他大多数地区，则是要减去磁偏角的数值。各地的磁偏角数值以及每年的变化数值，一般都会在地图上注明。

无论是进行图上定位或是实地定位，都会应用到磁偏角。有时候，人们会将两种定位方法结合起来使用，以便相互验证定位的正确性。在将图上信息应用到实地的时候，你需要加上磁偏角数值；反之，则减去磁偏角数值。

偏差

无论何时使用指南针，都要记住远离磁场，否则会影响指南针的精确度，造成偏差。更为严重的是，指南针长期放在磁场附近还会导致永久性损坏。因此，务必要将带磁性的或含铁的物体放置在远离指南针的地方。

利用日月星辰导航

现代人由于有许多的导航工具可以使用，以至于经常忽视一些利用自然现象进行定位的方法。毫无疑问，利用地图和指南针进行定位是一种最为有效和准确的方法。但是，万一你手头没有地图或指南针（比如地图遗失了、指南针坏了），又该怎么办呢?

早在数千年以前，我们的祖先就已开始利用观察天体的运动来确定方位了。如果你能通过日月星辰的运动来判断自己的方位，那么即便是在没有导航工具的情况下，你也同样能够找出正确方向。因此，了解一些利用日月星辰来定位的方法是非常有必要的。

建议你出行前，练习以下几种利用自然现象进行定位的方法，然后再用地图和指南针来验证一下你所做出的判断的准确性。这会大大增强你自己的导航信心。对于一个好的导航员来说，无论他拥有多么精密的现代导航仪器，他都会时时刻刻考虑自然所提供的信息。总之，准确地进行野外导航是一项最重要的野外生存技能。

利用太阳进行定位

无论你在地球的哪个角落，太阳每天都是东升西落。因此，你可以通过观察一些与日出和日落相关的明显的地理特征来判定大致的方位。以下所描述的方法仅在晴天的时候比较有效。当然多云天气的时候，也可以凭借天空的明暗程度来判断太阳的位置。

在北半球的正午时分，太阳位于正南；而在南半球的正午时分，太阳则位于正北。如果确实是在正午时分左右，则以上判断应该是比较准确的。

误读

越接近地球赤道，利用太阳所进行的定位就越不精确。当太阳正好位于头顶的时候，就很难判断它到底位于哪个方向了。

使用手表来找到正北方和正南方

这一定位方法所使用的手表一定要是有（时、分、秒）针的表，并且要设置成当地时间。进行定位的时候，要注意将手表持平。如

□树枝阴影法

1.选择一根长度90～120厘米的笔直的树枝，并将其插在有阳光的空地之上。在树枝投影在地上的影子顶端放上一块石头。

2.等待15～20分钟的时间。15～20分钟之后，你会发现树枝的影子转移了。在树枝此时的影子顶端也放上一块石头。

3.用一根树枝将两块石头连接起来。这根树枝是东西走向的，其中第一个投影点表示西，第二个投影点表示东。

果你是在北半球，请将时针指向太阳，并想象有一条线把时针与12点的夹角平分，这条角平分线所指的方向即为正南方。如果你是在南半球，请将12点的位置指向太阳，并想象有一条线把时针与12点的夹角平分，这条角平分线所指的方向即为正北方。

用树枝阴影法来找到正东方和正西方

树枝阴影法是一种很有用的定位方法。只要有阳光，无论是在哪个时段，也无论纬度高低，都可以使用这一方法来寻找方位。

选择一根长度90～120厘米的笔直的树枝，并将其插在四周无阴影的空地上。在树枝投影在地上影子顶端放上一块石头。然后等待15～20分钟的时间。15～20分钟之后，你会发现树枝的影子转移了。请在树枝此时的影子顶端也放上一块石头。然后再用一根树枝将两块石头连接起来。这根树枝是东西走向的，其中第一个阴影点表示西，第二个阴影点表示东。

如果你从早晨开始，将在某个地点驻扎一整天，你可以使用一种更为精确的树枝阴影法来定位。如前所述，先选择一根长度90～120厘米的笔直的树枝，将其插在有阳光的空地之上，并在早晨的树枝影子顶端处做上标记。然后以树枝为圆心以投影在地上的阴影长度为半径划一个圆弧。随着不断临近正午，树枝的影子会不断地缩短。正午过后，树枝的影子又开始重新变长。当树枝影子的顶端与你早晨所划的圆弧重合时，在这一重合点上做上标记。将这一标记与你早上所做的标记连接起来的一条线便是东西走向的，其中早上的标记是偏西向的。

利用月亮来定位

与太阳不同，月亮的形状是会变化的，而且其亮度远不如太阳。因此，利用月亮进行定位并不是很方便。特别是在云层很厚的夜晚，天空中根本看不到月亮。

↑ 上图所示的是如何利用娥眉月来辨别南北的方法。将面朝左的娥眉月的两个端点连起来，划一条虚线。在北半球，该虚线与地平线的相交点即指正南；在南半球，该虚线与地平线的相交点即指正北。而面朝右的娥眉月，则正好与之相反，即：在北半球，该虚线与地平线的相交点即指正北；在南半球，该虚线与地平线的相交点即指正南。

月亮本身并不会发光，我们所看到的月光是月亮反射太阳光所致。月亮绕着地球运动，受到地球的阻挡，其太阳反射面随之变化。因此，我们所看到的月亮有一个从娥眉月到满月的过程。当月亮运行到太阳与地球之间的时候，月亮以它黑暗的一面对着地球，并且与太阳同升同落，人们无法看到它。月亮环绕地球一周的周期是29.5天。

如果月亮是在太阳还未完全落下的时候升起的，表明它的“脸”是朝西的，即西半边亮。如果月亮是在后半夜升起的，则它的“脸”是朝东的，即东半边亮。同太阳一样，月亮也是东升西落的，无论是北半球还是南半球，都是如此。

利用月相来辨别方向

晴朗的夜晚，可利用月亮判定大致方向。农历初一新月时，月亮和太阳在同一方向，它与太阳一起升落，这时看不到月亮。初七八上弦月时，月亮在太阳东面90°，比太阳约晚6小时升起来，也晚约6小时落入地平线，即正午太阳在正南方时，月亮刚从东方地平线升起；太阳在西方地平线上时，月亮在正南方；半夜

做好方向标记

当夜晚利用月亮或星星来辨别方向的时候，不要忘记日出之时，月亮和星星都将消失。因此，当晚上辨别好方向后，一定在相应的位置做上标记，以便第二天清晨辨认。

前后，月亮在西方地平线上。十五六（有时十七）望月时，月亮和太阳相距180°，太阳落时，月亮正从东方升起；第二天太阳升起时，月亮正从西方落下。二十二三下弦月时，月亮在太阳西面90°，它比太阳约早6小时升起来，也约早6小时落下去。即太阳从东方升起时，月亮在正南方；正午太阳位于正南方时，月亮正从西方落下。这样，就可根据不同的月相判定大致方向。

利用星座来定位

由于天空中的星座成千上万，而且星象也变化多端，因此利用星座来定位是最复杂的一种天体导航方法。此外，相同的星座和单体星在南北半球所呈现的星象是不同的，这也增加了利用星座来定位的难度。尽管如此，人们利用星座来导航已有数千年的历史了。

由于地球是不断移动的，因此同样的星座很可能呈现出不同的星象。与太阳一样，星座也遵循着东升西落的规律。

在北半球

在北半球，北极星无疑是最重要的一颗指示方向的星星了。在星空背景上，北极星距离北极不足1°，故在夜间找到了北极星就基本上找到了正北方。北极星属小熊星座，是其中最亮的一颗。由于小熊星座的众星中除北极星外都较暗，所以，通常根据北斗七星来寻找北极星。北斗七星是大熊星座的主体，其形状像一只勺子。从斗口边两星（指极星）的连线向斗口外延长5倍左右，便可找到北极星。北极星附近相当大的一片区域里，没有比它更亮的星了，所以，用这种方法是极易找到它的。

在黑夜的天幕上，我们还可以利用猎户星座来定方位。猎户座的四周由4颗明亮的星组成一个大四边形，四边形的中央是3颗并排的小星。我们可以通过小星作一假想的横线即为天球赤道，该线即为东西方向线。

在南半球

在南半球，北斗七星有时会没入地平线以下，或者由于它离地平线近而被树木、村庄、山峰等遮挡。由于看不到北极星，可以利用南十字星座来定方位。南十字星座由4颗亮星组成，如将对角的两星相连，即成“十”字形。其中最亮的两颗星连线的延长线即指向南方。如需更精确一些，可利用南十字星座旁边的半人马星座，将其中两颗亮星作一假想连线，在连线中间作一垂直线与南十字星座的指南线相交，交点离真正的南极只偏差1°。

利用其他自然特征导航

大自然能够提供许多信息，来帮助我们辨别方向。这些信息源于静止的物体、动物和植物。当然，自然特征仅能帮助我们确定大致的方位。但是，在缺乏导航工具的情况下，如果

↑ 北极星位于北极上空，通常根据呈“勺子”状的北斗七星来寻找北极星。

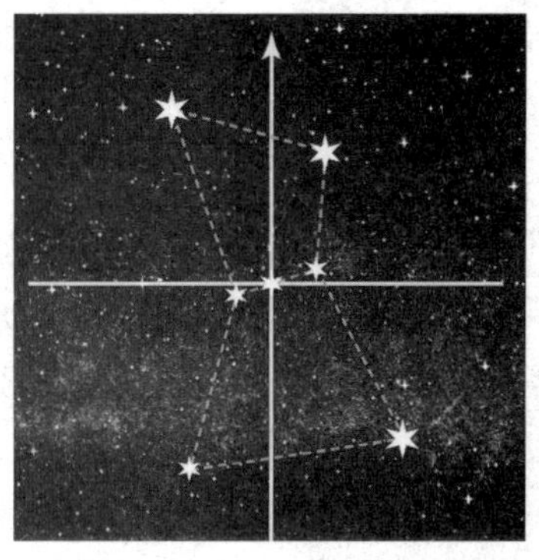

↑ 我们可以通过猎户座中间3颗并排的小星作一假想的横线即为天球赤道，该线即为东西方向线。

↑ 在南半球，人们通常利用南十字星座来定方位。

你具备通过观察一些自然特征来判定方位的技能，你将会感到十分庆幸。将几种自然特征结合起来做出定位判断是比较理想的，那要比仅凭一种自然特征做出判断可靠得多。

风

世界上大多数地区，都有着规律的盛行风向。有些地区终年盛行同一方向的风；而有的地方则是某一季节盛行某一方向的风，盛行风向会随着季节的改变而改变。如果你能事先了解某一地区的盛行风向，则可以利用风向来定位。但要注意地形对风向的影响。比如，深谷和陡峭的山脊都会完全改变风向。判断风向的唯一可靠方法是观察天空中云的移动方向。

生长在空旷处的树木和灌木丛由于长期受到某一方向的风的吹袭，常常会朝一边倾斜。生长在热带地区的棕榈树则正相反，有逆风生长的倾向。尽管棕榈树与常规相反，但也能指示风向。

沙子和积雪也会留下风的痕迹。因为沙子和积雪长期在风的吹袭下不断向某一方向漂移，以致会逐渐形成一个个沙丘或雪垄。

一般来说，沙丘和雪垄的迎风面，坡度较缓;沙丘和雪垄的背风面，坡度则较陡。

植物

植物的生长需要阳光和水分，因此我们可以通过分析植物的生长地点和生长方式来辨别方向。由于阳光与水的相互影响，你得根据当地的气候状况判断出两者之中何者对植物的生长起主导作用。苔藓通常生长在背阴且潮湿的树皮和岩石上。在寒冷地区，高大的植物通常都生长在朝阳的地方，阳光照射到的一面通常也会长得比较茂盛。在依据植物的长势来判断方位的时候，你还得考虑到所在的半球。有一些植物，比如说生长在南非的北极树，有向北边生长的倾向。还有一些花是向阳的，会随着太阳的移动而转向。

↑ 在北半球，苔藓生长在树的北边一侧；在南半球，苔藓生长在树的南边一侧。

多雪地带

在多雪地带，积雪厚的地方通常朝北，而积雪薄的地方则朝南。此外，背风地带的积雪通常比较厚，而迎风地带的积雪则相对薄一些。在了解这一地区盛行风向的基础上，再结合以上常识，你就可以相应地做出大致的方位判断了。

动物足迹

在干燥的地区，如果你看到动物的足迹都是朝着同一个方向的，则表明这一方向很有可能是通往水源地的。鸟类如果总是朝着同一方向飞，也有可能表明正飞向某个水源地，当然路途可能很远。在植被茂盛地区，动物的足迹通常会将你带往一个空旷的地方。这样，你就能获得更好的能见度来规划你下一步的路线。

蚁穴

在澳大利亚，蚂蚁和白蚁所筑的巢穴是呈“土墩”或“薄形刀片状”结构的，而且其巢穴总是南北走向。这样一来，冬天的时候，其巢穴无论是在上午还是下午，都能使太阳照射到;而夏天的时候，该构造则能避免太阳的照射。

照顾好自己和他人

尽管你应该学会在没有野外生存工具包的情况下行事，但还是强烈建议你随身携带一个小的野外生存工具包。在其中放一些最基本的工具，这些工具将使某些任务更容易完成，或者让你事半功倍。

基本的野外生存工具

刀具是在危急情况下最常用的工具。下面列出的这些东西不太占地方，但会为你提供很大的帮助：

- 小刀
- 防水火柴
- 蜡烛
- 鱼线

- 各种型号的鱼钩
- 两个小的鱼饵
- 用来做陷阱的铁丝
- 净水药片
- 哨子
- 绳索
- 曲别针/缝衣针
- 医用胶带
- 橡皮膏（创可贴）
- 牙线（坚韧的丝线）
- 指南针
- 镊子
- 扑热息痛（镇痛药）

将这些东西全部放入一个小的容器中（这个容器在紧急的情况下还可以当小壶来烧水），将其密封并保持干燥。每次出发前确保将野外生存工具包放进自己的背包或者衣服口袋里。

预防为主

常识告诉我们应付疾病或者伤害的最佳途径就是预防。比如，你并不希望由于不小心被刀子划伤，尤其是在有危险的情况下，因为此时如果再出现其他的问题只会让危险局面恶化。

在野外生存的时候，必须遵循一些重要的指导原则。最重要的就是每次方便后必须仔细洗手。在紧急的情况下，很多任务都是靠赤裸的双手来完成（如剥野生动物的皮毛或者取水等），你必须避免任何交叉感染，否则你自己或者你的队友很有可能会生病。

正确使用和保存锋利的工具，确保它们不会让你受到意外伤害。在使用诸如刀子或者斧子的时候，还要注意溅起的石头或金属碎片。

在收集木头的时候，绝对不要试图用膝盖折断树枝或者跳起来踩断它们。你很容易低估了它们的韧性，而让自己受伤。通常的做法是借助锋利的工具，或者将其放入火中烧，直到达到你需要的长度。要学会借力，你的力气很有可能在别的地方还用得着。

在徒步行进的时候，每跨出一步都要千万小心，尽量不要去冒险。对于不熟悉的地形，最好的办法是绕道而行而不是穿越。始终把安全放在第一位，尤其是当你受伤或者生病的时候，又或者身边没有别人能够给你提供医疗帮助的情况下。

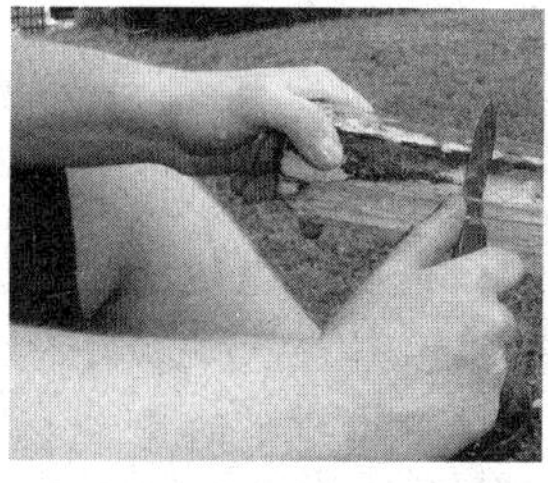

↑ 削木头的时候，动作要稳要慢，而且刀刃一定要向外。

↑ 切忌将刀刃朝着手或者身体。

↑ 绝对不要试图用膝盖折断树枝，它通常比看上去更结实，你的膝盖很可能会受伤。

↑ 跳起来踩断木头很容易让脚踝受伤。如果不能用刀砍，可以将它放入火中烧到你需要的长度。

从流沙中逃生

在热带地区，徒步行进的时候一定要带一根粗棍子或棒子，一旦陷入流沙（松散的沙子和水混合成的沙层），立即躺倒在棍子上，然后“放松”。把身体重心放到棍子上，你就会顺着沙子流动，因为棍子的密度要比沙子小。千万不要挣扎，那样的话只会陷得更深。流沙一般只有几十厘米深，所以尽量将身体舒展，用背部移动寻找硬实的地面就可以顺利逃生。

大自然中的危险

无论何时，在野外注意危险的动物是非常重要的。避免自然危害最基本的原则就是随时保持警惕。

远离危险的野生动物

你需要让那些存在潜在危险的动物知道你的存在，但是不要惊扰它们，通过哨子等让它们知道你在那个地方。只要你不威胁到它们或者它们的幼崽，它们就不会主动攻击你。只有当出现食物争夺的时候，它们才可能将你看成竞争对手。

当你进入到熊的势力范围，你就威胁到了它作为食物链顶端的地位。它们具备敏锐的嗅觉，因此最有效的防范措施就是在远离营地的地方藏好食物及废弃物。将食物存放在距离宿营地至少300米远的地方，并且装在袋子里高高地吊好（有关此内容，请参阅本篇第5章）。将所有用过的卫生纸和女性卫生用品进行焚烧。将所有废弃物深埋在至少15～20厘米的地下。

虱类及其他昆虫

昆虫的危害性很大。在热带地区，蚊子是传播疾病的主要途径。即使是在温带地区，也有大量的昆虫能够传播病毒。在温带地区，最常见（也是最容易被忽视的）就是虱类的危害。它们能传播各种不同的疾病，其中莱姆病是最值得注意的。在绝大多数地区，这种风险还是比较低的，但是在美国有将近1/3的虱类携带有这种病菌。

一旦虱类落在身上，它就会叮入皮肤吸血。大约12个小时之后，它将放出它的倒钩注入唾液破坏伤口附近的组织，就是这种唾液里可能会含有细菌或者病毒。

如果你感染了莱姆病毒，你可能会发现身上出现像牛眼睛一样的皮疹（也可能没有），这种皮疹通常不发痒。你还可能会出现像患流感一样的症状，如头痛、发热、脖子僵硬和咽喉肿痛等。如果这种感染扩大，变得严重，它会影响心脏、神经系统和关节。如果得不到及时处理，它还可能影响到你的短期记忆，并最终致命。处理办法就是使用抗生素，目前还没有针对此病毒的疫苗。

发现身上有虱类的时候立即除掉，不要等它自己跑掉。在虫子多的地方，每过1～2个小时检查一下身上是否有虱类。不要用香烟熏它，这样只会促使它释放更多的毒液。相反地，应该用镊子夹住，直接将它从皮肤中拔出来。

自然药物

在野外如果你没有急救药品，不要恐慌：这并不意味着你不能对自己或者他人采取急救措施。有一些常见的疾病可以利用你身边能够找到的某些野生植物来进行处理。

小伤口

到目前为止，应用最为广泛的草药就是车前草。很多人将车前草叶子捣碎来治疗蚊虫叮咬引起的炎症。以前，人们曾把车前草叶嚼碎成糊状，用来处理小伤口。车前草茶治疗咳嗽也有效果，其做法是将晒干的车前草叶10毫升放入1杯开水中，待10分钟后内服。

感冒发热

在温带地区，接骨木是一种常见的灌木。接骨木是制作接骨木酒的原料，这种酒能预防冬季感冒。接骨木花（无论是新鲜的还是晾干的）可以像车前草叶一样用来内服，能够退热和缓解感冒症状。接骨木叶还能够驱赶苍蝇和蚊子，把叶子泡水涂抹在皮肤上也能达到这个目的。

腹泻

橡树皮可以被用来缓解慢性腹泻和痢疾。你需要在春天的时候收集橡树嫩枝的树皮，然后晒干保存。为治疗腹泻，可将10毫升干橡树

□制作治疗咳嗽的自然药物

1.干车前草叶能够用来泡制治疗咳嗽的茶水。将一把干车前草叶放入碗中。

2.烧一些开水，倒入装干车前草叶的碗中，让叶子浸泡约10分钟。

3.从碗中捞出车前草叶，一碗天然的治疗咳嗽的汤药就准备好了。

□制作治疗腹泻的自然药物

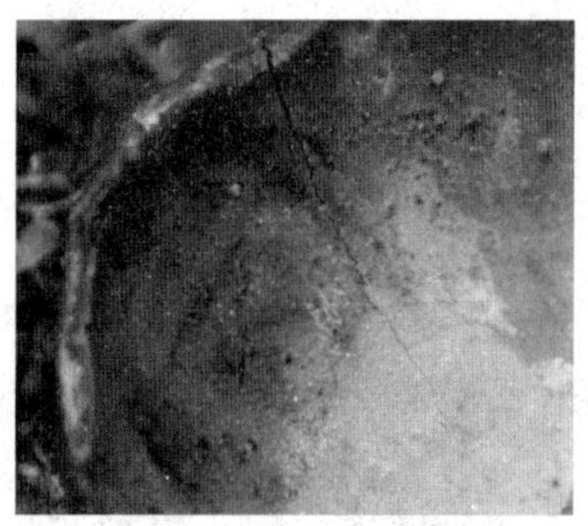

1.煎煮橡树皮的水是治疗腹泻和加快伤口愈合速度的良药，也可以治疗牙龈炎和喉咙痛。

2.将橡树皮捣烂，放入碗中，放水置于火上烧开。

3.让水保持沸腾3～5分钟，从火上移开，待凉后当茶饮用。

↑ 苔藓能够用来包扎伤口，并可控制出血。像泥炭藓这类的苔藓还具有杀菌的功效。

↑ 经常洗手，预防有害病菌侵入身体。

皮放入0.5升水中，煎煮3～5分钟，待冷却后内服。这种汤药具有杀菌和收敛的功效，也能被用做外敷药物处理愈合缓慢的伤口，或者被用做漱口水，治疗牙龈炎或者咽喉痛。

卫生的重要性

无论在何种情况下，个人卫生都是非常重要的，尤其要预防交叉感染。人们在对卫生的认识上存在一个普遍的误区，认为处于原始部落中的人都比我们脏，但事实上，在一些现今存在的原始部落中，卫生也像在现代社会一样重要。

在那些原始部落中，有很多东西可以替代肥皂、洗发水、牙刷和牙膏，这一点值得我们在野外生存中借鉴。要制作这些东西，需要做一些适当的准备。如果打算做较长期的野外生存，花一定时间和付出一定努力来创造卫生条件是非常值得的。

卫生纸

有关卫生的问题，出现得最多的可能就是“用什么东西来替代卫生纸”。大自然中有很多东西可以发挥卫生纸的用途。事实上，只要需要，你身边的任何东西都可以利用。其中一个很好的办法就是混合使用干的和湿的苔藓。首先用湿苔藓擦干净，再用干苔藓进行除湿。

如果当时没有大量的苔藓，或者情况紧急，你也可以选择大树叶。与使用苔藓一样，先用新鲜树叶，再用干树叶。但是必须确保你使用的树叶无毒，并且不会刺激皮肤。有的人喜欢用树皮的内层，但是取树皮要费一番工夫。

粪便处理

无论你采取什么方式处理粪便，请遵循如下原则：

- 为了避免污染，确保你挖掘的简易厕所距离水源至少25米。
- 粪坑深度至少在45厘米以上。
- 方便之后立即用土盖住粪便，如果盖土之后仍有臭味散发出来，必须重新掩埋。
- 用纸之后一定要焚烧。纸在分解之前能够保留很长时间，将严重破坏环境。

☐挖掘粪坑

1.如果只在某个地方待上很短的时间，在距离干净水源25米开外的地方挖一个至少45厘米深的粪坑。

2.可以在粪坑上放置一两根原木，这样方便起来更舒适。还可以收集一些苔藓或者树叶，这样"卫生纸"也准备好了。

3.每次方便之后，在粪便上撒一层土壤保证臭味不向外扩散。取一些炭灰撒在粪便上也能很好地掩盖臭味。

☐制作天然的卫生巾

1.先收集大量干燥和松软的苔藓准备制作卫生巾。

2.将苔藓置于干净的布片或者柔软的动物皮上，将边缘折叠。

3.这样就做成了一个用途广泛、吸水性能良好的卫生巾。其中的布片或者动物皮可以洗净之后再利用。

• 确保放在衣袋里的东西不会意外滑落。刀子掉进粪坑里是一件非常不愉快的事情。

• 每次方便之后都要彻底清洁手部和腕部。

尿布和卫生巾

绝大多数土著居民利用干燥的苔藓制作卫生巾，另外一些非常柔软和经过鞣制处理的动物皮革也常被用做卫生巾和婴儿尿布。也有部分土著居民用布包上具有吸水性的苔藓等野生植物制作卫生巾。经期妇女的卫生问题非常重要，否则她们往往会受到熊的攻击。

制做肥皂和洗漱用品

出门远行或者野外生存最容易忘掉的就是肥皂。其实在野外制做肥皂非常容易，而且对于保持卫生非常重要，尤其是在生死攸关的情形下。

即使带了生物可降解的肥皂或者洗发水，你也必须意识到它们的降解需要土壤，因此为了避免污染，应该在距离水源25米以外的地方挖一个坑将洗漱用水全部倒进去。

制作肥皂所需的原料如下：

• 木炭灰（含碱）

• 水

• 油或者脂肪（动物脂肪、植物脂肪均可）

• 松脂或者松针（这些东西并不是必需的，只是为了让肥皂具备杀菌功能和好闻的味道）

你还需要某种过滤的装置，如用一块布料将灰烬从水中过滤出来。最好用棍子对炭灰和水进行搅拌，因为炭灰的碱性很强，不要用手搅拌，以免灼伤皮肤。

当水被蒸发掉之后，剩下的混合物就是一种很好的肥皂了。你还可以通过改变其中炭灰、油和松脂的比例来调节其功能的强弱。

丝兰肥皂

另外一个制作肥皂的常用方法就是捣烂丝

兰根。捣烂丝兰根的时候会有一种泡沫状的东西溢出，这种东西富含皂角苷。用这种泡沫可以制作肥皂和洗发水。

牙膏

如果能够发现山茱萸或者桦树，可以嚼一段它们的嫩枝，然后将剩下的纤维作为牙刷，将放有炭灰的水作为牙膏。但是刷牙之后必须用清水彻底漱口，避免刺激口腔。

可以在水中加入捣碎的松针，然后过滤用做漱口水。这种漱口水有一股好闻的味道并具有一定的杀菌功效。

指甲和头发护理

卫生当然也包括修指甲和剪头发。保持指甲较短的一个简单有效的途径就是在光滑的石头上磨。磨指甲的石头应该具有金刚砂的质地。磨指甲可能是一个比较费时间的事情，但是总比指甲太长不小心被折断要好。至于头发，如果没有黑燧石之类锋利的石头可以用，就最好让它继续生长。

如果你找到了像黑燧石这样锋利的东西，最好不要用它们刮胡子。即使刮，也一定要保持高度警惕，因为它远比金属刀片锋利，而且还不规则，更没有现代剃须刀那样的保护措施。与其不小心伤到自己，还不如不刮胡子。

□制作简单的肥皂

1.等待火堆燃尽冷却，从中收集部分炭灰。

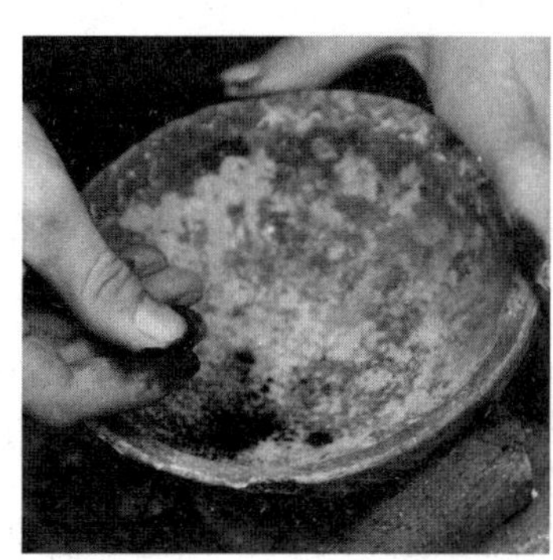

2.将块状的炭用石块捣细成粉末状。

3.将炭灰与水混合，充分搅拌，滤出炭灰，留水备用。

4.加热油或者脂肪，然后将过滤之后的水倒入。再将混合物重新烧开。

5.捣碎一定数量的松针，并将其加入到混合物中。继续加热，直到蒸发掉所有水分。

6.将混合物从火上移开，冷却。这样就制做出很好的具有一定抗菌功效的肥皂了。

第 5 章 野营装备

在野营过程中，人们的活动常常会受到一些自然力的支配和影响，如日出日落、天气变化、地理位置、最近的水源以及燃料的供应等。野营的地点选择固然十分关键，而野营的舒适与否又不完全取决于营地，各种各样的装备往往有着极为重要的作用。一次舒适的野营取决于你在选择扎营地点、搭建帐篷、生火和确定路线等方面的技巧。

选择营地

世界上很少有十分完美的营地，因此在实际选择营地时你得在一定程度上做出取舍。选择营地时优先考虑的因素有：你将在营地驻扎多久、你所搭建的帐篷有多大等。在选择的过程中，你心中最好有一个大致的选择标准，以便更清楚自己需要注意哪些方面。

勘察

对于一次长期的野营来说，特别是人数较多的团队，你需要事先做一个详细的计划并在整个团队到达之前预先进行实地勘察。如果选择在一片私人领地上扎营，你得事先得到主人的允许。其实，无论是勘察专门的营地还是在野外，需要注意的事项都是差不多的。

↑ 如果你不得不在树林中扎营，应选择地面上无腐烂的树枝树叶的地点作为营地。

何时勘察

如果你将在某个地方过夜，那么你应该在天黑以前的两三个小时就开始选择合适的营地。这样就可留下一段时间将帐篷搭建好并准备好食物。如果你在前往目的地的途中发现某个地点景色非常怡人，你也可以在那个地方逗留一番。当你错过了一个好的地方，而前方的地形又不适合作为营地，那么你也可以原路返回原来那个适合作为营地的地点。

勘察要素

选择营地的首要原则就是要尽量避免任何极端情况。在气候炎热的国家，营地应该选在有树荫的地方。而在气候寒冷的地区，选择营地的首要考虑因素是背风。合适的营地应该是比较干燥的，这也就是说应该选择地势相对较高的地方作为扎营地点。这样一来，你不仅能避免潮湿的沼泽地，而且还不会将自己置于一个冷风窝之中。如果风很大，你应该让帐篷的门背对着风。

如果营地处有水源将是一个优势，但是你得确认一下该水源的来源。你不能够仅凭当地人饮用该水，就得出能够安全饮用的结论。除非你有十分确定的证据证明该水源是安全的，

选择营地时的注意事项

选择合适的营地时，首先要考虑的是：该地是否能避开风的吹袭以及附近是否有可供饮用的水源。满足了这两个基本条件后，根据你所在的地区和当时的具体情况，还应注意到下列事项：

⊙地面应该较为平整，不能有太多的碎石和枝杈，以免损坏防潮垫和睡垫。

⊙山谷或洞穴不适宜做为营地，因为这种地形在夜晚就如同一个风窝。

⊙干涸的河道不能做为营地，因为有时候洪水会出人意料地来临。

⊙沼泽地或看似沼泽地的地方是绝不能做营地的。

⊙确认一下在该地扎营是否需要有关机构或人员的许可并且支付一定的费用。

⊙帐篷桩和支索应该能够较容易地钉入地里。

⊙营帐周围不应该有树木、石墙以及其他结构松散的石头建筑，以免其突然坍塌压到营帐。

⊙如果营地靠近某个水域，营帐一定要驻扎在高于最高涨潮点的位置，而且你得确定该水域没有鳄鱼等危险动物出没。

⊙营地的周围不应该有虫蚁以及蛇类的洞穴或灌木丛。

⊙在气候炎热的地区，应选择有足够树荫的地方做营地。

⊙营帐不宜太过靠近水源或湿地，因为这些地方夜间多蚊虫且易招引野兽。

⊙营地周围应有充足的柴火。除非这一地区允许伐木，否则你只能捡一些地上的枯树枝来生火。

⊙你所选择的营地不应该是当地人放养家畜的地方。通常，这些地方的地面上会有一些残留物，如粪便。

⊙你所打算驻扎的营地不应该有家畜的出没以及任何活动痕迹。

⊙如果是在山区，营地绝对不能驻扎在可能会有雪崩或泥石流的地方。

⊙如果地面已被厚厚的雪所覆盖，你得用滑雪杆竖直插入雪地，以检验该地面是否足够坚实。

否则你都应该相应地做些水的净化处理。千万不要将帐篷驻扎在太靠近水源的地方，比如说小溪，因为晚上靠近水源的地方通常会有很多的蚊虫。而且水源边上还可能会有动物出没饮水。

如果某地的治安较差，有抢劫和盗窃的记录，你最好向当地的警察局询问一下安全的扎营地点。有时，他们会向你们提供一块在他们的有效控制区内的营地。如果你将在某个地方停留较长一段时间，则要尽量和当地的老百姓建立良好关系。特别是要与当地的政府搞好关系，因为你们在该地停留期间，在物资供应及调解纠纷方面肯定需要他们的帮助。

布置营地

营地的具体布置方法取决于营地的所在位置、天气状况、帐篷的大小以及个人喜好等因素。但是，出于为了野营者的人身安全考虑，有一些不变的黄金法则值得人们去遵循。

帐篷的位置

帐篷的搭建应该遵循背对盛行风向的原则。如果有可能的话，可以利用树木或者灌木来作为一道天然的挡风屏障。如果该地区的气候比较炎热，那么帐篷还应该搭建在树荫的下面。但同时你也应该注意，树木上可能会有一些枯枝断杈掉下。此外，睡觉和休息区域应远离煮食区和如厕区。如果该地区盛行某种风向的话，睡觉区还应处在煮饭区的风向的上游。

如厕区

如果你所在营地没有固定的厕所，那你就得在远离睡觉和煮食区的顺风处自行搭建一个临时的如厕区——利用天然的屏障或用帆布或防潮布围起一块区域。你可以用铲子或刀在

↑ 位于树木下的营地能够遮蔽阳光，但同时也会遭遇枯枝断杈落下所带来的危险。

地上挖一个小坑，作为大便的地方。排泄完毕后，用土将排泄物覆盖，并将厕纸烧掉。小便处则应设置在另外一个不同的地方。同样地，你也可以挖一条小沟，作为小便的地方。每次小便完之后，也用泥土将其覆盖。需要注意的是，每次方便完之后都要用泥土将其盖好，否则排泄大小便的地方很容易滋生微生物和细菌。

盥洗处

如果你需要设置一个洗衣服的区域，则该区域应远离睡觉和煮食区。晾衣服的绳子应安置在夜间人员走动较少的区域。

营火的位置

营火的位置应该距帐篷一定的距离，以免柴火燃烧时爆出的火星把帐篷烧出小洞。此外，生火的位置应位于帐篷的顺风处，并要远离树木和灌木丛。

食物准备区

准备食物的区域应距离睡觉的区域一定距离，以防夜间动物被食物引诱所发出的响动影响到你的休息。同时，也远离被食物的香气所吸引的苍蝇。如果可能的话，最好在煮饭地点的附近单独搭建一个用于存放食物的小帐篷。切记不要将食物放在睡觉的帐篷里面。

社交中心

在远离睡觉和煮食的地方，可以选择一个大家一起做事、聊天或进行其他活动的场所。这一区域也就是整个野营团队的社交中心。每一个在此区域活动的成员都有义务保持该区域的整洁。

泊车区域

一些大型的野营营地往往会有正规的通车路径。如果你们的团队是自己驱车前往的，那么在布置营地的时候要记得预留出一块地作为泊车之用。需要提醒的是：不要开车围着营地打转，以免造成不该发生的事故。

搭建帐篷

一旦完成了营地勘察之后，你就可以开始搭建帐篷了。不论是什么类型的帐篷，你都需要遵循大致相同的搭建方法。首先，你应该按照帐篷制造商所提供的使用说明书上的步骤来搭建帐篷，特别是在首次搭建帐篷的情况下。当然，如果上一次搭建帐篷的经历距今已有很长一段时间，你需要再次熟悉搭建帐篷的步骤。

建议你在出行前练习一下搭建帐篷的步骤（你可以在自己的院子或其他空地上进行练习），以便能够及时解决自己所碰到的问题并在正式旅行中迅速完成搭建帐篷的任务。在旅行途中，你有可能会遇到天气比较糟糕的日子。你可能不得不在风雨交加时搭建帐篷。因此，如果你能事先熟悉搭建帐篷的步骤和技巧，就会更得心应手了。如果你每次搭建帐篷的时候都遵循完全一致的步骤，经过多次重复之后，整个搭建帐篷的过程就会变得十分自如。

如果你所使用的帐篷是棉质的，在正式使用之前，最好先把它搭起来，弄湿，然后让其自然干燥。

检查地面

搭帐篷的时候，第一件要做的事就是检查一下你打算扎营的那块地面。扎营的地面必须平整，不能有可能会积水的坑洼。该地的土质是否能让你轻易地将帐篷桩打入其中，你所选择的地块是否有很好的屏障来遮蔽大风。当然，帐篷也不能太过靠近屏障物，以免被屏障物上掉下的东西砸到。当你对该地块的位置感到基本满意后，下一步要做的是就是清除地面上的石头和树枝等尖利的物体，以免戳破防潮垫。此外，如果地面上有比较明显的隆起的小土块，最好将其整平。

各部件的组装

如果你所用的是一顶新帐篷，搭建的时候最好先阅读一下说明书并检查零件是否齐全。大多数帐篷的搭建都是按照先搭内帐后搭外帐的顺序，当然也并不全都如此，因此你最好还是先查阅一下使用说明书。一般来说，搭建帐篷的第一个步骤总是先组装帐篷杆和帐篷桩。然后，根据不同的帐篷类型，搭建的步骤可能会有所不同。搭建帐篷的时候，要确保将所有的拉链全都合上。

现在的帐篷，尤其是穹顶帐篷，帐篷杆都比较细。为了使帐篷更为稳固，可以在每根帐

□搭建穹顶帐篷

1.检查一下是否已备齐了所有的帐篷零部件。如果该帐篷分内帐和外帐，则将两者连接起来。务必确保所有的拉链都要拉上。

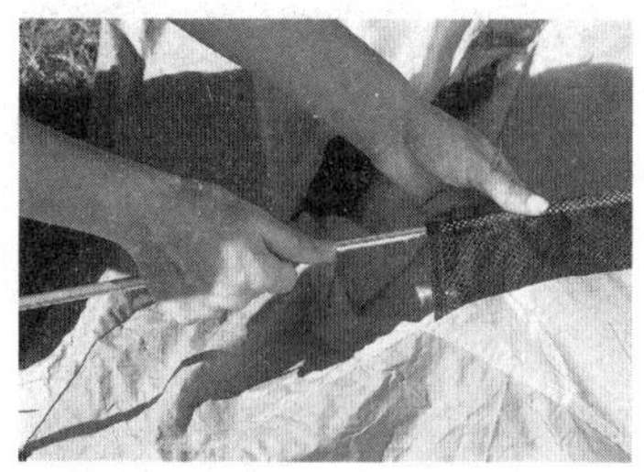

2.组装帐篷杆——将其塞进帐篷的套筒里面（很容易推入）。

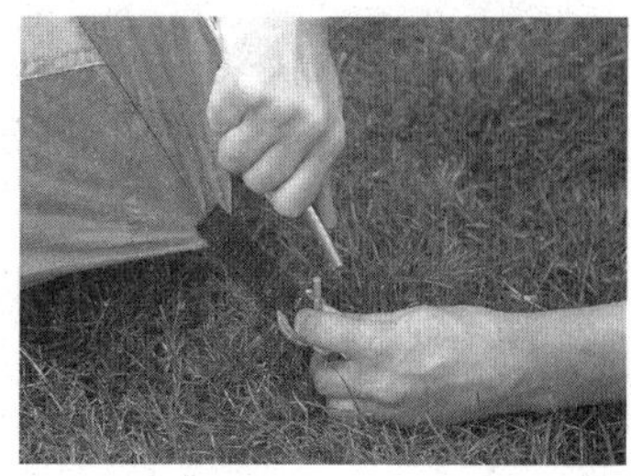

3.将帐篷杆的末端固定在帐篷桩上，以便将整顶帐篷支撑起来。

4.将内帐的帐篷杆向外拉伸，并将其与帐篷桩固定在一起。然后，使劲将帐篷桩按入地面，确保它不会被大风轻易拔起。

5.将外帐的帐篷杆向外拉伸，并与帐篷桩固定在一起，再检查内帐是否正确连接。如果你要重新固定帐篷桩的位置，可借助另一根帐篷桩将其拔出来。

6.将所有剩余的定绳都固定在帐篷桩上，然后将多余的帐篷桩收起来放好。

□搭建山脊帐篷

1.将帐篷从包中拿出，查看一下是否所有的部件都已齐全。然后将内帐平铺在地面上，并将帐篷的四个角用帐篷桩固定在地面上。

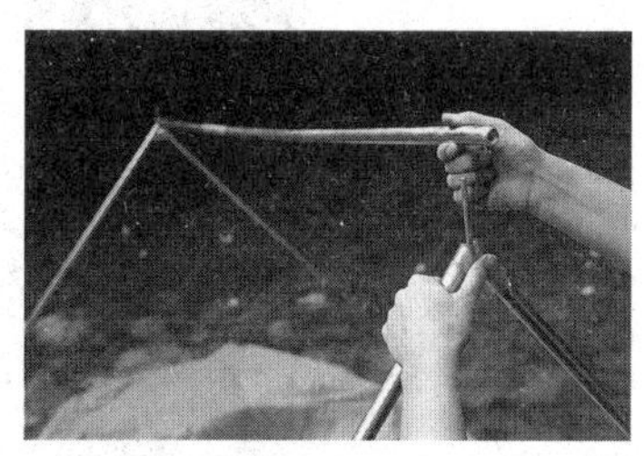

2.将帐篷的支架组装好。组装之前，务必弄清楚每根帐篷杆之间的相互连接位置，否则是很难装上去的。

3.将内帐挂到组装完毕的支架上。然后将外帐覆盖到支架上面，并在需要的部位与内帐相连接。

4.如同内帐的四个角一样，将外帐上的定绳也用帐篷桩固定在地面上。在实施这一步骤时，务必将有拉链的地方拉上。

5.外帐上的所有定绳和支索都固定完毕后，外帐应当被完全撑开，并且不会和内帐相接触。

6.帐篷门的拉链应该被拉开，以利于空气的流通。外帐支索的固定位置可以重新调整。务必要使内外帐不相接触。

□搭建家庭帐篷

1.将帐篷从包裹中取出，按照说明书检查上面标明的配件是否齐全——帐篷桩、内帐、外帐、帐篷杆以及支索等。

2.举起帐篷杆将整顶帐篷铺展开来。

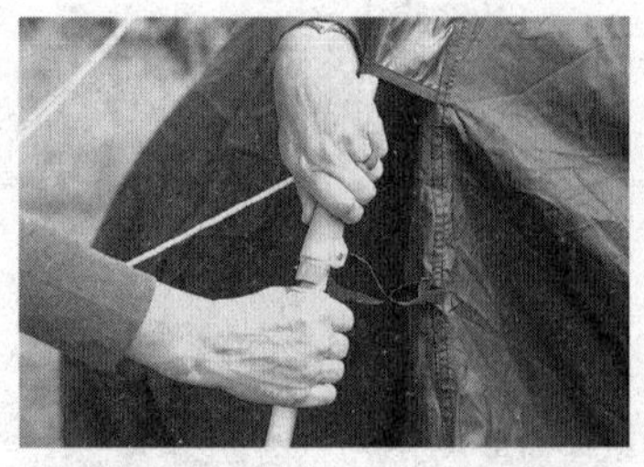

3.固定好各个连接点，树起帐篷的整个支架。

4.将一些另外的帐篷杆推进帐篷的筒套里面，这一框架所构成的是帐篷的门。该过程中，注意不要将帐篷布或帐篷杆弄坏。

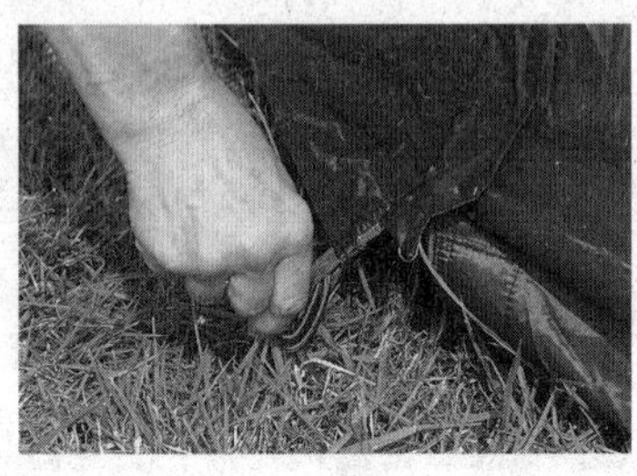

5.将帐篷四周的支索都牢牢地固定于帐篷桩上。

6.如果在帐篷外还要罩上一层防雨层，则应先将防雨层与内帐连接好后，再固定支索。

篷杆的连接处缠绕一些绷带。这样可以有效地防止这些连接处在强风的侵袭下被抻开。

建立大本营

对于一次时间较长或人数较多的探险活动来说，在艰险的地形上从事一些极具挑战性的活动肯定要涉及到众多的装备。为此，你们有必要建一个大本营作为半永久性的物资供应基地。从这个“大本营”出发，你就可以携带更少的行囊从事探险活动了，比如徒步穿越一片原野、登山或者考古考察等活动。一些探险过程中用不着的物品都可以存放在大本营的营帐里面。大本营扮演着一个通信中心和物资供应中心的角色。大本营的扎营地点应该选在车辆可以到达的区域，并且该地的各方面条件应该都能够提供一个相对比较舒适的环境。

用做大本营的帐篷更大也更重，搭建这种营帐自然要比搭建普通的临时性帐篷复杂多了。此外，你还得搭建相对正规的煮食区、如厕区并指定处理垃圾的临时场所。

大本营中的日常事宜

为了更便于处理大本营中的日常事务，你最好制订一套每个成员都能遵守的合理而又简单的规章。如果你们的团队人数较多，则最好将每日的用餐时间、开会或计划活动等事项张贴于帐篷的墙上。除了以上这些事项外，你们还可以规定一个晚上的熄灯时间和白天的休息时间，以便让那些想睡觉和休息的人有一个安静的环境。当然，这些规定要得到切实的执行才有意义。特别是当你们的营地离其他一个团队很近的时候，更要有比较规律的作息时间和活动安排，以免打扰到别人。

↑ 一个大本营的搭建包含许多不同的细节。因此，在你搭建任何一顶帐篷之前，都应该先做一个关于营地布置的详细规划。

营地的安全

如果你们的团队人数众多，且不时会有成

员离开或回到营地（有时在夜间），那么你应该制订一个方案，以使你能够清楚各个成员所处的位置及目前营地中有哪些成员等。这不仅仅是一种确保团队成员人身安全的措施（能够让你在任何时候都知道各个团队成员的所在方位），而且也能让你准确地准备所需的食物数量。

当所有或绝大多数的团队成员都准备离开大本营的时候，你最好雇佣一个当地人来帮你们照看营帐。

食物的准备

在营地的食物准备区，卫生是最重要的事。营地中准备食物的器具务必要保持干净，每天的垃圾都应及时处理掉，以免招来苍蝇及其他蚊虫。食物卫生如果不合格的话将很有可能导致大家都生病，在一些热带地区尤其容易发生这类事件。

所有的餐具和橱具每天都要用热水烫洗。炉子上的水壶最好时刻都烧着，以备随时取用。

如果可能的话，最好搭一个简易的架子用来摆放餐具、厨具和所有的食物。这比直接放在地面上要卫生多了。而且在桌子上准备食物也要比蹲在地上轻松得多。所有新鲜的食物都要存放在密闭的容器或保鲜盒里面。

如果你打算将食物直接放在营火上烤，你得把柴火堆放得整齐一些。储水的容器应该时刻都装有水，并要分别标明饮用水和洗漱用水。

↑ 在一个人数较多的营地里面，有必要指定一两个人专门负责准备全体成员的一日三餐。

个人警报器

并不是所有的垃圾都适合放入营火中焚烧。特别是对于一个人数众多且又将长期驻扎的营地来说，最好有一个专门的焚化炉来处理垃圾。当然，该焚化炉的位置应远离营帐。这种焚化炉可以是专门用于处理花园垃圾的普通镀锌焚化炉；也可以利用一个废弃的油桶——在桶壁上戳一些小孔，以利于焚烧垃圾所产生的烟能够更有规律地向四周散出。垃圾燃烧后剩下的灰烬可埋于小坑中，用做固体肥料。

垃圾的填埋

对于一个需要长期驻扎的营地来说，不乱扔垃圾是一件很重要的事情。食物的残渣会招引某些动物和苍蝇。为了处理营地的垃圾，建议你在营地挖两个深约60厘米的坑：一个用于填埋固体垃圾，如压扁的罐头盒;另一个用于处理食物残渣和废水。

每次将固体垃圾扔进坑后，都要记得用泥土将其掩盖，以防招引虫蚁。在填埋垃圾的地方应该插上一定的标记，以免有人不小心踩到上面。在处理空罐头盒和包装袋的时候，能焚化的就焚化，不能焚化的则将其压扁以减小体积。

用于处理食物残渣的坑的表面应盖上一层蕨草，以过滤煮食物的废水中的残渣。这些过滤出来的残渣每天都应该用火焚烧掉。

轻装野营

所谓轻装野营，也就是一种将你所携带的野营装备减少到最低程度的野营类型，使你能够独自轻松地背负起自己的行囊。轻装野营所要求的装备都是用轻质材料制成的，能够装在背包以及独木舟或摩托车上的筐里面。

将行李的重量减少到最小

轻装野营原本就是一种活动项目，但是很多人都将其作为进行其他活动的行李携带方式，如徒步、骑自行车或划艇。据一些轻装野营爱好者说，一次周末的轻装探险活动，你所携带的行李重量不应该超过9千克。要将你的行囊严格控制在这一重量之内是需要一定经验的。当然，如果你不是单人行动，而是有同伴随行，那么这一标准就比较容易达到了。因为有许多物品都只需要携带单份就够了，如帐篷、炉子、燃料和炊具等，同时你们又可以共同分担这些物品的重量。

↑ 轻装野营探险能够使你的行动更自由，让你探寻到常人不能到达的地方。

轻便装备

对于一次在温和气候条件下进行的为期3天的背包旅行来说，你需要携带下列个人装备。

⊙衬衫、长裤、袜子、内衣。
⊙皮质或纤维材料的旅游鞋。
⊙风衣。
⊙羊毛衫或抓毛绒衫。
⊙防水的上衣和长裤。
⊙帽子和手套。
⊙单人帐篷或军用的临时小帐篷及防潮垫。
⊙睡袋和隔热垫。
⊙轻便的背包。
⊙煤气炉和打火机。
⊙燃料。
⊙锅子、杯子及盖子。
⊙汤匙和刀叉。
⊙水壶和净水器。
⊙食物及存储食物的包装袋。
⊙哨子。
⊙手表。
⊙地图。
⊙指南针。
⊙急救箱。
⊙基本的救生工具。
⊙太阳镜和防晒霜。
⊙驱虫剂。
⊙洗漱用品。

装备的选择

你所需要的野营装备既应该符合轻巧的标准，同时还必须有最佳的性能。这也就是说你所购买的野营装备不能太便宜。当然，越轻的东西也越容易被弄坏，因此你务必要严格按照使用说明书上的要求小心地使用和存放这些装备。

轻便旅行的技巧在于合理地选择你所携带的装备。在做这一决定之前，你得仔细考虑一下自己将前往什么地方以及该地的地形状况等因素。然后再根据这些问题来做出恰当的选择，以避免携带一些不必要的物件。当然，你的旅行经验越丰富，你就越清楚到底应该携带哪些东西。建议你在每次轻装野营旅行之后，把你的所有装备归为三类：“经常使用”、“有时使用”和“从不使用”。被列入“从不使用”范围的物品，除一些急救物品外，其余的就可以排除在下次的旅行装备范围之外了。

同时，对于那些你在旅途中想使用而又没有携带的物品，你也应该列一个清单，以便下次旅行的时候可以增加进去。这样，经过多次旅行实践之后，你就能够很好地将自己的行囊控制在最小的限度内，同时又能带上一切必需的物品。

帐篷

单层的隧道式帐篷采用一种既防水又透气的材料，并有灵活且又轻便的支架和杆子，但同时其价格也是比较贵的。比这种帐篷还要轻便的是军用的临时小帐篷：无需支架，仅仅简单地覆盖于睡袋之上。

尽管轻质的帐篷也可能会有比较结实耐磨的，但你还是得小心使用，特别是帐篷的防潮垫（通常都是很薄的）。如果你不小心将这种轻便帐篷搭建在有尖利的树枝或石头的地面上，你的帐篷就很容易被戳破。避免这种情况发生的方法之一就是在地面上先铺一块睡垫，然后再将帐篷搭在睡垫上。这样一来，你既能享受睡垫所带来的温暖，又能有效地保护帐篷的防潮垫。

炊具

如果你是个地道的轻装野营者，你所携带的炊具应当是十分简单的。这意味着你必须谨慎地选择自己所携带的食物、餐具和炊具。也许你所应当携带的餐具仅限于一把小刀和一个汤匙。

如果你是在炉子上煮食物（且使用的是脱水食品），你得确保有足够的用于烧煮食物的锅。你所选择的锅的锅盖最好是比较扁平的，以便可以用做煎炸食物的平底锅。煮东西的时候要记得看一下食物包装袋上标明的烧煮时间，以免烧煮的时间过长，从而浪费燃料。

每一件物品的选择也许只能为你减少一点点的重量，但是将它们统统加起来就能为你减轻不少的重量了。

营地的安全和卫生

在野营期间，你得比在家里更注重安全和卫生问题，特别是当你们处在缺乏医疗设施的偏远地区的时候。每一个野营成员都应该将自身的健康和安全问题放在第一位。

保持营地整洁

一个整齐的营地会是一个安全的营地。鉴于此，在每晚睡觉之前，除了晚上和第二天一早就会用到的物品，你应该尽量把其他所有的东西都收拾好。

诸如斧头、砍刀、锯子之类的物品，在任何时候都不应该随地乱放。万一有人不小心跌倒在这些利器上，后果将不堪设想。因此，所有的工具在不使用的时候都应当放好。此外，晾衣服的绳子不要绑在人们经常要通过的两棵树之间。晚上的时候，最好在晾衣绳上挂一些浅颜色的东西，以便人们在夜间能够较容易地辨识。

用火安全

如果你打算在营火上烧煮食物，你得确保柴火堆的安全性。在天气干燥的季节里点火时，要加倍小心，以免引起森林火灾。在火堆旁最好堆放一堆沙子或泥土，作为在紧急状况下的灭火器。

如果你是在煤气炉上烧煮食物，那千万不要把煤气炉放在睡觉的帐篷里。煤气应储存在避光的地方，远离火源、睡觉的区域。此外，不要在狭小密闭的空间里换煤气或把空煤气罐放在火堆上。

↑ 如果你是露天睡的，注意不要太靠近火堆，以免晚上睡觉的时候翻滚到火堆里或者火星溅在身上。

↑ 当你使用砍刀劈柴的时候，注意不要伤及周围的人。

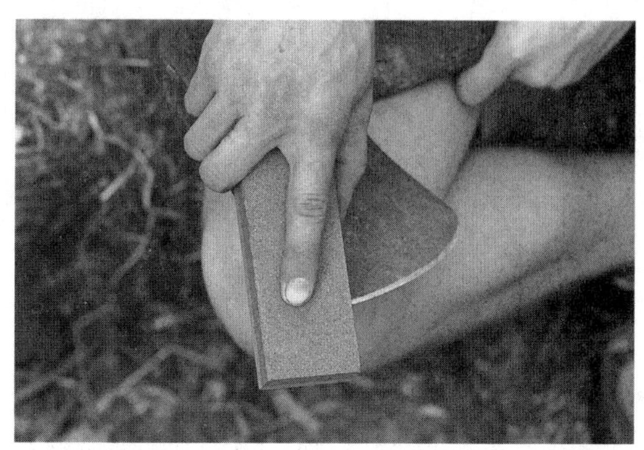

↑ 砍柴斧头得时常用磨刀石磨一下：锋利的刀用起来比钝刀更安全。

当你打算拔营离开的时候，一定要记得将火堆完全熄灭，不要留下任何火星。

食物准备

营地中的某块区域应当专门作为准备食物的地方，这块地方需要保持格外的干净。准备食物之前，双手要洗干净；用来烧煮的水要先用净水器过滤一下；避免苍蝇落在食物上。在天气炎热的日子里，诸如鱼类这样的食物要在其新鲜的状态下尽快处理。此外，煮熟的食物不能放太久，否则会滋生细菌。

垃圾处理

所有食物的废料和残渣都要及时地进行焚烧和填埋处理。如果没有地方填埋，可以将食物垃圾装在塑料袋里，扔进垃圾箱。存放垃圾的地点不能在睡觉的帐篷附近。而且处理食物残渣时，一定要记得将其用泥土掩盖，否则会招来野兽。

帐篷卫生

如果你在某地的驻扎时间超过一个晚上，那么你得注意保持自己营帐的整洁和空气流通

（如果天气条件允许）。如果帐篷并没有与防潮布缝在一起，你可以将帐篷墙壁的布掀起一点，以利于帐篷内空气的畅通。如果防潮布是和帐篷缝在一起的，那么只有打开帐篷的门来进行通风了。此外，每天都打扫一下自己的帐篷。每天都将睡袋拿到外面透透气，最好是在太阳底下晒一晒（至少1个小时）。晒完之后，将睡袋卷起来，等晚上睡觉时候再摊开来，以免有虫子爬到里面。

方便与洗漱

你可在营地的某处挖一个坑作为排泄大便的场所，每次排泄完后都要用土掩盖。至于小便，最好另外再找一处。不能让洗东西的污水直接流进河流或湖泊，你最好挖一条渗水沟渠，让污水沿着这条沟渠排泄到河中，以利于过滤掉一些污染物和杂质。

个人卫生

个人卫生应当在旅途中引起人们的足够重视。特别是当你置身于某个卫生状况极差地区的时候，尤其要注重个人卫生，否则你极有可能感染某种疾病。如果是团队旅行，你的个人卫生还关系到全体成员的安危，因此，在旅行途中要尽可能地注意个人卫生问题。

身体

如果有条件的话，最好每天都洗一个澡。洗澡的最佳时间是傍晚，也就是结束一天的行程或者营帐搭建完毕的时候。洗澡的时候，要特别注意清洁腋窝、腹股沟等部位，因为这些部位最容易因为白天长期受汗液的刺激而产生皮疹。耳朵后部也是需要注意清洁的地方。

如果用于洗澡的水极为有限，那么你就得减少肥皂或沐浴露的用量。因为如果肥皂或沐浴露的用量较多，而洗澡水又不够，那你就有可能洗不干净身上的肥皂水，而这又会对皮肤产生不利影响。

脚部

千万不要光着脚在地上行走，以免脚被荆棘或石子戳破或者被虫子咬伤，致使行走不便。

当你结束了一天的行程或活动而准备休息时，第一件应该做的事便是洗脚。把脚放在火堆旁烤的时候要保持警醒，以免被火烧到。洗完脚后务必要擦干，并检查一下脚上是否有水泡。如果发现有任何水泡或伤口，一定要及时进行处理，以免伤口进一步恶化。此外，最好每天都能穿干净的袜子。

晚上睡觉的时候，应该将潮湿的鞋子放到帐篷外晾着。如果可能的话，最好在鞋子里塞一点报纸，以吸收潮气。此外，还要记得把里面的鞋垫拿出来。不要为了干得快而将皮靴拿到火堆旁去烤，这样只会损伤皮靴的皮质。

盥洗用品

如果将在野外驻扎较长一段时间，你应该带上个人的所有盥洗用品。从大本营出发进行短期的远足或探险时，你所携带的盥洗用品则应该简要。避免携带用玻璃瓶装的盥洗用品，以免在携带途中破碎。除了玻璃瓶外，其他任何易碎易爆的用品一概要避免。

眼部

如果你将在某个多风沙的地区旅行，你得带上一些洗眼水。每天晚上，建议你用洗眼水洗一下眼睛。

如果你将前往某个气候干燥炎热的地方旅行，那么即便你平时是戴隐形眼镜的，此时也应该将其换成框架眼镜。因为戴隐形眼镜的时候，如果经常有灰尘进入眼镜，很容易导致眼睛发炎。

牙齿

刷牙所用的水必须是净化过或消毒过的水。不要直接用河水来漱口，除非你确定该水源是干净无污染的。

衣物

旅行途中及时换洗衣服是保持个人卫生的一个重要方面。旅途中是不可能携带太多衣服的，因此一有机会就应该把换下来的脏衣服洗掉，以免换洗不过来。内衣要宽松，且质地应是全棉的，利于吸汗。

无论是身上穿的衣服，还是随身携带的其他衣服，都要尽可能地保持干净。如果你带有足够多的衣服，则最好区分开白天与晚上睡觉时的衣服。在水资源有限的情况下，应优先洗袜子，以保证双脚处于较舒适的状态。

如果水资源丰富的话，你应该每隔一天就洗一次衣服。洗衣服所用的洗涤用品要尽量环保，避免污染水源。

↑ 如果水资源丰富的话，你一有机会就应该把脏衣服洗掉——至少每隔一天洗一次。

衣物的整理

带多少衣服以及带什么样的衣服取决于你自己的喜好、旅行的性质以及天气状况等因素。但是，在此过程中，你应尽量减少行李重量，同时确保有足够的衣服换洗。

⊙一有机会，就要把脏衣服及时洗掉，而不要等到所有的衣服都脏了，才想到要洗衣服。

⊙带一根绳子以及几个钉子，用来晾衣服。

⊙天然纤维衣料的衣服穿起来会更舒适，因为其具有更好的隔热性和吸汗性。

如果所处的环境比较潮湿，你最好将睡袋和干净的衣服放在塑料袋里面。

如果所处的环境干燥且多灰尘，则衣物一定放在密闭的袋子里面，以免沙尘进入。脏衣服和干净的衣服要分别放在不同的袋子里。

建议你带上针线包，以便及时缝补衣物。如果是破掉的袜子，建议不要再穿了，因为缝补处会造成脚部不适。

营 火

若要想顺利地燃起营火，一定少不了事先充足的准备。注意不要在那些树木交错丛生的林子或灌木丛里生火，以免引起火灾。在营火燃烧期间，你得一直注意安全问题。

无论采取何种生火方式，你都必须保证充足的燃料供应。通常生营火用的燃料都是木柴，某些动物粪便也可以作为燃料，只不过其燃烧时所发出的气味不太好闻。

当准备拔营起程的时候，你应该尽量将营火的痕迹清除干净（将柴火燃烧后所剩的灰烬掩埋掉），以恢复其原始状态。

营火的用途

营火具有多种用途，最多的是用来取暖。当然，也有很多人使用营火来烧水或烤食物等。金字塔式的火堆是最易于堆放且最适合取暖的。但是，如果你想在营火上烧煮食物或水，恐怕还得在火堆上搭一个架子。

“反射”营火是最复杂和最花费时间的一种生火方式，但也是一种比较适合烧煮食物的营火，特别是同时烧很多人的食物时。在营火的一端放置一堆柴火或黏土，使其将热量反射回火堆。你可以在该营火上使用任何烧煮食物的方式，当然最适合的是烤鱼和烤肉。

“陷阱”营火是一种最适合于煮食物的营火类型。在生起这种营火之前，需要先搭一个简单的结构。在地上平行地放置两根较粗的原木，两根木头的间距大约为30厘米。然后在两根原木之间堆放柴火。堆放完毕后，就可以用引火物将柴堆点燃了。为了防止原木滚动，你可以在原木的外侧放上一块石头。

如果风力强劲，可以挖一处壕沟生火。建议挖掘壕沟的大小为长约90厘米，宽约30厘米，并在壕沟的四周围上一圈石头。烧煮食物的锅子可以放在这圈大石头所围成的灶台上。

除了上面这种方法外，你还可以尝试以下方法：用岩石块将火堆围住，以减慢热量散失，保存燃料。岩石上可放置器皿烧煮食物，另外，岩石散发的热量同样可以用来取暖。还可以用岩石垒成炕。注意：火堆边不可放置潮湿或带孔隙的岩石或石头，尤其是曾经浸泡在水中的岩石更要小心，它们在受热时可能爆炸。一切有裂缝、高度中空或表面易剥落的岩石都不可使用。如果它们含有水分，则膨胀速度更快，极易爆裂，迸溅出致命的碎片。

“星形”营火：把若干根原木的一头，并拢如星形，从中心点燃，然后一面烧一面把原木向里推，故而无需经常添加柴火。这种营火比较适合烧煮食物，且产生的热量也较大。

易燃物和引火物

要想燃起营火，除了要有燃料，还必须有易燃物和引火物。易燃物和引火物有各自不同的用途。易燃物是作为点火的物质来点燃引火物，再由引火物去点燃燃料。虽说可以跳过易燃物，而直接点燃引火物去生起营火，但是，这样一来，引火物的火焰通常会比较小。如果

□“反射”营火的堆放

1.如果你将要生营火的地方是一块草地，请先在草地上挖起一块草皮。生完火后再将该草皮重新填回原处。

2.在清除草皮的地块处放一排干燥的柴火，以便将火与下面潮湿的泥土隔离。

3.在柴火旁的地上斜插两根较粗的原木，然后在这两根倾斜的原木上再堆放一些原木，以便让木头将热量反射回火堆。

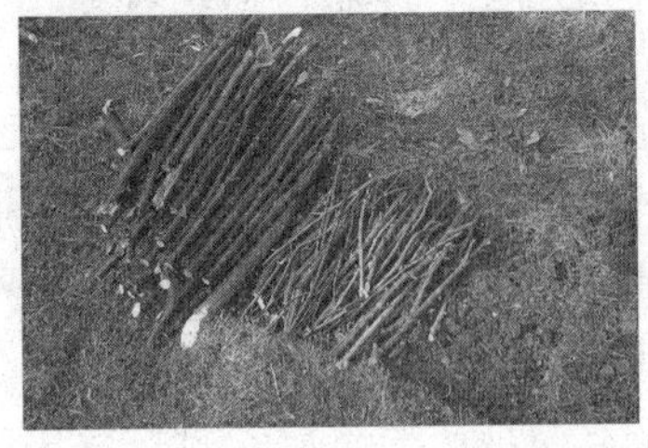
4.当以上步骤都完成后，请再检查一下斜插在地上的两根原木是否稳固。

5.在柴火堆的中央放一些引火物，然后将引火物点燃。之后，适时地向火堆添加一些柴火，使其持续燃烧。

6.在火堆的燃烧过程中，一旁所堆放的一排倾斜的原木能够将火堆所散发的热量再重新反射回火堆。这样一来，烧煮食物时就能够获得更大的热量了。

□“陷阱”营火的堆放

1.在没有草皮的地面上平行地放置相距一定距离的两根原木。

2.在两根原木间堆放些干燥的引火物，如干草、树皮或枯叶。

3.然后在引火物上堆放一些柴火，将其摆放成金字塔形状。

4.完成以上步骤后，检查一下柴堆的稳固性并清除火堆旁的一切易燃物。

5.用火柴点燃引火物。待其开始燃烧后，再添加更多的干树枝，以便充分点燃上面堆放的柴火。

6.之后，再适时地添加一些较粗的柴火。待金字塔状的柴火燃烧至倒塌后，才可以开始烧煮食物。

是在比较潮湿的环境下，柴火比较难被点燃。

易燃物

所谓易燃物，顾名思义，只要是容易被点燃的物质都可以作为易燃物。最好的易燃物是那种碰到一点火星就会燃烧的。如果你计划在途中生火，而又不确定天气是否会晴好，那么你最好提前准备好一些易燃物，以免到时候四周环境潮湿而找不到干燥的易燃物。有了易燃

↑ 干枯的碎树叶是一种理想的引火物。此外，松针和干草等也是不错的引火物。

↑ 干枯的松球果也可以作为引火物，因此如果发现地上有很多的话，可以收集一些。其缺点是燃烧时的火焰不是很大。

↑ 干燥的细树枝是一种理想的引火物。在使用之前，先将其掰成小段。

↑ 林地里的干树皮也可以用做引火物。但是不要从树上将树皮硬剥下来，否则会对树木造成损伤。

物你便可以根据自己的需要随时燃起营火了。

户外用品商店也出售一些人造的易燃物（火绒），但是你在野外能够找到多种天然易燃物，因此根本不需要花钱去买。在行进途中，你可以注意一下沿途是否有合适的易燃物，如果有的话，可以收集起来以备后用。如果天气干燥，可以直接将其装进塑料袋里。如果天气比较潮湿，则设法将其干燥后再行收藏。

引火物

作为引火物，一般都是木柴。最适于作为引火物的木柴是细小的干树枝。软木材比硬木材燃烧得更快（特别是那些含有树脂的软木材），但是燃烧时会产生噼里啪啦的声音，而且燃烧速度也比较快。这就意味着你需要有较多的软木材，才能点燃一堆较大的营火。引火物应当是一种比易燃物更粗大的燃料，同时又比作为营火主要燃料的柴火细小。引火物必须是干燥的，否则会需要更长的时间来燃烧。如果打算收集一些引火物以备后用，则要尽量将其装在能够防水的袋子里面，以防受潮。如果找不到干燥的引火物，你可以将那些潮湿的引火物的外皮剥去，其里面的部分会比较干燥一些。

易燃物和引火物的使用

易燃物的点火工具：火柴、打火机、打火石或火镰。当易燃物开始燃烧的时候，立刻将其靠近引火物，然后用引火物所产生的更大的火焰去点燃上面的柴堆。

柴火的选择

如果你打算使用营火来烧煮食物，你就得了解一下各种不同木材的燃烧属性。要懂得辨别你所需要的柴火，并要确定自己有砍伐这类木柴的工具。

诸如电线杆、处理过的栅栏或建筑木材等木料是不适于用做营火燃料的。因为这些木材往往是经过化学处理的，在燃烧时会产生一些对人体有害的烟。因此，即使你看到这类木料，也不要用它们来做燃料。新鲜的竹子也不适合作为营火燃料，因为其内部所含的水分会使得其在燃烧时火星四溅。

不同的木材具有不同的燃烧属性。有些木材的燃烧速度较快，且在燃烧过程中产生的热量不均衡。这类木材就比较适合用来烧煮食

□制作“毛棍”

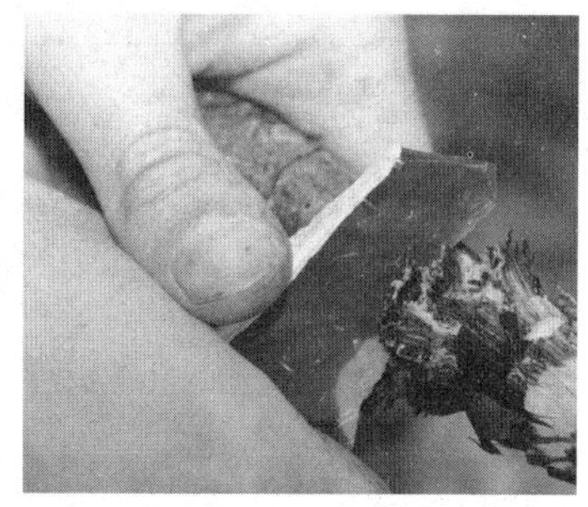

1.如果你有可以用来削割的锋利的刀片，你可以采取这种方法：选择一根干燥的棍子，最好是桦树枝或者其他树脂含量较高的树枝。

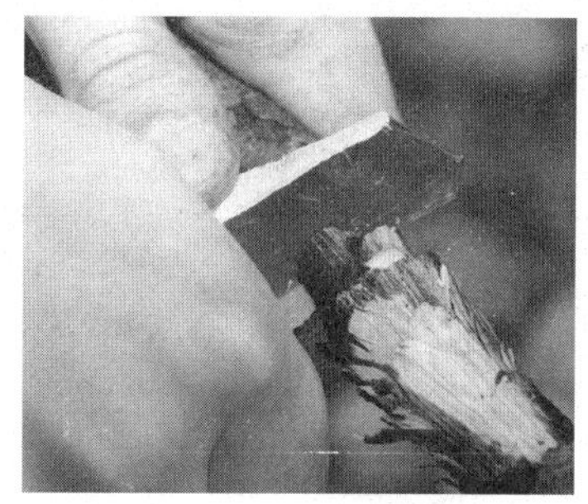

2.在棍子表面进行削割，削出“毛片”，但不要削掉，就像鱼鳞似的。记住不要削到木质。

3.通过削割出这种“鱼鳞”，棍子的表面就大大增加了。这意味着棍子更容易被点燃。

↑ 一般说来，小树枝和手腕粗细的木头是小木头，这是主要的燃料。

物。而燃烧速度较慢且产生热量较大的木材则适合用来烤食物。了解各种木材的燃烧属性将有助于你提高煮食效率，并能够节省燃料。如果你所准备的食物类型比较丰富，既有烧煮又有烧烤，那么最好采用不同的木材作为燃料。

硬木材通常被认为是最适合烤肉的燃料，因为其燃烧的持续时间长且产生的热量大（不要使用柳木作为烤肉的燃料，除非其十分干燥，因为柳木的含水量较多，燃烧时所产生的热量不够）。而软木材燃烧较快，只能用来烧煮。

无论是何种木材，都只能是干燥的枯木，这样才易于燃烧（岑树是一个例外，无论是干枯的树枝还是刚砍伐下来的树枝都很容易燃烧）。从地上拣起来的木材通常都是有些潮湿的，这样的木材燃烧起来会有一股难闻的气味，且产生的热量也不是很大（因为其所产生的热量有很大一部分用于蒸发燃料中所含的水分了）。相反，那些不是直接接触地面的木材就要干得多，也比较容易燃烧。

绳 结

以下所介绍的一些绳结都是在野外活动中非常有用的。建议你在出行前练习一下各种绳结的打法，以便到时候能熟练操作。这里介绍的绳结打法所用的绳索都是天然纤维质料的，合成纤维质料的绳子打起来的效果会稍差一些。

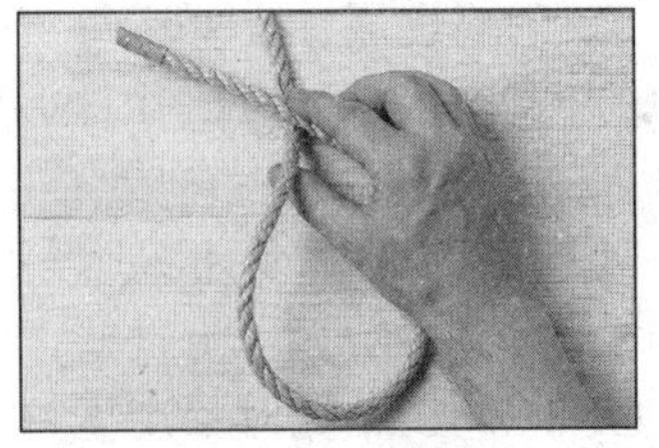

1.在绳索的中间打一个绳环。

称人结

称人结是一种十分牢固的绳结，可用做在登山时使用的绳套。绳结打好后，将两边拉紧会让其更牢固，但如果绳子太硬，太滑或弄湿后就不太牢了。

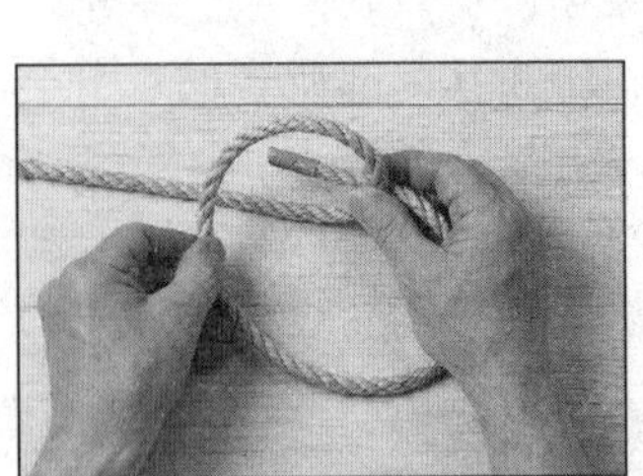

2.将绳头穿过绳环的中间。

3.绕过主绳。

4.再次穿过绳环。

5.将打结处拉紧便完成了。

上西蒙结

该绳结可广泛应用于各种野营活动。那种光滑的合成绳索适合打这种绳结，而且拆解也比较容易。

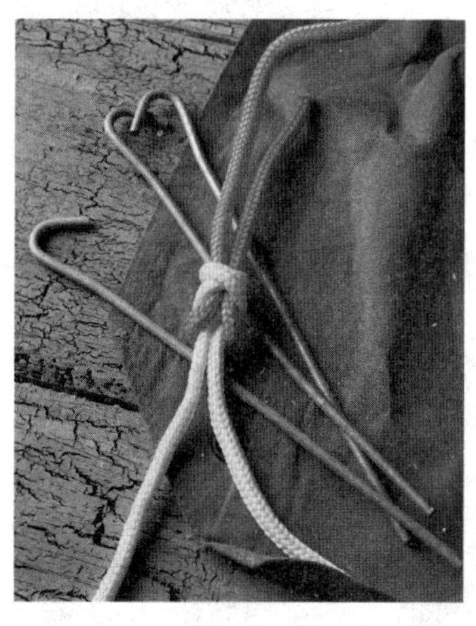

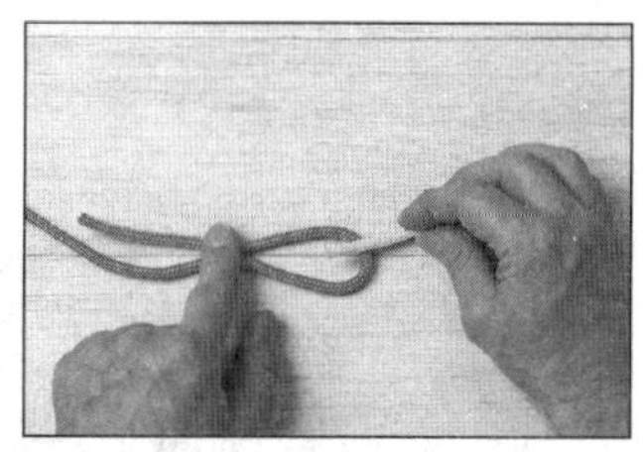

1.将其中一根绳弯成一个线圈，将另一根绳子穿入本绳所构成的线圈当中。

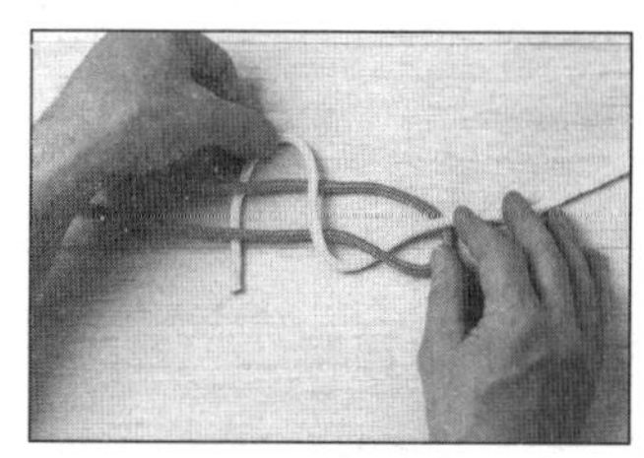

2.然后将穿入线圈的这段绳子按如图所示折成Z字形。

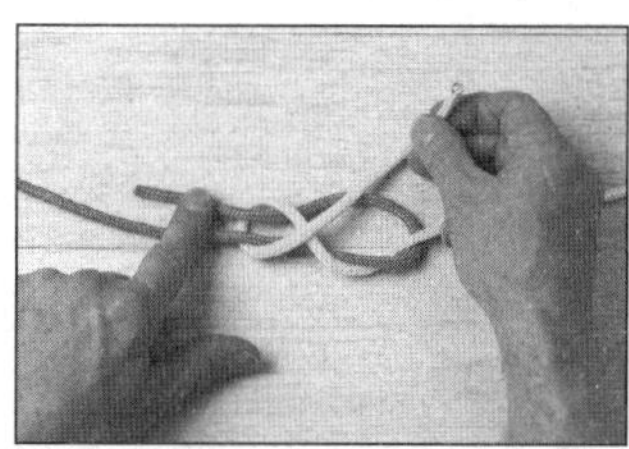

3.将Z字形绳子的左端从本绳的上面穿过线圈去。

4.这样，Z字形绳子的两端都在一头了。将该结拉紧就可以了。

1.完成与上西蒙结一样的前两个步骤后，将Z字形绳子的左端从本绳的下面穿过前面所说到的线圈中去。

2. 这样，Z字形绳子的两端都在一头了。将该结拉紧就完成了。

下西蒙结

顾名思义，该绳结即上西蒙结的一个变形而已，但是要比上西蒙结更牢靠，且更适合于将两根材质不太相同的绳索结在一起。该结打法的步骤1和步骤2与上西蒙结完全一样。

双套结

双套结适用于在物体上系绳子，简单实用。打结时把绳索两端拉紧，否则容易松开。

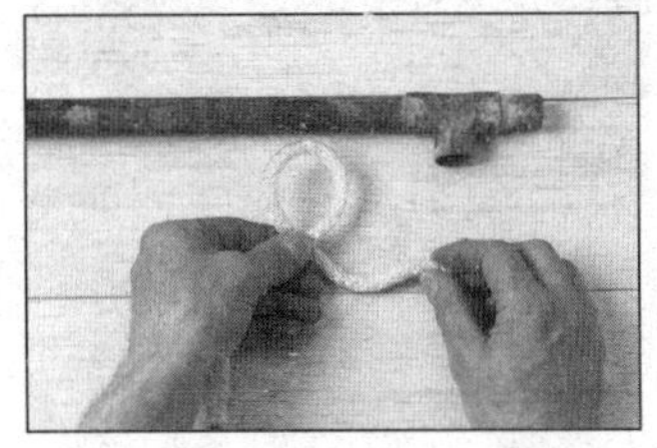

1.如图打一个线圈。

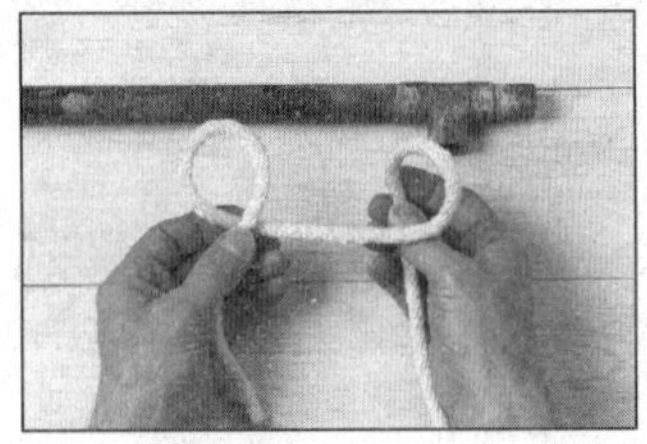

2.再打一个与前述相反方向的线圈。

3.将两个线圈调整至大小大致相同，并将其靠拢。

4.把右边的绳圈重叠在左边的绳圈上。

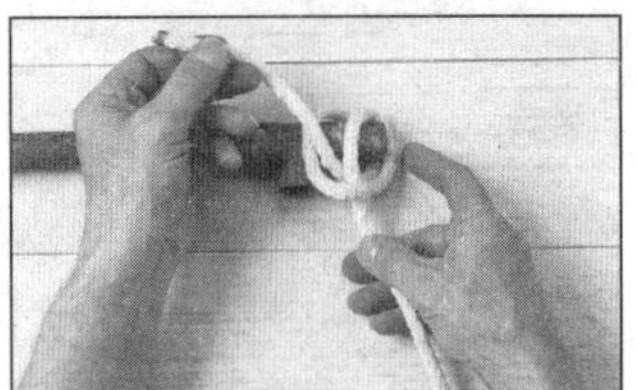

5.直接套进物体，然后拉紧。

平结

该绳结不容易打死结，能很轻松地解开，可用于连接两根绳子的末端，比如在急救中给绷带两端打结。不过只适用于绳结两端系有物体时，否则用力一拉结头就会松开。

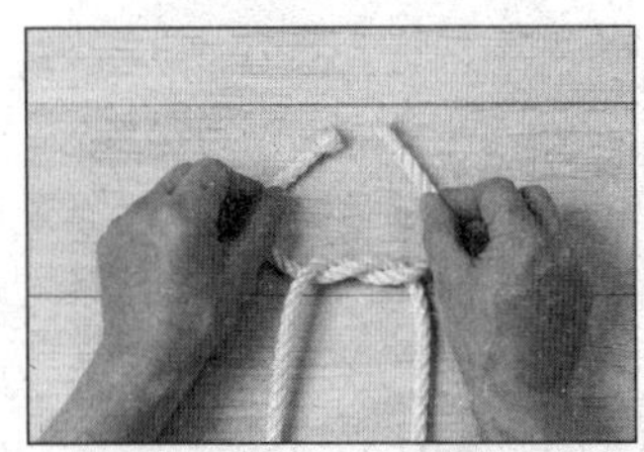

1.抓住两条绳的各自一端，将其打一个半结。

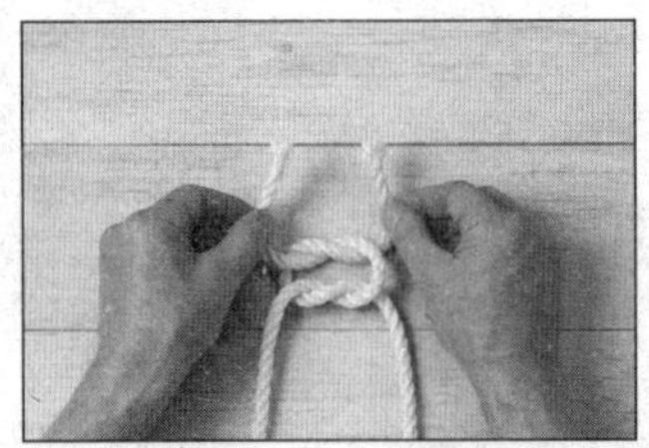

2.再打一个半结，将结头两边的绳子长短调整到大致相同，然后抓住两端的绳子将结头拉紧。

接绳结

接绳结在连接两条绳索时使用，打法简单，拆解容易，可用于材质、粗细不同的绳索。当两条绳索粗细不一样时，打的时候必须先固定粗绳，然后再与细绳相连。

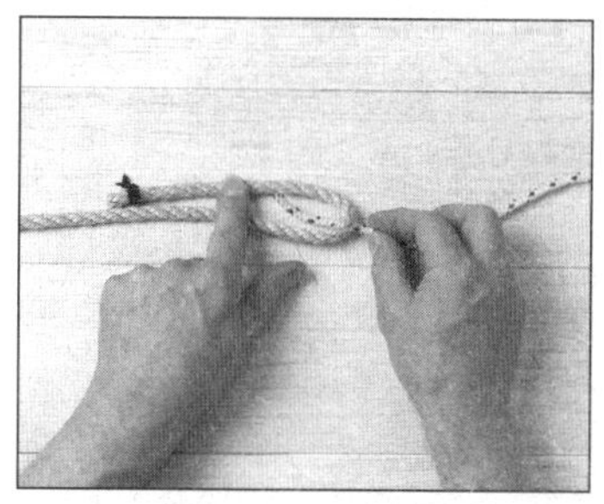

1.将一条绳索（粗绳）的末端对折，然后把另一条绳索（细绳）从对折绳圈的下方穿过。

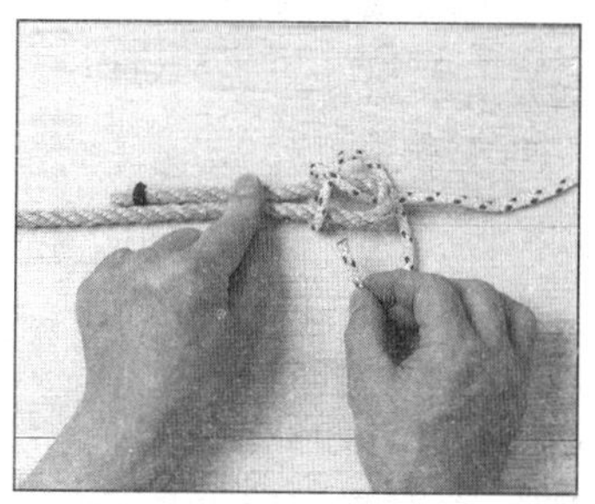

2. 把穿过的绳头绕过对折的绳索一圈打结，然后握住两端绳头拉紧结。

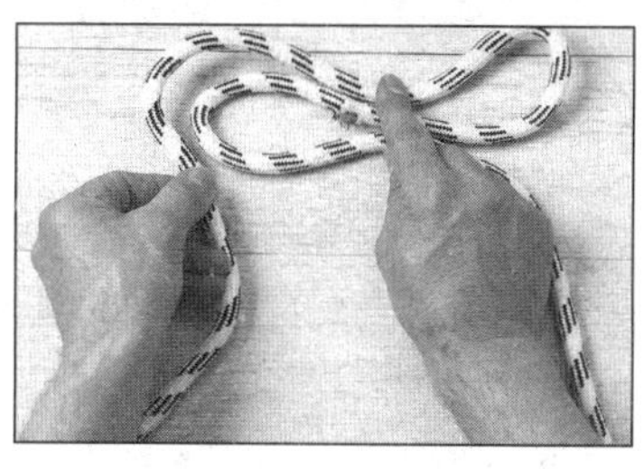

1.将绳子对折两次，按照你想要的长度来决定对折的幅度，使绳子形成如图所示的S形的两个线圈。

2.打一个不完全的单结，也叫缠扎套结。

缩绳结

此绳结的主要用途是将长绳收短,以免因太长而要剪短,也可用此法加强对绳上容易磨损部位的保护。

3.将一个线圈穿过缠扎套结。

4.将另一个线圈也穿过与其相对的缠扎套结。

5.将两头线圈拉紧即可。

抓结

该绳结主要用于攀登中的自我保护。抓结不受力时可沿主绳滑动，受力时会在主绳上卡住不动。

1.将细绳对折，放在登山绳索上。

2.将细绳的两端绕过登山绳索，再穿过细绳的线圈。

3.将细绳的线圈拉松。

4.将细绳的两端再次绕过登山绳索。

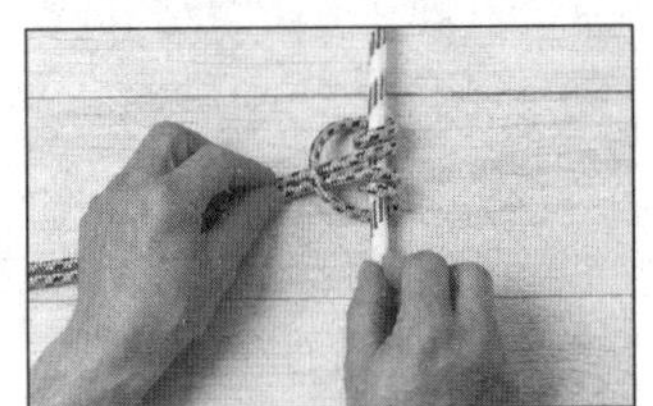

5.然后，再次穿过细绳的线圈。

圆环双半结

该绳结是一种结实可靠的结，可用于绑紧及拖拉物体，或加固帐篷的支索。登山的时候，可以使用此绳结来拖挂装备。挂重物之前，先检验一下绳子是否足够牢固。

1. 如图所示操作，将一绳穿过圆环之后，在其本身打一个双套结的活动绳套。

2.将结头拉紧。

渔人结或水结

这种绳结打法是将两根粗细大致相同的绳子套在一起。该绳结不适用于攀登或悬垂重物。

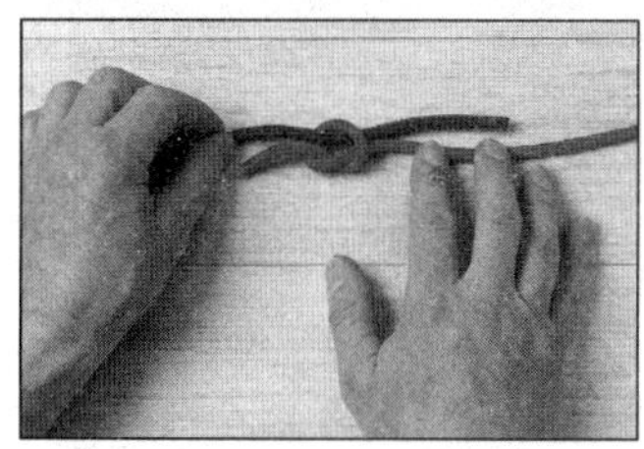

1.将其中一根绳子的一端打一个较松的半结，然后将另一根绳子的一端穿入打好的结圈中。

2.另一根绳子也同样打个半结。然后拉住两根绳子的一端向外拉，直至两个半结束在一起。

两根绳索的连接

有些材质的绳索比较容易打滑，很难固定。下面就介绍一种用于连接两条易滑的绳索的打结方法。

1.将两条绳子平行地放在一起。

2.将其中一根绳子的右端弯曲，并置于另一根绳子下面。

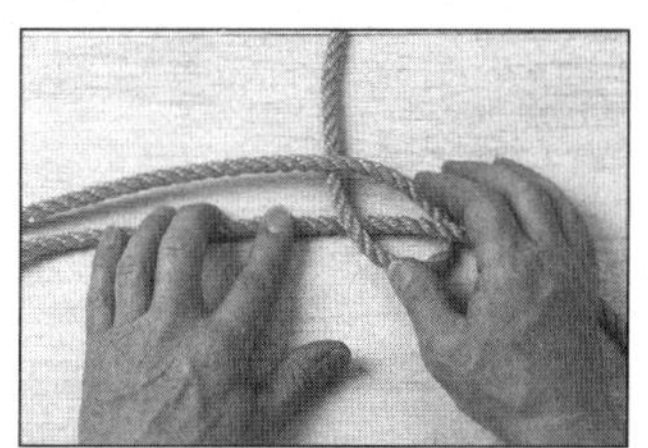

3.将弯曲的那根绳子的右端穿过两绳构成的线圈里。

4. 将另一根绳子的左端也穿过两绳构成的线圈里。

5.抓住穿过线圈的两根绳端，然后用力拉紧就可以了。

使用斧头

斧头是砍树伐木时的常用工具。只要刀刃锋利，用斧头来砍树是十分好用的。一般来说，只要你在砍伐时多加注意，就不会发生什么事故。使用斧头时对穿戴的要求有：上衣的扣子系紧，拉链都要拉紧，并且要穿比较厚实的鞋子，不能穿凉鞋或光脚。

一般来说，除非你已事先得到了某块林地主人的同意，否则不应该擅自砍伐树木。

斧头的保养

磨刀石是用来保持斧头刀刃锋利的工具，其无论是在加水或干燥的情况下都能用来磨刀。如果发现斧头的手柄有开裂，应当及时更换。此外，在使用斧头之前你还得检查一下斧头与手柄的接合处是否牢固以及刀刃是否有缺口等。用完之后，应当将刀刃擦干净并用东西包起来。

穿戴的要求

使用斧头作业时，所穿的衣服应当比较贴身。如果衣服太过宽松的话，在你挥舞斧头的时候，很有可能会受到衣服的影响。应该穿皮靴之类较厚实的鞋子来保护你的双脚；光脚或者是穿拖鞋及凉鞋都是绝对不允许的。

作业前的准备

在开始砍柴之前，你应该先清理一下作业的场地，包括清理掉地面上的所有障碍物以及上空的障碍物（当你挥舞起斧头时有可能会碰到的物体）。砍柴的时候，闲杂人等不能站在砍柴场地的周围，以免溅起来的木屑飞到他人的身上甚至是眼睛里。

如何砍下一棵树

在动手砍树之前，你要先盘算好让这棵树往哪边倒，并在该方向处用刀刃做一记号。然后再从相反方向略高于前一标记的位置下斧。每一斧头下去，应当都大致落在同一位置。此外，最好先清除倒地方向一边的枝杈，这有助于主干向正确的方向倒地。当树就快要倒地的时候，将落斧的位置重新落到第一次做过标记的位置。这个时候，只要两三下，整棵树就能应声倒地了。之后，将整棵树砍成一段段的原木时也会需要用到斧头。

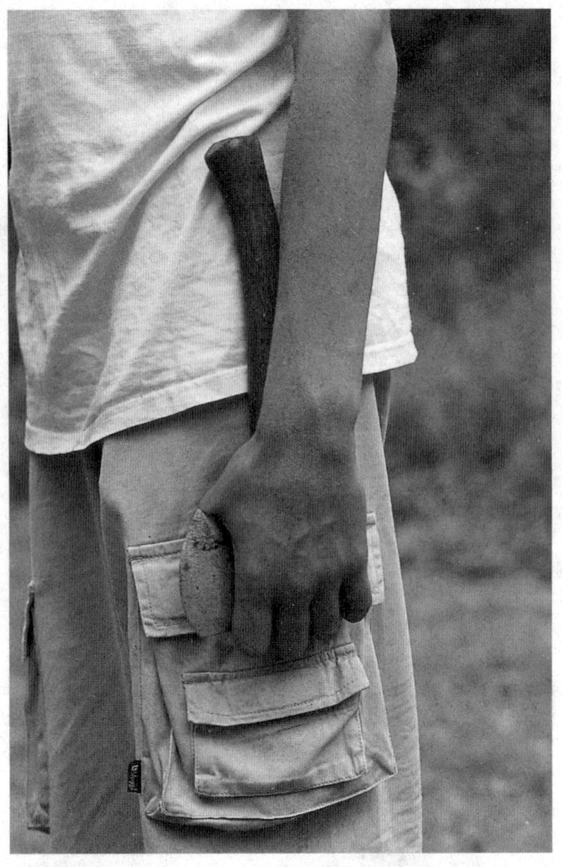

↑随身携带斧头的正确姿势：将斧头握在手掌心，刀刃向前，并且不要太紧贴身体，以免跌倒的时候落到斧子上。

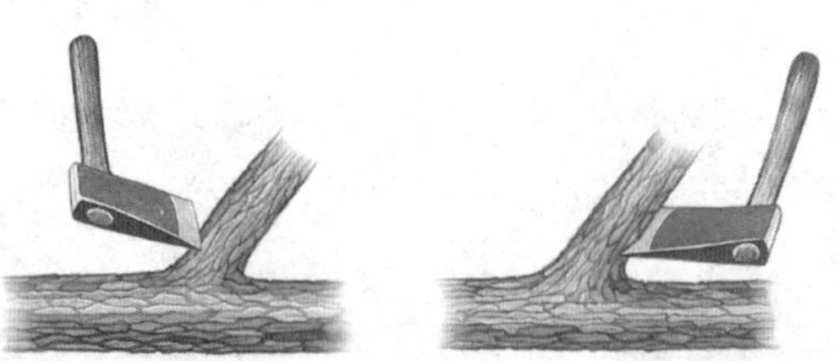

↑在砍伐树干上的枝杈时，要在枝杈的下面部位落斧，并且朝上砍（左图），而不是朝下砍（右图）。

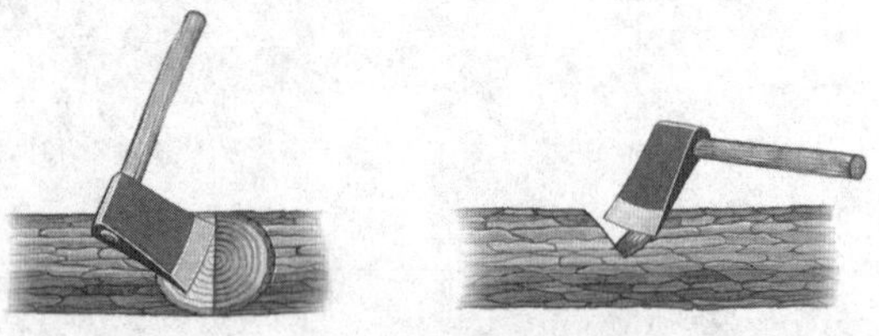

↑在砍伐原木的时候，应让原木的砍口呈V字形砍伐，即一刀向右砍一刀向左砍，交叉进行。

↑在将原木劈成两半的时候，应先将该段原木的一头搁在另一根更粗的原木之上，另一头则用脚踩住，然后再开始落斧。

使用锯子

锯子是一种用来伐木的工具，它不像斧头那样会产生许多废弃的木屑。与斧头一样，使用锯子也具有一定的危险性，因此使用过程中要注意安全。

锯子的保养

使用之前，请先查看一下锯齿是否锋利以及锯条与手柄的连接处是否牢固。在锯木头的过程中，要不时地清除锯齿上残留的刨花和木渣。用完之后，同样要清理一下锯齿并将其擦干。然后在锯齿上擦一点油，以防止其生锈。锯子在不用的时候，要用一些东西将锯条的锯齿部位遮盖起来。

穿戴的要求

在用锯子锯木的时候，上衣的扣子一定要扣紧并且要避免穿太过宽大的衣服，否则锯齿很可能会碰到衣角。此外，手上最好能戴一双比较厚的手套，以防锯子打滑，且有助于抓牢木头。当然，这里所指的手套不能是连指手套（连指手套反而会使手变得不灵活，从而更抓不牢木头）。

树木枝杈的修剪

锯子比较适合在将一棵树砍伐之前或之后进行枝杈修剪的场合中使用。树干枝杈的修剪应遵循从上到下的原则，一只手扶住木头，另一只手则来回地移动锯子。

如何锯倒一棵树

在计划好的倒地方向先锯一个开口，然后在相反方向略高于前一标记处落锯。等锯得差

↑ 将你要锯的木头搁在一根较大的原木之上，然后再叫一个人帮你扶住木头。千万不要直接将木头放在地上锯。

↓ 在锯树的时候，你得先在计划好的倒地方向锯一个位置较低的开口。

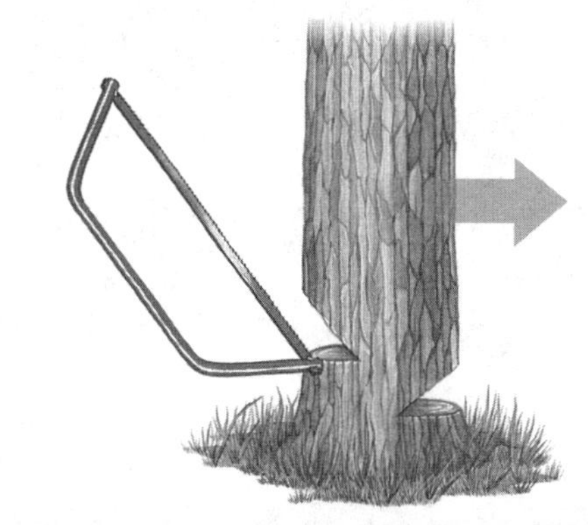

↑ 当两个人一起用一把锯子锯木时，主要使用的应该是拉力，而不是推力。

不多的时候（树快要倒下的时候），用手向你计划好的倒地方向用力推，基本上就能将树推倒了。锯的时候，如果觉得阻力较大，可以给锯子上一点油，这样会变得更润滑。

拔 营

当你们准备拔营起程的时候，应该分配好每个人的拆除任务。该项工作的复杂程度取决于你们所建营地的复杂性——是过夜的小帐篷还是大本营。最重要的是要完全将营地清除干净，不留下丝毫宿营的痕迹。

过夜营帐

如果天气好的话，可以先将帐篷拆除，然后再将其他行李收拾打包。

如果是下雨天，则必须先在帐篷里面将其他行李收拾打包完毕，然后才能拆除帐篷。当所有行李都已打包完毕后，再绕营地一周，检查是否落下东西。

大本营

由于大本营通常有许多营帐且人员众多，

↑ 在拆除规模较大的营地时，你得事先分配好每个人的任务，并指定装载行李和装备的地点。

因此其拆除过程也更为复杂和费时。在进行拆除工作之前，应该先明确每个人所承担的任务。在所有行李收拾完毕之前，建议你保留一个帐篷，用来存放一些收拾好的行李。这样，即便突然下起雨来，也不会将收拾好的行李淋湿。另一种做法是留一块帐篷的防潮布，一旦下雨，将防潮布盖到收拾好的行李上面就行了。

帐篷的拆除

拆除帐篷的具体方式与帐篷的具体搭建方式有关，但是也有一些共同的拆除原则可供遵循。拆除比较大的帐篷时，最好由好几个人一起进行，这样不容易损坏帐篷。

有时候准备拔营起程的时候，也许帐篷还是潮湿的，然而你又不得不将其打包。如果帐篷将在包裹中放好几天，棉布帐篷很可能会发霉，而合成纤维面料的帐篷也会产生一股异味。因此，一有机会，你就应该把包裹内潮湿的帐篷拿出来晾干。

如果你的帐篷是与防潮布连在一起的，则还得将帐篷内部擦洗干净并将其晾干，然后才可以收起来。

在收拾帐篷的零部件时，你得清点一下帐篷桩是否齐全并检查其是否完好无损。此外，帐篷的支索以及帐篷上的拉链等部位都应该检查一下。

当整个帐篷的架子已经拆除时，你得将各种不同的部件分门别类地装在不同的袋子里面，然后再将它们一起装入一个大袋子里。

野炊区域的清理

将你先前所挖的坑全都填平。如果营火还在燃烧，这个时候一定要记得将其完全扑灭。此外，你还得将生过营火的地面清理干净，尽量使之恢复原状。

如厕区域的清理

如果营地中有专门的如厕区域，那么在拔营起程之前，一定要确定已将所有的排泄物恰当地填埋了，先前所挖的坑和沟渠也都要填平。此外，先前设置的一些人造屏障也都要移除掉。

如果你们单独挖过一条沟渠作为小便的地点，那么最好在该处做一个标示牌，以便后来的野营者不会选择同一处地点小便。

垃圾的清理

对于营地垃圾的处理，要么将其焚烧并填埋，要么将其装袋带走。千万不能将你们在营地中扔垃圾的塑料箱留在原地，因为其很快会被动物发现并撕烂，从而造成垃圾四散。如果有些动物去吃这些垃圾，还可能会中毒。

最后，建议你在一切收拾完毕后，再次绕营地一周以查看是否有物品遗漏或场地没有收拾干净，因为此类疏忽是经常会发生的。

第 6 章
野外扎营技能

生存的一个基本要求就是“住”，你需要住所为你提供保护。无论是待上一个晚上还是很长一段时间，住的地方都能让你在生理上和心理上具有安全感。一个好的住所将能够帮你避雨、挡雪、隔热、阻挡来袭的野生动物，同时能帮你保持体温，让你能够很好地休息、保存体力和恢复体能。尽管在野外环境下搭建房屋的原理非常简单，但是真正做起来却非常辛苦。如果你试图走捷径，那房子的舒适度和安全系数会大打折扣。一个比较坚固的房屋将确保你安全度过野外的每一个夜晚。

选择扎营的地方

在任何野外生存条件下，搭建住所都是首要任务。无论何时最先考虑的应该是住所。举一个假设的例子，一群在野外生存的人忘记带取火的工具，他们于是费了几乎整天的时间企图钻木取火。当最终意识到住的地方才最重要的时候，他们已经耗费了过多的时间和精力在取火上，而没法再搭建住所。于是他们不得不在野外度过一个寒冷的夜晚，既没有火，也没有住处。

↑ 如果在极地旅行，了解如何搭建雪屋将在你迷路或者突然遇到暴风雪的情况下救你一命。

搭建住所需要考虑的因素

如果想到现代家庭中的设施，你会列举出一个长长的清单。像自来水管、电灯、马桶等等这样的便利设施让现代生活非常方便，但是没有这些你也一样可以生存。你并不是真正地“需要”它们。在考虑搭建住所的时候，你必须要分清楚什么是你需要的，什么是你想要的。

紧急情况下，搭建的住所一定要小，这样有利于保存体温，而且覆盖物一定要厚，以便屋里的热量不外散，外面的雨水进不来。但是在热带地区，空间应该适当大一些，覆盖的东西可以相应的薄一些。

在紧急情况下，搭建住所一定要省力和省时。首先弄明白什么是必需的。答案是：无论处在什么环境下，必须确保安全。也就是关注如下因素：

- 冷
- 热
- 太阳
- 风
- 雨
- 危险的动物

在某些情况下，你需要考虑避免以上几个因素。想好你的营地该设在什么地方及其朝

↑ 林地往往能在一定程度上防御风雨，而且里边会有大量的落叶和树枝等原材料供你搭建住的地方。

↑ 天然的洞穴通常是不错的选择，但是你也必须注意，有可能别的动物也跟你有同样的想法。

向，将遭遇危险的概率降到最低。

满足心理需要的住所

搭建住所完全可以在不借用任何工具的情况下用双手完成。一个好的住所将能够保持适当的温度而不需要在整个夜晚都生火。住所除了能保障生理安全外，还是心理上的需要。那是一个你可以称之为“家”的地方，你可以坐下来思考自己所面临的问题，也是一个你在野外生存的避难所，更是一个你出发寻找食物、水和燃料的基地。

利用天然的环境作为住所

有一种情况很可能会发生，那就是你必须寻找天然住所。比如在傍晚你可能已经没有时间搭建住所，或者由于疾病、饥饿导致身体虚弱而没有能力搭建住所。

选择正确的位置

考虑在何处搭建住所的时候，请参照如下建议：

⊙ 确保当地有足够的搭建住所所需的原材料；从比较远的地方拖来原材料不仅费时，而且还会耗费宝贵的体能。

⊙ 确保住地距离水源较近，但绝不能是溪流的漫滩。为了防止污染，请在距离溪流或者江河岸边30米开外的地方搭建住所，此举还能保证早上醒来的时候，住所不会有太多露水。

⊙ 仔细检查营地的上方是否有枯死的树枝，因为它们可能落下砸到人或者破坏住所；检查会不会出现雪崩或者土崩。

⊙ 确保住所没有建在蚂蚁山上或者动物的栖息地上。

⊙ 找那些可以自然抵御恶劣天气的地方，但最好不要是密林深处，因为那样的地方阳光很少，一般都比较潮湿。尽量选择丛林或者山脉背风的一侧。

⊙ 如果需要生火，一定要注意不要引起火灾，特别留意头顶的树枝、含煤量高的土壤以及干草等。

一个天然的住所就是任何存在于大自然的、可以给你提供保护的场所。倒下的、仍然还有枝叶的大树能帮助你抵御风雨侵袭。大的灌木丛能让你很容易得到搭建住所所需的原料。在某些情况下，你还可以寻找天然的洞穴，然后放置一些树枝或干草用来过夜。

如果你不幸被困在了沙漠里，白天的时候你可能不得不将自己埋在黄沙里以抵御阳光。但是在绝大多数情况下，尤其是在寒冷的气温条件下，你应该想尽办法把自己的身体与地面隔绝，否则身体的热量将很快消耗殆尽。

在天然的住所过夜可能会是你度过的最难受的夜晚，但是不要忘记你的主要目标是生存。挨到第二天的时候，你可以对你的住所进行改建或者搭建一个新的住所。

用树枝和树叶搭建窝棚

很多野外生存环境中都有大量的落叶和树枝可以利用，而且它们是搭建供短期居住的窝棚极好的原材料。窝棚尽管小，但是隔热效果好，而且还能挡雨。哪怕是在0℃以下的极低温度，用树枝和落叶搭建的窝棚也能有效地保暖。搭建这种窝棚不需要任何工具和绳索，完全可以只靠双手完成。落叶和树枝不必是干燥的，在紧急情况下，也可以用新鲜的树枝和树叶来代替。

这种窝棚能够最大限度地让空气不流动以保证热量不散失，就像形成一个“茧子”一样，保证你的身体不会向更大的不必要的空间散热。

适应性强的窝棚

只要遵循前面的指导原则，用树枝和树叶搭建的窝棚完全可以满足你在所有情况下的需要。你需要在最短的时间内收集尽可能多的树

□搭建窝棚

1.躺倒在地上，在身体四周距身体约一只手的地方做记号。

2.在标记的区域内向下挖30厘米。如果天气非常冷，可以挖得更深。

3.在挖开的区域内按从头到脚的方向横着铺放树枝，搭建“地面”。

4.在第一层树枝上再竖着铺一层树枝，保证它们牢固且平坦。

5.在树枝上铺上干燥的树叶，至少15厘米厚。

6.在头的那一边，将两根带叉的木棍跟地面呈三角形固定，让它们各自的树杈交叉在一起。

7.把用做横梁的长棍一端搭在固定的树杈上，另一端落在脚的一边。

8.在横梁的两侧，与横梁垂直的方向分别添加树枝，做成窝棚的框架。

9.在已经建成的窝棚框架上添加小树枝，然后添加树叶。

10. 在窝棚四周添加树叶，厚度大约1米左右，但要留出入口。

11.在窝棚的内部地面上铺上干燥柔软的东西。如果有蕨类植物，就将它们铺在最上层。

12.在窝棚开口处用柔韧性好的新鲜枝条制作一条长约1米的入口通道，然后用大量树叶进行覆盖。

枝和树叶，因为当生命受到威胁的时候，每一分钟都很重要。窝棚覆盖物的厚度至少要有1米（开口处除外），你可以用一根棍子来丈量，并尽可能多地覆盖树叶。

在窝棚的内部放置你能找到的最干燥最柔软的东西。如果附近有很多蕨类植物，将它们铺在最上层。它们不仅味道好闻，而且还不会扎身体。将它们铺平，这样当你躺进窝棚的时候，很自然地就会把多余的枝叶挤到四周，窝棚就像一个茧子将你裹住。

在窝棚上放一些树枝，让树叶不会被风吹走。如果能放上一些树皮或者苔藓，则更有利于防水。你还需要用一些柔软的枝条编织一个袋子样的东西，然后填上树叶当做门。当你进入窝棚的时候，将这个“袋子”拖到入口处对窝棚进行密封。如果直接用树叶密封窝棚，将会比较麻烦而且效率极低。当门口封好后，从窝棚内部检查“门”是否有漏洞，然后用里面的树叶填补好。

不要担心封住门以后空气不流通的问题，因为大量的新鲜空气能够透过树叶进来。你需要做的就是进入窝棚前上完厕所，因为进出窝棚都需要花费大量的时间。

用树枝和树叶垒墙

用树枝和树叶垒的墙具有多种功能。将两排棍子插入土壤里，用小树枝横向穿插，把这些插入土壤里的棍子编好，然后把中间空隙用树叶填满，这就是一面墙了，可高可低，可以直立也可弯曲。

你可以利用该技巧搭建一个小型的供自己住的小屋，也可以将其扩建成供一个团队居住的大屋。如果可能的话，还可以围绕火堆搭建多面这样的墙，以利于保存并反射热量。

这种墙还可以用在其他方面，如作为狩猎的陷阱。在火堆背后搭建一个这样小型的半圆形的墙可以作为热量的反射墙。

所需的原材料

搭建这样的墙需要大量的棍子，其长度取决于你的需要，但是作为住所，一般长度需要在120厘米左右。

找一块够大的石头将这些棍子钉进土里，尽量让它们牢固一些。然后找大量的枝条在这些棍子间进行编织，在紧急情况下你可能需要砍伐新鲜的树枝。

↑ 用树枝和树叶垒墙比搭建一个完整的窝棚要省时间，但缺点是需要整夜生火来保持温暖。

最后，用大量的树叶把两排棍子之间的空隙填充好。树叶可以是任何种类，干湿均可。

如何搭建

确定了建墙的位置之后，首先将第一排棍子按每两根之间30厘米的距离钉进土壤里，要尽可能地牢固。

第二排棍子要与第一排平行，距离大约在50厘米左右，以便能够填充大量树叶来隔热。

可以在两端额外添加一根棍子，这样可以防止在填充的时候树叶从两端溢出。

分别在两排棍子上用枝条进行编织，不需要太密。最后在两排棍子之间的空隙里填充树叶。

你可以把墙的内侧编织得密一些以承重。

如果外侧的墙也编得比较密，那你完全还可以在墙上糊上“救生混凝土”（按1：1的比例将干草与稀泥进行混合）或者黏土。

还有一种选择就是在两端分别再建一个边墙，这样可以防风。

此外，你还可以搭建一个顶棚，找根带树杈的棍子承受顶棚的重量。

如果搭建得好，这种墙应该很牢固，有的甚至可以保存好几年的时间。

如果顶棚坡度设计得当，即使不用太多树叶也能防雨水。

可居住较长时间的窝棚

原始社会中搭建的窝棚都呈圆形。这样做有以下几大理由：如果在其中点燃火堆（在窝棚中心），热量能够抵达每个角落，而且能够很好地反射回来。在方形窝棚里，热量散布是

□用树枝和树叶垒墙

1. 在地上放两根长树枝或者画两条线，标记钉入棍子的地方。

2. 在第一条线上，将棍子按每两根之间30厘米的距离垂直钉进土壤里。

3. 第一排棍子钉完之后，在距离第一排棍子50厘米的地方开始平行地钉第二排棍子。

4. 在两排棍子的两端之间分别加钉一根棍子，防止在填充树叶的时候树叶从两端漏出。

5. 用柔韧性好的枝条在棍子上进行编织，以加强棍子的稳定性，同时更便于填充树叶。

6. 将靠里的一侧编织得光滑些；如果要在墙上糊东西，就要编织得更紧密一些。

7. 编织工作结束后，就可以在空隙间填充树叶了。

8. 尽量将树叶压得紧实些，不要留下太大的空隙。

9. 在墙上糊上“救生混凝土”或者黏土会更有利于热量反射。

10.如果要加盖一个顶棚，在墙的两侧各加钉两根带树杈的棍子，其中两根靠近墙，两根离墙稍远些。

11.将作为承重横梁的其中一根棍子放置在靠近墙的两个树杈上，另一根放在另外两个离墙稍远的树杈上，然后再在两根棍子之间铺上树枝。

12.在顶棚上铺上树叶。50厘米的厚度就能抵御一场中雨。

不均匀的，会存在较冷的角落。而在圆形窝棚里，每个人所得到的热量则是均等的。另外，圆形的窝棚与方形的相比更坚固，而且更便于搭建。

加固现有窝棚

当生存其他方面的要求都已得到满足，而且给养也能维持1周或者更长时间，如果此时有时间和原材料，你就可以考虑将现有的窝棚变得更舒适一些。但是切记不要浪费资源和力气去修建一个你根本不需要的大型窝棚。

利用搭建墙的技巧改进你的窝棚，这也就意味着你需要更多的棍子和编织材料。在这种情况下，顶棚的重量将由中间的4根带树杈的棍子支撑，每根2米长。它们要非常粗壮和结实。图片所示的这种棍子每根直径都有12.5厘米。你同时还需要4根约1米长的粗壮棍子来连接着这4根柱子构成一个方形。

设计窝棚

想一想你到底需要修建多大的窝棚。如果你只有一个人，修建一个直径3米的窝棚就够了，这样既能提供足够的空间，还便于取暖。不要高估自己所需要的空间。对于一个6人的团队，修建一个直径5米的窝棚也足够了，其实这就已经能够容纳下9个人了。

在修建窝棚的墙体之前，首先要设计好火堆的位置。如果氧气从地面下透进来，火会烧得更旺。你可以在地下挖4条沟来达到这个目的。从四面的墙体开始，每个方向挖一条沟通向生火的地方。

最好的标记墙体位置的方法就是用一根绳子和两根棍子。将其中一根棍子插入火堆中央的位置，根据需要调节绳子的长度，然后以绳子为半径用另一根棍子画圈。

接下来确定窝棚的出口处。通常情况下，出口处应朝向东方以接受阳光照射。早上出口处照进来的阳光（如果出口处保持开放的话）会将你唤醒，这样会令你在身体上和心理上感到舒适。而且阳光可除去窝棚里的湿气。如果让出口处朝向西方，你会发现早上起床的时间更晚，因为窝棚里会比较昏暗。

修建和布置

当棍子被钉好之后，你应该对窝棚里的空间有一个更清楚的认识。如果你还想在窝棚里添置一些基本设备的话，务必在窝棚的墙体和

↑ 供较长时间居住的窝棚能够让生活更舒适，因此可以花更多的时间来搭建它，但是必须确保其他的基本需求首先得到满足。

顶棚搭建完成之前动手。因为窝棚一旦搭建完成，再想往里边搬运东西将不会是一件容易的事情。

考虑一下是否要在里面设计一些供睡觉的小平台，除非你喜欢睡在地面上。在里面铺上一层灯芯草或者小枝条，然后再铺一层约20厘米厚的树叶，以确保你睡觉的时候彻底与地面隔开。

在你对其内部设施满意之后，你就可以着手在两圈棍子上开始编织的工作了，然后再在两圈棍子之间填充树叶。注意墙体的高度至少要与你坐在窝棚内头顶的高度相当，大约120厘米，否则当你坐在窝棚内的时候将不得不弯着腰。

在填充树叶之前，你最好将一些带树杈的结实棍子钉入两面编织的墙体之间，再在树杈上放置结实的棍子，这样就可以让它们一起承担顶棚的重量。如果不这样，整个顶棚在搭建好之后，有可能会逐渐下沉。

搭建顶棚

在建完墙体之后，在窝棚中央的4根带树杈的棍子上放置结实的棍子，一定要确保它们足够结实，需要能够承受至少相当于顶棚3倍的重量才行。因为在使用过程中，随着树叶被压得越来越密实，你将需要不断地添加树叶，而且在下雨的时候，顶棚重量也会增加。

然后就可以开始搭建顶棚的工作了。在墙体和由棍子组成的方形之间铺上结实的树枝，确保树枝在墙体和方形两端都超出一定距离，

□搭建一个居住较长时间的窝棚

1.首先确定生火的地方。挖4条沟给你的火堆供给燃烧所需的空气，然后用大石头搭建炉壁。

2.用结实的树枝盖住沟，需确保泥土不会掉进沟渠堵塞通气管道。

3.在树枝上覆盖一层泥土，这样你就可以在地面上随意走动而不会破坏通气管道。

4.找一根绳子和两根棍子，将其中一根棍子插入火炉位置的中央，以绳子的长度量出窝棚的半径，用另一根棍子画圈。

5.在窝棚入口处做两个标记，在搭建窝棚的时候，将这个地方留空。

6.在画出的圆圈上，将120厘米长的棍子钉入地面，每两根棍子之间的距离约为30厘米。

7.第一圈棍子完成之后，在距离第一圈棍子30厘米以外的地方钉第二圈棍子。

8.将4根带树杈的棍子钉进地面，让其构成一个方形，尽量让棍子避开窝棚入口处。

9.分别在两圈棍子上用枝条进行编织。

10.在两圈棍子之间的空隙里填充树叶，并确保树叶被压实。

11.将4根结实的棍子放置在树杈上，必须确保这些棍子能够承受棚顶的重量。

12.在墙和4根棍子之间铺上结实的树枝，它们将承受铺在其上的树叶的重量。

□熏出昆虫和臭虫

1.将一些未燃尽的炭灰放进防火的容器内。

2. 撒一些新鲜的松针或者鼠尾草进去，让其产生浓烟。

3.将这个防火容器放进窝棚，密封窝棚出口处约30分钟。

□制作出烟口盖

1.根据出烟口大小选择一定长度的柔韧性好的枝条，在地上插上一排，每两根之间大约7.5厘米的距离。

2.在这些枝条间编织更多的枝条，让其结构更加坚固，同时用绳子将各个角绑定。

3.在该结构上绷上兽皮或者一些大的树叶即可。一张兔子皮差不多正好是一个出烟口盖的大小。

但是要记住，在窝棚顶部中央一定要留出足够的空间，让生火产生的烟能够顺利散出去。根据窝棚顶部的风力情况，调整烟孔的大小，其直径应该至少在20～30厘米。

将两根粗壮的棍子钉入出口处两侧，然后在其上方横放绝对结实的棍子，顶棚上的棍子也可搭在此处以便让出口两侧的棍子分担部分重量。这时候如果顶棚上已经不能再铺结实的棍子，那就找一些较小的树枝把那些大的窟窿全部填上。

在顶棚上铺树叶

现在你需要做的事情就是在顶棚上铺一层厚厚的树叶。根据窝棚的大小和你所收集的树叶数量来铺设。你可能还需要用一些柔韧性好的枝条来进行编织，以防止铺上的树叶沿着棚顶滑落。

为了防止雨水渗入，最好是铺上一层厚约60厘米的树叶。确保树叶在整个棚顶（除了出烟口）上铺设均匀。

如果棚顶太高，铺树叶的时候够不着，那就可以暂时拆掉入口处的承重棍，然后利用这个空间在棚顶上铺树叶。在整个顶棚的树叶都铺完之后将其抹平，然后放上一些较重的树枝等，以防止顶棚上铺的树叶被风吹跑。

让窝棚更加完善

虽然这是一个原始的窝棚，但你可以让其变得更舒适。显而易见，在你收集的这些原材料中肯定会有一些小生物，因此在搬进你搭建的窝棚之前最重要的就是用烟熏，以驱除任何可能存在的小生物。

将一些未燃尽的炭火放进防火容器中，然后放一些潮湿的材料，这样就能产生大量有刺激性味道的浓烟。如果附近有松树或鼠尾草，用它们熏效果会更好。冒浓烟时将容器放入窝棚内约半个小时。密封出口处，这样烟雾就能弥漫整个窝棚。

一旦住进窝棚之后，你一定再也不想让窝棚里有烟了，而是希望生火产生的烟全部从

↑ 一旦顶棚的棍子搭完之后，就可以开始铺树叶了，但要确保留出出烟口。

警告

用树枝和树叶搭建的窝棚是易燃物。千万要注意控制好火，尤其是未燃尽的炭火，谨防蹿出火苗。窝棚着火之后，即便你能从里面成功逃脱，搭建窝棚所花费的大量时间和精力也会付诸东流。

窝棚的出烟口出去。你可以编一个跟出烟口差不多大小的方形“盖子”，将其放在出烟口临风的一侧。该装置将能起到烟囱的作用，让窝棚内产生的烟在没有被风吹到以前就顺利散出去，而且能有效防止烟被风吹回窝棚内。

出烟口盖可以用很多种方式制作。其中最简单的就是利用动物皮，将其绑在一块用树枝编成的方形结构上。一定要记住，兽皮在受潮之后会膨胀，在干燥之后会收缩，所以在编的时候掌握好松紧度。

在下大雨时，可以用这个出烟口盖盖住出烟口防止雨水进入，但是这时候你不能在窝棚内生火，因为产生的烟没有地方出去。

雪地住所

在冬天，雪也可以用来搭建紧急住所。有些国家的军队一直用雪来搭建住所。例如，瑞典军队就用雪搭建大型的车库和战地医院。

如果你在雪地旅行，掌握搭建雪地住所的技巧将在遇到暴风雪的时候救你一命。如果你迷路或者所携带的装备坏了，比如雪橇坏了，修建一个雪地住所能够帮助你抵御严寒。

在雪地扎营，防风是最重要的，因为强烈的寒风能够造成非常危险的局面，较易导致死亡。在野外大雪覆盖环境下搭建住所的时候，一定要记住往下挖远比向上建容易得多。找那些大树周围或那种大雪堆积最厚的地方挖住所。当然在某些情况下，你不得不搭建而不是挖掘一个住所。

雪地住所主要有三种类型，分别适合不同的雪地：圆顶雪屋适合坚硬的大雪；雪堆窝棚适合在粉末状的雪地里搭建；而雪地洞穴比较适合紧急情况下使用。尽管搭建不同的住所需要进行不同的设计，但是无论在什么情况下，一些重要的注意事项都需要谨记在心。

保证空气

你要确保屋子能抵御寒冷，尽量保证热量不散失，但同样也需要保证足够的新鲜空气流通。当身体的热量将整个住所烘热之后，雪的表面就会轻微融化，从而形成一种良好的密封状态，因此你必须留出通风口或者定期检查，防止住所内二氧化碳超标。

保持干燥

用雪搭建住所的时候，弄湿衣服是非常危险的。在温度极低时，这种情况还不太糟，但是温度一旦高于-5℃，这就会是一个非常严重的问题，所以要注意。同时，无论在什么样的气温条件下，手套都很容易弄湿。另外也要避免干活的时候出太多的汗。当身体干燥的时候保持温暖还比较容易，但是湿了之后就是另外一回事了。

圆顶雪屋

在纬度极高的地方、冻土地带或者其他大雪覆盖的地形条件下，如果温度低于-5℃，你能够相对容易地挖掘或者切割雪块来搭建住所，因为低温能保证墙体的安全。如果你恰好在这种雪很坚硬的地方，完全可以切割雪（冰）砖搭建一个圆顶雪屋，这样可以搭建一个非常舒适、能够长时间使用的住所，但是你必须记住，这将花费很多时间，而且你需要准备锯子或者刀来切割雪（冰）砖。

在紧实的雪地上画一个圆圈，如果供两个人居住，其直径大约需要2.5～2.8米。准备切割好的雪（冰）砖，用其较长的一侧呈向内倾斜的方式搭建，保证上面一块砖的绝大部分重量落在下面一块砖的上面。完成圆顶结构之后，内部应该保持光滑，确保砖缝在内部温度上升

□修建圆顶雪屋

1.切割紧实的雪砖（60厘米×40厘米×20厘米），用它们在切割雪砖的地方围成一个圆圈。

2.砍掉最初使用雪砖的部分棱角，使其与地面吻合并保持一定的倾角，然后以向内倾斜的方式搭建墙体，在墙体下方挖掘一条地道作为出入口。

3.每一层雪砖都要以一定角度向内倾斜，以构成圆顶。从圆顶雪屋内部修理最后一块雪砖，确保其刚好与屋顶中央的洞口吻合。

之后不会往下掉水。外墙也应该用散雪覆盖，尤其要糊住砖缝，让圆顶雪屋能够防风。最好是在墙体下面挖一条地道作为进出圆顶雪屋的通道。如果这种方式不可行，直接在墙体上打通一个出口也是可以的，但是要用背包或者雪块挡住。

雪堆窝棚

雪堆窝棚从一定角度上看上去像更被人们熟知的圆顶雪屋。但事实上它是以一种不同的方式搭建的，且适合在在粉末状的雪地里搭建。显而易见，这种环境下的雪不具备做建筑材料的条件，不能被切割成用做修建圆顶雪屋那样的雪砖。

收集大量的雪，堆成一个大型雪堆，让其结晶，然后从内部将其掏空，这就是雪地窝棚。堆这样一个大雪堆，至少需要花费1个小时左右的时间。一般在温度至少在-10℃的情况下，你需要再等待1个小时左右的时间让其结晶。如果温度更高，可能需要等待2个小时甚至更长时间。

设计雪堆窝棚

如果供2人居住，雪堆应该约1.8米高、2.5米宽、3米长。如果还需要容纳更多的人，每增加1人，相应增加80厘米的宽度。

除非时间来不及，如天快黑了，一般宜放慢堆雪的速度，避免由于过热而出汗。铁铲是完成这项工作的理想工具，但在紧急情况下，雪鞋、露营铁罐、煎锅都可以用来铲雪。

在堆雪堆之前，要标记出其位置，然后将地面上的积雪踩实。

修建雪堆窝棚

首先在选好的地面上堆上背包、个人物品以及任何能够找到的大型的材料，这样有助于构建一个圆形的结构，而且能够大大减少你挖掘内部空间的工作量。这些东西可以在最后取出。用雪覆盖它们，至少1米厚，然后等待其变坚固。

一旦这个雪堆结晶变得坚硬之后，你就可以从侧面挖掘，取出刚开始堆在雪堆内部的东西，然后从内部开始对其进行修整，这时候你必须十分小心，确保不要挖得太多而导致墙体太薄弱。为了避免出现这种情况，你可以找一些小棍子并将他们修剪成统一的长度，至少30厘米。然后将其分布均匀地插入雪堆四周。当你从内部挖掘的时候，一旦碰到了棍子的末端就知道该停止挖掘了。当雪堆窝棚的主体工程完成之后，可以挖一条地道作为进出口，同时冷空气也得以下沉到你坐着或者躺着的位置以下。将进出口修建得越小越好，只要能够爬进去就可以。你还可以利用从窝棚内部挖出来的雪在进出口处修建一道挡风墙。在睡觉之前，一定要用雪或者背包将进出口封闭。

注意空气流通

雪墙是密封的，因此必须在顶上开一个小孔以通风，避免二氧化碳浓度过高。在窝棚里点一根蜡烛将会提示你窝棚内部氧气是否充足。点蜡烛最好的位置是睡觉者的头部附近。

□修建雪堆窝棚

1.躺下以计算出大致需要的面积，然后做好标记（图示为3人窝棚的面积）。

2.将地面的积雪踩实，然后在上面堆雪堆，至少3米宽、1.8米高。

3.雪堆堆好之后，用铁锹的平面将雪拍实。

4.等待1个小时让雪堆结晶变坚硬。

5.同时准备一些30厘米长的小棍子，并将它们均匀地插在雪堆上。

6.当雪堆足够坚硬之后，挖一个小的开口，在迎风的方向修建一堵挡风墙。

7.将雪堆内部掏空，将雪从开口处运出。每当发现小棍子的末端的时候，就不要再往深里挖，这样能够保证窝棚墙壁厚度为30厘米。

8.窝棚顶部应该是拱形的，在其上挖一个直径10厘米的小孔作为通风口，避免二氧化碳浓度过高。

9.用雪、背包或者装满雪或衣服的塑料袋封上进出口。你还可以做一个小架子放置蜡烛。

雪地洞穴和其他住所

如果天气状况急剧恶化或者光线迅速变暗，可能就没有太多时间在雪地上搭建住所了。在这种情况下，寻找天然洞穴比如大树底下等地方，它们有一定的防风效果；或者寻找一个大的雪堆，你可以进行挖掘然后建成一个洞穴。切割雪和冰的工具是在极地环境下生存的必备工具。但在紧急情况下，滑雪板和做饭用的锅也可以用来挖掘壕沟或者洞穴。尽量让一切事情简单些：小的住所能更长时间地保持温度，而且修建起来花的时间较少。

雪地壕沟

供1人居住的最简单的住所就是雪地壕沟，其主要目的是防御寒风，基本要求包括用任何可以利用的工具在雪地上挖一条狭长的沟、加盖一个顶棚、并用雪进行覆盖以便保暖。

挖好沟之后，在一端继续向下挖60厘米。在用树枝和雪搭建顶棚的时候，确保出口处的位置位于壕沟的最深处上方。将树枝和其他材料铺在沟内部的最高处以保暖。如果这个沟底已经抵达地面，那你完全可以生火保持温暖，但是如果雪非常厚，没有达到地面的话，生火就不可能了。不过即使不能生火，冷空气也会下沉到壕沟的最底端，而位于较高处的你会感到相对暖和些。

↑ 如果在松林里，那里会有大量的原材料可供搭建一个临时的住所。用云杉树枝建一面带坡度的墙并在其前方生一堆火将会是一个很好的防雪棚。但是要确保当地有很多圆木和树叶把人与地面隔开，而且要注意不要让火把或火堆上方树枝上的积雪融化掉。

雪地洞穴

挖雪地洞穴要求雪地的厚度达到至少2米。挖最简单的雪地壕沟可能只需要半个小时，但是挖雪地洞穴则需要更长的时间和更大的工作量，至少要3个小时的时间来完成一个简单的洞穴。你还需要挖掘的工具，而且挖掘工作将会使你流汗，所以挖之前最好脱掉一件内衣，以便在完成工作之后还有一件干燥的内衣更换。

如果在一个大型雪堆的一侧挖洞穴，要在距离其底部2.5米以上的地方向上挖掘：这样比较省力，因为挖出来的雪能够顺着坡自然下滑。你应该沿着向上的方向开始挖掘隧道，这样能保证最后的洞穴比入口处的位置稍高。如果是在小型积雪堆上挖，可能就不得不挖一个很浅的洞穴，然后用雪块挡住入口处。

与其他任何住所一样，千万不要忘记通风的问题，因为这关系生命安全。同时在外面树立一个明显的标志，这样便于可能前来的营救

↑ 在极地环境下旅行，携带一个包括雪地锯子、冰斧和铁锹的紧急生存工具包是至关重要的。

↑ 在靠近积雪顶端的斜坡位置开始挖掘洞穴，这样你挖出的雪将会顺着斜坡自然下落。

↑ 如果雪非常厚，你可以直接向下挖，然后向旁边挖地道。

□挖雪地壕沟

↑ 挖一个深度和宽度大约1米、长度为2米的壕沟作为紧急情况下避身的地方。图示为一个盖有雪砖顶棚的壕沟。

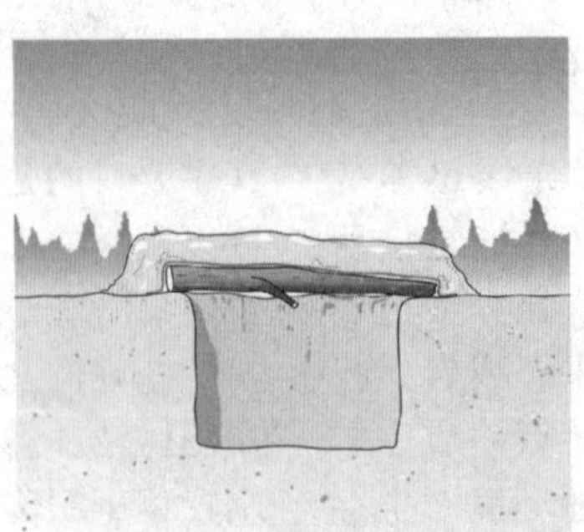

↑ 如果当地能找到木料，将一些树枝铺在壕沟上方，留出壕沟一端开口，然后在树枝上铺上一层厚度为30～60厘米的雪。

↑ 在壕沟两侧用灌木和挖出来的雪堆积起来达到一定高度，这样，你能够在壕沟里面坐立起来。

□修建雪地洞穴

↑ 在一个小型的雪堆上挖洞穴时，可以将内部积雪掏空，然后用雪块挡住入口处，留出一个通风口。

↑ 在一个坡上挖掘洞穴的时候，睡觉的地方可以比入口的地道稍高，这样有利于保暖。

↑ 如果在平地上，只要积雪够厚，先向下挖，然后往旁边挖，需要注意的是通风的问题。

人员有机会发现你的所在。

在沙漠中寻找住所

沙漠为生存带来了特殊的问题。其中绝大多数的问题都是由于其白天的热量过大造成的，这导致了很少有植物供你用来搭建住所。在没有材料可以利用的情况下，你还可以利用其他自然条件。但如果没有地方可以挖洞穴，找不到灌木，没有水也没有食物呢？答案听起来让人绝望，但也是事实，如果不能找到有资源的地方，你就只有死路一条。

白天的住所

白天的时候，你最需要关心的就是找个阴凉地。如果身边有材料，搭建一个顶棚将会让你感觉凉爽。但是晚上的情形又非常不一样了，你需要保暖。绝大多数情况下，在沙漠中旅行都是晚上行进白天睡觉。这也就意味着你只需要一个供白天使用的遮阳的地方，让你在睡觉的时候不被太阳晒到。在很多情况下，并不需要修建什么东西。

大树底下往往能够找到阴凉的地方。如果没有大树，可以利用那些天然的洞穴。需要注意的是，一些动物也有与你一样的想法，它们也可能在这些阴凉的地方栖息。所以要经常检查周围是否有蛇、蝎之类的动物。在树底下或者很浅的洞穴里休息的时候，要想着太阳会移动，很可能一段时间之后你睡觉的地方就不再有阴影了。在睡着的时候，皮肤很容易被阳光灼伤，所以要留心。在万不得已的情况下，你还可以在沙地上挖洞穴将自己埋在里面，这样也能相对凉快一些。

应该避开的地方

千万要选择一个安全的地方作为自己的住所。在很多沙漠地区，雨季的时候很容易出现山洪暴发，因为雨太大导致硬实而干燥的地面没有时间吸水，雨水就顺着地面流走了，然后汇聚成河。

这些洪水能够很快在没有任何征兆的情况下汇聚而成。有时你会发现5分钟前还只是土地断层的地方现在就是一条河流了。这些“临时”的河流可能带来强大的洪峰，因此避免在看上去是河床的地方、峡谷底部、悬崖底部或者其他低矮的地方设营。远离可能发生石头坠落、山崩的地方也是非常重要的，在沙漠里这些现象都经常发生。

利用晚上的时间

炎热和缺水将会很快让你的体能下降，因此应该在晚上行进，而白天的时候在阴凉的地方休息。这样你就不至于在高温下运动，高温下运动只会进一步消耗你的体能。除非完全没有必要，否则建议你还是搭建自己的住所，然后找一些晚上烧的柴火，在早晚天气相对较凉的时候也应该生火。如果对此有疑问，可以参照一下当地动物们的生活习惯：它们在什么地方住、它们在什么时候使用宿营地、它们在什么时候出去觅食、它们去什么地方找水。

下面的表格介绍了各种不同温度条件下给身体造成的压力。数据越高，你身体承受的压力就越大，你的处境也就越危险。例如，在40° C的温度和50%的相对湿度条件下，你身体

↑ 一个浅的洞穴只能够作为白天的住所，而且也不一定能提供一整天的阴凉。

↑ 沙漠里的岩石坡是一面天然的防风墙，还能在晚上散发热量。

承受的压力指数为135，这已经是一个非常高的数字了。位于“极度危险”区域内的数据意味着如果继续暴露在这种高温条件下极有可能会中暑。如果在这种条件下再进行活动会增加中暑的风险。

在沙漠中修建住所

在沙漠中，当你需要一个住所但又找不到天然洞穴的时候，你就不得不自己动手了。

一定要记住“小而美”的原则，避免花费力气构建不必要的空间，哪怕是你非常想要也不行。无论是你在里面休息的时候还是离开的时候，都要确保住所的密封性，因为一些危险的动物也想在那里避开烈日，尤其是当你修建的是地下住所的时候。这意味着你需要制作一扇跟入口处刚好吻合的门，并确保没有任何其他洞口暴露的开口处。

利用热的石头

度过寒冷夜晚的最基本的办法就是找一个有大量石头的朝阳的坡。取那些最热的石头在你准备过夜的地方四周搭建墙。为了保证在夜晚获得最大的热量，应该确保将石头朝阳被晒的一侧作为墙的内侧。这些石头在晚上会释放出余热。

如果在沙地上，你可以稍微向下挖，然后用石头垒洞穴的墙壁。这样的地方也能让你安全度过夜晚。但是这种洞穴的缺点就是早上出来之后会被破坏，晚上的时候不得不重新挖。在一个需要待较长时间的住所，你也可以利用这种方法进行取暖。

地下坑道

在沙地或者土地上，你可以修建一个地下坑道，大约1米深，但是不要把它挖得过大，只需要有躺下的地方就已足够。

你可能需要用树枝或者岩石在坑道的内壁垒墙，还需要两根结实的横梁放置在洞口来支撑顶棚，顶棚会有一定的重量，必须确保坑道不会在晚上的时候塌陷。

用衣服、灌木或者平整的石块压在横梁上，然后再铺一层沙子。这种坑道最大的问题是如何修建门，怎样做既能防止热量散失，又能防止动物入侵。

在丛林中修建住所

在丛林中，最需要关注的问题就是下雨。你搭建的住所必须能够禁得住雨水，要能提供干燥的环境。在热带雨林中，棕榈树很多，它们的叶子是你搭建住所的理想原材料。竹子也是另外一种可供搭建住所的理想材料。下图中展示的住所用的是巴西棕叶子。

热带雨林提供了丰富的可用来搭建住所的原材料，不过最主要的困难就是如何保持干燥。

搭建倾斜的结构

需要6根2～3米长的木棍来搭建支撑顶棚的结构。将两根木棍垂直钉进地面，间距一般2～3米。将另一根木棍绑在这两根钉好的棍子顶端作为横梁。你可以将藤条当做绳索来进行捆绑，另外还有一些树皮也可以用做绳索。将剩下的3根木棍靠在横梁上，使其与地面形成一定角度。

编棕榈树叶

砍下一些棕榈树叶（你会需要很多），将

它们分割成两半（从叶顶端分开比较容易）。然后开始将它们编到已经搭建好的框架上。

从框架的底端开始向上编树叶，让所有的叶尖朝下，这样便于雨水顺流而下。编的时候还需注意将两层叶子斜着交叉，以增强防水功能。编完一层之后用藤条进行绑定，然后继续下一层，直到将整个框架全部覆盖。

你还可以用以上的编法将棕榈树叶做成席子或坐垫，供你在棕榈叶屋中休息。

□搭建热带A字形住所

1.将两根棍子或者竹竿绑定形成A字形结构，将其竖立起来绑在树上作为支撑；在距离第一个A字形结构2.5米的地方再制作第二个A字形结构，并将其固定。

2.在两个A字形结构的顶端绑定一根棍子。再在框架两侧的棍子的相同高度上分别绑牢一根棍子，将防潮布固定在这两根棍子上，就构成了一张悬空的床。

3.将防水油布在整个框架的上方展开，这样就可以挡雨，用绳子将防水油布的4个角拴好，将绳子的另一端固定到周围的树上即可。

第7章 野外取火技能

在没有火柴或者打火机的情况下取火是野外生存必须掌握的一项关键技能。有了火种之后，不仅能够在寒冷之时提供热量，在漫漫长夜提供光明，供你做饭、烧水、制造工具等等，还能鼓舞士气。摩擦生火并不是一件简单的任务。何况，学会点火只是掌握了一半的技巧。引火物并不能保持长时间燃烧，因此学会让火堆保持燃烧同样重要。

生存之火

在生存的四大必要因素中，对火的需求可能显得最不迫切，但是在很多情况下，你在考虑水之前就必须要考虑生火。原因就是，在一些地方，直接饮用没有经过净化的水可能是不安全的。除了病菌、病毒和其他自然污染物外，水中可能还会含有化学污染物。这些污染物可能来自飞机燃烧的废料、农民在田地里喷洒的农药、在河流上游倾倒的垃圾或者丢弃的化学废料等。尽管水有很多种被污染的可能，但是只要在饮用之前将其烧开，就能降低或者消除其危害。

除了这个功用外，火还能辅助制造不同形状的工具、容器以满足你的其他需求。火能让你感到温暖和舒适，还能驱赶存在潜在威胁的野生动物，从而让住所变得更加安全。

找生火的地方

在你决定生火之前，为其选择一个最佳的位置。需要记住如下重要的原则：

• 在干燥的地面上生火，火很容易被生起来，而且不会产生大量的烟。如果没有干燥的地面，应该用树皮或者大的石块创建一块干燥的地方，一旦火生起来之后，湿气或较小的雨水对它的影响就不会太大了。

• 如果能够找到大的岩石或者地面上的一块凹陷地的话，旁边的自然围绕物就能是天然的挡风墙，而且还能反射热量。如果风很大，而且没有自然的屏障可以利用，你就不得不将火堆设在地面下的坑道里，并让其处在顺风的位置上。

• 在选择住地的时候就应该考虑生火的问题，一定要有大量生火材料。这样你就不必到很远的地方去找柴火。

• 在点火之前，要确保地面上没有诸如树叶等其他易燃物品。在一些极其干燥的地方，树根或者地面下堆积的树枝也很容易被点燃，可能会导致一场火灾。当地面上有易燃物的时候，一定要清理出一块至少120厘米见方的空地。而且至少在距离住所2米远的地方生火，以确保安全。注意：一个用枯枝和落叶搭建的窝棚可能变成一个巨型的火把。

• 如果地面潮湿或者有一些像树根之类的易燃物，你需要用石块垒一个生火台，以确保火堆不易熄灭，同时要注意不要用那种可能爆炸的石块。

可能爆炸的石头

一定要小心挑选铺在火坑底部的石头。千万不要使用那些含有大量水分的石头，因为这样的石头被加热的时候会产生蒸汽，从而引发爆炸。为了避免这样的情况出现，不要选择那些位于河床或者谷底的石头。找到完全干燥的石头也无必要，记着不要那些被水浸泡过的石头即可。

• 不要让火堆过大，这样既可以防止事故也能有效地节省资源。用石块在火堆四周堆一个圆圈以控制火堆的规模。

• 最后，确保火堆始终在你的视野范围内。

清理火堆痕迹

当你到野外进行生存技能训练的时候，在离开时保持当地自然美景的完整性这一点非常重要。这就意味着在你用完火堆之后，应该消除一切可见的痕迹。

如果想保留火种，以便在另外的地方生火，你可以将未燃尽的炭火盛进防火的容器里。在火堆上倒水确保其完全熄灭，检查是否还有余温或者烟雾冒出来，如果有，继续倒水直至全部熄灭。

最理想的状态是在熄灭火堆之前使里面的所有柴火燃尽。如果没有燃尽，将其中未燃尽的柴火挑出来埋掉，然后将灰烬洒在附近区域。搬走用来确定火堆大小的石块，用土将烧火的地方埋上，然后将落叶撒在上面让其与周围的环境相协调。这样一来，以后的旅行者来到这个地方，这里又是原生态了。

摩擦生火

除了用火柴和打火机外，还有很多方式可以生火，而且它们存在的时间比这些人造的取火方式久远得多。学会这些所谓的“原始”方式将让你在火柴被弄湿、用光或者根本就没携带的情况下能够生火。

远古人都是用这些原始的方式取火，他们依赖这一技能生存。学习这项古老技能时会有一种特殊的感觉，特别是当你努力了几个小时终于取到第一个火种时那种心情真的无法形容。即便生了无数次火之后，你还是会有一种特殊的成就感。

摩擦法依靠两块木头相互高速摩擦，产生足够的热量制造炭火小颗粒和火星，再利用这种小火星点燃火绒。其中的诀窍不仅仅是摩擦的技巧，更包括一个良好的心态。当你学会取火之后，你可能就会明白这个道理，其实生存的所有技能也都是如此。

刨子取火

摩擦生火的一个简单实用的方法就是利用刨子。用一个削尖的棍子在一块木板的凹槽里上下摩擦。在凹槽的底部会出现一些非常细微的木屑，这些木屑越积越多，在最后温度达到一定高度之后就会燃烧起来。需要注意的是，在摩擦的时候不要让木板晃动，以免将凹槽里的木屑散落出来。但这是一个相当辛苦的过程。

钻木取火

弓弦钻钻木取火法、手钻钻木取火法、泵式钻钻木取火法都是钻木取火的传统方式。每一种方式都需要一根棍子作为钻轴在“取火板”上的槽口里高速旋转产生热量点燃火绒。

制作钻轴的材料

钻木取火的时候需要一根中等硬度的棍子作为钻轴，可以用于此用途的木材种类如下页图片所示。如果不能确定是哪种材料，一个非常简单的办法就是用大拇指甲掐一下该棍子以检测其硬度。

制作弓弦钻的时候，除了木料，还需要一根60～90厘米长的绳子。绳子可以用植物或者树木纤维搓制而成。最好的纤维可以从荨麻秆中获取，但是其他的一些植物也可以替代。用

□检测木质的硬度

1.选择一根准备用做钻轴的棍子，削掉其中的一块树皮，露出木质。

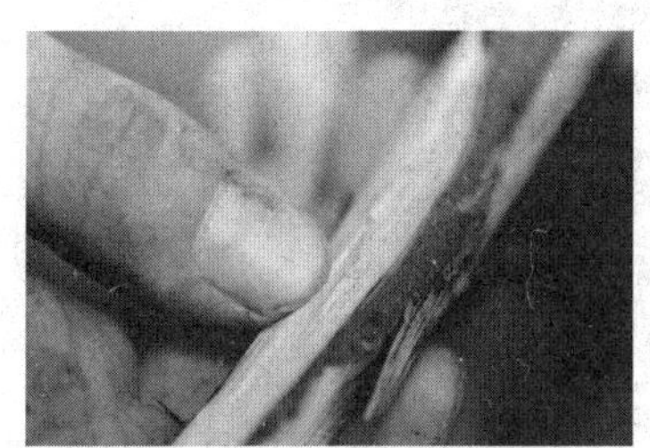
2.用大拇指指甲在削开的木质处从一端划向另一端，不必沿着木质的纹理划。

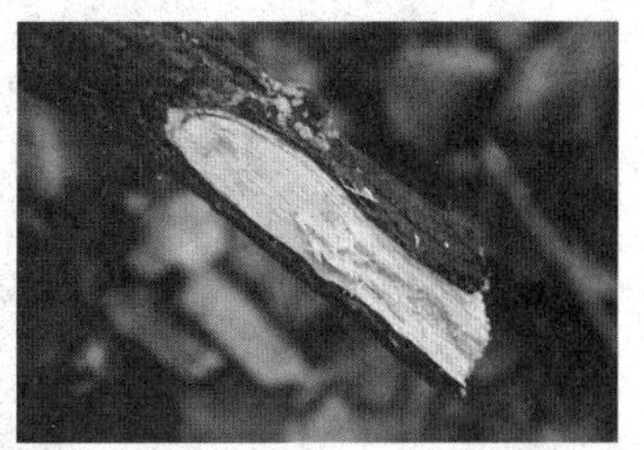
3.如果指甲划出的线非常明显，那就说明木质太软或者已经开始腐烂；如果没有线或者线几乎看不见，那说明木质太硬。

石头将荨麻秆捣碎，取出纤维然后搓成绳子。

还有一个做绳子的办法就是利用云杉树根，其效果也相当好。要寻找云杉树根，最简单的办法就是在云杉树底下挖掘。当碰到树根的时候，沿着其走向挖，然后小心取出。云杉树根通常长在比较浅的地方，从树干处一直向外延伸。找到云杉树根之后，将其在树枝上摩擦，直至去掉根皮。云杉树根有的会很长。最好选用一根较长的树根，因为拼接之后的树根容易在打结处折断。

弓弦钻钻木取火法

弓弦钻钻木取火法是摩擦取火常用的方法。它与其他摩擦取火法的原理是一样的，但更易于操作。即使是在潮湿的环境下也能使用。

选择木料并进行加工

制作弓弦钻钻木取火装置需要几块木料：一根钻轴、一块钻板、一块垫板、一根手握的棍子，以及一段绳子。你需要刀子或者其他锋利的工具对这些原材料进行加工。

首先需要加工的就是钻轴。它的长度至少应该跟你将手张开之后大拇指指尖与食指指尖的距离相当。钻轴的顶端应该削得尖一些，底端应该平一些。钻轴应该是圆而且光滑的，其两端应该尖而平滑。

与钻轴材质一样的钻板应该厚度均匀，其宽度应该是厚度的 2 倍。长度应该在30厘米长以上，而且其底部应该是平的，这样便于你用脚踩住并保持平稳。

握在手上的垫板可以用与钻轴一样或者更坚硬的材质的木料。垫板应该与手的大小相当，便于握住，其厚度应该不低于钻轴的直径。

↑ 用中等硬度的木料，如榛树、雪松、白杨或者悬铃木，自己动手制作取火工具。

手握的棍子，也就是弓，最好略弯，尽管笔直的棍子也能够使用，但最好是一根有一定弯度的棍子。首先学会使用长度在1米左右的弓弦钻。掌握之后，可以试一下更长或者更短的弓。

将绳子绑定在弓上，将钻轴绕在绳子上之后，努力控制好绳子的松紧度，既不能松得让钻轴上下滑动，也不能让钻轴紧得一点也动不了。理想的状态是，用上一定的力后能够勉强将钻轴抽动。此外，绳子（弦）的松紧度也决定着弓的灵活性。在使用过程中，可能会需要调整弦的长度。方便起见，在绑定绳子的时候，一端打死结，一端打活结。

准备弓弦钻

在开始钻木取火之前，要分别在钻板的边缘处和垫板上用刀或者锋利的工具削一个与钻轴直径差不多大小的坑，用来放置钻轴的两端。或者先用刀子等工具分别削一个小坑，然后用转轴将坑钻大，其过程与钻木取火的过程一样，而且在此过程中你也练习了如何有效地转动钻轴。

站好位置

这里列出的指导原则针对的是习惯用右手的人。如果你是左撇子，请进行相应的调整。

左脚踩在钻板上，将右腿跪地上。左脚足弓应该在钻板上的钻孔边上附近，也就是装上钻轴之后钻轴的附近。左膝盖成直角弯曲。将钻轴绕在弦上。

将胸部贴紧左膝盖。左手握住垫板，从左腿外绕过小腿。将钻轴定位好，让其底端位于钻板上的钻孔内，顶端位于垫板上的钻孔内。

正确拉弓的方法

钻轴应该在钻板和垫板之间保持完全直立。如果不是，那就调整膝盖的角度，直到钻轴与钻板之间保持垂直。等角度正确，钻轴也已经与钻板垂直时，用右手持弓。

为了保证每一个拉弓的动作能够发挥最大功效，将弓拉到最远的距离，然后慢慢地前后推拉弓，保持弓与地面平行。等找对了感觉，而且这个动作已经平稳和有规律之后，你可以适当加速推拉。

如果你的技术是正确的，即用在垫板上的力度适当，保证钻轴稳定并与钻板垂直，弓

□制作弓弦钻

1.收集几块木料：一根钻轴（直径约2.5厘米）、一块钻板、一块垫板、一根手握的棍子。

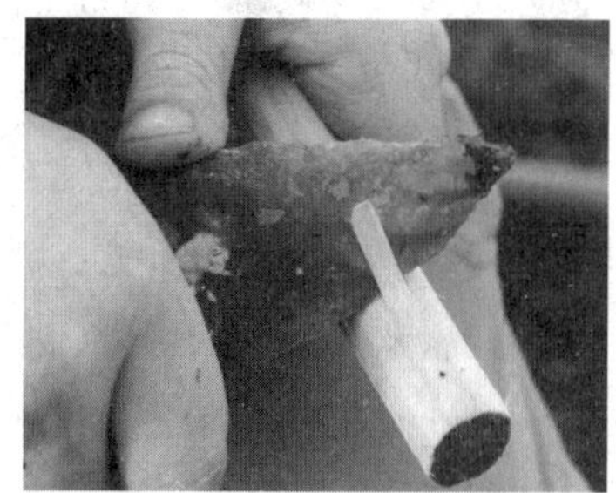

2.修理钻轴：它应该是直的，圆而光滑，直径2.5厘米左右，长度为20～23厘米。

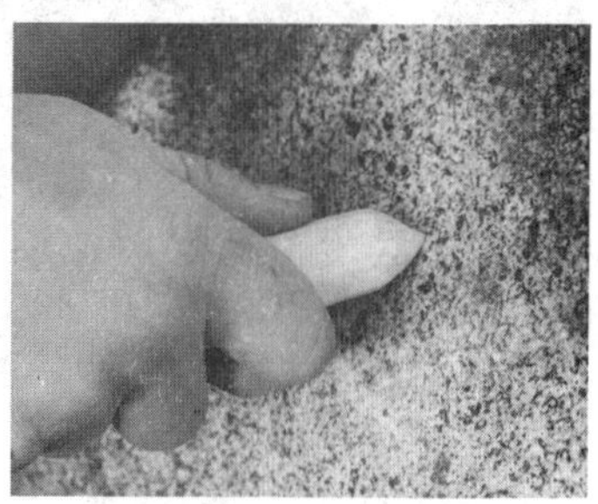

3.将钻轴顶端削或者磨成大约2.5厘米长的尖。

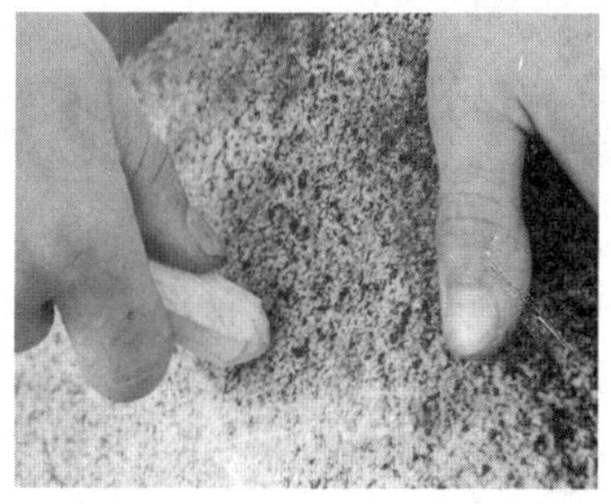

4.将钻轴底端削或者磨成平一些的尖，约6厘米长。

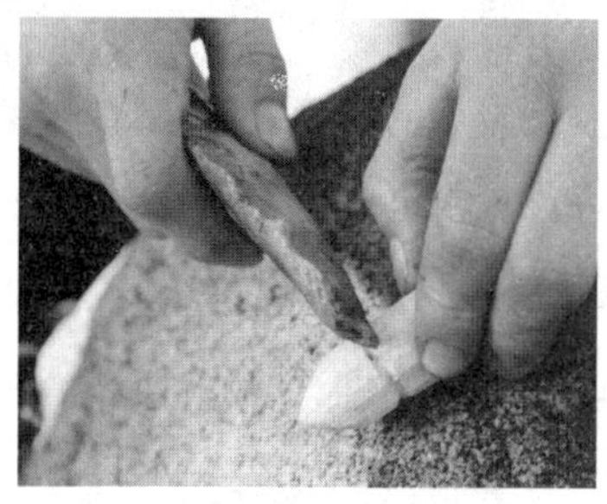

5.在使用之后，钻轴底端和顶端可能很难分辨，因此为了易于辨认，在顶端一侧削一条槽。

6.制作完成之后的钻轴应该是直的，两端的尖一个长一个短，其顶端一侧有一条槽。

7.在准备钻板的时候，在钻板的边缘处削一个与钻轴直径差不多大小的坑，用来放置钻轴底端。

8.在垫板上削一个类似的坑，注意避开握住垫板时指尖的位置。

9.将绳子（弦）绑定在手握的棍子（弓）上，注意一端打死结，一端打活结，这样便于调整绳子的松紧。

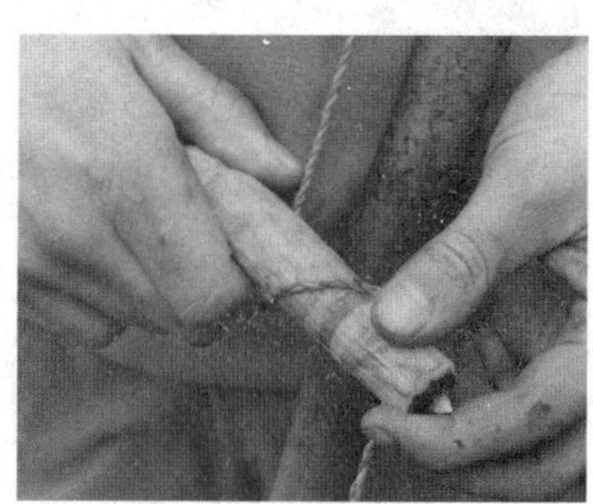

10.将钻轴绕在弦上，确保弦在弓与钻轴之间（钻轴在弦的外侧）。

11.左脚踩在钻板上，将钻轴两端的尖分别放进钻板和垫板的坑内。

12.将弓用力地前后拉动，这样钻轴就会转动。

13.当钻轴全部进入钻板之后，可以停下来，这时候，手上垫板也会出现一个洞。

14.给手上垫板的孔内添点“润滑剂”，让钻轴更容易转动，钻轴顶端的槽将预防你把钻轴底端当成顶端。

15.削开钻板上钻孔旁边的木料，做一个楔形的凹槽以收集炭灰。

与地面保持平行，即使你推拉弓的速度并不是太快，你也可能会发现钻板上的钻孔边缘出现了烟和黑色的粉末。如果没有烟，你也不用担心，这需要一定时间的练习。通常出现的问题是没有保持钻轴的稳定或加在垫板上向下的压力不够。利用25%的力量来让左手腕抓紧垫板，50%的力量向下压，然后用25%的力量来推拉弓。

如果出现了大量的烟，你可以适当加快推拉弓的速度，并加大左手向下压的力度。在钻轴整个陷进钻孔之后，你就可以暂时停止转动钻轴了。

完成弓弦钻的制作

这时候，可以给手上垫板的钻孔内添加润滑剂，这样钻轴更容易转动。并在钻板上开一个槽，以收集产生的炭灰，并最终形成炭火星。

垫板上的钻孔能够用捣碎的松针挤出的油、动物油或者其他植物油、来自身上或头发上的油脂或者其他任何可以当做润滑剂的东西进行润滑。但是千万不要用水。水不仅不能在钻轴顶端起到润滑作用，反而会让钻轴膨胀、钻孔缩小从而增大摩擦。一旦对钻轴顶部进行润滑之后，就千万不能将钻轴两端混淆，不能将润滑过后的顶端放入钻板上的钻孔当中，因为这里需要的是摩擦。

钻板上的槽非常重要，因为需要它来收集摩擦产生的炭灰。它的宽度应该是钻孔周长的1/8，从钻板边缘一直到钻孔的中心附近。将钻孔等分成16份，用刀或者锋利的工具将最靠近钻板边缘的两份挖去即可，同时确保槽是光滑的。

现在，你的取火工具就已经完全准备好了。这时候，你首先要搭建好火堆，准备好引火物取火。用柔软干燥的纤维制作的引火物应该是蓬松的，形成一个中空的鸟巢形状。

钻木取火

在钻板上槽的下方放置干树皮或者一些干的树叶，这样可防止炭灰掉到地面上被弄湿或者冷却。在这个地方也放上引火物，用于随后的取火。有的人在槽下方的地面上挖一个小洞来放置引火物，但是这种方式可能会导致引火物被压扁或者被弄湿。

槽在你的哪边不要紧，可以查看风向，调

□使用弓弦钻

1.将一块木头、一片干树叶或者一块干燥平整的石头放置在钻板上槽的下方，这样收集到的炭灰不会掉到潮湿的地面上。

2.将钻轴放进钻孔内，以平稳缓慢的速度前后推拉弓，当出烟的时候加快推拉弓的速度并加大左手向下压的力度。

3.一旦成功，在槽内的炭灰处应该会出现炭火星。刚开始的时候可能不太明显，但是炭灰中会持续有烟冒出。

□让炭火转变为火焰

1.将引火物小心翼翼地举起，让其稍微高过脸部，注意别让烟熏眼睛，然后轻轻地吹。一旦炭火在引火物中蔓延，就可以稍微加大吹的力度。

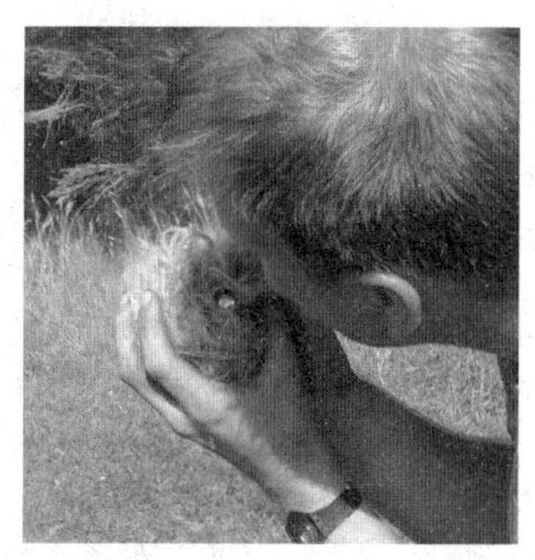

2.当引火物已经烫得几乎在手上拿不住的时候，尽最大能力给它吹风供氧，它会燃烧得很快，抓紧时间将引火物放置到准备好的火堆中，但是一定要小心。

3.如果抓得太紧，你可能会让火焰熄灭。如果担心引火物太少，会很快燃尽，就在火焰还没有完全产生的时候就将引火物放进火堆，在火堆里对其吹风，让它能够燃烧起来。

整位置。但要确保有足够的地方供你把脚放在钻板上。将钻轴放进原来的位置，重新开始慢速地前后推拉弓，让钻板上的钻孔受热。这时候如果发出尖厉的声音，说明你推拉弓的速度过快或者左手下压的力度太小。

刚开始的时候也不要在左手上施加太大的力度。开始冒烟的时候，你可以加快推拉弓的速度和加大左手的压力。继续推拉弓，直到有大量的烟冒出来，而且钻板上槽内的炭灰也要有烟冒出来。这时候，小心地取出钻轴，非常小心地将钻板拿起来检查是否已经有了炭火。根据从炭灰底下冒出的烟的多少能够判断是否已经有了炭火。有的情况下，你还可以直接看到红色的火光。这时，你可以松一口气，等炭火继续燃烧。你还可以用手轻轻扇风，但是切记要小心，因为这时候炭火才刚形成，还非常微弱。

一旦炭火烧得比较稳定的时候，你可以休息几秒钟，然后小心地将炭火移到准备好的引火物上。

手钻钻木取火法

尽管手钻钻木取火与弓弦钻钻木取火使用的技巧和材料不同，但是原理相同。手钻需要一根钻轴和一块钻板。钻轴长介于0.35～1.50米，粗细跟一般的钢笔差不多。钻板厚度要均匀，与钻轴的直径差不多，其宽度是厚度的2倍。这意味着手钻利用的材料比弓弦钻要少，准备工作也要相对简单。但是手钻的劣势在于在潮湿环境下这种方法不一定可靠，而弓弦钻在绝大多数情况下都适用。

手钻需要的是中等硬度的木质。钻轴可用诸如接骨木、毛蕊花、牛蒡等植物笔直的空心树枝，而钻板可用白杨或者雪松的木头。这次不需要确定钻轴的顶端或者底端，只需要将钻轴弄光滑，去掉多余的侧枝和树节。

钻木取火

将钻板在地面上放置平稳，用脚进行固定，脚要远离钻孔。如果像使用弓弦钻那样跪着的话，要让你的左手臂位于腿的内侧。你还可以坐在地上，用脚的侧面固定地上的钻板。这样的话将让你有很多空间移动手，但是可能在用手施加向下的压力时会有更大的难度。

将钻轴放入钻孔内，双手搓动钻轴的顶端。在前后搓动的同时施加向下的压力，让钻轴转动。刚开始的时候慢慢地搓动钻轴，等到钻轴底部出现大量的烟，就可以加速转动钻轴并施加更大的压力。

手钻产生的炭火一般都比较微弱，很快就会烧尽。因此在手边放一些易燃物，让炭火烧得更旺一些，以便将它顺利转移到引火物上。易燃物可以是助燃的任何干燥蓬松的材料，如芦苇绒、撕碎的雪松树皮或者捣碎的干燥软木碎屑。

泵式钻钻木取火法

在野外生存情况下，你需要快速生火，这就需要时间和精力。如果你在一个供长期居住的住所，而又没有更多的空间可以随意走动的话，你可以尝试使用这种泵式钻钻木取火法。这种装置在制作上更难，但是在一个诸如窝棚内部的有限空间内将更容易使用，而且能很轻松地生火。这种装置还能用来钻孔以用做其他用途。

制作钻轴

泵式钻的钻轴需要一根长约60厘米、直径3厘米的直棍子。如果棍子是弯的，必须将其弄直，或者换一根。否则的话，泵式钻将不能很好地工作。

刮除树皮，并对其进行磨制，让其形成轻微的锥形，其较粗的一端将作为钻轴的底部。完成之后，在钻轴底端割一条槽，便于安装钻头，在顶端也割一条槽，便于安放绳子。

制作飞轮

制作飞轮时，为了让飞轮的两块木板更好地吻合，最好在一块长约45厘米、宽约7.5厘米的木头上进行分割。用钻、烧或者挖的方式在其中间部位弄一个孔。孔的大小比钻轴底部稍小。然后将这块木头分两片，就得到两块相互吻合的木板，并各有一个孔在中间部位。

找两块重量相等的圆石头将飞轮加重，将它们分别夹在两块分开的木板的两端。在木板的两端分别切割一些槽口，这样便于用绳子将石头定位。在绑定这两块用做飞轮的木板的时候，一定要确保中间的孔在一条直线上。

飞轮绑好后，可以将其安装到钻轴上（从钻轴顶端安）。如果飞轮上的孔大小合适，安装就比较容易。飞轮应该在距离钻轴底部2.5～7.5厘米的位置上。

握柄

该装置的握柄应该约60厘米长、7.5厘米宽。你可以砍下一根树枝然后进行加工。握柄的中央也应该有一个圆形的孔，其大小应该超过钻轴的直径，至少应该保证握柄在套进钻轴后能够自由滑落到飞轮的位置。在握柄两端分别开一条槽口，便于绑定绳子。

现在对于整个装置，你还需要的就是一条绳子了，其长度大约为1米。将绳子的两端分别绑定在握柄两端的槽口内。将握柄套进钻轴，然后将绳子的中部卡进钻轴顶端的槽内。

准备取火的泵式钻木装置

这个泵式装置可以有很多用途，如果为了摩擦取火，需要在钻轴的底端安装一个木质的钻头。选择一段中等硬度的木头（如白杨、雪松等）作为钻头。钻头应该被制成与弓弦钻钻轴的底端差不多大小，并将其顶端削成能装进泵式钻轴底端槽口的形状。钻头的直径可以与弓弦钻钻头一般大（12毫米），或者稍大，这样的话能更有效地摩擦。将钻头安装在钻轴底端，并将其固定好，避免晃动。

找一块与弓弦钻钻板差不多的木料来做钻板。在其表面开一个小孔，然后将钻头放进去。将握柄提升到钻轴顶端，然后下压至飞轮处，这样钻轴就会转动，然后飞轮会自动将握柄反弹回顶端，再下压。这样循环往复，钻头就会在钻板上留下一个坑。在钻板上挖一个槽用来收集炭灰，这样你就已经做好用泵式钻木装置取火的准备了。利用泵式装置取火的技巧与用其他方法取火相同。

↑ 泵式取火装置在有限空间内，如供较长时间居住的窝棚内以及需要经常取火的情况下尤其适用。

丛林取火

在热带环境中最实用的取火方式就是火锯取火，其材料就是长约60厘米，直径4～5厘米的干燥竹子。

将竹子劈成两半。将其中一块平放在地上当做锯板，切口在下，弯面在上。如果你只有一个人，一定要将其固定。如果还有别人，可以叫别人帮忙按住。在弯面上切一道槽，以固定锯的位置。

锯片也用竹子，将上面的竹节剔除干净。将竹片的一侧清理干净并加工光滑平整。把加工好的光滑平整的这一侧

□制作火锯

1.将一定长度的竹子劈成两半，其中一块作锯板，另一块作锯片。

2.用刀或者尖利的石块在当做锯板的竹子的弯面上切一道槽。

3.清理另一块竹子的一侧边缘制作锯片，锯片边缘应该是光滑的。

4.将锯片放进锯板上的槽内，让锯片保持一定程度的倾斜。

5.在锯片上施加一定的压力，并将锯片前后推拉，不久之后就会冒烟。

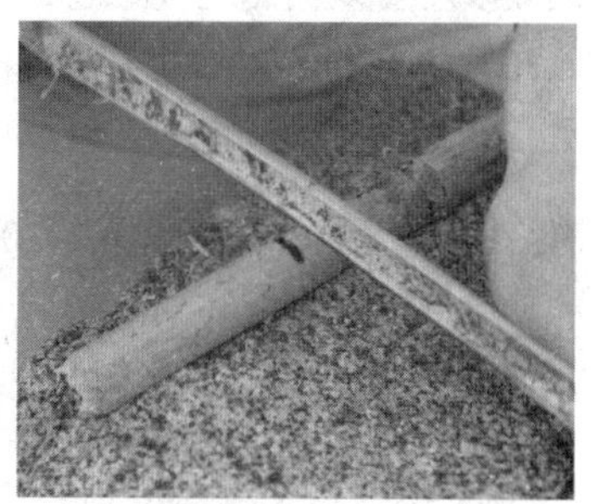

6.当锯板大量冒烟的时候，取出锯片。如果冒烟还在继续，则表示锯板下已经形成炭火了。

朝下垂直放在锯板上。

使用火锯

与其他摩擦取火的方法一样，首先在锯板上慢慢地推拉锯片，直到锯板冒烟。然后可以加快推拉锯片的速度并增大下压的力度，直到锯板冒出大量烟或者推拉不动锯片的时候。这样，锯板底下的空隙处将会形成炭火。

这种炭火同样也比较微弱，因此也要用一些干燥蓬松和易燃烧的材料引燃，要小心别弄灭。

藤条拉锯取火法

除了使用锯片，还可以用一根90～120厘米长的干燥柔韧的藤条取火。这时候，锯板的放置方式刚好相反，弯面在下，切口朝上。用藤条在上面进行拉锯。这种方法被称为“藤条拉锯取火法”，在经过练习之后也是一种很有效的取火方式。

极地取火

到目前为止，在极地最有效的取火方式就是利用冰。利用这种设备取火确实是一种特殊的方式，因为它是唯一不需要在木块之间进行摩擦的自然取火方式。实际上，用这种方式取火根本就不需要任何木料，火堆燃烧的时候除外。在极地地区，火堆的燃料其实也可以用其他的材料，比如干燥的动物粪便和动物脂肪。

制作一个冰透镜，需要一块厚度在10厘米、长度和宽度在5厘米左右的冰砖。里面不应该有断痕或者瑕疵，以免影响效果。将冰砖削成圆形，然后小心地去除边角，要将边缘削薄制作成透镜。当透镜大体成形之后，放下工具，然后靠手掌的体温去融掉那些需要修理的

火活塞

在丛林中，周围环境可能很潮湿，摩擦生火不是一件容易的事。土著居民们于是发明了一种非常精巧的装置来解决这一问题，这种装置被称为“火活塞”。这种方法能够在一个小的十分光滑的圆柱体里迅速压缩空气，使空气变热。活塞的底部装上火绒，当空气达到一定温度，火绒就会着火。

这种柱体的一端自然封闭，通常可以用硬木头或者动物角做成。而活塞可以用缠紧的丝线、纤维或者皮革做成，以保证活塞的封闭性，确保能够有效地压缩空气。

□用冰取火

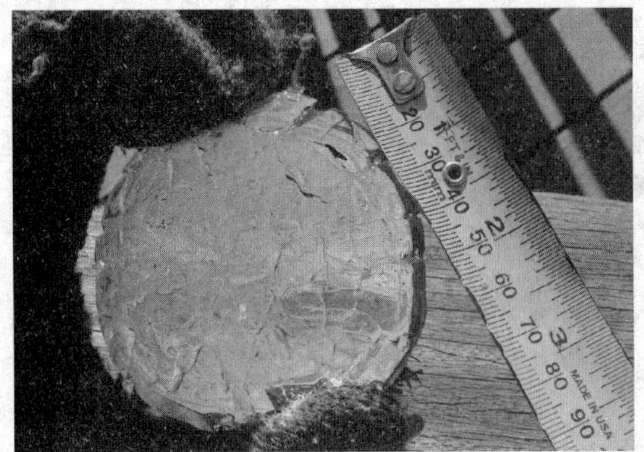

1.取厚度为10厘米、长度和宽度为5厘米的冰块，将其切成圆形，然后削掉边缘。

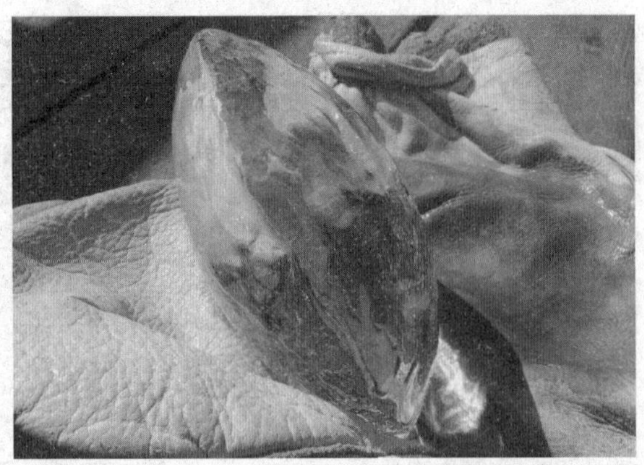

2.冰透镜外形应该是规则的。在初步成形之后，用体温对其进行整形。

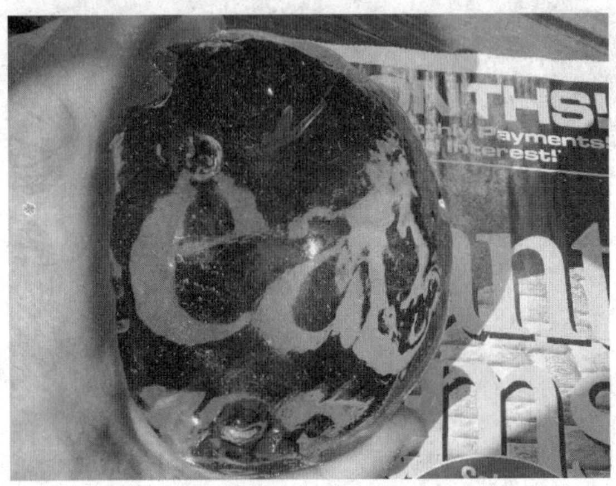

3.通过透镜看东西，应该得到清晰的放大的图像。

4.如果透镜聚焦正确，通过它聚点应该能很快将纸烧焦。

5.透镜制作完成之后，最好戴上手套再拿在手上，否则冰很容易融化。

6.将太阳光聚焦到火绒上，火绒很快就会冒烟。

地方。这种方式能有效地避免不小心将透镜损坏。通过透镜看一个较近的物体对其进行检测，然后进行修理，直到通过透镜能够清楚地看到放大的目标。

聚光取火

利用透镜生火需要非常好的火绒。纤维含量高的碾碎的树皮是很好的材料。将透镜放在太阳与火绒之间，直到透镜将阳光聚焦到火绒上。这样，火绒会很快冒烟。轻轻地吹火绒，在30秒的时间内你就能得到炭火。

搭建火堆

确定在什么地方搭建火堆以及如何点燃之后，你就需要用挑选出来的干燥的材料搭建火堆了，确保这些材料能够稳定地燃烧，否则你之前取火的一切努力都将白费。不同环境下需要不同类型的火堆。但是，圆锥形火堆可能是野外生存时最好的选择之一。这种火堆具有如下优势：

- 热量最大。
- 光线最强。
- 能够有效利用燃料。
- 产生的烟和火花直接上行。
- 能够有效防雨和雪。

搭建火堆的时候，需要一个浅的火坑，在潮湿或者特别干燥（可能引燃火坑周围）的环境下，需要在火坑底部铺上干树皮、干草或者石块，然后再放燃料，首先放的是小的燃料便于引火。将添加的柴火尽量堆成圆锥形，但是要在靠近地面的地方留出空间放火绒。

将较细小的材料靠近火堆的中心，较大的材料放置在火堆的外围。不要将柴火堆得太紧实，留出空隙让氧气能够进入火堆当中。如果有风的话，让火堆开口处正对风的方向，因为风会让火燃得更旺。如果当地有的话，可以在火堆中放置诸如桦树皮这样富含树脂的燃料。

然后在火堆外放置斯科木，也可以放一些小的木头。但是问题是，当里面的那些材料燃烧之后，火堆可能会倒下。无论什么情况下，都应该在火堆中间添加一些较小的木头，尤其是当你打算在火堆上放置大型木材时。否则火堆中间都烧空之后，外边的木头可能还没有燃烧起来。

□搭建圆锥形火堆

1.挖一个浅的火坑，让其四周呈一定坡度，这样有利于将灰烬集中在火堆中间。

让火堆保持燃烧

很多时候，你可能希望火堆能够持续燃烧整个夜晚，以便第二天不需要重新取火。其实有很多种方法能够保证火堆整晚燃烧，但是必须确保在晚上睡着的时候，火堆没有失去控制的危险。

在准备睡觉之前，可以在火堆里添加大型的湿柴来保证其能够整宿燃烧。最好的材料就是像橡树这种木质坚硬的树木的新鲜树枝，但是新鲜树枝会产生大量的浓烟。

如果火堆在住所内部，而且你不会受到烟雾的干扰的话，完全可以利用这种湿柴让火堆过夜。如果火堆是在野外，容易受到风的影响，你可以在添完湿柴之后，在燃烧的炭火上盖一层干燥的土壤，以阻止过多的氧气进入而导致炭火燃烧过快。但是要确保土壤中没有干的树叶、草或者其他易燃的材料，以防发生意外。

第二天早上，要让火堆继续燃烧，只需要小心地移开火堆上的土壤。火堆中应该还有大量燃烧着的炭火，有可能在一层炭灰的下面。将火绒和一些其他引火物放在炭火上面，然后吹气，你就能在很短的时间内得到火了。

搭建做饭用的火堆

做饭用的火堆应该能够提供大量的炭火。因为当用陶制容器烤肉或者加工其他食物的时候，可能并不需要太多火焰。好的炭火提供的热量更持久，而且温度也更稳定，这样不容易将食物烧焦。

做饭用的火堆经常搭建在两根大型原木之间，这样既能控制火堆，也能用来放置做饭的工具。当然，这两根原木也会被点燃，需要替换。为了避免原木被烧着，可以在原木靠近火堆的内侧糊上一层黏土，这样能有效阻止原木被烧着。原木从某种程度上也会阻碍火堆的燃烧，因此如果有风的话，让原木放置的方向与风向保持一致，这样能为火堆提供更多的空气，有利于燃烧。

在原木之间搭建一个圆锥形的火堆。在火堆燃起之后，可以添加较粗大的木头，燃烧之后就会剩下大量的炭火，非常适合做饭。

从现在开始，需注意的就是一直保证火堆

□搭建做饭用的火堆

1.挖一个浅的火坑，以集中炭火，火坑的大小应不超过做饭容器的大小。

2.将火坑底部用树皮或者石块进行铺垫，如果用石块，一定要确保它们是干燥的。

3.将两根粗的圆木分别放在火坑两侧，之间的距离要小，必须确保能放置做饭的容器。

4.折断一些用来引火的材料，并在火坑中间将它们堆成圆锥形。

5.在火堆的一侧留出一定的空间用于放置火绒。

6.在火堆的另一侧添加稍粗的树枝，这时候的火堆看上去是一个坡形。

7.如果可能，还可以添一些更粗的木头，但是注意不要将火堆压塌。

8.将火堆点燃后，可能需要扇风让其燃烧。

9.在火堆点燃之后，在刚才留空处放火绒并添加木头。

10.在火堆充分燃烧之后，添加较大的木头，保证火堆中产生一定量的炭火。

11.继续添加燃料约半个小时，就会有大量的炭火可供做饭了。

12.在炭火形成之后，还可以继续添加柴火，这样就会产生新的炭火。

中有一定数量的炭火。可以每次添一根木头，这样木头很容易被烧着，烧完之后再添加第二根。

做饭用的火堆还有很多其他用途，如烤胶、去除云杉树根皮等等。你可以充分利用它，否则白天的时候，要完成这些事情还需要重新点火。

做饭需要的工具

除了防火的容器之外，你还需要一些工具

来将做好饭的容器从火堆上取下来。应该在做饭之前就制作好这些工具。最有用的工具就是钳子。当然根据不同的炊具制作不同的工具也很重要。尽量给能装手柄的容器装上手柄。

利用烧热的石头做饭

除了在火中或者火上做饭，还可以利用另外的方式。烧热的石头就能够用来做饭。需要找一些大块的光滑的石头，然后将它们放进火堆中烧，直到烧得通红才取出使用。

正确选择石头

千万不能选择那些小溪里、沼泽地里或者被水浸泡过的石头。尽量从高地上选，因为那种地方的石头没有吸收太多水分。被水浸泡过的石头在被加热的时候容易爆炸。那些从高地上捡来的由于下雨看上去潮湿的石头是可以用的，但是即便如此，在第一次烧这些石头的时候，也最好与火堆保持一定的距离以保证安全。

烧水

这种烧热的石头最有效的用法就是烧水。你可以用它们烧开装在诸如木碗或者动物膀胱这种放在火上直接烧会被烧坏的容器中的水。几块拳头大小的石头就能轻易地将几升水烧开。如果有必要，还可以再放进几块烧热的石头，让水持续沸腾。

烹饪食物

如果可以找到大的平整的石头，将其放在火堆上烧，直到烧热，你完全可以把它当做平底锅或者煎锅来使用。如果你有油或者动物脂肪防止食物粘在石头上的话，用这种方法更好。这种方法还可以用来煎或者烤面包。

如果有两块这样的平板石头，你还可以用它们烹饪鱼或肉之类的食物。将食物夹在两块石头之间，这样烹饪食物不仅味道好，而且熟的速度也快。

取暖

做完饭之后，还可以用这些石头来取暖。你可以将它们放进住所内，让整个空间保持温

□加热石头烧水

1.收集干燥的石头，置入火中，确保它们被放在火堆中温度最高的地方。

2.继续给火堆添加木材，并正常使用火堆，当石头开始发红就可以用了。

3.用制作的钳子将石头夹出，并小心地放进入水中，水会很快产生气泡。

4.如果需要烧开的水很多，或者需要保持水持续沸腾，就添加更多烧热的石头，搅动水能够使其更均衡地吸收石头的热量。

暖，也可以将它们作为个人取暖设备（但是不要把它们烧得过烫）。

在土坑中烹饪食物

在土坑中利用烧热的石头可以烹饪食物。你只需要将食物放进土坑中，让石头的热量自动对其进行长时间烹饪，当你晚上返回的时候就可以享受到美味的食物了。土坑深度为30～60厘米，将烧热的石头放进土坑底部。等待一段时间，让石头将土坑烘干，这样能避免食物带有泥土味。

一旦土坑烘干之后，在石头上方铺上一层厚厚（约20厘米）的青草或者可食用的树叶，然后将准备烹饪的食物放进去，再盖上一层青草或者树叶，最后用泥土将坑全部埋上。然后你需要做的事情就是等待，几个小时之后将坑挖开，取出食物。如果你放置的石头足够热，食物就能烧熟。至于需要多少石头和多长时间能将食物做熟，还要多进行试验。

□在土坑中烹饪食物

1.收集大量没有被水泡过的石头，将它们放进火堆中加热。

2.挖一个深度在60厘米左右的土坑，其宽度取决于你要烹饪的食物的量。

3.当石头被充分加热之后，将它们夹进挖好的土坑底部，石头越多越好。

4.等待一段时间，让石头将土坑烘干，然后在石头上铺一层树叶，以防止石头把食物烧焦。

5.将食物包进可食用的树叶内，再将包好的食物放进坑内，大块的食物不需要用树叶包裹。

6.石头的热量将会升上来加热食物。

7.用可食用的树叶或者青草盖住食物，覆盖一层树皮同样也能避免泥土弄脏食物。

8.用泥土将坑全部填上，用某种方式作记号，提醒自己土坑的位置。

9.让食物保持这种烹饪状态3～7个小时（时间长短与食物大小有关），然后小心地挖开土坑，就可以享用美食了。

第 8 章
野外取水技能

即使在理想状态下，如果没有水，人类也只能生存3～4天的时间，如果在从事体力劳动或者面临高温情况下，时间还可能更短。因此一旦搭建好住所后，必须确保自己能够找到淡水水源。这说起来简单，但做起来难。如果没有现代化的滤水装置，还需要将水烧开以进行净化（相应地，这又突出了野外生存中火的重要性）。在野外环境下，水的净化可能是最让人头痛的问题，但又是最基本的问题，否则就可能出现由于饮用不洁水导致出现其他不利局面，使我们成为水传播疾病或者化学污染的受害者，因为很多水源都受到了污染。

水的重要性

人体的60%～70%是由水构成的，大脑约85%是水。这就意味着人体平均含有50～60升的水。因此，水对于生存来说显然非常重要。每天我们都需要补充一定量的水，因为从食物中，我们不能获得足够的水分。很多身体功能失调都是由于缺水，或者由饮用水含有微生物或受到化学污染引起的。

在温和的气候条件下，为了维持身体的各项功能，平均每个人每天需要摄入2升的水。在高温或者从事高强度劳动情况下，平均每个人每天需要摄入3升的水。

延缓水流失

如果不能立即获得水，或者水量有限，降低水流失速度非常重要，这样也可以相应减少水分补充。

人在温和气候条件下从事剧烈运动，每小时以出汗的方式将排出1.5升的体液。如果在高温情况下从事剧烈运动，必将失去更多水分。在温和气候条件下，人在休息状态每小时也能排出1升的水。这就意味着，只要减少出汗，就能有效减少体液的流失。

在野外生存，你可能没有别的选择而不得不辛勤劳作以满足自己的日常所需，这就有可能导致出汗。但是，也有一些方式能够帮助你减少身体水分的流失。

首先需要的就是掌握野外生存所需的所有技能。例如学会在30秒内用弓弦钻取火就比花30分钟取火节省大量的精力，从而减少大量的水分流失。学会如何快速地收集所需的材料，这样也能减少身体水分的流失。

第二种有效减少身体水分流失的方式就是尽量在一天当中最凉快的时候从事那些可能需要体力劳动的工作。在一些极其高温的环境下，需要晚上干活，白天休息。

第三种方式就是避免在热的时候脱掉衣服。相反的，在有些情况下可能还需要添加衣服来降温。其中一个最好的例子就是沙漠地区的游牧民，他们经常将自己从头到脚宽松地披上好几层衣服来保持凉爽。在头上戴一块头巾或者其他头饰来遮挡阳光也是一个很好的例子。

呼吸也能让大量水分流失。因此，保持身体内部温度和减少活动也能减少以这种方式流失的水分。另一种减少呼吸导致的水分流失就是用鼻子而不是用嘴来呼吸。这一点看起来可能无关紧要，但是在野外生存条件下，注意这种极小的差异可能导致完全不同的结果。

消化食物的时候也需要水，因此在缺水的情况下，尽可能地减少食物的摄入。同时对喝的东西也要加以注意。不要饮酒，因为分解酒精需要大量的水，分解酒精需要的水甚至比添加在酒类饮品中的水还要多。另外，在缺水

□水源标志

↑ 在干旱季节，往往是看不见河流的，但是它们可能会在地面下流动。地面上的植物带能够提示你它们的位置。

↑ 通常在峡谷谷底的地面下会存在水。但是这种情况下，植物就不一定能够作为判断是否有水的标准了。

↑ 粗大的植物往往会生长在距离水源相对较远的地方，但是地面的青草表明水源就在地面下方。

情况下咖啡也应该避免，因为咖啡有利尿的功效。

水的分配

很多人都认为，在缺水情况下，应该将水像分配食物一样进行分配，这其实是一种常见的误区。千万不要这么做。这种节水方式的负面影响往往远远超过其正面效果。很多时候，脱水能够很快将人击垮，快得都让人不能察觉。脱水时，很容易在没有任何征兆的情况下出现昏厥。很多真实的案例就说明了这一点，在一些事故中，由于脱水而死亡的人身边往往还有一整瓶水。因此，即使在水量有限的情况下，也要与平常一样饮水。但是也不要狂饮，而是啜饮。如果在脱水情况下发现水源，要切忌狂饮，一定要让身体慢慢地补充水分，否则可能造成胃部痉挛，导致呕吐而失去更多的水分。

保证饮水安全

补给水的方式有很多种，但是最理想的就是寻找干净的、新鲜的、流动的水。收集水是其中的第一个步骤，你可能需要人工制造的或者天然的容器。你往往还需要对水进行过滤和净化，但是从最干净的水源里取水是个好主

□正确储水

1.如果有一定量的水可以储备，应该在避免阳光照射的地方保存，避免水分蒸发。

2.将水袋吊在树下能够保持水的清凉，每次喝多少取多少，避免浪费。

意。

寻找目标

寻找那些流速相对较快、岸边生长有茂盛植物的江河溪流。一般情况下，静止的水塘中更容易滋生和繁殖细菌和病毒，而流动较快的水中不太容易有这类细菌和病毒存在。

检测水质的一个方法就是观察是否有大量动物前来饮水。但是这种方法并不十分可靠，因为很多野生动物已经对水中某些致病性细菌和病毒产生了一定的抗体，但这些细菌和病毒在人体中可能会导致严重的疾病。观察当地居民的饮水情况也是同样的道理。在很多情况下，当地人一辈子都在饮用这种水，外来者喝了却会生病。

当发现一个看似很好的干净的水源的时候，尽量往其上游走进行检查，看是否有动物尸体或残骸或者其他的污染物，以确定水源是否干净。

饮用水中存在的危险

饮用不干净的水可能引起的常见疾病包括霍乱、甲型肝炎和贾第鞭毛虫病。

霍乱是一种相对轻微的疾病。这是一种细菌感染疾病，主要会导致腹泻，通过持续饮用干净水补充身体水分能够治愈（如果继续饮用受污染的水将导致病情持续恶化）。大约20位受感染的病人中才有一位会出现水腹泻、呕吐和腿抽筋的严重症状。在这类人群中，身体水分的快速缺失通常会导致身体脱水和休克。如果得不到救治，几小时后有可能死亡，这种病人需要进行静脉注射以补充水分。

甲型肝炎是一种比较严重的疾病，是由于肝脏被滤过性病毒感染而引起。其症状并不一定非常明显，但通常能持续长达两个月的时间，其中包括发热、疲劳、没有胃口、恶心、腹部不适、尿液发黄、黄疸（皮肤和眼睛变黄）。通常老年人比小孩更容易受到感染而患上该疾病。所幸的是，这种疾病并不威胁生命，但是通常需要进行治疗。一旦治愈，身体里将出现抗体，能防止再度感染该疾病。

贾第鞭毛虫病是一种由肠道寄生单细胞微型寄生虫引起的疾病，可能由于饮用了被下水道污染的水而引起。这种寄生虫有坚硬的外壳，在体外也能存活相当长一段时间。贾第鞭毛虫病是当前最常见的水传染疾病之一。感染之后能引起一系列肠道系统症状，包括腹泻、

↑ 除非你完全确定水是清洁的，否则不要直接饮用溪流中的水。

大便多油脂（差不多能漂浮）、胃痉挛、恶心等。症状会持续2～6周，或者更长时间。但是也有感染贾第鞭毛虫病不出现任何症状的情况。该疾病的诊疗方式通常是减轻症状，将寄生虫从体内驱除。

对水进行净化

如果发现有动物饮水的地方，水流速度相当快，水是清凉的，在其上游也没有发现动物尸体，你就可以推断，这水是相对干净的。但是即便如此，在饮用之前也要进行净化，因为等到发现细菌和病毒的时候，往往为时已晚。

检查化学污染物

即使水里面没有细菌和病毒，水源也可能受到化学物质的污染。降低饮用化学污染水的概率的唯一有效途径就是沿着河道一直往上游走进行检查，或者仔细检查水中及水边植物的生长情况。

经常在头脑中想到这样的问题，首先，水中是否有藻类？没有藻类可能是坏的迹象，但是如果藻类太多也可能不怎么好，因为某些藻类在磷酸盐等环境下能够大量繁殖。其次，水源周围的植物生长得是否健康？通常情况下，一旦水被化学物污染，就会严重影响污染区域的植物生长。还有一个问题就是：溪流中是否有很多健康的鱼类？

水被化学污染之后的问题是，很多污染物并不能通过烧开被净化掉。利用木炭或者其他的过滤设施过滤也不能完全将化学污染物滤

净。因此，如果对水是否受到化学污染存在疑问，最好的办法就是寻找另外的水源。

自然水资源

在绝大多数地区，找到满足自己需要的水量是相对容易的事情。在温和的气候条件下，通常会有大量的江河和溪流可以供取水。但是，如果发现身边没有河道或者河床已经干涸，你就必须学会如何寻找另外的水资源了。

寻找天然水

下雨之后，可以在诸如石洞这样的天然的地方找到水。一般情况下，这种水必须在下雨之后尽快利用，因为时间长了之后，它就成了滋生细菌和病毒最好的温床。

天然的水储备往往在不平的地面上，尤其是岩石表面的坑中。这种水通常情况下都是安全的，但是即便如此也不要忽视对水的处理，以防水受到了某种形式的污染。

应该尽可能多地从这种天然的地方收集水，因为它们可能就只存在一两天的时间，有时甚至几个小时之后就会消失。

收集晨露

即使是在没有下雨的情况下，晚上气温的变化也可能将空气中的水蒸气浓缩成露水附着在地面物体上。在早上，你可以将植物和岩石上的露水用吸水性能好的毛巾或布料收集起来，然后将水拧出来放进容器里。

澳大利亚土著居民发明的一种非常成功的方式就是将吸水性好的材料绑在腿上，然后在有露水或者雨水的草地上行走。用这种方式能够收集到大量的水。

雨水

饮用水的最好资源就是雨水，因为它们没有受到细菌和病毒的污染。但是，在高工业化的地区，雨水中可能含有一定的化学污染物。

雨水也能通过像收集晨露那样的方式收集，但是如果正在下雨，而你又有大量的容器，你完全可以将它们放在地上接雨。

从植物中取水

在丛林中，一种常用的取水方式就是从富含水的植物藤蔓中抽取。这种藤蔓很容易辨认，其直径为7.5～15厘米。只需要砍一段1米的藤蔓就可以取水了。如果从这种藤条得到的液体是浑浊的或者有苦味的，那就是找错了物种，这种液体是不能喝的。从藤蔓中取出的液体应该是无味的或者有水果味。此法的缺点就是这种液体不能被保存；还有一些藤蔓对皮肤有刺激性，因此最好用容器收集液体，而不要直接就着藤蔓用嘴喝。

在澳大利亚，水树、沙漠橡树和红木树的根部都靠近地表，很容易挖出来。将树根去皮，吮吸汁液，或者将根碾碎，然后挤出汁液。新鲜竹子也是取水的好原料。将竹子弯下来绑定，然后砍掉其顶部，将容器放在竹子被砍掉部位的下方，过几个小时容器中就能得到大量的清水了。

在沙漠地区，各种仙人掌都含有大量的水分。将仙人掌的顶端砍掉，将肉质捣碎，就可以将其中的水分吸掉。即使这种仙人掌不可以食用，其中的水分也同样可以吸食。但是，你需要有一把大砍刀之类的工具，否则就不能避开仙人掌上的刺来接近其中的肉质了，或者很有可能会把整个仙人掌弄死。

过滤和净化水

无论得到什么样的水，最好先进行净化，因为不能确定这些水流经过哪些地方、里面都含有些什么物质。

如果水里含有枯枝落叶或者其他较大的杂质，首先需要过滤。这样的话，你就需要制作一个过滤器。取一段掏空的圆木，在中间放上青草，用来过滤水，这样能够有效地去除水中的较大杂质。如果有袜子，你就可以做一个更好的过滤器。在袜子里塞上青草，如果有沙子的话更好，首先装最细小的沙子，然后是稍粗的直到装满袜子。

将装沙的袜子吊在容器的上方，把需要过滤的水倒进袜子里，让水慢慢渗漏进容器里。

将水烧开

过滤之后的水看上去可能很干净，但是还不足以安全到可以直接饮用。为了净化水，需要将其烧开，除非你有现代化的滤水设备或者净水剂。

水烧开的时间根据细菌的存活时间而定。最好是将水烧开15～20分钟，就比较安全了。这时间听起来可能比较长，但总比冒险喝下还

□过滤水

1.将一块干的木头用火烧一个洞，但不要烧太大，用来过滤水中漂浮的杂质。

2.在洞中填满青草就是一个简易的滤水器，可以将水中较大的杂质滤除。另外，木头中剩余的炭也有过滤水的功能。

3.将水从过滤器上方倒入，在下面放一个容器接住过滤后的水。过滤后的水必须要进行净化。

没有完全被净化的水要好。

使用净水剂

现代化的净水方式包括使用净水剂，如家用漂白剂、碘、净水药片等。现代化的滤水设备能很好地将水进行过滤。各种净水剂的使用方式如下：

漂白剂 将10滴家用漂白剂加入4.5升的水中，充分混合。然后静置30分钟。如果水中含有一股轻微的氯味，则说明水可以饮用了。

碘 使用方法与漂白剂大致相同。

净水药片 按照使用说明做就可以了。这种药片会让水有一股漂白剂的味道，但是饮用还是很安全的。

在使用这些净水剂的时候，一定要确保净水剂与水充分混合，保证不漏掉任何可能存在的细菌。细菌尤其容易藏在容器的螺旋形部位。

用以上方法净化水可能存在的问题是，如果长时间饮用这种水可能会让你觉得不适。很多净水剂的生产商都会建议使用者不要连续使用它们的产品超过几周的时间。当然，这些药剂最终都会完全排出体外，所以在找到清洁的饮用水，或者不得不使用更原始的方法对水进行净化之前，还是尽量用净水剂吧。

使用现代化的过滤器

第二种选择就是使用现代化的过滤器。需要长时间净化大量水的时候使用过滤器是一种非常理想的净水方式。市场有各种各样的过滤器，其中一些非常小巧，完全可以装进口袋。

过滤器在很多情况下都适用。但是要确保它能够去除化学物质和细菌病毒，因为很多过滤器都只能滤除一种污染物质。应该仔细阅读过滤器使用说明，有些过滤器需要定期用碘酒或者其他消毒水进行清洁。有些过滤器有使用寿命，也就是说在过滤器失效之前，只能净化一定数量的水。如果出现了这种情况，你又不得不回到原始的烧开净化水的方式了。

寻找和处理水的其他方式

即使在最荒凉且明显干旱的地方也能够找到水。

路径

在沙漠中，跟踪当地的野生动物寻找水源的方法值得一试。但是一定要记住，某些沙漠动物并不喝水，而是从它们的食物中获得足够的水分。

在沙漠地区的居民中流传着一句名言：“走

已经存在的路总比开辟一条新路要明智”。人和动物通常走同样的路，这些路往往弯弯曲曲，在整个大地上延伸。如果你在沙漠中遇到这样一条经常被人或动物走的路，一定要沿着它走下去。不要为了避开那些拐弯而走直线。因为人或动物经常走的这些路上障碍最少，而且经常是从一个阴凉处到另一个阴凉处，从一个水源到另一个水源。

地下水

在干旱地区，你需要寻找能够挖出水的干枯的河床或者峡谷。任何植物都能给你指示出正确的方向。你首先遇到的可能是距离水源最远的带刺的荆棘，当看到青草样的植物的时候，你可能就已经接近地下水源了。在沙漠中，植物带可能是有地下水的唯一标志，这表明水就在地下。如果水很难获取，可以用过滤型吸管取水。在紧急情况下，这种很小很轻便的装置将能够在你吸水的同时帮你进行水过滤和净化。

在一些沙漠地区，当地土著居民建立了大型的水利设施来保存雨水。例如在以色列的内盖夫沙漠，很多地方都在岩石中开凿了下山的管道收集雨水，将它们导流到深水池中。这些设施非常有效，能够保证水池中常年有水。当你在有这种设施的沙漠中处于危险状况的时候，你可以直接寻找这样的水池。

液化水

在温度很高的情况下，如果有大量植物，可以使用这种简单的取水方法，将一个透明塑料袋套在一根带有大量树叶的树枝上。确保选择的树是无毒的，因为毒素有可能会存在于水内。将塑料袋的一角朝下，让水不至于从袋口溢出。

只需一天的时间，就能从塑料袋内得到相当数量的水。记住定期更换被绑的树枝，否则叶子干燥之后就不能取水了。在太阳底下用这种方式取水比在阴凉的地方效果更好。

用这种方式获取的水是绝对干净的，不需要净化就可以安全饮用，即使里面可能含有从树枝上掉下来的杂质，也只需要进行简单的过滤即可。

冰雪融水

在极地地区，水的主要来源就是身边的雪和冰。雪总是与雨水一样干净（或者脏，也就是说它可能含有化学成分，但没有细菌）。但是如果雪已经在地面上积聚一定时间之后，它就可能受到环境的污染。“不要食用发黄的雪”这种说法还是有科学根据的。

在食用之前应该把雪提前融化，如果让雪在口中甚至胃中进行融化的话，会消耗掉身体大量的能量。这可能不仅让你失去至关重要的热量，也有可能因为不能有效吸收足够的水而导致脱水。

冰与雪一样需要提前融化，也是水的极好来源。在极地地区，一个大的问题就是，很多冰都是由海水冻成的。不透明或者呈灰色的冰通常都是由海水冻成。呈淡蓝色晶体状的冰可能含有少量盐。海水冰块融化的水需要进行蒸馏之后才能饮用。

千万不要忘记，冰并不一定洁净，这种用冰融化的水通常需要净化。很多细菌和病毒在冰冻状态下也能够存活很多年。

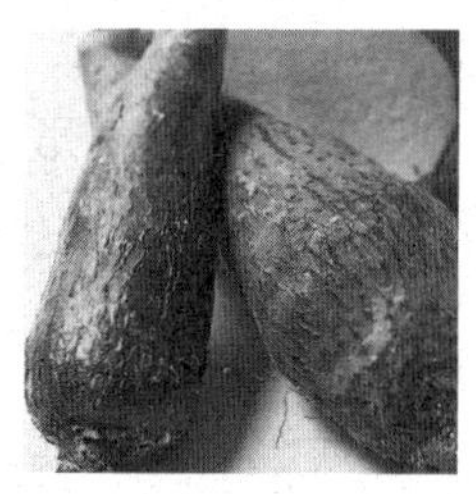

第9章 野外觅食技能

在野外生存的时候，你会立即发现，平时在现代城市环境中你把很多东西都当成了理所当然。日常所需的食物在家可能不费什么周折就能得到，但是此时，给自己寻找足够的食物成了一件非常辛苦的事情，可能会花费掉大半天时间。有了几天在野外寻找食物的经历之后你将会更加珍惜食物。你还会注意到的变化就是你将改变自己的口味。你已经习惯了买来的食物的味道，所以需要花费几天的时间来习惯从野外免费获取的食物。不过当你为了生存而吃东西的时候，你将迅速学会“欣赏”新找到的食物。

生存所需的营养

食物就是身体的燃料。它不仅提供身体工作所需的能量，也产生维持体温所需的热量。食物还提供制造和修复细胞所需的材料。

像徒步旅行和攀爬这样的活动会消耗大量的能量。如果能量没有得到定期的补充，身体就开始使用体内以脂肪形式存在的能量储备。无论身体中这种脂肪储备有多少，如果得不到及时补充，这种能量储备也将最终用光。如果能量补充跟不上，身体将不能释放更多能量，因为它要竭力维持身体重要器官的能量供应。当所有能量储备都已经耗光的时候，死亡也就来临了。

热量

身体所需热量的衡量尺度是焦耳。焦耳是热量的单位。因为焦耳是一个非常小的热量单位，所以人们经常使用“千焦”来表示所需的食物量。

每天所需的食物量根据年龄、性别和所消耗的热量的不同而不同。在中等劳动强度下，女性平均每天所需的食物热量是6280千焦，男性的平均量是7500千焦。但是在野外生存条件下，由于所从事劳动强度大（如搭建窝棚），或者极度严寒，需保持体温，此时需要的能量可能达到16700～21000千焦。富含碳水化合物的食物，如水果、蔬菜和谷物通常能够提供大量身体所需的能量。

维生素

身体需要定期补充某些有机物质，一般统称为维生素，这对于将食物进行化学分解并吸收以及维持细胞的化学变化非常重要。维生素

↑ 在野外生存条件下，你将不得不从事大量的劳动来维持生活，因此需要寻找大量营养丰富的食物来补充身体的能量。

不足导致的疾病包括坏血病（缺乏维生素C）和糙皮病（由于缺乏维生素B_3导致的神经系统功能紊乱）。

维生素可以分为两大类。一种是水溶性维生素，如维生素B和维生素C，这种维生素不能在身体里储存，每天都需要补充。另一种是脂溶性维生素，如维生素A，维生素D，维生素E和维生素K。这种维生素能够在身体里储存一段时间，尽管它们不需要每天摄取，但也需要进行定期补充。

与其他营养元素一样，绝大多数维生素都能从包含水果、蔬菜、肉类、谷物和奶制品的均衡饮食中获取。但是在野外环境下，这种均衡饮食很难得到保障，因为你可能不能长期摄取肉类、谷物和奶制品，而且作为维生素最主要来源的水果也只是季节性的。身体自己能合成的唯一的维生素就是维生素D（维生素D在阳光直射时能在皮肤下产生），它对于钙的吸收非常重要。

纤维素

日常饮食中的谷物类制品如面包和麦片等提供身体所需的纤维素，也就是纤维。身体不能对纤维素进行分解，因此它没有任何营养价值，在身体里停留一段时间之后以粪便的形式被排出体外。但是，它却能帮助食物消化，因此也是日常饮食的重要组成部分。身体缺乏纤维素将导致新陈代谢缓慢，形成便秘。所以，如果没有谷物类食物，也需要食用大量同样富含纤维素的蔬菜和水果来代替。

蛋白质和钙

身体大约需要20种不同的氨基酸来制造从食物中不能获取的蛋白质。其中，12种氨基酸由身体自己制造，另外8种必须从食物中获取。像肉类、鱼类、蛋类和奶类的食物都被称为完全蛋白质，因为其中含有这8种我们身体必需的氨基酸。

奶制品是现代日常饮食的重要组成部分，因为它们不仅能够提供完全蛋白质，还能提供钙。但是，奶制品也是野外生存条件下最不容易获取的食物。不过单就钙来说还可以从水中获取。

野外生存中保持均衡饮食

在野外生存条件下，如果没有谷物和奶制品，“均衡”的饮食就需要将每天蔬菜或者水果的摄入量调整为11～12份，将诸如肉类和鱼类这样富含蛋白质的食物的量调整为4～6份。如果能有机会获取谷物，还是要摄入一定量的谷物类食品。

非常明显，这样的饮食将很快让人感到厌烦，因此学会尽可能辨认所在区域可以食用的动植物，将能够保证你有一个更多样化的饮食结构。也应该抓住一切机会收集像水果这样季节性的食物。秋天的时候，要抽出尽可能多的时间来收集像浆果这样的水果，将它们制作成果酱或者晾干，以备冬用。

在收集可食用植物的时候，如果发现野兔等动物，记住它们洞穴的位置。想好在什么地方设陷阱，如在它们觅食、睡觉或者喝水的地方或路上。在傍晚或者早上的时候设陷阱是最好的时机。

可食用的植物

野外生存的均衡饮食中几乎有1/3来自蔬菜和水果，因此学会尽可能多地辨认可食用植物

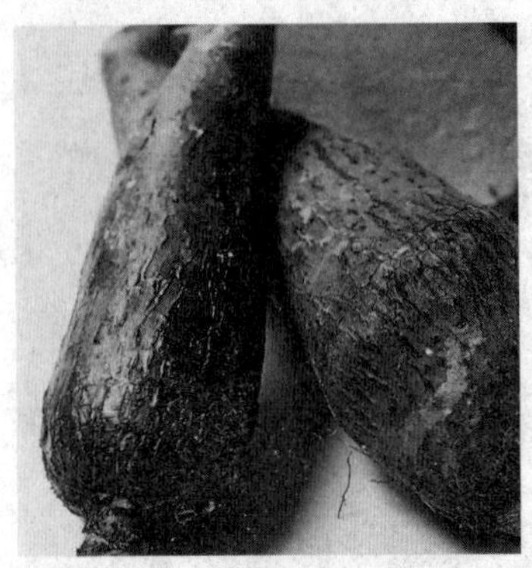

↑ 在地面上没有足够食物的时候，就需要寻找地面下的食物来维持生存。像山药这样的根茎植物能够提供基本的营养。

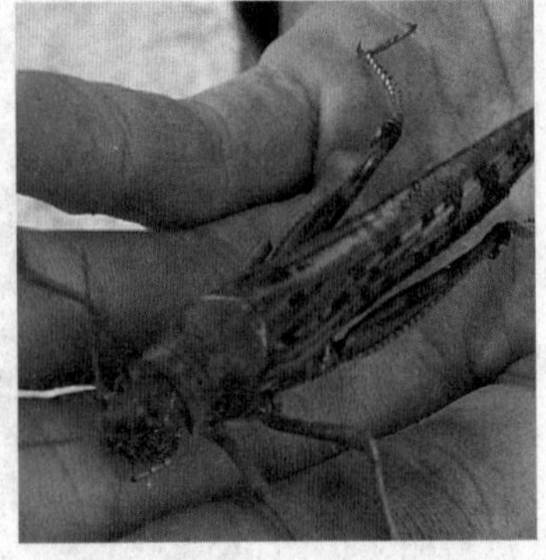

↑ 尽管蝗虫能够破坏许多植物，但是它们也能救命，你可以将它们当成理想的食物。

↑ 香蕉是热带地区常用的食物。生吃、加工后再吃均可。

↑ 很多人都知道像黑莓或者酸果蔓这样的浆果可以食用，其实这些植物其他的部位，如叶子，也可以食用。

将大大提高生存的机会，还必须学会辨认植物各个不同时期，因为很多植物在一年当中的不同时期会呈现不同的样子。例如，在长期野外生存情况下，必须学会辨认什么树在什么时候结果。

有些树会在冬天的时候完全消失，除了其树根。当其他食物很少的时候，这种树根可能就能提供身体所需的营养。鉴于这种情况，很有必要在夏天当这种树还在生长的时候就对其位置做好标记，或者对其生长的区域进行标记，这样到了冬天如果需要的话，就可以进行挖掘。

尝试

80%的植物都是可食用的，另外还有一小部分尽管无毒也是不可食用的，而剩下的就是非常危险的。但是，在没有其他选择的情况下，还是可以尝试一下。

在尝试之前，确保之前8小时内没有进食任何东西。将植物的叶子、茎、根、芽和花分开，每次只尝试其中的一部分。

首先闻一闻植物的味道。如果味道浓烈或者呈酸味，就不要食用。

将植物的一部分涂在皮肤上约15分钟（肘部最好）。如果皮肤没有反应，就准备用某种方式进行烹饪（最好是水煮）。

当植物煮好后，先将少量放在嘴唇上等待几分钟，如果没有出现发痒或者灼热的感觉，再将其放在舌头底下大约15分钟。如果没有出现发痒或者灼热的感觉，再将其放在口中15分钟。如果还是没有过敏反应，就可以将其吞下。

收集植物

无论什么时候收集植物或者无论收集什么样的植物，都要谨记如下要点：

• 植物应该是干净的，并且生长在一个看上去清洁的地方。不要选择生长在大道边、采石场附近或者其他受到污染地方的植物。

• 某种植物的采集不要超过当地总量的1/3，以防该物种绝种，同时还能保证在紧急情况下有备用。

• 在摘取茎叶的时候，尽量选最嫩的，一般来说它们更利于消化。

• 选择没有被其他昆虫和动物啃食过的树叶，应尽量找到最好的树叶。

• 避免不小心采摘生长在可食用植物旁边的其他物种。

• 无论以什么植物为食，首先都要少量进食，因为各人对不同植物的反应是不一样的，有可能你所选的物种并不适合你。

然后需要做的事情就是等待8小时，看是否感觉正常。如果感觉不舒服或者出现肚子痛，一定要立即采取措施将胃里的东西呕吐出来，然后喝下大量水。如果一切正常，就可以食用更多了，然后还需要等待8小时，如果还是没有剧烈反应，那就可以放心食用了。

尝试可能存在的问题就是，某些植物的一片叶子可能就会让你感觉非常难受，而另外一些植物少量食用也许是安全的，尽管它们也可能带有毒素。这种毒素会在体内堆积，经过一段时间的积累，当毒素达到一定量的时候可能会让你感到非常难受。这也就是为什么除非别无选择的时候才进行尝试的原因。

在逐步摸索的过程中，你的前几顿食物肯定会非常“乏味”，但是随着经验的积累和对植物知识的增加，你会迅速在“野外厨房”中做出味道更好的食物。

可食用的动物

几乎没有动物不能食用。但在野外情况下，为了安全起见，尽量把肉类和鱼类彻底做熟之后再食用，因为这样可以杀灭肉质里的细菌、寄生虫和其他有害微生物。

鱼和贝类

如果有时间和精力制作一些简单的钓鱼工具或者捕鱼陷阱，而且附近刚好有水流，钓（捕）鱼是一种很好的获取食物的方式。水中通常都有大量的鱼类，而且所有的淡水鱼都是可以食用的。

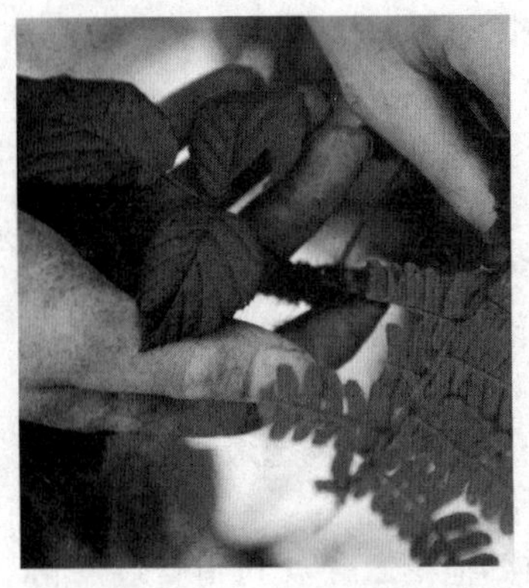

↑ 注意只摘取目标植物的叶子，因为稍不留心就可能摘到长在旁边的其他物种，它们有可能是有毒的。

↑ 就像在市场上挑选蔬菜一样，尽量选择那些又嫩又新鲜的叶子，而避开那些被其他昆虫或者动物吃过的叶子。

↑ 在温带地区的夏秋季节，像黑莓这样的浆果到处能找到。

如果在海边，应该在那些由于潮汐形成的水洼或者湿沙里寻找可以食用的海生物。海边的岩石或者伸入水里的礁石上往往都有贝类。贝类必须是鲜活的才能食用，而且应该在彻底做熟之后马上食用。冬天的时候在热带地区不要食用贝类，因为它们可能有毒，而且也不要在被污染的水域里捕鱼。

小型哺乳动物

如果不能捕鱼，你就必须考虑捕捉诸如松鼠和野兔这样的小动物了。野兔在全世界范围内都存在，而且也是一种相对比较容易捕捉的动物，只需要在它的洞穴附近或者其活动的区域设陷阱就可以了。如果能制造一些打猎工具，如抛掷棒，就可能捕获一些像鹿这种较大的动物了。捕猎野生哺乳动物唯一值得注意的就是当它们受伤之后可能对你构成威胁。一般情况下，几乎所有的哺乳动物在被追赶到某个角落或者为了保护幼崽都会进行疯狂的反抗。

打猎需要一系列不同的野外捕猎技巧，包括跟踪、潜近和伪装，这些技巧在接下来的文章会有详细讲解。一定要学会这些技巧，因为在野外生存条件下，你可能不会有猎枪或者现成的弓箭。

↑ 只要彻底煮熟，蜗牛是可以食用的，它们富含钙、镁和维生素C。

尽管绝大多数动物都可以食用，但是并不是所有动物的肉质味道都好或者易于消化。尽量捕杀年幼的动物，因为它们的肉质可能比较嫩。也有部分动物的肉会有一股强烈的异味，不好吃，因此在可能的情况下尽量避免猎杀这类动物，但是一旦已经猎杀，就不要浪费。

昆虫

昆虫也一样可以当做食物。昆虫体重的70%左右都是蛋白质，而其他肉类的蛋白质含量只有20%左右。但问题是，通过食用昆虫获取蛋白质需要捕捉大量的昆虫。大量的昆虫可以在石头底下或者如烂木头、蚂蚁穴这种昆虫群居的地方找到。

需要提防的昆虫种类就是那些成年的带刺或螯、长毛或者颜色鲜艳的毛虫以及具有刺鼻气味的昆虫。还应该特别注意蜘蛛和那些带有细菌和病毒的昆虫，如虱子、苍蝇和蚊子等。

食用昆虫可能会让很多人觉得恶心。其实食用任何一种倒胃口的东西时，最好的方式就是把它们放进炖菜中，然后努力忘记它们的存在。

搜寻食物

在营地里享用“正常”的一餐，这样的机会不多，你应该充分利用自己的能量，这就意味着你可能需要在寻找食物的时候在路上用餐或者找到食物后立即生吃。尤其是在刚开始的几天，你可能没有太多的时间寻找足够的食物，但这不要紧，只要每天保证足够的水就不用担心。这时候可以通过食用荨麻、浆果或者

↑ 绝大多数蛙类都是可食用的，但要避开那些颜色鲜艳的和背部有十字图案的。还要知道绝大多数蟾蜍都是有毒的。

↑ 绝大多数蠕虫（比如蚯蚓）尽管看上去恶心，但基本都是可食用的。食用时将它们放进清水中泡几分钟，然后放进炖菜中即可。

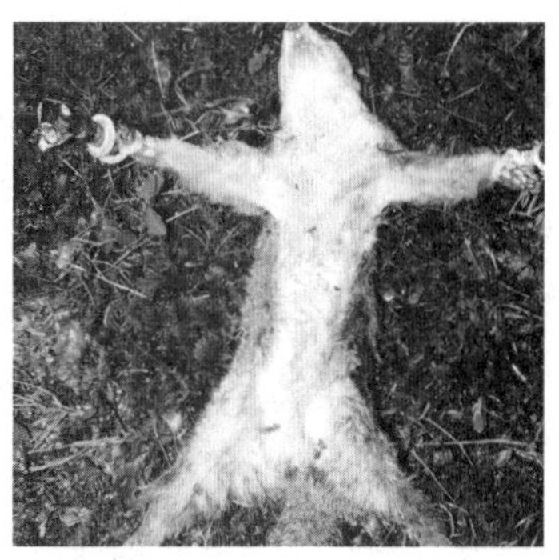

↑ 像松鼠这样的啮齿类动物数量庞大，在制造打猎工具之前，可以成为肉食的主要来源。

其他易于找到的食物充饥。在一切最基本的生活所需得到满足之后，再考虑花大量时间搜寻合适的食物。当你在周围环境已经巡游了几天后，你就应该对在何处能找到合适的食物有一个全面的认识了。

如果能够找到一个稳定的食物来源，尽量将中午左右的时间定为正餐时间，因为这时候光线充足，便于做饭。这样安排饮食也更有利于保持身体健康。在上午的时候享受一顿丰盛的美餐能够很好地恢复体力，让你精力充沛地度过接下来的一整天。

跟踪动物

当你准备猎杀哺乳类动物或者啮齿类动物为肉食的时候，你需要认识到的第一件事情就是它们并不会均匀地分布在整个野外。它们倾向于在能摄取食物的地方、水源和它们的住地之间活动。例如在密林深处，由于缺水、缺光线或者缺食物，就不会有很多动物生活在那个地方。而森林边缘则更可能提供水、光线和住的地方。

“小路”和“小径”

要知道某一个区域居住着什么样的动物，就必须找出它们出没的“小路”和“小径”，这些都是野生动物最明显的标志。“小路”就是很多种动物行走的路线，可能前往水源、食物所在地或者住处，而“小径”是比“小路”小的供某种动物行进的路线。“小径”连接前往其住地的“小路”，有时也连接前往水源或者觅食区的“小路”。“小径”的位置经常改变，有时“小径”也会在一段时间之后变成一条“小路”。可以根据“小径”的宽度来判断是什么样的动物在此活动。

睡觉和觅食区域

另一个能够帮助寻找动物踪迹的标志就是动物睡觉、休息和觅食的区域。物种不同，其睡觉的地方也不一样。很多小动物在洞穴中睡觉，而更大的动物只是在野外睡觉。如果睡觉的区域是在野外，你就可以根据动物躺在地上的轮廓来判断动物的大小。这种动物睡觉的地方往往都是在矮树丛之间，矮树丛一般会非常密，让掠食者不能通过，即使不这么密，也要能让掠食者不容易发现。在这种地方，动物一般都会有3条或者更多的逃生路线。

而休息的地方一般较少有遮挡物，让动物能够对周围环境进行监测。这种地方一般位于水源和觅食地的附近，但并不经常使用。

不同物种有不同的觅食区域，但是一般都是长满青草的、地上有大量不同的植物的地方。

↑ 鹿休息或者睡觉的地方可能会被使用很长时间，直到季节变化或者这个地方经常受到威胁。

□辨认动物的脚印

能够辨认动物脚印是一种有用的野外生存技能。其脚印能够显示动物的种类、前往的方向，及其最后经过这条路的时间等等这些关键的信息，以便于你决定是进行猎杀还是与它们（如熊和其他大型猫科野生动物）保持较远的距离。

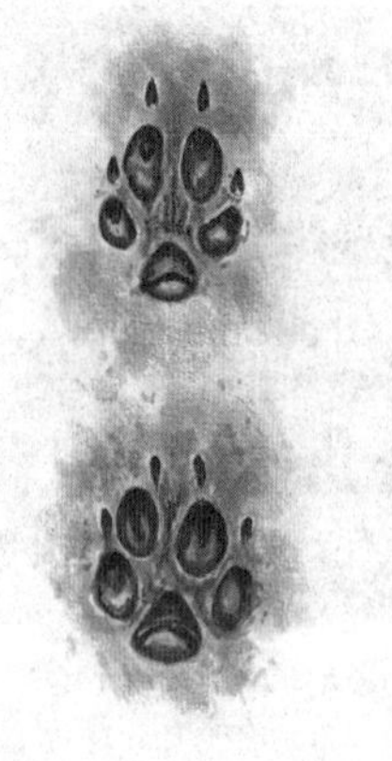

↑ 灰狐
前脚4厘米x3.5厘米
后脚3.8厘米x3.2厘米

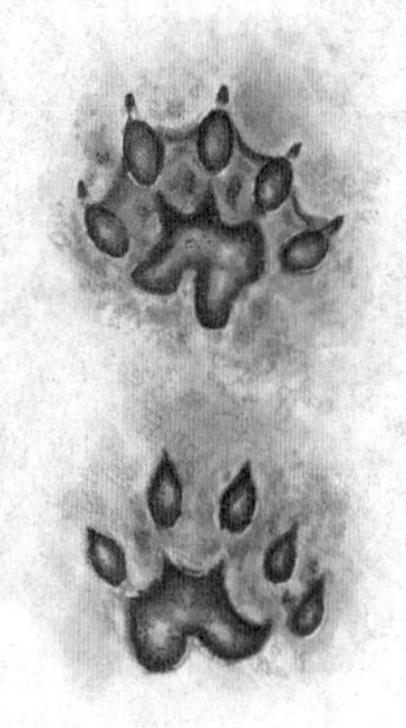

↑ 水獭
前脚6.7厘米x7.5厘米
后脚7.3厘米x8厘米

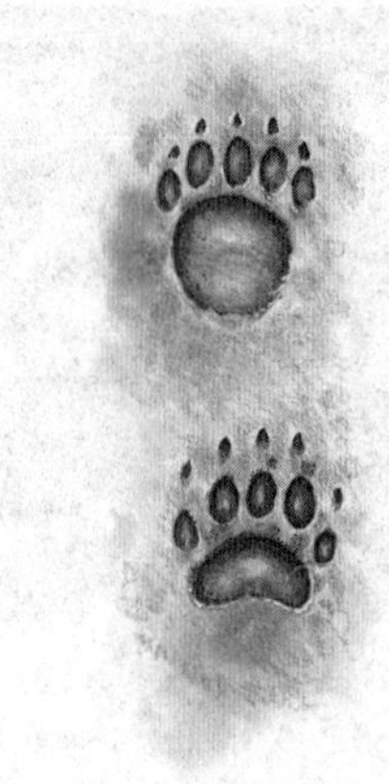

↑ 臭鼬
前脚2.2厘米x2.8厘米
后脚3.8厘米x3.8厘米

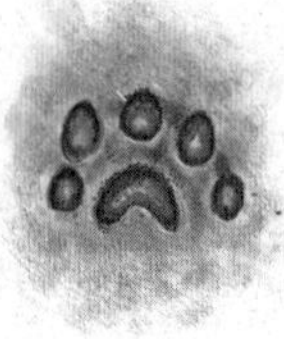

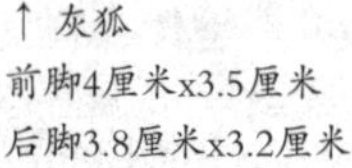

↑ 貂鼠
前脚4.5厘米x4.5厘米
后脚3.5厘米x4厘米

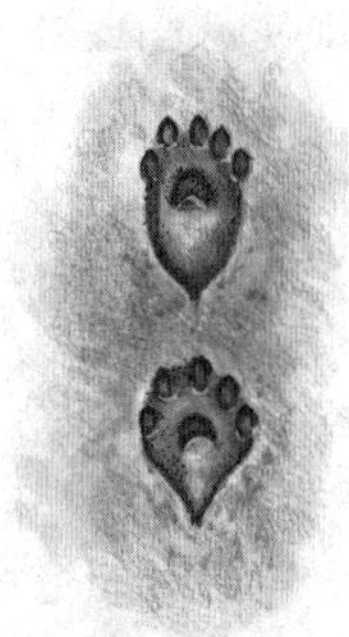

↑ 鼬鼠
前脚2.8厘米x1.2厘米
后脚3.8厘米x2厘米

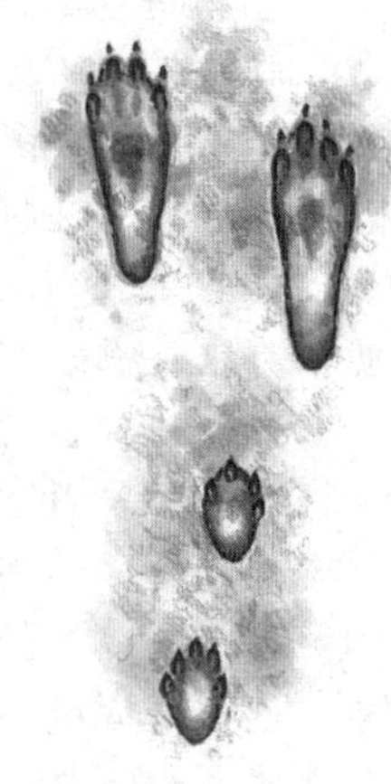

↑ 野兔
前脚3.8厘米x2.8厘米
后脚7.5厘米x5厘米

↑ 兔子
前脚2.2厘米x1.5厘米
后脚7厘米x2.8厘米

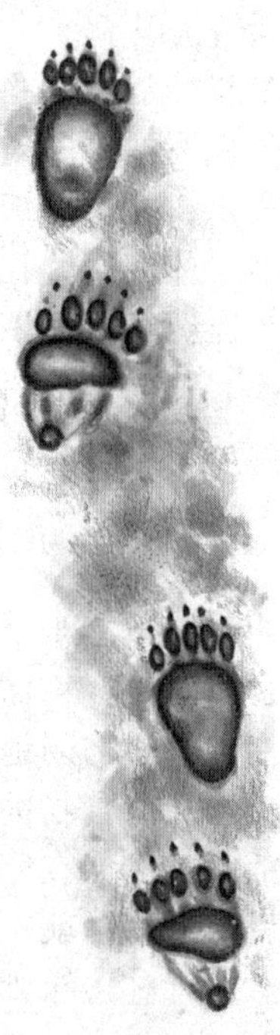

↑ 灰熊
前脚14厘米x12.5厘米
后脚25厘米x14厘米

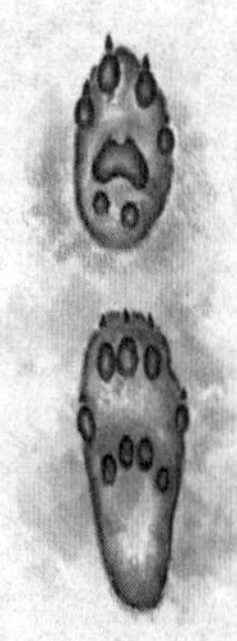

↑ 灰松鼠
前脚5厘米x3.5厘米
后脚6.7厘米x3.2厘米

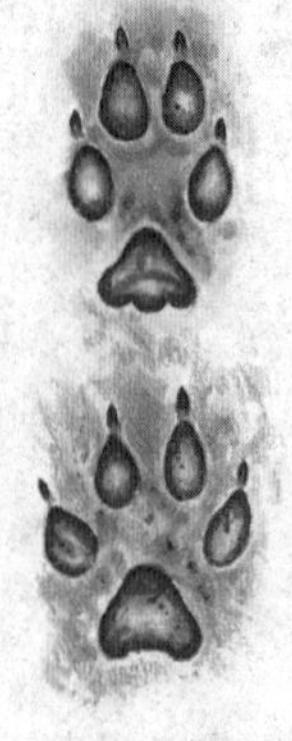

↑ 灰狼
前脚12厘米x10.8厘米
后脚11.5厘米x10.5厘米

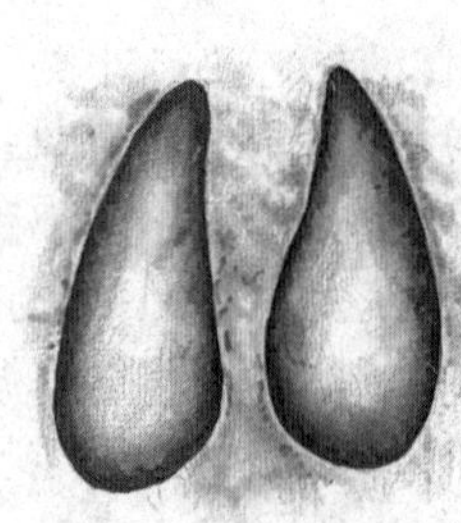

← 白尾鹿
（只显示了一种脚印）
前脚7.5厘米x4.7厘米
后脚6.7厘米x3.8厘米

辨别物种

一旦发现某些痕迹之后，还可以通过观察一些细微的标志缩小在该区域生活的动物物种的范围。通过更仔细的观察，你可能就会在动物活动的“小路”、“小径”、休息区甚至是觅食区发现它们的排泄物。如果它们是有蹄类动物，还会在地上发现被它们踩踏的树根和树枝等（上面会有痕迹）。在觅食区域，可以通过地上青草等植物被啃食的样子来进行判断。例如，兔子吃过的草像用剪刀剪过的，而有蹄类动物吃完草会留下参差不齐的形状。而在动物休息和睡觉的地方，更有可能会发现居住在该区域的动物的毛。

接下来就可以寻找实际的动物脚印，进一步缩小动物的物种范围了。很多时候，可能并不能发现清晰的脚印，而是模糊的轮廓。无论是清晰的脚印还是轮廓都可以与先前得到的有关信息进行综合，这样有利于得出最后的结论。

靠近动物

为了靠近猎物以猎杀它们，需要学会一些让它们在不知不觉的情况下被抓住的技巧。你可能没有威力强大的枪支，而只有自制的弓箭和抛掷棒。为了足够接近猎物，以便于对它们进行准确猎杀，你需要走到距离猎物只有10～15米的距离。这就意味着你必须安静地、不被察觉地向猎物移动。

“狐狸步”

首先，放慢速度并注意周围的环境是非常重要的。你可以采取“狐狸步”的行进方式。

“狐狸步”是我们的祖先们早就使用过的接近猎物的方式。其原理就是每前进一步都将重心落在没有移动的那条腿上，让移动的脚“感受”地面，也就是说脚从外侧到内侧逐步贴近地面，探测地面上的东西。一旦确定脚底下没有锋利的东西或者不会发出声音，就可以让脚掌完全落地，然后将重心前移；如果脚底下有东西刺着或者地面上有声音，重新将脚提起，换一个位置。无论是在抬脚还是落脚的时候，都要小心，避免碰到树枝和石头发出声响。

你可能会发现这种行进速度非常慢，但是其主要优势就也在这里，你不需要将视线从周围环境中收回来盯住地面。这样行进还会非常安静，而且由于速度移动很慢，很多动物不会把你当成威胁。

广角视线

动物往往会在我们发现它们之前发现我们。其中的一个原因是我们移动太快或者声响太大。然而另一个原因就是动物在观察周围环境时使用与我们不同的方式。动物使用的是广角视线，这种方法能让它们发现周围所有的情况。

我们看世界的方式是使用一系列聚焦视线，对周围的环境建立的是独立的影像。这意味着我们只是聚焦于某些物体上，因此在我们身边，还有很多我们根本就没有看见的东西。但是我们也有能力以动物这种少聚焦的方式使用我们的眼睛。经过练习之后，我们就能够看见身边所有东西的活动情况，尽管所看见的每样东西都相对模糊。

很多人在练习广角视线的时候，由于练得太过辛苦，最后像还魂尸似的在地上晃来晃去。

在练习的时候，不要忘记移动头部，这样将能大大增大你的视野范围，达到360°，让你不漏掉任何东西。一旦发现可疑活动，立即对其进行聚焦观察，如果没有发现特别问题，则恢复到广角视线，继续观察。

在行进的路上，如果用这种方式观察，会在野外发现更多的野生动物，因为任何细小的活动都逃不过你的眼睛。

新的听法

与视觉技巧一样，也可以对听觉进行训练。遵循练习广角视线的步骤，用耳朵努力听所有的声音，而不是单纯地听最明显的声音。

感受环境

上面提到的那些技巧将使你对环境的认识更加清晰，使你更容易发现该区域的野生动物。另外还有一种意识可以加进这种技巧中去，那就是感受。

感受风吹过身体、感受腿上的肌肉在运动、感受雨滴掉落在皮肤和衣服上。当你将所有这些技能成功地放在一起，你就将对所处的环境更加熟悉。不仅仅是了解环境，你将成为环境的一部分，让你能够在看见之前就感受到动物的存在。

□广角视线练习

1.为了学习看见身边的所有东西，你需要前往野外开阔的地方或者进入森林。将双臂平举在身体前方，手指向内，两手距离在大约30厘米。

2.目视两手及两手之间的所有东西，慢慢将两手分别向身体两侧移动，两眼继续目视两手之间的物体。

3.将两手分别位于身体两侧的时候，弯动手指，这时候你的眼睛应该能再次看见手，保持这种“视线”慢慢将双臂放下。

4.保持视线不变，将双臂平举，这次是一上一下。

5.将手臂向上下两个方向分别移开，注视两手之间的所有东西，直到最后看不见双手。

6.放下手臂之后，你的视野范围就将达到左右180°、上下80°，你能够看见这个范围内的所有活动。

像这样在野外活动将使你能够更加接近当地动物。当距离足够近的时候，你就可以对其进行猎杀了。但是，你还需要更多的技巧，如如何靠近动物以及如何伪装等。

慢慢靠近

最基本的靠近猎物的技巧几乎与“狐狸步”差不多，也就是在落脚之前先感受地面。但是，这次的速度将更慢，慢得几乎都看不出在移动。平均每步花费的时间大约为1分钟。有时需要你通过移动来掩盖进一步的行动，比如环境在“动”的时候——树叶在风中沙沙作响或者树木在风中前后摇摆。这种方法不仅能够隐藏你的行动，还能掩盖任何不小心弄出的声音。将双手置于身体前或者身体后，最大限度打破熟悉的人类形象。将双手置于身体前相对容易些，这样你能够握好武器或者帮助你抬腿。

下面所讲的两种靠近猎物的办法主要用于在人和猎物之间有大量隐蔽树丛的情况下。第三种方法就是趴在地上腹部着地，将双手置于肩膀处。用手和脚趾支撑起身体离开地面10厘米的距离，身体前进，然后落回地面，将手和脚前移，然后再支撑起身体，重复以上动作。任何另外的行为，如站起来、坐下、准备武器甚至拍蚊子都必须要极其缓慢和轻微。

保持平衡

缓慢移动的最大问题就是如何保持平衡。为了避免摇晃，在站立的时候可以轻微弯曲膝盖，紧绷身体以检查身体平衡状况。如果失去平衡，一定要努力用臀部以下进行校正。如果用上半身校正身体平衡，身体的晃动肯定会惊扰旁边的动物。

利用伪装

伪装不是隐藏，而是在开放环境中被“看见”，从而接近猎物。如果隐藏在树后，对猎物射箭或者投掷抛棒都将变得很困难。

有两种对自己进行伪装的简单方式。第一种方式就是将草木灰涂抹在身体和衣服上，然后把炭灰涂在脸上，木炭应当涂抹在那些比较亮的地方，如眼睛下方或者鼻梁上。然后用稀泥在身上涂抹不同的颜色。最后还需要在树林里的落叶上打滚，让自己“蓬松”起来，更彻底地改变自己的形象。由于在身上涂抹了炭灰，所以你的体味也已经被很好地掩盖了。第二种方式更简单，只需要先在稀泥里打滚，然后在落叶上打滚。但是这种方法不能有效地覆盖自己的体味，所以还需要利用一些有味道的植物。一定要利用捕猎地存在的植物，否则你的体味还是会非常明显。

如果伪装得当，而且利用了正确的靠近猎物的方法，你应该能接近几乎所有动物的有效猎杀范围。但是，当达到一定距离的时候，你必须稳定心态。动物们非常擅长把握人类的“心理”。

哺乳动物都不能分辨颜色，因此即使没有伪装，只要它们没有闻到你的味道，你也能接近它们到足以猎杀的近距离。另外，还要注意鸟类。鸟类能够分清颜色，而且它们经常是野生动物天然的哨兵。

捕捉动物

在学习设动物陷阱之前，你必须了解，在世界上的许多地方这么做都是违法的，除非你为了活命不得不如此。这是因为陷阱可能会杀死那些濒危的物种，不仅如此，它还能对大型动物乃至人类构成伤害。

这儿介绍的陷阱都是比较简单的，在绝大多数情况下都可以利用，并且旨在迅速和彻底地杀死动物。虽然有很多种类的陷阱，但是书中介绍的都是最有效的。设好陷阱之后，首先进行测试，确保动物不会忍受不必要的痛苦。不要让动物在受重伤之后从陷阱中逃脱或者在套索中慢慢窒息死亡。

在设陷阱的时候，尽量不要惊动当地的其他动物，以免让它们对已设陷阱有所察觉。也应该将陷阱设在偏远一些的地方，因为一旦某动物被套住，周围其他的动物就将保持高度警惕。利用炭灰、稀泥或者当地味道浓厚的植物对陷阱进行伪装。

“4”字形陷阱

这种陷阱主要是为在觅食区使用而设计的。它全名叫“致命下落”陷阱，是因为它利用的是当动物啄食放在水平棍子上的诱饵的时候重物落下砸在其头部致死的原理。

这种简单陷阱由3根棍子组成，设立起来之后与数字“4”的形状很像。这个装置由一个重物压着，树立在地上，但是当地上的水平棍子被动物移动的时候整个装置就会倒塌。下落重物的重量应该是准备抓住的动物重量的2倍以上，这样才能够保证杀死动物，但是也不至于重得将动物压碎。下页图中是用来捕杀兔子的陷阱。

你也可以在地上铺一块平整的石头让这个陷阱的效果更好。确保下落重物的力量不会由于树立的棍子而被减弱。如果出现这种情况，重物将会落在棍子上，而不是动物身上。

用当地生长的你认为最受动物喜欢的植物作诱饵，放在陷阱上。如果用其他地方的植物作诱饵，有可能会引起动物的怀疑。

为了引诱动物从正确的方向前来使用你放置的诱饵，可以在陷阱周围设置一些障碍，但是这些障碍必须看上去自然，不会引起动物的怀疑。

双钩套索陷阱 这种套索陷阱一般是用在动物活动区域，但是经过改动也能用在动物觅食区。确保套索足够牢固，能够勒断动物的脖子，并且能够将动物吊到一定的高度，避免其他动物在你到达之前发现它。

这种陷阱由两根棍子组成。这两根棍子上都有槽，要能够相互钩住。其中一根棍子被牢牢地钉进地面，另一根棍子用一定长度的绳索绑在一根结实、柔韧性好的小树或者树枝上，这棵小树或者树枝必须保证两根棍子上的槽能够互相钩住。将一个活结套绑在可以活动的棍子的钩上，并将活结套放置在动物活动区域，这样动物踩进活结套之后，陷阱将启动，然后动物将被树枝吊起来。

活结套的高度应该保证动物能够直接踩进去。例如，对于捕捉兔子来说，活结套在地面以上的正确高度应该是手掌的宽度左右，其直径大约是12.5厘米。根据欲捕捉动物的大小，调整棍子上槽的深度能够改变陷阱的灵敏度。需要注意的是不要让动物缓慢死亡，因此将装置调整到适当的位置非常重要。

不要使用新砍下来的棍子，否则它们可能会胶合到一起，或者晚上的时候会被冻到一起。还可以通过使用多棵小树或者树枝来增加陷阱的张力。如果在动物活动区域没有可以利用的柔韧性好的树枝，可以搭建一个杠杆来达到这个目的。在地上牢固地钉一根带树杈的柱子，在树杈上绑一根长的树枝，将活动的棍子绑在杠杆的一端，在杠杆的另一端添加一个重物。

捕鱼技巧

如果在水域附近，捕鱼是一种获取高蛋白质食物的极好途径。鱼可以用网捕、用钩钓、用鱼叉叉或者用套索套，甚至还可以用手抓。在溪流里设好陷阱，这样在你在等待鱼自己游进陷阱的时候，就可以展开其他的工作。

设捕鱼围栏

捕鱼最简单的方式之一就是利用双钩套索。只需要将套索的材料改成鱼线就行。用来捕鱼的时候，它会将鱼拉出水面。

另一种有效的捕鱼方法就是建一个捕鱼围栏：建一个环形的围栏，让其开口处朝向溪流上游，然后再建一个漏斗形的围栏深入开口处。如果溪流水流较急，这个装置完全可以捕捞足够的鱼；如果在水流较慢处，则用柔韧的枝条沿围栏编织一个盖帘，指向陷阱的入口处。当鱼游进围栏的时候，盖帘会被推开，当围栏里的鱼要出去的时候却被挡住。可以通过调整围栏缝隙的大小来捕获不同大小的鱼。

制作鱼叉

如果想捕获更大的鱼或者手头有大量的时间可供利用，那制作一个鱼叉可能是最好的选择。鱼叉由两部分组成：带两个尖的鱼叉头和一根又直又长的鱼叉杆。鱼叉头是被安装在鱼叉杆上的。这样做的目的是，一旦鱼叉头没有刺中鱼而是插入了河床，鱼叉头就会从鱼叉杆上脱落，可以重新安装鱼叉头，但是如果鱼叉是整体的，就可能由于鱼叉头被折断而导致整个鱼叉的报废。

最好使用新鲜的树棍做鱼叉头，以保证其灵活性，而且也不容易折断。做鱼叉的棍子应该是直的，其直径在2.5厘米左右，捆绑在鱼叉杆上，以避免它过度侧滑，而且应该用植物纤维类的绳索。如果使用动物纤维做成的绳捆绑，容易在遇水之后变松。

鱼叉的叉应该是尖而结实的，这样能够避免在河床的石头上被折断。在叉的内侧应该制作两个小型的“架子”来支撑倒钩，这样能够避免在叉到鱼之后鱼从鱼叉上逃脱。倒钩最好的材料是如燧石片这样锋利的石片或者坚硬的小木片，当然也可以简单地利用其他动物的骨头。倒钩必须用质地优良的线捆绑牢固。如果知道如何制作树脂胶，还可用树脂胶将倒钩牢固地粘在鱼叉头上。

↑ 用鱼叉叉鱼需要在水清的地方才能够看得清，悄悄地靠近鱼，然后调整好速度和精度用力猛刺。

用鱼叉抓鱼

寻找一片水域。鱼可能出现在溪流拐弯处，水清或者水浅的地方，在炎热而且阳光强烈的天气情况下的树阴底下等。将鱼叉放入水中，保持绝对安静地坐着，时刻准备着在鱼出现的时候将其叉住，或者也可以尽量接近鱼。无论如何，你都需要在不同的地点进行大量的练习才能成功。

制作和使用抛掷棒

在野外环境下，你首先制造和使用的工具可能就是抛掷棒，制作这种工具需要的材料就是任何可以找到的结实的棒子，其直径5.0～7.5厘米，长约60厘米。如果将棒子的中间部位削小，让整根棒子看上去像翅膀，这样它将成为一种出手无声、抛行更快的打猎武器。当然也可以制作飞镖，飞镖如果投掷得当，其飞行距离可以超过100米，但是它们的基本原理都是一样的。

抛掷棒主要是随机打猎用的工具。在需要食物的情况下，无论你前往什么地方，都随身携带一根这样的棒子。你有可能会碰巧发现前面有一头好奇的动物将头从树丛里伸出来，

□制作抛掷棒

1.找一段结实且柔韧性好的棒子。将棒子进行修整，以减少其在空中飞行时发生的声响，并能够保证飞行更快。

2.将棒子中间部位削小，让其呈翅膀样的形状，并修正两翼上的任何棱角，避免其影响棒子的飞行。

3.在棒子的两端留下更多的木头，这样不仅能使整个棒子有一定重量，还更便于在棒子两端削尖，而不至于让整个棒子太脆弱。

□举手过肩投掷抛掷棒

1.如果你习惯用右手，将左脚向前跨出，右手握抛掷棒举过肩膀，面对目标。

2.可以用肘部简单地瞄准目标，从肩部以上将抛掷棒掷出。

3.在抛出抛掷棒的时候，用手腕轻轻一抖，让抛掷棒在飞行中旋转。

□低手掷出抛掷棒

1.侧面面向目标，将抛掷棒握在腰部的位置。

2.将抛掷棒向后摆，身体前倾。

3.弯曲膝盖让上半身下沉，将空着的手放在其中一个膝盖上。

4.身体下蹲，让臂部处于即将抛掷物品的状态，做好抛掷准备。

5.用整个身体给抛掷动作施加动力。

6.抛出抛掷棒的时候手腕轻轻一抖，让抛掷棒在飞行中旋转。

这样刚好可以进行猎杀。如果以“狐狸步”和“广角视线”的方法首先接近猎物，再用这种方法捕猎动物将会有更加明显的效果。

如何投掷

投掷这种抛掷棒，有两种方法。第一种就是举手过肩而投。尽管这种投掷方式击中动物的概率相对较小，其有效猎杀区域也只有7.5厘米宽，但是这种技巧在你和动物之间有很多树木或者有很多高草的时候将非常有用。需要记住的一点就是，在投出棒子的时候用手腕轻轻一抖，让棒子增加投中目标的机会。

第二种方法就是低手掷出。与第一种方法一样，将棒子一端握在手上。但是这次站立的方式是侧对目标，棒子呈水平方向旋转飞出。这种方法将有更大机会击中猎物，因为其有效猎杀区域有大约60厘米宽，但是这种方法只有在没有高草或者没有树丛阻挡棒子飞行的情况下才能使用。

剥皮和解剖

一旦捕获动物之后，尽快将动物吊起来并剥皮，这一点很重要。如果皮不剥掉，动物体内的温度将很快破坏动物的肉质。动物内脏也应该尽快取出，它们也会很快破坏动物肉质，而且内脏里的任何溢出物都可能污染肉质。

如果是处理像鹿这样的大型动物，把它们的前蹄和脖子挂在水平的杆子上。如果是如兔子这样的小型动物，将它们放在地上，让其背部着地，并且将其4条腿分别绑在树桩上，让它充分舒展，就像“大鹏展翅”似的。

剥动物皮

在动物胸骨部位划开一个小口子之后，探入手指，将刀口分开，避免刺破内脏：要确保刀子只是划开了动物皮。将手指继续探入动物皮下，在皮与肉之间制造空隙，再用工具割开更多动物皮，然后一直从动物头部到生殖器官处将动物皮割开。

在处理大型动物的时候，必须先将动物皮全部剥离之后才能开始切肉。如果是在处理小型动物，你可以一边去皮一边切肉，但是如果你希望先把皮全部去掉之后再切肉，就必须确保放置动物的地方是干净的，因为地上的脏东西很容易沾到动物肉上。

要继续剥皮，就将刀子伸入最初切开的口子里，向动物四肢延伸。然后在动物生殖器官、脖子和四肢处小心地将皮切断。动物四肢的筋用处会很多。如果你希望保留它们以备他用，在切割动物四肢的时候一定要非常小心，不要将它们切断。当这一切都完成的时候，你就可以将整个动物皮取下来了。如果动物是平放在地上的，最好将绑定的四肢解开。

在剥皮的时候尽量避免使用刀子。实际上，剥皮非常容易，完全可以不使用刀子，这样能避免不小心将动物皮割破，而且也能保证动物皮上少带脂肪。因为在鞣制动物皮革的时候，需要将这些脂肪全部除去。最简单的剥皮方式就是将一只手的手指放在肉和皮之间，用另一只手撕动物皮。

解剖动物

一旦完成剥皮工作之后，你就可以准备进

入下一个步骤了。小心切开动物腹部，确保不要刺破内脏，一旦刺破，将会严重污染肉质。

顺着胸骨部位的切口，一直切到生殖器官处。现在需要在生殖器官和肛门周围进行切割，这可能会是比较难办的事情，因为它们位于臀部附近。如果不小心切断了连接生殖器官或者肛门的管（肠）子，一定要将它们系好，以免从里面溢出的东西污染肉质。然后开始向上切，直到气管和食道，将它们切断。如果动物是被用前蹄挂起来的，这时候绝大部分内脏应该会掉出体外。

现在开始割下那些可以食用的内脏器官，如心、肝、肾、肺等，并将它们各自分开放置，避免交叉污染。在切割肝脏的时候，一定要注意不要将胆囊弄破，任何接触到胆汁的东西都会受到其污染。

认真检查动物肉体，看是否有变色或者腐烂的地方。在检查的时候，你可能会发现肉上面有一层薄薄的膜状的东西。这是正常现象，它有辅助保存肉的功能。

如果是小动物，将其蹄子和头部割下来之后就可以整个烧制做饭了。如果是大型动物，最好在吊着的时候，就把肉割下来，尽量把肉全部割下来。对于像肋骨这样肉少的地方，可以在肋骨与肋骨之间将肉切开，将肋骨掰下来，进行煎制或者整个放进汤里炖。

保存肉和其他动物产品

你所猎杀的动物的任何部位都不应该被丢弃。大型动物除了能够提供新鲜的肉食之外，剩下的肉还可以保存下来，而其他不能食用的部分也可以用来制作衣服或者工具。

有用的身体部位

在解剖完动物之后，应该立即将肠、肚、膀胱洗净，因为它们会有很多用途。将动物腿上的筋小心抽出，用刀子将筋纵向剖开，然后展开晾干。

动物的头包含了很多有用的东西。眼睛里面的液体和树脂混合可以制成强力胶。舌头去皮之后可以食用。将头部剩下的部分完整地保留。尽管脑髓在新鲜的时候（1天以内）可以食用，但是最好是留着以后鞣制皮革。

蹄子可以留着用来熬制成强力胶。熬制时，将水面上的油脂撇出，就是很好的骨油，可以用来软化皮革。

□用三角架晾肉

1.找3根长约120厘米的长棍子，在顶端附近将它们较松地绑定，将三角架支开。

2.在三角架之间适当的高度上绑一些水平的棍子。

3.将肉切成尽可能薄的片，将三角架放在火堆上方，把切好的肉片放在水平棍子上，确保肉不要离火太近，否则就是在烤肉而不是在晾肉了。

晾干肉

晾干肉的最好办法就是放在太阳底下晒或放在火堆旁边烤，但是切忌将肉放得靠火堆太近，否则就是烤肉而不是干肉了。对于大块的肉，首先要剔除脂肪，因为脂肪会很快变质，然后将肉切成不超过3毫米的薄片。你可以将它们挂起来，放在火堆旁边烤干或放在太阳底下晒干。在收藏之前，必须确保肉彻底干透。如果在手中能将肉捏成粉末，可能就太干了，但是必须确保肉拿在手上能够折断。如果只能把肉折弯而不是折断，就意味着肉还过湿。

你可以将这些晾干的肉装进此前洗好的肠内，这样可以保存很长一段时间。

制造做衣服的皮革

在野外没有比鞣制好的皮革更适合做衣服的材料了。如果需要在野外生活很长时间，就应该学会怎样将兽皮鞣制成皮革，然后才能制作暖和耐用的衣服。

准备兽皮

首先搭建一个比准备处理的兽皮大半个面积的框架。这个框架应该是牢固和结实的，因为这个架子将用来固定兽皮。两根相邻的树可以作为这个架子天然的柱子，然后可以在其间绑上两根水平的棍子。

在兽皮的四周打孔，用来穿绳子，但是不要让孔太靠近兽皮边缘，那样的话当兽皮被绷在框架上的时候可能会被绳子撕裂。所用的绳子也一定要结实，并且在绑好之后，一定要确保整张兽皮是紧绷的。

这时候，你可能需要一把锋利的刀子或石片来刮兽皮。握住刀柄，让刀刃与兽皮呈一定角度，在用力下压的同时，滑动刀片。确保在用力下压的同时刮动，一旦停下来就可能会割破兽皮。

刮

刮的目的是去除兽皮上的脂肪和皮的最里层，也就是皮下组织（一层由脂肪和容纳血管、神经的连接性组织构成的物质）。兽皮的内层刮干净之后，再开始清理外层。将兽皮上的毛和最外层皮（表皮）刮掉。如果毛不容易去掉，可以将兽皮泡进溪流或者盛水的容器里1～2天的时间。浸泡时间不要太长，否则兽皮就会腐烂。

在兽皮两面都已经刮干净之后，把兽皮留在架子上放几天时间，让其充分干透。之后，你就得到了一张极好的生皮，它可以有很多用途。但是如果要用来做衣服，还必须要进行软化，也就是进行鞣制。这时候就可以利用解剖时候留下来的脑髓了。

用脑髓鞣制兽皮

在兽皮干好之后，烧一些热水，然后放入脑髓进行充分混合。将这个混合物揉进兽皮里。如果有蛋，也可用蛋黄代替脑髓。但是无论用什么东西，都一定要确保整张兽皮充分吸收这种混合物。你还可以将兽皮从架子上取下来，泡进这种混合物里一段时间。

脑髓能够防止纤维重新集结从而形成生皮。只要兽皮在干燥之后纤维还是保持伸展分离的状态，就不再是生皮了。要保持这样效果的方法之一就是再次将兽皮固定在架子上或者拿在手上不停地对其进行延展和绷扯，直至干透。如果干透之后还能发现较硬的地方，必须再次对这些部位进行鞣制。当整个兽皮都已经柔软而且干燥之后，可以把它套在树干或者绳子上左右拉动，让其变得更加柔软。

熏制兽皮

现在就可以熏兽皮了。这一步非常重要，目的是避免兽皮在遇水之后重新变成生皮。将兽皮弄成一个袋子的形状。在炭火上架一个三角架，再把这个袋子状的兽皮放在上面，袋口朝下。在炭火上加一些如松针等易出烟的材料，然后等待几个小时。一定要确保炭火不会冒出火焰，否则可能会烧毁兽皮。一面熏好之后，将兽皮翻面，再熏另一面。这样完成之后的兽皮就是熟皮，可以用来制作衣服了。

你需要经常对兽皮进行熏制，保证兽皮一直是含油的，以防止纤维重新变硬。

用兽皮做衣服的优点

在长期野外生存中，用身边的东西制作衣服和其他物件是一种非常基本的技能。尽管将兽皮制作成熟皮将会花费很多时间和精力，但是你也会发现用这种方式做出来的皮革制品比现代工艺制作的皮革制品更结实和耐用。而且这是一种天然的产品，能够有效掩盖自己的体味，更有利于靠近猎物。而且它还不会发出声响，能够很好地进行伪装。

在制作衣服的时候，你可以利用各种各样的材料来缝合兽皮。动物的筋也可以用来缝衣服，但最好是在比较干燥的地方使用。当然也可以用植物纤维制成的线来缝衣服，不过这样缝合处容易裂开，必须经常缝补。最简单的缝补裂口的方法就是利用小条状的皮革边角料。当然，皮革边角料还可以用来作边饰，这样可以在丛林中进一步改变自己的外在形象，把这种边饰弄得不规则一些但不要太长，否则可能被树丛挂住。边饰的一大缺点就是它会晃动，在悄悄靠近猎物的时候，如果不小心将会暴露自己的行动。

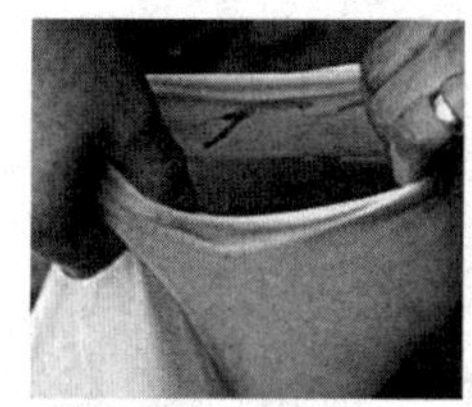

第 10 章 制作工具和装备的技能

在野外生存中最令人有成就感的事情就是制作工具和装备。这往往标志着纯粹“生存”的结束和“生活”的开始。你的生活已经不再是简单的生存了，因为利用野外找到的材料制作工具的技能已经是高级技能了。这些技能对于绝大多数现代人来说在不重新学习、不经过大量练习的情况下根本就不可能掌握。学习这些技能是一件令人愉快的事情。其中很多技能将让你对野外生存技能产生浓厚的兴趣，甚至对它们上瘾。

制作容器

基本的盛食物的容器

利用火可以迅速地做出木碗和木勺，只需要将炭火放在木头上，并控制好火势。

如果要做碗，首先找一块大约30厘米长的圆木（如果找不到合适的，放火里烧到这个长度）。将圆木劈成两半，然后将炭火放在平坦面的中央。小心吹炭火，让其慢慢燃烧木头，并控制其燃烧的方向。如果发现燃烧得太靠近边缘或者底部，放一些沙子或者土壤在这些地方以阻止炭火继续燃烧。如果希望燃烧速度变慢，可以不时地刮掉木头表面被烧焦的地方。如果希望加快燃烧的速度，可以用空心的茎杆，如接骨木、芦苇或者竹子，甚至动物的气管来吹炭火。这样烧制完成之后，碗就可以直接使用了。如果将被烧焦的表面全部刮除干净，并用沙子将碗里面全部磨光滑，那样的话碗内所盛的食物味道会更好。

烧制勺子与做碗的原理相同。烧制完成之后，将其修整到适合用来装饭的程度。用这种木器器具装食物会有部分微粒进入木质纤维里，因此在每次使用完洗净之后，最好放在火焰上烤一两分钟，这样有利于杀菌消毒。

树皮容器

一些大的容器还可以用树皮制造。很多物种都适合制造树皮容器，如桦树、雪松和榆树。尽量使用那些已经脱落或者正要脱落的树皮。如果一定要利用树上长着的树皮，不要割下超过其周长1/3的树皮，以确保该树还能继续

↑ 树皮筐做起来相对容易，能够用来装很多东西，如工具或者可食用的植物等。

存活。为了达到最好效果，先将树皮在水里泡几个小时。

利用动物器官做容器

你还可以用动物的胃来装食物或者水。将其彻底洗净、翻转、悬挂在三脚架上，或者在地上挖一个坑，将胃的边缘贴在坑上。这样

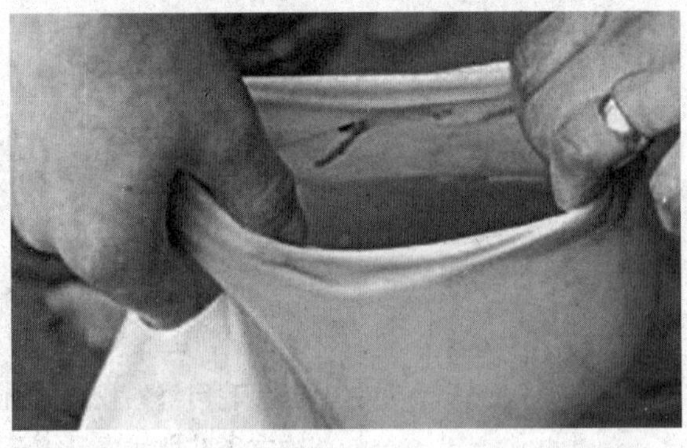

→ 动物的胃是一种很好的不漏水的容器，能够用来烹饪食物和烧水。

□制作勺子

1.生一堆火，多烧些炭火。如果有必要，将柴火弄短些。

2.用钳子夹炭火到准备制勺子的棍子上，放在准备烧的地方。

3.按住炭火，然后吹风，让炭火烧木头。将烧出的地方弄干净，然后进行修整。

□制作木碗

1.生一堆适当大小的火，烧足够的炭火。

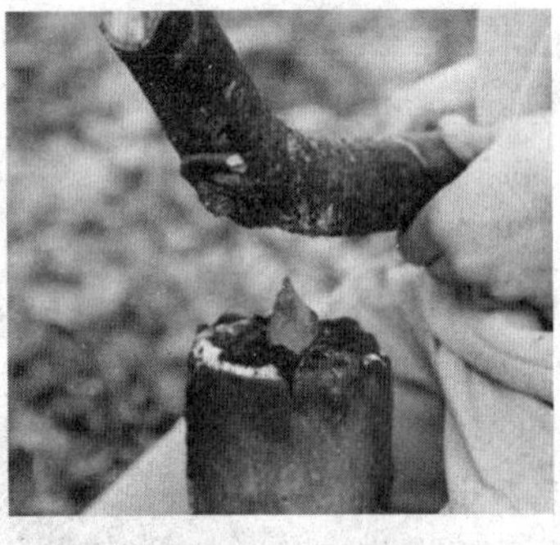

2.用锋利的石头当楔子和结实的棒子当锤子将圆木劈成两半。

3.将炭火放在劈好的圆木平整面的中央。

4.按住炭火，然后吹风，木头就会开始燃烧。

5.木头上的坑加深之后，可以多放一些炭火，这样木头燃烧更快。

6.如果某些地方烧得过狠，用土加以隔离，不要让它继续燃烧。

可以用来装液体，然后用烧热的石头将液体烧开。膀胱也能有同样的用途，但是其使用寿命会短一些。

编篮子

篮子有很多用途，既可以用来收集食物，也可以用来存放食物。篮子可以做成各种形状和各种大小。一旦学会，就可以随心所欲编制自己想要的篮子。

由于篮子的通风性好，所以很适合用来存放诸如浆果和菌类这种放在不通风环境下容易变质的食物。篮子还可以用来存放绿色植物和肉食，或者用来收集像引火物之类的材料。编得松的篮子还可以用来抓鱼。

篮子的材料

篮子的功用将决定篮子的大小和形状，同时也决定编篮子的材料。很多材料都可以用来编篮子，只要具有柔韧性。细长的柳条和榛木条是用来编织篮子的传统材料，如果附近长有这类植物，它们就是很好的编织篮子的原材料，但是自然界中还有很多其他柔韧性好的材料可以用来编篮子，如松枝、雪松枝、云杉根等。用长的枝条编篮子会减少重新起头的麻烦，而且也容易使篮子看起来更光滑。有的时候，一根枝条就可以编一个篮子。

制作简单陶器

制陶工艺是人类文化中最先开发的工艺，很多现在仍在使用的罐子等都是用天然的河底泥加上最简单的手工和烧制技术制造的。你自己制作的容器可能会比较粗糙，但是它们将是你做饭和吃饭的工具。

寻找黏土

在野外生存环境下，你不可能买到已经制好的黏土，但是却可以找到很多身边就有的天然原料。黏土是花岗石被风吹日晒之后形成的，随处可以发现，但是最好是挖开河湾处，寻找那种没有污渍的干净的黏土，因为最好的黏土会存积在此处。

准备黏土

收集到黏土之后，首先将其晾干，捏成粉末状，便于除去里面的石子等任何可能影响陶器品质的杂质。黏土末弄好之后，在里面加入一些较硬的物质，如海贝壳末、沙子、蛋壳末或者粉碎的陶器末等让土质变硬。这样可以防止陶器在晾干和烧制过程中因过度收缩而破裂。

在将黏土做成陶器形状之前，应充分对黏土进行摔打揉制，避免黏土中间出现气泡，否则在烧制过程中会由于膨胀而使陶器破裂。尽量在制作陶器前再开始揉制黏土。黏土应该是湿软的，但也不能沾手。学会制作简单的陶器之后，你会有一种非常强烈的成就感。

将黏土从球状制成碗

这里介绍的陶碗是由一个橘子大小的黏土团制成的。它完全是用手捏的方法制成的。将大拇指按进去直到距离底部大约6毫米的位置，然后从底部开始用手指往外顶，形成罐状。如果罐子太大，将它放在平面上，再用手将罐壁弄薄，做成统一的6毫米厚。完成之后，将成品放置几天待其完全干燥。

干燥之后对其进行烧制，让其更耐用。最简单的烧制方法就是直接在火堆中或者在地上挖一个坑之后烧，这种方法也是当今世界很多地方仍在使用的烧制陶器的方法。这里介绍的方法是最基本的。如果火的温度太低，陶器可能会破裂，但是你能够很容易地再制作一些坯胎继续烧制。

制作弓

弓是一种应用广泛的狩猎工具，能够用来接近和猎杀各种大小的猎物。这里介绍的弓适合短期生存，很多情况下也被称为“父子弓”：一把较大的弓的背后还绑有一个较小的弓。这样设计的原因在于这种弓是由新鲜的木材制成的，尽管比较容易制作，但是却没有那种比较好的木材做的弓结实。利用这种添加小弓的方法，可以让用不够结实的木料做成的弓变得结实一些。

选择木料

如果要制作弓，需要找一棵幼树的树枝，而且要没有侧枝和树节。树枝要是直的，其长度大约在150厘米，直径在7.5厘米左右。

在树枝中间处将其劈成两半，这两半树枝在后来都会被用到。如果这种方法不能得到两根树枝，也可以取另一根树枝。在这种情况

↑ 尽管"父子弓"是用现砍的树枝制作的，比较脆弱，但是这种双弓结构使其相互加固，能够达到射杀猎物的力度。

下，树枝长度在120厘米就可以。

选择其中一半树枝为"父"，也就是作为弓的主要骨架。树枝上带树皮的一侧作为弓的背部，这一侧绝不能用刀子割伤。而树枝没有树皮的另一侧将会是在使用的时候朝向身体的一侧，称为弓的腹部。在弓的中间部位量出一个约7.5厘米的长度作为手握的地方。然后小心地对两根树枝进行修整，直到它们能够均衡地进行弯曲，而且能够形成一个"D"字形。

弓的定型和测试

这时候可以在两根树枝的两端分别切割槽口，然后分别绑上一根绳子。绳子不必太紧，因为并不是最后的弓弦，只是为了通过拉动绳子来测试弓的效果。

测试弓的弯曲度的最好方式就是制作一根长约75厘米的"测试棍"。在这根棍子的顶端切割一槽口，然后每隔12.5厘米再切割一个槽口。将弓的手握处放在棍子的顶端，然后将绳子拉动到第一个槽口的位置。检查弓的弯曲情况。如果看起来一切正常，继续拉动绳子到下一个槽口。如果发现某些部位弯曲过狠，需要在其两端进行修整，让它能够与其他地方一样均衡地弯曲。如果某些部位弯曲得太少，也需要对其进行修整，削掉一部分。用这种方法逐步检测弓的弯曲状况，直到绳子能够抵达棍子上最后一个槽口。

现在可以缩短绳子的长度，让绳子距离弓绷紧之后的手握处15厘米，这时候弓张开的距离为63～70厘米。用同样的方法处理第二根较短的弓，直到其张开距离达到25～37厘米。较短的弓不需要手握处。当较小的弓被绑在较大弓的弓背之后，应该在手握处两端放置两个小楔子，然后用绳子绑牢固。将两根弓进行连接，然后绑好弓弦。每一根弓能够承受7～9千克的拉力。

射箭

制作完箭之后就可以使用弓箭了，但是最好将弓箭放置一两个礼拜，待其彻底干燥之后效果会更好。不要期待用弓箭打猎立即就会取得成功。首先应该找一片开阔的地方（确保箭不会丢失），树立目标靶，然后进行练习。学会如何在不同距离上装箭、拉弓、瞄准和进行有效射击。在各种情况下都能够充满信心地射击到目标之后，就可以进行实战了。

制作箭

最好一次制作很多箭，因为使用过程中很有可能会折断或者丢失。寻找树木幼枝制作箭，因为它们往往又结实又直。用做箭的树枝在去皮之后其直径应该在6～10毫米之间，然后将其切断成70厘米长。榛树、柳树和紫杉的枝条都是制作箭的很好的原料。

如果树枝不直，则需要弄直，可以将它们放在火上烤，烤热到刚好能用手握住的时候，将其往反方向弯，然后保持住，直到树枝完全冷却下来。然后再放手，如果还是弯曲的，继续反弯直到树枝最后完全变直。

如果没有羽毛，可以在箭的末端装上大的树叶，或者一把松针也能达到羽毛的效果。

加强箭尖

如果你需要立即使用箭，直接在装上羽毛之后把箭尖削尖，然后放在火上烧一下就可以了。如果还有时间，最好是在箭的前端切割槽口，然后安装箭头，非常简单。箭头可以用动物的骨头或者非常坚硬的木头，当然也可以利用石头。很多情况下，都需要将箭头绑在箭身上。

为了让箭头更加牢固，可以在绑之前首先用胶将箭头粘在箭身上。然后在箭头后边的箭身上绑绳子，防止箭身裂开。同时也要在箭身末端的槽口前绑上绳子，防止射箭的时候弓弦割开箭身。

□制作箭

1.寻找嫩枝，越直越好，而且不能有侧枝。

2.小心地去除树皮，但不要切割到木质，因为切割到木质之后，箭会很容易折断。

3.通过加热和往反方向弯曲的办法弄直树枝。

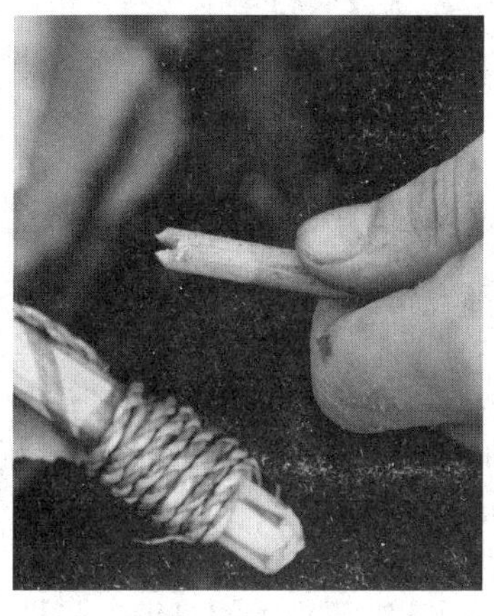

4.在树枝的一端切割槽口便于后来安放弓弦，另一端切割一个更深的槽口用来安装箭头。

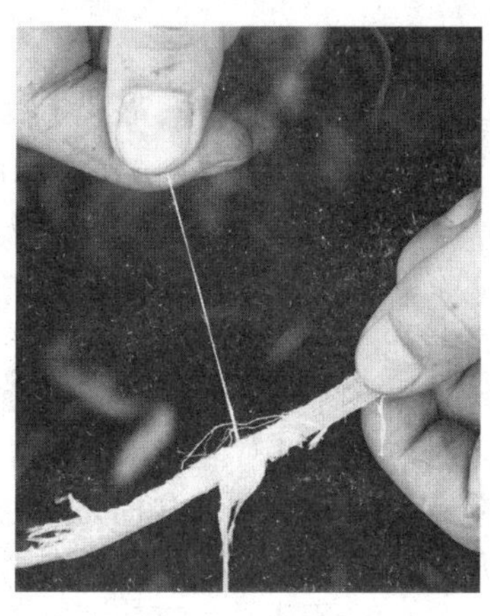

5.准备用鹿筋来绑箭，找干燥的鹿筋，抽取长的纤维。

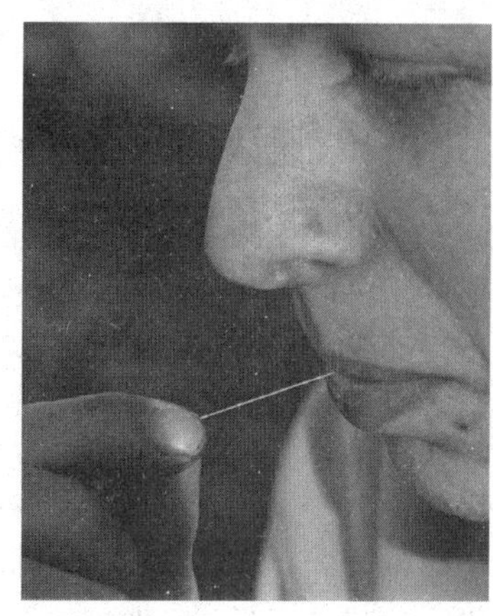

6.将纤维放进嘴里嚼，让其变软和变黏：筋在遇水潮湿之后会粘在一起，干燥之后会收缩和变硬。

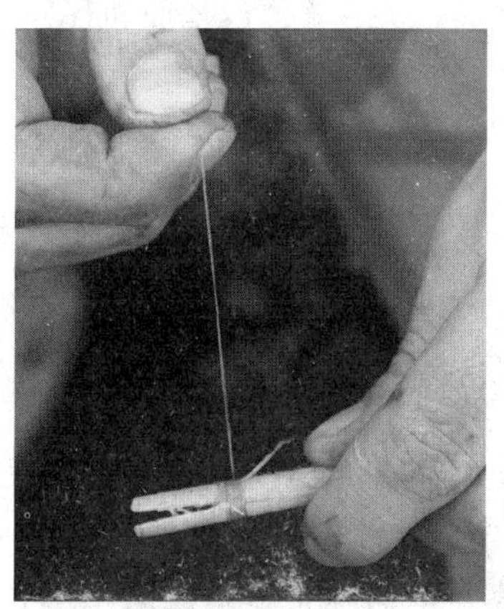

7.当筋准备好之后，将其绑在箭身前端的槽口边上，防止箭身裂开。

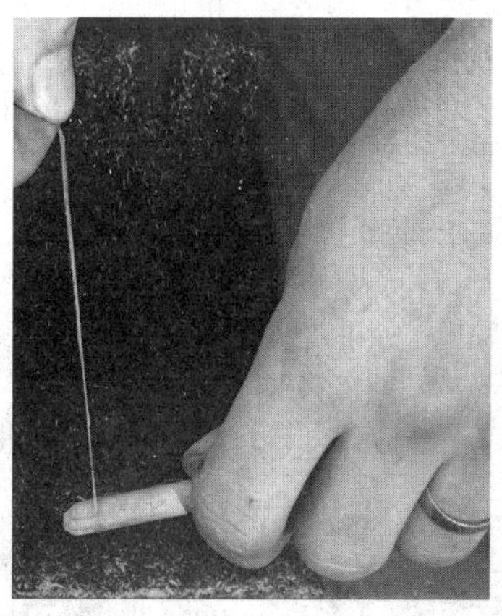

8.用同样的方式绑紧箭身的另一端。确保捆绑时鹿筋一圈压一圈，这样在干燥之后就能粘在一起。

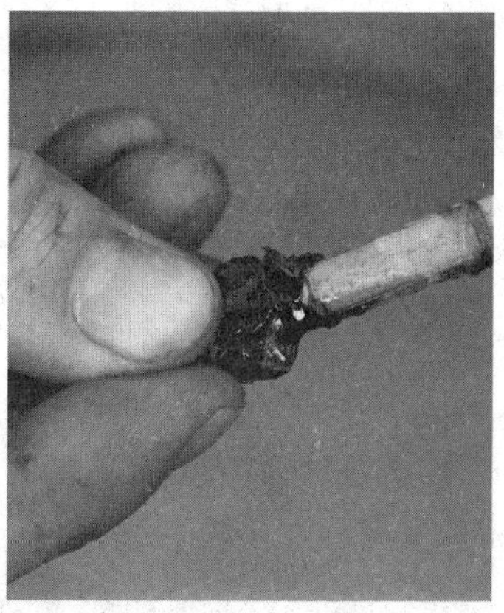

9.将在树脂胶里浸泡过的箭头安装在箭身的槽口上，安装的越深越好。确保箭头与箭身在同一条直线上。

10.熔化更多的树脂胶，浇铸在箭头上，让胶流进缝隙中，更好地将箭头与箭身粘在一起。

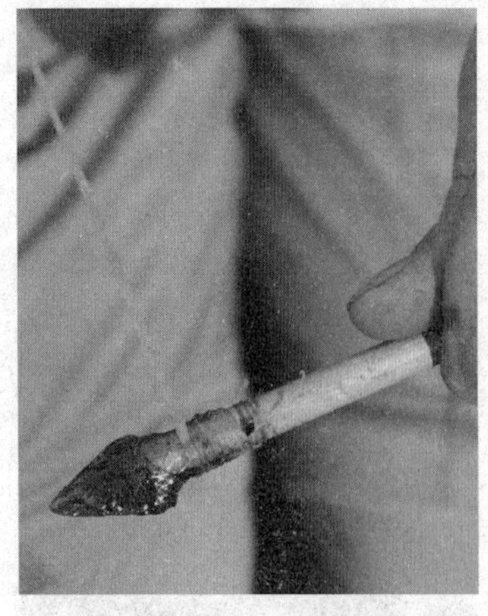
11.树脂胶弄好之后，再用筋将箭头和箭身绑牢进行加固。

12.用筋给箭绑上羽毛，让箭具有平衡性。图中使用的是劈开的云杉树枝做成的“羽毛”。

利用石头制造工具

会制作用来切割的石头工具是一种非常重要的野外生存技能。在现代社会，你也可以出于兴趣或者感受历史等目的学习这项技能。

最简单的制作用来切割的石器的方法就是“两极敲打”。需要找一块长约7.5厘米的圆形的鹅卵石，最好是纹理清晰的甚至是玻璃状的（粗糙的石头不容易形成锋利的刃）。将其放进一个用石头堆成的槽子中，或者在石头周围堆沙子，让其保持竖立状态。然后竭尽全力用一块重的石头敲打鹅卵石。如果敲打的力度够大，鹅卵石就会裂开，形成一些长长的、锋利的石片，这些石片就可以在紧急情况下用做切割工具。

敲击石头

对于更精细的工具，使用的是一种被称为“敲击”的技术。用石头制造工具就像是下棋。你必须了解每一个步骤，然后将它们放在一起来综合考虑该去除哪些石片。

你正在使用的石片可能非常锋利（黑曜石比手术刀还要锋利400倍），因此做好保护工作非常重要。也就是说，戴上手套、在大腿上铺上皮革或者羽毛垫等。操作的时候还可能产生小碎片溅入眼睛，因此需要戴上护目镜。如果需要经常进行这种敲击工作的话，最好选择一个通风好的地方，如户外。在地上铺一张防潮布，在敲击结束之后，要认真清理地面和各种表面，确保周围没有任何锋利的碎屑。

从考古学的观点来看，应该负责任地将这

↑ 石头工具和箭头可以用很多材质的石头做成。图中的箭头是用英国燧石做成的，而下面的箭头则是用陶瓷形变岩制成的。

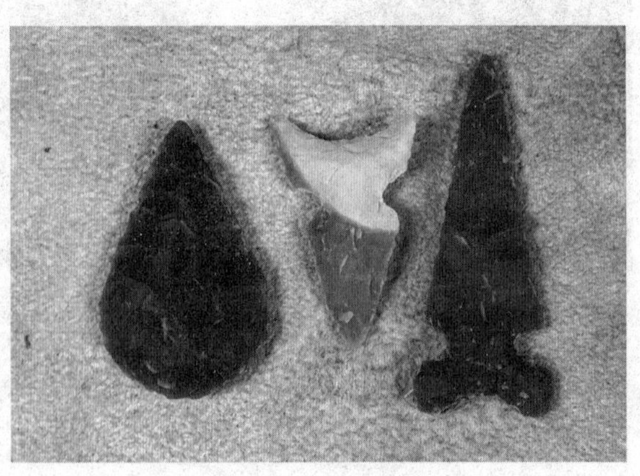
↑ 根据功用和制作者的水平，可以将箭头制作成各种形状和大小。但制作的首要目标是实用，因此美观只能放到最后考虑。一块不美观的石片也能达到基本的功用。

些碎屑进行处理。有些人会在处理这些东西的地方下面埋一个玻璃瓶，以向将来可能的挖掘者显示这些碎屑并不是远古时代的产物。

利用骨头和棍子制造工具

在解决好诸如住所、取暖、食物和水等基本的需求之后，可以利用身边的自然资源制造一些其他的用品。如果需要在野外生存很长一段时间，可以让生活变得尽可能地舒适，这样也有时间练习自己的技能，寻找最好的材料来制作工具。

制造骨头工具

任何被你猎杀来做食物的动物的骨头都应该洗干净以备他用。骨头很软，可以轻易用石头进行加工。骨头也很硬，完全可以打磨成锋刃或者削尖。骨头可以用来制作大量有用的工具，如针、钓鱼钩、锯子或者钻孔器等。大块的骨头和兽角可以用做挖掘的工具或者锤子，还可以通过加工制作成锯子和刀子等。

骨头只需要用一块坚硬的石头进行敲击就会碎，但是会碎成什么样子是不可预知的。如果需要一个特定的形状，可以像切割玻璃一样首先在骨头上划出痕迹，这样能够让骨头更容易向预想的形状裂开，然后再用石头对其进行磨制以达到满意的形状。

骨头工具也能打造得极其锋利。首先用热油擦骨头，然后放在火上烤，最后像磨刀一样对其进行磨制，就可以得到非常锋利的刃，这样可以制作骨质刀或者箭头。

靠背和垫子

一个简单的靠背就能够让生活变得更舒适，让你能够在火堆前或者在住所内放松。一个简单的制作靠背的方法就是将一些结实的棍子搭成三脚架的形状。这种靠背既可以任意移动，也可以在不平整的地面上放稳。

你还可以编织草垫子，用来搭在靠背上或者用来坐，这样会更舒适。草垫子也可以用来睡觉。当然，要制作草垫子，需要很多高草或者芦苇以及大量的绳子。在编织的时候，不断添加草，直到垫子长度达到要求为止。垫子的宽度由草的高度来决定。当然如果编织完成之后发现垫子太长，你也可以将其砍掉一部分。

利用天然树脂和油料

无论是动物还是植物都可以用来制作在野外生存中用途广泛的胶。动物脂肪除了用做食物以外，还可以用做润滑剂以及油灯的燃料。

皮质胶

皮质胶通常被用来粘合有机材料，是目前所知粘合力最好的胶。其缺点就是遇水会伸展，不能受热，还不能粘合石头这样的材料。皮质胶是用兽皮刮下来的东西或者生皮熬制而成的。皮质胶必须在烧热的情况下才能使用，在冷却的过程中能够迅速定形。要重新使用皮质胶，只需要添加少量水，然后慢慢加热。皮质胶只能存放几天的时间，因为它很快就会变质。

树脂胶

松类树（主要是松树和云杉）上的树脂能够制作成很好的防水胶。这种树脂会从树干上的“伤口”处流出，或者储存在树皮下的突起处，这样的话用棍子将树脂取下来就可以了。

将收集到的树脂放在容器内，然后放在火上烧。当树脂开始熔化的时候，会闻到一股强烈的松油味道，这是正常的。不要让树脂被烧开，那样会减弱树脂胶的黏合性。同时还要保证手边有一个盖子，因为树脂很容易着火，一旦烧着，立即用盖子盖住容器避免树脂燃烧。如果你有大量的树脂，而且也需要得到很纯净的树脂胶，你可以对液态的树脂胶进行过滤，动作要快，否则树脂胶可能会凝固。

树脂冷却之后将恢复到以前的自然状态。为了让树脂胶更坚硬和结实，需要在里面添加“调和剂”。通常添加的物质有3种，3种物质各有优点。碾碎的木炭由于便于获取，是常用的添加剂。在绝大多数情况下，添加木炭都是可以的，尽管这种树脂胶干燥之后比较易碎。添加蜂蜡能够让树脂胶更具柔韧性，但是这种树脂胶不够结实，摸起来更油腻，而且成形之后会比较软。食草动物（如兔子和鹿）干燥的粪便是最好的添加剂。这种树脂胶最结实，而且最耐用，但是不够卫生，因此不要用它来粘杯子等用具。

该添加多少调和剂来制作树脂胶很难确定。首先按照1∶10的比例添加，然后取一点出来定型。如果定型之后已经坚硬了，说明就够了。如果还是比较软比较黏，则继续添加调和剂。添加调和剂之后，树脂胶必须在热的时候立即使用，因为一旦冷却就会定形。

最好是将树脂胶分成小份，每次用的时候取一部分就可以了。因为树脂胶被加热的次数越多，就越不结实。有很多种方法可以将树脂胶分成小份，但是最简单的方法就是使用棍子。

手边放一个装满水的容器，将一根小棍子伸进滚热的树脂胶中，将棍子取出，这样棍子上就会有一些树脂胶，然后再将棍子放进水中，让树脂迅速冷却。然后再继续这样做，直到棍子上有足够的树脂。当树脂还有余温的时候，将这些树脂制成球状或者条状以便于保存。

在需要使用树脂胶的时候，你既可以加热需要使用树脂的地方然后将带有树脂的棍子放在上面，也可以加热棍子让树脂滴落在需要使用树脂的地方，这时候最好对需要使用树脂的地方进行预热，这样可以加强树脂的粘合效果。

油灯

顾名思义，这种灯是以油为燃料的。对早期社会的研究表明，古人们常常利用动物脂肪作为燃料照明。油灯可以使用任何不能燃烧的容器来制作。陶制容器尤其适合，因为可以根据自己的需要来进行制作，可以制成任何形状和大小，而且还可以很简单地制作一个油灯嘴来支撑灯芯。

灯芯最好使用含树脂量较大的树皮来制作，如铅笔柏或者椴木。用荨麻或者其他纤维织物制成的天然绳子也可以用来制作灯芯。将动物脂肪熔化在容器里，然后点燃灯芯就是一盏很好的油灯了。

制作绳子

在野外生存环境下，你需要大量不同长短、不同粗细的绳子来满足各种需求，如绑定窝棚的柱子、捕鱼或者制作圈套等等。绳子既可以用植物纤维也可以用动物纤维制成。像动物筋之类的纤维更结实，然而植物纤维往往更容易获取，而且不怕水，因为动物筋遇水之后会伸展。因此应当根据使用目的而选择绳子。

植物纤维

植物茎杆的内侧部分往往被用来制作绳子。带刺的荨麻是制造绳子的好材料，但是其他具有较长坚韧茎杆的植物也可以用来制作绳子。找那些嫩的绿色的茎杆，然后小心地去除枝叶，不要破坏到纤维（也不要伤害到自己）。用手套或者一块皮革去除茎杆上的毛刺，然后从一侧将茎皮破开，将茎杆里面的木质去掉，然后小心地将纤维表层的外皮刮掉。这种表皮不能增加纤维的结实度，而且往往会让纤维更加脆弱。最后小心地将纤维放在两手上搓，让其变得柔顺。

动物纤维

如果需要做非常结实的绳子，动物筋和生皮完全可以满足需求。这种动物制品的优点是在其干燥之后将会收缩，绑得更加紧实。其缺点就是潮湿之后会变松。

从动物身上取下筋之后，根据需要立即将纤维抽出。这种纤维在制作弓箭时尤其适宜，甚至都可以不需要打任何结。用唾液将纤维弄湿之后它会变得有黏性，绑上之后会自动粘到一起。

如果用动物筋制作很长的绳子，首先需要将筋放在木质表面上，然后用木质锤子对其进行连续敲打。如果使用石头或者金属锤子的话，就可能会将纤维砸断。可能需要敲打很久才能将纤维分开，这时候最需要注意的问题就是敲打的节奏。

第 11 章
野外生存的食物与营养

无论你打算进行何种探险活动，食物都是影响你探险活动成功与否的重要因素之一。如果你在白天的艰苦跋涉、骑车或登山中消耗了大量的体力，那么肯定需要在一天行程的开始之前和结束之后好好饱餐一顿以恢复体力。当然，一大群人在营地中共煮共食也有助于提升团队精神。由于旅途中不可能有冷藏设备，有时候甚至连热水都没有，因此加倍注意食物卫生就显得尤为重要。

营养需求

待在家里时，你可以有很大的食物选择范围。在食欲正常的前提下，如果你能摄入各种你喜欢的食物，饮食肯定是均衡的。然而在旅行途中，你所关注的应是食物的营养，而非其口味,因为你所面对的可能是完全不同的气候环境以及完全不熟悉的食物；你所在的地方可能很难采购到食物；而且如果你将进行高强度的活动，客观上也要求你摄入高能量的食物。营养不良很容易导致疲劳甚至疾病。特别是当团队中有儿童时，你更得尽量满足他们的所有饮食需求。

均衡的饮食必须包含以下元素：碳水化合物、蛋白质、脂肪、维生素和矿物质。

碳水化合物

植物通常都以碳水化合物的形式来储存其大部分的能量，如谷类、蔬菜和水果就是典型的富含碳水化合物的食物。碳水化合物可以分为两类：简单碳水化合物和复合碳水化合物。

简单碳水化合物主要是糖。这类碳水化合物极易被人体吸收，且能快速地为人体提供能量（如果该能量没有立刻被消耗掉，其会以糖原的形式存储在体内）。水果就是富含糖类这种简单碳水化合物的食物。对于旅行者来说，可以带果干，这样能够减轻重量，且易于携带。然而，糖类所提供的热量要远远少于其他食物。此外，过多地摄入糖类会使你的体内产生更多的胰岛素，从而降低血糖水平。因此，如果你需要快速地补充能量，应该将含糖类食物和其他食物搭配在一起食用。

↑ 意大利面是富含复合碳水化合物的食物，也就是说其消化过程缓慢，能够持久地为身体提供能量。

复合碳水化合物多存在于含淀粉类食物中，如面包、米饭和豆类。淀粉在被人体所吸收之前，要先转化为单糖，但是其所提供的能量更持久。因为淀粉类食物需要更长的消化和吸收时间，所以也就能够为诸如长途跋涉、登山、骑车或划船之类的耐力活动提供持久的能量。

建议你最好摄入未经加工的食物和纯谷物类食物来获取碳水化合物，因为它们能够同时提供必要的维生素和矿物质，而那些经过加工的精制食物已经损失掉部分营养元素。当你在国外旅行的时候，要弄清当地主要食用哪种谷类食物，并把该谷类作为你的主食。

↑ 鸡蛋能够为人体提供大量的蛋白质和脂肪，可用于各种菜肴。

蛋白质

蛋白质不仅为人体提供能量，还提供了大量的人体必需氨基酸。氨基酸是身体成长和组织修复的必需元素，能产生各种酶、激素和抗体。正因为如此，儿童尤其需要大量的蛋白质。此外，受伤和生病的成年人也需要补充大量的蛋白质来帮助其复原。

完全蛋白质含有所有重要的氨基酸，主要来源于动物类食品，如肉、鱼、蛋、奶等。而谷物和豆类所含的通常是不完全蛋白质。因此，那些不食荤腥的素食主义者应该将谷物或豆类与其他食物搭配起来吃才能获得均衡的营养，例如，将豆类和糙米、坚果等一起搭配食用。

脂肪

除了以上所提到的碳水化合物和蛋白质以外，饮食中还应含有一定的脂肪。脂肪是人体能量的最集中来源，特别是当你进行一些剧烈活动的时候。相同质量的脂肪和碳水化合物，脂肪所提供的能量几乎是碳水化合物的3倍。高脂肪的食物有牛奶、奶酪、食用油、蛋黄和坚果等。

维生素和矿物质

均衡的饮食需要摄入一定量的新鲜蔬菜和水果，因为它们能为人体提供大量的维生素和矿物质。然而，人体不能将维生素和矿物质存储在体内，同时旅途中又不可能总是有新鲜的食物。为此，建议你带上多种维生素补充片。

水

摄入足量的水是保持人体各部分机能正常运转（消化、吸收、循环、排泄）的关键。此外，维持人体正常的体温也需要足量的水。即使是轻微的脱水也会使人出现诸如易怒、恶心以及头痛等症状。

尽管人身体的75%都是由水构成的，但是人体却没有办法在体内存储水。水不断地通过正常的呼吸、出汗、小便、消化等途径流失。一般来说，1个人1天必须至少摄入3升的水。

盐对人体来说也是一种重要元素，但人们通常只会摄入过多的盐，而不会摄入不足。因为当身体需要盐时，你会对比较咸的食物更有兴趣。

合理的食物摄入量

由于在户外活动，大多数人的饥饿感都会比平时强烈许多。每个人的胃口都各不相同，但是要想一天都体力充沛，你必须比平时吃得更多。如果你是随身携带食物，你应该在自己可承受的范围内尽量多带。

男性在一般的生存条件和运动强度下，一天大概需要10 460千焦的热量（对于女性而言，该数字要稍微低一点）。如果是要从事诸如远足、登山或划船之类的高强度运动，这一数字则上升到14 650千焦。此外，在严寒气候下，也会需要更多的热量来维持人体的正常体温。因此，综上所述，户外运动中男性1天约需要20 900千焦的热量，换句话说，是平时1天所需热量的2倍。

如果能将上述对于所需热量的粗略计算应用到饮食上，你基本上就能够合理地摄入所需的食物，以便获取足够的热量。此外，为孩子准备食物时，最好能迎合他们的口味，以便让他们乖乖地吃饭。

饮食规划

合理的食物选择对于旅行来说是十分重要的。每个团队成员都应当获得均衡的饮食。在旅行的计划阶段，你就应该决定好所配给的食物类型以及烹饪方法。此外还应该了解一下是否需要一些特殊的膳食补充。

各种食物的配给

野营的时候，一般有4种类型的食物可供选择，它们分别是：新鲜食品、脱水食品、袋装食品和罐头食品。以下将详细介绍这4类食物的优点和用处。

除非你所前往的旅行地十分偏远和闭塞，否则建议将各种食物搭配起来食用。比如，将你随身携带的脱水食物与当地买的新鲜食物搭配起来。在旅行中的不同阶段，所能得到的食物配给也不尽相同。

• 在行进途中，吃预先包装好的食物或者找一家路边的小餐馆是比较好的选择。

• 在营地的时候，因为可以把各种炊具拿出来使用，可以吃一些现做的新鲜食物以及罐头食品。

• 在野外进行某项活动时，你只能吃一些背包里存放的脱水食品和袋装食品。

无论你吃的是何种食物，有一点是必须要记住的，即不要随地乱扔食物的包装袋和罐头盒。

如何计划食物配给

在做食物配给计划的时候，你得考虑到如下可能会限制你所能携带的食物种类与数量的因素。

- 重量。
- 体积。
- 燃料。
- 团队成员的数量。
- 包装。
- 烧煮时间。
- 烧煮方法。
- 价格。

在旅行途中，你能很容易地买到当地的食物吗？如果可以的话，你可以选择携带一些包装食品，这样与现买的食物搭配起来吃，口味应该还不错；反之，你就得更关注所携带食物的口味了。

在制订食谱时，有一点需要注意的是：你所选择的食物必须是大家都能够接受的食物。

特殊要求

在制订食谱的时候，你得了解一下各个成员的特殊饮食需要，以便做出一个尽量让每个团队成员都满意的食谱。有些团队成员可能由于食物过敏等原因，会对食物有特殊要求。关于此类信息，你必须在出行前了解到并采取相应的措施，以满足他们的特殊需求。

快乐饮食

煮饭与吃饭是野营生活中的一个重要方面，因此应当将这个环节搞得愉快一些。即便你们所能吃的食物种类十分有限，也要尽量调动大家的情绪。

⊙除了询问某些团队成员的特殊饮食要求外，你还得尽量了解每一个团队成员的饮食喜好。

⊙适当地携带一些特殊的奢侈食品，包括某些成员特别喜欢吃的食物。这些奢侈食品可以在一些特殊场合拿出来作为庆祝，如到达了某个探险目的地，或者为某位成员庆祝生日，或者处于整个旅行的艰难时期。

↑ 对于一次人数众多的旅行活动来说，最好在所携带的各种食物的包装袋上贴上标签（注明该食品将在到达哪一个地方时食用）。

采购食物的预算

根据每人的日常饮食费用以及应急饮食费用，你得制订出整个旅行期间所需花费在食物上的总预算。只有在有根据地推测和对目的地详细调查的基础上，才能得出一个大致精确的预算。如果到时候购买食物的预算不足的话，后果将不堪设想。因此，你所做的预算要尽量精确。

人数越多的团队，花在食物预算上的钱越划算。相反，人数较少的团队需要更多的食物预算。如果你们打算在餐馆里吃几顿的话，则所需的预算就更高了。

食物的包装

如果你决定携带包装好的食物，你得确定这些包装食品含有你所需的所有营养元素。除了带上食品之外，你还得根据食品的不同包装，带上纸巾、开罐器等物品。

如果你们所进行的是一次时间较长的旅行，而且会在沿途多次扎营，那么建议你在所有的食品包装袋上标明计划食用的地点，以免提前将食物吃完。

食品包装上的标记要让每个人都看得懂，免得到时候大家都来问你。建议你不要贴不同颜色的纸条来做区分，因为也许某些成员是色盲。

对于那些包装食品，其包装越简易越好，以免产生太多的垃圾。此外，你得确定食品包装的牢固性。当然，也不要牢固到很难打开的地步，否则就会影响到你吃饭的心情。

如果你所携带的包装食品是用马、骆驼等动物来驮运的，则需在那些食品包装的棱角处加垫一些东西，以免戳到动物的身体。如果是开车旅行，也需要给食物加垫一些东西，以免路途的颠簸影响食物质量。

携带食物出境

如果你打算将国内的食品带到所前往的国外旅行地（也许你会采取事先将这些食物托运过去的方式），你最好了解一下相关国家食品进口方面的规定和限制以及所需的费用。有时候，你可能会发现将食物随身带走要比事先将大批量的食物托运到国外更便宜和更方便。

食物的包装

准备好的食物配给要仔细地进行打包并贴上清晰的标签。当然，你所携带的具体食物将取决于你所前往目的地的气候类型、你将要进行的活动以及运输的方式等等因素。但是，无论什么食物，你都要将其捆扎好，以免在途中被压碎或污染。此外，你还应该尽量减轻所携带食物的重量。

准备携带的食物

一般来说，你准备在旅途中食用的食品本身都是有包装的。但是你需要考虑一下有些食品是否有重新包装的必要性。在你拆除原有包装袋的时候，一些涉及食物加工方法和存储条件等信息的包装纸不能扔掉。此外，你还应该在包裹里放入开罐器、纸巾、食盐、辣椒粉等物品。

存放食物的容器

如果你所进行的是一次周末背包远足，那么使用一些牢固的塑料密闭容器来盛放食物是比较合适的，这样能够将食物和其他物品很好地隔离开来，并能有效防止食物在途中被压碎。诸如洗洁精和食用油等可灌在塑料小瓶里面。

↑ 这种塑料容器能够有效防水和防止虫蚁进入。

用于盛放食物的容器一定要有很好的密闭性，这样才能使食物保鲜。此外，这些容器最好能够颜色各异，以便于你寻找所需要的食物。尽管如此，你还是应该在各个容器外面贴上明确的标签来注明其内装的食物品种。熟肉和生肉要分别放置在不同的容器里，以免食物交叉污染。在营地的时候，放在台子上的食物都务必要用东西盖着，以防苍蝇落在上面。取完食物后，不要任盖子随意打开着，否则食物的香气会将野兽和虫蚁招引来。另外，存放食物的容器要避光放置。

食物包装

交通方式将是影响你所能携带的食物重量的一个重要因素。

如果你是驾车旅行，食物的重量将不成问题。但是如果你所行进的路途十分颠簸，则对食品的包装要求就比较严格了。如果包装不好，食物很可能被其他物品污染或者被压碎。

如果你是使用某种牲畜来驮运行李，那么食品的重量和包装这两个方面都需要仔细考虑。超重将会让牲畜不堪重负，而不当的包装将可能对牲畜的身体造成损伤。如果你是划船旅行，则需要考虑如何保持食物干燥以及解决船上空间狭小的问题。在这种情况下，你所用来存放食物的容器必须要有防水功能。如果是背包徒步旅行，那么重量问题将是你应优先考虑的。一般来说，你应遵循尽量减轻所带食物重量的原则。

户外炊事规划

如果你所进行的只是一次轻装野营，那么你的炊事用具也就是营火或炉子而已。但是，如果是时间较长的野营活动，那就十分有必要来规划一下如何在营地布置你的炊事场所了。

建立炊事场所

建立炊事场所首先要做的就是将你们选中的作为炊事区的地块用一些东西围起来。如果营地中有小孩，还需采取一定的防护措施来避免让小孩接触到炉子。存储食物的营帐和柴堆等与准备食物有关的设施都应该设立在炊事场地的附近。

下一步要做的就是在围起来的炊事场所内选择一块地来搭个灶台。如果刚好该地块上有

↑ 安全的炊事场所必须要有足够宽敞的空间。在火堆的四周围上一圈粗大的原木可作为一道安全栅栏，同时也可供炊事人员当凳子坐。

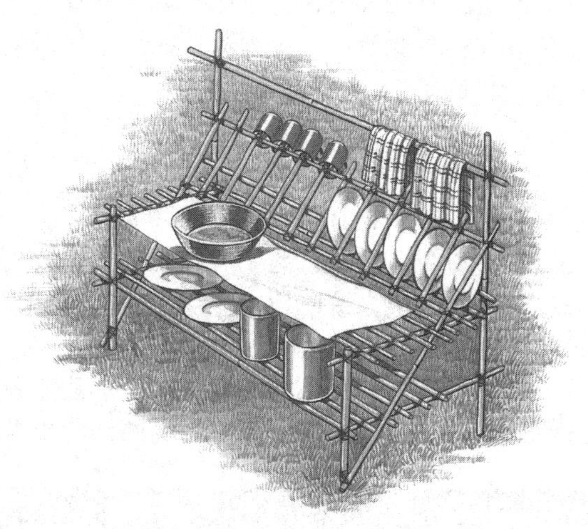

↑ 在一个长期驻扎的大本营里，如果你能搭建一个摆放锅碗瓢盆的架子，炊事场所将会显得更加井井有条。

一些自然特征可供利用，如一块扁平的岩石，你就可以将其作为灶台的底基；如果没有的话，则自己用一些砖块搭一个。你们所搭建的灶台一定要具备相当的牢固性，以免到时候将锅子放到上面后发生坍塌。如果你们是生营火的，注意不要将柴火四散堆放，以免绊倒人。

上面提到过，储物的营帐应设置于炊事场所的周围。这是为了方便拿取一些食物、炊具等。但是太靠近炊事场所也有可能让炊事人员感到场地拥挤。

保护炊事场所

除了灶台，你还可以做一些木头架子用于放置锅碗瓢盆之类的厨房用具。这样会使得炊事场所更加整洁和井井有条。如果该炊事场所周围有树木，这也是一个优势。茂盛的枝叶可以为你提供一个很好的遮荫之所。当然，灶台的位置也不可太靠近树木。此外，你还可以利用树上的某些枝杈来悬挂一些炊具。这要比直接放在地上干净得多。

用餐场所

对于一个人数较多的野营团队来说，设一个专门的就餐场所是非常有必要的。这有利于保持营地中其他场所的整洁。如果你所在的地区经常下雨，那么你们的炊事和用餐场所最好有棚盖遮挡风雨。各个团队成员最好不要在各自的睡觉帐篷内用餐，以免食物的残渣或碎屑招引虫蚁。炊事场所的旁边需要挖两个坑（详见“建立大本营”一节），一个用于处理废水，另一个用于填埋食物垃圾。每个成员用餐完毕后，都应将食物残渣立即处理掉。

食橱

储物帐篷用于存放那些脱水食品和包装食品，新鲜的食物也同样需要放在一个避光的场所。为了解决这一问题，你可以做一个悬挂式的食橱。这种食橱在市场上也可以购买到。制作食橱所需的材料为几块木板、一块粗棉布或尼龙网罩以及几根绳索。该食橱可以悬挂在炊事场所附近某棵大树的枝杈上。这样一来，食橱就避免了太阳的照射，而处于一个较为阴凉的地方。你可以将仔细包捆好的食物存放在该食橱内。

防熊偷食的办法

万一食物的香气把某些野兽招引到了营地，那你们的食物可能就要遭殃了。为了保护食物，食橱和其他一些存储食物的包裹最好要

↑ 如果能将火堆或火炉生在一个木架子上，炊事人员就可以不用弯腰了。但是，该木架一定要足够稳固，确保其能够承受燃料和锅子的重量。

悬挂在那些野兽够不着的枝杈上。特别是当你们在某个有很多熊类出没的地区时，这一点显得尤为重要。一般来说，将食物悬挂在离地4米以上并且距离主干3米以外的树枝上，熊就不太可能拿到你们的食物了。此外，帐篷应位于食物悬挂处的上风区，以免熊在顺着食物的香气寻找所悬挂的食物时路过你们的帐篷。

如果营地周围没有树木，则上述方法就不适用了。在这种情况下，你只好尽量避免携带新鲜食物，而代之以脱水食品、袋装食品及罐头食品。如果真的很想在营地中吃一些新鲜的食物，则一定要用较厚的包装纸将其包裹严实，以防香气外泄，招引野兽。而且一定不能将食物存放在自己睡觉的帐篷内或者帐篷的周围。

食物的存储与卫生

野外探险会面临诸多危险，其中之一便是食物卫生问题。记住，团队中每一个成员的身体健康都取决于整个团队对这一问题的关注程度。如果团队中的某些成员没有遵循一些基本的安全饮食原则，他们就有可能腹泻甚至是食物中毒。

食物的准备

无论是谁，在准备和烧煮食物的时候，务必要勤洗手。在准备食物的过程中，熟食和生食要分开放置，而且最好用不同的砧板和器具来进行处理。如果没有那么多的砧板和器具，则在交叉处理熟食和生食的过程中，注意清洗相关用具。

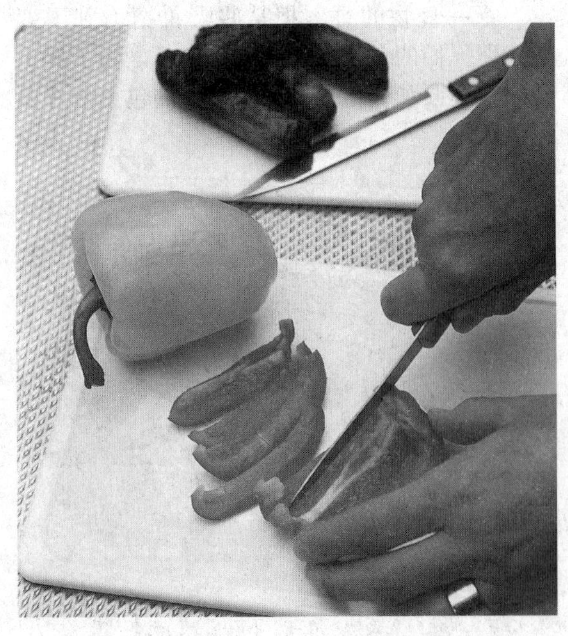

↑ 不同的食物最好要在不同的砧板上切，以避免食物交叉污染。

清洗

每次用餐后，锅碗杯碟等用具都要用热水清洗干净。如果可能的话，最好每隔三四天往水里加入一些消毒剂。每个成员吃饭和喝水的用具都应当严格分开，以切断任何可能的传播途径。

在长期驻扎的大本营里，最好能够每隔三四天用抗菌的洗涤剂擦洗一下各种炊具和厨具。在气候炎热的时候，最好每天都能清洗一次。所有的抹布和碗碟擦干布也都要经常清洗。

木质厨具尤其要保持洁净，如果发现其出现缺口，就不要使用了，因为这样的木质厨具容易滋生细菌。

用餐卫生

刚煮好的食物宜趁热食用，因为食物凉了之后就容易滋生细菌。鉴于此，在食物快要出锅的时候就召集大家吃饭，这样才能把热气腾腾的食物盛到大家的碗里。

如果可能的话，不同的食物最好都能用各自专用的勺子舀。在舀食物时溢出的汤汁要及

↑ 每次用餐后，碗筷盘碟都要用热水洗净。

↑ 建议你每隔三四天用抗菌洗涤剂彻底地清洁一下各种厨房用具。

↑ 尽管这种塑料大盆比较笨重，但是用它来洗碗要方便得多。

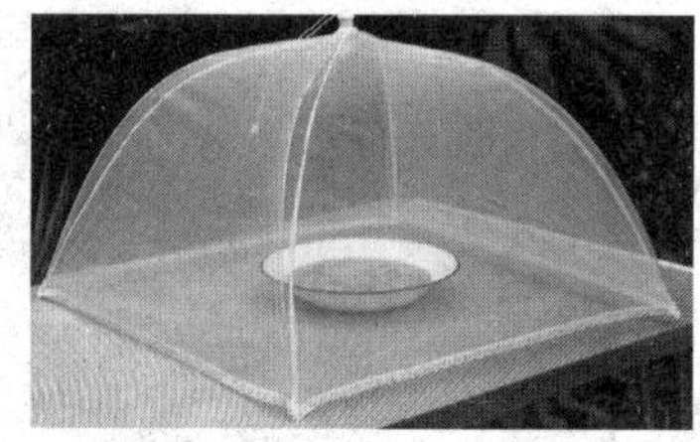

↑ 在洗干净的碗碟上盖一个纱布罩能够防止苍蝇落在碗碟上。

↑ 这种网眼菜罩用于防苍蝇是很管用的。

时擦干净。

无论是分发食物时或是你自己用餐时，如果要用手接触到食物，包括面包在内，务必要先把手洗干净。

最后，食物在出锅后食用前的一段时间内，都务必把食物放在避光处并用东西罩住。

干货的存放

所有的食物都应该存放在避光、干燥和通风的地方。你要尽量确保所存放的食物不会被鸟类和啮齿类动物偷吃到。存储食物的容器一定要盖好。如果盛放食物的锅子没有盖，你可以用一块粗棉布罩在上面。

如果设有专门存储食物的帐篷，食物就不应该放在自己睡觉的帐篷里。但如果是一次轻装野营旅行，就不太容易做到这点了。但是你应该将所有的食物都放入密闭的容器里面。

在热带地区，如果你从当地的市场上买了些咸鱼或咸肉，在煮之前务必要用水好好洗一洗。因为这些鱼肉在太阳底下晒干的时候，总是会有很多苍蝇落在上面。

新鲜食物和熟食的存放

除非带有冷藏设备，否则建议你不要长期存放新鲜食物和熟食（在气候炎热的国家，存放时间不能超过24个小时）。所有的新鲜食物和熟食都要避光存放，并用菜罩或粗棉布罩起来。此外，熟食与生食不能放在一起。

如果你们的营地离当地的市场很近，最好每天都采购一些新鲜的食物，并且现煮现吃，不要留剩饭。这样就不存在食物存放的问题了。

如果不想每天都往市场跑，也可以和当地的某个小贩约好固定的时间和地点，让他把菜给你送来。

在营火上煮食

大多数时候，将熄未熄的营火木炭要比旺火更适合烧煮食物。因此，建议你当火势已去之时，再将装有食物的锅子放到营火的木炭上面。

厚实的锅

在营火上使用的锅一定要比较厚实，否则不利于锅的受热均匀，容易将食物烧焦。如果是直接放在营火上烧，锅底还很有可能被烧穿。

烤箱用的隔热手套也是必需的，在端放锅的时候需要用到。在端放锅时，你要小心别让烟灰进入眼睛。

如果锅很重，可以由两个人一起从营火上端下来。你也可以用一根棍子套在锅的两个手柄处，再由两个人一起抬下来。但是，所使用的棍子一定要非常结实，否则后果不堪设想。

在风大的日子里烧煮食物的时候，要尽量注意别让烟灰掉进食物里面。

计划烧煮时间

在开始准备烧煮食物之前，你得考虑好如何利用营火，比如说在火最旺的时候烤肉、在火快熄灭的时候把锅子放上去煮东西。如果你要烧煮好几样食物，则要根据其所需的烧煮时间来决定烧煮顺序。所需烧煮时间长的食物，要先放到营火上烧。

↑ 当你把锅放到营火上的时候，你要确保该锅子的底部是完全稳固的，不会在烧煮过程中倾斜。

维持木炭的燃烧

当营火生好后，在烧煮食物的过程中你仍得时刻关注其火势。一旦发现木炭快熄灭时，要立即将锅子从木炭上拿下来，并向木炭中添加一些柴火。最理想的状态是让火堆的一部分有一小撮营火，以便为其他的木炭提供热量。这样你就仍可将锅子放在木炭上烧煮。这也是最有利于食物烧煮的状态。

柴火一定要准备充足，要是食物烧了一半，柴火却不够了，会是件很麻烦的事。

↑ 放置炉子的地面一定要十分平坦，以免在使用的时候翻倒。

↑ 风大的时候，可以在炉子周围围上专用的野外炉具挡风板，用几块石头或几根木头也行。

野营烧烤炉

如果你有野营烧烤炉的话，可将其放置在营火的一端，并在周围洒上一圈泥土或沙子，以利于其温度处于稳定状态。烤炉的门应背向火堆，这样便于将食物伸进里面进行烧烤。

一般来说，正常的烤炉都是上部温度高下部温度低。因此，不宜将火直接置于烤炉的下面，这样会使烤炉下部的温度变得最高，从而容易把食物烤焦。

直接将食物放在营火上烧烤

直接将食物放在营火上烧烤非常有野趣。当然，这对于一个人数众多的野营团队来说是不太现实的。这类烧烤需要在没有烟的木炭上进行。你还可以将食物包裹上锡箔纸，以利于保持食物的水分，并防止烟灰掉在食物上面。

在吃烧烤食物之前，你得务必确定其已经完全烤熟了。为了缩短食物烤熟的时间，可以将食物尽量切得薄一些。同时每一块的大小厚薄也应大致相同，以便其能够大致在同一时间熟透，而不会出现几块熟几块生的现象。

在炉子上煮食

如果你打算使用炉子来烧煮食物，你们得事先决定大概需要一次能供几人伙食的炉子，或是需要多少只炉子（如果是一个大团队的话）。单火口的炉子虽说很轻便，但是能煮的东西太少，准备食物得花很长的时间。

安全使用炉具

使用炉子时，要将其放置在通风的地方，也就是说绝对不能放在睡觉的帐篷里面。不仅如此，连炉子所用的燃料也不宜存放在睡觉的帐篷里面以及附近。如果你们使用的是煤气炉，尤其要注意这些安全事项。比较封闭的空间和明火的附近是不适宜更换煤气瓶的。在换煤气瓶之前，要先将炉子的阀门关紧，以防在换煤气的时候发生泄漏。

炉子所产生的火焰肯定不如营火那么炽烈，因此你所使用的锅子也可以是轻薄型的。尽管其火力不是特别猛烈，但是当将其调到最大火力烧煮食物而又没有人看着的时候，食物也是很有可能被烧糊的。如果碰到风比较大的日子，你可以在炉子周围围上专用的野外炉具挡风板，用几块石头或几根木头也行。但是，你得确保没有将任何易燃的物品放得过于靠近炉子。

食物煮完之后，要立刻随手将阀门关紧。如果需要换燃料，要待炉子冷却下来以后才能进行。在把炉子收起来之前，最好用抹布将其擦干净（也许有些炉子配有专门的清洁用具）。

单火口的炉子

如果你进行的是一次背包徒步旅行，而且只能携带一只单火口的炉子，那你就得好好地考虑一下如何准备食物了。要知道，在这种情形下，你不可能在炉子上同时煮好几样食物。

在开始准备烧煮食物之前，先检查一下燃料是否充足，免得半途中需要更换或添加燃料。此外，当锅子放到炉子上之后，你一定要在一旁看着。因为当放上锅子之后，整个炉子就变得头重脚轻了，容易翻倒。

多火口的炉子

如果你带的是多火口的炉子，或许还有烧烤的铁架子，那你就可以像在家里一样烧煮食物了。除非你们带有烤炉能将冷的食物随时加热，否则最好计划好以让所有的食物大致在同一时间准备好。

除了炊事人员之外，不要让其他人员随便地进进出出炊事场所。特别是当炉子是设置在帐篷或某个较封闭的空间里的时候，尤其要禁止闲杂人等随便出入。因为人太杂很容易发生碰翻炉子或菜肴的事件。万一在封闭的空间里发生此类事件，后果可能是非常严重的。

轻装野营食物

如果你打算将食物放在自己的背包或自行车篮子或独木舟里面，你主要关心的问题应该是如何尽量减少食物的重量，而不是食物的品种。否则，等到你连续吃了一个礼拜的脱水食品后，你就会抱怨当初的优先考虑是错误的。事实上，除了一些传统的袋装食品、脱水食品外，超市的货架上还有其他很多可供选择的轻质食品。

在选择食品的时候，要考虑到自己所使用的炊具和炉具。你应该仔细阅读一下食品包装袋上注明的烧煮方法。比如，有些汤只需烧几分钟的时间，而有些汤则需烧煮20分钟，所需的烧煮时间越长表示你需携带的燃料越多。

早餐

如果你想轻装简行，以加快行进速度，那么面包加果酱肯定是最节省时间的饮食方式。如果生营火，还可以将面包烤一烤。如今，市场上有很多种牛奶什锦早餐（麦片）和其他一些速食谷类食物，但是这些食物都需要有牛奶或酸奶酪。在天气严寒的时候，用热开水或热牛奶泡一点燕麦粥喝可以让人很快地暖和起来。因此，你可以多买一些不同口味的燕麦，作为早餐食用。

↑ 一杯汤、一盘热的烤黄豆以及一碗速食布丁只需在小炉子上热几分钟就可以了。

如果你想要一顿更为正式的早餐，以便支撑较长的时间，那么你的早餐应该包括黄豆、香肠和面包等。如果更奢侈点的话，还应该包括袋装肉。吃早餐的时候，要多喝水或牛奶及其他饮料，因为在接下来的行程中人体会流失很多水分。至于该饮料是冷的还是热的倒并无多大关系。

午餐

如果中午的时候你正在行进途中，想必你会将就着解决午餐，以免耽误太多的时间。但是，作为午餐的食品一定得是高能量的，如坚果、水果、巧克力等。这些食物无须太长的准备时间，但同时又比较耐饥。

晚餐

晚餐一般是一天中的正餐。当结束一天的行程安营扎寨后，你们肯定想享用一顿相对较丰盛的晚餐。晚餐一般由3个主要部分组成。

第一个阶段是喝开胃汤。这里的开胃汤当然只是用开水冲一下的速食类型。然后就是主餐了，一般是一些脱水食品、袋装肉以及含有碳水化合物的米饭和土豆泥等。这些食品都十分便于携带和处理。

最后一个阶段就是布丁或奶油水果冻等甜食了。如今，市场都有这种类型的速食销售，因此也无须你花很多时间制作，只需冲一点热开水就行了。

途中点心

由于时间紧迫或者个人习惯，在白天赶路的途中，也许你们不会停下来专门做一顿午餐，而是吃一些小点心。至于是什么小点心则完全取决于个人的喜好。当然你所能携带的点心类型有时候也会受到气候状况的影响。例如，在气候十分炎热的国家，就不太适宜携带巧克力。一般坚果、干果、肉干、饼干和奶酪等都是适合作为途中点心的食品。最好不要吃腌制品，以免让你更加口渴。以上所提到的这些食品大多数人都能接受，至于其他一些小点心，你需要事先了解一下大家的口味，以免有人吃不惯。

↑ 干果和坚果是高能量的点心，且十分便于在途中食用。

途中吃点心的时候，注意不要随地乱扔包装纸。如果没有发现垃圾箱，则要随身带走，直至看到垃圾箱了再扔掉。

包装型号

旅途中食用的食品宜采用小包装的。因为小包装的食物大都能够一次吃完，因此有利于防潮、防灰尘和虫蚁。当然，小包装也有缺点，会有较多的包装袋。

有一个折中的方法是：除了一些必须要密封的食品外，你可以将一些买来的散装食物，用较为轻薄的保鲜袋重新包装成小份的。但是，你得在每个袋子上贴上明确的标签。此外，印有食物食用说明的包装纸不能扔掉。

饮料

茶叶、咖啡、可可等饮品都是比较易于携带的。在准备这些饮品的时候，往里面多加一些糖，能够增加热量的摄入。

当然，最重要的饮品还是水。如果你是将脱水食品当做主食，多喝水就尤为重要了。此外，天气炎热或从事剧烈运动的时候，也要注意多补充水分。你还可以在水中放一些矿物质补充剂来弥补体内流失的营养物质。

其他食物

如果你在途中能够找到一些新鲜的水果，或者你本身携带一些干果，这将大大缓解长时间吃脱水食物所带来的饮食失衡。当然，树林中的一些不认识的野果千万不能随便食用，否则可能会中毒。一般说来，马路边的野果受到的车辆尾气污染比较多，最好不要采摘。无论你是从何处采摘来的野果，在吃之前都要将其洗干净。